ELEMENTE DER MATHEMATIK

BERLIN

10. Schuljahr

Herausgegeben von

Heinz Griesel

Helmut Postel

Friedrich Suhr

Schroedel

Elemente der Mathematik 10
Berlin

Herausgegeben von
Prof. Dr. Heinz Griesel, Prof. Helmut Postel, Friedrich Suhr

Bearbeitet von
Christine Fiedler, Reinhard Kind, Werner Ladenthin, Prof. Dr. Matthias Ludwig, Prof. Helmut Postel, Heinz Klaus Strick, Friedrich Suhr

Für Berlin bearbeitet von
Werner Ladenthin, Birgit Mielke, Manfred Nitzsche, Kurt-Anton Reiff, Dirk Schiefelbein, Claus Verworrn, Reiner Wethekam

Abgestimmt auf dieses Unterrichtswerk sind umfangreiche Unterrichtsmaterialien entwickelt worden:
Unterrichtsmaterialien Band 1 Best.-Nr. 87001
Unterrichtsmaterialien Band 2 Best.-Nr. 87002
Unterrichtsmaterialien Band 3 Best.-Nr. 87003
Unterrichtsmaterialien Band 4 Best.-Nr. 87004
Zum Schülerband erscheint: Lösungen Best.-Nr. 87024

Druck A [1] / Jahr 2009
Alle Drucke der Serie A sind im Unterricht parallel verwendbar.

Redaktion: Claus Peter Witt
Herstellung: Reinhard Hörner
Umschlagentwurf: Loeper & Wulf, Hannover
Illustrationen: Dietmar Griese
Zeichnungen: Günter Schlierf; Langner & Partner
Satz: Satz-Rechen-Zentrum, Berlin
Druck und Bindung: westermann druck GmbH, Braunschweig

ISBN 978-3-507-**87020**-8

Inhaltsverzeichnis

Symbole

3. Das Unterlegen einer Aufgabennummer mit einem grünen Zettel kennzeichnet eine Übungsaufgabe, die auch als **alternativer Einstieg** geeignet ist.

5. Rote Aufgabennummern kennzeichnen Aufgaben, die die Selbstständigkeit und Problemlösefähigkeit der Schülerinnen und Schüler in besonderer Weise herausfordern.

7. Blaue Aufgabennummern (und Überschriften) kennzeichnen Zusatzstoffe.

DGS Hier bietet sich der Einsatz eines dynamischen Geometrie-Systems an.

TAB Hier bietet sich der Einsatz eines Tabellenkalkulations-Programmes an.

CAS Hier bietet sich der Einsatz eines Computer-Algebra-Systems an.

PLOT Hier bietet sich der Einsatz eines grafikfähigen Taschenrechners bzw. eines Programms zum Darstellen von Funktionsgraphen an.

A In den Einheiten zum Selbstlernen kennzeichnet dieses Symbol einen Auftrag.

Zur allgemeinen Zielsetzung

Elemente der Mathematik ist auf die Bedürfnisse und Anforderungen eines gymnasialen Mathematikunterrichts am Anfang des 21. Jahrhundert auf der Basis des Rahmenlehrplans für die Sekundarstufe I aus dem Jahr 2006 zugeschnitten. Insbesondere wurden auch Ergebnisse und Schlussfolgerungen aus der TIMS- und der PISA-Studie angemessen berücksichtigt. Daher werden den Unterrichtenden konkrete Hilfen an die Hand gegeben, um problem- und handlungsorientierte Lernsituationen zu schaffen, in denen die Schüler und Schülerinnen altersangemessen ihr mathematisches Wissen möglichst eigenständig entwickeln und strukturieren können. Beim gemeinsamen Entdecken, Erforschen, Beschreiben und Erklären erfahren die Schülerinnen und Schüler, dass nicht nur die Lösung eines Problems, sondern auch der Lösungsweg wichtig ist und dass dabei insbesondere die Analyse von Fehlern hilfreich ist. Besonderer Wert wird so auf die prozessbezogenen mathematischen Kompetenzen gelegt: Argumentieren, Probleme lösen, Modellieren, Verwenden von Darstellungen, Umgang mit formalen und technischen Elementen der Mathematik und Kommunizieren.

Zu den Lerninhalten

Zu den in den Bildungsstandards vorgesehenen Leitideen und Inhalten werden in Klasse 10 behandelt:

Kapitel 1: Trigonometrie– Leitideen „Raum und Form" sowie „Messen"
Das Problem der Berechnung von Winkelgrößen in rechtwinkligen Dreiecken führt zur geometrischen Definition von Sinus, Kosinus und Tangens im rechtwinkligen Dreieck. Vielfältige Anwendungssituationen zu Berechnungen in rechtwinkligen, gleichschenkligen und beliebigen Dreiecken führen hin bis zum Sinus- und Kosinussatz.

Kapitel 2: Pyramide, Kegel, Kugel – Leitideen „Raum und Form" sowie „Messen"
Die Behandlung von Schrägbild und Netz von Körpern dienen der Schulung des räumlichen Vorstellungsvermögens. Berechnungen zum Volumen und Oberflächeninhalt erfolgen an Pyramide, Kegel und Kugel, sowie an zusammengesetzten Körpern. Die Volumenformeln werden mithilfe von mithilfe des Satzes von Cavalieri gewonnen.

Kapitel3: Modellieren periodischer Vorgänge – Leitideen „Funktionaler Zusammenhang" sowie „Messen"
Ausgehend von periodischen Vorgängen im Alltag werden allgemeine Sinusfunktionen behandelt, um damit entsprechende Vorgänge zu modellieren. Die dazu nötige Definition von Sinus und Kosinus erfolgt am Einheitskreis. Das Erstellen von Funktionstermen beim Modellieren erfolgt händisch und auch mit Rechner-Unterstützung.

Kapitel 4: Mehrstufige Zufallsexperimente – Leitidee „Daten und Zufall"
Als Hilfsmittel zur Darstellung mehrstufiger Zufallsexperimente wird zunächst das Baumdiagramm eingeführt und dann bei der Berechnung von Wahrscheinlichkeiten mithilfe der Pfadregeln eingesetzt. Stochastische Modellbildung wird im Zusammenhang mit dem Ziehen mit und ohne Zurücklegen verdeutlicht; dabei werden auch kombinatorische Abzählstrategien thematisiert. Bernoulli-Ketten und Simulation bilden den Abschluss des Kapitels.

Kapitel 5: Wachstumsprozesse – Exponentialfunktionen – Leitidee „Funktionaler Zusammenhang"
Zunächst werden exponentielle Wachstums- und Abnahmeprozesse behandelt und gegen lineares Wachstum abgegrenzt. Es schließt sich die allgemeine Behandlung der Exponentialfunktion und der Logarithmen an. Den Abschluss des Kapitels bildet das Modellieren weiterer Wachstumsarten bis hin zum logistischen Wachstum.

Kapitel 6: Graphen – Leitidee „Raum und Form"
Das Kapitel ist so konzipiert, dass es auch eingesetzt werden kann, wenn keine Vorkenntnisse aus Klasse 8 vorhanden sind. Zunächst werden Eulergraphen und Algorithmen zum Auffinden einer Eulertour behandelt. Danach wird das Problem kürzester Wege in Graphen mithilfe des Dijkstra-Algorithmus behandelt.

Kapitel 7: Änderungsverhalten von Funktionen– Leitidee „Funktionaler Zusammenhang"
Ausgehend von linearen Funktionen werden zunächst Änderungsraten betrachtet. Der Begriff der Ableitung einer Funktion wird aus den beiden Grundvorstellungen der Steigung eines Funktionsgraphen in einem Punkt und der lokalen Änderungsrate in enger Vernetzung miteinander erarbeitet, dabei wird großer Wert auf einen anschaulichen Zugang gelegt. Anschließend wird der Graph der Ableitungsfunktion durch grafisches Differenzieren gewonnen, dabei werden auch Extrem- und Wendepunkte als charakteristische Punkte eines Funktionsgraphen thematisiert.

Zum methodischen Aufbau

1. Jedes Kapitel beginnt mit einer Einstiegsseite, die an die Erfahrungen der Schüler(innen) anknüpft und Aktivitäten ermöglicht. Diese Seite eignet sich für einen offenen Einstieg und gibt einen Ausblick auf das Thema des Kapitels.
2. Die Erarbeitung des Lernstoffes erfolgt in den einzelnen Lerneinheiten, die durchnummeriert und mit einer Überschrift versehen sind. Sie sind jeweils untergliedert in einen Theorieteil und einen Übungsteil.
   Der Theorieteil beginnt häufig mit einer **Aufgabe** und deren vollständiger **Lösung**. Ist der mathematische Inhalt jedoch so, dass die Schülerinnen und Schüler kaum eine Chance haben, selbstständig die Lösung des zu behandelnden Problems zu finden, so beginnt der Theorieteil mit einer **Einführung**. Diese kann einen Lehrtext oder ein vollständig durchgeführtes Beispiel darstellen; in jedem Fall ist auch dieser Einstieg aktivitätsbezogen, da Mathematik nur über eigene Tätigkeit erlernt werden kann. Um alle Theorieanteile übersichtlich beieinander zu haben, folgen schon hier **weiterführende Aufgaben**, die im Unterricht in aller Regel erst nach einer erfolgten Festigung der zuerst behandelten Inhalte an einigen Übungsaufgaben behandelt werden sollten. Sie dienen der Abrundung und Weiterführung der Theorie. Ihr Thema wird den Unterrichtenden in einer Überschrift genannt. In aller Regel sollten weiterführende Aufgaben im Unterricht bearbeitet werden und nicht als Hausaufgaben gestellt werden.
   Der Theorieteil enthält häufig eine **Information**, in der Begriffe eingeführt werden, Rückblicke und Ausblicke gegeben werden. Wesentliche Inhalte werden dabei optisch deutlich in einem Kasten mit einem roten Rahmen hervorgehoben. Hier wird großer Wert gelegt auf prägnante, altersgemäße Formulierungen, die auch beispielgebunden sein können.
   Der Übungsteil beginnt in aller Regel mit einer Übungsaufgabe, die einen **alternativen Einstieg** zu dem im Theorieteil dargestellten ermöglicht. Da seine Lösung im Buch nicht dargestellt ist, kann er oftmals auch offener angelegt sein. Der alternative Einstieg wird im Layout hervorgehoben durch eine mit einem Zettel unterlegte Aufgabennummer. Die folgenden Übungen dienen zur Festigung des Gelernten, der operativen Durcharbeitung und der Vernetzung der Lerninhalte mit denen früherer Themen; dabei sind überall offene Aufgaben integriert. Zur soliden Durcharbeitung wird konsequent das Analysieren typischer Schülerfehler und entsprechendes Argumentieren gefordert.
   Einige Aufgaben enthalten in einem blauen Rahmen Musterbeispiele für Schreibweisen und Lösungswege. Manche Aufgaben enthalten Selbstkontroll-Möglichkeiten für die Schüler(innen). Aufgaben, die die Selbstständigkeit und Problemlösefähigkeit in besonderer Weise herausfordern, sind durch eine rote Aufgabennummer gekennzeichnet.
3. Abschnitte mit der Überschrift **Vermischte Übungen** finden sich an den Stellen eines Kapitels, an denen eine besonders starke Vermischung der bisher erworbenen Qualifikationen angebracht ist.
4. Am Kapitel-Ende folgt dann der Abschnitt **Aufgaben zur Vertiefung**, der neben einer Vernetzung auch eine Ergänzung des Lehrstoffes auf einem erhöhten Niveau zum Ziel hat.
5. Den Abschluss eines jeden Kapitels bildet der Abschnitt **Bist du fit?**, in dem in besonderer Weise die erworbenen Grundqualifikationen getestet werden. Die Lösungen dieser Aufgaben sind im Anhang des Buches angegeben, sodass sie von den Schülerinnen und Schüler gut zum eigenständigen Üben für eine Klassenarbeit verwendet werden können. Zwischen den Kapiteln befinden sich Abschnitte **Bleib fit in …**, in denen ausgewählte Inhalte früherer Schuljahre sowohl bezüglich der Grundvorstellungen als auch der Grundfähigkeiten wiederholt werden.
6. Unter der Überschrift **Im Blickpunkt** werden innermathematische, aber insbesondere auch fachübergreifende, komplexere Themen, die von besonderem Interesse sind und in engem Zusammenhang mit dem Lerninhalt des Kapitels stehen, als Ganzes behandelt. Diese Abschnitte eignen sich auch zur Differenzierung und Förderung von eigenständigen Schüleraktivitäten über einen etwas größeren Zeitraum.
7. Um Schüler und Schülerinnen im eigenständigen Erarbeiten mathematischer Themen zu schulen, enthält jedes Kapitel eine Lerneinheit **Zum Selbstlernen**, in der das Thema so aufbereitet ist, dass es von den Lernenden ganz selbstständig bearbeitet werden kann.
8. Am Ende des Buches befindet sich ein Vorschlag für ein **Projekt**. Dieses kann zu verschiedenen Zeitpunkten im Unterricht eingesetzt werden und ermöglicht auch einen offenen Einstieg in das entsprechende Kapitel. Dieses Projektes ist für die eigenständige Arbeit der Schüler mehrfach erprobt und erfährt zudem eine Unterstützung mit Zusatzmaterialien, die kostenlos über das Internet abgerufen werden können: www.elemente-der-mathematik.de
9. Der Abschnitt **Teste dich – Vermischte Übungen** enthält Übungen, die sich auch auf Themen früherer Schuljahre beziehen. Sie sind besonders geeignet für die eigenständige Vorbereitung der Schüler(innen) auf Abschlussarbeiten. Daher sind ihre Lösungen im Anhang angegeben.

1. TRIGONOMETRIE

Auf dem bis zum Jahr 2001 gültigen 10-DM-Schein war Carl Friedrich Gauß (1777–1855) abgebildet. Er hatte eine besondere Bedeutung für die Landvermessung (Geodäsie). Sein Beitrag ist ein Messgerät, der Heliotrop, mit dem das Sonnenlicht durch einen Spiegel von einem Messpunkt über weite Entfernungen zum anderen Messpunkt gesendet werden kann. Dieses Licht erscheint bei Tage wie ein heller Stern.

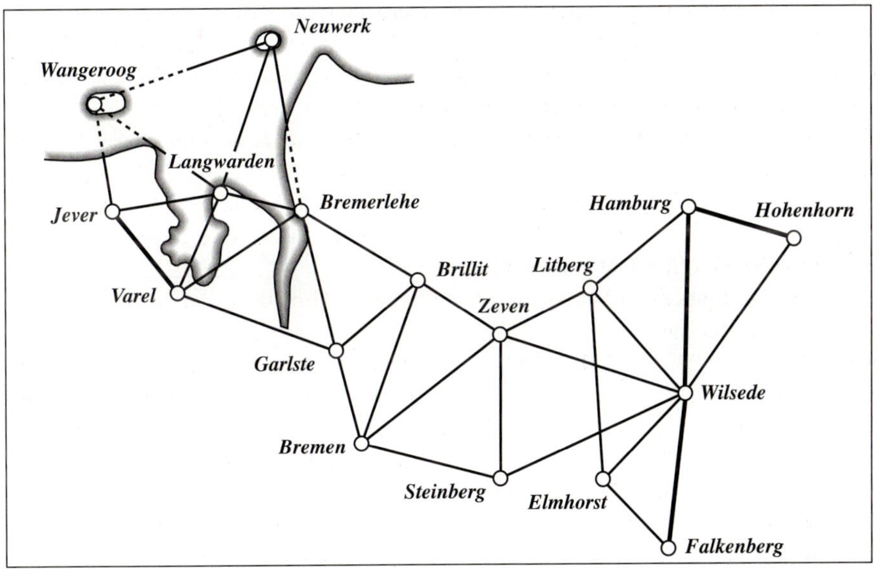

Gauß hat für den König von Hannover dessen Königreich zwischen 1818 und 1827 alle Sommer wieder weiter genau vermessen. Er überzog dazu das Gebiet mit einem Netz von Dreiecken (Triangulation). Die Eckpunkte dieser Dreiecke nennt man *trigonometrische Punkte*. Im Gelände handelt es sich um Granitblöcke mit der Inschrift *TP*.

- Heute verwendet man statt des Heliotrops ein anderes Messgerät.
  Erkunde, welches.

τρίγωνον – Dreieck
μέτρησις – Messung

- Die mathematischen Grundlagen zur Berechnung von Streckenlängen und Winkeln zu den gemessenen Daten sind Inhalt der Trigonometrie. Überlege, warum man wohl diese Bezeichnung gewählt hat.

Bislang hast du die Länge von Strecken sowie die Größe von Winkeln in beliebigen Dreiecken zeichnerisch ermittelt.
In diesem Kapitel lernst du, wie man z. B. im Dreieck Längen und Winkel berechnen kann.

1.1 Trigonometrie – Sinus, Kosinus und Tangens

1.1.1 Einführung von Sinus, Kosinus und Tangens

Aufgabe 1

Im Berner Oberland in der Schweiz fährt eine Standseilbahn von Lauterbrunnen auf einer 1421 m langen Strecke zur Grütschalp.

a) Bei einer Bergfahrt blieb der Wagen nach einer Fahrstrecke von 850 m wegen eines Schadens stehen.
Welche Höhe über der Talstation hatte der Wagen erreicht?
Welche Höhe bis zur Bergstation mussten die Fahrgäste also noch zu Fuß überwinden?

b) Wie groß ist die Steigung (in Prozent)?

c) Eine Vorstellung von der Größe der Steigung liefert die Größe des Winkels β, auch *Steigungswinkel* genannt.
Bestimme den Winkel β.

Lösung

a) Bei der Lösung gehen wir davon aus, dass die Fahrstrecke geradlinig verläuft und überall die gleiche Steigung hat. Damit kann die Sachsituation mithilfe einer Strahlensatzfigur mit dem Zentrum B dargestellt werden. In ihr kennen wir folgende Längen:

$b = 1\,481\text{ m} - 796\text{ m} = 685\text{ m}$; $x = 850\text{ m}$; $c = 1\,421\text{ m}$

Die Höhe y über der Talstation soll bestimmt werden.

Nach dem 2. Strahlensatz können wir die Höhe y berechnen.

Es gilt: $\frac{y}{b} = \frac{x}{c}$, also $y = \frac{x \cdot b}{c}$

Durch Einsetzen erhalten wir: $y = \frac{850\text{ m} \cdot 685\text{ m}}{1\,421\text{ m}} \approx 410\text{ m}$

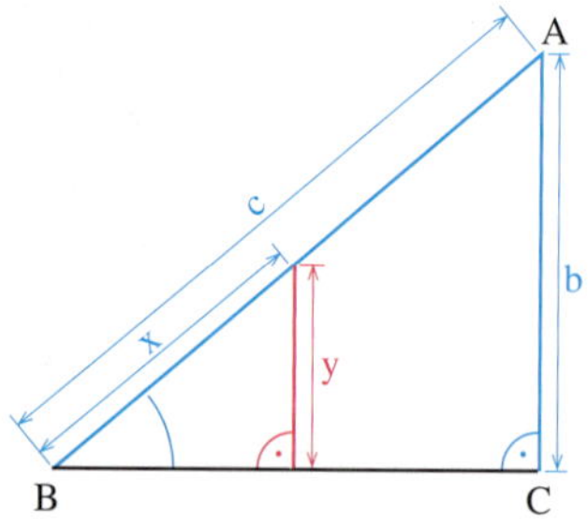

Modellieren
Vereinfachen eines realen Sachverhalts für die innermathematische Behandlung.

Ergebnis: Nach einer Fahrstrecke von 850 m wurde eine Höhe von etwa 410 m über der Talstation erreicht. Die Fahrgäste mussten noch eine Höhe von 275 m überwinden.

b) Unter der Steigung versteht man das Verhältnis (den Quotienten) aus dem Höhenunterschied b und der horizontalen Entfernung a, in unserem Beispiel also den Quotienten $\frac{b}{a}$. Die Länge a müssen wir noch bestimmen.

Da das Dreieck ABC rechtwinklig ist und die Länge der Hypotenuse und die Länge einer Kathete bekannt sind, können wir die Länge a nach dem Satz des Pythagoras berechnen.

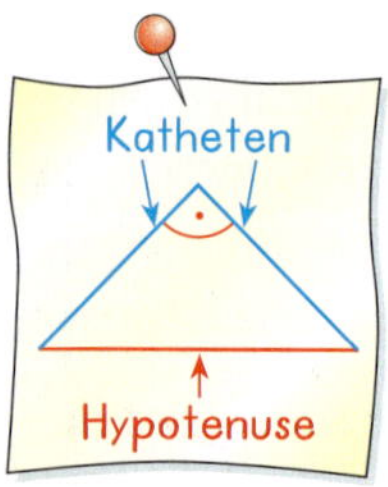

Es gilt $a^2 + b^2 = c^2$, also:

$a = \sqrt{c^2 - b^2}$

Durch Einsetzen erhalten wir:

$a = \sqrt{(1\,421\text{ m})^2 - (685\text{ m})^2} \approx 1\,245\text{ m}$

Dann gilt für die Steigung:

$\frac{b}{a} \approx \frac{685\text{ m}}{1\,245\text{ m}} \approx 0{,}55 \approx 55\,\%$

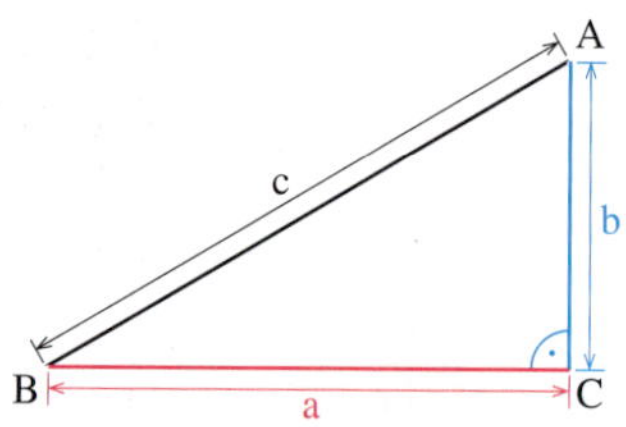

Ergebnis: Die Steigung beträgt ungefähr 55 %.

c) Diese Teilaufgabe können wir nur zeichnerisch lösen; dazu wählen wir für 200 m in der Wirklichkeit 1 cm in der Zeichnung (Maßstab 1:20000).
Wir konstruieren ein rechtwinkliges Dreieck ABC mit dem rechten Winkel bei C sowie den Seitenlängen c = 7,1 cm (Länge der Hypotenuse) und b = 3,4 (Länge der dem gesuchten Winkel β gegenüberliegenden Kathete).
Wir messen: β = 29°.
Ergebnis: Der Steigungswinkel beträgt 29°.

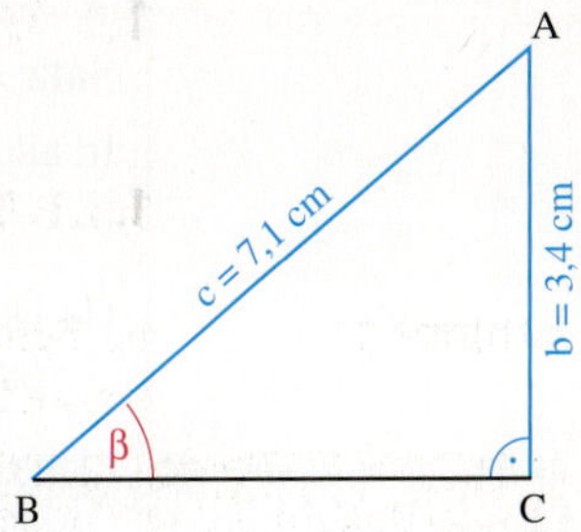

Information

(1) Zielsetzung

In rechtwinkligen Dreiecken (siehe Aufgabe 1 b)) können wir nach dem Satz des Pythagoras Seitenlängen berechnen. Jedoch können wir in solchen Dreiecken die Größe von Winkeln in der Regel bisher nur zeichnerisch ermitteln (siehe Aufgabe 1 c)).
Unser Ziel ist es nun, Verfahren kennen zu lernen, mit deren Hilfe man in beliebigen Dreiecken Seitenlängen und auch die Winkel aus gegebenen Stücken *berechnen* kann. Wir beschränken uns jedoch zunächst auf *rechtwinklige* Dreiecke und untersuchen, wie die Größe eines Winkels von den Seitenlängen abhängt.

(2) Gleiche Längenverhältnisse bei rechtwinkligen Dreiecken

Wir betrachten zwei rechtwinklige Dreiecke ABC und A′B′C′, die in der Größe eines spitzen Winkels, z.B. in der Größe von β, übereinstimmen. Dann stimmen nach dem Winkelsummensatz beide Dreiecke in der Größe aller Winkel überein.

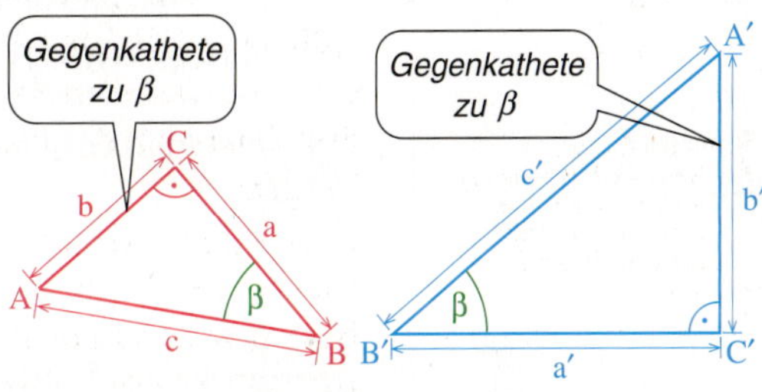

Längenverhältnis: Quotient zweier Längen

Daher kann man die beiden Dreiecke so ineinander legen, dass eine Strahlensatzfigur entsteht.
Nach den Strahlensätzen gilt:

$\frac{b}{c} = \frac{b'}{c'}$; $\frac{a}{c} = \frac{a'}{c'}$; $\frac{b}{a} = \frac{b'}{a'}$

Wir erhalten also: Alle rechtwinkligen Dreiecke, die in einem weiteren Winkel und damit in allen Winkeln übereinstimmen, besitzen dieselben Längenverhältnisse entsprechender Seiten.

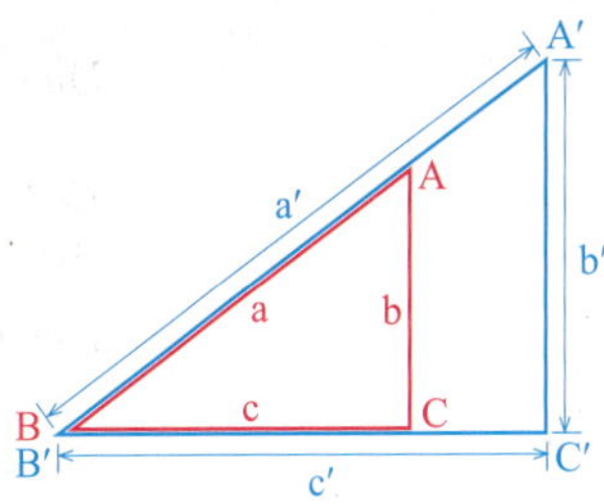

(3) Abhängigkeit der Längenverhältnisse von der Winkelgröße

Die Figur rechts macht deutlich, dass die unter (2) betrachteten Längenverhältnisse in rechtwinkligen Dreiecken jedoch von der Größe des Winkels bei B abhängen.

Für β < β′ gilt offenbar z.B.:

$\frac{|AC|}{|BC|} < \frac{|A'C|}{|B'C|}$ und $\frac{|BC|}{|BA|} > \frac{|BC|}{|BA'|}$

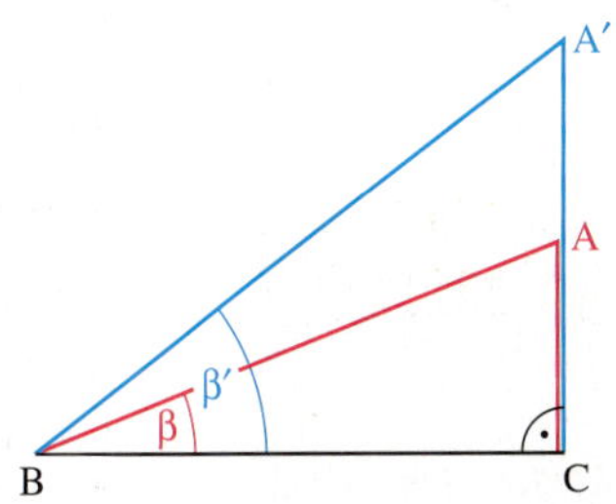

Satz

In allen rechtwinkligen Dreiecken, die in einem spitzen Winkel (z. B. β) übereinstimmen, gilt:

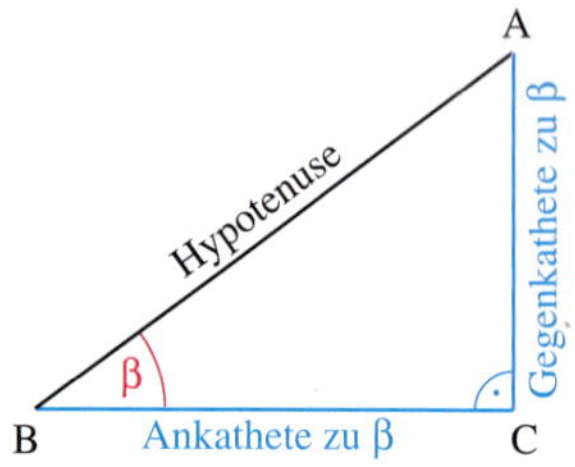

(1) Das Verhältnis $\frac{\text{Länge der Gegenkathete (zu } \beta)}{\text{Länge der Hypotenuse}}$ hat immer den gleichen Wert.

(2) Das Verhältnis $\frac{\text{Länge der Ankathete (zu } \beta)}{\text{Länge der Hypotenuse}}$ hat immer den gleichen Wert.

(3) Das Verhältnis $\frac{\text{Länge der Gegenkathete (zu } \beta)}{\text{Länge der Ankathete (zu } \beta)}$ hat immer den gleichen Wert.

(4) Sinus, Kosinus und Tangens eines spitzen Winkels

Sinus ⟨**lat.**⟩: Krümmung, übertragen auch Strecke

Definition

In jedem *rechtwinkligen Dreieck* gilt:

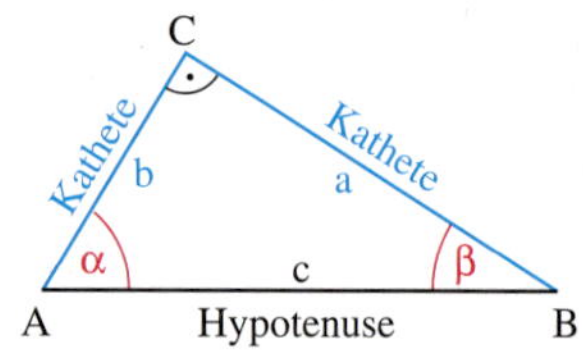

(1) Das Verhältnis aus der Länge der Gegenkathete eines spitzen Winkels und der Länge der Hypotenuse nennt man den **Sinus** dieses Winkels:

Sinus eines Winkels = $\frac{\textbf{Länge der Gegenkathete des Winkels}}{\textbf{Länge der Hypotenuse}}$

Beispiel: Für das Dreieck ABC mit $\gamma = 90°$ gilt: $\sin(\alpha) = \frac{a}{c}$; $\sin(\beta) = \frac{b}{c}$

(2) Das Verhältnis aus der Länge der Ankathete eines spitzen Winkels und der Länge der Hypotenuse nennt man **Kosinus** dieses Winkels.

Kosinus eines Winkels = $\frac{\textbf{Länge der Ankathete des Winkels}}{\textbf{Länge der Hypothenuse}}$

Beispiel: Für das Dreieck ABC mit $\gamma = 90°$ gilt: $\cos(\alpha) = \frac{b}{c}$; $\cos(\beta) = \frac{a}{c}$

(3) Das Verhältnis aus der Länge der Gegenkathete und der Länge der Ankathete eines spitzen Winkels nennt man **Tangens** dieses Winkels.

Tangens eines Winkels = $\frac{\textbf{Länge der Gegenkathete des Winkels}}{\textbf{Länge der Ankathete des Winkels}}$

Beispiel: Für das Dreieck ABC mit $\gamma = 90°$ gilt: $\tan(\alpha) = \frac{a}{b}$; $\tan(\beta) = \frac{b}{a}$

Für Aufgabe 1 von Seite 8 gilt:

$\sin(\beta) = \frac{685\text{ m}}{1\,421\text{ m}} \approx 0{,}482$; $\cos(\beta) = \frac{1\,245\text{ m}}{1\,412\text{m}} \approx 0{,}876$; $\tan(\beta) = \frac{685\text{ m}}{1\,245\text{m}} \approx 0{,}550$

(5) Vereinbarung zum Einsparen von Klammern

Gelegentlich verzichtet man auf das Setzen von Klammern, wenn durch ihr Fehlen keine Missverständnisse entstehen, also $\sin\alpha$ statt $\sin(\alpha)$, $\cos 37°$ statt $\cos(37°)$.
Allerdings sind bei $\tan(37° \cdot 2)$ die Klammern nötig.

Weiterführende Aufgabe

2. *Weitere Längenverhältnisse am rechtwinkligen Dreieck*

Mit den Seitenlängen eines Dreiecks ABC kann man insgesamt sechs Längenverhältnisse bilden. Gib sie an. Erkläre, warum man sich wie in der Information (2) bis (4) auf die Längenverhältnisse $\frac{a}{c}$, $\frac{b}{c}$ und $\frac{a}{b}$ beschränkt.

Übungsaufgaben

3.

Info: Gleitzahl

Segelflugzeuge gleiten. Je weiter sie bei einem Gleitflug aus einer bestimmten Höhe kommen, um so besser sind sie. Ein Maß für die „Güte“ eines Segelflugzeugs ist die **Gleitzahl**. Dies ist das Verhältnis aus dem Höhenverlust und der Länge der dabei zurückgelegten Flugstrecke. Moderne Segelflugzeuge besitzen eine Gleitzahl zwischen 1 : 30 und 1 : 70.

L & P / 2338

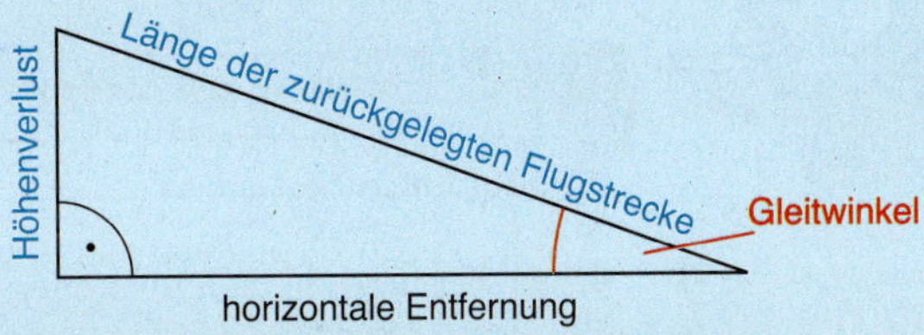

a) Ein Segelflugzeug hat die Gleitzahl 1:14.
Wie viel Höhe verliert es, wenn es (1) 10 m, (2) 20 m Flugstrecke zurücklegt?
Gib jeweils die Größe des Gleitwinkels an. Was stellst du fest? Begründe.

b) Das Gefälle gibt man wie bei einer Straße durch das Verhältnis aus dem Höhenunterschied und der horizontalen Entfernung an. Gib das Gefälle in Prozent an.

4. Zeichne mehrere verschieden große rechtwinklige Dreiecke mit $\alpha = 30°$ [$\alpha = 44°$]. Zeichne dabei die Gegenkathete zu α in Rot, die Ankathete zu α in Blau und die Hypotenuse in Grün. Miss jeweils alle Seitenlängen und berechne $\sin(\alpha)$, $\cos(\alpha)$ und $\tan(\alpha)$.

5. Skizziere das Dreieck zunächst zweimal im Heft und markiere zu jedem Winkel die Gegenkathete in Rot, die Ankathete in Blau und die Hypotenuse in Grün. Gib dann Sinus, Kosinus und Tangens der beiden spitzen Winkel jeweils als Längenverhältnis an.

a)

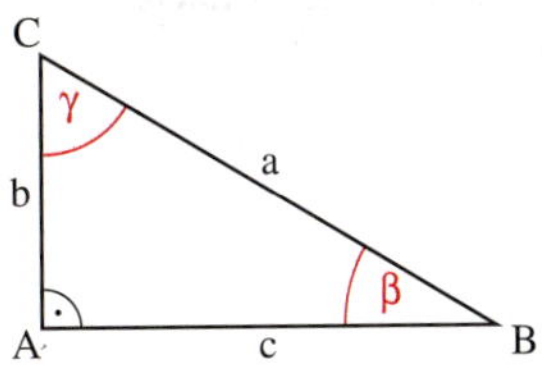

b)

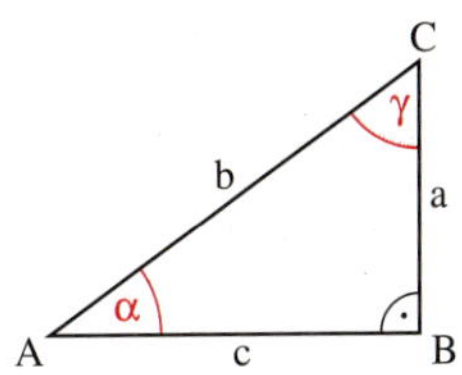

c)

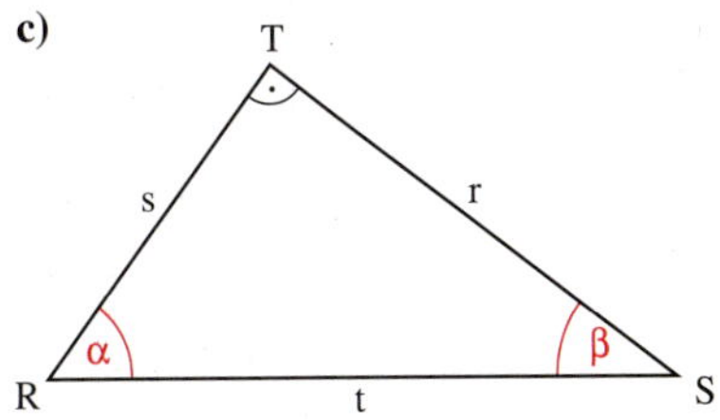

6. Berechne Sinus, Kosinus und Tangens des angegebenen Winkels.

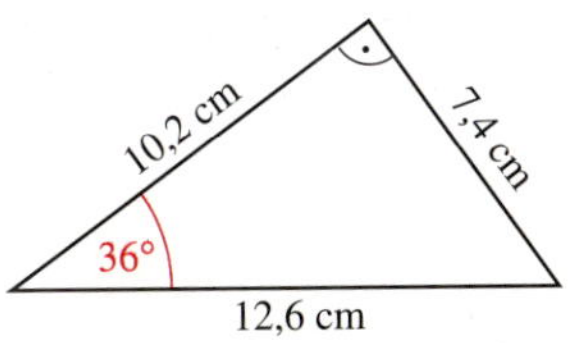

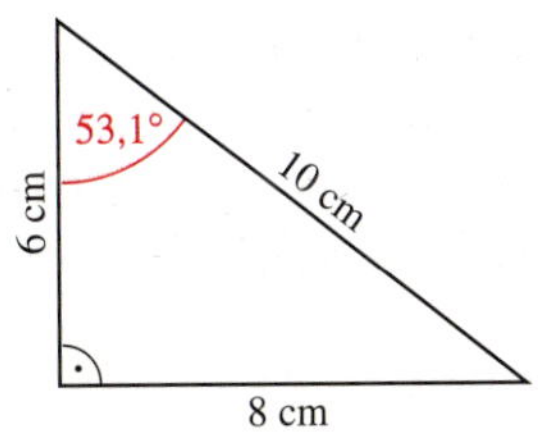

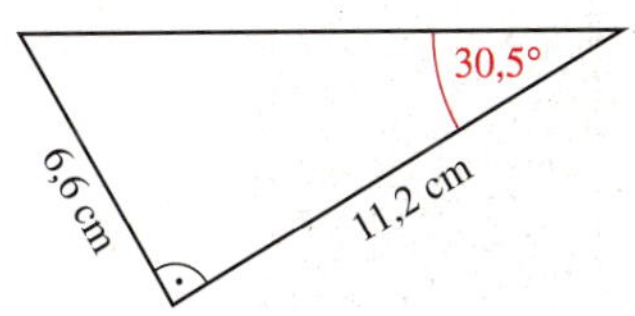

7. Berechne sin(α), cos(α), tan(α), sin(β), cos(β) und tan(β).

a)

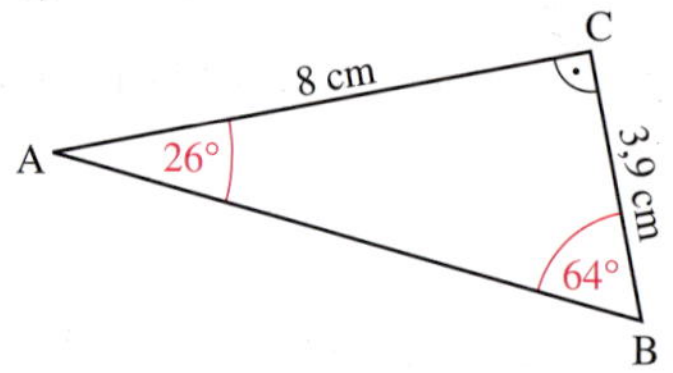

b)

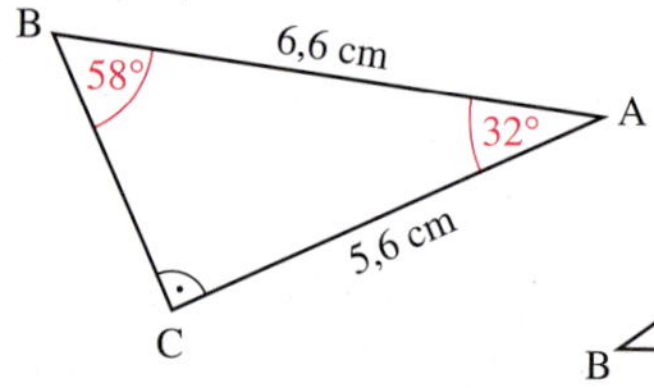

c)

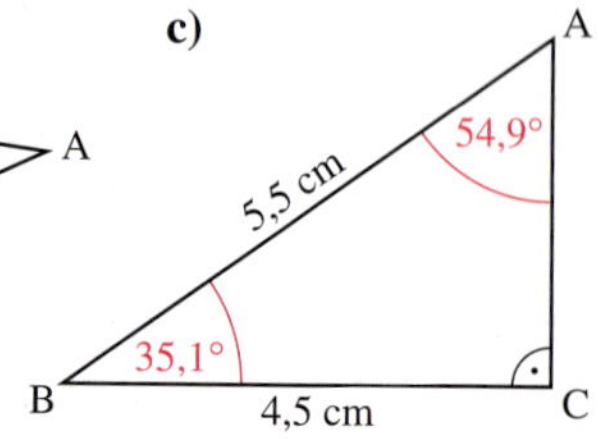

8. Kontrolliere Vanessas Hausaufgaben.

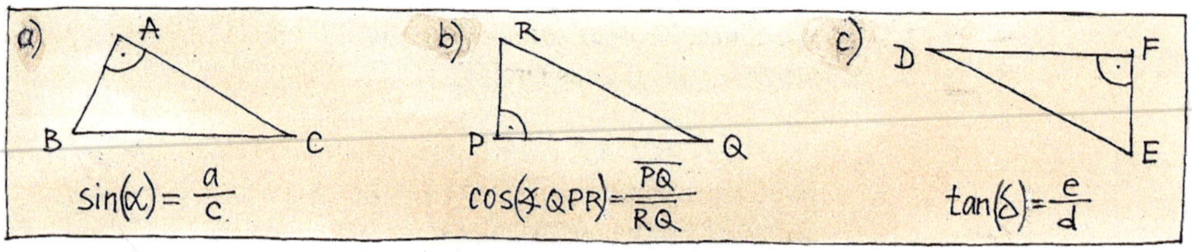

9. Konstruiere ein rechtwinkliges Dreieck ABC mit $\gamma = 90°$, $c = 10$ cm sowie

a) $\alpha = 35°$; **b)** $\alpha = 62°$; **c)** $\alpha = 75°$; **d)** $\alpha = 53°$; **e)** $\alpha = 15°$.

Miss die Seitenlängen a und b und bestimme näherungsweise sin(α), cos(α) und tan(α) sowie sin(β), cos(β) und tan(β).

10. Konstruiere das Dreieck ABC aus den gegebenen Stücken.
Berechne bzw. miss die fehlenden Stücke. Berechne dann in dem rechtwinkligen Dreieck Sinus, Kosinus und Tangens der beiden spitzen Winkel.

a)	b)	c)	d)	e)
$\alpha = 90°$	$\alpha = 90°$	$\beta = 90°$	$\beta = 90°$	$\gamma = 90°$
$\beta = 38°$	$\gamma = 48°$	$a = 5$ cm	$\alpha = 28°$	$a = 2{,}8$ cm
$c = 9$ cm	$b = 8$ cm	$\gamma = 58°$	$c = 13$ cm	$\beta = 48°$

11. Gib die Größe des Winkels a an. Zeichne dazu ein geeignetes rechtwinkliges Dreieck ABC.

a) $\sin(\alpha) = \frac{2}{3}$	**d)** $\tan(\alpha) = \frac{5}{4}$	**g)** $\sin(\alpha) = 0{,}8$	**j)** $\tan(\alpha) = 1{,}5$	**m)** $\tan(\alpha) = 5$
b) $\cos(\alpha) = \frac{4}{5}$	**e)** $\sin(\alpha) = \frac{7}{10}$	**h)** $\cos(\alpha) = 0{,}3$	**k)** $\tan(\alpha) = 4$	**n)** $\cos(\alpha) = 0{,}2$
c) $\tan(\alpha) = \frac{4}{5}$	**f)** $\sin(\alpha) = 0{,}5$	**i)** $\cos(\alpha) = 0{,}8$	**l)** $\sin(\alpha) = 0{,}2$	**o)** $\sin(\alpha) = 0{,}9$

12. Konstruiere ein rechtwinkliges Dreieck ABC mit $\alpha = 55°$, $\beta = 35°$ und $\gamma = 90°$. Miss die Seitenlängen. Berechne sin(α), cos(α), sin(β) und cos(β).
Was kannst du entdecken?

13. Gib Sinus, Kosinus und Tangens der beiden spitzen Winkel β und γ in der Figur rechts jeweils als Längenverhältnis an.

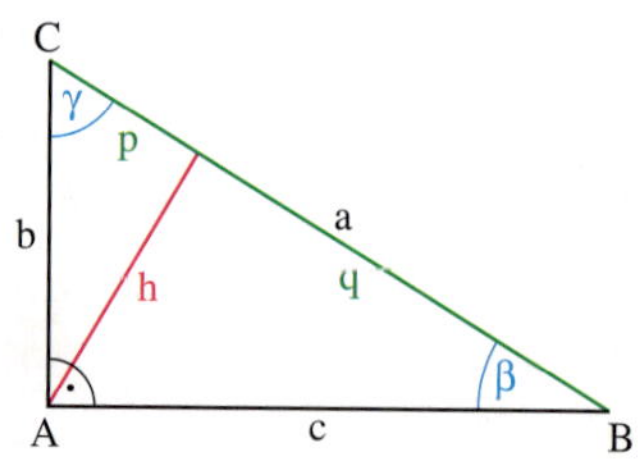

14. **a)** Untersuche, ob der Sinus eines Winkels proportional zur Winkelgröße ist.
Du kannst dazu geeignete Dreiecke zeichnen.

b) Untersuche entsprechend Kosinus und Tangens.

1.1.2 Bestimmen von Werten für Sinus, Kosinus und Tangens – Zusammenhänge

Um Berechnungen an rechtwinkligen Dreiecken durchführen zu können, benötigen wir für jeden spitzen Winkel die Werte für Sinus, Kosinus und Tangens.

Aufgabe 1

Sinus, Kosinus und Tangens für spezielle Winkelgrößen

Für einige spezielle Winkelgrößen kann man die genauen Werte für Sinus, Kosinus und Tangens bestimmen.

a) Zeichne ein geeignetes rechtwinkliges Dreieck und berechne sin (45°), cos (45°) und tan (45°).

b) Berechne Sinus, Kosinus und Tangens für 30° und 60°.
Wähle dazu ein geeignetes Dreieck.

Lösung

a) Ein Winkel der Größe 45° tritt als Basiswinkel in einem rechtwinklig-gleichschenkligen Dreieck auf. Zur Schenkellänge a berechnen wir die Hypotenusenlänge c:

Satz des Pythagoras

$c^2 = a^2 + a^2 = 2a^2$, also $c = \sqrt{2a^2} = a\sqrt{2}$

$\sin(45°) = \cos(45°) = \frac{a}{c} = \frac{a}{a\sqrt{2}} = \frac{1}{\sqrt{2}} = \frac{1 \cdot \sqrt{2}}{\sqrt{2} \cdot \sqrt{2}} = \frac{1}{2}\sqrt{2}$

$\tan(45°) = \frac{a}{a} = 1$

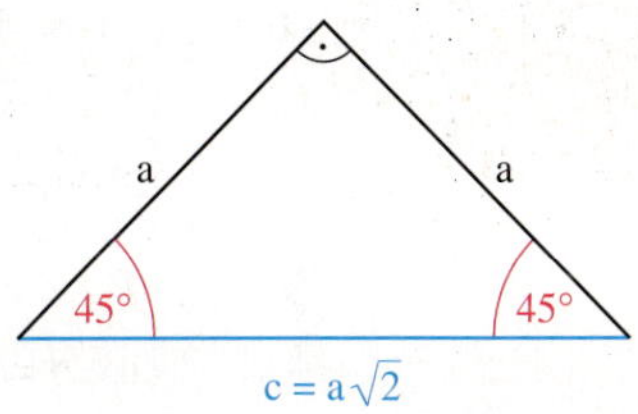

b) In jedem gleichseitigen Dreieck sind alle Winkel 60° groß. Die Höhe einer Seite im gleichseitigen Dreieck halbiert auch den gegenüberliegenden Winkel. In jedem der beiden rechtwinkligen Teildreiecke kommen daher Winkel der Größe 30° und 60° vor.

Längenverhältnis: Quotient zweier Längen

Nach dem Satz des Pythagoras gilt:

$h^2 = a^2 - \left(\frac{a}{2}\right)^2 = \frac{3}{4}a^2$, also $h = \sqrt{\frac{3}{4}a^2} = \frac{a}{2}\sqrt{3}$

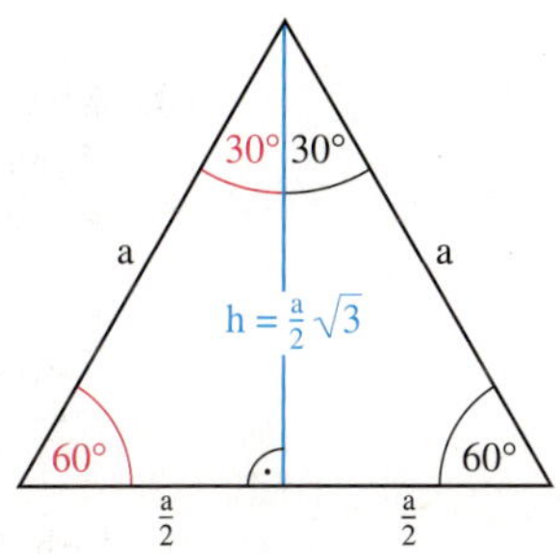

$\sin(30°) = \cos(60°) = \frac{\frac{a}{2}}{a} = \frac{1}{2}$

$\sin(60°) = \cos(30°) = \frac{h}{a} = \frac{\frac{a}{2}\sqrt{3}}{a} = \frac{1}{2}\sqrt{3}$

$\tan(30°) = \frac{\frac{a}{2}}{h} = \frac{\frac{a}{2}}{\frac{a}{2}\sqrt{3}} = \frac{1}{\sqrt{3}} = \frac{1 \cdot \sqrt{3}}{\sqrt{3} \cdot \sqrt{3}} = \frac{1}{3}\sqrt{3}$

$\tan(60°) = \frac{h}{\frac{a}{2}} = \frac{\frac{a}{2}\sqrt{3}}{\frac{a}{2}} = \sqrt{3}$

Information

Zusammenstellung von Sinus-, Kosinus- und Tangenswerten für spezielle Winkel

In der obigen Aufgabe wurde für einige spezielle Winkelgrößen die Sinus-, Kosinus- und Tangenswerte rechnerisch bestimmt.

α	30°	45°	60°
$\sin(\alpha)$	$\frac{1}{2}$	$\frac{1}{2}\sqrt{2}$	$\frac{1}{2}\sqrt{3}$
$\cos(\alpha)$	$\frac{1}{2}\sqrt{3}$	$\frac{1}{2}\sqrt{2}$	$\frac{1}{2}$
$\tan(\alpha)$	$\frac{1}{3}\sqrt{3}$	1	$\sqrt{3}$

Merke: $\frac{1}{2}\sqrt{a}$ für a = 1, 2, 3

Die Tabelle zeigt, dass die Werte von Sinus, Kosinus und Tangens irrational sein können.

Aufgabe 2

Zeichnerisches Bestimmen von Näherungswerten

Bestimme zeichnerisch Näherungswerte von sin (α), cos (α) und tan (α) für α = 10°, 20°, 30°, 40°, 50°, 60°, 70°, 80°. Lege eine Wertetabelle an.

Anleitung:

(1) Zeichne auf Millimeterpapier einen Viertelkreis mit dem Radius 1 dm.

(2) Zeichne in den Viertelkreis rechtwinklige Dreiecke mit den Winkelgrößen 10°, 20°, …, 80°. Die Hypotenuse ist jeweils ein Kreisradius; der Scheitelpunkt ist der Kreismittelpunkt.

(3) Lies aus der Zeichnung die Werte für sin (α) und cos (α) auf Hundertstel genau ab.

(4) Berechne die Werte für tan (α).

Lösung

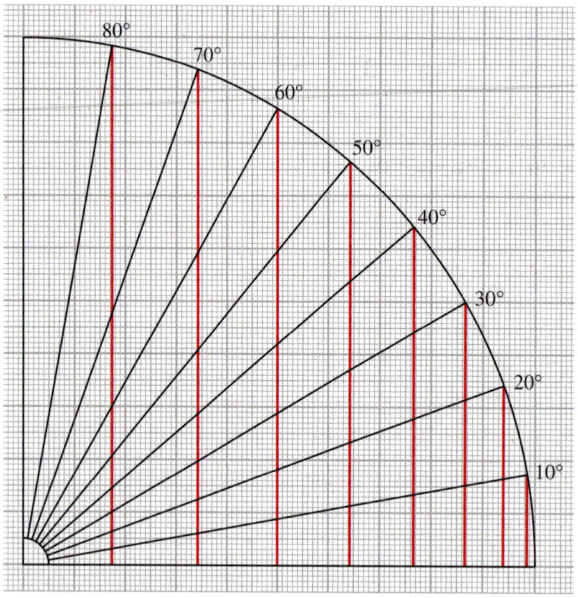

α	Näherungswerte für sin(α)	cos(α)	tan(α)
10°	0,17	0,98	0,18
20°	0,34	0,94	0,36
30°	0,50	0,87	0,58
40°	0,64	0,77	0,84
50°	0,77	0,64	1,19
60°	0,87	0,50	1,73
70°	0,94	0,34	2,75
80°	0,98	0,17	5,67

Weiterführende Aufgaben

3. *Deutung von Sinus, Kosinus und Tangens am Einheitskreis*

Die Lösung der Aufgabe 1 führt uns zu einer weiteren Deutung von Sinus, Kosinus und Tangens eines spitzen Winkels. Wir zeichnen in den 1. Quadranten eines Koordinatensystems einen Viertelkreis mit dem Radius 1. Einen Kreis mit dem Radius 1 um den Koordinatenursprung O nennt man **Einheitskreis**.

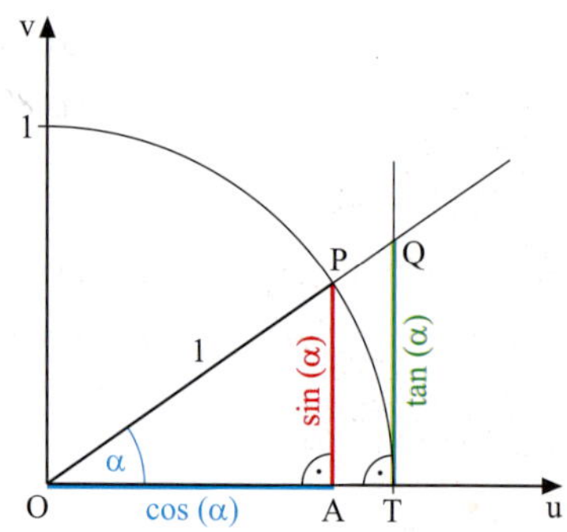

a) Betrachte die rechtwinkligen Dreiecke OAP und OTQ. Begründe: $|OA| = \cos(\alpha)$; $|AP| = \sin(\alpha)$; $|TQ| = \tan(\alpha)$

b) Erläutere die Bezeichnung „Tangens“.

c) Begründe: $(\sin(\alpha))^2 + (\cos(\alpha))^2 = 1$

4. *Zusammenhänge zwischen sin (α), cos (α) und tan (α)*

a) Anhand der Tabelle in Aufgabe 2 erkennst du: $\sin(10°) = \cos(80°) = \cos(90° - 10°)$. Bestätige anhand der Tabelle $\sin(\alpha) = \cos(90° - \alpha)$ und $\cos(\alpha) = \sin(90° - \alpha)$. Begründe dies mithilfe der Definitionen.

b) An der Berechnung von tan (α) in Aufgabe 2 erkennst du: $\tan(\alpha) = \frac{\sin(\alpha)}{\cos(\alpha)}$. Begründe.

Information

Statt $(\sin(\alpha))^2$ schreibt man auch $\sin^2(\alpha)$, gelesen: Sinus Quadrat α.

Beziehungen zwischen Sinus, Kosinus und Tangens für $0° < \alpha < 90°$

(a) $\cos(\alpha) = \sin(90° - \alpha)$

(b) $\sin(\alpha) = \cos(90° - \alpha)$

(c) $\tan(\alpha) = \frac{\sin(\alpha)}{\cos(\alpha)}$

(d) $(\sin(\alpha))^2 + (\cos(\alpha))^2 = 1$

Anmerkung: Die Beziehung (a) zwischen Sinus und Kosinus ist die Basis für die Namensgebung „Kosinus“: Kosinus kommt von: Komplimenti sinus; der Kosinus eines Winkels α ist der Sinus des Komplementwinkels zu α (Ergänzungswinkel von α zu 90°).

Übungsaufgaben

DGS

5. Zeichne mit einem dynamischen Geometrie-System eine Strecke $\overline{AP}$, eine dazu orthogonale Gerade durch A sowie dann dazu einen Viertelkreis um A. Erzeuge dann auf dem Kreisbogen einen Punkt B. Zeichne durch diesen die Orthogonale zu $\overline{AP}$. Benenne ihren Schnittpunkt mit $\overline{AP}$ mit C.

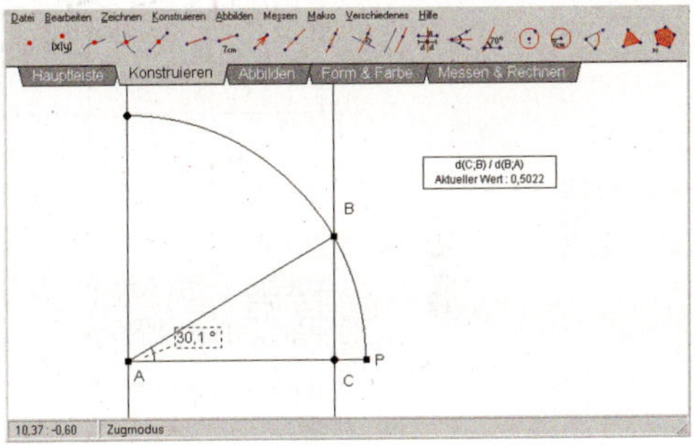

a) Erzeuge ein Termobjekt, das den Sinus des Winkels bei A angibt. Verändere den Winkel und notiere so eine Wertetabelle für Sinuswerte in deinem Heft.

b) Erstelle entsprechend eine Wertetabelle für Kosinuswerte.

c) Erstelle entsprechend eine Wertetabelle für Tangenswerte.

6. Bestimme wie in Aufgabe 2 auf Seite 14 Näherungswerte von $\sin(\alpha)$, $\cos(\alpha)$ und $\tan(\alpha)$ für die Winkelgrößen $\alpha = 5°, 15°, 25°, \ldots, 85°$.

7. Ordne die Werte der Größe nach. Denke an die Deutung am Einheitskreis.

a) $\sin(80°)$; $\sin(30°)$; $\sin(15°)$; $\sin(50°)$; $\sin(70°)$; $\sin(85°)$; $\sin(25°)$; $\sin(65°)$

b) $\cos(80°)$; $\cos(30°)$; $\cos(15°)$; $\cos(50°)$; $\cos(70°)$; $\cos(85°)$; $\cos(25°)$; $\cos(65°)$

c) $\tan(80°)$; $\tan(30°)$; $\tan(15°)$; $\tan(50°)$; $\tan(70°)$; $\tan(85°)$; $\tan(25°)$; $\tan(65°)$

d) $\sin(30°)$; $\tan(30°)$; $\sin(80°)$; $\tan(80°)$

8. Die Gleichungen sind durchgestrichen. Zeige anhand der Tabelle auf Seite 14, dass sie nicht gelten.

1) $\sin(\alpha + \beta) = \sin(\alpha) + \sin(\beta)$

2) $\cos(\alpha + \beta) = \cos(\alpha) + \cos(\beta)$

3) $\tan(\alpha + \beta) = \tan(\alpha) + \tan(\beta)$

9. Lies an einem Viertelkreis wie in Aufgabe 2 ab: Für welche Winkelgröße α bzw. β gilt:

a) $\sin(\alpha) = 0{,}2$; $\cos(\beta) = 0{,}2$

b) $\sin(\alpha) = 0{,}4$; $\cos(\beta) = 0{,}4$

c) $\sin(\alpha) = 0{,}6$; $\cos(\beta) = 0{,}6$

d) $\sin(\alpha) = 0{,}7$; $\cos(\beta) = 0{,}7$

e) $\sin(\alpha) = 0{,}8$; $\cos(\beta) = 0{,}8$

10. **a)** Begründe durch Umformen von $(\sin(\alpha))^2 + (\cos(\alpha))^2 = 1$ die Formeln:
$\cos(\alpha) = \sqrt{1 - (\sin(\alpha))^2}$; $\sin(a) = \sqrt{1 - (\cos(\alpha))^2}$

b) Ergänze die Tabelle im Heft mithilfe der Formeln aus Teilaufgabe a).

$\sin(\alpha)$	0,42	0,95		
$\cos(\alpha)$			0,66	0,45

c) Gegeben ist $\sin(32°) \approx 0{,}53$.
Berechne $\cos(32°)$; $\tan(32°)$; $\sin(58°)$; $\tan(58°)$.

11. Übertrage in dein Heft und fülle die Tabelle aus.

	α	5°	15°	25°	35°	45°	55°	65°	75°	85°
Näherungswerte für	$\sin(\alpha)$		0,26		0,57		0,82		0,97	
	$\cos(\alpha)$	0,99		0,91		0,71		0,42		0,09
	$\tan(\alpha)$									

12. Taschenrechner haben Tasten zur Berechnung der Werte von Sinus, Kosinus und Tangens. Ach-te darauf, dass der Taschenrechner im Modus *Degree* anzeigt. Gib mit dem Taschenrechner auf drei Stellen nach dem Komma gerundet an.

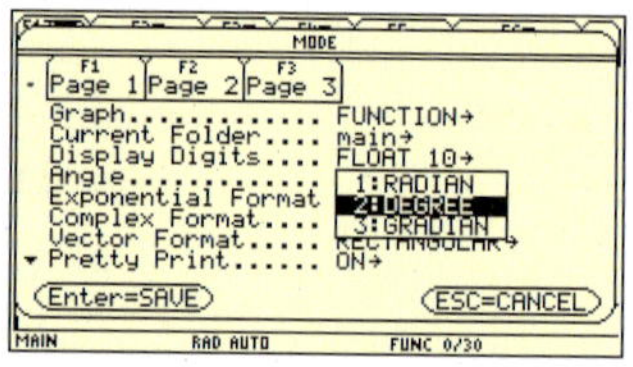

a) $\sin(16°)$, $\cos(16°)$, $\tan(16°)$ **b)** $\cos(24°)$, $\sin(24°)$, $\tan(24°)$ **c)** $\tan(38°)$, $\sin(38°)$, $\cos(38°)$ **d)** $\sin(49{,}7°)$, $\cos(49{,}7°)$, $\tan(49{,}7°)$

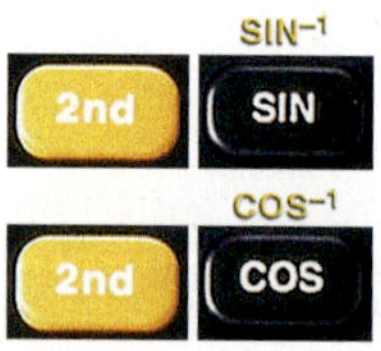

13. Die Tasten deines Taschenrechners sind doppelt belegt. So hat z. B. die Taste für Sinus als zweite Belegung [sin⁻¹]. Damit kann man umgekehrt zu einem Sinuswert die Größe des spitzen Winkels bestimmen. Man erhält diese zweite Belegung, indem man vorher die Taste [2nd] drückt. Bestimme mit dem Taschenrechner die Winkelgröße α, gerundet auf zehntel Grad.

a) $\sin(\alpha) = 0{,}1$, $\cos(\alpha) = 0{,}1$, $\tan(\alpha) = 0{,}1$ **b)** $\sin(\alpha) = 0{,}4$, $\cos(\alpha) = 0{,}4$, $\tan(\alpha) = 0{,}4$ **c)** $\sin(\alpha) = 0{,}75$, $\cos(\alpha) = 0{,}75$, $\tan(\alpha) = 0{,}75$ **d)** $\cos(\alpha) = 0{,}88$, $\sin(\alpha) = 0{,}88$, $\tan(\alpha) = 0{,}88$ **e)** $\cos(\alpha) = 0{,}643$, $\tan(\alpha) = 0{,}643$, $\sin(\alpha) = 0{,}643$

14. **a)** Bestimme die Werte mit dem Taschenrechner. Was fällt dir auf?
$\tan(89°)$; $\tan(89{,}9°)$; $\tan(89{,}99°)$; $\tan(89{,}999°)$; $\tan(89{,}9999°)$; $\tan(89{,}999999°)$
Führe das entsprechend für $\sin(\alpha)$ und $\cos(\alpha)$ durch.

b) Bestimme die Werte mit dem Taschenrechner. Was fällt auf?
$\tan(1°)$; $\tan(0{,}1°)$; $\tan(0{,}01°)$; $\tan(0{,}001°)$; $\tan(0{,}0001°)$
Führe das entsprechend für $\sin(\alpha)$ und $\cos(\alpha)$ durch.

c) Vergleiche $\sin(\alpha)$ und $\tan(\alpha)$ für folgende Winkelgrößen α: 1°; 0,9°; 0,8°; 0,7°.
Was stellst du fest? Erläutere den Sachverhalt am Einheitskreis.

15. ABC ist ein gleichschenkliges Dreieck mit $\gamma = 45°$ und $|CA| = |CB| = a = 10$ cm.

a) Berechne nacheinander die Längen x, y und c.

b) Berechne anschließend:
$\sin(22{,}5°)$; $\cos(22{,}5°)$; $\tan(22{,}5°)$

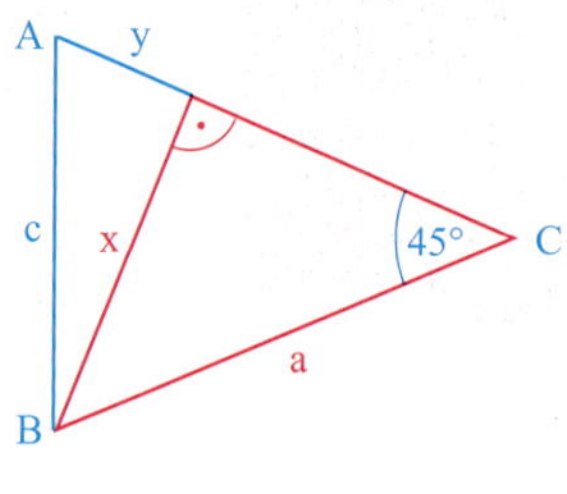

1.2 Berechnungen in rechtwinkligen Dreiecken

Aufgabe 1

Anwenden des Sinus und Kosinus

a) Eine Leiter von 6 m Länge soll an eine Hauswand gelehnt werden. Damit sie nicht abrutscht oder umkippt, muss nach Sicherheitsvorschriften der Neigungswinkel, den sie mit dem waagerechten Erdboden bildet, mindestens 68°, aber höchstens 75° betragen.
In welchem Abstand muss das Fußende der Leiter von der Hauswand aufgestellt werden, damit der Neigungswinkel 70° beträgt?
Wie hoch reicht die Leiter dann?

b) Eine 7 m lange Leiter soll an einer Wand 6,70 m hoch reichen. Ist dann der Neigungswinkel nach den Sicherheitsvorschriften noch eingehalten?

Lösung

a) In dem rechtwinkligen Dreieck bedeuten:

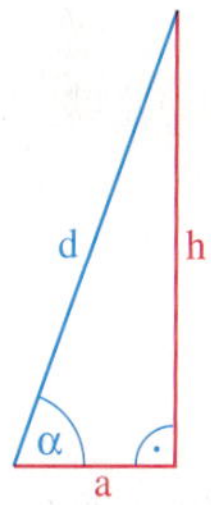

$d = 6$ m	Länge der Leiter
$\alpha = 70°$	Größe des Neigungswinkels der Leiter
a	gesuchter Abstand von der Hauswand
h	gesuchte Höhe an der Hauswand

Der Skizze entnehmen wir: $\cos(\alpha) = \frac{a}{d}$ und $\sin(\alpha) = \frac{h}{d}$.

Wir isolieren die Variable a und die Variable h und setzen ein:

$a = d \cdot \cos(\alpha)$ $\quad$ $h = d \cdot \sin(\alpha)$

$a = 6\text{ m} \cdot \cos(70°)$ $\quad$ $h = 6\text{ m} \cdot \sin(70°)$

$a \approx 2{,}05\text{ m}$ $\quad$ $h \approx 5{,}64\text{ m}$

gerundet auf volle cm

Hast du einen anderen Lösungsweg gefunden?

Ergebnis: Das Fußende der Leiter muss unten in einem Abstand von ungefähr 2 m von der Hauswand aufgestellt werden; sie reicht dann etwa 5,60 m hoch.

b) Der Skizze zu Teilaufgabe a) entnehmen wir: $\sin(\alpha) = \frac{h}{d}$.

Durch Einsetzen erhalten wir: $\sin(\alpha) = \frac{6{,}70\text{ m}}{7{,}00\text{ m}} \approx 0{,}9571$, also $\alpha \approx 73°$.

Ergebnis: Die Größe des Neigungswinkels der Leiter beträgt etwa 73°. Die Sicherheitsvorschriften sind eingehalten.

Aufgabe 2

Anwenden des Tangens

a) Von einem 75 m entfernten Turm wird mithilfe eines Theodoliten (siehe Foto links) die Größe des Höhenwinkels mit dem Ergebnis $\alpha = 38°$ bestimmt.
Wie hoch ist der Turm?
Vernachlässige die Höhe des Theodoliten über dem Boden.

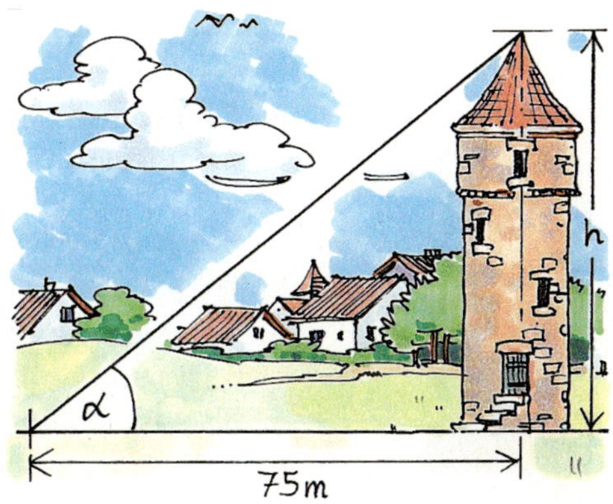

b) Wie groß ist der Höhenwinkel in einer Entfernung von 120 m?

Lösung

a) Aus der Skizze rechts entnehmen wir: $\tan(\alpha) = \frac{h}{s}$.
Wir isolieren h und setzen: $s = 75$ m und $\alpha = 38°$
$h = s \cdot \tan(\alpha) = 75 \text{ m} \cdot \tan(38°) \approx 59$ m
Ergebnis: Der Turm ist ungefähr 59 m hoch.

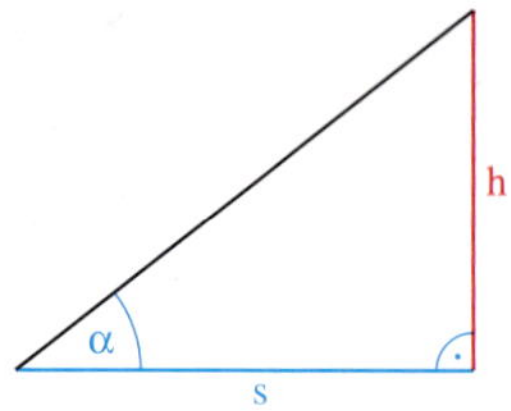

b) Aus der Skizze entnehmen wir wieder: $\tan(\alpha) = \frac{h}{s}$.
Gegeben sind: $s = 120$ m und $h = 59$ m.
Einsetzen ergibt: $\tan(\alpha) = \frac{59 \text{ m}}{120 \text{ m}} \approx 0{,}4917$, also $\alpha \approx 26°$
Ergebnis: In einer Entfernung von 120 m ist der Höhenwinkel etwa 26° groß.

Übungsaufgaben

3. Ein Sendemast soll mit vier Seilen von je 40 m Länge gehalten werden. Der Neigungswinkel α der Seile soll jeweils 55° groß sein.
In welcher Höhe müssen die Seile befestigt werden? Wie weit vom unteren Ende des Mastes müssen sie befestigt werden?

4. a) Damit eine 6 m lange Leiter beim Besteigen nicht hinten überkippt, soll ihr Neigungswinkel nicht größer als 75° sein. Wie hoch reicht sie in diesem Fall und wie weit steht dann das Fußende von der Hauswand entfernt?

b) Wie lang muss eine Leiter sein, damit sie bei 70° Neigungswinkel 3,50 m hoch reicht?

c) Eine 3,60 m lange Leiter lehnt an einer Wand. Ihr Fußende ist 1,50 m von der Wand entfernt.

5. Berechne die rot markierte Größe.

a)

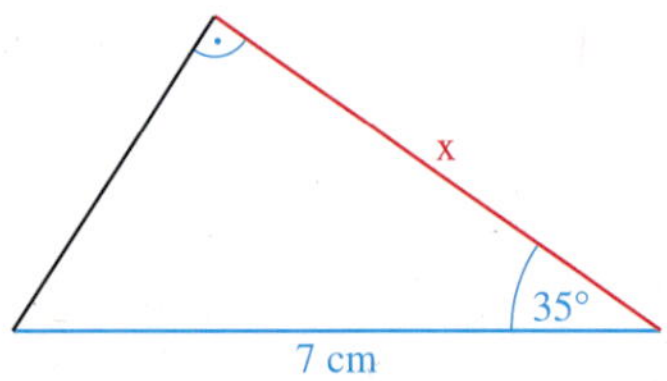

b)

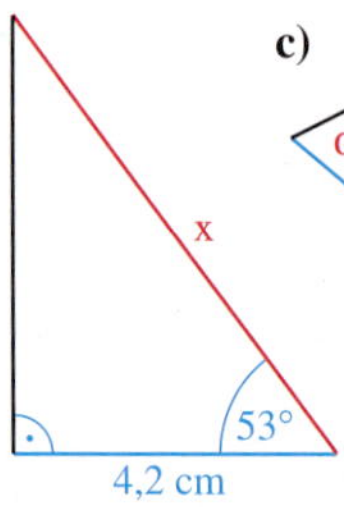

c)

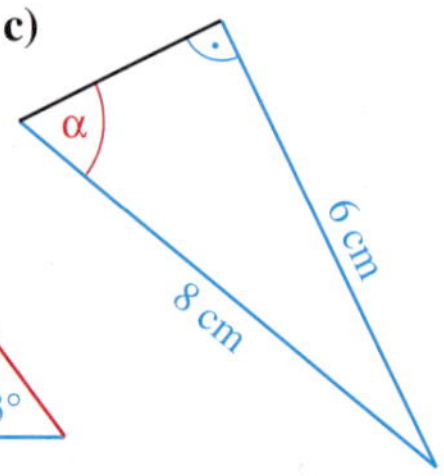

d)

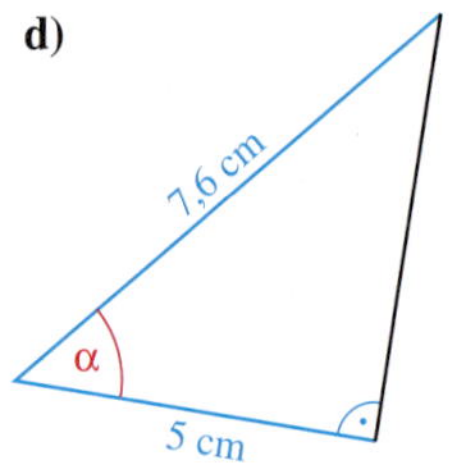

6. In einem Dreieck ABC mit $\alpha = 90°$ sind außerdem folgende Stücke gegeben:

a) $a = 12{,}7$ cm; $c = 5{,}9$ cm **b)** $a = 14{,}1$ cm; $b = 7{,}8$ cm **c)** $a = 21$ cm; $c = 17$ cm

Berechne jeweils die Größe der beiden fehlenden Winkel sowie die Länge der fehlenden Seiten.

7. a) An einer geradlinig verlaufenden Straße zeigt ein Straßenschild ein Gefälle von 14 % an. Das bedeutet:
Auf 100 m horizontal gemessener Entfernung beträgt der Höhenunterschied 14 m.
Wie groß ist der Neigungswinkel α?

b) Wie groß ist der Höhenunterschied auf 4 km (bei gleich bleibendem Gefälle)?

c) Wie groß ist der Neigungswinkel bei 100 % Gefälle?

d) Wie groß ist das Gefälle in Prozent bei einem Neigungswinkel von 60° [85°]?

8. a) Eine Rampe für Rollstuhlfahrer ist 4,50 m lang. Der Neigungswinkel beträgt 3,4°.
Welche Höhe wird mit der Rampe überwunden?

b) Die Neigung einer Rampe für Rollstuhlfahrer beträgt laut Bauvorschrift maximal 6 %.
Wurde diese Bestimmung in Teilaufgabe a) eingehalten?

c) Eine Rampe für Rollstuhlfahrer soll höchstens 6 m lang sein.
Welche Höhe kann damit maximal erreicht werden?

9. Kontrolliere Dominiks Hausaufgaben.

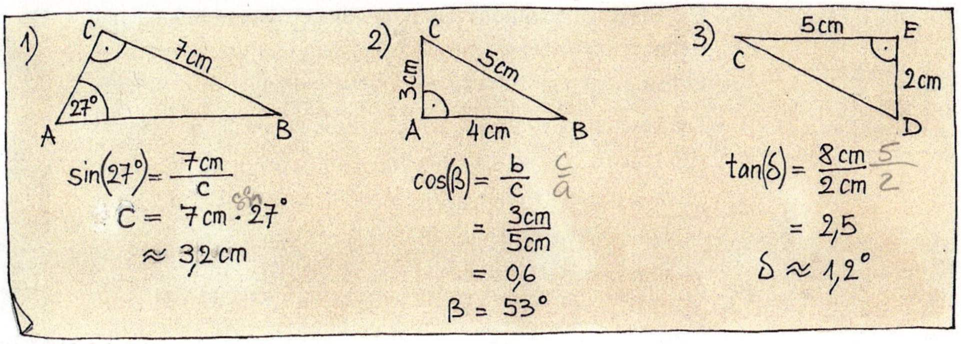

10. Berechne die rot markierte Größe.

a)

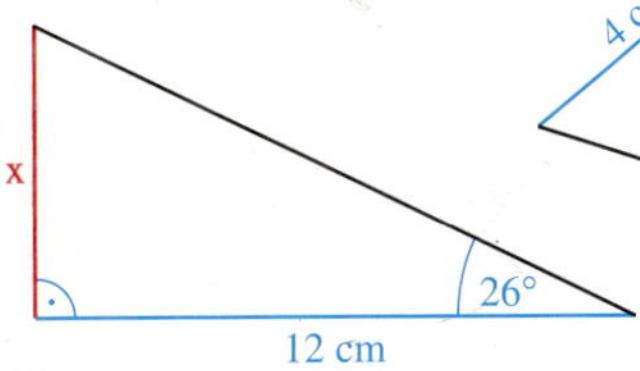

b)

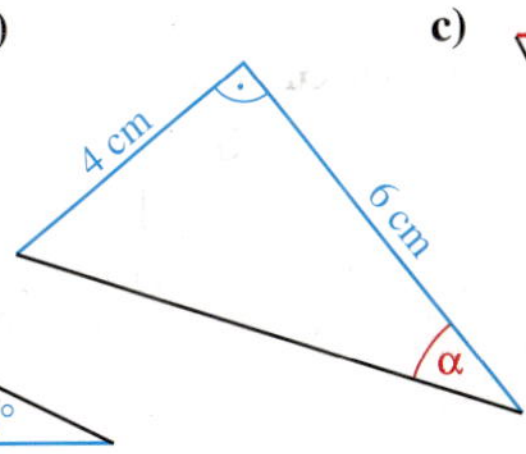

c)

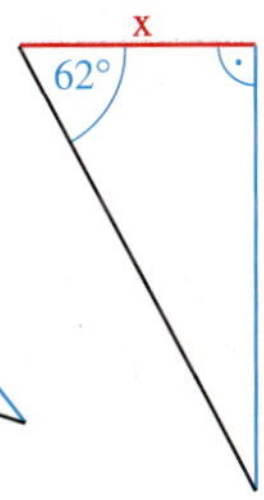

d)

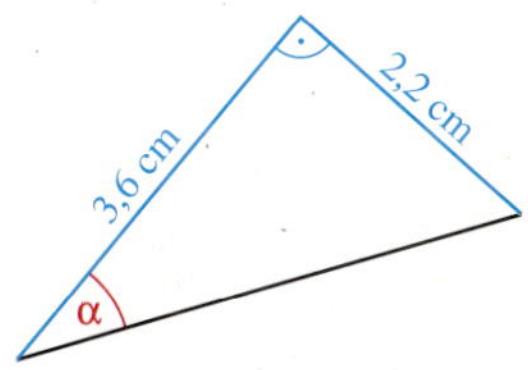

11. Bei Passstraßen ist auf Straßenkarten stets die größte Steigung angegeben:
Jaufenpass: 12 % St. Gotthard: 10 % Timmelsjoch: 13 % Julierpass: 11 %

a) Gib jeweils die Größe des zugehörigen Steigungswinkels an.

b) Welcher Höhenunterschied wird jeweils auf einer 1,2 km langen Strecke mit größter Steigung zurückgelegt?

12. Berechne die Größe der anderen Winkel sowie die Länge der dritten Seite des Dreiecks ABC.

a)	b)	c)	d)	e)
a = 12,3 cm	a = 7,8 cm	b = 23 cm	a = 10,4 cm	a = 4,3 cm
c = 9,4 cm	b = 5,2 cm	c = 16 cm	c = 2,5 cm	b = 5,7 cm
$\beta = 90°$	$\gamma = 90°$	$\alpha = 90°$	$\beta = 90°$	$\gamma = 90°$

13. Berechne die Länge der anderen Kathete und die Länge der Hypotenuse des Dreiecks ABC.

a)	b)	c)	d)	e)
a = 5,5 cm	c = 13,7 cm	b = 15 cm	a = 27,4 cm	b = 4,9 cm
$\gamma = 90°$	$\beta = 90°$	$\gamma = 90°$	$\gamma = 90°$	$\alpha = 90°$
$\beta = 67°$	$\gamma = 22°$	$\alpha = 79°$	$\alpha = 51°$	$\beta = 50°$

14. Der Schatten eines 4,50 m hohen Baumes ist 6 m lang.
Wie hoch steht die Sonne, d. h. unter welchem Winkel α treffen die Sonnenstrahlen auf den Boden?

15. Wie groß ist die Steigung (in %) einer Eisenbahnlinie, wenn der Neigungswinkel
a) 0,7°, **b)** 1,4°, **c)** 2,1° groß ist?

Promille:
1 ‰ = $\frac{1}{1000}$

16. Die maximal mögliche Steigung ist bei den verschiedenen Bahnen unterschiedlich.

Reibungsbahnen:	70 ‰	Standseilbahnen:	750 ‰
Zahnradbahnen:	280 ‰	Seilschwebebahnen:	900 ‰

Gib jeweils den maximalen Steigungswinkel an. Berechne auch, welchen Höhenunterschied diese Bahnen auf einer 1,5 km langen Strecke überwinden.

Gleitzahl:
Verhältnis aus Höhenverlust und der Länge der zurückgelegten Wegstrecke.

17. Hochleistungssegelflugzeuge haben eine Gleitzahl von 1 : 70.
Mit einer Seilwinde können Segelflugzeuge auf eine Höhe von 500 m gebracht werden.
Im Schleppflug kann das Flugzeug auf eine Höhe von 1,2 km gebracht werden.
Stelle selbst geeignete Aufgaben und löse sie.

18. Eine Firma bietet verschieden lange Anlegeleitern an. Der Neigungswinkel soll 70° betragen. Die erreichbare Arbeitshöhe ist um 1,35 m höher als die Höhe, bis zu der die Leiter reicht.

a) Stelle selbst geeignete Aufgaben und löse sie.

b) Untersuche, ob folgende Zuordnungen proportional sind.
(1) *Länge der Leiter → erreichte Höhe*
(2) *Länge der Leiter → erreichbare Arbeitshöhe*

BAUMARKT

Anlegeleitern

Anzahl der Sprossen	Länge der Leiter
9	2,65 m
12	3,50 m
15	4,35 m
18	5,20 m

19. Das nebenstehende Bild zeigt, wie man die Breite eines Flusses an der Stelle B bestimmen kann. Man misst die Länge einer Strecke $\overline{AB}$ (parallel zum Flussufer) und den Winkel $\alpha = ∢ BAC$.
Es ist $|AB| = 30$ m und $\alpha = 52{,}3°$.
Wie breit ist der Fluss?

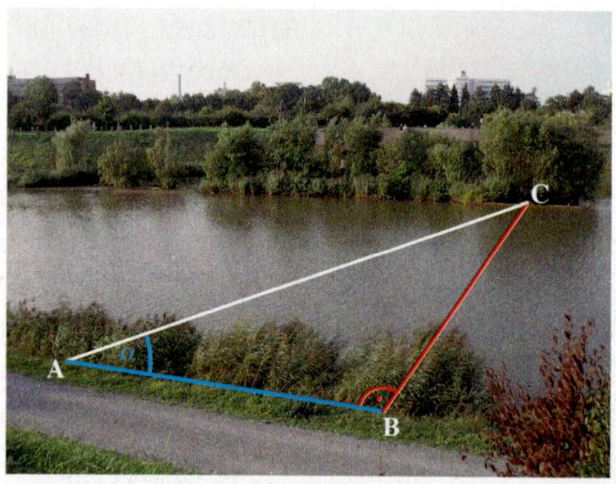

20. Unter welchem Höhenwinkel α sieht man aus einer Entfernung von 1,5 km die 137 m hohe Cheopspyramide?
Beobachtungspunkt und Fußpunkt sollen in gleicher Höhe sein.

21. In welcher waagerechten Entfernung vom Fußpunkt erscheint unter einem Höhenwinkel von 52° die Turmspitze des 143 m hohen Straßburger Münsters?

22. Ein Würfel hat die Kantenlänge 5 cm [a].

a) Berechne den Winkel einer Raumdiagonalen
(1) mit einer Kante;
(2) mit der Diagonalen einer Seitenfläche.

b) Wie groß ist der Winkel zwischen zwei Raumdiagonalen?

zu **a)**

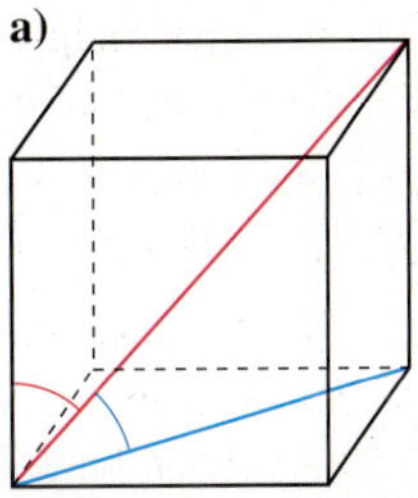

zu **b)**

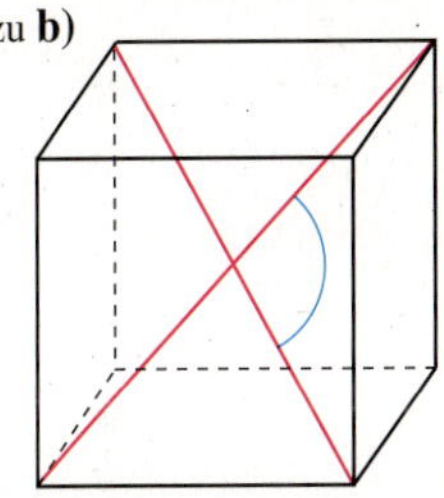

23. Ein Quader besitzt die Kantenlängen
a = 8,5 cm; b = 4,2 cm; c = 5,9 cm.
Wie groß sind die Winkel zwischen

a) den Flächendiagonalen und den Kanten;
b) einer Raumdiagonalen und den Kanten;
c) einer Raumdiagonalen und den Flächendiagonalen;
d) zwei Raumdiagonalen?

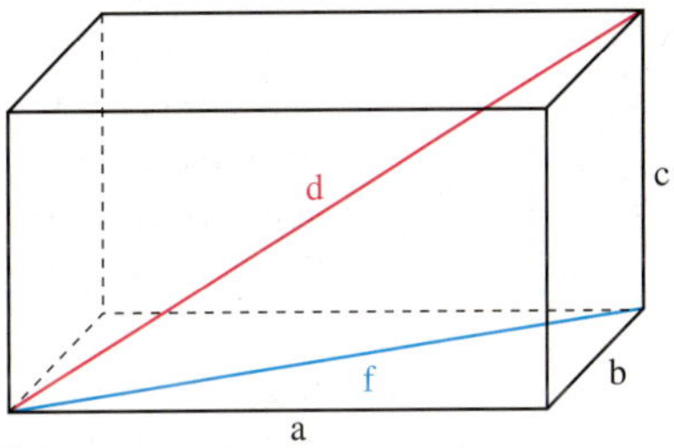

24. In einer Turnhalle hängt ein Kletterseil so, dass noch 50 cm dieses Seils auf dem Boden liegen. Zieht man das untere Seilende 2,50 m zur Seite, so berührt es gerade noch den Boden. Wie lang ist das Seil? Wie groß ist der Winkel, den das Seil dann mit dem Boden bildet?

25. Ein Verkehrsflugzeug befindet sich in 10 000 m Höhe. Der Flugkapitän will durch einen Sinkflug geradlinig einen Landeplatz ansteuern. Der Sinkwinkel beträgt in der Regel 3° bis 5°, höchstens jedoch 10°. In welcher horizontalen Entfernung vom Landeplatz muss der Flugkapitän normalerweise [spätestens] den Sinkflug beginnen?

26. Stelle selbst geeignete Aufgaben zur Niesenbahn und löse sie.

Die Niesenbahn bei Mülenen südwestlich des Thunersees in der Schweiz wurde 1906 – 1910 erbaut. Sie ist in zwei Abschnitte geteilt und mit 3 499 m die längste Standseilbahn der Welt. Die für die Wartung der Gleise erstellte Treppe ist mit 11 674 Stufen die längste Treppe der Welt. 1990 wurde ein Niesen-Treppenlauf durchgeführt. Der schnellste Läufer benötigte 52:26,33 Minuten. Die Bahn benötigt für diese Strecke 28 Minuten.

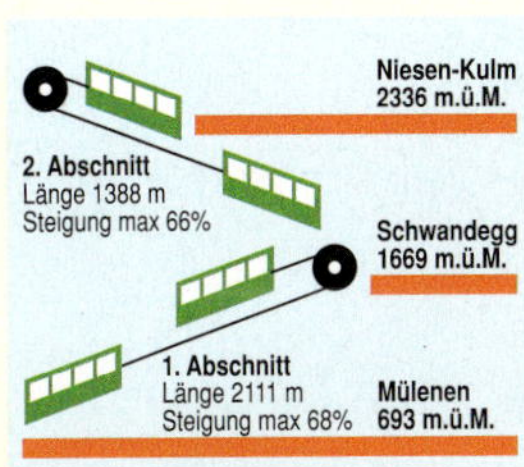

1.3 Überblick über die verschiedenen Aufgabentypen bei der Berechnung rechtwinkliger Dreiecke *Zum Selbstlernen*

Ziel

In den vorangegangen Abschnitten hast du gelernt, wie Seitenlängen und Winkelgrößen im rechtwinkligen Dreieck berechnet werden.
Hier sollst du nun einen Überblick über die verschiedenen Aufgabentypen und die zugehörigen Lösungswege erhalten. Die Kongruenzsätze für Dreiecke helfen dir, die möglichen Aufgabentypen zu finden.

Zum Erarbeiten

Berechnen im Falle wsw und Ssw

A *In einem rechtwinkligen Dreieck ABC sind gegeben:*

a) *$b = 7{,}3$ cm; $\alpha = 90°$; $\gamma = 32°$ (wsw)*

b) *$a = 5{,}7$ cm; $b = 3{,}2$ cm; $\alpha = 90°$ (Ssw)*

Berechne die übrigen Stücke des Dreiecks aus den gegebenen Stücken. Verwende dabei keine der berechneten Größen zum Weiterrechnen.

Runde bei Längen und Winkelgrößen auf Zehntel.

a) Gesucht sind a, c und β.

Berechnen von a	*Berechnen von c*	*Berechnen von β*
$\frac{b}{a} = \cos(\gamma)$	$\frac{c}{b} = \tan(\gamma)$	$\beta + \gamma = 90°$
$a = \frac{b}{\cos(\gamma)}$	$c = b \cdot \tan(\gamma)$	$\beta = 90° - \gamma$
$a = \frac{7{,}3\text{ cm}}{\cos(32°)}$	$c = 7{,}3\text{ cm} \cdot \tan(32°)$	$\beta = 90° - 32°$
$a \approx 8{,}6$ cm	$c \approx 4{,}6$ cm	$\beta = 58°$

Ergebnis: $a \approx 8{,}6$ cm; $c \approx 4{,}6$ cm; $\beta = 58°$

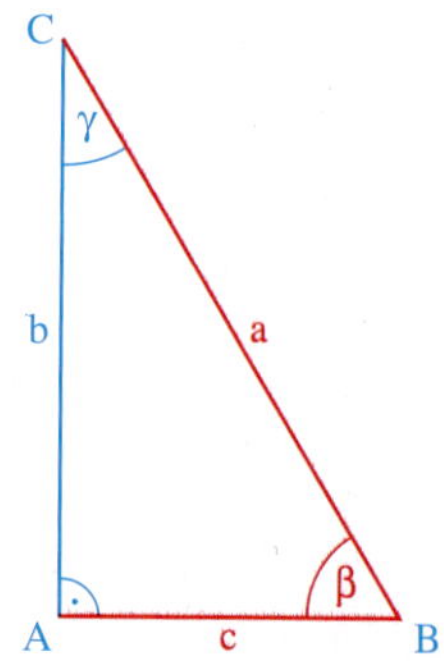

b) Gesucht sind a, β und γ.

Berechnen von c	*Berechnen von β*	*Berechnen von γ*
$a^2 - b^2 = c^2$	$\sin(\beta) = \frac{b}{a}$	$\cos(\gamma) = \frac{b}{a}$
$c = \sqrt{a^2 - b^2}$	$\sin(\beta) = \frac{3{,}2\text{ cm}}{5{,}7\text{ cm}}$	$\cos(\gamma) = \frac{3{,}2\text{ cm}}{5{,}7\text{ cm}}$
$c = \sqrt{5{,}7^2 - 3{,}2^2}$ cm	$\sin(\beta) \approx 0{,}5614$	$\cos(\gamma) \approx 0{,}5614$
$c \approx 4{,}7$ cm	$\beta \approx 34{,}2°$	$\gamma = 55{,}8°$

Ergebnis: $c \approx 4{,}7$ cm; $\beta \approx 34{,}2°$; $\gamma = 55{,}8°$

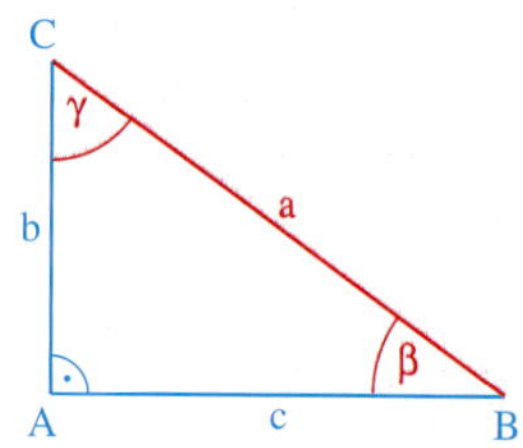

A Berechnen im Falle sws bzw. sww

Berechne die in dem rechtwinkligen Dreieck nicht gegebenen Stücke direkt. Verwende dabei keine der berechneten Größen zum Weiterrechnen.

a) *$a = 2{,}9$ cm; $b = 3{,}8$ cm; $\gamma = 90°$*

b) *$b = 4{,}5$ cm; $\alpha = 55°$; $\beta = 90°$*

Zum Selbstlernen

a) Gesucht sind c, α und β.

Berechnen von c	*Berechnen von α*	*Berechnen von β*
$c^2 = a^2 + b^2$	$\tan(\alpha) = \frac{a}{b}$	$\tan(\beta) = \frac{b}{a}$
$c = \sqrt{a^2 + b^2}$	$\tan(\alpha) = \frac{2{,}9\text{ cm}}{3{,}8\text{ cm}}$	$\tan(\beta) = \frac{3{,}8\text{ cm}}{2{,}9\text{ cm}}$
$c = \sqrt{2{,}9^2 + 3{,}8^2}\text{ cm}$	$\tan(\alpha) \approx 0{,}7632$	$\tan(\beta) \approx 1{,}310$
$c \approx 4{,}8\text{ cm}$	$\alpha \approx 37{,}3°$	$\beta = 52{,}7°$

Ergebnis: $c \approx 4{,}8\text{ cm}$; $\alpha \approx 37{,}3°$; $\beta \approx 52{,}7°$

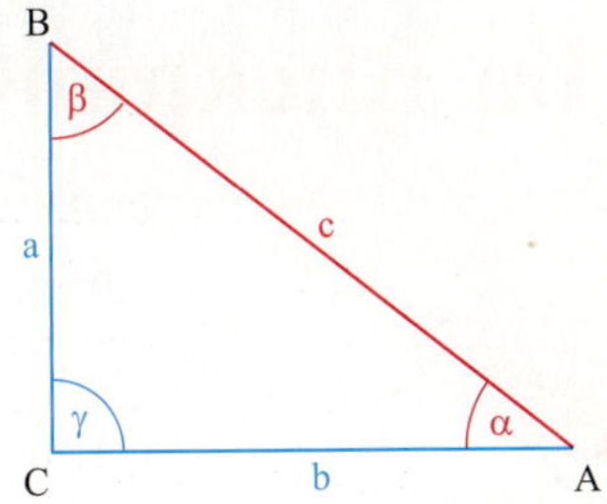

b) Gesucht sind a, c und γ.

Berechnen von a	*Berechnen von c*	*Berechnen von γ*
$\frac{a}{b} = \sin(\alpha)$	$\frac{c}{b} = \cos(\alpha)$	$\gamma + \alpha = 90°$
$a = b \cdot \sin(\alpha)$	$c = b \cdot \cos(\alpha)$	$\gamma = 90° - \alpha$
$a = 4{,}5\text{ cm} \cdot \sin(55°)$	$c = 4{,}5\text{ cm} \cdot \cos(55°)$	$\gamma = 90° - 55°$
$a \approx 3{,}7\text{ cm}$	$c \approx 2{,}6\text{ cm}$	$\gamma = 35°$

Ergebnis: $a \approx 3{,}7\text{ cm}$; $c \approx 2{,}6\text{ cm}$; $\gamma = 35°$

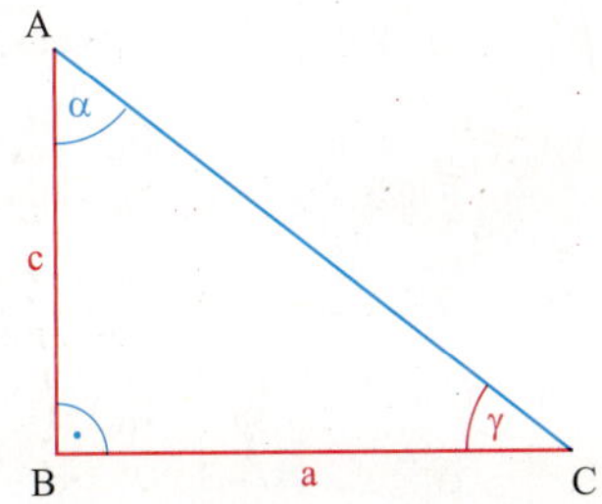

Zum Üben

1. *Teamarbeit:* Denkt euch verschiedene Aufgaben zur Berechnung von Seitenlängen und Winkelgrößen in rechtwinkligen Dreiecken aus. Denkt an verschiedene Typen. Bildet Gruppen, legt dann fest, welche Gruppe welche Aufgaben bearbeitet.

2. In einem Dreieck ABC ist $\gamma = 90°$. Berechne die übrigen Stücke. Welcher Aufgabentyp liegt vor?

a) $a = 4{,}9$ cm, $\alpha = 32°$
b) $b = 6{,}1$ cm, $\beta = 75°$
c) $a = 3{,}7$ cm, $c = 5{,}6$ cm
d) $b = 4{,}1$ cm, $c = 6{,}2$ cm
e) $c = 4{,}5$ cm, $\beta = 42°$
f) $a = 5{,}4$ cm, $b = 3{,}6$ cm
g) $a = 7{,}5$ cm, $\beta = 55°$
h) $c = 7{,}8$ cm, $\alpha = 66°$
i) $a = 2{,}5$ cm, $\alpha = 25°$
j) $b = 7{,}8$ cm, $\alpha = 43°$

3. Berechne aus den gegebenen Stücken des rechtwinkligen Dreiecks ABC die übrigen Stücke. Welcher Aufgabentyp liegt vor?

a) $\gamma = 90°$, $a = 4{,}2$ cm, $c = 7{,}9$ cm
b) $\alpha = 90°$, $b = 5{,}5$ cm, $c = 3{,}1$ cm
c) $\beta = 90°$, $a = 3{,}2$ cm, $b = 4{,}9$ cm
d) $\gamma = 90°$, $\alpha = 35{,}3°$, $b = 5{,}2$ cm
e) $\beta = 90°$, $\gamma = 65{,}9°$, $b = 6{,}3$ cm

4. Bei den Kongruenzsätzen hast du auch den Fall sss kennen gelernt. In der Aufstellung der Typen zur Berechnung vorgegebener rechtwinkliger Dreiecke erscheint er nicht. Überlege, warum.

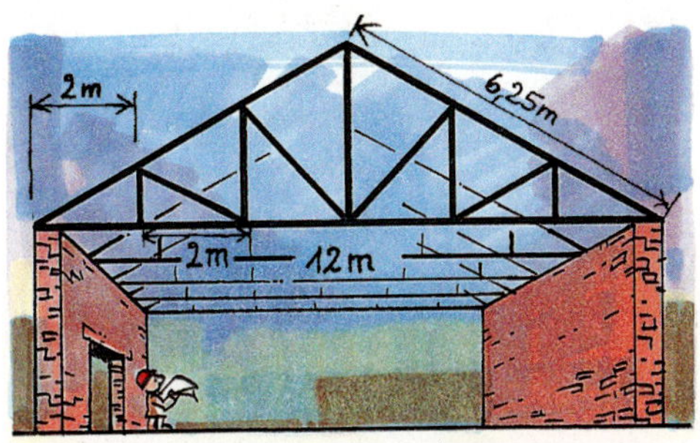

5. Das Bild zeigt einen Fachwerkträger.

a) Wie hoch ist der Dachraum?

b) Wie lang sind jeweils die Füllstäbe?

Zum Selbstlernen

Im Blickpunkt

Im Blickpunkt

Wie hoch ist eigentlich … euer Schulgebäude?

Mit etwas handwerklichem Geschick könnt ihr euch selbst einfache Geräte basteln, mit denen ihr Gebäude vermessen könnt. Die Geräte eignen sich auch dazu, im freien Gelände beispielsweise die Breite eines Flusses zur bestimmen. Wie das funktioniert, erfahrt ihr hier.

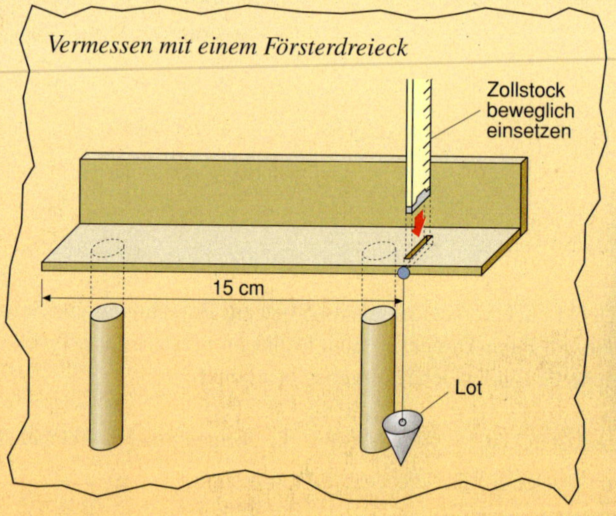

1. Oben ist die Bauanleitung für ein Försterdreieck abgebildet. Seht euch die Skizze an und erläutert das Funktionsprinzip des Gerätes. Baut euch selbst ein Försterdreieck. Worauf müsst ihr achten, wenn ihr das Gerät zur Höhenmessung einsetzt? Besprecht euch untereinander!

2. Bestimmt mithilfe von Maßband und Försterdreieck die Gebäudehöhe eines Flachdachbaus. Schätzt zunächst!
   Fertigt anschließend eine Planfigur an und messt die notwendigen Größen.

3. Sucht euch im Gelände weitere Objekte (z. B. Bäume, Fahnenstangen usw.) und bestimmt deren Höhe.

Vermessen mit einem Winkelmesser

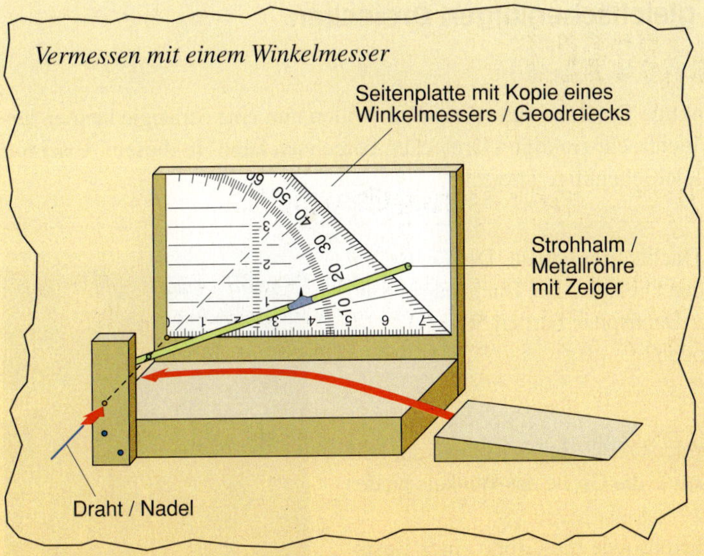

4. Auf dieser Seite findet ihr oben die Bauanleitung zu einem Winkelmesser. Seht euch die Skizze an und erläutert die Funktionsweise des Gerätes. Baut euch selbst einen Winkelmesser.

5. Mit dem Winkelmesser könnt ihr nun auch dann die Höhe eurer Schule bestimmen, wenn das Schulgebäude kein Flachdachbau ist. Peilt dazu die höchste Stelle von zwei Punkten an, die auf einer Linie liegen. Fertigt zunächst eine Skizze an. Messt dann die notwendigen Größen und bestimmt hieraus die Gebäudehöhe.

6. In dieser Aufgabe lernt ihr ein Verfahren kennen, um beispielsweise die Breite eines Flusses zu bestimmen.
Stellt euch den Schulhof als Fluss vor. Peilt von zwei Stellen auf der einen Seite des Schulhofes eine Stelle auf der gegenüberliegenden Seite an und bestimmt die Größe der Peilungswinkel. Mithilfe dieser Winkel und der Entfernung der beiden Peilstellen könnt ihr die Breite des Schulhofes (Flusses) berechnen. Fertigt zuerst eine Skizze an. Überprüft am Ende euer berechnetes Ergebnis durch Nachmessen.
Hinweis: Zum Peilen müsst ihr den Winkelmesser auf die Seitenplatte legen.

Tipp:
Zerlege in rechtwinklige Dreiecke.

1.4 Berechnungen in gleichschenkligen Dreiecken

Bisher haben wir nur rechtwinklige Dreiecke betrachtet. Wir wollen nun eine Strategie kennen lernen, wie man auch Stücke in nichtrechtwinkligen Dreiecken berechnen kann. In diesem Abschnitt betrachten wir zunächst nur gleichschenklige Dreiecke.

Aufgabe 1

In einer Ferienanlage werden Dachhäuser gebaut. Der Giebel hat die Form eines gleichschenkligen Dreiecks. Die Dachsparren sind 6,50 m lang, der Winkel an der Dachspitze beträgt 50°.
Wie breit ist der Giebel am Boden?
Wie groß ist die Dachneigung?

Lösung

In einem gleichschenkligen Dreieck ABC sind die Länge der beiden Schenkel $a = b = 6{,}50$ m sowie die Größe des Winkels an der Spitze $\gamma = 50°$ gegeben.
Gesucht sind die Länge der Basis sowie die Größe eines Basiswinkels.

Eine solche Aufgabe haben wir bisher nur zeichnerisch gelöst. Zur rechnerischen Lösung zerlegen wir das gleichschenklige Dreieck ABC durch die Höhe h_c zur Basis $\overline{AB}$ in zwei rechtwinklige Dreiecke. Wir wissen:
Im gleichschenkligen Dreieck halbiert diese Höhe (Symmetrieachse) die Basis und den Winkel an der Spitze.
Im rechtwinkligen Teildreieck ADC können wir folgende Berechnungen durchführen:

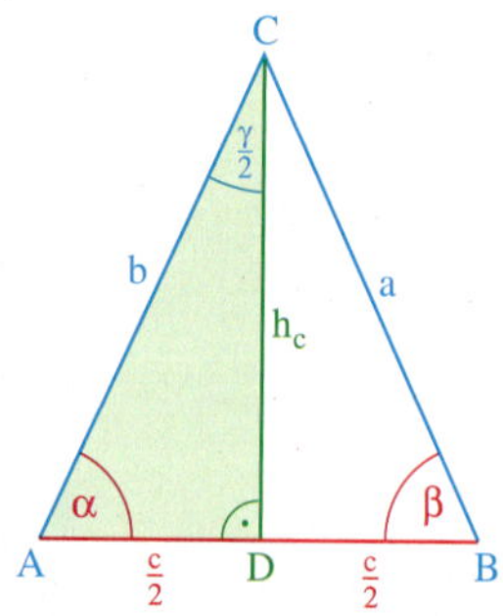

(1) *Berechnen der Basis c*

$$\sin\left(\tfrac{\gamma}{2}\right) = \frac{\frac{c}{2}}{b}$$
$$b \cdot \sin\left(\tfrac{\gamma}{2}\right) = \frac{c}{2}$$
$$c = 2b\sin\left(\tfrac{\gamma}{2}\right)$$
$$c = 2 \cdot 6{,}50\text{ m} \cdot \sin(25°)$$
$$c \approx 5{,}49\text{ m}$$

(2) *Berechnen des Basiswinkels α*

$$\alpha + \tfrac{\gamma}{2} = 90°$$
$$\alpha = 90° - \tfrac{\gamma}{2}$$
$$\alpha = 90° - 25°$$
$$\alpha = 65°$$
$$\beta = 65°$$

Basiswinkel gleich groß

Ergebnis: Der Giebel ist am Boden ungefähr 5,50 m breit; die beiden Dachneigungen betragen 65°.

Strategie zum Berechnen gleichschenkliger Dreiecke

Die Berechnung von Stücken in gleichschenkligen Dreiecken kann man auf die von rechtwinkligen Dreiecken zurückführen, indem man das gleichschenklige Dreieck durch eine Symmetrieachse (bzw. geeignete Höhe) in zwei rechtwinklige Teildreiecke zerlegt.

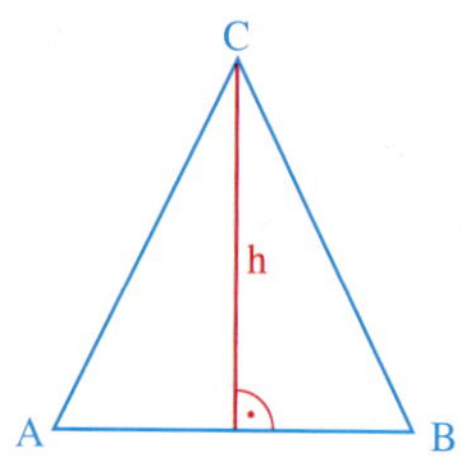

Weiterführende Aufgabe

2. *Berechnen von Höhe und Flächeninhalt des gleichschenkligen Dreiecks*

Berechne die Höhe h_c und den Flächeninhalt A des in Aufgabe 1 gegebenen Dreiecks.

Übungsaufgaben

3. Eine Stehleiter ist zusammengeklappt 2,50 m lang. Sie wird mit dem Öffnungswinkel von $\gamma = 50°$ aufgestellt.

a) Wie hoch reicht die Leiter?

b) Wie weit stehen die Fußpunkte der Leiter auseinander?

c) Die Leiter soll genau 2,20 m hoch reichen. Wie groß muss der Öffnungswinkel γ sein?

4. ABC soll ein gleichschenkliges Dreieck mit der Basis $\overline{AB}$ sein. Berechne aus den gegebenen Größen die übrigen sowie die Höhe zur Basis und den Flächeninhalt.

a) $c = 2$ m; $\gamma = 72°$ **b)** $c = 4$ cm; $\beta = 62°$ **c)** $b = 9$ cm; $\beta = 34°$ **d)** $a = 6$ cm; $c = 1$ cm

Eine Raute ist ein Viereck mit vier gleich langen Seiten.

5. Von den drei Größen a, e und f einer Raute sind zwei gegeben. Berechne die dritte Größe.
Berechne auch den Flächeninhalt und den Umfang der Raute.

a) $e = 5$ cm; $f = 7$ cm **c)** $a = 4{,}8$ km; $f = 3{,}1$ km

b) $a = 6$ mm; $e = 9$ mm **d)** $e = 4{,}7$ m; $f = 3{,}3$ m

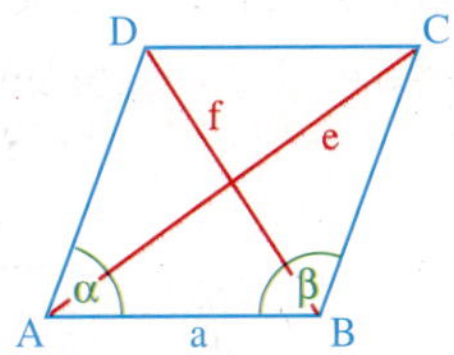

Bei einem Drachenviereck gibt es zu jeder Seite eine benachbarte gleich lange.

6. Das Drachenviereck ABCD hat die Symmetrieachse AC.
Die Seite $\overline{AB}$ ist 5 cm lang, die Diagonale $\overline{AC}$ ist 9 cm lang und die Diagonale $\overline{BD}$ ist 8 cm lang.
Wie lang sind die drei Seiten $\overline{BC}$, $\overline{DC}$ und $\overline{DA}$?

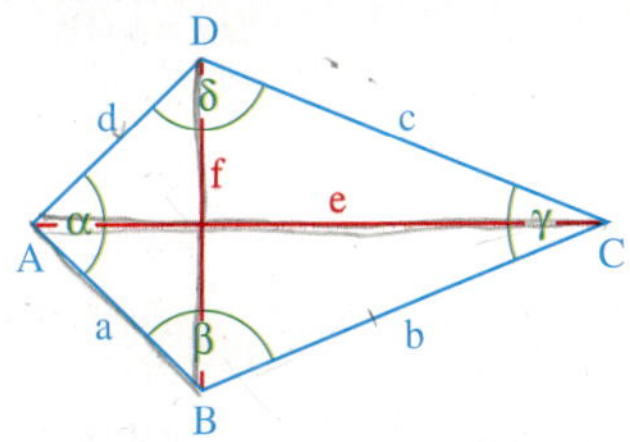

7. Von einem gleichschenkligen Dreieck ABC sind gegeben: $\alpha = \beta = 65°$ und $A = 11{,}5\ \text{cm}^2$. Wie lang ist die Basis $\overline{AB}$?

8. Ein Haus mit Satteldach ist 10,40 m breit. Die Dachsparren sind 6,30 m lang und stehen 30 cm über. Vernachlässige die Dicke der Dachsparren.
Stelle selbst geeignete Aufgaben und löse sie.

9. Gegeben ist ein regelmäßiges Sechseck ABCDEF mit der Seitenlänge $a = 3$ cm.

a) Wie groß ist der Winkel α?
Was für ein Dreieck ist ABM?

b) Gib den Radius r_a des Umkreises des Sechsecks an.

c) Gib den Radius ϱ des Inkreises des Sechsecks an.

d) Gib den Flächeninhalt des Sechsecks an.

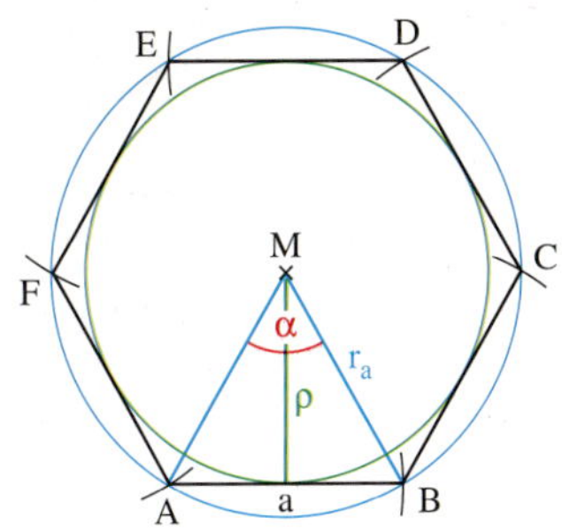

1 Minute (1′), ist der 60te Teil von 1°:
$1' = \left(\frac{1}{60}\right)°$

10. Die Sonne sieht man unter einem Sehwinkel von 32′. Sie ist $1{,}5 \cdot 10^8$ km von der Erde entfernt.
Welchen Durchmesser besitzt die Sonne ungefähr?
Welche Vereinfachung muss man zur Lösung der Aufgabe machen?

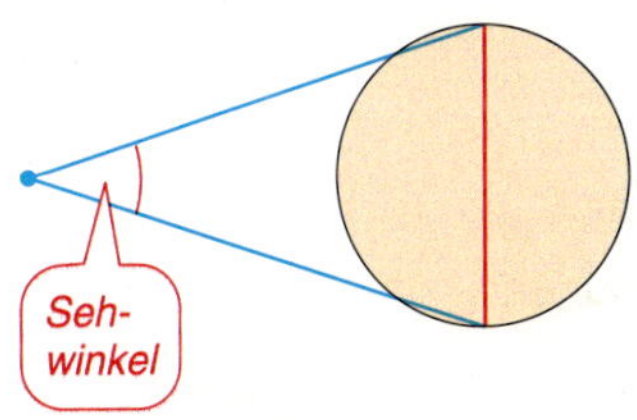

1.5 Berechnungen in beliebigen Dreiecken

Bisher haben wir Berechnungen nur bei rechtwinkligen und gleichschenkligen Dreiecken durchgeführt. Wir wollen nun Berechnungen bei beliebigen Dreiecken durchführen und dabei auch Berechnungsformeln entwickeln. Dabei wird uns die Strategie, die wir schon bei gleichschenkligen Dreiecken kennen gelernt haben (Seite 26), hilfreich sein. Um systematisch vorgehen zu können, wollen wir uns zunächst die verschiedenen Aufgabentypen überlegen. Stelle sie zusammen.

1.5.1 Sinussatz

Aufgabe 1

Berechnen eines Dreiecks im Fall wsw

a) A, B und C sind die Kirchtürme dreier Dörfer, wobei A von B und von C durch einen Fluss getrennt ist.
Wie kann man die Entfernung von A nach C bestimmen, ohne diese (wegen des Flusses) direkt zu messen?
Man misst die Entfernung von B nach C sowie die Winkelgrößen β und γ:
$|\overline{BC}| = 5{,}4\ \text{km}$; $\beta = 44°$; $\gamma = 69°$
Berechne die Entfernung von A nach C.

b) In einem Dreieck ABC sind gegeben:
$a = 8{,}0\ \text{cm}$; $\beta = 115°$; $\gamma = 20°$
Berechne die Seitenlänge b.

Lösung

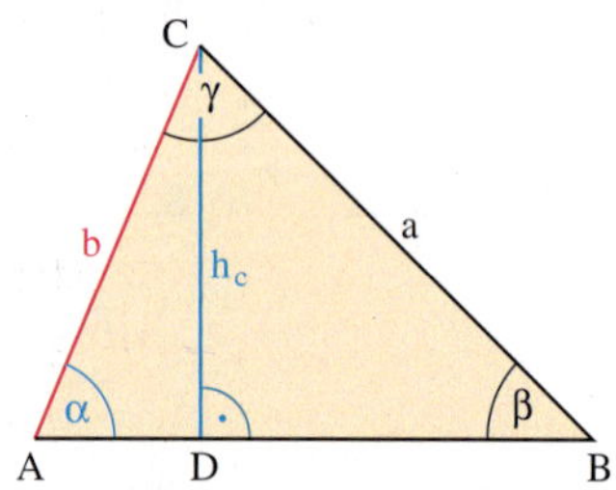

a) Bisher haben wir eine solche Aufgabe zeichnerisch gelöst. Um nun die gesuchte Entfernung zu berechnen, zerlegen wir das *spitzwinklige* Dreieck ABC so in zwei rechtwinklige Teildreiecke, dass wir aus den gegebenen Stücken nacheinander die beiden rechtwinkligen Teildreiecke und damit auch die gesuchte Länge b berechnen können. Wir erreichen dies, indem wir die Höhe h_c zu der Seite $\overline{AB}$ einzeichnen.
Das Ziel ist, die Seitenlänge b im Teildreieck ADC zu berechnen; in diesem Teildreieck ist jedoch kein weiteres Stück gegeben. Wir beginnen daher mit dem rechtwinkligen Teildreieck DBC, da hier zwei weitere Stücke, nämlich a und β, gegeben sind. Damit lässt sich die Höhe h_c berechnen, die auch zum Teildreieck ADC gehört. Den auch zum Teildreieck gehörenden Winkel α können wir mithilfe des Winkelsummensatzes berechnen. Damit sind dann auch zwei weitere Stücke im Teildreieck ADC bekannt und wir können die Seitenlänge b berechnen.

Berechnen von h_c im Dreieck DBC

$$\frac{h_c}{a} = \sin(\beta)$$
$$h_c = a \cdot \sin(\beta)$$
$$h_c = 5{,}4\ \text{km} \cdot \sin(44°)$$
$$\approx 3{,}751\ \text{km}$$

Berechnen von α im Dreieck ABC

$$\alpha = 180° - (\beta + \gamma)$$
$$\alpha = 180° - (44° + 69°)$$
$$= 67°$$

Berechnen von b im Dreieck ADC

$$\frac{h_c}{b} = \sin(\alpha)$$
$$b = \frac{h_c}{\sin(\alpha)}$$
$$b \approx \frac{3{,}751\ \text{km}}{\sin(67°)} \approx 4{,}075\ \text{km}$$

Ergebnis: Die Entfernung $b = |\overline{AC}|$ beträgt ungefähr 4,1 km.

b) Wir ergänzen das stumpfwinklige Dreieck ABC durch die Höhe h_c zur Seite $\overline{AB}$ zu einem rechtwinkligen Dreieck ADC. In diesem Teildreieck BDC können wir h_c und anschließend im Teildreieck ADC die gesuchte Länge b berechnen.

Berechnen von h_c im Dreieck BDC:

$\frac{h_c}{a} = \sin(180° - \beta)$

$h_c = a \cdot \sin(180° - \beta)$

$h_c = 8\text{ cm} \cdot \sin(180° - 115°)$

$h_c = 8\text{ cm} \cdot \sin(65°)$

$h_c \approx 7{,}3\text{ cm}$

Berechnen von α im Dreieck ADC:

$\alpha = 180° - (\beta + \gamma)$

$\alpha = 180° - (115° + 20°)$

$\alpha = 45°$

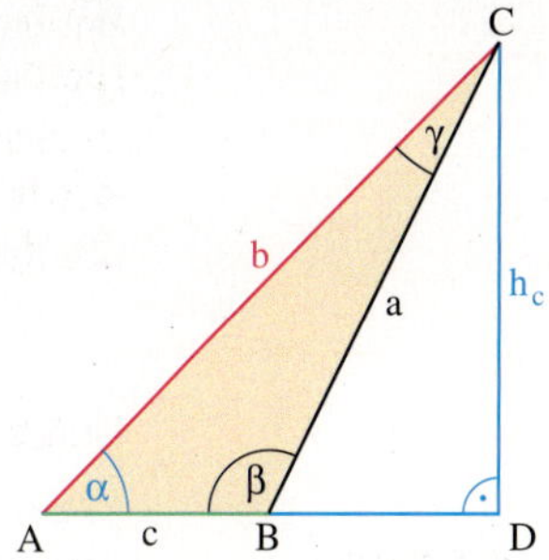

Berechnen von b im Dreieck ADC:

$\frac{h_c}{b} = \sin(\alpha)$, also $b = \frac{h_c}{\sin(\alpha)}$.

Einsetzen ergibt: $b \approx \frac{7{,}3\text{ cm}}{\sin(45°)} \approx 10{,}3\text{ cm}$.

Ergebnis: Die Seite $\overline{AC}$ ist ungefähr 10,3 cm lang.

Information

(1) Berechnen eines nicht rechtwinkligen Dreiecks

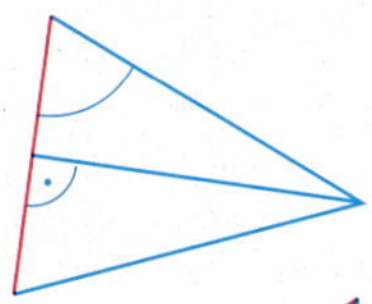

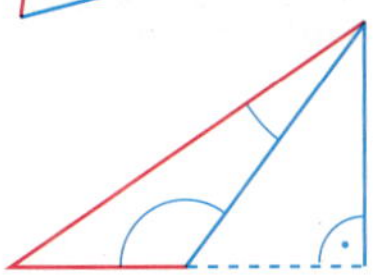

Strategie zur Berechnung von Stücken eines beliebigen Dreiecks

In einem beliebigen Dreieck kann man aus einer Seite und den beiden anliegenden Winkeln (wsw) die übrigen Stücke mit Sinus und Winkelsummensatz berechnen.
Durch Einzeichnen einer geeigneten Höhe zerlegt man das gegebene Dreieck in rechtwinklige Dreiecke oder ergänzt es zu einem rechtwinkligen Dreieck. Man wählt die Höhe so, dass in einem der beiden Teildreiecke zwei Stücke gegeben sind.

(2) Herleitung des Sinussatzes

Um Berechnungsformeln für die oben genannten Aufgabentypen zu entwickeln, führen wir die Berechnungen im Falle sww allgemein durch.
In einem Dreieck ABC seien die Stücke a, α und β gegeben. Wir wollen nun wie in der Aufgabe 1 (Seite 28) die Seitenlänge b allgemein berechnen.

1. Fall: $0° < \alpha < 90°$ und $0° < \beta < 90°$

Wir zerlegen das Dreieck ABC durch die Höhe h_c in zwei rechtwinklige Teildreiecke ADC und DBC.

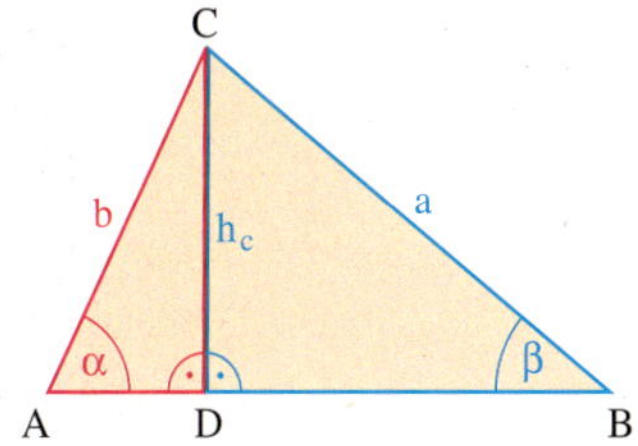

Für das Dreieck ADC gilt:

$\sin(\alpha) = \frac{h_c}{b}$, also $h_c = b \cdot \sin(\alpha)$

Für das Dreieck DBC gilt:

$\sin(\beta) = \frac{h_c}{a}$, also $h_c = a \cdot \sin(\beta)$

Aus beiden Gleichungen erhalten wir durch Gleichsetzen:

$$b \cdot \sin(\alpha) = a \cdot \sin(\beta)$$

Durch Dividieren beider Seiten durch b und durch sin (β) erhalten wir dann:

$\frac{\sin(\alpha)}{\sin(\beta)} = \frac{a}{b}$ für $0° < \alpha < 90°$ und $0° < \beta < 90°$

2. Fall: $90° < \alpha < 180°$

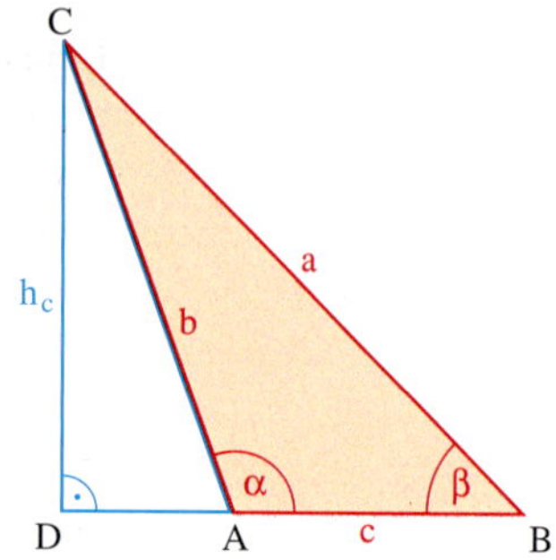

Wir ergänzen das stumpfwinklige Dreieck ABC durch die Höhe h_c zu einem rechtwinkligen Dreieck DBC.
Wir entnehmen der nebenstehenden Figur:

(1) Für das Dreieck DAC gilt:

$\frac{h_c}{b} = \sin(180° - \alpha)$, also $h_c = b \cdot \sin(180° - \alpha)$

(2) Für das Dreieck DBC gilt:

$\frac{h_c}{a} = \sin(\beta)$, also $h_c = a \cdot \sin(\beta)$

Durch Gleichsetzen ergibt sich:

$a \cdot \sin(\beta) = b \cdot \sin(180° - \alpha)$

Durch Dividieren beider Seiten durch b und durch $\sin(\beta)$ erhalten wir:

$\frac{\sin(180° - \alpha)}{\sin(\beta)} = \frac{a}{b}$ für $90° < \alpha < 180°$ und $0° < \beta < 90°$

(3) Sinus im Bereich $90° < \alpha < 180°$

Um zu erreichen, dass die Formel $\frac{a}{b} = \frac{\sin(\alpha)}{\sin(\beta)}$ auch für stumpfe Winkel gilt, definieren wir den Sinus auch für Winkelgrößen zwischen 90° und 180°.

Definition
Für Winkelgrößen α mit $90° < \alpha < 180°$ soll gelten: $\mathbf{\sin(\alpha) = \sin(180° - \alpha)}$

Aufgrund der Definition ist unmittelbar klar:

Für alle α mit $90° < \alpha < 180°$ gilt: $0 < \sin(\alpha) < 1$

(4) Definition des Sinus am Einheitskreis

Die Definition unter (3) können wir am rechtwinkligen Dreieck nicht als Längenverhältnis deuten, da im rechtwinkligen Dreieck wegen des Winkelsummensatzes kein stumpfer Winkel vorkommen kann.
Wir greifen deshalb die Darstellung des Sinus am Einheitskreis in einem Koordinatensystem von Seite 14 auf. Für einen Punkt $P(u|v)$ auf dem Einheitskreis ist α die Größe des Winkels, den die Halbgerade $\overline{OP}$ mit der Rechtsachse bildet. Der Sinus des Winkels α ist dann die 2. Koordinate des Punktes P:

$\sin(\alpha) = v$

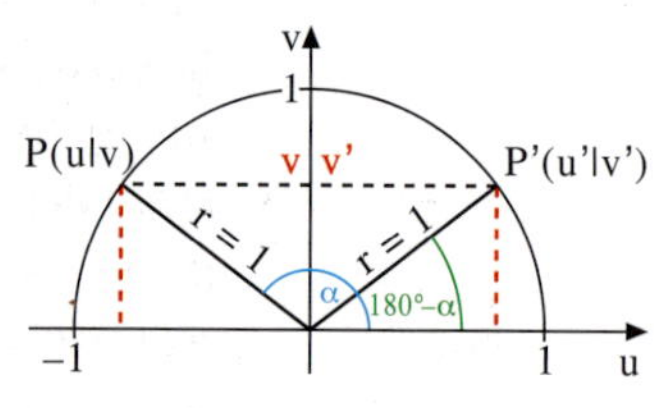

Dass die Definition unter (3) sinnvoll ist, erkennen wir auch, wenn wir den Einheitskreis im 2. Quadranten betrachten. Zum Winkel α mit $0° < \alpha < 180°$ gehört der Punkt $P(u|v)$ auf dem Einheitskreis. Spiegelt man P an der Hochachse, so erhält man den Punkt $P'(u'|v')$, der zum Winkel $180° - \alpha$ gehört.

Daraus folgt:

$\sin(\alpha) = \sin(180° - \alpha) = v' = v$, also

$\sin(\alpha) = v$

Deutung des Sinus am Einheitskreis

Gegeben ist in einem Koordinatensystem ein Punkt P(u|v) auf dem Einheitskreis im 1. oder im 2. Quadranten.

α ist die Größe des Winkels, den die Halbgerade $\overrightarrow{OP}$ mit der Rechtsachse bildet.

Dann gilt:

sin (α) = v (2. Koordinate von P)

Insbesondere gilt:

sin (0°) = 0; sin (90°) = 1; sin (180°) = 0

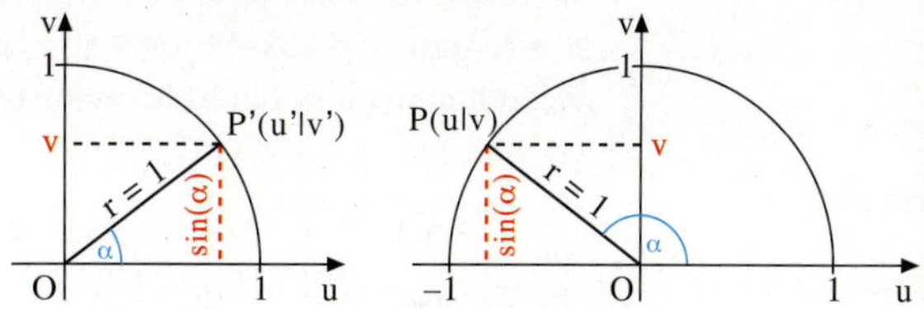

(5) Endgültige Formulierung des Sinussatzes

Sinussatz

In jedem Dreieck ist das Verhältnis der Längen zweier Dreieckseiten gleich dem Verhältnis der Sinuswerte der gegenüberliegenden Winkel.

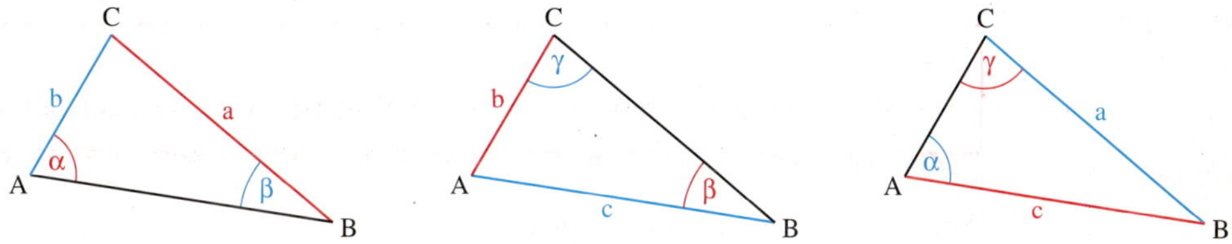

$\frac{a}{b} = \frac{\sin(\alpha)}{\sin(\beta)}$ $\frac{b}{c} = \frac{\sin(\beta)}{\sin(\gamma)}$ $\frac{c}{a} = \frac{\sin(\gamma)}{\sin(\alpha)}$

Sind in einem Dreieck zwei Winkel (wsw bzw. sww) und eine Seite oder zwei Seiten und der der größeren Seite gegenüberliegende Winkel (Ssw) gegeben, so kann man die übrigen Stücke mithilfe des Sinussatzes und des Winkelsummensatzes berechnen.

(6) Verwenden des Taschenrechners bei stumpfen Winkeln

Bestimmen von Sinuswerten zu vorgegebenen Winkeln

Der Rechner liefert auch für alle Winkelgrößen im Bereich 90° < α ≤ 180° beim Drücken der Taste sin die zugehörigen Sinuswerte.

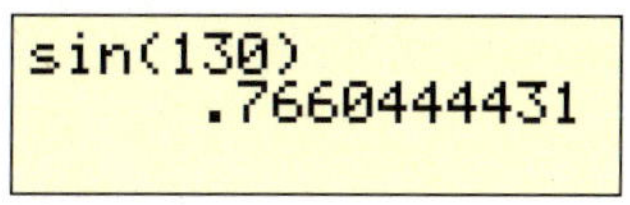

Bestimmen von Winkelgrößen zu vorgegebenen Sinuswerten

Am Einheitskreis ist unmittelbar klar, dass es zu einem Sinuswert zwischen 0 und 1 stets zwei Winkelgrößen gibt. Der Taschenrechner liefert aber nur die Winkelgröße im Bereich 0° < α < 90°.

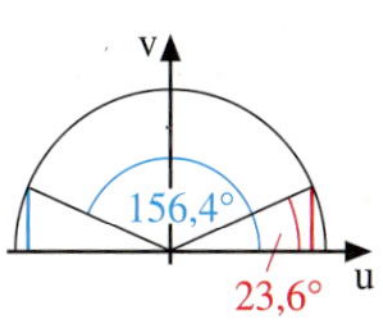

Rechts wurde zum Sinuswert 0,4 mit dem Rechner eine zugehörige Winkelgröße bestimmt.

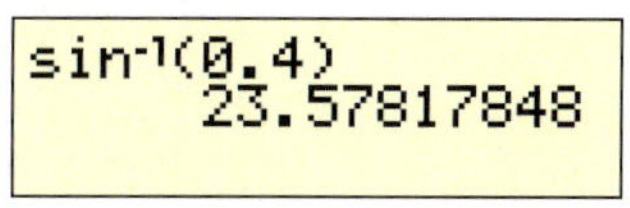

Wegen sin α = sin (180° − α) besitzt die Gleichung sin (α) = 0,4 noch eine zweite Lösung, nämlich $\alpha_2 = 180° - \alpha_1$, also $\alpha_2 \approx 180° - 23{,}6° = 156{,}4°$.

Kontrolliere die Ergebnisse.

Aufgabe 2

Beispiel für die Berechnung eines Dreiecks mithilfe des Sinussatzes

In einem Dreieck ABC sind gegeben:
$a = 3{,}7\text{ cm}$, $c = 4{,}8\text{ cm}$ und $\gamma = 112°$
Berechne die übrigen Stücke des Dreiecks.

Lösung

Beginne mit der gesuchten Größe

Berechnen von α:

$\frac{\sin(\alpha)}{\sin(\gamma)} = \frac{a}{c}$; $\sin(\alpha) = \frac{a}{c} \cdot \sin(\gamma)$

$\sin(\alpha) = \frac{3{,}7\text{ cm}}{4{,}8\text{ cm}} \cdot \sin(112°) \approx 0{,}7147$

Aus $\sin(\alpha) \approx 0{,}7147$ folgt $\alpha \approx 45{,}6°$ oder $\alpha \approx 134{,}4°$.
Wegen $112° + 134{,}4° > 180°$ kommt $\alpha \approx 134{,}4°$ nach dem Winkelsummensatz für Dreiecke nicht infrage, also gilt $\alpha \approx 45{,}6°$.

Planskizze:

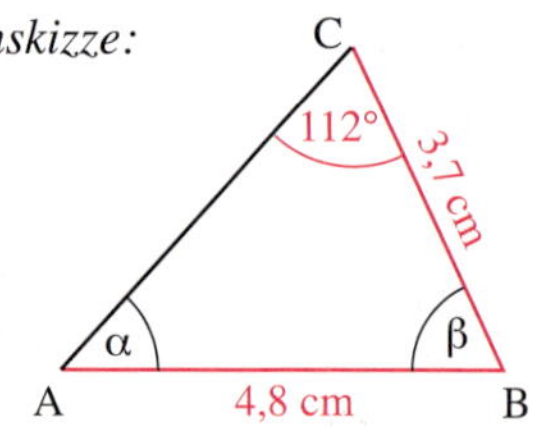

Berechnen von β:

$\beta = 180° - (\alpha + \gamma)$; $\beta = 180° - (45{,}6° + 112°)$, also $\beta = 22{,}4°$

Berechnen von b:

$\frac{b}{c} = \frac{\sin(\beta)}{\sin(\gamma)}$; $b = c \cdot \frac{\sin(\beta)}{\sin(\gamma)}$; $b = 4{,}8\text{ cm} \cdot \frac{\sin(22{,}4°)}{\sin(112°)}$, also $b \approx 1{,}97\text{ cm}$

Weiterführende Aufgaben

3. Berechnen eines Dreiecks im Fall sww
In einem Dreieck ABC sind gegeben: $b = 7\text{ cm}$; $\alpha = 25°$; $\beta = 52°$.
Berechne die übrigen Stücke des Dreiecks. Kontrolliere die Ergebnisse zeichnerisch.

Übungsaufgaben

4. a) Die Entfernung zwischen zwei Berggipfeln D und E beträgt 36 km (Bild rechts). Von D aus sieht man den Gipfel E und einen weiteren Gipfel F unter dem Sehwinkel von 47°, von E aus sieht man D und F unter dem Sehwinkel von 58°. Wie weit ist der Gipfel F von den Gipfeln D und E entfernt?

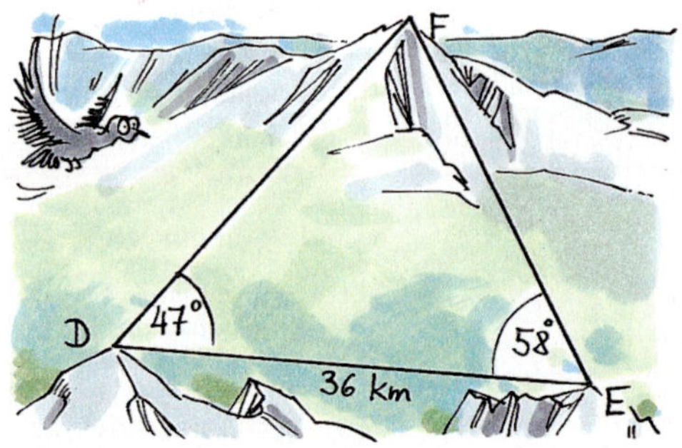

b) In einem Dreieck ABC sind $c = 7\text{ cm}$, $\alpha = 115°$ und $\beta = 30°$ gegeben. Bestimme die Seitenlängen a und b.

5. a) Mithilfe der Definition auf Seite 30 kann man alle Sinuswerte im Bereich $90° < \alpha \leq 180°$ berechnen, indem man sie auf den Bereich $0° < \alpha \leq 90°$ zurückführt.
Berechne wie im Beispiel:
$\sin(135°)$; $\sin(120°)$; $\sin(180°)$

$$\begin{aligned}\sin(150°) &= \sin(180° - 150°)\\ &= \sin(30°)\\ &= \tfrac{1}{2}\end{aligned}$$

b) Begründe, dass die Gleichung $\sin(\alpha) = \sin(180° - \alpha)$ auch für $0° < \alpha \leq 90°$ gilt.

6. Bestimme zeichnerisch am Einheitskreis ($r = 1$ dm) auf zwei Stellen nach dem Komma oder mithilfe der Definition (Seite 30) und der Tabelle auf Seite 14:
$\sin(100°)$; $\sin(130°)$; $\sin(140°)$; $\sin(110°)$; $\sin(160°)$; $\sin(170°)$

7. **a)** Bestimme $\sin(\alpha)$ mit dem Rechner für folgende Winkelgrößen α:
117°; 175°; 95°; 143°; 167,4°; 99,5°; 156,1°; 104,8°

b) Für welche Winkelgrößen α zwischen 0° und 180° gilt:
$\sin(\alpha) = 0{,}9945$; $\sin(\alpha) = 0{,}5978$; $\sin(\alpha) = 0{,}7384$; $\sin(\alpha) = 0{,}2345$?

8. Berechne die übrigen Stücke des Dreiecks ABC.

a) $a = 7{,}3$ cm; $\alpha = 75°$; $\beta = 31°$
b) $c = 8{,}4$ cm; $\alpha = 52°$; $\beta = 61°$
c) $b = 34$ cm; $\alpha = 107°$; $\beta = 19°$
d) $a = 56$ m; $\beta = 18°$; $\gamma = 44°$
e) $a = 73$ m; $b = 64$ m; $\alpha = 81°$
f) $b = 12$ m; $c = 8$ m; $\gamma = 37°$
g) $a = 1{,}11$ m; $c = 3{,}16$ m; $\gamma = 98°$
h) $a = 19{,}3$ cm; $b = 27{,}1$ cm; $\beta = 123°$

9. Kontrolliere Jasmins Hausaufgabe.

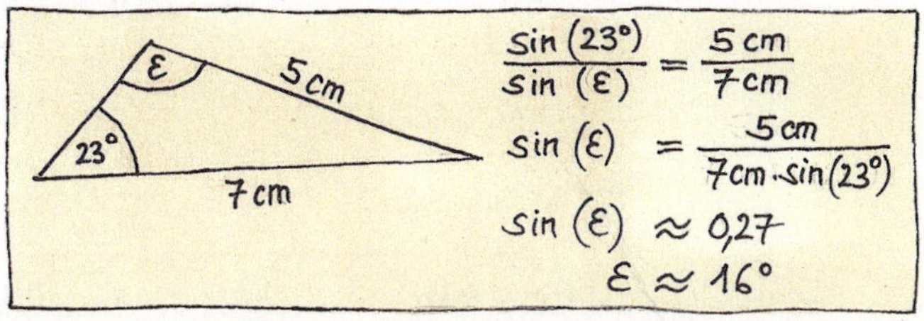

10. Bestätige wie in der Information (2) auf Seite 29 für ein beliebiges Dreieck ABC:

$\frac{b}{c} = \frac{\sin(\beta)}{\sin(\gamma)}$ und $\frac{c}{a} = \frac{\sin(\gamma)}{\sin(\alpha)}$. Gelten diese Formeln auch, falls ein Winkel ein rechter ist?

11. **a)** Beweise den folgenden Satz zur Berechnung des Flächeninhalts eines Dreiecks aus zwei Seitenlängen und der Größe des eingeschlossenen Winkels.

> **Satz**
> Für den Flächeninhalt A eines beliebigen Dreiecks ABC gilt:
> $\mathbf{A = \frac{1}{2} a b \cdot \sin(\gamma)}$; $\mathbf{A = \frac{1}{2} b c \cdot \sin(\alpha)}$; $\mathbf{A = \frac{1}{2} c a \cdot \sin(\beta)}$

b) Bestimme mithilfe der unter Teilaufgabe a) bewiesenen Formeln den Flächeninhalt der in Aufgabe 1 auf Seite 28 gegebenen Dreiecke.

c) Leite aus den unter Teilaufgabe a) bewiesenen Formeln den Sinussatz her.

12. Berechne die übrigen Stücke des Dreiecks ABC. Gib auch den Flächeninhalt an.

a) $\alpha = 63{,}2°$, $\beta = 41°$, $b = 5{,}2$ cm
b) $a = 4{,}4$ cm, $b = 6{,}9$ cm, $\beta = 67°$
c) $\beta = 22{,}5°$, $\gamma = 69{,}3°$, $a = 6{,}4$ cm
d) $b = 8{,}5$ cm, $c = 3{,}1$ cm, $\beta = 111°$
e) $a = 4{,}9$ cm, $c = 5{,}7$ cm, $\gamma = 95°$
f) $\alpha = 115°$, $\gamma = 29{,}2°$, $c = 4{,}8$ cm
g) $a = 3{,}9$ cm, $b = 7{,}8$ cm, $\beta = 135°$
h) $\alpha = 35°$, $\gamma = 97°$, $b = 2{,}9$ cm
i) $\alpha = 107°$, $\beta = 22{,}3°$, $a = 12$ cm
j) $a = 6{,}3$ cm, $b = 4{,}7$ cm, $\gamma = 75°$

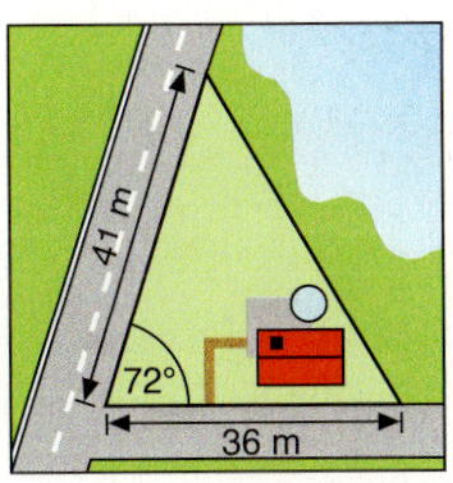

13. Berechne die Größe des links abgebildeten Eckgrundstücks.

14. **a)** Konstruiere ein Dreieck ABC mit $a = 5{,}4$ cm, $b = 4{,}5$ cm und $\beta = 50°$.
Versuche, den Winkel α zu berechnen. Was fällt auf? Erkläre.

b) Von einem Dreieck ABC sind α, a und b mit $a < b$ bekannt.
Um was für ein Dreieck handelt es sich, wenn die Aufgabe eindeutig lösbar ist?

15. a, b, α und β sind Stücke eines Dreiecks ABC (Längenangaben in cm).
Fülle die Tabelle aus.

a	8,3	7,6	5,8		6,4	1,4
b		5,3	4,2	6,2	9,1	2,9
α	34°	112°		122°	37°	31°
β	75°		52°	24°		

16. Das Grundstück ABCD soll vermessen werden. Dazu werden die folgenden Stücke gemessen:
$|BD| = 46$ m; $\sphericalangle ADB = 44°$; $\sphericalangle ABD = 42°$;
$\sphericalangle BDC = 69°$; $\sphericalangle DBC = 55°$
Bestimme die Längen der Seiten $\overline{AB}$, $\overline{AD}$, $\overline{DC}$ und $\overline{BC}$.

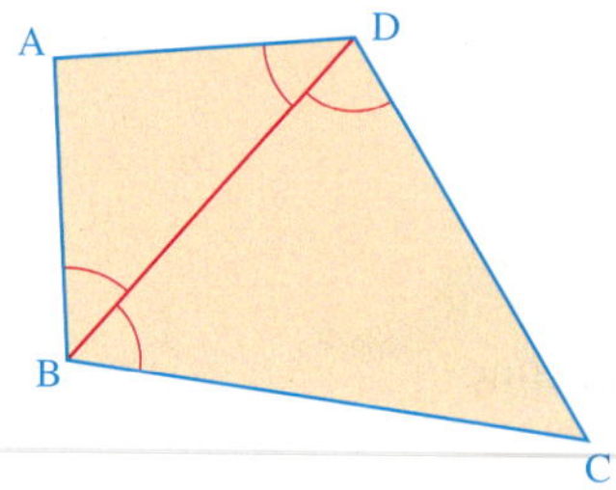

17. a) Beweise:

Satz
Ist r der Radius des Umkreises eines Dreiecks ABC,
so gilt: $\frac{\mathbf{a}}{\mathbf{sin(\alpha)}} = \frac{\mathbf{b}}{\mathbf{sin(\beta)}} = \frac{\mathbf{c}}{\mathbf{sin(\gamma)}} = \mathbf{2r}$

Anleitung: Benutze den Umfangswinkelsatz und berechne sin(γ) aus Dreieck ABC′.

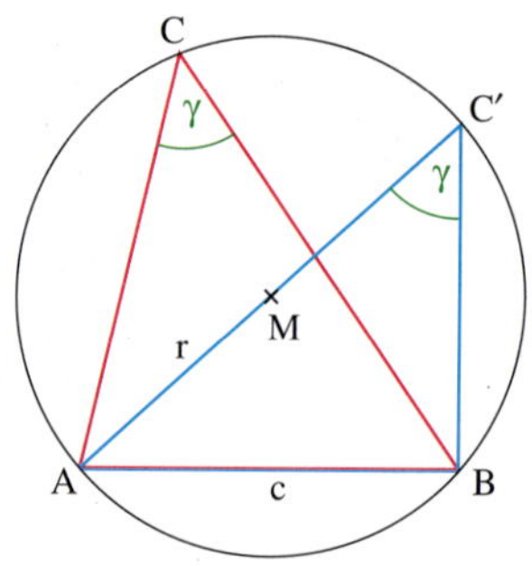

b) Berechne jeweils den Radius des Umkreises des Dreiecks ABC in Aufgabe 11 (Seite 33).

18. Wie groß sind die fehlenden Seiten und Winkel sowie der Flächeninhalt des Dreiecks ABC?
a) a = 29,8 cm; β = 40,8°; r = 16,2 cm **b)** a = 38,5 m; c = 42,1 m; r = 21,7 m

19. Beweise:
Im Dreieck teilt die Winkelhalbierende eines Winkels die gegenüberliegende Seite im Verhältnis der anliegenden Seiten.
Z. B. gilt also: $\frac{a_1}{a_2} = \frac{b}{c}$

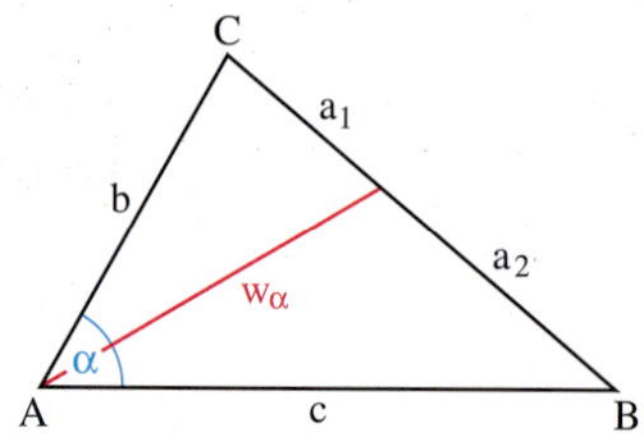

20. Beweise:
Für den Flächeninhalt eines Dreiecks ABC mit dem Umkreisradius r und dem Inkreisradius ϱ gilt:

(1) $A = 2r^2 \sin(\alpha) \cdot \sin(\beta) \cdot \sin(\gamma)$

(2) $A = \frac{a \cdot b \cdot c}{4r}$

(3) $A = \frac{1}{2}(a + b + c) \cdot \varrho$

(4) $A = \frac{a^2 \sin(\beta) \cdot \sin(\gamma)}{2 \sin(\alpha)}$; $A = \frac{b^2 \sin(\alpha) \cdot \sin(\gamma)}{2 \sin(\beta)}$; $A = \frac{c^2 \sin(\alpha) \cdot \sin(\beta)}{2 \sin(\gamma)}$

1.5.2 Kosinussatz

Aufgabe 1

Berechnen eines Dreiecks im Falle sws

a) Ein Straßentunnel soll geradlinig durch einen Berg gebaut werden. Um seine Länge zu bestimmen, werden von einem geeigneten Punkt C aus die Entfernungen a und b zu den Tunneleingängen sowie die Größe des Winkels γ gemessen:
a = 2,851 km; b = 4,423 km; γ = 62,3°
Berechne die Länge des Tunnels.

b) In einem Dreieck ABC sind a = 6 cm; b = 8 cm; γ = 140° gegeben. Berechne die Seitenlänge c.

Lösung

Strategie: Zurückführen auf rechtwinklige Dreiecke

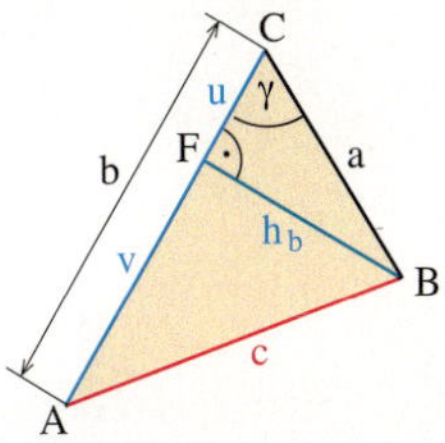

a) Bisher haben wir eine solche Aufgabe zeichnerisch gelöst. Um die Länge zu berechnen, zerlegen wir das spitzwinklige Dreieck ABC in zwei rechtwinklige Teildreiecke, indem wir die Höhe h_b zur Seite $\overline{AC}$ einzeichnen. Die Länge der Teilstrecken $\overline{FC}$ und $\overline{FA}$ nennen wir u bzw. v.
Aus den beiden rechtwinkligen Teildreiecken BCF und ABF können wir nun nacheinander h_b, u, v und c berechnen.

Berechnen von h_b im Dreieck BCF:

$\frac{h_b}{a} = \sin(\gamma)$

$h_b = a \cdot \sin(\gamma)$

$h_b = 2{,}851 \text{ km} \cdot \sin(62{,}3°) \approx 2{,}524 \text{ km}$

Berechnen von u im Dreieck BCF:

$\frac{u}{a} = \cos(\gamma)$

$u = a \cdot \cos(\gamma)$

$u = 2{,}851 \text{ km} \cdot \cos(62{,}3°) \approx 1{,}325 \text{ km}$

Berechnen von ϑ im Dreieck ABF:

$u + v = b$

$v = b - u$

$v \approx 4{,}423 \text{ km} - 1{,}325 \text{ km} = 3{,}090 \text{ km}$

Berechnen von c im Dreieck ABF:

$c^2 = h_b^2 + v^2$

$c = \sqrt{h_b^2 + v^2}$

$c = \sqrt{(2{,}524 \text{ km})^2 + (3{,}090 \text{ km})^2} \approx 3{,}990 \text{ km}$

Ergebnis: Die Länge des Tunnels beträgt fast 4 km.

b) Wir ergänzen das stumpfwinklige Dreieck ABC durch die Höhe h_b zu einem rechtwinkligen Dreieck ABF.

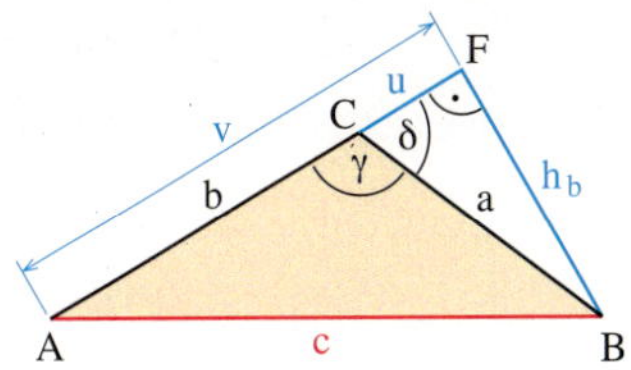

Berechnen von h_b im Dreieck BFC:

$\frac{h_b}{a} = \sin(180° - \gamma)$

$h_b = a \cdot \sin(180° - \gamma)$

$h_b = 6 \text{ cm} \cdot \sin(180° - 140°)$

$= 6 \text{ cm} \cdot \sin(40°) \approx 3{,}9 \text{ cm}$

Berechnen von u im Dreieck BFC:

$\frac{u}{a} = \cos(180° - \gamma)$

$u = a \cdot \cos(180° - \gamma)$

$u = 6 \text{ cm} \cdot \cos(180° - 140°)$

$= 6 \text{ cm} \cdot \cos(40°) \approx 4{,}6 \text{ cm}$

Berechnen von ϑ im Dreieck ABF

$v = b + u$

$v \approx 8 \text{ cm} + 4{,}6 \text{ cm} = 12{,}6 \text{ cm}$

Berechnen von c im Dreieck ABF

$c^2 = h_b^2 + v^2$

$c = \sqrt{h_b^2 + v^2} \approx \sqrt{3{,}9^2 + 12{,}6^2} \text{ cm} \approx 13{,}2 \text{ cm}$

Ergebnis: Die Seitenlänge c beträgt ungefähr 13,2 cm.

Information

(1) Herleitung des Kosinussatzes

In der Aufgabe 1 auf Seite 35 haben wir ein Dreieck berechnet, in dem zwei Seitenlängen und die Größe des Zwischenwinkels gegeben sind (sws).
Wir führen die Berechnungen im Falle sws allgemein durch.
In einem Dreieck ABC sind die Stücke a, b und g gegeben.
Wir wollen nun wie in der Aufgabe 1 auf Seite 35 die Seitenlänge c allgemein berechnen.

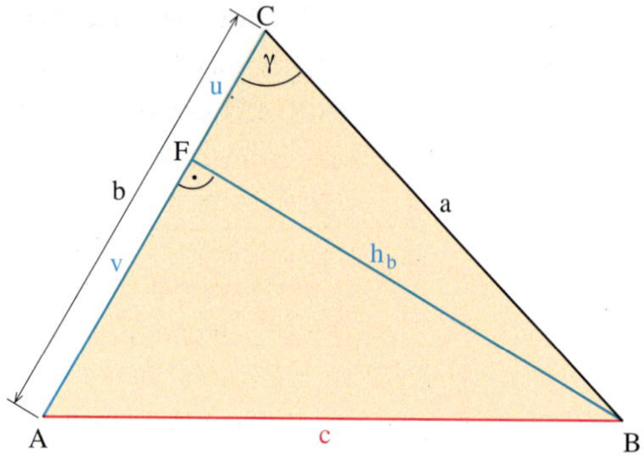

1. Fall: $\gamma < 90°$
Dazu zerlegen wir das Dreieck ABC durch die Höhe h_b in zwei rechtwinklige Dreiecke ABF und FBC.

Berechnen von h_b im Dreieck FBC	*Berechnen von u im Dreieck FBC*	*Berechnen von v im Dreieck ABC*	*Berechnen von c im Dreieck ABF*
$\frac{h_b}{a} = \sin(\gamma)$	$\frac{u}{a} = \cos(\gamma)$	$u + v = b$	$c^2 = h_b^2 + v^2$
$h_b = a \cdot \sin(\gamma)$	$u = a \cdot \cos(\gamma)$	$v = b - u$	$c = \sqrt{h_b^2 + v^2}$

Durch Einsetzen erhalten wir:

$$\begin{aligned} c^2 &= h_b^2 + v^2 \\ &= h_b^2 + (b-u)^2 \\ &= h_b^2 + b^2 - 2bu + u^2 \\ &= a^2 \cdot (\sin(\gamma))^2 + b^2 - 2ba \cdot \cos(\gamma) + a^2 \cdot (\cos(\gamma))^2 \\ &= a^2 \cdot (\sin(\gamma))^2 + \cos(\gamma)^2 + b^2 - 2ab \cdot \cos(\gamma) \end{aligned}$$

Wegen $(\sin(\gamma))^2 + (\cos(\gamma))^2 = 1$ (siehe Seite 15) folgt:

$$c^2 = a^2 + b^2 - 2ab \cdot \cos(\gamma) \text{ (für } 0° < \gamma < 90°\text{)}$$

Man nennt diese Gleichung den **Kosinussatz**.

2. Fall: $90° < \gamma < 180°$
Wir ergänzen das stumpfwinklige Dreieck ABC durch die Höhe h_b zu einem rechtwinkligen Dreieck ABF.

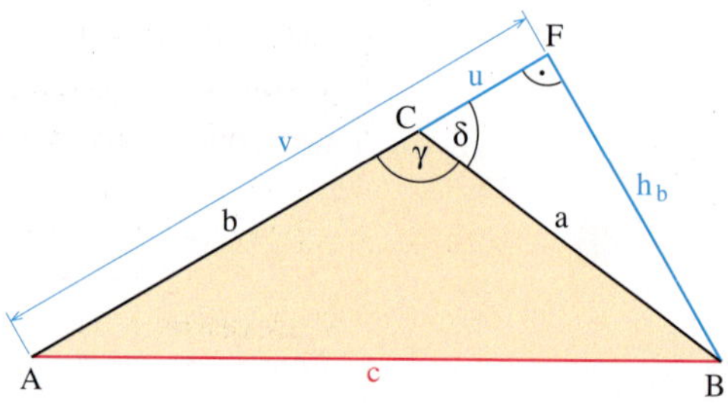

Aus der Figur rechts entnehmen wir:

(1) $c^2 = h_b^2 + v^2$ (3) $u = a \cdot \cos(\delta)$
(2) $v = b + u$ (4) $h_b = a \cdot \sin(\delta)$

Einsetzen ergibt:

$$\begin{aligned} c^2 &= h_b^2 + v^2 \\ &= h_b^2 + (b+u)^2 \\ &= h_b^2 + b^2 + 2bu + u^2 \\ &= a^2 (\sin\delta)^2 + b^2 + 2ba \cdot \cos(\delta) + a^2 (\cos(\delta))^2 \\ &= a^2 (\sin(\delta))^2 + (\cos(\delta))^2 + b^2 + 2ba \cdot \cos(\delta) \\ &= a^2 + b^2 + 2ab \cdot \cos(\delta) \end{aligned}$$

Wegen $\delta = 180° - \gamma$ folgt:

$$c^2 = a^2 + b^2 + 2ab \cdot \cos(180° - \gamma) \quad \text{für } 90° < \gamma < 180°$$

(2) Kosinus im Bereich 90° < α < 180°

Um zu erreichen, dass die Formel $c^2 = a^2 + b^2 - 2ab \cdot \cos(\gamma)$ auch für stumpfe Winkel gilt, definieren wir den Kosinus auch für Winkelgrößen zwischen 90° und 180°.

Definition

Für Winkelgrößen α mit $90° < \alpha < 180°$ soll gelten: $\mathbf{\cos(\alpha) = -\cos(180° - \alpha)}$

Aufgrund der Definition ist unmittelbar klar: Für alle α mit $90° < \alpha < 180°$ gilt: $-1 < \cos(\alpha) < 0$

(3) Deutung des Kosinus am Einheitskreis

Wie beim Sinus auf Seite 31 deuten wir nun auch den Kosinus am Einheitskreis. Für einen Punkt $P(u|v)$ auf dem Einheitskreis, ist α die Größe des Winkels, den die Halbgerade $\overline{OP}$ mit der Rechtsachse bildet. Der Kosinus des Winkels α ist dann die erste Koordinate des Punktes P: $\cos(\alpha) = u$

Die Definition unter (2) steht im Einklang mit der Deutung des Kosinus als 1. Koordinate eines Punktes am Einheitskreis. Zum Winkel α mit $0° < \alpha < 180°$ gehört der Punkt $P(u|v)$ auf dem Einheitskreis. Spiegelt man P an der Hochachse, so erhält man den Punkt $P'(u'|v')$, der zum Winkel $180° - \alpha$ gehört. Daraus folgt:
$\cos(\alpha) = -\cos(180° - \alpha) = -u' = u$, also $\cos(\alpha) = u$.

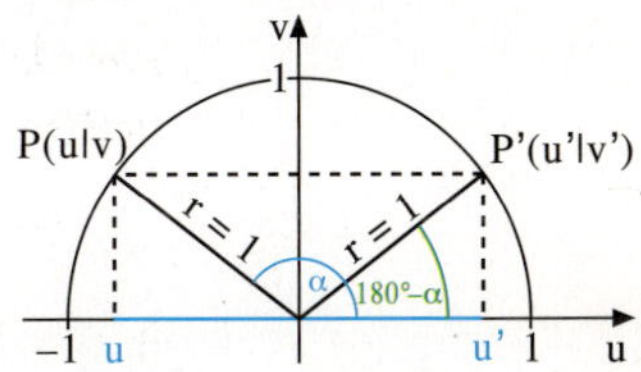

Deutung des Kosinus am Einheitskreis

Gegeben ist ein Punkt $P(u|v)$ auf dem Einheitskreis im 1. oder im 2. Quadranten.

α ist die Größe des Winkels, den die Halbgerade $\overline{OP}$ mit der Rechtsachse bildet.

Dann gilt:

$\mathbf{\cos(\alpha) = u}$ (1. Koordinate von P)

Insbesondere gilt:

$\mathbf{\cos(0°) = 1; \quad \cos(90°) = 0; \quad \cos(180°) = -1}$

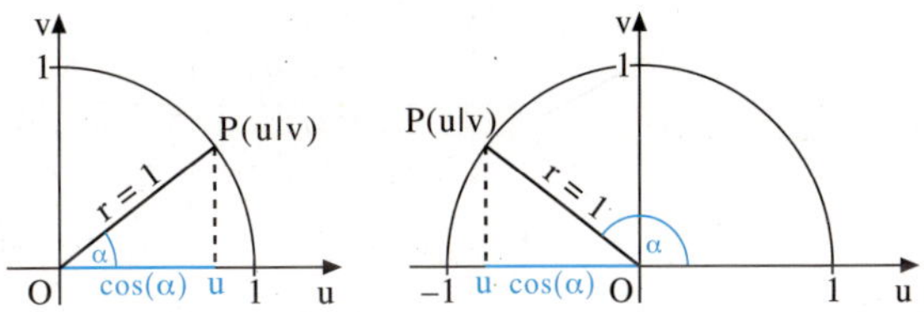

(4) Endgültige Formulierung des Kosinussatzes

Kosinussatz: In einem Dreieck ABC gilt:

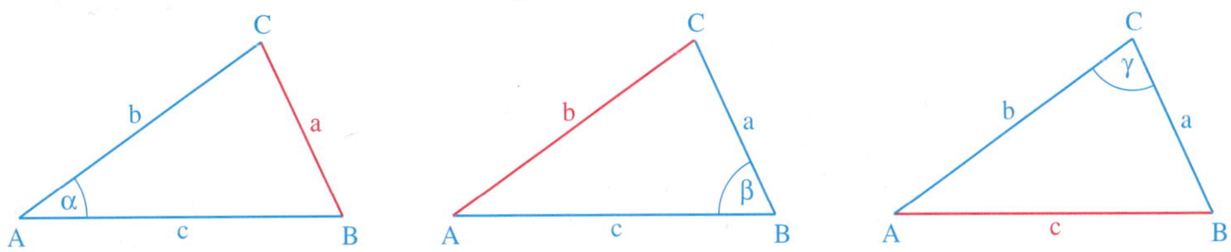

$\mathbf{a^2 = b^2 + c^2 - 2bc \cdot \cos(\alpha)}$ $\mathbf{b^2 = c^2 + a^2 - 2ca \cdot \cos(\beta)}$ $\mathbf{c^2 = a^2 + b^2 - 2ab \cdot \cos(\gamma)}$

In einem Dreieck ist das Quadrat einer Seitenlänge gleich der Summe der Quadrate der beiden anderen Seitenlängen, vermindert um das doppelte Produkt aus diesen Seitenlängen und dem Kosinus des eingeschlossenen Winkels.

Aufgabe 2 *Berechnen eines Dreiecks im Fall sss*

In einem Dreieck ABC sind a = 5 cm; b = 3,5 cm; c = 6,5 cm gegeben. Berechne die drei Winkel.

Lösung Nach dem Kosinussatz gilt: $c^2 = a^2 + b^2 - 2ab\cos(\gamma)$

Wir isolieren $\cos\gamma$:

$$c^2 = a^2 + b^2 - 2ab \cdot \cos(\gamma) \quad | + 2ab \cdot \cos(\gamma) \quad | - c^2$$

$$2ab \cdot \cos(\gamma) = a^2 + b^2 - c^2 \quad | : (2ab)$$

$$\cos(\gamma) = \frac{a^2 + b^2 - c^2}{2ab}$$

Hier ist nur ein Winkel im Dreieck möglich

Wir setzen ein: $\cos(\gamma) = \frac{(5\text{ cm})^2 + (3{,}5\text{ cm})^2 - (6{,}5\text{ cm})^2}{2 \cdot 5\text{ cm} \cdot 3{,}5\text{ cm}} = -\frac{5\text{ cm}^2}{35\text{ cm}^2} \approx -0{,}1429.$

Also: $\gamma \approx 98{,}2°$

Entsprechend berechnen wir den Winkel a aus dem Kosinussatz in der Form

$$a^2 = b^2 + c^2 - 2bc \cdot \cos(\alpha)$$

$$\cos(\alpha) = \frac{b^2 + c^2 - a^2}{2bc}$$

$$\cos(\alpha) = \frac{3{,}5^2 + 6{,}5^2 - 5^2}{2 \cdot 3{,}5 \cdot 6{,}5} \approx 0{,}6484$$

Also: $\alpha \approx 49{,}6°$

Den Winkel β erhalten wir mithilfe des Winkelsummensatzes:

$\beta = 180° - (\alpha + \gamma);$

$\beta \approx 180° - (49{,}6° + 98{,}2°) \approx 32{,}2°$

> In einem beliebigen Dreieck kann man aus vorgegebenen Stücken sws und sss die übrigen mit Kosinussatz, Sinussatz und Winkelsummensatz berechnen.

Übungsaufgaben

3. Vom Punkt D eines Bergwerks sind zwei Stollen in den Berg getrieben worden. Von E nach F soll nun ein Verbindungsstollen getrieben werden.
Wie lang wird dieser?
Welche Winkel bildet er mit den bestehenden Stollen?

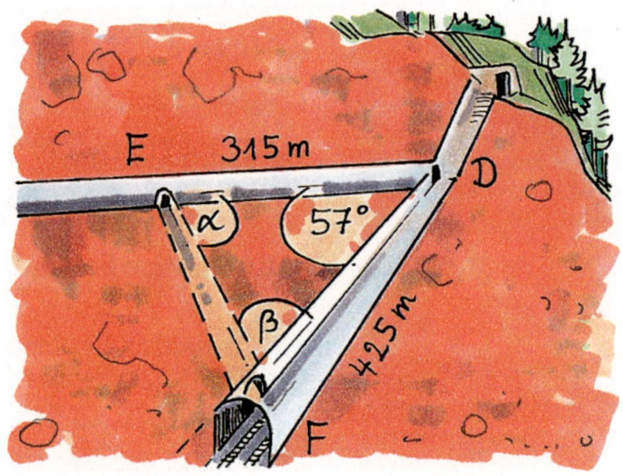

4. Bestimme zeichnerisch am Einheitskreis (r = 1 dm) oder mithilfe der Definition auf Seite 37 und der Tabelle auf Seite 14:
cos (100°); cos (110°); cos (130°); cos (140°); cos (160°); cos (170°)

5. a) Bestimme $\cos(\alpha)$ mit dem Rechner für folgende Winkelgrößen α:
117°; 175°; 95°; 143°; 167,4°; 99,5°; 156,1°; 104,8°

b) Ermittle Winkelgrößen α zwischen 0° und 180°, für die gilt:
$\cos(\alpha) = -0{,}2588$; $\cos(\alpha) = -0{,}9397$; $\cos(\alpha) = -0{,}5461$; $\cos(\alpha) = -0{,}1212$

6. a) Mithilfe der Definition auf Seite 37 kann man alle Kosinuswerte im Bereich $90° < \alpha \leq 180°$ berechnen, indem man sie auf den Bereich $0° \leq \alpha \leq 90°$ zurückführt.
Berechne wie im Beispiel:
$\cos(135°)$; $\cos(120°)$; $\cos(180°)$

$$\cos(150°) = -\cos(180° - 150°) = -\cos(30°) = -\tfrac{1}{2}\sqrt{3}$$

b) Begründe, dass die Gleichung $\cos(\alpha) = -\cos(180° - \alpha)$ auch für $0° \leq \alpha \leq 90°$ gilt.

7. Berechne die übrigen Stücke des Dreiecks ABC. Berechne auch den Flächeninhalt.

a) $b = 12$ m; $c = 9$ m; $\alpha = 64°$

b) $a = 9{,}4$ cm; $b = 6{,}9$ cm; $\gamma = 57°$

c) $a = 15{,}4$ m; $c = 11{,}3$ m; $\alpha = 108°$

d) $a = 5{,}3$ cm; $c = 8{,}7$ cm; $\beta = 124°$

8. Kontrolliere Daniels Hausaufgabe.

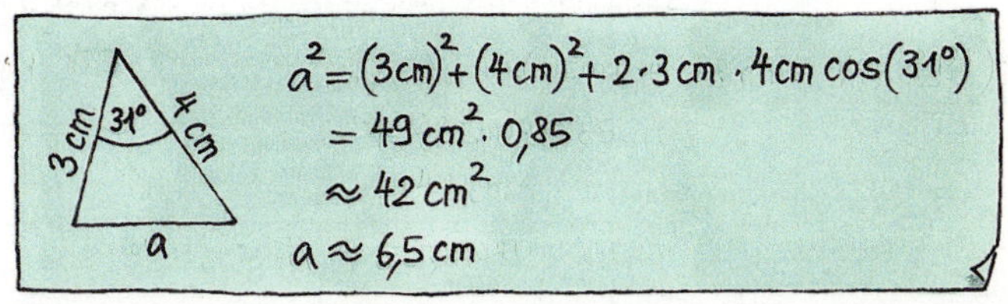

9. Berechne die übrigen Stücke des Dreiecks. Berechne auch den Flächeninhalt.

a)	b)	c)	d)	e)
a = 3,8 cm	a = 12 cm	a = 7,3 m	p = 112 km	d = 4,8 cm
b = 5,1 cm	b = 15 cm	b = 5,8 m	q = 75 km	e = 4,2 cm
c = 4,4 cm	c = 18 cm	c = 11,6 m	r = 52 km	f = 5,5 cm

10. Das Dreieck ABC soll gleichschenklig mit der Basis $\overline{AB}$ sein. Leite eine Formel zur Berechnung der Basislänge c aus der Länge der Schenkel und der Größe des Winkels an der Spitze her.

11. a) Beweise entsprechend der Information (1) auf Seite 36 für ein beliebiges Dreieck ABC:
$b^2 = a^2 + c^2 - 2ac \cdot \cos(\beta)$; $a^2 = b^2 + c^2 - 2bc \cdot \cos(\alpha)$.

b) Beweise: Für ein beliebiges Dreieck ABC gilt:
(1) $a^2 + b^2 > c^2$, falls $0° < \gamma < 90°$; (2) $a^2 + b^2 < c^2$, falls $90° < \gamma < 180°$.

c) Gilt die Formel $c^2 = a^2 + b^2 - 2ab \cdot \cos(\gamma)$ auch für den Grenzfall $\gamma = 180°$ [$\gamma = 90°$]?

d) Für ein Dreieck ABC gilt: (1) $a = 3{,}9$ cm; $b = 3{,}2$ cm; $c = 5{,}4$ cm
(2) $a = 3{,}6$ cm; $b = 1{,}5$ cm; $c = 3{,}9$ cm (3) $a = 5{,}2$ dm; $b = 6{,}7$ dm; $c = 5{,}5$ dm
Was kannst du über die Winkelgröße γ [β; α] aussagen?

12. Die Entfernungen zwischen drei Burgtürmen A, B und C betragen $|AB| = 4{,}1$ km, $|BC| = 5{,}7$ km und $|CA| = 3{,}2$ km. Bestimme die Sehwinkel, unter denen man jeweils von einem der drei Burgtürme die beiden anderen Türme sieht.

13. Um die Entfernung zweier Orte A und B zu bestimmen, die wegen eines dazwischen liegenden Hindernisses nicht direkt gemessen werden kann, werden von einem dritten Punkt C aus die Entfernungen von C nach A und von C nach B gemessen, sowie der Winkel γ, unter dem die Strecke $\overline{AB}$ erscheint:
$|AB| = 290$ m; $|BC| = 600$ m; $\gamma = 100{,}3°$
Berechne die Entfernung von A nach B.

1.5.3 Vermischte Übungen

1. *Überblick über die Berechnungen in beliebigen Dreiecken*

Sind von einem Dreieck eine Seitenlänge und zwei weitere Stücke gegeben, so lassen sich die übrigen drei Stücke mithilfe von Winkelsummensatz, Sinussatz und Kosinussatz eindeutig berechnen.

Ausnahme: Gegeben sind zwei unterschiedliche Seitenlängen und die Größe des der kleineren Seite gegenüberliegenden Winkels.

Übertrage die Tabelle ins Heft; fülle sie aus, indem du die verwendeten Formeln einträgst.

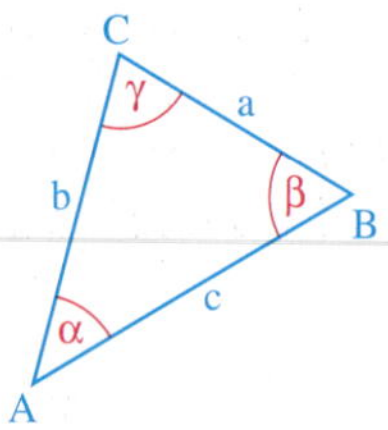

Typ	gegeben	gesucht		
wsw	α, β, c	$\gamma = 180° - (\alpha + \beta)$	$a =$	$b =$
wws	α, β, a	$\gamma =$	$b = a \cdot \frac{\sin(\beta)}{\sin(\alpha)}$	$c =$
Ssw	a, b, α $a > b$	$\sin(\beta) =$	$\gamma =$	$c =$
sws	a, b, γ		$\sin(\alpha) =$	
sss	a, b, c	$\cos(\alpha) =$		

2. Berechne die übrigen Stücke des Dreiecks ABC. Gib auch den Flächeninhalt an.

a) $\alpha = 115°$; $\gamma = 29°$; $c = 4{,}8$ cm
b) $a = 2{,}7$ cm; $b = 3{,}5$ cm; $\gamma = 102°$
c) $\alpha = 35°$; $\gamma = 97°$; $b = 2{,}9$ cm
d) $b = 9{,}1$ cm; $c = 6{,}4$ cm; $\alpha = 37°$
e) $\alpha = 57{,}8°$; $\beta = 22{,}3°$; $a = 12$ cm
f) $a = 5{,}3$ cm; $b = 3{,}1$ cm; $c = 4{,}8$ cm
g) $b = 8{,}5$ cm; $c = 3{,}1$ cm; $\beta = 111°$
h) $c = 8{,}4$ cm; $\alpha = 52°$; $\beta = 61°$
i) $a = 4{,}9$ cm; $c = 5{,}7$ cm; $\gamma = 95°$
j) $b = 4{,}9$ cm; $c = 5{,}1$ cm; $\beta = 43°$

3. Berechne die übrigen Stücke des Dreiecks ABC und den Flächeninhalt.

a) $\alpha = 27°$; $\gamma = 56°$; $w_\gamma = 4$ cm
b) $a = 6{,}2$ cm; $\gamma = 125°$; $w_\gamma = 2{,}4$ cm
c) $b = 6{,}5$ cm; $\gamma = 49°$; $w_\alpha = 5$ cm
d) $a = 5{,}4$ cm; $\gamma = 54°$; $h_a = 3{,}7$ cm
e) $b = 9$ m; $a = 5$ m; $h_b = 4$ m
f) $a = 6{,}1$ cm; $c = 7{,}4$ cm; $s_a = 5{,}2$ cm

4. Auf dem Foto links siehst du eine Steigungsangabe für Fahrradfahrer. Erkläre sie. Wie kann man das Steigungsverhalten des Fahrradweges noch angeben?

5. Jede Straße muss eine Querneigung besitzen, damit z.B. das Regenwasser abfließen kann. Die Querneigung beträgt in der Regel 2,5 %.

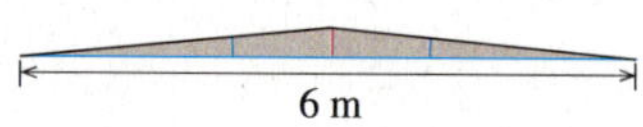

Linkskurve

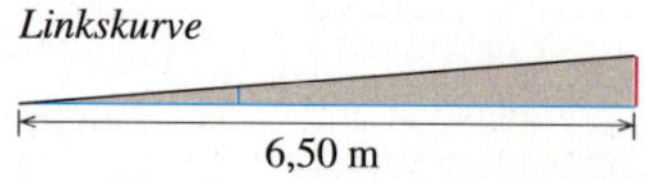

a) Um wie viel cm ist eine 6 m breite, gerade Straße in der Mitte höher als am Rande?

b) Um wie viel cm ist eine 6,50 m breite Straße in einer Kurve an einer Seite höher als an der anderen?

6. Der Hersteller von Objektiven für Spiegelreflexkameras gibt zu den Objektiven die horizontalen Bildwinkel an.
Ein 90 m breites Schloss soll fotografiert werden.
Welchen Abstand vom Gebäude muss man bei den verschiedenen Objektiven mindestens haben, um es vollständig auf das Bild zu bekommen?

Objektiv	Bildwinkel
50 mm (Normal)	47°
28 mm (Weitwinkel)	75°
135 mm (Tele)	18°

7. Die Höhe des Fernsehturmes soll bestimmt werden. Dazu wird eine 50 m lange Standlinie $\overline{AB}$, die auf den Turm zuläuft, abgesteckt. Außerdem werden die Höhenwinkel $\alpha' = 56{,}4°$ und $\beta = 42{,}1°$ gemessen.
Wie hoch ist der Fernsehturm?
Rechne zunächst allgemein.

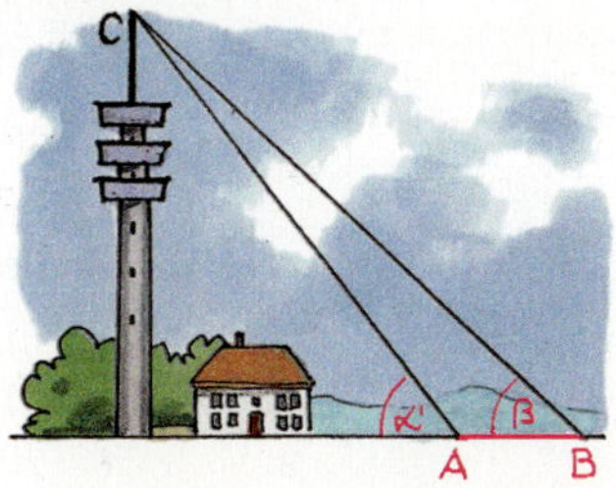

8. Berechne von den Stücken a, b, α, β, e, f und ε eines Parallelogramms ABCD die fehlenden Stücke.

a) $a = 5$ cm; $d = 4$ cm; $\beta = 130°$
b) $e = 8$ cm; $f = 6$ cm; $\varepsilon = 55°$
c) $a = 7$ cm; $b = 4{,}3$ cm; $\beta = 65°$
d) $a = 5{,}3$ cm; $f = 5{,}1$ cm; $\beta = 115°$

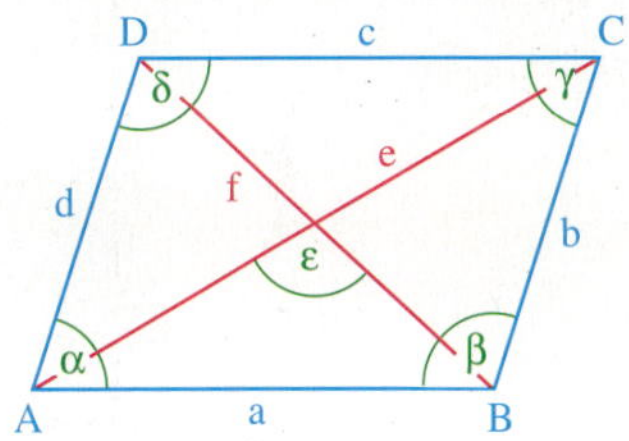

9. Berechne von den Stücken a, b, c, α, γ, e eines gleichschenkligen Trapezes ABCD mit $AB \parallel CD$ die fehlenden Stücke.

a) $a = 5{,}4$ cm; $d = 3{,}1$ cm; $\beta = 64{,}5°$
b) $c = 3{,}5$ m; $d = 2{,}8$ m; $\gamma = 125{,}7°$
c) $a = 6{,}1$ km; $c = 2{,}9$ km; $\beta = 68{,}8°$
d) $c = 4{,}8$ cm; $b = 2{,}4$ cm; $e = 5{,}6$ cm

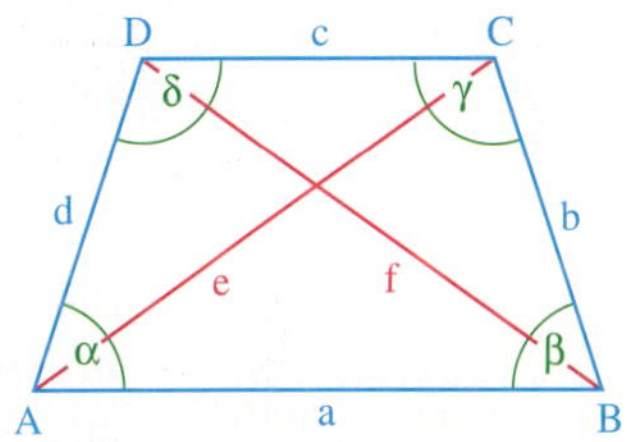

10. Die Giebelwand rechts soll mit einem Wärmedämmputz versehen werden. Das Verputzen kostet 78 € pro m². Berechne die Kosten.

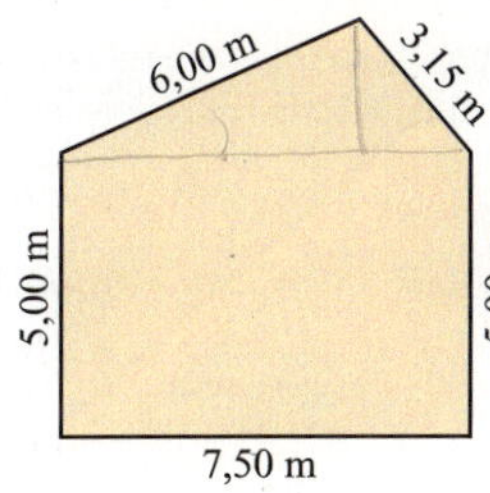

11. Die Entfernung der beiden Berggipfel P und Q soll bestimmt werden. Dazu wird eine 2,943 km lange Standlinie $\overline{AB}$ abgesteckt, von dem Endpunkt A und B aus der Punkt P angepeilt und die Winkel α_1 und β_1 gemessen:
$\alpha_1 = 87{,}7°$; $\beta_1 = 47{,}4°$
Dieses Verfahren heißt *Vorwärtseinschneiden.*
Dann wird auf diesselbe Weise von A und B der Punkt Q angepeilt und die Winkel α_2 und β_2 gemessen:
$\alpha_2 = 42{,}3°$; $\beta_2 = 109{,}5°$
Berechne die Entfernung von P und Q.

12. Um die Höhe h einer Felswand zu bestimmen, wird eine waagerechte Standlinie $\overline{AB}$ abgesteckt. In ihren Endpunkten werden die Höhenwinkel γ und δ gemessen. Ferner misst man in der Horizontalebene die Winkel α und β.
Bestimme die Höhe h für: s = 950 m;
γ = 21,2°; δ = 25,7°; α = 52,4°; β = 80,5°.

13. Stelle selbst Aufgaben und löse sie.

a) Eine Leiter ist genauso lang wie eine Mauer hoch ist. Lehnt man diese Leiter 20 cm unter dem oberen Mauerrand an, so steht sie unten 1,20 m von der Mauer entfernt.

b) Zwischen der Talstation und der Bergstation verläuft ein Skilift.

14. Die Bilder zeigen die Skiflugschanze in Oberstdorf (Allgäu). Sie wurde anlässlich der 1. Skiflugweltmeisterschaften 1973 erbaut.
In den technischen Daten ist das Gefälle (die Neigung) der Anlaufbahn und des Schanzentisches nicht in Prozent angegeben, sondern durch den Neigungswinkel.
Gib das Gefälle der Anlaufbahn [des Schanzentisches] in Prozent an.

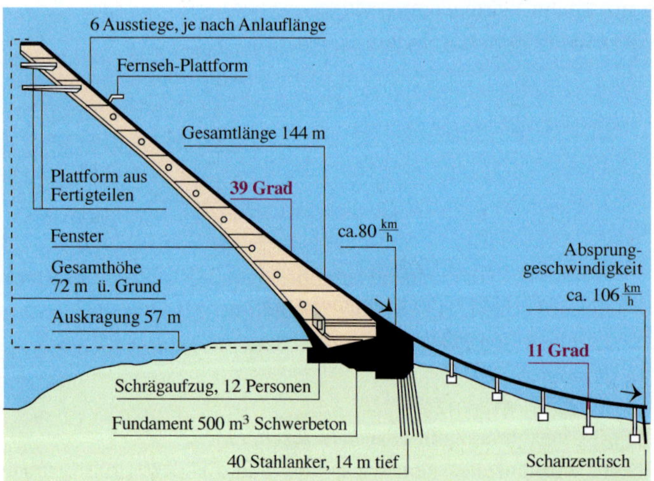

1.6 Aufgaben zur Vertiefung

1. Der Flächeninhalt A einer Raute hängt außer von der Seitenlänge a nur von der Winkelgröße α ab.

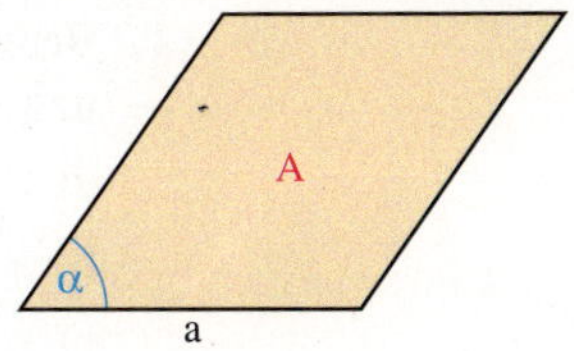

a) Stelle eine Formel auf, mit der man zu vorgegebener Seitenlänge a und vorgegebener Winkelgröße α den Flächeninhalt berechnen kann.

b) Eine Raute hat die Seitenlänge a = 3,5 cm.
Gib die Funktionsgleichung der Funktion *Winkelgröße α → Flächeninhalt A* an.
In welchem Bereich kann α liegen? Zeichne den Graphen der Funktion.

2. In einem Kreis mit dem Radius 10 cm ist ein regelmäßiges n-Eck einbeschrieben. Berechne mithilfe geeigneter Winkel Umfang und Flächeninhalt des n-Ecks für n = 5 [9; 12; 100].

3. Wenn ein Lichtstrahl von einem Medium I (z. B. Luft) in ein Medium II (z. B. Wasser) übergeht, dann gilt für Einfallswinkel α und Ausfallswinkel β das Brechungsgesetz $\frac{\sin(\alpha)}{\sin(\beta)} = n$, wobei n eine Konstante ist, die von den beiden Medien abhängt. Sie heißt *Brechungsindex*.

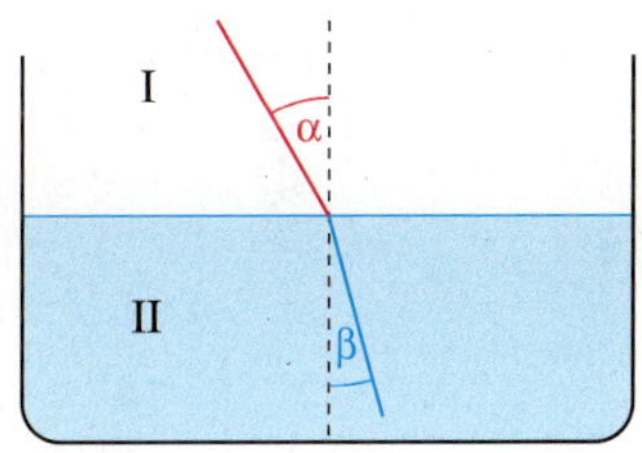

a) Berechne für den Übergang Luft–Wasser (n = 1,333) den Brechungswinkel β für α = 20° [32°; 50°; 67,5°].

b) Berechne dieselben Werte für den Übergang Luft–Glas (n = 1,500).

c) Wie groß ist der Brechungsindex umgekehrt von Wasser in Luft [von Glas in Luft]?

d) Bestimme für den umgekehrten Übergang Wasser–Luft [Glas–Luft] den Winkel α für β = 90° (Grenzfall der Totalreflexion).

4. a) Für spitze Winkel α gilt: $\tan(a) = \frac{\sin(\alpha)}{\cos(\alpha)}$. Was ergibt sich für α = 0° und α = 90°?

b) Die Beziehung aus Teilaufgabe a) soll auch für stumpfe Winkel 90° < α < 180° gelten. Veranschauliche tan (α) am Einheitskreis und erstelle eine Wertetabelle für α = 100°, 110°, 120°, 170°. Gib die Tangenswerte mit zwei Stellen nach dem Komma an.

Gleiche Einheiten auf beiden Achsen!

5. Bei einer linearen Funktion mit der Gleichung y = m x + b gibt der Faktor m die Steigung der zugehörigen Geraden an.

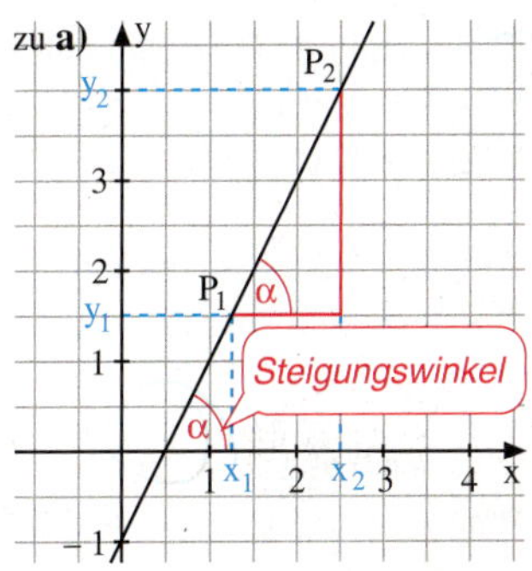

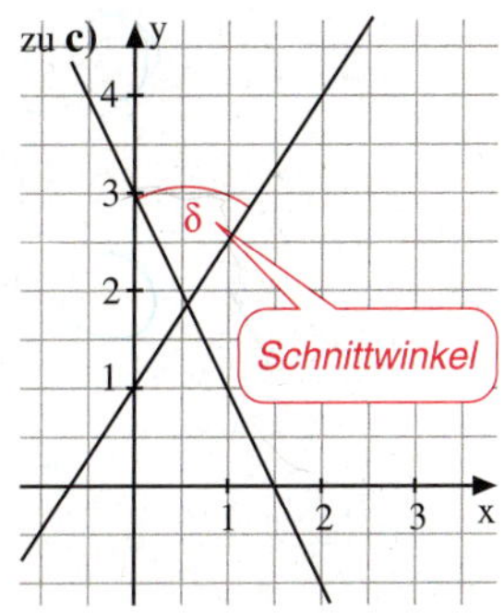

a) Beweise, dass für den Steigungswinkel α gilt:
m = tan (α)

b) Gib den Steigungswinkel der Geraden an. Zeichne auch die Gerade und kontrolliere das Ergebnis durch Messen des Steigungswinkels.
(1) $y = 2x + 1$ (2) $y = -3x + 2$ (3) $y = -\frac{4}{5}x - 1$ (4) $y = \frac{1}{2}x - 2$

c) Gegeben sind die beiden Geraden zu y = 1,5 x + 1 und y = –2 x + 3. Berechne den Schnittwinkel δ der beiden Geraden.

Bist du fit?

1. Berechne die sämtlichen Stücke des rechtwinkligen Dreiecks ABC; berechne auch den Umfang und den Flächeninhalt.

a) $a = 7$ cm; $\beta = 14°$; $\gamma = 90°$
b) $a = 4{,}4$ cm; $\alpha = 44°$; $\beta = 90°$
c) $\alpha = 90°$; $a = 185$ m; $\gamma = 58°$
d) $c = 41$ m; $\beta = 34°$; $\gamma = 90°$
e) $\gamma = 90°$; $b = 84$ cm; $\beta = 43°$
f) $c = 7{,}8$ cm; $\gamma = 51°$; $\beta = 90°$

2. Gegeben ist ein gleichschenkliges Dreieck ABC mit $\overline{AB}$ als Basis.
Bestimme aus den gegebenen Stücken die übrigen. Berechne auch den Flächeninhalt.

a) $c = 17$ cm; $a = 14$ cm
b) $c = 150$ m; $\gamma = 126°$
c) $c = 23$ m; $\alpha = 77°$
d) $a = 67$ m; $\gamma = 55°$
e) $a = 104{,}7$ cm; $\alpha = 17°$
f) $h_c = 25$ m; $\alpha = 36°$

3. Für welche Winkelgrößen α im Bereich $0° \leq \alpha \leq 180°$ gilt:

a) $\sin(\alpha) = 0{,}4384$; $\sin(\alpha) = 0{,}2588$
b) $\sin(\alpha) = 0{,}1564$; $\sin(\alpha) = 0{,}9848$
c) $\cos(\alpha) = -0{,}9848$; $\cos(\alpha) = 0{,}6691$
d) $\cos(\alpha) = 0{,}8090$; $\cos(\alpha) = -0{,}1392$

4. Berechne aus den gegebenen Stücken des Dreiecks ABC die übrigen.

a) $a = 5$ cm; $b = 4$ cm; $\gamma = 67°$
b) $c = 9$ cm; $a = 6$ cm; $\gamma = 53{,}5°$
c) $a = 4{,}5$ cm; $\beta = 57{,}3°$; $\gamma = 43{,}8°$
d) $c = 5{,}3$ km; $\alpha = 44{,}4°$; $\beta = 61{,}2°$
e) $b = 8{,}1$ km; $c = 5{,}3$ km; $\alpha = 36{,}4°$
f) $a = 3{,}6$ cm; $b = 2{,}9$ cm; $c = 3{,}2$ cm
g) $c = 6{,}2$ cm; $a = 5{,}4$ cm; $\gamma = 129°$
h) $b = 8{,}4$ cm; $c = 5{,}9$ cm; $\gamma = 28{,}2°$

5. a) Wie groß ist in der nebenstehenden Dachkonstruktion der Neigungswinkel α?
b) Berechne die Höhe des Dachraumes.

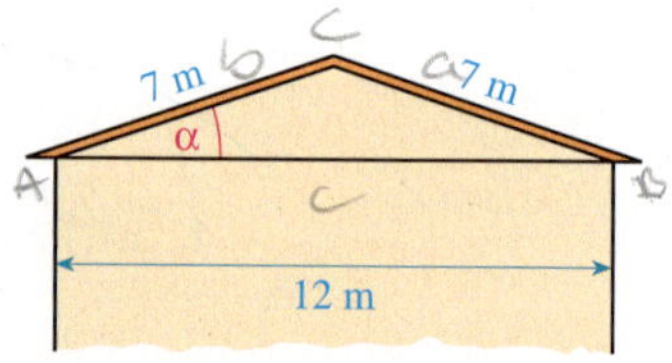

6. Die Sonnenhöhe beträgt 46°. Eine Säule wirft auf eine waagerechte Ebene einen 8,72 m langen Schatten.
Wie hoch ist die Säule?

7. Der Querschnitt des Daches rechts soll aus einem rechtwinkligen Dreieck mit den angegebenen Maßen bestehen.
Berechne die Dachneigungen.

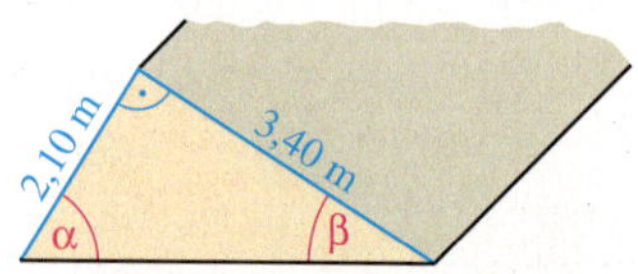

8. Die Neigung einer Garageneinfahrt darf höchstens 16 % betragen. Wie groß darf maximal der Höhenunterschied auf einer 5 m langen Einfahrt sein?

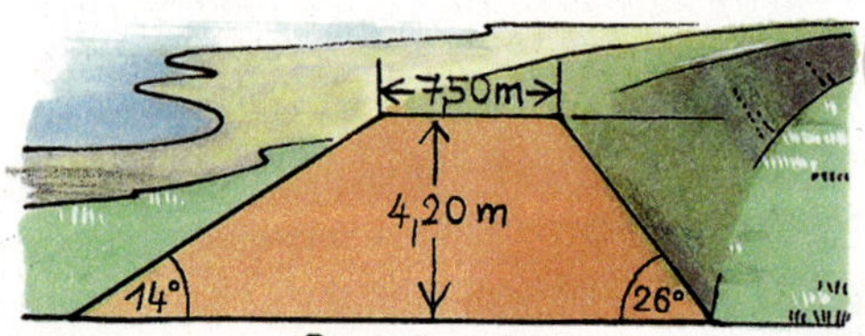

9. Der Böschungswinkel eines Deiches ist zur Seeseite kleiner als zur Landseite. Wie lang ist die Deichsohle?

10. Auf einem Berg steht ein 10 m hoher Turm. Von einem Punkt im Tal aus sieht man den Fußpunkt des Turmes unter dem Winkel $\alpha = 44{,}3°$ (gegen die Horizontale) und die Spitze des Turmes unter dem Winkel $\beta = 45{,}5°$. Wie hoch erhebt sich der Berg über die Talsohle?

Bleib fit im ...
Umgang mit Flächeninhalt und Volumen

Zum Aufwärmen

1. Berechne für den im Schrägbild dargestellten Körper den Oberflächeninhalt und das Volumen.

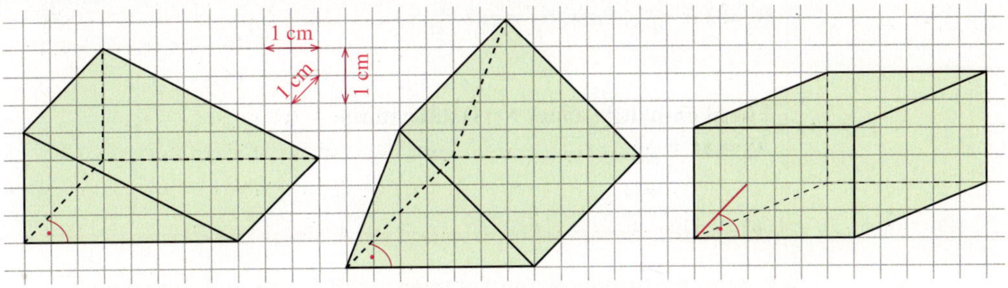

2. **a)** Erläutere am Quadrat rechts den Zusammenhang zwischen den Flächeninhaltseinheiten mm^2 und cm^2.

b) Erläutere ebenso am Würfel rechts den Zusammenhang zwischen den Volumeneinheiten mm^3 und cm^3.

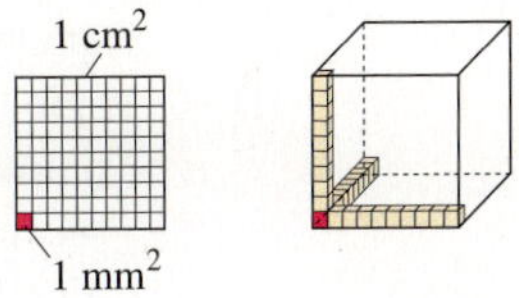

3. **a)** Zeichne ein Netz der Thunfischdose und berechne den Materialbedarf.

b) Berechne das Fassungsvermögen der Dose mit den Fischröllchen, wandle auch in ml um.

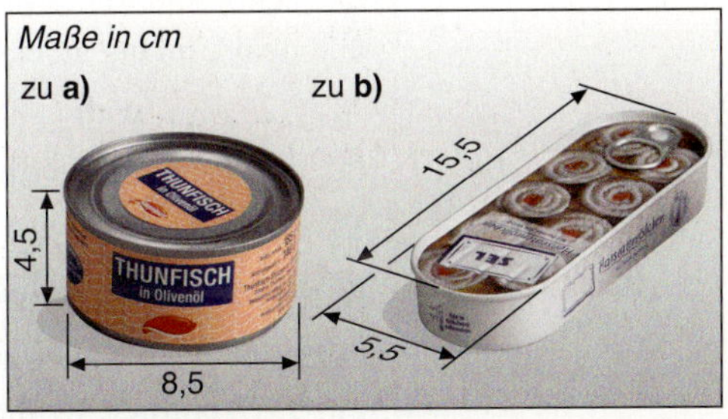

Zum Erinnern

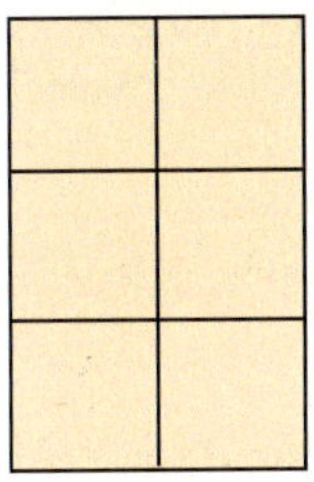

π ≈ 3,14

(1) Berechnen von Flächeninhalt und Umfang bei Vielecken und beim Kreis

Der Flächeninhalt A einer Figur gibt an, wie viele Einheitsquadrate in der Figur enthalten sind. Das Rechteck links enthält 6 Quadrate der Seitenlänge 1 cm, sein Flächeninhalt beträgt 6 cm^2. Will man andere Figuren lückenlos überdecken, muss man die Einheitsquadrate geeignet zerteilen.

Rechteck | Parallelogramm | Dreieck | Trapez | Kreis

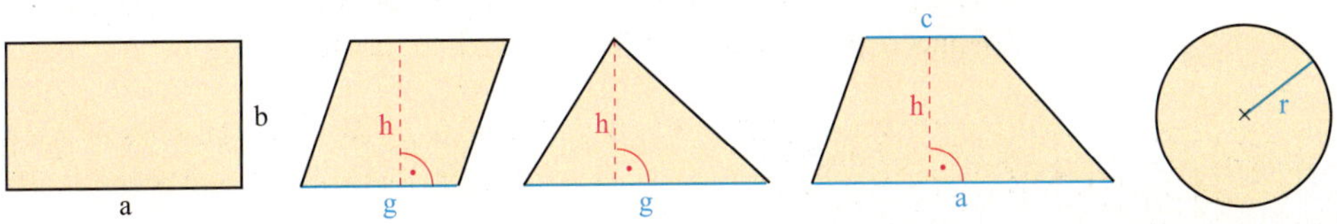

$A_R = a \cdot b$ | $A_P = g \cdot h$ | $A_D = \frac{1}{2} g \cdot h$ | $A_T = \frac{1}{2}(a + c) \cdot h$ | $A_K = \pi r^2$

Der Umfang u eines Vielecks ist die Summe der Seitenlängen.
Für den Kreis gilt: $u_K = 2\pi r$

(2) Berechnen von Kreisteilen

$\frac{\alpha}{360°}$ ist der Anteil vom Ganzen.

Flächeninhalt A eines Kreisrings

$A = \pi \cdot (r_2^2 - r_1^2)$

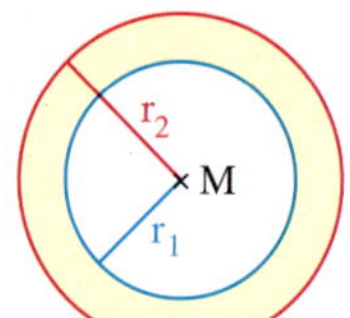

Länge b_α eines Kreisbogens

$b_\alpha = 2\pi r \cdot \frac{\alpha}{360°}$ bzw. $b_\alpha = \pi r \cdot \frac{\alpha}{180°}$

Flächeninhalt A_α eines Kreisausschnitts

$A_\alpha = \pi r^2 \cdot \frac{\alpha}{360°}$

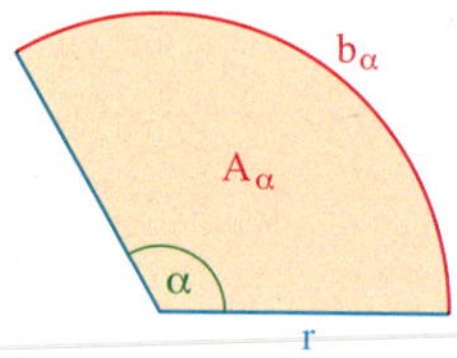

(3) Oberflächeninhalt und Volumen von Prismen und Zylindern

Der Oberflächeninhalt A_O eines Körpers ist die Summe der Flächeninhalte aller Begrenzungsflächen; er gibt z. B. an wie viel Pappe zur Herstellung eines Flächenmodells des Körpers benötigt wird. Das Volumen V eines Körpers gibt an, wie viele Einheitswürfel lückenlos in ihn passen.

Für den **Oberflächeninhalt A_O eines Prismas** mit dem Grundflächeninhalt A_G, der Höhe h und dem Umfang u der Grundfläche gilt:

$A_O = 2 \cdot A_G + u \cdot h$

Für das **Volumen V_P dieses Prismas** gilt:

$V_P = A_G \cdot h$

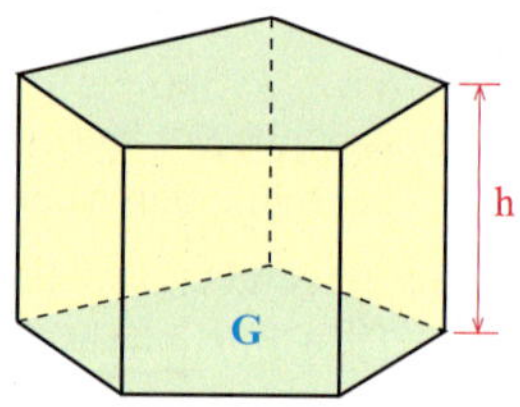

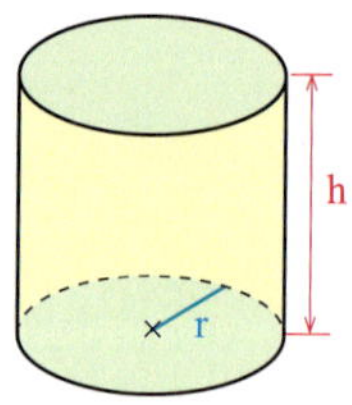

Für den **Oberflächeninhalt A_O eines Zylinders** mit dem Radius r und der Höhe h gilt:

$A_O = 2\pi r^2 + 2\pi r h$

Für das **Volumen V_Z dieses Zylinders** gilt: $V_Z = \pi r^2 h$

(4) Umwandeln von Flächeninhalts- und Volumeneinheiten

Die Umwandlungszahl der Längeneinheiten ist 10 (z. B. 10 mm = 1 cm; 10 dm = 1 m). Man benötigt daher z. B. 10 · 10 Quadrate der Größe 1 dm^2, um ein 1 m^2 großes Quadrat auszulegen. Entsprechend benötigt man 10 · 10 · 10 Würfel der Kantenlänge 1 dm^3, um einen 1 m^3 Würfel damit zu füllen.

Bei Flächeninhaltseinheiten: Umwandlungszahl 100

$1\,mm^2 \xrightarrow{\cdot 100} 1\,cm^2 \xrightarrow{\cdot 100} 1\,dm^2 \xrightarrow{\cdot 100} 1\,m^2 \xrightarrow{\cdot 100} 1\,a \xrightarrow{\cdot 100} 1\,ha \xrightarrow{\cdot 100} 1\,km^2$

100 mm^2 = 1 cm^2

100 cm^2 = 1 dm^2

100 dm^2 = 1 m^2

100 m^2 = 1 a

100 a = 1 ha

100 ha = 1 km^2

Bei Volumeneinheiten: Umwandlungszahl 1000

$1\,mm^3 \xrightarrow{\cdot 1000} 1\,cm^3 \xrightarrow{\cdot 1000} 1\,dm^3 \xrightarrow{\cdot 1000} 1\,m^3$

1 000 mm^3 = 1 cm^3

1 000 cm^3 = 1 dm^3

1 000 dm^3 = 1 m^3

1 *l* = 1 dm^3

1 ml = 1 cm^3

1 *l* = 1 000 ml

Zum Üben

4. Verwandle in die angegebene Einheit.

a) $12 m^2$ (dm^2)	**b)** $7 cm^2$ (m^2)	**c)** $71 cm^3$ (dm^3)	**d)** $0,375 dm^3$ (cm^3)
$420 mm^2$ (dm^2)	$0,35 dm^2$ (cm^2)	$235 dm^3$ (m^3)	$1,55 m^3$ (dm^3)
$0,05 m^2$ (cm^2)	$3600 mm^2$ (dm^2)	7 l (cm^3)	$3175,5 cm^3$ (l)

5. In einer Kleingartenkolonie kostet 1 m^2 Gartenfläche 0,22 € Pacht. Berechne die Kosten für jeden der vier Gärten in der Abbildung.

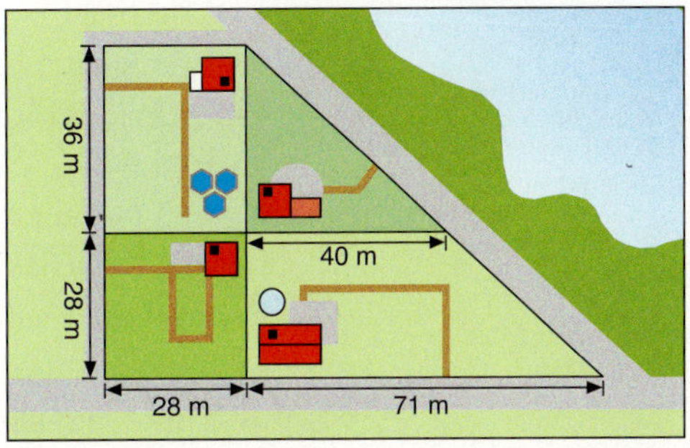

6. Ein Kreis hat den Flächeninhalt von 1 m^2.

a) Welche Höhe hat ein flächeninhaltsgleiches Dreieck, dessen Grundseite dem Durchmesser des Kreises entspricht?

b) Wie groß ist ein Quadrat, das mit seinen vier Seiten den Kreis berührt?

c) Ein Rechteck, bei dem eine Seitenlänge doppelt so groß ist wie die andere, ist flächeninhaltsgleich zum Kreis. Wie lang sind seine Seiten?

7. Die Abbildung zeigt ein Basketballfeld mit seinen Maßen.

a) Berechne die Fläche des gesamten Feldes und des Mittelkreises.

b) Wie groß sind die abgetrennten Flächen unter beiden Körben, die bei Freiwürfen nicht betreten werden dürfen?

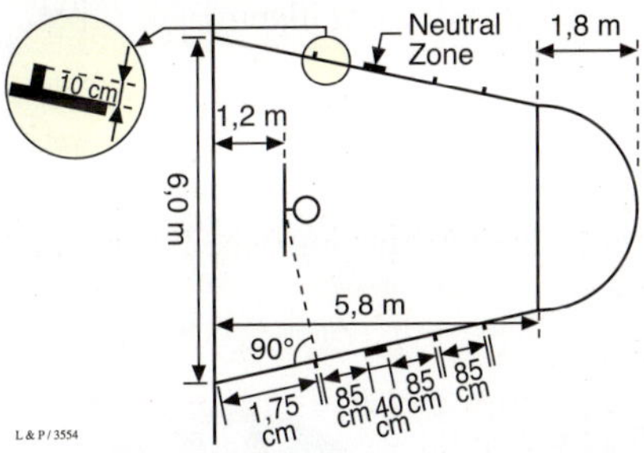

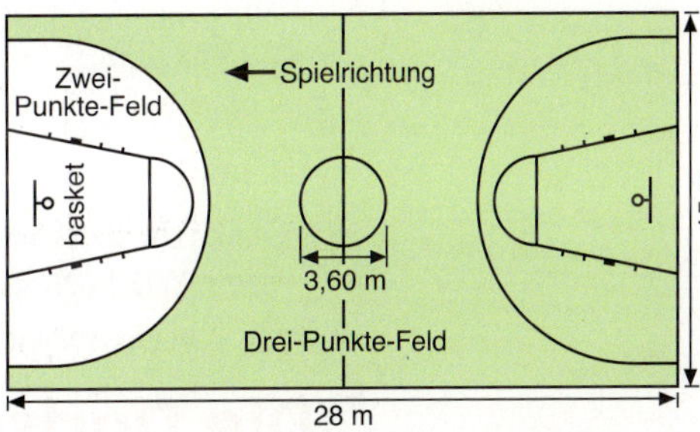

8.

Zentrale Holocaust-Gedenkstätte

In Berlin wurde im Jahre 2005 die zentrale Holocaust-Gedenkstätte Deutschlands eröffnet. Das Stelenfeld entstand zum Gedenken an die in Europa ermordeten Juden.

Die Größe des Stelenfelds beträgt ungefähr 19.000 m^2; das ist fast die Fläche von zwei Fußballfeldern. Die **Stelen** sind jeweils 0,95 m breit und 2,38 m lang und haben verschiedene Höhen von 0 bis 4,7 m. Sie stehen teilweise geneigt mit Neigungen von 0,5° bis 2°. Insgesamt gibt es 2711 Stelen, die aus Beton gefertigt sind. Von den Stelen haben 83 eine Höhe von mehr als 4,5 m und 33 Stelen sind maximal 0,5 m hoch. Weiterhin gibt es 112 ebenerdige Stelenplatten, die überwiegend im Straßenland verlegt sind.
Das Gewicht der höchsten Stele beträgt ungefähr 16 t.

L & P / 3552

a) Berechne die Größe der zwischen den Stelen gepflasterten Wege.

b) Wie schwer ist eine Stele mit einem halben Meter Höhe?

c) Wie groß ist die Fläche, die bei der größten Stele mit einem Graffitischutz versehen werden muss?

9. Ein (regelmäßiger) sechseckiger Buddelkasten soll frisch mit Sand gefüllt werden (Bild links). Wie viel m³ Sand müssen gekauft werden, wenn die Füllhöhe mindestens 0,6m betragen soll?

10. Das im Längs- und Querschnitt abgebildete Werkstück ist aus Stahl.

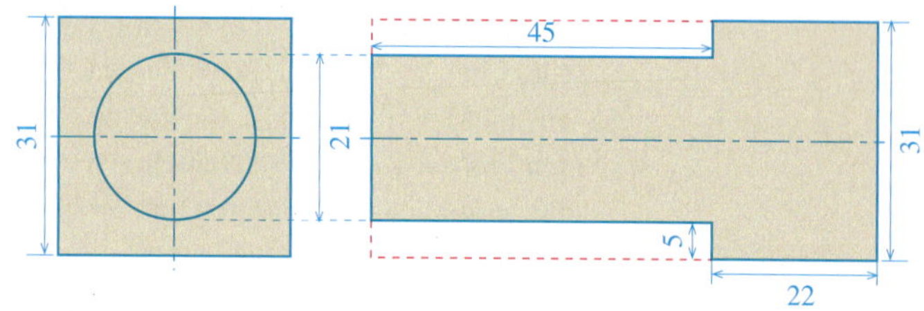

a) 1 cm³ Stahl wiegt 7,94 g. Wie schwer ist das Werkstück?

b) Wie viel Prozent Abfall entsteht, wenn das Werkstück aus einem Quadratstahl (rote Linien) gefertigt wird?

c) Das Werkstück soll einen Schutzüberzug erhalten. Wie groß ist die zu überziehende Fläche?

11. Ein Tank für Flüssiggas ist 2,50 m lang und hat einen Durchmesser von 1,25 m.

a) Wie groß ist das Fassungsvermögen?

b) Das Flüssiggas Butan hat eine Dichte von 0,6 kg pro l. Wie schwer ist eine Tankfüllung?

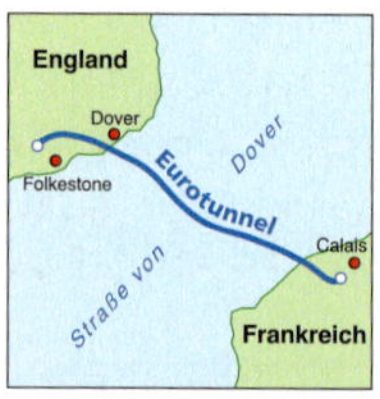

12. Der Eurotunnel verbindet England und Frankreich mit drei Tunnelröhren auf einer Länge von 50 km. Die Tunnelröhren wurden mit Tunnelbohrmaschinen erstellt, die zwei Fahrröhren mit 7,6 m Durchmesser und eine Serviceröhre mit 4,8 m Durchmesser unter den Ärmelkanal gebohrt haben.

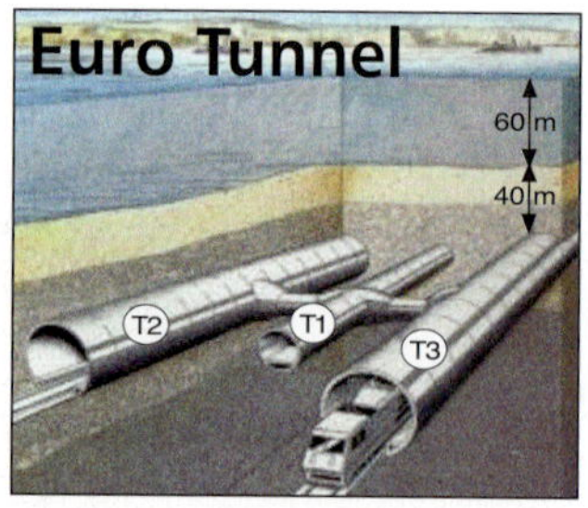

a) Wie groß sind die Querschnittsflächen der jeweiligen Tunnelröhren?

b) Wie viel Gesteinsmaterial wurde beim Bau des Tunnels aus der Erde entfernt?

c) Denke dir das gesamte Material auf eine quadratische Fläche der Seitenlänge 100 m aufgetürmt. Wie hoch wäre der Turm?

13.

Die Dartsscheibe

Eine Dartscheibe hat festgelegte Größen, wobei hier die abgrenzenden Metallringe vernachlässigt wurden.

- Double- und Triple-Ring ______ 8,0 mm
- Durchmesser des Bull's Eye _ 12,7 mm
- Größe des gesamten Bull ____ 31,8 mm
- Abstand vom äußeren Rand des Doublerings zum Bull ____ 170,0 mm
- Abstand vom äußeren Rand des Triplerings zum Bull ______ 154,1 mm

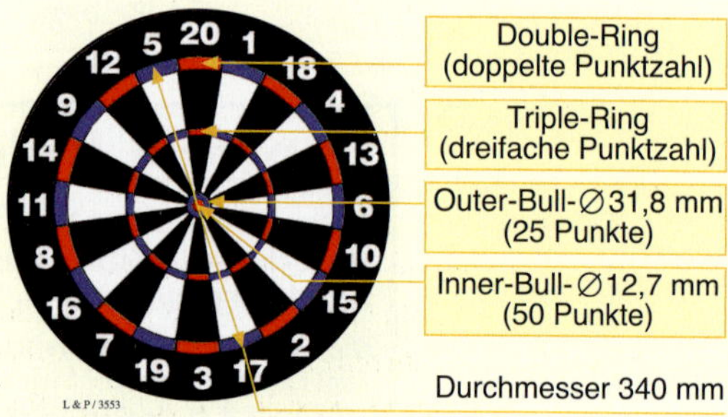

a) Beim Wettkampf im Darts versuchen die Spieler zunächst das Feld für die dreifache Punktzahl von 20 zu treffen, da hier die höchste Punktzahl zu erzielen ist.
Welche Fläche hat dieses Feld und wie lang ist die äußere Umgrenzung dieses Feldes?

b) Wie viel Prozent der gesamten Scheibenfläche liefert Punktzahlen von mindestens 50 Punkten?

c) Zum Beenden eines Spiels in der Spielart „Double Out" muss der Spieler ein Feld für eine doppelte Punktzahl treffen. Wie groß ist ein solches Feld?

2. PYRAMIDE, KEGEL, KUGEL

In Griechenland und Spanien haben viele zylinderförmige Windmühlen ein kegelförmiges Dach. Solche Dächer findet man auch bei Türmen von Kirchen, Schlössern und Moscheen.

Der Vergnügungspark „Disney World“ in Florida (USA) bietet in diesem kugelförmigen Gebäude eine Reise durch die Entstehungsgeschichte der Erde an. Die Kugel ist ungefähr 55 m hoch und die Ummantelung besteht aus 11 324 Dreiecken aus Aluminium und Plastik.

Auf dem Marktplatz von Karlsruhe errichtete Johann Jakob Friedrich Weinbrenner im 19. Jahrhundert eine 6,5 m hohe Sandsteinpyramide. Auf dem Kirchturm findest du auch eine Pyramide.

- Suche nach Gebäuden oder Gebäudeteilen, die die Form einer Pyramide, eines Kegels oder einer Kugel haben.
- Überlege, warum man diese Formen gewählt hat.

In diesem Kapitel lernst du, wie man das Volumen und den Oberflächeninhalt von Pyramide, Kegel und Kugel berechnen kann.

2.1 Pyramide und Kegel

2.1.1 Oberflächeninhalt – Netz

Einführung

Betrachte die oben abgebildeten Körper. Beschreibe ihre Form. Welche Gemeinsamkeiten, welche Unterschiede weisen sie auf?

Information

Eine **Pyramide** ist ein Körper, der von einem Vieleck und weiteren Dreiecken begrenzt wird. Die Dreiecke treffen sich in einem Punkt, der *Spitze* der Pyramide, und grenzen alle an das Vieleck. Das Vieleck heißt **Grundfläche** der Pyramide, die Dreiecke heißen **Seitenflächen**. Die Seitenflächen bilden zusammen die **Mantelfläche** der Pyramide.

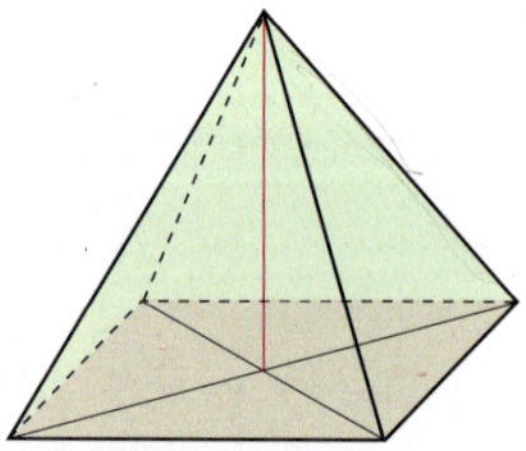

quadratische Pyramide

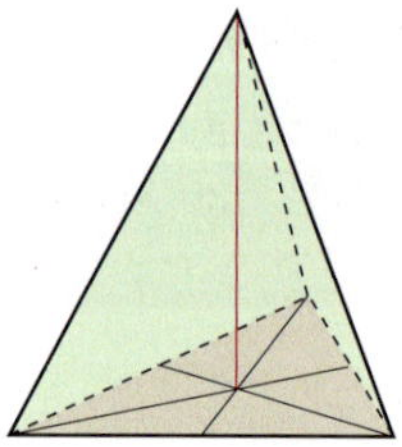

dreiseitige Pyramide

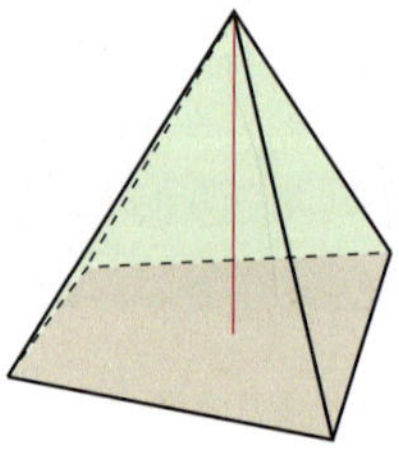

vierseitige Pyramide

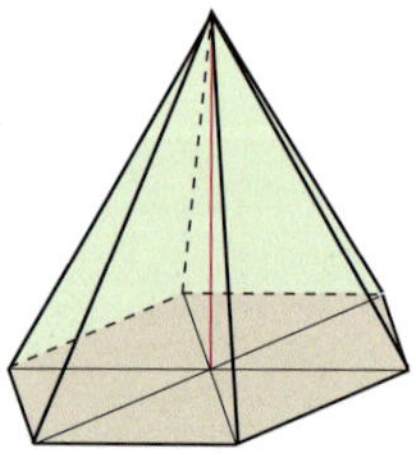

sechsseitige Pyramide

Der Abstand der Spitze von der Grundfläche ist die **Höhe** der Pyramide.
Eine **quadratische Pyramide** ist eine besondere Pyramide: Sie hat ein Quadrat als Grundfläche; ihre Spitze liegt senkrecht über dem Schnittpunkt der Diagonalen des Quadrats.

Ersetzt man das Vieleck der Grundfläche durch einen Kreis, so erhält man einen verwandten Spitzkörper:

Ein **Kegel** ist ein Körper, dessen **Grundfläche** eine Kreisfläche (*Grundkreis*) ist.
Die **Mantelfläche** eines Kegels ist gewölbt.
Der Abstand der Spitze von der Grundfläche ist die **Höhe** des Kegels.
Eine Verbindungsstrecke vom Kreisrand zur Spitze heißt **Mantellinie**.

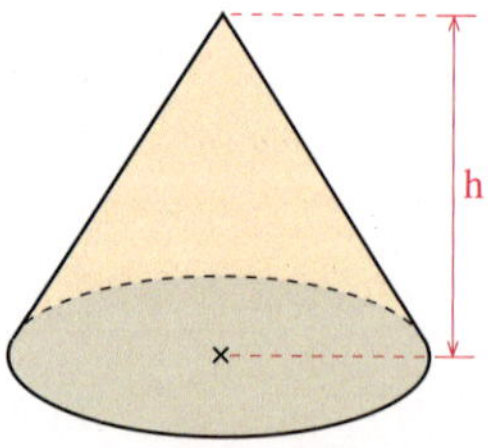

Aufgabe 1

Grundkante: Seite der Grundfläche
Seitenkante: Kante, die zur Spitze führt

Oberflächeninhalt und Netz einer Pyramide

Für Schaufensterdekorationen werden 1,20 m hohe Pyramiden mit quadratischer Grundfläche benötigt. Die Grundkante einer Pyramide ist 1,00 m lang.
Wie viel m^2 Pappe sind zur Herstellung einer Pyramide nötig?

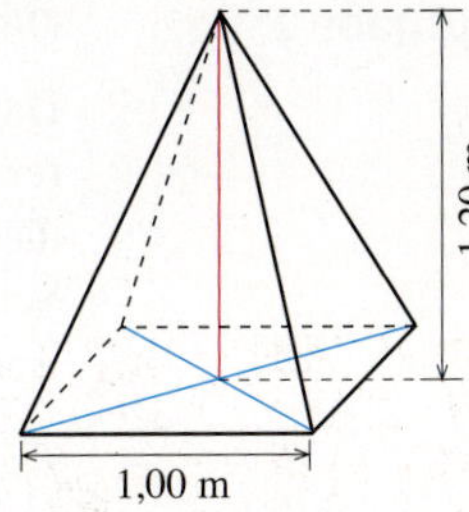

Lösung

Wir skizzieren zunächst ein Netz der Pyramide.

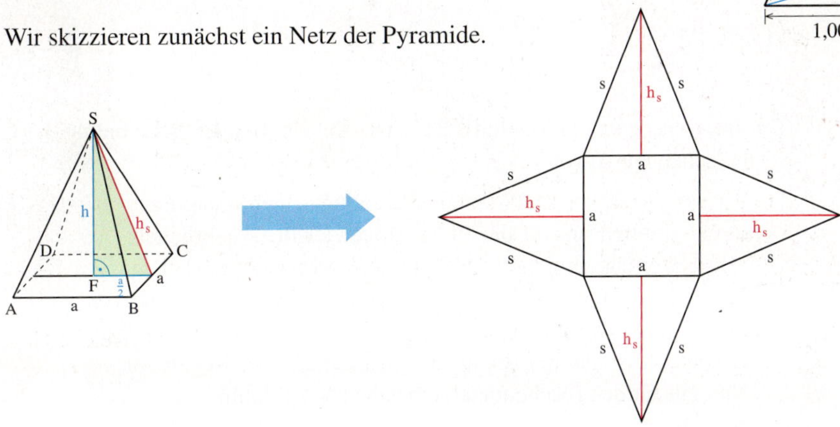

Der Mantelflächeninhalt und der Grundflächeninhalt ergeben zusammen den Oberflächeninhalt. (Den Verschnitt berücksichtigen wir nicht.)
Die Mantelfläche besteht aus vier zueinander kongruenten gleichschenkligen Dreiecken mit der Basislänge a = 1,00 m und der Höhe h_s.

(1) *Berechnen der Höhe h_s einer Seitenfläche*

Nach dem Satz des Pythagoras gilt für das grüne Dreieck: $h_s^2 = h^2 + \left(\frac{a}{2}\right)^2$

$h_s^2 = (1{,}20\text{ m})^2 + (0{,}50\text{ m})^2 = 1{,}69\text{ m}^2$

$h_s = \sqrt{1{,}69\text{ m}^2} = 1{,}30\text{ m}$

(2) *Mantelflächeninhalt:* $A_M = 4 \cdot \frac{1}{2} \cdot a \cdot h_s = 4 \cdot \frac{1}{2} \cdot 1{,}00\text{ m} \cdot 1{,}30\text{ m} = 2{,}60\text{ m}^2$

(3) *Grundflächeninhalt:* $A_G = a^2 = (1{,}00\text{ m})^2 = 1{,}00\text{ m}^2$

(4) *Oberflächeninhalt:* $A_O = A_G + A_M = 1{,}00\text{ m}^2 + 2{,}60\text{ m}^2 = 3{,}60\text{ m}^2$

Ergebnis: Es werden 3,60 m^2 Pappe zur Herstellung einer Pyramide benötigt.

Information

Der Oberflächeninhalt ist die Größe der Oberfläche.

Satz

Für den **Oberflächeninhalt A_O einer Pyramide** mit dem Grundflächeninhalt A_G und dem Mantelflächeninhalt A_M gilt:

$A_O = A_G + A_M$

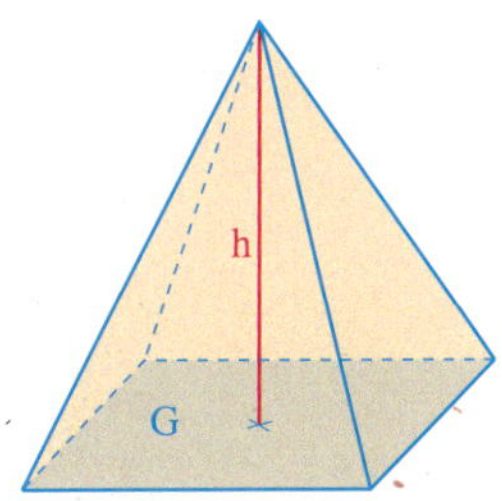

Aufgabe 2

Oberflächeninhalt und Netz eines Kegels

Das kegelförmige Dach eines alten Wehrturms soll neu mit Schiefer gedeckt werden. Der Radius r des Daches beträgt 5,60 m, die Höhe h des Daches beträgt 7,50 m. Für die Bestellung der Schieferplatten wird die Größe der Dachfläche benötigt. Berechne diese.

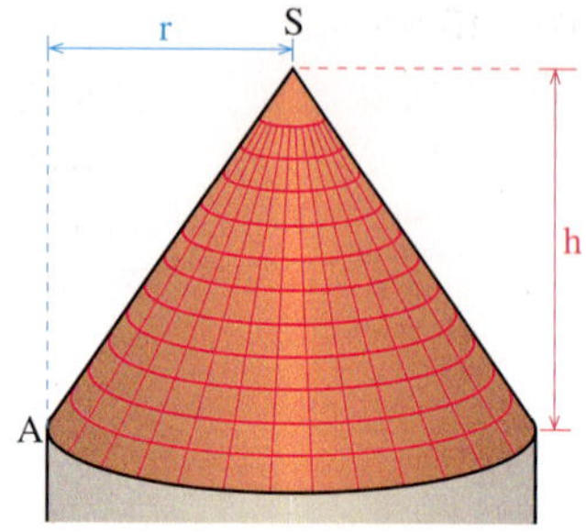

Lösung

Die Dachfläche ist die Mantelfläche eines Kegels. Bei der Berechnung der Größe A_M der Mantelfläche gehen wir so vor:

(1) Wir stellen uns vor: Der Mantel wird entlang einer Mantellinie aufgeschnitten und in die Ebene abgewickelt. Wir erhalten einen Kreisausschnitt mit dem Radius s und dem Bogen b. Die Länge b des Bogens ist gleich dem Umfang der Grundfläche des Kegels: $b = 2\pi r$

Beachte: r ist hier der Radius der Grundfläche des Kegels.

Nun gilt für den Flächeninhalt eines Kreisausschnitts:

$A = \frac{1}{2} b \cdot r$

In unserem Fall muss man in diese Formel für b den Umfang $2\pi r$ der Grundfläche und für r den Radius s des Kreisausschnitts einsetzen.

Also gilt für den Mantelflächeninhalt A_M:

$A_M = \frac{1}{2}\, 2\pi r \cdot s = \pi r s$

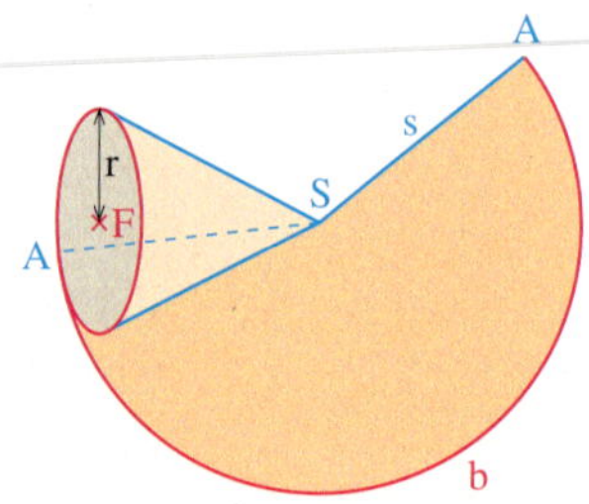

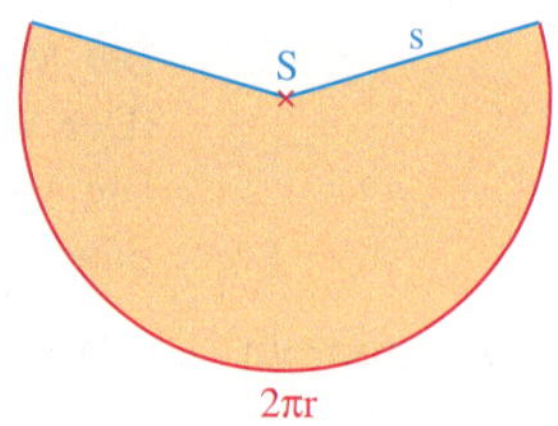

Anstatt die Formel selber herzuleiten, könntest du sie auch einer Formelsammlung entnehmen.

(2) Nach dem Satz des Pythagoras gilt im grünen Dreieck für die Länge s der Mantellinie des Kegels:

$s^2 = r^2 + h^2$

$s^2 = (5{,}60\ \text{m})^2 + (7{,}50\ \text{m})^2$

$s = \sqrt{87{,}61\ \text{m}^2} \approx 9{,}36\ \text{m}$

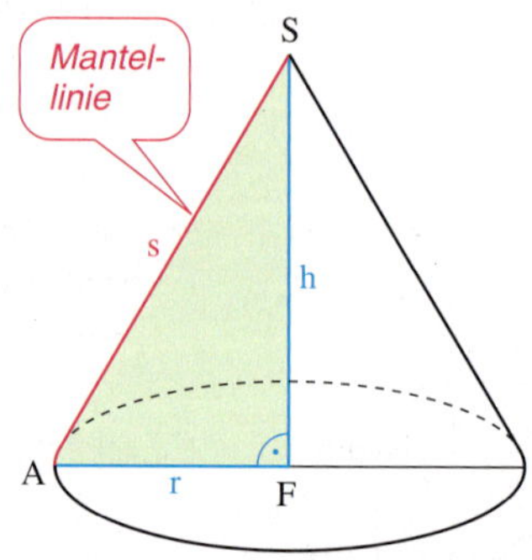

(3) Wir setzen die Werte in die Formel für den Mantelflächeninhalt ein:

$A_M = \pi r s$

$A_M \approx \pi \cdot 5{,}60\ \text{m} \cdot 9{,}36\ \text{m}$

$A_M \approx 164{,}67\ \text{m}^2$

Ergebnis: Es müssen Schieferplatten für eine Dachfläche von 165 m^2 bestellt werden. Dabei muss noch berücksichtigt werden, dass sich die Schieferplatten überlappen und Verschnitt anfällt.

Information

Satz

Für den **Mantelflächeninhalt A_M eines Kegels** mit dem Grundkreisradius r und der Länge s einer Mantellinie gilt:

$\mathbf{A_M = \pi \cdot r \cdot s}$

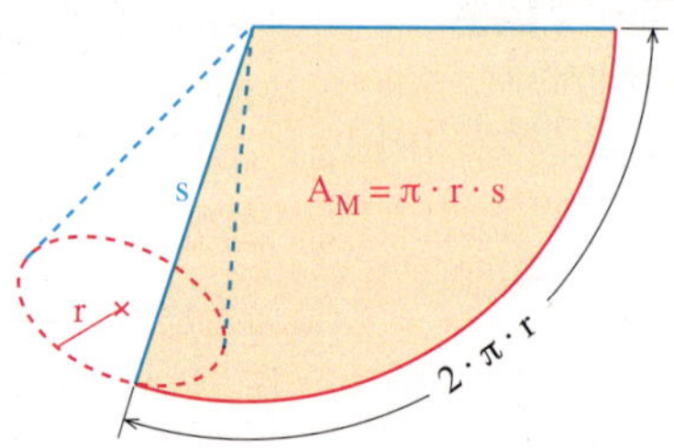

Weiterführende Aufgaben

3. *Schrägbild einer Pyramide*

Zeichne ein Schrägbild einer quadratischen Pyramide mit $a = 6$ cm und $h = 7$ cm. Wähle als Verzerrungswinkel $\alpha = 45°$ und als Verzerrungsfaktor $q = \frac{1}{2}$.

Beachte: Die quadratische Pyramide hat keine senkrecht nach oben verlaufende Kanten. Verwende dafür geeignete Hilfsstrecken.

4. *Formel zur Berechnung des Oberflächeninhalts O eines Kegels*

a) Zur Dekoration eines Schaufensters werden aus Karton Kegel hergestellt. Der Radius des Grundkreises ist 0,60 m und eine Mantellinie ist 1,30 m lang.
Wie viel m^2 Karton müssen für die Herstellung eines Kegels gerechnet werden, wenn Verschnitt nicht berücksichtigt wird?

b) Begründe: Für den Oberflächeninhalt A_O eines Kegels mit dem Radius r des Grundkreises und der Länge s der Mantellinie gilt: $A_O = \pi r \cdot (r + s)$

Der Oberflächeninhalt ist die Größe der Oberfläche.

Satz

Für den **Oberflächeninhalt A_O eines Kegels** mit dem Grundflächeninhalt A_G und dem Mantelflächeninhalt A_M gilt:

$$A_O = A_G + A_M$$

Bezeichnet r den Radius des Grundkreises und s die Länge einer Mantellinie des Kegels, so gilt insbesondere:

$$A_O = \pi r^2 + \pi r s = \pi r \cdot (r + s)$$

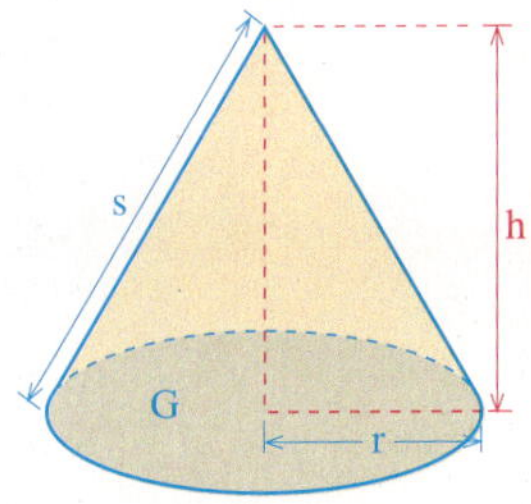

Übungsaufgaben

5. Der Fuß einer Stehlampe hat die Form einer quadratischen Pyramide. Er wird aus Stahlblech gefertigt und pulverbeschichtet.
Wie groß ist die zu beschichtende Fläche?
Entnimm die Abmessungen aus dem Schrägbild.

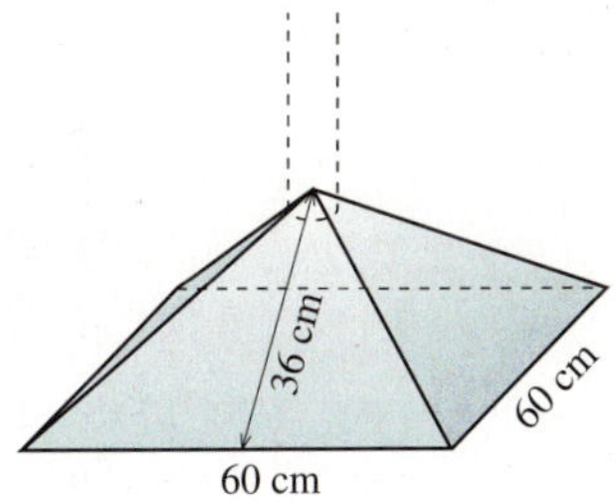

6. *Teamarbeit:* Nennt Gegenstände aus eurer Umwelt, die pyramidenförmig sind. Gestaltet damit ein Plakat für den Klassenraum.

7. Moritz hat für verschiedene Pyramiden ein Netz gezeichnet. Kontrolliere.

8. Eine quadratische Pyramide hat die Grundkante $a = 4$ cm und die Seitenkante $s = 6$ cm.

a) Zeichne ein Netz und stelle den Körper her.

b) Berechne die Seitenhöhe sowie den Mantelflächeninhalt und den Oberflächeninhalt.

c) Berechne die Körperhöhe und zeichne ein Schrägbild mit $\alpha = 45°$ und $q = \frac{1}{2}$.

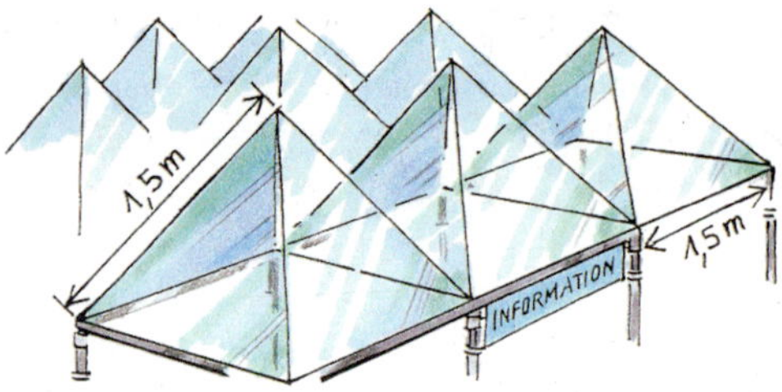

9. Die Überdachung eines Informationsstandes besteht aus 9 quadratischen Glaspyramiden ohne Boden. Diese sind aus Fensterglas von 1 cm Dicke hergestellt worden, das 2,5 g pro cm^3 wiegt. Wie schwer ist das Glasdach?

10. Gegeben ist eine quadratische Pyramide mit der Grundkante a und der Seitenhöhe h_s.
Gib eine Formel für den Oberflächeninhalt A_O an. Isoliere dann die Variable h_s [die Variable a].

11. Eine quadratische Pyramide hat die Grundkante q = 8 cm und die Höhe h = 7 cm. Berechne die Länge s einer Seitenkante, die Seitenhöhe h_s sowie den Mantelflächeninhalt A_M und den Oberflächeninhalt A_O.

12. **a)** Vergleiche den Materialverbrauch für die beiden quadratischen Pyramiden.

b) Verändere entweder die Länge der Grundkante oder die Seitenhöhe so, dass beide Pyramiden gleichen Materialverbrauch haben.

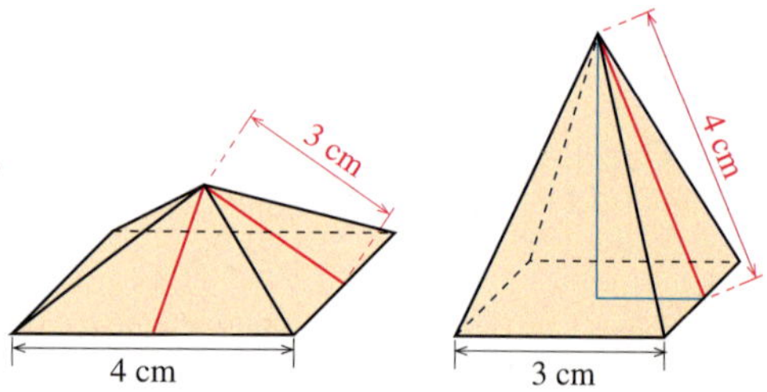

13. Gib eine Formel für den Oberflächeninhalt A_O einer quadratischen Pyramide mit der Länge a der Grundkante und der Seitenhöhe h_s an, wenn gilt:

a) h_s ist genau so lang wie a.

b) a ist halb so lang wie h_s.

c) a ist um 3 cm kürzer als h_s.

d) h_s ist um 15 % länger als a.

14. Für eine Schaufensterdekoration wird auf jede Seitenfläche eines Würfels eine quadratische Pyramide aufgesetzt. Der so entstandene Stern wird mit Silberfolie beklebt.
Die Kanten des Würfels sind 12 cm lang und die Seitenkanten der Pyramiden 34 cm.
Wie viel Silberfolie wird für den Stern benötigt?

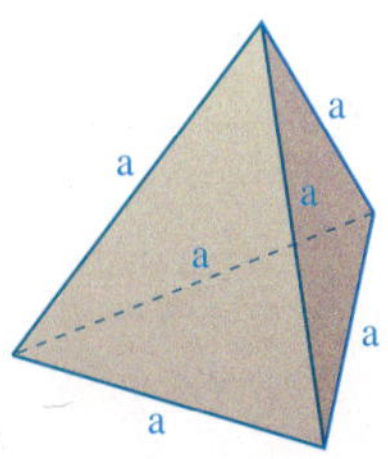

15. Ein (regelmäßiges) *Tetraeder* ist eine Pyramide, die von vier zueinander kongruenten gleichseitigen Dreiecken begrenzt ist.

a) Berechne den Oberflächeninhalt A_O eines Tetraeders mit der Kantenlänge a = 4 cm. Stelle zunächst eine Formel auf.

b) Zeichne auch ein Schrägbild und ein Netz des Tetraeders.

16. Gegeben ist eine Pyramide mit rechteckiger Grundfläche (a = 6 cm; b = 4 cm) und der Körperhöhe h = 5 cm. Die Spitze soll senkrecht über dem Schnittpunkt der Diagonalen des Rechtecks liegen.
Beachte: Diese Pyramide hat zwei verschiedene Seitenhöhen.

a) Zeichne ein Schrägbild ($\alpha = 45°$; $q = \frac{1}{2}$).

b) Zeichne ein Netz der Pyramide.

c) Berechne den Oberflächeninhalt A_O. Leite zunächst eine Formel für die zu berechnende Größe her.

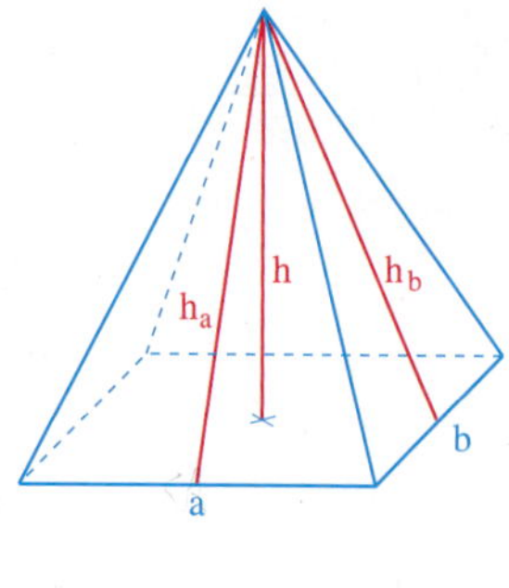

$A_O = a \cdot b + 4 \cdot a \cdot h_a$
$A_O = 79,6\ cm^2$

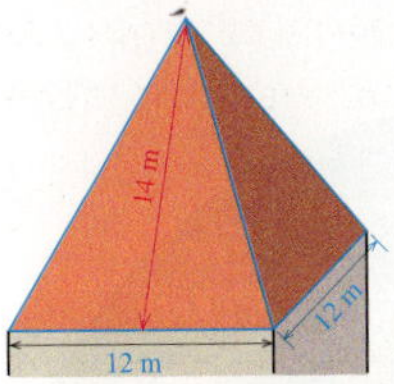

17. Links ist das pyramidenförmige Dach eines Turmes abgebildet. Es soll mit Schindeln gedeckt werden.
Von einer Firma wird die Arbeit für 105 € pro m^2 übernommen. Wie teuer sind die Dacharbeiten, wenn noch die Mehrwertsteuer dazukommt und bei Bezahlung innerhalb von 10 Tagen 3 % Rabatt gewährt werden?

18. Aus Pappe soll eine Schultüte hergestellt werden. Wie viel dm^2 sind für die Herstellung erforderlich, wenn für Verschnitt und Klebefalze 9 % dazu gerechnet werden?

19. *Teamarbeit:* Nennt Beispiele für Kegel aus eurer Umwelt.

20. Berechne den Mantelflächeninhalt A_M und den Oberflächeninhalt A_O des Kegels.

a) $r = 4$ cm, $s = 6$ cm
b) $d = 46$ dm, $s = 15$ m
c) $r = 2{,}7$ m, $h = 2{,}3$ m
d) $s = 9{,}75$ m, $h = 7{,}25$ m

21. Gegeben ist ein Kegel mit dem Radius $r = 3$ cm und der Höhe $h = 5$ cm.

a) Berechne die Länge s der Mantellinie sowie den Oberflächeninhalt A_O.

b) Zeichne ein Netz des Kegels und stelle den Körper her.

c) Berechne die Größe des Neigungswinkels α und des Öffnungswinkels γ.

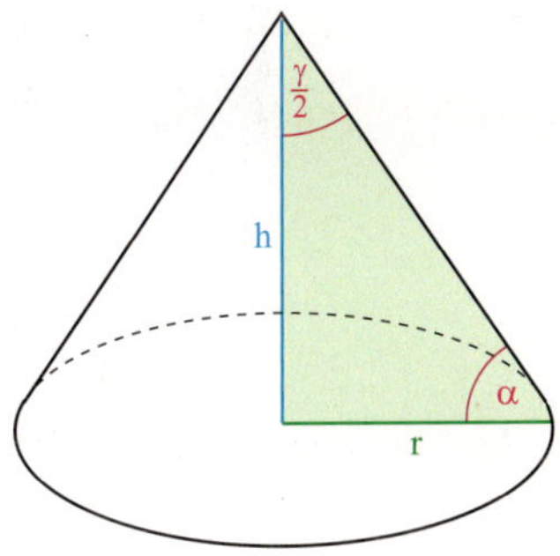

22. Der Turm hat ein annähernd kegelförmiges Dach, das neu gedeckt werden soll. Das Turmdach ist 13,80 m hoch und sein Umfang beträgt 27,75 m. Pro Quadratmeter werden 93 € gerechnet; dazu kommt noch die Mehrwertsteuer. Wie teuer wird das Decken des Daches?

23. Von einem Kegel sind die Länge der Mantellinie $s = 18$ cm und die Größe der Mantelfläche $A_M = 345\ cm^2$ bekannt. Berechne den Oberflächeninhalt A_O.

24. Gib eine Formel für den Oberflächeninhalt A_O eines Kegels mit dem Radius r und der Mantellinie s an, wenn gilt:

a) s ist dreimal so lang wie r.

b) r ist halb so lang wie s.

c) r ist um 10 % kürzer als s.

d) r verhält sich zu s wie 7 : 10.

25. **a)** Ein Kreisausschnitt mit dem Radius 4 cm soll zu einem Kegel zusammengebogen werden. Die Größe des Mittelpunktswinkels ist 180° [90°; 270°].
Berechne den Radius, die Höhe sowie den Grundflächeninhalt und den Oberflächeninhalt des Kegels.

b) Begründe: Für die Größe φ des Mittelspunktswinkels des Mantels gilt:

$$\varphi = \frac{360° \cdot r}{s}$$

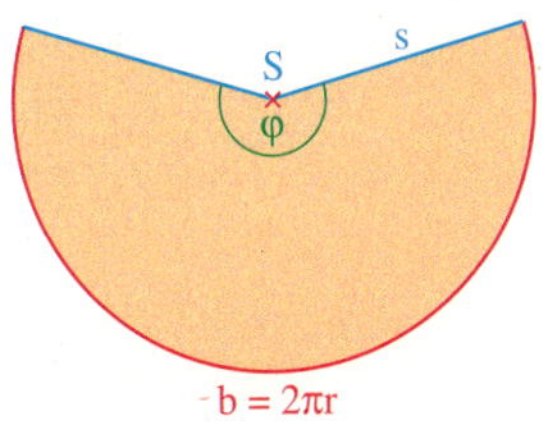

c) Berechne für die Kegel in Aufgabe 20 den Mittelpunktswinkel φ des Kegelmantels.

26. Das Bild zeigt das abgewickelte Verpackungspapier einer Eistüte.
Berechne den Flächeninhalt und bestimme den Anteil des Klebefalzes.

27. Bei einem Kegel ist die Länge der Mantellinie gleich dem Grundkreisradius r. Ein Zylinder hat denselben Grundkreisradius r und die Höhe r.
In welchem Verhältnis stehen die Oberflächeninhalte von Kegel und Zylinder zueinander?

28. Bei einem Kegel ist r der Grundkreisradius und s die Länge der Mantellinie.
In welchem Verhältnis stehen r und s zueinander, wenn gilt

a) der Oberflächeninhalt ist dreimal so groß wie der Grundflächeninhalt;

b) der Mantelflächeninhalt ist dreimal so groß wie der Grundflächeninhalt;

c) der Grundflächeninhalt ist halb so groß wie der Mantelflächeninhalt;

d) der Oberflächeninhalt verhält sich zum Mantelflächeninhalt wie 5 : 3?

29. Berechne den Oberflächeninhalt des Kegels (Bezeichnungen wie in Übung 21 auf Seite 55).

a) $s = 9$ cm, $\gamma = 60°$ **b)** $r = 4$ cm, $\gamma = 90°$ **c)** $h = 5$ cm, $\alpha = 50°$

30. Der Lampenschirm rechts soll renoviert werden. Berechne, wie viel Folie zum Bespannen benötigt wird.
Anleitung: Skizziere die Fläche. Ergänze zur Berechnung zunächst zu einem ganzen Kegel.

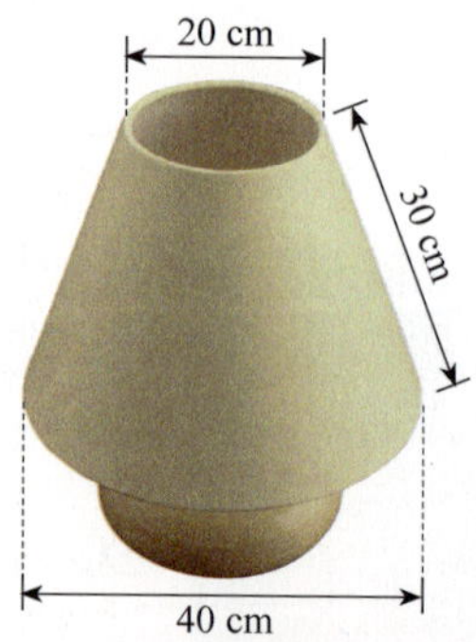

31. Beweise die in der Formelsammlung rechts angegebene Formel.

Formelsammlung

Kegelstumpf

$M = \pi\,(r_1 + r_2)\,\bar{s}$

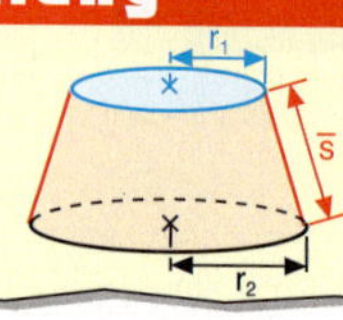

32. Modelliere die Frischkäseschachtel rechts als einfachen Körper und berechne den Materialbedarf.

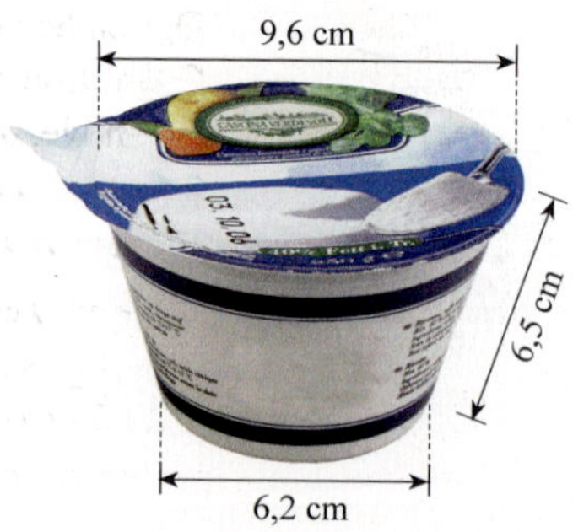

2.1.2 Satz des Cavalieri – Volumengleiche Pyramiden

Einführung

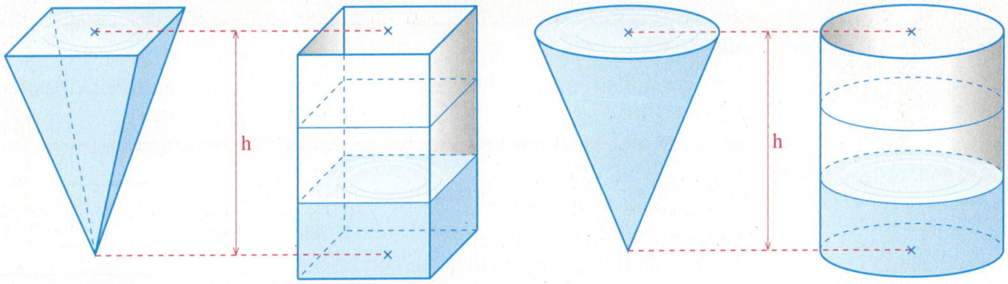

Das Wasser aus der Pyramide mit der Grundflächengröße G und der Höhe h ist in den Quader mit gleich großer Grundfläche und derselben Höhe gegossen worden. Das Wasser aus dem Kegel mit der Grundfläche G und der Höhe h ist in den Zylinder mit gleich großer Grundfläche und derselben Höhe gegossen worden. Aufgrund dieser Umfüllversuche vermuten wir:

$V_{Pyramide} = \frac{1}{3} V_{Quader}$ $\qquad$ $V_{Kegel} = \frac{1}{3} V_{Zylinder}$

Wir wollen nun versuchen, diese Formeln durch Überlegung zu begründen.

Information

(1) Satz des Cavalieri

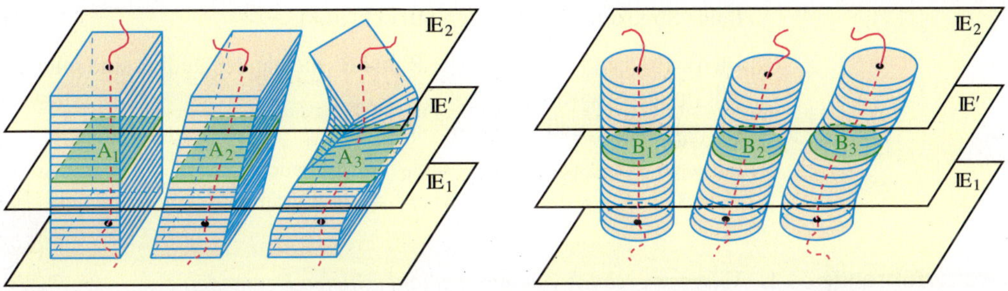

Wir fassen einen Stoß aufgeschichteter Spielkarten bzw. runder Bierdeckel als Modell eines *geraden* Prismas bzw. Zylinders auf. Die Modelle werden durchbohrt und auf eine Schnur aufgezogen. Nun kann man verschiedene Körper erzeugen, insbesondere *schiefe* Prismen bzw. *schiefe* Zylinder.

Der Anschauung entnehmen wir:

(1) Die erzeugten schiefen Körper haben dasselbe Volumen wie die geraden Ausgangskörper.

(2) Liegt eine Grundfläche eines aus den Modellen erzeugten Körpers in der Ebene $\mathbb{E}_1$, so liegt die andere Grundfläche in einer zu $\mathbb{E}_1$ parallelen Ebene $\mathbb{E}_2$.

(3) Schneidet man alle aus demselben Modell entstandenen Körper durch eine Ebene $\mathbb{E}'$, die zu $\mathbb{E}_1$ parallel ist, so haben die entstehenden Schnittflächen A_1, A_2 und A_3 alle den gleichen Flächeninhalt. Flächeninhaltsgleich sind auch die Schnittflächen B_1, B_2 und B_3.

Diesen Sachverhalt, den wir uns anschaulich klargemacht haben, hat der italienische Mathematiker CAVALIERI als grundlegenden Satz formuliert. Wir benutzen ihn für die Volumenberechnung der Pyramide, des Kegels und der Kugel.

Bonaventura CAVALIERI (1598–1647)

Satz des Cavalieri

Liegen zwei Körper zwischen zueinander parallelen Ebenen $\mathbb{E}_1$ und $\mathbb{E}_2$ und werden sie von *jeder* zu $\mathbb{E}_1$ parallelen Ebene $\mathbb{E}'$ so geschnitten, dass gleich große Schnittflächen entstehen, so haben die Körper das gleiche Volumen.

(2) Volumenvergleich zweier Pyramiden

Mithilfe des Satzes des Cavalieri kann man folgenden Satz begründen.

> **Satz**
>
> Zwei Pyramiden mit gleicher Höhe und gleich großer Grundfläche besitzen das gleiche Volumen.

Dazu führen wir folgende Überlegungen durch:

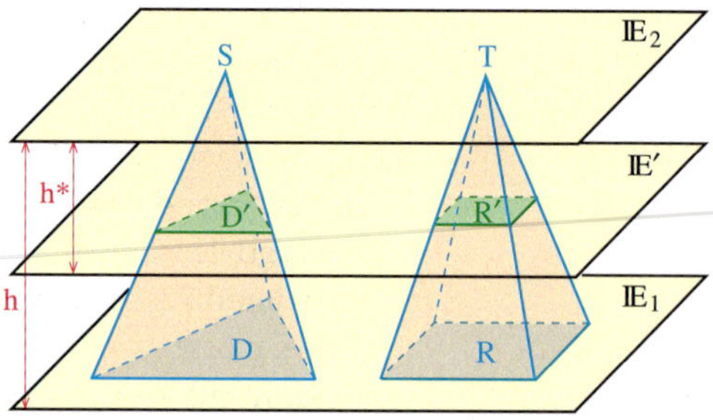

(1) Die gleich großen Grundflächen D und R der beiden Pyramiden liegen in derselben Ebene $\mathbb{E}_1$. Die Spitzen S bzw. T liegen in derselben zu $\mathbb{E}_1$ parallelen Ebene $\mathbb{E}_2$, da die Höhen übereinstimmen.

(2) Eine zu $\mathbb{E}_1$ parallele Ebene $\mathbb{E}'$ schneidet die Pyramiden in den Flächen D′ bzw. R′. Den Abstand von $\mathbb{E}'$ zu $\mathbb{E}_2$ nennen wir h*.

(3) Betrachte die Spitzen S bzw. T als Zentren von zwei zentrischen Streckungen im Raum, durch die die Fläche D auf die Bildfläche D′ und die Fläche R auf die Bildfläche R′ abgebildet wird (bzw. als Zentrum von Strahlensatzfiguren).
Beide Streckungen haben den Streckfaktor $k = \frac{h^*}{h}$.

(4) Da die Flächen D und D′ sowie R und R′ zueinander ähnlich sind mit dem Ähnlichkeitsfaktor k, gilt für die Flächeninhalte:
$G_{D'} = k^2 \cdot G_D$ und $G_{R'} = k^2 \cdot G_R$

(5) Da nach Voraussetzung $G_D = G_R$ ist, gilt auch $G_{D'} = G_{R'}$. Damit sind die Bedingungen des Satzes des Cavalieri erfüllt. Also sind die Pyramiden volumengleich.

Weiterführende Aufgabe

1. *Volumenvergleich von geraden und schiefen Pyramiden*

Begründe, dass auch eine schiefe Pyramide zu einer geraden Pyramide mit gleicher Höhe und gleich großer Grundfläche volumengleich ist.

Hinweis: Es gilt $k = \frac{h^*}{h} = \frac{s^*}{s}$ (rote Strahlensatzfigur bei schiefer Pyramide).

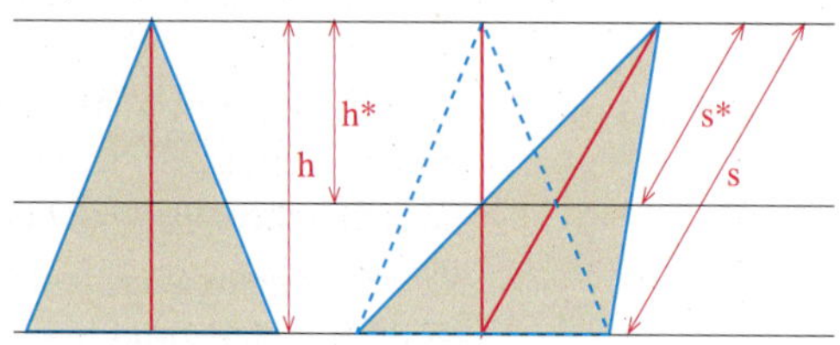

Übungsaufgaben

2. Begründe mithilfe des Satzes des Cavalieri:

a) Jedes schiefe Prisma ist volumengleich zu einem geraden Prisma mit gleich großer Grundfläche und gleicher Höhe.

b) Jeder schiefe Zylinder ist volumengleich zu einem entsprechenden geraden Zylinder.

c) Jeder schiefe Kegel ist volumengleich zu einem entsprechenden geraden Kegel.

3. Es gibt Kristalle (z. B. von Kalkspat), die die Form eines schiefen Prismas haben. Berechne das Volumen der abgebildeten Körper mit regelmäßiger Grundfläche (Maße in mm).

a)

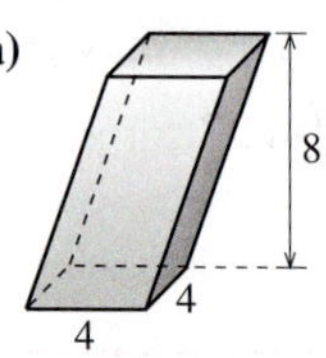

b)

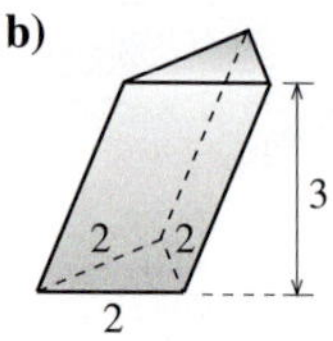

2.1.3 Volumen der Pyramide

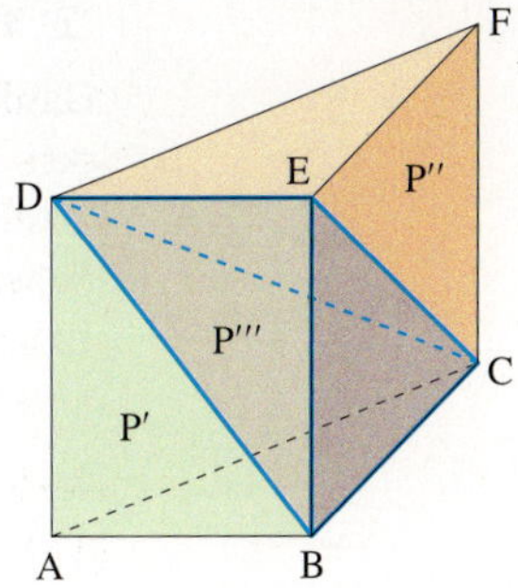

Einführung

Der Umfüllversuch auf Seite 57 lässt vermuten:
Das Volumen der Pyramide ist ein Drittel des Volumens eines Prismas mit gleich großer Grundfläche und gleicher Höhe.

(1) Zerlegen eines dreiseitigen Prismas in drei volumengleiche Pyramiden

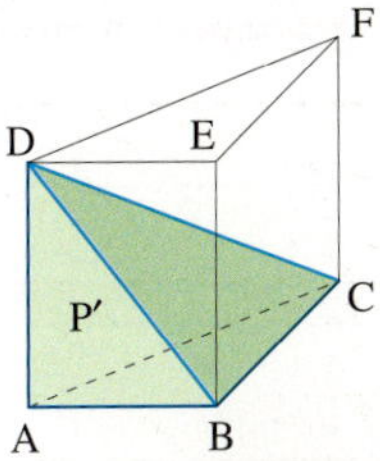

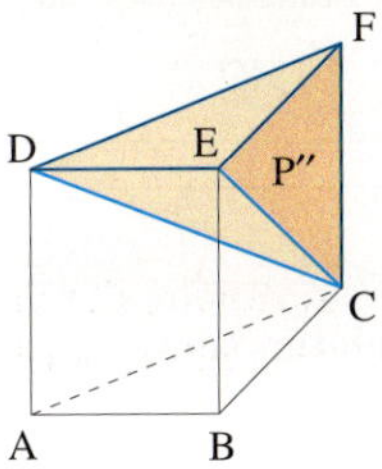

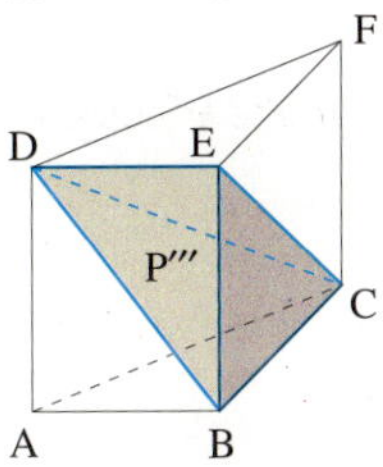

Um dieses Ergebnis zu beweisen, zeigen wir zunächst, dass sich ein dreiseitiges Prisma durch die eingezeichneten Schnitte in drei volumengleiche Pyramiden P′, P″ und P‴ zerlegen lässt.

(a) Betrachte die Pyramiden P′ und P″:
Das Dreieck ABC ist kongruent zum Dreieck DEF (Grundflächen des Prismas).
$\overline{AD}$ und $\overline{CF}$ sind die Höhen von P′ bzw. P″; es gilt $|AD| = |CF|$ (Seitenkanten des Prismas).
Die Pyramiden P′ und P″ haben also gleich große Grundflächen und die gleiche Höhe; sie sind somit volumengleich.

(b) Betrachte die Pyramiden P′ und P‴.
Die Dreiecke ABD und BED sind zueinander kongruent und liegen in der gleichen Ebene, da Rechteck ABED durch die Diagonale $\overline{BD}$ in zueinander kongruente Dreiecke zerlegt wird. C ist die gemeinsame Spitze der Pyramiden P′ und P‴.
Die Pyramiden P′ und P‴ haben also gleich große Grundflächen und die gleiche Höhe; sie sind somit volumengleich.

(c) Das Prisma ist also in drei zueinander volumengleiche Pyramiden zerlegt.

(2) Volumen einer beliebigen Pyramide

P

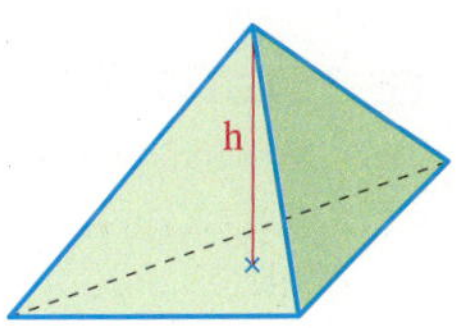

Pr

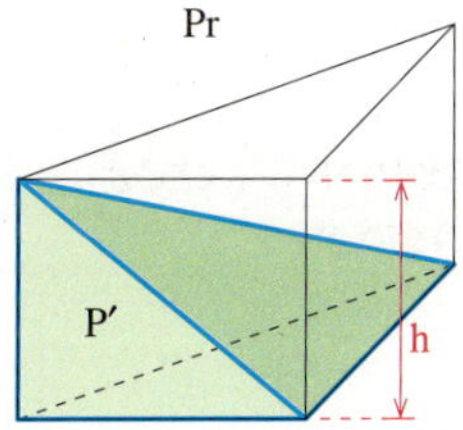

Jetzt betrachten wir eine beliebige Pyramide.
Zu jeder Pyramide gibt es eine dreiseitige Pyramide P mit gleichgroßer Grundfläche und gleicher Höhe; diese hat nach dem Satz von Seite 58 dasselbe Volumen. Zu einer solchen dreiseitigen Pyramide P kann man wiederum eine dreiseitige Pyramide P′ mit gleich großer Grundfläche und gleicher Höhe angeben, bei der aber eine Seitenkante orthogonal zur Grundfläche ist.
Ergänzt man die Pyramide P′ zu einem Prisma, so gilt aufgrund der Überlegung in Teil (1) oben:

$V_P = V_{P'} = \frac{1}{3} V_{Pr} = \frac{1}{3} A_G \cdot h$

Information

(1) Formel für das Volumen einer Pyramide

Mithilfe des Satzes des Cavalieri haben wir gezeigt, dass für jede beliebige Pyramide gilt:

Satz

Für das **Volumen V_P einer Pyramide** mit dem Grundflächeninhalt A_G und der Höhe h gilt:

$\mathbf{V_P = \frac{1}{3} A_G \cdot h}$

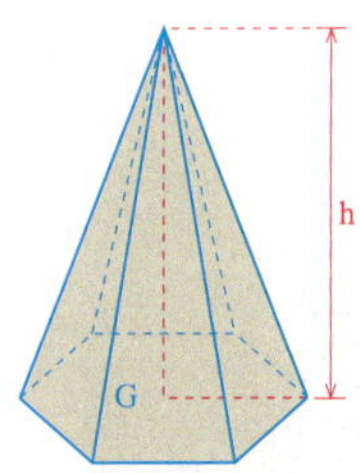

(2) Berechnen des Pyramidenvolumens durch Annäherung mit Prismen

Das Volumen einer Pyramide kann auch ohne die Anwendung des Satzes des Cavalieri bestimmt werden. Da sich jede beliebige Pyramide aus Pyramiden mit dreieckiger Grundfläche zusammensetzen lässt, betrachten wir eine solche. Diese werde durch zur Grundlinie parallele Ebenen in n gleich dicke Scheiben zerlegt. Daraus kann man Prismen erhalten, die ganz innerhalb der Pyramide liegen (rechtes Bild) und solche, die zusammen die Pyramide ganz überdecken (linkes Bild).

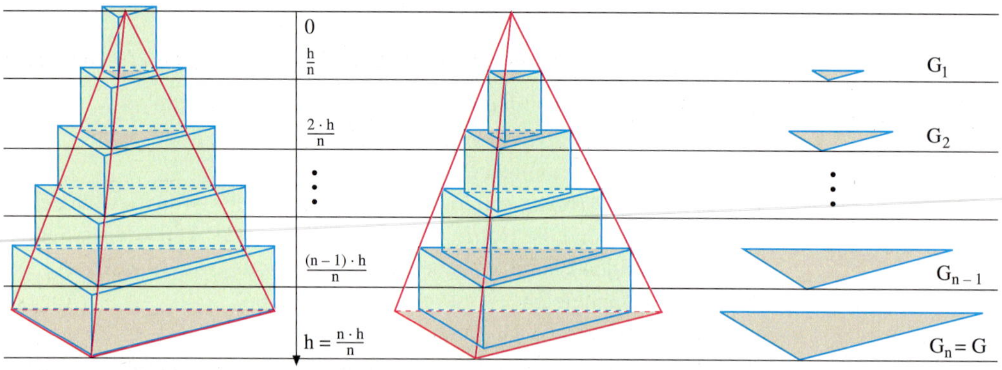

Bis auf das unterste ist jedes äußere Prisma kongruent zu einem inneren. Daher gilt für das Volumen der Pyramide:

$G_1 \frac{h}{n} + G_2 \frac{h}{n} + \ldots + G_{n-1} \frac{h}{n} < V < G_1 \frac{h}{n} + G_2 \frac{h}{n} + \ldots + G_{n-1} \frac{h}{n} + G_n \frac{h}{n}$

Weiter lässt sich jede Grundfläche eines äußeren Prismas durch eine zentrische Streckung (im Raum) an der Pyramidenspitze aus der Pyramidengrundfläche erzeugen.

Die Streckfaktoren hierfür sind $\frac{1}{n}, \frac{2}{n}, \frac{3}{n}, \ldots \frac{n-1}{n}$ und $\frac{n}{n} = 1$.

Das liefert dann die Grundflächeninhalte der Prismen:

$G_1 = \left(\frac{1}{n}\right)^2 G, \quad G_2 = \left(\frac{2}{n}\right)^2 G, \quad G_3 = \left(\frac{3}{n}\right)^2 G, \quad \ldots, \quad G_{n-1} = \left(\frac{n-1}{n}\right)^2 G, \quad G_n = \left(\frac{n}{n}\right)^2 G = G$

Für das Pyramidenvolumen V ergibt sich somit folgende Abschätzung:

$$\left(\frac{1}{n}\right)^2 G \cdot \frac{h}{n} + \left(\frac{2}{n}\right)^2 G \cdot \frac{h}{n} + \ldots + \left(\frac{n-1}{n}\right)^2 G \cdot \frac{h}{n} < V < \left(\frac{1}{n}\right)^2 G \cdot \frac{h}{n} + \left(\frac{2}{n}\right)^2 G \cdot \frac{h}{n} + \ldots + \left(\frac{n-1}{n}\right)^2 G \cdot \frac{h}{n} + \left(\frac{n}{n}\right)^2 G \cdot \frac{h}{n}$$

$$\frac{1^2}{n^3} Gh + \frac{2^2}{n^3} Gh + \ldots + \frac{(n-1)^2}{n^3} Gh < V < \frac{1^2}{n^3} Gh + \frac{2^2}{n^3} Gh + \ldots + \frac{(n-1)^2}{n^3} Gh + \frac{n^2}{n^3} Gh$$

$$\frac{1^2 + 2^2 + \ldots + (n-1)^2}{n^3} Gh < V < \frac{1^2 + 2^2 + \ldots + (n-1)^2 + n^2}{n^3} Gh$$

Zur weiteren Vereinfachung muss jetzt eine Formel für die Summe der ersten n Quadratzahlen gefunden werden. Diese erhält man mithilfe eines Tricks aus dem Bild rechts.

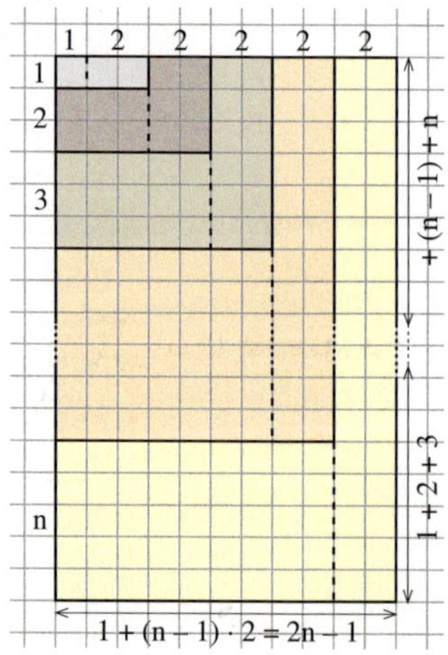

Der Flächeninhalt des n-ten Hakens ist:

$$\begin{aligned} H_n &= n(2n-1) + 2 \cdot (1 + 2 + \ldots + (n-1) + n) \\ &= n(2n-1) + 1 + \quad 2 \quad + \quad 3 \quad + \ldots + (n-1) + n \\ &\qquad\qquad + n + (n-1) + (n-2) + \ldots + \quad 2 \quad + 1 \\ &= n(2n-1) + n \cdot (n+1) \\ &= n(2n - 1 \ + n + 1) \\ &= 3n^2 \end{aligned}$$

Geschicktes Addieren

Damit ergibt sich dann für die Summe der Flächeninhalte der ersten n Haken:

$$\begin{aligned} &3 \cdot 1^2 + 3 \cdot 2^2 + 3 \cdot 3^2 + \ldots + 3 \cdot n^2 \\ &= (2n - 1 + 2) \cdot (1 + 2 + \ldots + n - 1 + n) \\ &= (2n + 1) \cdot \tfrac{1}{2} n(n+1) \end{aligned}$$

Hieraus erhält man die Summe der ersten n Quadratzahlen:

$$1^2 + 2^2 + 3^3 + \ldots + (n-1)^2 + n^2 = \tfrac{1}{3} \cdot (2n+1) \cdot \tfrac{1}{2}\, n(n+1)$$
$$= \frac{n(n+1)(2n+1)}{6}$$
$$= \frac{(n^2+1)(2n+1)}{6}$$
$$= \frac{n^3}{3} + \frac{n^2}{2} + \frac{n}{6}$$

Setzt man dieses Ergebnis in die Abschätzung für das Pyramidenvolumen ein, so ergibt sich:

$$\frac{\frac{n^3}{3} + \frac{n^2}{2} + \frac{n}{6} - n^2}{n^3}\, Gh < V < \frac{\frac{n^3}{3} + \frac{n^2}{2} + \frac{n}{6}}{n^3}\, Gh$$

$$\left(\frac{1}{3} - \frac{1}{2n} + \frac{1}{6n^2}\right) Gh < V < \left(\frac{1}{3} - \frac{1}{2n} + \frac{1}{6n^2}\right) Gh$$

n	$\frac{1}{3} - \frac{1}{2n} + \frac{1}{6n^2}$	$\frac{1}{3} + \frac{1}{2n} + \frac{1}{6n^2}$
5	0,24	0,44
10	0,285	0,385
100	0,32835	0,33835
1 000	0,3328355	0,3338335
10 000	0,3332833	0,3333833
100 000	0,3333283	0,3333383
1 000 000	0,3333328	0,3333338

Die Terme in den Klammern berechnen wir in der nebenstehenden Tabelle. Diese Terme liefern eine Intervallschachtelung für $0,\overline{3} = \frac{1}{3}$, da sich $\frac{1}{2n}$ und $\frac{1}{6n^2}$ immer mehr 0 annähern, je größer n wird.
Damit ergibt sich auch auf diesem Weg für das Pyramidenvolumen $V = \frac{1}{3}\, Gh$.

Weiterführende Aufgabe

1. *Volumen eines Pyramidenstumpfes*

Die quadratische Pyramide wird 4 cm von der Spitze entfernt parallel zur Grundfläche abgeschnitten.
Ferner gilt: $G_1 = 64\ cm^2$ und $h = 10\ cm$

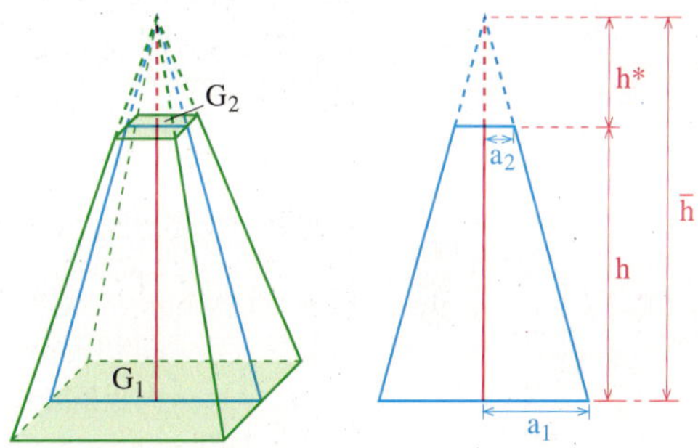

a) Berechne das Volumen des entstehenden Pyramidenstumpfes, indem du das Volumen der oberen Ergänzungspyramide vom Volumen der ursprünglichen Pyramide abziehst.

b) In einer Formelsammlung findest du die Formel rechts.
Begründe sie.

Formelsammlung

Für das Volumen V eines Pyramidenstumpfes mit der Höhe h und zueinander parallelen Flächen der Größe G_1 und G_2 gilt:

$$V = \tfrac{1}{3} h \left(G_1 + \sqrt{G_1 G_2} + G_2\right)$$

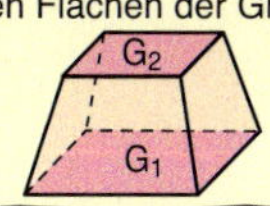

Übungsaufgaben

2. Felix behauptet, dass sich jeder Würfel durch geeignete Schnitte in sechs gleiche Pyramiden zerlegen lässt. Begründe das mithilfe der Abbildung. Erstelle dann eine Formel für das Volumen dieser Pyramiden.

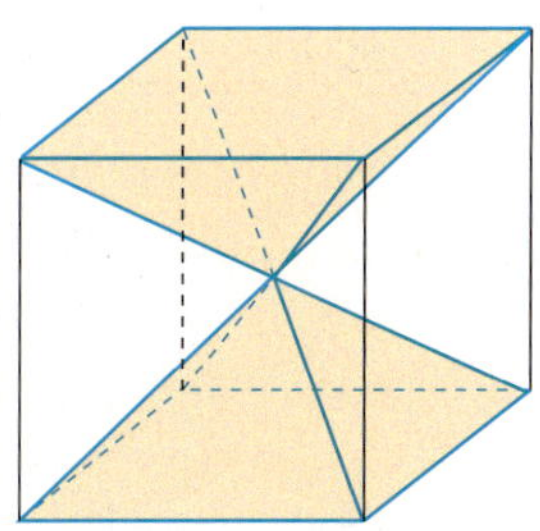

3. Berechne das Volumen V der Pyramide mit der Höhe h = 9,8 cm und zeichne ein Schrägbild.

a) Die Grundfläche ist ein Quadrat mit a = 6,3 cm.

b) Die Grundfläche ist ein Rechteck mit a = 11,3 cm und b = 7,2 cm.

c) Die Grundfläche ist ein gleichschenkliges Dreieck mit a = b = 5,9 cm und c = 9,3 cm.

d) Die Grundfläche ist ein gleichseitiges Dreieck mit a = 10,8 cm.

e) Die Grundfläche ist ein Trapez mit a = 6,8 cm, c = 4,2 cm und h_a = 5,3 cm.

4. Gib jeweils eine Formel für das Volumen einer quadratischen Pyramide und einer regelmäßigen sechsseitigen Pyramide mit der Höhe h an.

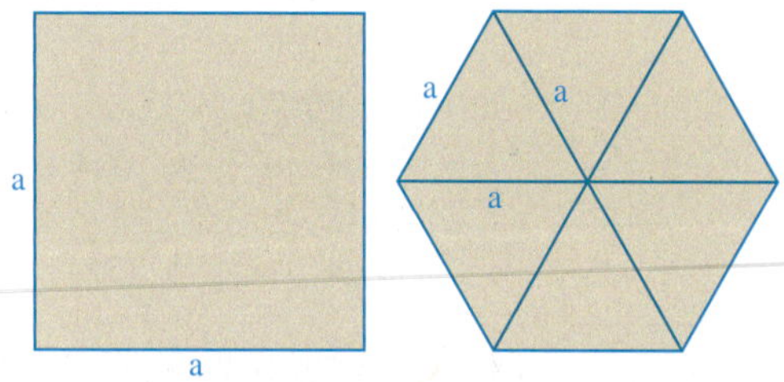

5. Stelle für die gesuchte Größe zunächst eine Formel auf; berechne dann.

a) Eine quadratische Pyramide hat das Volumen 256 cm^3 und die Grundkantenlänge 8 cm. Wie hoch ist die Pyramide?

b) Eine quadratische Pyramide hat das Volumen 216 cm^3 und die Höhe 8 cm. Wie lang ist eine Grundkante der Pyramide?

Ein (regelmäßiges) Tetraeder wird von vier zueinander kongruenten, gleichseitigen Dreiecken begrenzt.

6. Berechne das Volumen V eines Tetraeders mit der Kantenlänge a = 5 m. (Beachte Lösungshilfen im Bild.) Stelle zunächst eine Formel für das Volumen auf.

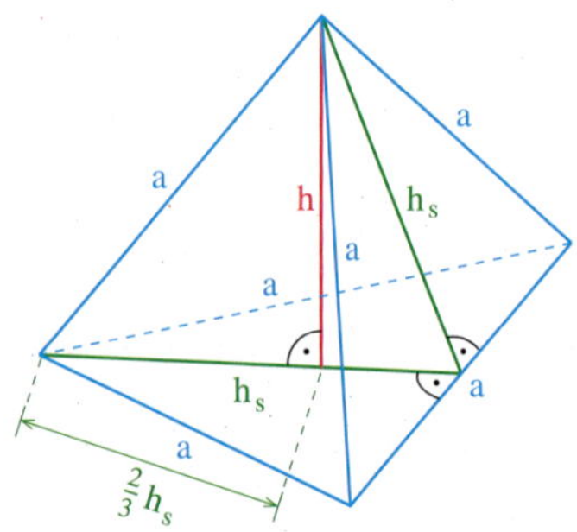

7. a) Entscheide, ob die Aussage wahr oder falsch ist. Begründe.

(1) Wenn die Größe der Grundfläche einer Pyramide verdoppelt [verdreifacht] wird, so wird auch das Volumen der Pyramide verdoppelt [verdreifacht].

(2) Werden alle Grundkanten einer Pyramide halbiert und dafür die Höhe verdoppelt, so bleibt das Volumen gleich.

(3) Wird die Höhe einer Pyramide halbiert, so wird auch das Volumen halbiert.

(4) Wird das Volumen einer Pyramide verdoppelt, so wird auch die Höhe verdoppelt.

(5) Verkürzt man jede Kantenlänge einer Pyramide um 10 %, so nimmt das Volumen auch um 10 % ab.

b) Untersuche weitere Zusammenhänge.

8. Eine Pyramide hat die abgebildete Grundfläche und die Höhe h. Gib eine Formel für das Volumen an.

a) h = a

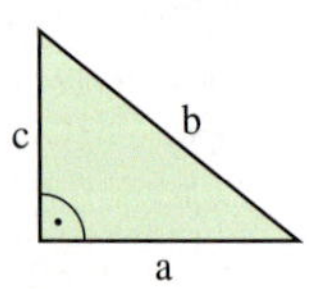

b) h = c + 3

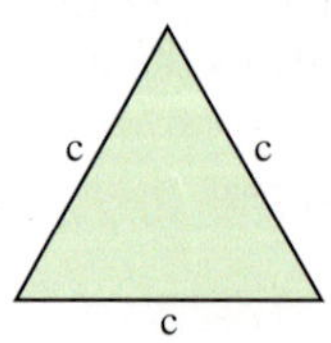

c) a = c + 1
h = 2a

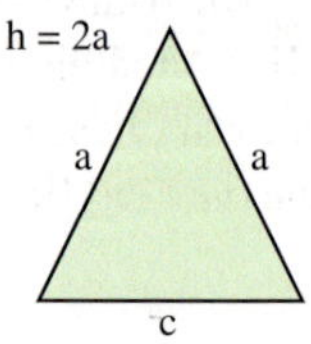

d) h = 2a

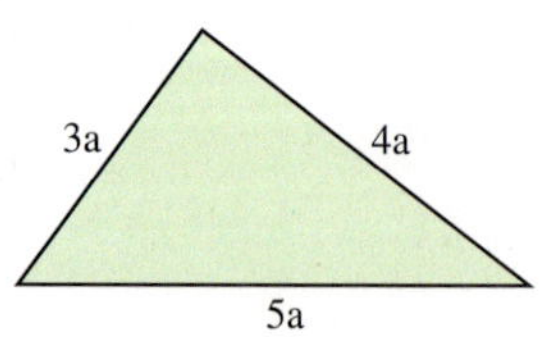

Vermischte Übungen

9. Ein Marmordenkmal besteht aus einem quadratischen Prisma mit der Höhe h = 1,20 m und der Grundkantenlänge a = 90 cm sowie einer aufgesetzten Pyramide von 1,50 m Höhe. 1 cm^3 Marmor wiegt 2,6 g. Wie viel wiegt das Denkmal?

10. Eine dreiseitige Pyramide hat ein gleichseitiges Dreieck als Grundfläche.
Berechne das Volumen und die Größe der Oberfläche. Zeichne auch ein Schrägbild.

a) Die Grundfläche hat die Seitenlänge a = 3 m; die Höhe der Pyramide beträgt h = 5 cm.

b) Die Grundfläche hat die Seitenlänge a = 3 m; die Seitenkante beträgt s = 5 m.

11. Die größte Pyramide ist die um 2600 v. Chr. erbaute Cheops-Pyramide. Sie war ursprünglich 146 m hoch, die Seitenlänge der quadratischen Grundfläche betrug ca. 233 m.

a) Berechne das Volumen der Cheops-Pyramide.

b) Heute beträgt die Länge der Grundseite nur noch ungefähr 227 m, die Höhe nur ungefähr 137 m. Wie viel m^3 Stein sind inzwischen verwittert? Gib diesen Anteil auch in Prozent an.

c) Von der heutigen Pyramide soll ein maßstabgerechtes Modell aus Pappe hergestellt werden. Wähle einen geeigneten Maßstab aus und berechne den Materialverbrauch für das Modell.

d) Bestimme für die heutige Pyramide den Neigungswinkel der Seitenkante [der Seitenfläche] zur Grundfläche.

12. Berechne das Volumen und die Größe der Oberfläche und der Neigungswinkel.

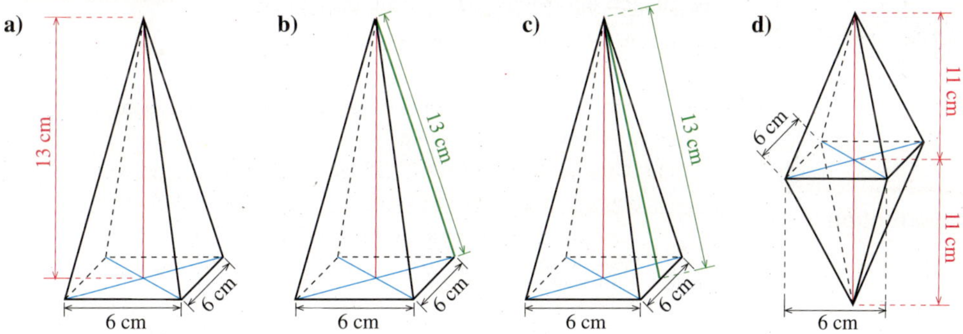

13. Beschreibe, wie die abgebildete Tomatenmark-Verpackung hergestellt wird.
Modelliere ihre Form mithilfe eines einfachen Körpers und berechne dessen Materialbedarf und Volumen.

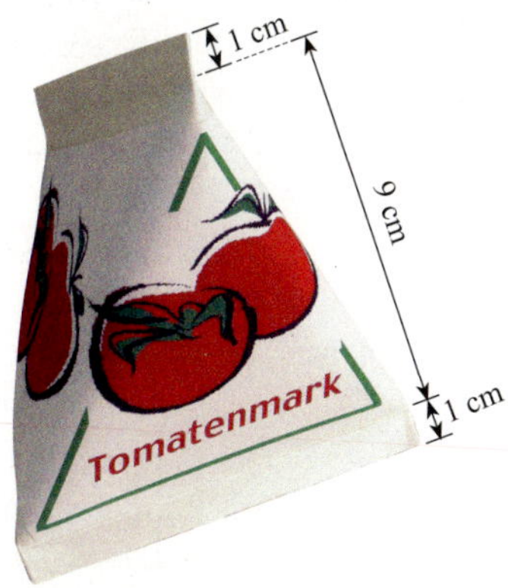

14. Zwei quadratische Pyramiden haben ein Volumen von 1 dm^3. Die eine Pyramide ist 1 dm hoch und die andere Pyramide hat eine Grundkante von 1 dm Länge.
Vergleiche die Oberflächeninhalte.

Erkundige dich nach den aktuellen Mehrwertsteuersätzen!

15. Das Dach eines Ausstellungspavillons hat die Form einer regelmäßigen achtseitigen Pyramide mit der Höhe h = 5,75 m und der Grundkantenlänge a = 6,20 m.

a) Zeichne ein Schrägbild in einem geeigneten Maßstab. Wie teuer wird das Decken des Daches, wenn 1 m^2 Dachziegel 105 € kostet und die Mehrwertsteuer noch dazukommt?

b) Berechne den Brutto-Rauminhalt, d.h. die Größe des umbauten Dachraumes. Stelle zuerst eine Formel auf.

2.1.4 Volumen des Kegels

Aufgabe 1

Die Grundfläche des Kegels K und der Pyramide P sollen gleich groß sein, ebenso die Höhen.

a) Zeige, dass der Kegel und die Pyramide dann auch dasselbe Volumen haben.

b) Leite eine Formel für das Volumen V des Kegels her.

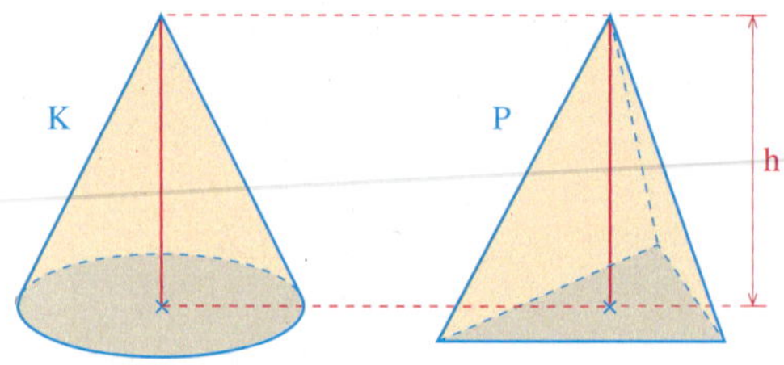

Lösung

a) Die beiden Körper liegen zwischen zwei zueinander parallelen Ebenen $\mathbb{E}_1$ und $\mathbb{E}_2$. Die zu $\mathbb{E}_1$ parallelen Schnittflächen von C′ und D′ sind gleich groß, da sie Bilder von C bzw. D bei einer zentrischen Streckung sind (siehe Seite 58). Damit sind die Voraussetzungen des Satzes des Cavalieri erfüllt. Also ist der Kegel K volumengleich zur Pyramide P.

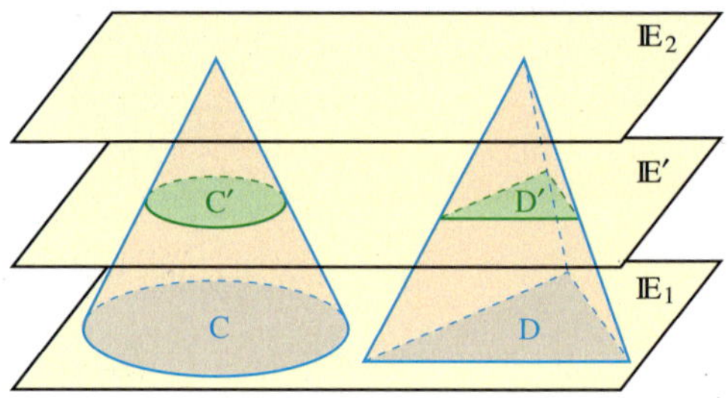

b) Bezeichnet G die Größe der Grundfläche des Kegels K bzw. der Pyramide P, dann gilt wegen $V_P = \frac{1}{3} G \cdot h$ auch $V_K = \frac{1}{3} G \cdot h$.

Information

Satz

Für das **Volumen V_K eines Kegels** mit dem Grundflächeninhalt A_G und der Höhe h gilt:

$$\mathbf{V_K = \frac{1}{3} A_G \cdot h}$$

Bezeichnet r den Radius des Grundkreises des Kegels, so gilt insbesondere:

$$\mathbf{V_K = \frac{1}{3} \pi r^2 \cdot h}$$

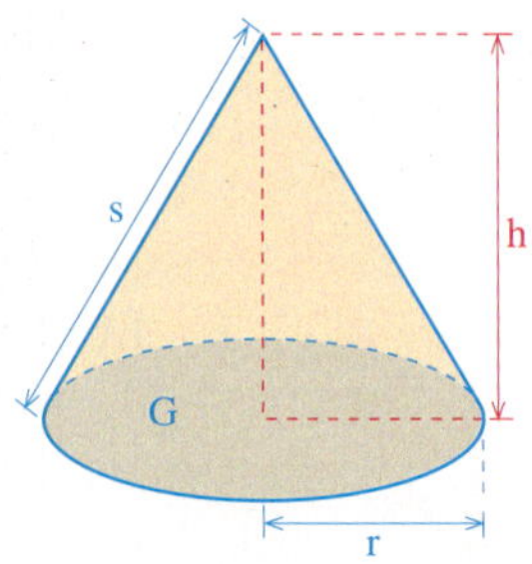

Weiterführende Aufgaben

2. *Eine weitere Formel zur Volumenberechnung eines Kegels*

In einer Formelsammlung findest du die Formel rechts.
Begründe sie.

Formelsammlung

Für die Größe des Volumens eines Kegels mit dem Durchmesser d des Grundkreises und der Höhe h gilt:

$V = \frac{1}{12} \pi d^2 \cdot h$

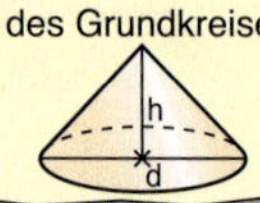

3. *Volumen des Kegelstumpfes*

Der abgebildete Kegel wird 4 cm von der Spitze entfernt abgeschnitten.
Ferner gilt $r_1 = 8$ cm und $h = 12$ cm.

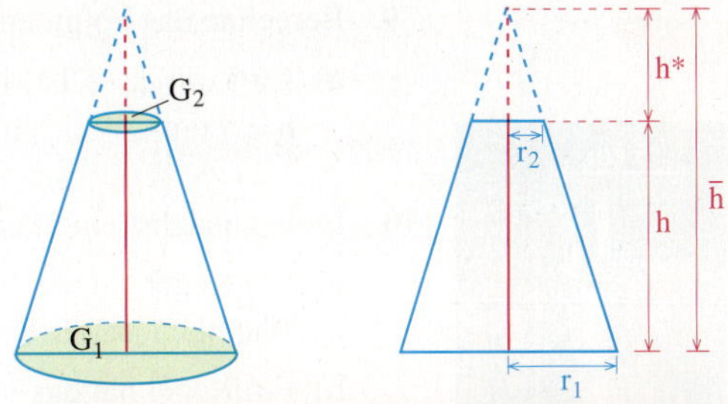

a) Berechne das Volumen des entstehenden Kegelstumpfes, indem du das Volumen des oberen Ergänzungskegels vom Volumen des ursprünglichen Kegels abziehst.

b) In einer Formelsammlung findest du die Formel rechts. Begründe sie.

Formelsammlung

Für das Volumen V eines Kegelstumpfes mit der Höhe h und Kreisen mit dem Flächeninhalt G_1 und G_2 gilt:

$V = \frac{1}{3} h \left(G_1 + \sqrt{G_1 G_2} + G_2\right)$
bzw. $V = \frac{1}{3} \pi h \left(r_1^2 + r_1 r_2 + r_2^2\right)$

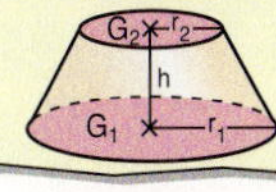

4. *Berechnen des Kegelvolumens durch Annäherung mit Zylindern*

Bestimme das Volumen eines Kegels, indem du ihn mit Zylindern annäherst.
Anleitung: Verfahre wie beim Pyramidenvolumen in der Information auf Seite 60f.

Übungsaufgaben

5. Eine Kerze hat die Form eines Kegels mit dem Grundkreisradius $r = 2{,}9$ cm und der Höhe $h = 11{,}6$ cm.
Berechne das Volumen der Kerze.

6. Ein kegelförmiges Werkstück aus Grauguss hat einen Grundkreisdurchmesser $d = 153$ mm und eine Mantellinienlänge $s = 193$ mm. 1 cm^3 Grauguss wiegt 7,3 g.
Wie schwer ist das Werkstück?

7. Berechne das Volumen. Gib die Kantenlänge eines Würfels an, der das gleiche Volumen hat.

a) Dach

Durchmesser: 6,40 m
Länge der Dachsparren: 5,80 m

b) Sandhaufen

Umfang: 20,50 m
Mantellinie: 3,90 m

c) Vulkankrater des Poás in Costa Rica

Umfang des Kraterrandes: 4,7 km
Tiefe des Kraters: 300 m

8. a) Entscheide, ob die Aussage wahr oder falsch ist. Begründe.

(1) Wird der Radius der Grundfläche eines Kegels verdoppelt, so verdoppelt sich auch das Volumen.

(2) Wird der Radius der Grundfläche verdoppelt und dafür die Mantellinie halbiert, so bleibt das Volumen gleich.

(3) Wird das Volumen eines Kegels verdoppelt, so wird auch die Höhe verdoppelt.

(4) Wird die Mantellinie eines Kegels um 10 % verlängert und der Radius der Grundfläche bleibt unverändert, so nimmt das Volumen um 10 % zu.

b) Untersuche weitere Zusammenhänge.

9. Berechne das Volumen des Kegels.

a) $r = 5$ cm, $h = 9$ cm **b)** $d = 7{,}6$ dm, $h = 9{,}3$ dm **c)** $r = 3{,}9$ dm, $h = 1{,}2$ m **d)** $r = 4$ cm, $s = 8$ cm **e)** $M = 62{,}7\ cm^2$, $r = 3{,}7$ cm

10. Leite zunächst eine Formel zur Berechnung der gesuchten Größe her.

a) Ein Kegel hat das Volumen $V_K = 26{,}461\ cm^3$ und den Radius $r = 3{,}4$ cm. Wie hoch ist der Kegel?

b) Ein Kegel hat das Volumen $V_K = 346{,}739\ dm^3$ und die Höhe $h = 6{,}7$ dm. Welchen Radius besitzt die Grundfläche?

c) Ein Kegel hat das Volumen $V_K = 768{,}446\ cm^3$. Seine Höhe h verhält sich zum Radius r wie 3 : 2. Berechne h und r.

11. Zu wie viel Prozent ist das Sektglas links gefüllt, wenn der Sekt 6 cm [4 cm; 3 cm; 8 cm; 10 cm] hoch steht?

Vermischte Übungen

12. Bei einem Kegel bezeichnet r den Grundkreisradius, h die Höhe, s die Länge einer Mantellinie, V_K das Volumen und A_O den Oberflächeninhalt.
Berechne aus den gegebenen Größen die anderen.

a) $r = 7{,}5$ cm, $h = 1{,}35$ m **b)** $r = 45$ cm, $s = 78$ dm **c)** $h = 63$ cm, $s = 7{,}9$ dm **d)** $r = 5{,}6$ cm, $V_K = 426{,}9\ cm^3$ **e)** $s = 3{,}6$ cm, $A_O = 135{,}2\ cm^2$

13. Ein kegelförmig aufgeschütteter Sandberg hat eine Mantellinienlänge $s = 2{,}10$ m und den Umfang $u = 6{,}50$ m. Die Dichte von Sand beträgt: $\varrho = 1{,}6\ \frac{t}{m^3}$.
Wie viel kg Sand wurden auf dem Berg abgeladen?

14. In verschiedene Werkstücke werden kegelförmige Hohlräume gebohrt. Dem Schrägbild kann man die Art der Bohrung und die Maße (in mm) entnehmen. Berechne das Volumen und die Größe der Oberfläche des Restkörpers.

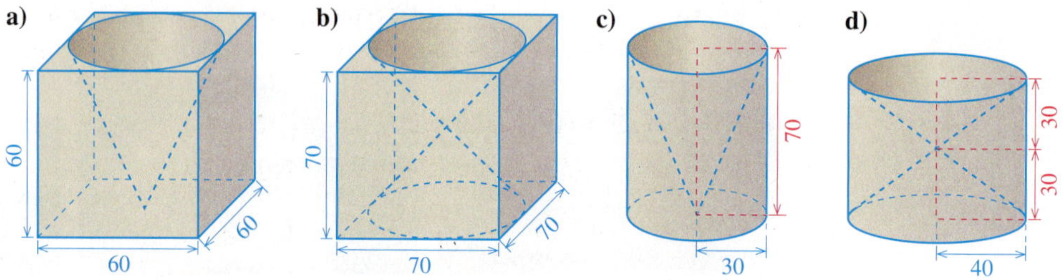

15. Aus den Blechteilen der Abbildung werden offene Behälter hergestellt.
Wie groß ist das Fassungsvermögen und der Materialverbrauch für einen Behälter?

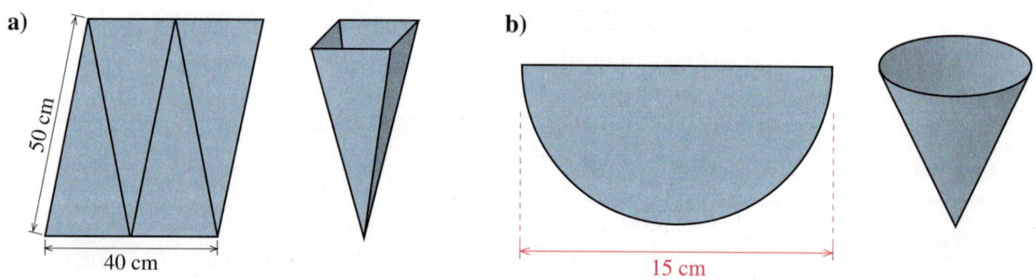

16. Ein zylindrischer und ein kegelförmiger Messbecher besitzen einen Grundkreisradius von 6 cm. In welcher Höhe müssen die Markierungen für 1 l, $\frac{1}{2}$ l, $\frac{1}{4}$ l, $\frac{1}{8}$ l, und $\frac{3}{4}$ l angebracht werden?

17. Aus einem kegelförmigen Metallteil $\left(r = 10\text{ cm};\ h = 25\text{ cm};\ \text{Dichte: } \varrho = 8{,}4\ \frac{\text{g}}{\text{cm}^3}\right)$ wird ein möglichst großes Metallteil hergestellt, das die Form einer regelmäßigen sechseckigen Pyramide hat.

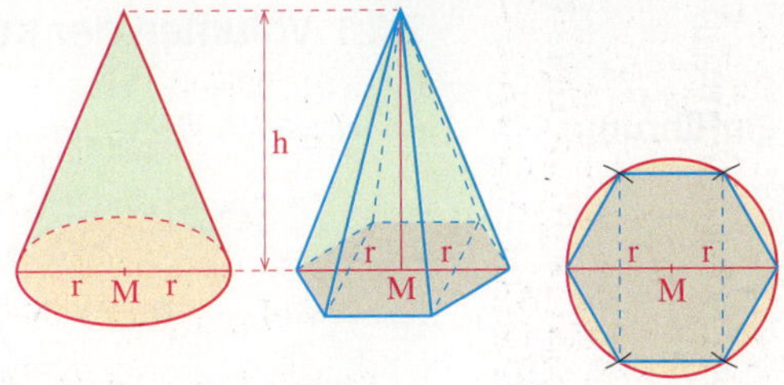

a) Wie groß ist der Gewichtsunterschied der beiden Körper?
Schätze zuerst, rechne dann genau.

b) Die beiden Körper sollen auch als Hohlkörper aus Blech hergestellt werden. Das Blech ist 1 mm dick; es hat die Dichte $\varrho = 7{,}6\ \frac{\text{g}}{\text{cm}^3}$. Berechne den Gewichtsunterschied der Hohlkörper.

18. Berechne das Volumen und den Oberflächeninhalt des Körpers (Maße in mm).

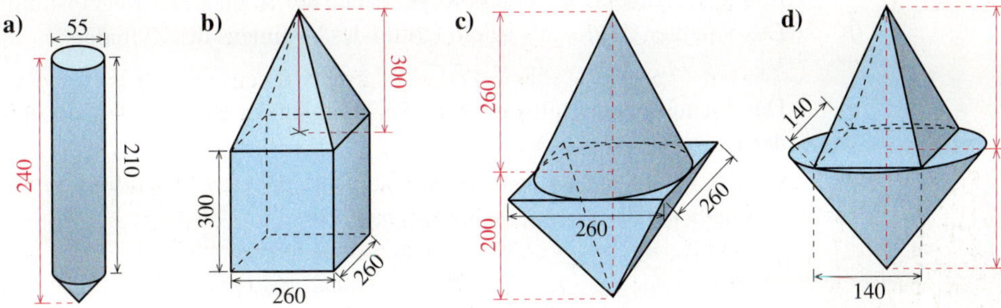

19. Ein Kegel mit dem Radius r = 35 mm und der Länge einer Mantellinie s = 69 mm wird in halber Höhe parallel zur Grundfläche geschnitten.
In welchem Verhältnis stehen die Volumina der beiden Teilkörper?
Überprüfe, ob dieses Verhältnis auch für die Oberflächeninhalte gilt.

20. Berechne des Fassungsvermögen.

a) Backform

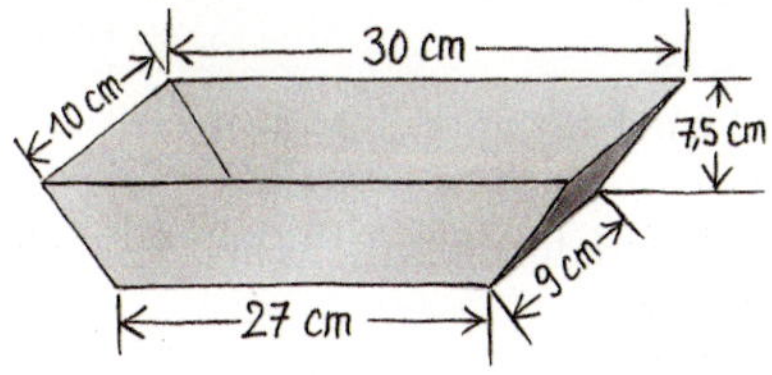

b) Schüssel

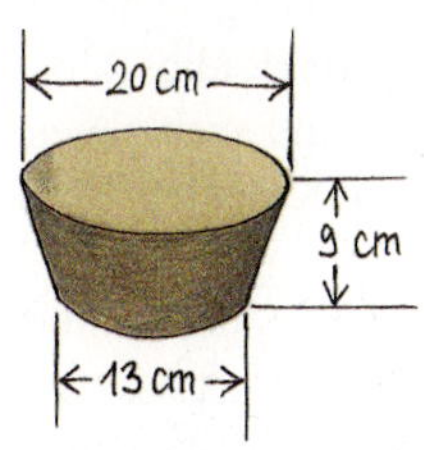

c) Blumentopf

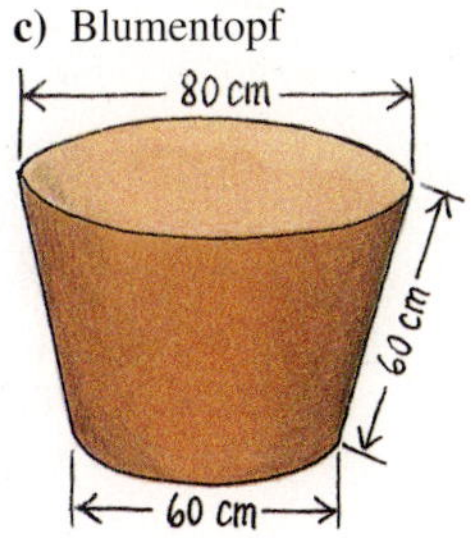

21. Eine quadratische Pyramide bzw. ein Kegel sollen parallel zur Grundfläche so zerschnitten werden, dass das Volumen der Teilkörper gleich groß ist.
Berechne die Höhe der beiden Teilkörper und die Seitenlängen bzw. den Radius der Schnittfläche.

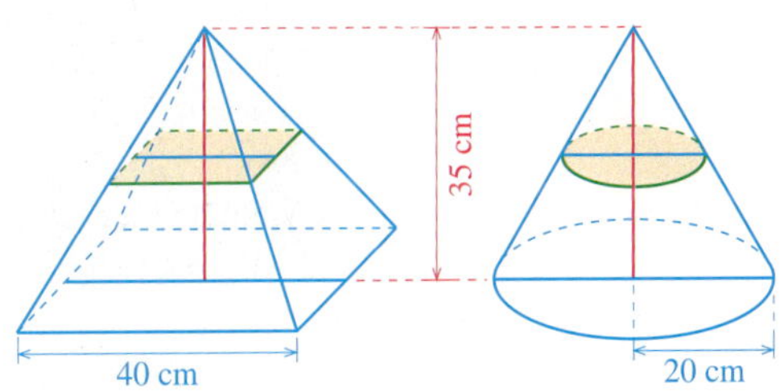

2.2 Kugel

2.2.1 Volumen der Kugel

Einführung

(1) Vergleich der Volumina von Zylinder, Kegel und Halbkugel

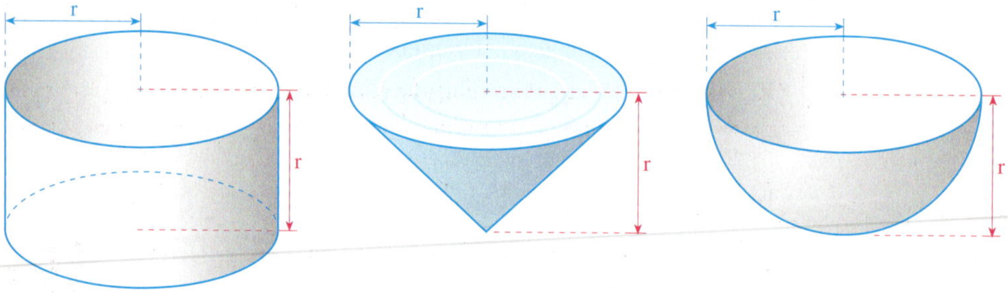

Im Bild siehst du drei Gefäße: einen Zylinder, einen Kegel und eine Halbkugel jeweils mit dem Radius r. Zylinder, Kegel und Kugel haben die Höhe r. Der Kegel ist mit Wasser gefüllt. Du weißt: Das Volumen des Kegels ist ein Drittel des Volumens des Zylinders:

$V_{Ke} = \frac{1}{3} V_{Zy}$ bzw. $V_{Ke} = \frac{1}{3} \pi r^2 \cdot r = \frac{1}{3} \pi r^3$

Durch Umschütten stellst du fest: Das Volumen der Halbkugel ist doppelt so groß wie das Volumen der Kegels: $V_H = 2 \cdot V_{Ke} = \frac{2}{3} \pi r^3$.

Für das Volumen der Kugel erhält man also: $V_{Ku} = 2 \cdot V_H = \frac{4}{3} \pi r^3$.
Wir wollen diese Formel nun begründen.

(2) Begründung der Formel für das Volumen einer Halbkugel

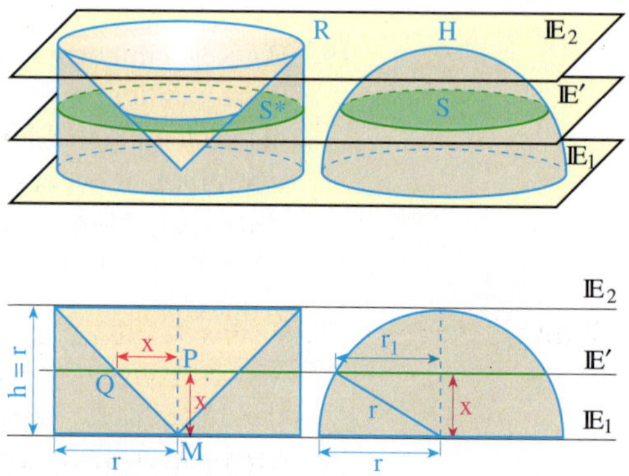

Der Restkörper R und die Halbkugel H liegen zwischen zwei zueinander parallelen Ebenen $\mathbb{E}_1$ und $\mathbb{E}_2$, da der Radius von H gleich der Höhe von R ist. Eine zu $\mathbb{E}_1$ parallele Ebene $\mathbb{E}'$ schneidet den Restkörper R in einem Kreisring S*, die Halbkugel H in einer Kreisfläche S.

Den Abstand von $\mathbb{E}'$ zu $\mathbb{E}_1$ bezeichnen wir mit x. Der Kreisring S* hat den äußeren Radius r und den inneren Radius x, da das Dreieck MPQ rechtwinklig und auch gleichschenklig ist.

Also hat der Kreisring S* den Flächeninhalt:
$A_R = \pi r^2 - \pi x^2$

Für den Radius r_1 des Schnittkreises S der Halbkugel gilt nach dem Satz des Pythagoras:
$A_K = \pi r_1^2 = \pi (r^2 - x^2) = \pi r^2 - \pi x^2$

Der Kreisring S* und der Schnittkreis S haben also den gleichen Flächeninhalt. Da der Restkörper R und die Halbkugel H zwischen zwei zueinander parallelen Ebenen $\mathbb{E}_1$ und $\mathbb{E}_2$ liegen und von jeder Parallelebene $\mathbb{E}'$ zu $\mathbb{E}_1$ in gleich großen Flächen geschnitten werden, sind sie nach dem Satz des Cavalieri volumengleich.

Es gilt also: $V_R = V_H$

Da das Volumen der Kugel doppelt so groß ist wie das Volumen der Halbkugel, gilt damit auch:
$V_{Ku} = 2 \cdot V_H = 2 \cdot V_R$

Volumen des Zylinders: $V_Z = \pi r^2 \cdot h = \pi r^2 \cdot r = \pi r^3$

Volumen des Kegels: $V_K = \frac{1}{3}\pi r^2 \cdot h = \frac{1}{3}\pi r^2 \cdot r = \frac{1}{3}\pi r^3$

Also gilt für das Volumen des Restkörpers: $V_R = V_Z - V_K = \pi r^3 - \frac{1}{3}\pi r^3 = \frac{2}{3}\pi r^3$

Da das Volumen der Halbkugel gleich dem Volumen des Restkörpers ist, gilt: $V_H = \frac{2}{3}\pi r^3$

Das Volumen der Kugel ist doppelt so groß: $V_{Ku} = \frac{4}{3}\pi r^3$

Satz

Für das **Volumen V_{Ku} einer Kugel** mit dem Radius r gilt: $\mathbf{V_{Ku} = \frac{4}{3}\pi r^3}$

Weiterführende Aufgaben

1. *Formel zur Berechnung des Volumens einer Kugel aus dem Durchmesser*

In der Technik wird häufig mit dem Durchmesser d gerechnet.

a) Begründe: Für das Volumen der Kugel mit dem Durchmesser d gilt: $V_{Ku} = \frac{1}{6}\pi d^3$.
Berechne damit das Volumen der Kugellager-Kugel mit dem Durchmesser d = 8 mm.

b) Berechne den Durchmesser einer Kugel mit $V_{Ku} = 8\ dm^3$.

2. *Volumen einer Hohlkugel*

Welches Gewicht (welche Masse) hat eine Hohlkugel aus Gusseisen (Radius des Hohlraumes: $r_1 = 8$ cm, äußerer Radius: $r_2 = 10$ cm, Dichte: $\varrho = 7{,}3\ \frac{g}{cm^3}$)?
Leite zunächst eine Formel für das Volumen der Hohlkugel her.

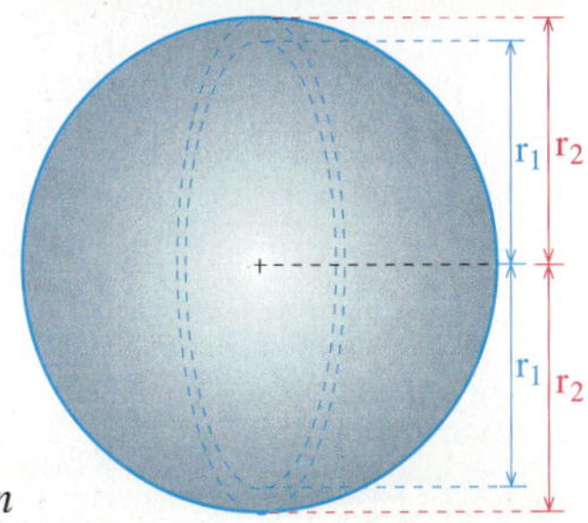

3. *Berechnen des Kugelvolumens durch Annäherung mit Zylindern*

Bestimme das Volumen einer Halbkugel, indem du sie mit Zylindern annäherst.
Anleitung: Verfahre wie beim Pyramidenvolumen in der Information auf Seite 60f.

Übungsaufgaben

4. Janina überlegt sich, wie sie das Volumen einer Kugel abschätzen kann. Sie zeichnet um die Kugel herum einen Würfel mit der Kantenlänge 2 r und zerlegt den Würfel mit der einbeschriebenen Kugel in acht volumengleiche Teilwürfel mit der Kantenlänge r, welche dann jeweils ein Achtel der Kugel enthalten.

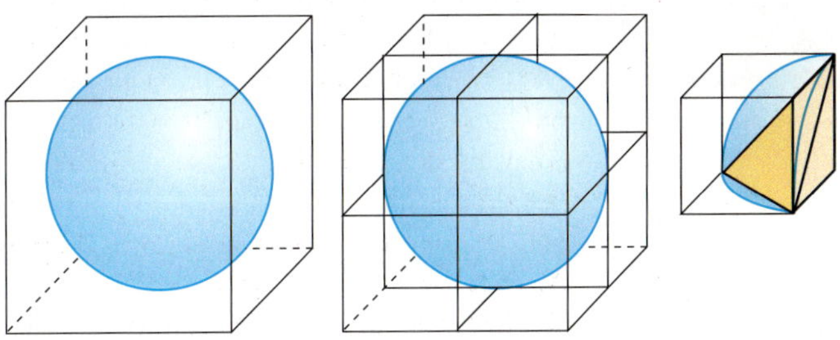

Mit dem rechten Bild kann Janina nun eine untere und eine obere Schranke für das Kugelvolumen finden. Welche Werte ergeben sich?

5. Berechne das Volumen der Kugel.

a) r = 38,6 cm **b)** d = 16,9 dm **c)** d = 0,09 m **d)** r = 214,6 dm **e)** r = 6,33 cm

6. Berechne das Volumen des Himmelskörpers.

a) Pluto: $r = 3{,}5 \cdot 10^3$ km
b) Mond: $r = 1{,}74 \cdot 10^3$ km
c) Sonne: $r = 7 \cdot 10^5$ km
d) Mars: $r = 3{,}43 \cdot 10^3$ km
e) Merkur: $r = 2{,}4 \cdot 10^3$ km
f) Venus: $r = 6{,}2 \cdot 10^3$ km
g) Saturn: $r = 6{,}04 \cdot 10^4$ km
h) Uranus: $r = 2{,}38 \cdot 10^4$ km
i) Neptun: $r = 2{,}23 \cdot 10^4$ km

7. Sven behauptet: „Das Volumen einer Kugel kann man ohne großen Fehler schneller mit der Näherung $V_{Ku} \approx 4 \cdot r^3$ berechnen.“
Um wie viel Prozent weicht die Näherung vom korrekten Wert ab?

8. Auf dem Foto siehst du einen Brunnen, in dessen Mitte sich eine Kugel aus Granit befindet. Die Kugel hat einen Durchmesser von 1,20 m. 1 cm^3 Granit wiegt 2,8 g.
Wie schwer ist die Kugel?

9. Das Volumen einer Kugel beträgt 647 cm^3. Wie groß ist der Radius? Leite zunächst eine Formel her.

10. Kork ist ein besonders leichtes Material, es hat eine Dichte von $0{,}2\,\frac{g}{cm^3}$.

a) Kannst du eine Kugel aus Kork mit einem Durchmesser von 1 m tragen? Schätze zuerst, rechne dann.

b) Wie groß ist der Radius einer Stahlkugel, die so schwer ist wie die Korkkugel?
Die Dichte von Stahl beträgt $7{,}9\,\frac{g}{cm^3}$.

11. Drei gleich große Metallkugeln haben den Durchmesser 4,5 cm, aber unterschiedliche Masse.
Kugel 1: $m_1 \approx 350$ g Kugel 2: $m_2 \approx 500$ g Kugel 3: $m_3 \approx 130$ g
Aus welchen Metallen könnten die Kugeln bestehen? Verwende eine Dichtetabelle.

12. Kontrolliere Leonards Hausaufgaben zur Berechnung von r und d aus dem Kugelvorkommen V.

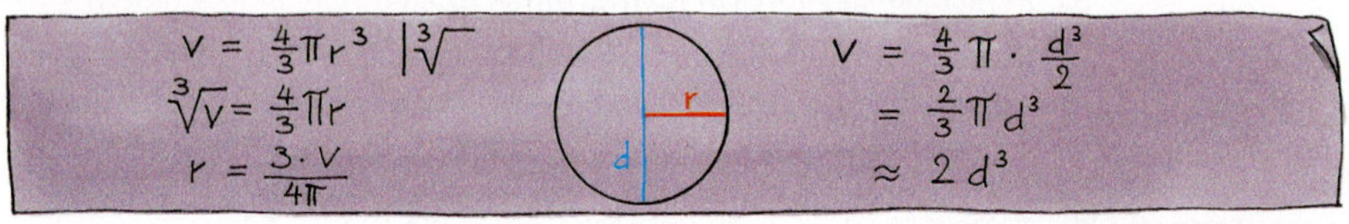

13. a) Wie verändert sich das Volumen einer Kugel, wenn man den Radius [Durchmesser] verdoppelt, verdreifacht, …?

b) Wie muss man den Kugelradius verändern, wenn das Volumen verdoppelt werden soll?

14. a) Wie groß ist das Volumen einer Kugel mit dem Radius 1 m?

b) Wie groß ist das Volumen einer Kugel mit dem Durchmesser 1 m?

c) Wie groß ist das Volumen einer Kugel mit dem Umfang 1 m?

d) Wie groß ist der Radius einer Kugel mit dem Volumen 1 m^3?

15. a) Wie schwer ist eine Hohlkugel aus Messing der Dichte $\varrho = 8{,}6\,\frac{g}{cm^3}$ mit dem Durchmesser d = 25,0 cm und der Wandstärke von 2,3 cm?

b) Eine Hohlkugel aus Glas der Dichte $\varrho = 2{,}5\,\frac{g}{cm^3}$ hat den Kugelumfang 56,5 cm und wiegt 31,1 g. Berechne die Wandstärke.

2.2.2 Oberflächeninhalt der Kugel

Einführung

Für Zylinder und Kegel können wir ein ebenes Netz zeichnen und so die Größe der Oberfläche bestimmen.
Die Kugeloberfläche ist eine gekrümmte Fläche, die man nicht in die Ebene abwickeln kann. Daher müssen wir zur Bestimmung der Größe der Kugeloberfläche anders vorgehen:

(1) Man zerlegt die Oberfläche der Kugel in kleine Flächen („gekrümmte Dreiecke") und verbindet die Randpunkte jeder Fläche mit dem Kugelmittelpunkt.
So erhält man Teilkörper $K_1, K_2, \ldots, K_n$ der Kugel, die angenähert Pyramiden mit der Höhe r sind.

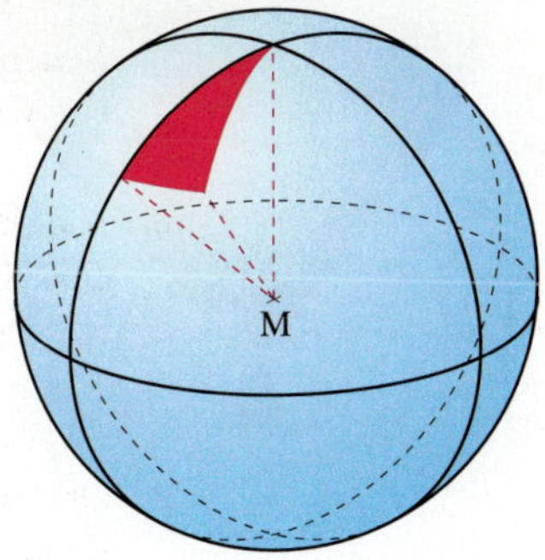

(2) $V_{Ku} = V_{K_1} + V_{K_2} + \ldots + V_{K_n}$
Unter Benutzung der Formel für das Volumen der Pyramide erhält man:
$V_{Ku} \approx \frac{1}{3} G_1 \cdot r + \frac{1}{3} G_2 \cdot r + \ldots + \frac{1}{3} G_n \cdot r$
$V_{Ku} \approx \frac{1}{3} r \cdot [G_1 + G_2 + \ldots + G_n]$
Der Term in der Klammer bezeichnet die Größe A_O der Kugeloberfläche.

(3) Zerlegt man die Kugeloberfläche in immer mehr kleinere Flächen, so unterscheiden sich die „gekrümmten" Dreiecke immer weniger von ebenen Dreiecken; das Volumen der Teilkörper K_1, $K_2, \ldots, K_n$ unterscheidet sich immer weniger vom Volumen der entsprechenden Pyramiden. Deshalb gilt:
$V_{Ku} = \frac{1}{3} A_O \cdot r$

(4) Wegen $V_{Ku} = \frac{4}{3}\pi r^3$ gilt: $\frac{4}{3}\pi r^3 = \frac{1}{3} A_O \cdot r$
Wir isolieren die Variable A_O: $A_O = \frac{4}{3}\pi r^3 \cdot \frac{3}{r}$, also $A_O = 4\pi r^2$

Satz
Für den **Oberflächeninhalt einer Kugel** mit dem Radius r gilt: $\mathbf{A_O = 4\pi r^2}$

Weiterführende Aufgabe

1. *Oberflächeninhalt bei gegebenem Durchmesser*
In der Technik wird häufig mit dem Durchmesser d gerechnet.
a) Begründe: Für den Oberflächeninhalt gilt $A_O = \pi d^2$.
b) Berechne den Durchmesser einer Kugel mit $A_O = 8\ dm^2$.

Übungsaufgaben

2. **a)** Berechne die Größe der Dachfläche eines Kuppeldaches mit dem Radius r = 60 m.
b) Überprüfe die in dem Zeitungsartikel angegebene Behauptung.

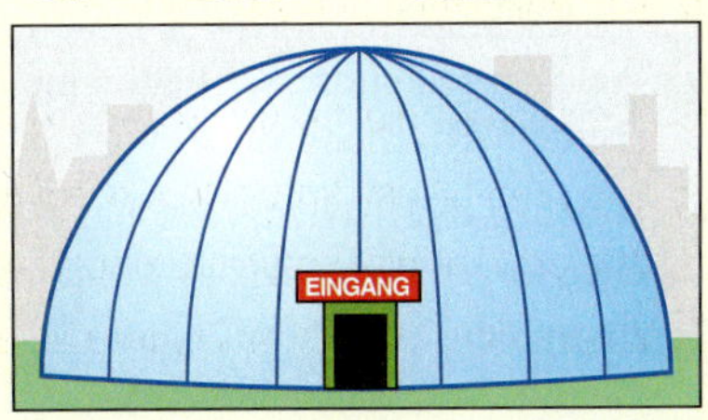

3. Berechne den Oberflächeninhalt der Kugel.
a) r = 17 cm **b)** d = 3,9 dm **c)** r = 0,09 dm **d)** $V_{Ku} = 615\ mm^3$ **e)** $V_{Ku} = 8{,}27\ dm^3$

4. Der Oberflächeninhalt einer Kugel beträgt 803,84 cm^2. Wie groß ist der Radius? Leite zunächst eine Formel zur Berechnung des Radius r her.

5. **a)** Wie viel Stoff braucht man für die Hülle eines kugelförmigen Freiballons mit dem Durchmesser 12,75 m?

b) Für die Hülle eines kugelförmigen Freiballons wurden 415 m^2 Stoff verbraucht.
Wie viel m^3 Gas fasst der Ballon?

6. Gib zunächst eine Formel für die gesuchte Größe an. Berechne dann.

a) Wie groß ist der Oberflächeninhalt einer Kugel mit dem Radius 1 m^2?

b) Wie groß ist der Oberflächeninhalt einer Kugel mit dem Durchmesser 1 m?

c) Wie groß ist der Oberflächeninhalt einer Kugel mit dem Umfang 1 m?

d) Wie groß ist der Oberflächeninhalt einer Kugel mit dem Volumen 1 m^3?

e) Wie groß ist der Radius einer Kugel mit dem Oberflächeninhalt 1 m^2?

7. Der Erdradius beträgt 6 370 km.

a) Berechne die Länge des Äquators.

b) 70,8 % der Erdoberfläche sind mit Wasser bedeckt.
Wie viel Liter sind das bei einer durchschnittlichen Meerestiefe von 3 500 km^2?

c) Die durchschnittliche Dichte der Erde beträgt 5,56 $g \cdot cm^{-3}$.
Wie groß ist die Masse der Erde?

d) Vergleiche mit den Werten von Mond und Sonne.

8. Aus einem Wasserhahn tropft alle 3 Sekunden ein kugelförmiger Wassertropfen mit dem Durchmesser 4 mm. Wie viel Liter Wasser werden dadurch in einem Jahr verschwendet?

9. Bei einer Kugel ist r der Radius, V_{Ku} das Volumen und O der Oberflächeninhalt.
Berechne die fehlenden Größen. Gib zunächst eine Formel für die gesuchte Größe an.

a) r = 39 cm
b) $A_O = 260\ cm^2$
c) $V_{Ku} = 980\ cm^3$
d) $A_O = 1\,985{,}96\ m^2$
e) $A_O = 60\,000\ dm^2$
f) r = 0,71 m
g) $A_O = 36\ m^2$
h) $V_{Ku} = 36\ m^3$

10. Die Lunge eines Menschen enthält ungefähr $4 \cdot 10^8$ Lungenbläschen; jedes hat einen Durchmesser von 0,2 mm.

a) Wie groß ist die Oberfläche aller Lungenbläschen eines Menschen?

b) Welchen Durchmesser hätte eine einzige Kugel der gleichen Oberflächengröße?

c) Welche Oberflächengröße hätte eine Kugel, deren Volumen so groß ist wie das Volumen aller Lungenbläschen zusammen?

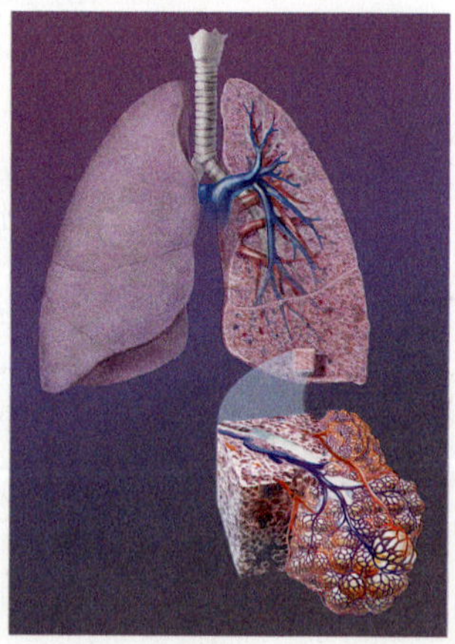

11. Ein Glaszylinder mit dem Innendurchmesser von 8 cm ist zum Teil mit Wasser gefüllt. Taucht man 8 Porzellankugeln mit der Dichte 2,4 $\frac{g}{cm^3}$ ein, so steigt der Wasserspiegel um 5 cm.
Wie schwer ist eine Kugel?

2.3 Vermischte Übungen zum Berechnen von Körpern

1. Berechne, wie viel Eiweißschaum der Schokokuss beinhaltet und wie viel Schokoglasur zu seiner Herstellung benötigt wird.

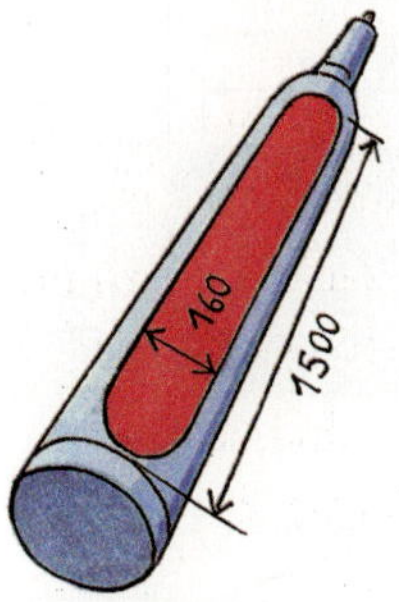

2. Der Innenraum einer Sauerstoffflasche besteht aus einem Zylinder, auf dessen Grundfläche je eine Halbkugel aufgesetzt ist (siehe Bild links; Maße in mm).
Berechne das Fassungsvermögen der Flasche.

3. Laut Reglement darf ein Fußball den Umfang von 68 bis 70 cm besitzen.

a) Um wie viel Prozent ist das Volumen beim Mindestmaß kleiner als beim Höchstmaß?

b) Eine Firma produziert täglich 400 Bälle. Wie viel m^2 Leder werden für das Höchstmaß mehr gebraucht als für das Mindestmaß, wenn noch 25 % Verschnitt hinzu gerechnet werden müssen?

4. Acht Metallkugeln mit dem Durchmesser 50 mm werden zu einer einzigen Kugel umgeschmolzen. Vergleiche den Oberflächeninhalt der Kugeln.

µm:
Abkürzung für Mikrometer
$1\ \mu m = 10^{-6} m$

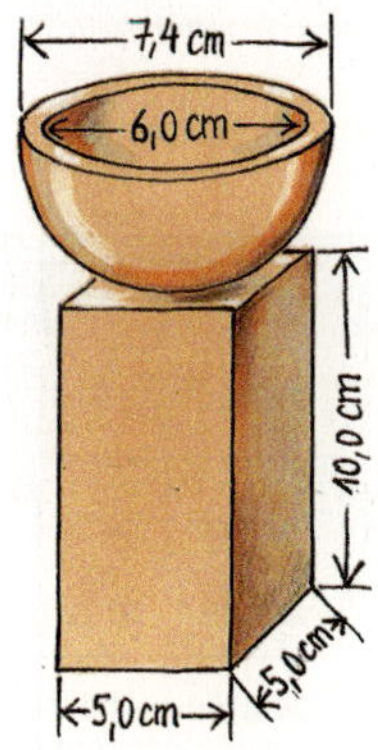

5. Ein Pokal besteht aus einem Quader mit aufgesetzter Halbkugel.
Wie viel g Gold $\left(\text{Dichte: } \varrho = 19{,}3\frac{g}{cm^3}\right)$ werden zum Vergolden benötigt, wenn eine 10 µm dicke Schicht aufgetragen werden soll?

6. **a)** Der Radius einer Kugel wird um 10 % verlängert [verkürzt]. Um wie viel Prozent nehmen Volumen V und Oberflächeninhalt O zu [ab]?
Stelle die Zuordnungen $r \to V$ und $r \to O$ jeweils in einem Koordinatensystem dar.

b) Das Volumen einer Kugel nimmt um 10 % zu [ab].
Wie verändern sich Radius und Oberflächeninhalt?

c) Um wie viel Prozent muss der Radius einer Kugel verlängert werden, wenn die Größe der Oberfläche um 25 % zunehmen soll?

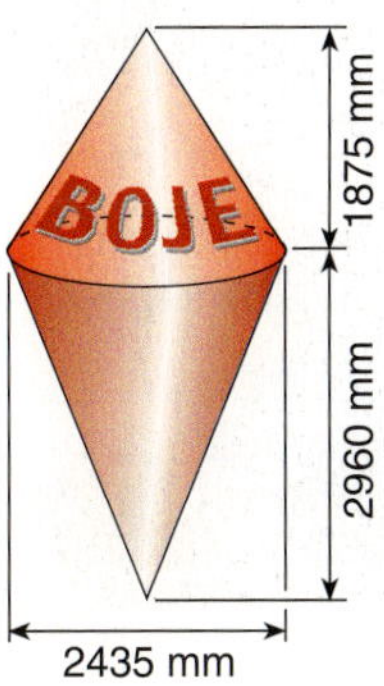

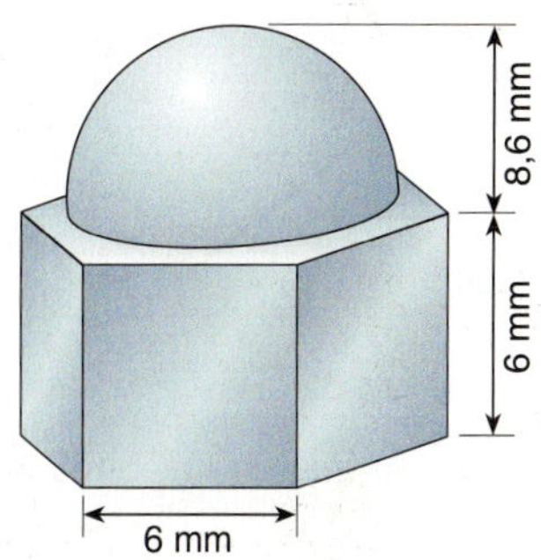

7. Eine Hutmutter besitzt zum Schutz des Schraubengewindes eine aufgesetzte Halbkugel. Das Bild zeigt einen Rohling einer Hutmutter. Dieser Rohling wird an der Unterseite mit einer zentralen und senkrechten Bohrung von 5 mm Durchmesser und 7 mm Tiefe versehen.
Um wie viel Prozent veringert sich dadurch sein Gewicht?

8. Zur Kennzeichnung von Gefahrenstellen im Wasser werden Spitztonnen aus Stahlblech verwendet (Maße im Bild).
Wie viel m^2 Stahlblech werden zur Herstellung einer Spitztonne benötigt?

9. **a)** Berechne Volumen und Materialbedarf der Beton-Mischtrommel des Lkw. Der Durchmesser der Trommel ist vorne 1,10 m, hinten 1,68 m und in der Mitte 2,30 m. Die Trommel ist 4,14 m lang.

b) Schätze, wie viel Beton die Trommel höchstens fasst.

Dichtetabelle $\left(\text{in } \frac{g}{cm^3}\right)$

Granit	2,8
Marmor	2,7
Eisen	7,9

10. Frühstücksbretter sollen aus Granit- oder Marmorplatten der Dichte 1 cm hergestellt werden.
Wie schwer ist ein solches Frühstücksbrett?

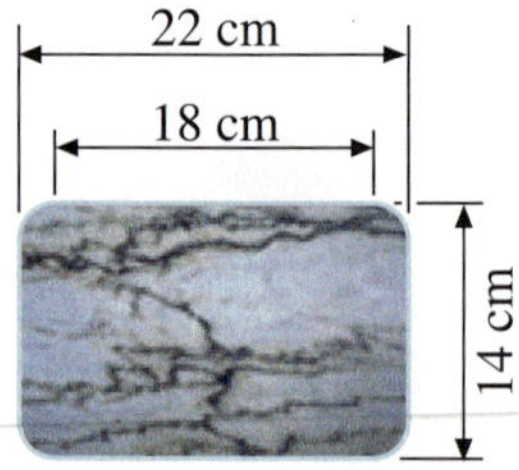

11. Ein Marmordenkmal besteht aus einem quadratischen Prisma mit der Höhe h = 1,20 m und der Grundkantenlänge a = 90 cm sowie einer aufgesetzten Pyramide von 1,50 m Höhe. 1 cm^3 Marmor wiegt 2,6 g. Wie viel wiegt das Denkmal?

12. **a)** Berechne, wie viel Zeltplane für das Zirkuszelt benötigt wird.

b) Wie viel m^3 Luft fasst der Innenraum des Zeltes?

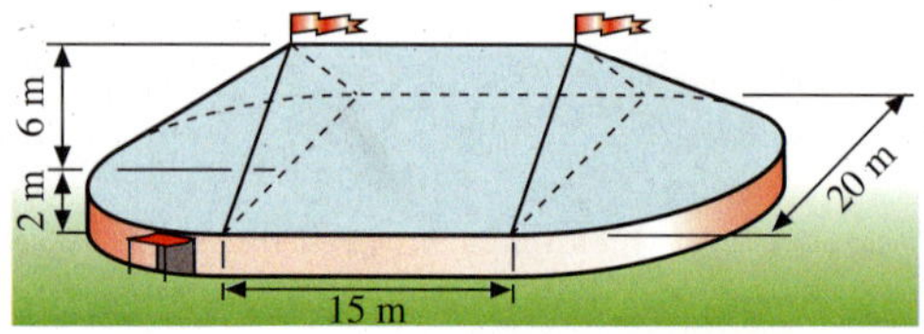

13. **a)** Berechne, wie viel Wasser die Blumenvase fasst.

b) Wie viel Material wird zur Herstellung dieser Vase aus 2 mm dickem Glas benötigt?

zu **13.**

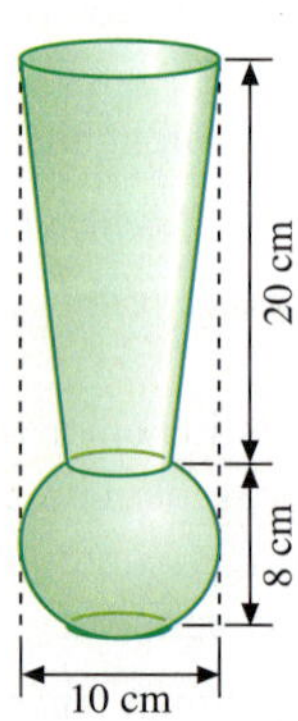

zu **14.**

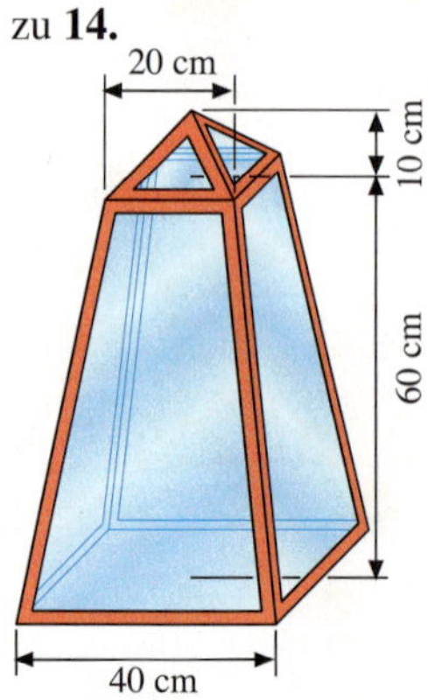

Zusammensetzung der Luft

Stickstoff	78 %
Sauerstoff	20 %
Edelgase	1 %

14. **a)** Bis auf die Bodenfläche soll das Windlicht für den Garten, allseitig verglast sein. Die Blechprofile sind 2 cm breit. Berechne, wie viel Glas und Blech benötigt wird.

b) Auch bei geschlossener Tür kann die Kerze einige Zeit mit dem Windlicht vorhandenen Sauerstoff brennen. Berechne, wie viel Sauerstoff im Windlicht vorhanden ist.

15. **a)** Berechne, wie viel der Rundkolben fasst und wie groß die Oberfläche ist.

b) Berechne Volumen und Größe der Oberfläche auch für den Erlenmeyerkolben.

c) An der Seite des Erlenmeyerkolbens sollen Eichstriche für 50 ml, 100 ml, 150 ml, 200 ml, 250 ml angebracht werden.
Berechne die jeweilige Höhe, in der diese Markierungen angebracht werden müssen.

Im Blickpunkt

Im Blickpunkt

Dreitafelprojektion

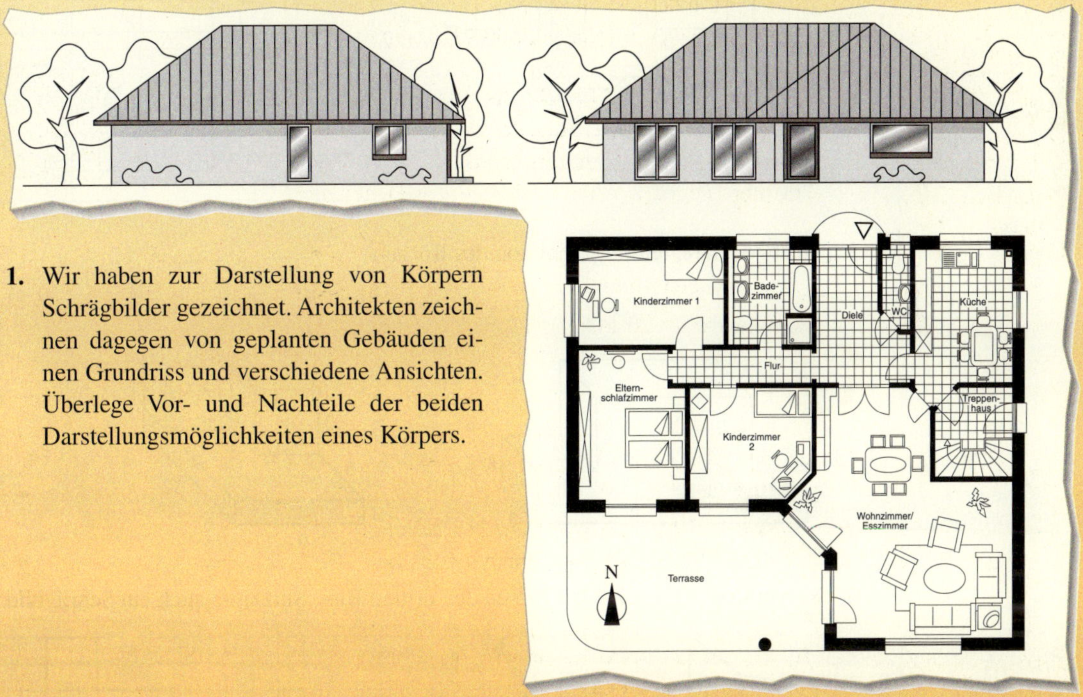

1. Wir haben zur Darstellung von Körpern Schrägbilder gezeichnet. Architekten zeichnen dagegen von geplanten Gebäuden einen Grundriss und verschiedene Ansichten. Überlege Vor- und Nachteile der beiden Darstellungsmöglichkeiten eines Körpers.

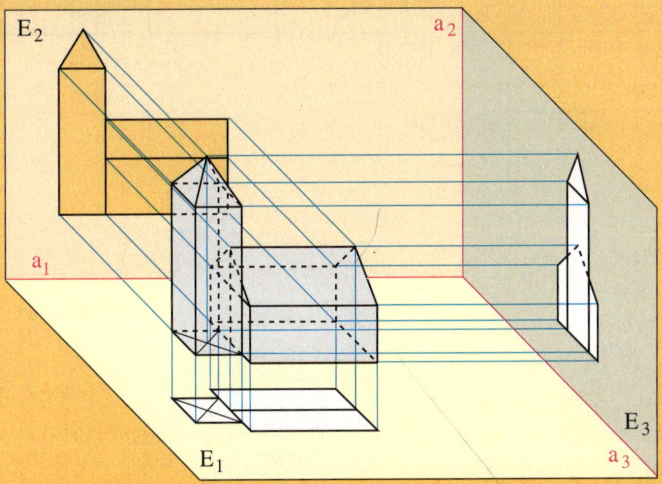

2. Für technische Zeichnungen verwendet man oft statt eines Schrägbildes eine so genannte Dreitafelprojektion.
Der Körper wird aus drei verschiedenen Blickrichtungen (von oben, von vorne und von links) mit parallelen Lichtstrahlen beschienen, die dann auf drei zueinander orthogonalen Tafeln Schattenbilder liefern:
Das Bild in der Ebene E_1 heißt **Grundriss**; es vermittelt den Eindruck, man sehe den Körper von oben.
Das Bild in der Ebene E_2 heißt **Aufriss**; es vermittelt den Eindruck, man sehe den Körper von vorne.
Das Bild in der Ebene E_3 heißt **Seitenriss**, es vermittelt den Eindruck, man sehe den Körper von links.

Um Grundriss, Aufriss und Seitenriss in einer Zeichenebene darstellen zu können, dreht man die Seitenrissebene E_3 zunächst in die Aufrissebene und klappt sie anschließend in die Grundrissebene um. Diese Darstellung nennt man **Dreitafelprojektion**.
Vergleiche die Dreitafelprojektion mit der Darstellung eines Architekten.

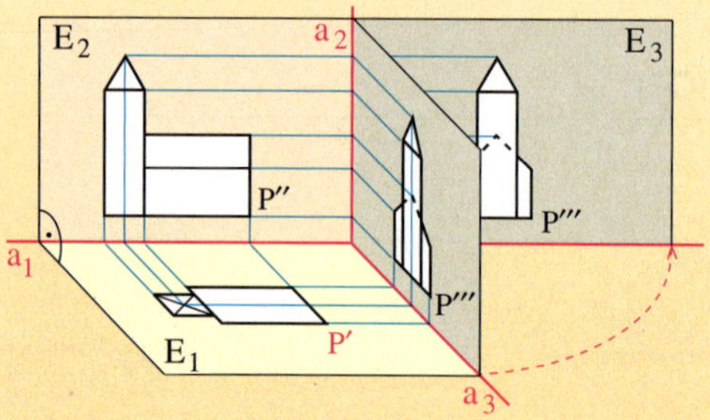

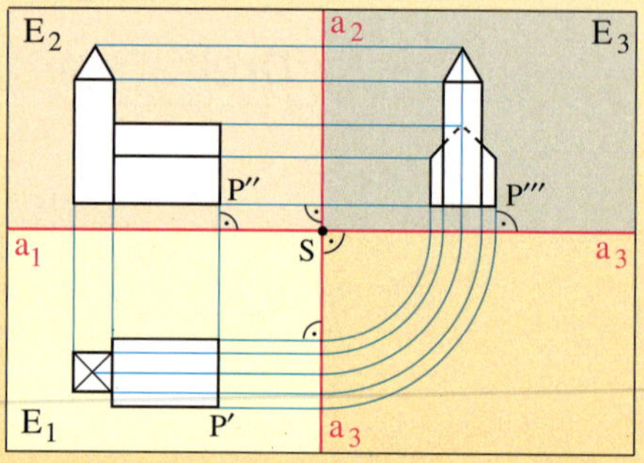

3. Zeichne eine Dreitafelprojektion des Körpers.

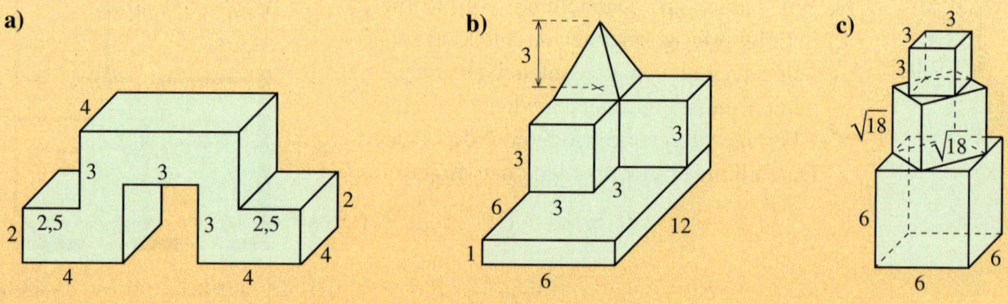

4. Konstruiere zu den beiden Rissen den dritten Riss. Skizziere auch ein Schrägbild des Körpers.

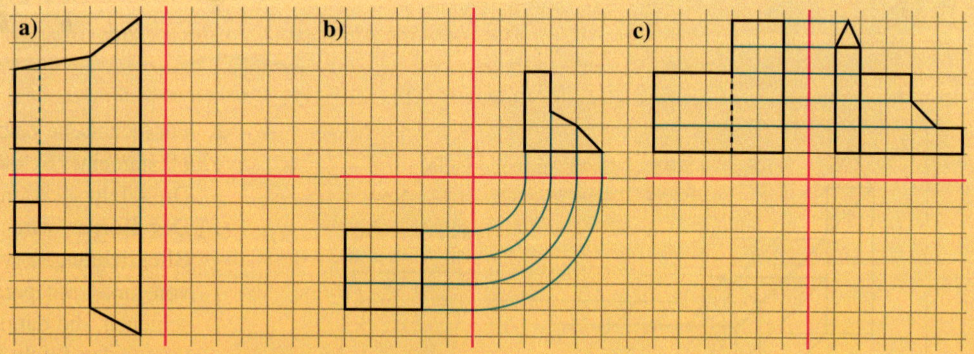

5. Verschiedene Körper können sowohl in ihren Grundrissen als auch in ihren Aufrissen übereinstimmen. Das Bild rechts zeigt ein Beispiel an. Gib einen weiteren Körper mit demselben Grundriss und Seitenriss an.

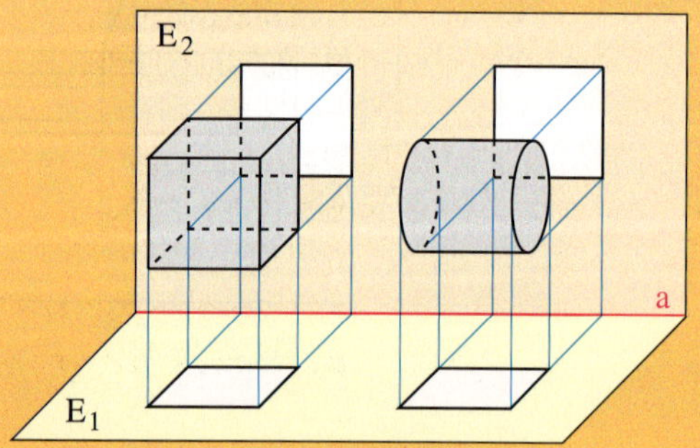

6. Das Logo des Bundeswettbewerbs Mathematik kann man als Dreitafelprojektion eines Körpers auffassen. Beschreibe den Körper.

2.4 Aufgaben zur Vertiefung

1. Gib eine Formel für Volumen und Oberflächeninhalt des abgebildeten Körpers an.

a)

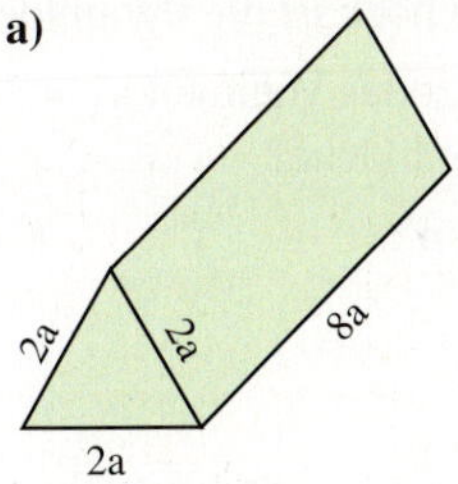

b)

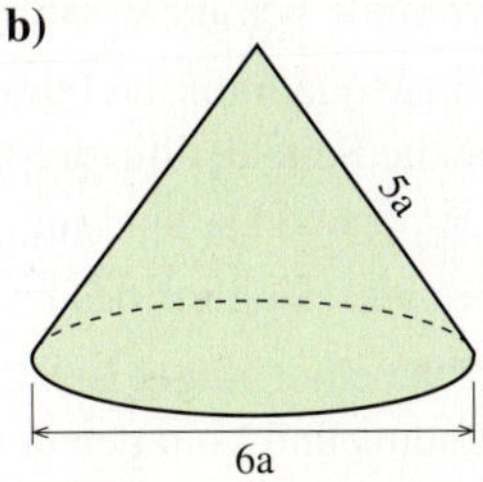

c)

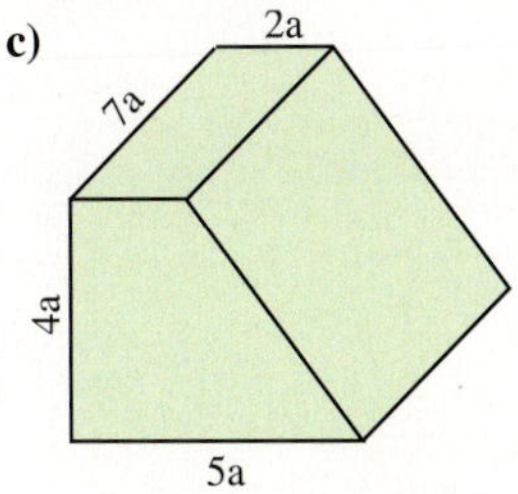

Archimedes, griechischer Mathematiker und Physiker, 287 – 212 v. Chr.

2. Archimedes erkannte, dass die Volumina von Zylinder, Halbkugel und Kegel bei gleichem Radius und gleicher Höhe in einem ganzzahligen Vielfachen zueinander stehen. Er fand das Ergebnis so schön, dass er die Figur auf seinem Grabstein haben wollte.
Berechne die Verhältnisse.

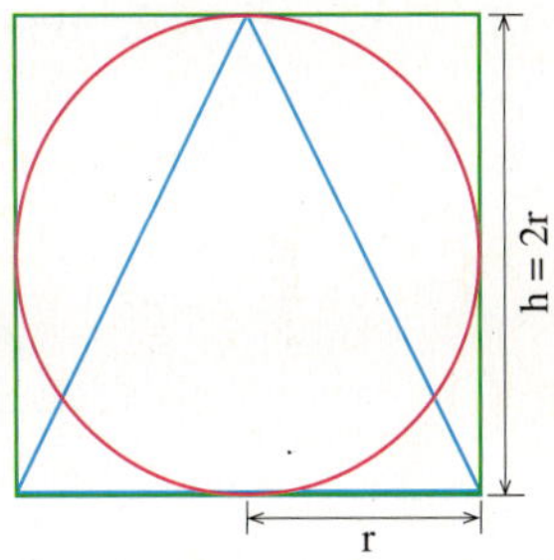

3. **a)** Eine Pyramide soll in halber Höhe abgeschnitten werden. Wie viel Prozent des Volumens bleiben übrig?

b) Bearbeite Teilaufgabe a) für einen Kegel statt einer Pyramide.

4. **a)** Eine Kugel mit dem Durchmesser d und ein Würfel mit der Kantenlänge a sollen dasselbe Volumen besitzen.
In welchem Verhältnis stehen ihre Oberflächeninhalte zueinander?

b) Eine Kugel mit dem Durchmesser d und ein Würfel mit der Kantenlänge a sollen denselben Oberflächeninhalt besitzen.
In welchem Verhältnis stehen ihre Volumina zueinander?

5. Einem Zylinder mit dem Radius r und der Höhe h wird ein Prisma mit quadratischer Grundfläche einbeschrieben und umbeschrieben.

a) In welchem Verhältnis stehen die Volumina der Körper zueinander?

b) In welchem Verhältnis stehen die Oberflächeninhalte von Zylinder und umbeschriebenem Prisma zueinander?

6. Einem Kegel mit dem Radius r und der Höhe h wird eine quadratische Pyramide einbeschrieben und umbeschrieben.
In welchem Verhältnis stehen die Volumina der drei Körper zueinander?

7. Bei einer Kugel hängt der Oberflächeninhalt und auch das Volumen nur von einer Variablen, z. B. dem Radius ab.
Zeichne den Graphen der Funktion, beschreibe ihn und gib auch die Gleichung an.

a) *Radius → Volumen*

b) *Radius → Oberflächeninhalt*

Bist du fit?

1. a) Eine Pyramide hat eine quadratische Grundfläche mit der Seitenlänge a = 2,1 cm. Das Volumen der Pyramide beträgt $V_P = 0{,}1\ \text{dm}^3$. Wie hoch ist die Pyramide?

b) Eine 5 cm hohe quadratische Pyramide besitzt das Volumen $V_P = 700\ \text{cm}^3$. Wie lang ist die Seite der quadratischen Grundfläche?

c) Ein 1 m hoher Kegel hat ein Volumen von $1\ \text{m}^3$. Welchen Grundkreisradius besitzt der Kegel?

d) Die Oberfläche einer Kugel ist $9\ \text{cm}^2$ groß. Berechne Radius und Volumen der Kugel.

2. Berechne die Größe der Dachfläche und die Größe des Dachraumes.

a)

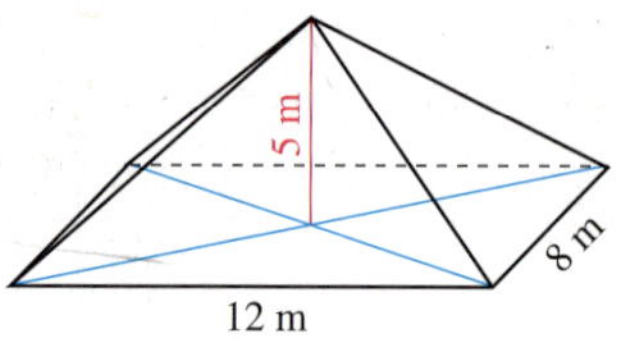

b)

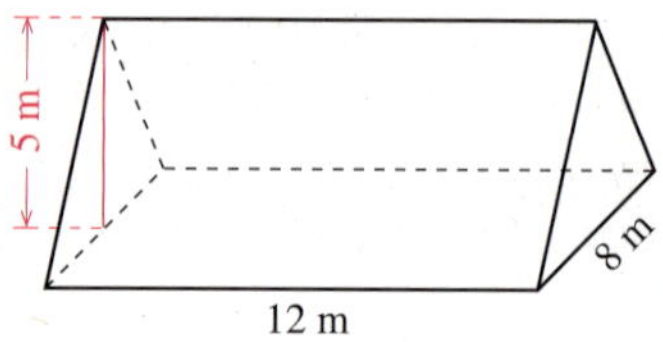

c)

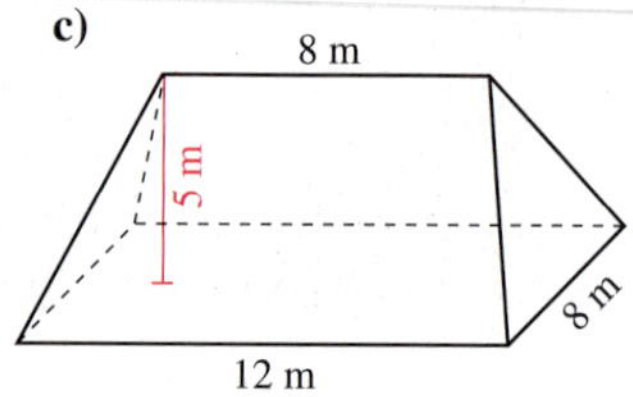

3. Ein kegelförmiger Sandhaufen mit einer Höhe von 2,5 m und einem Umfang von 22,8 m soll abgefahren werden. $1\ \text{cm}^3$ Sand wiegt 1,6 g.

a) Ein Lkw hat eine Tragfähigkeit von 3,5 t. Wie viele Fahrten sind nötig?

b) Damit der Sand bis zum Abtransport nicht dem Wetter ausgesetzt ist, soll er mit einer Folie abgedeckt werden.
Berechne dazu die Mantelfläche des kegelförmigen Sandhaufens.

4. Die Abbildung zeigt Netze von Körpern.

(1)

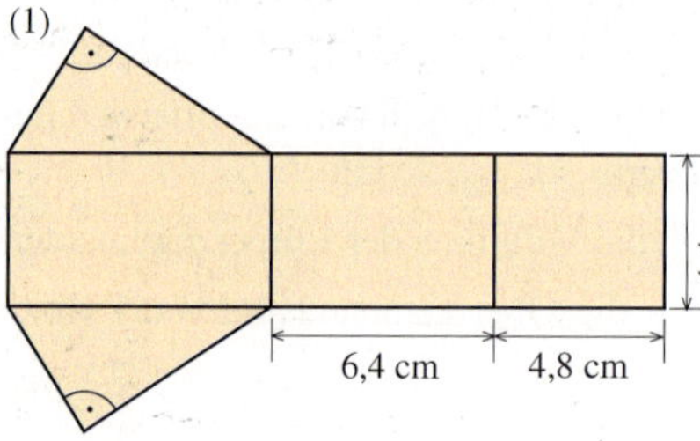

(2)

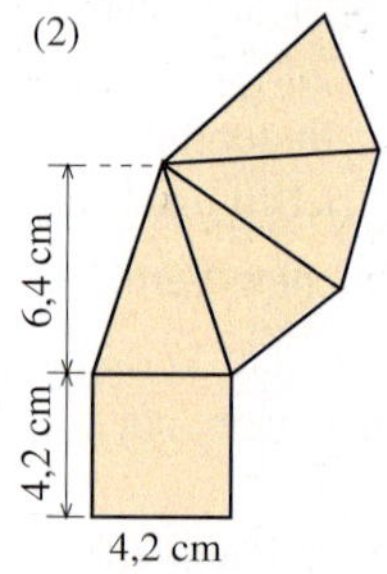

(3)

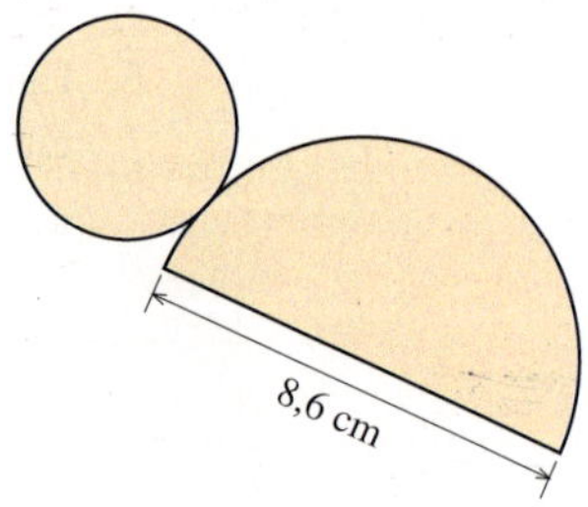

a) Gib den Namen der Körper an und zeichne ein Schrägbild.

b) Berechne Volumen und Oberflächeninhalt.

5. Eine Rolle Kupferdraht wiegt 17,5 g. Der Draht hat einen Durchmesser von 2,7 mm. Die Dichte von Kupfer beträgt $\varrho = 8{,}9\ \frac{\text{g}}{\text{cm}^3}$. Wie lang ist der Draht?

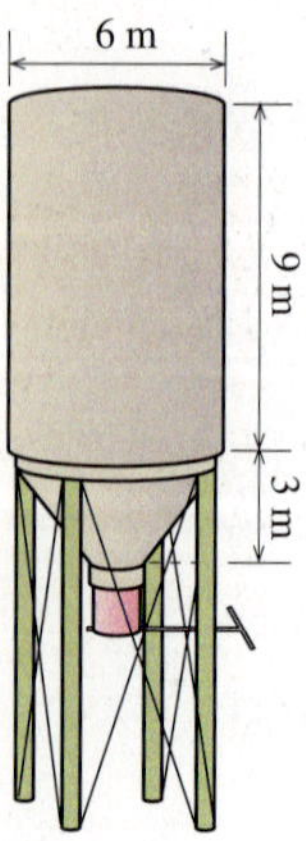

6. a) Wie groß ist das Fassungsvermögen des Silos links?

b) Wie viel Prozent des Inhalts entfallen auf den kegelförmigen Teil?

c) Das Silo soll von außen gestrichen werden. 1 kg Farbe reicht für $8\ \text{m}^2$. Wie viel kg Farbe werden etwa benötigt?

3. MODELLIEREN PERIODISCHER VORGÄNGE

In der Natur und im Alltag gibt es Vorgänge mit Wiederholungen. Der regelmäßige Herzschlag wird durch eine Folge elektrischer Impulse gesteuert. Mit Elektroden, die man an verschiedenen Körperstellen anbringt, kann man diese Ströme aufzeichnen. Ein solches Diagramm nennt man Elektrokardiogramm oder kurz EKG. Dieses ist oft sehr nützlich für die Diagnose von Herz-Kreislauf-Erkrankungen.

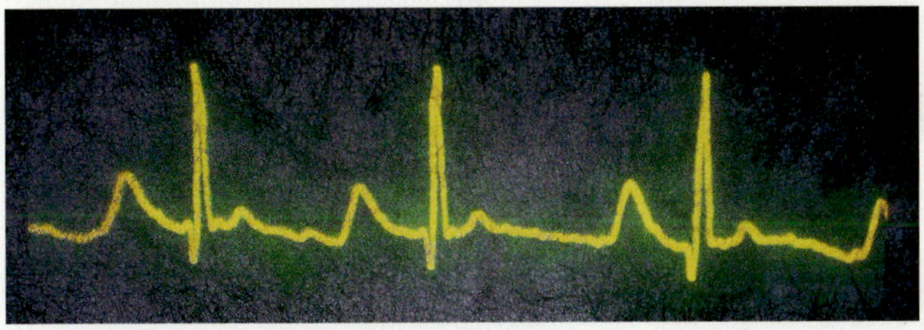

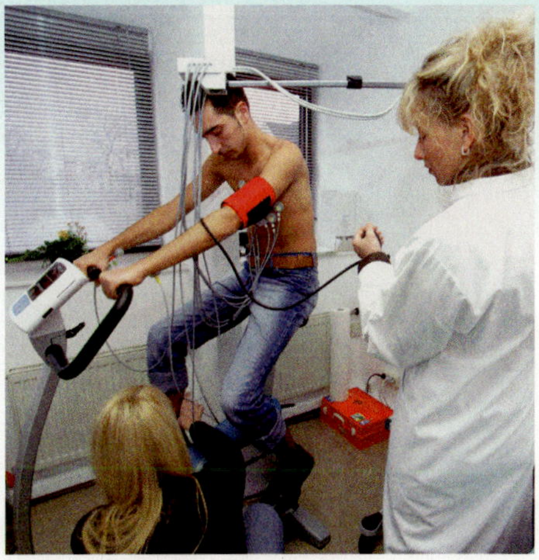

In Hammerfest, der nördlichsten Stadt Europas, scheint die Sonne vom 13. Mai bis zum 29. Juli Tag und Nacht. Selbst bei Mitternacht sehen die Menschen in der Polarregion die so genannte „Mitternachtssonne“. Im unteren Fotomosaik wurde der Stand der Sonne über dem Horizont in stündlichen Abständen fotografiert.

Auf Jahrmärkten gibt es Karussells, deren Gondeln sich drehen und zugleich auf- und abwärts bewegen.

- Bei diesen drei Vorgängen gibt es jeweils eine Größe, deren Werte sich in Abhängigkeit von der Zeit regelmäßig wiederholen. Gib an, um welche Größe es sich jeweils handelt. Nenne Gemeinsamkeiten und Unterschiede.

In diesem Kapitel wollen wir Vorgänge, bei denen es nach bestimmten Zeitabschnitten Wiederholungen gibt, mathematisch beschreiben. Damit sind dann Vorhersagen für den weiteren Verlauf möglich.

3.1 Periodische Vorgänge

Aufgabe 1

Im Schweizer Wintersportort Engelberg führt ein Sessellift von Ristis zur Brunnihütte.
In einer 10-minütigen Fahrt überwindet er eine Höhendifferenz von 260 m.

Das Riesenrad London Eye wurde im Jahr 2000 errichtet. Es dreht sich kontinuierlich mit kleinerer Geschwindigkeit als Schritttempo, sodass problemloser Ein- und Ausstieg ohne Halt gewährleistet ist.
Während der gemächlichen 30-minütigen Fahrtrunde erreicht man eine Höhe von 135 m, aus der man eine gute Sicht bis Schloss Windsor hat.

Sowohl für eine Fahrt mit dem Sessellift als auch mit dem Riesenrad soll die Abhängigkeit der erreichten Höhe (über der Starthöhe) von der Fahrzeit untersucht werden.

a) Betrachte einen Sessel des Sesselliftes und eine Gondel des Riesenrads. Zeichne jeweils den Graphen der Funktion *Zeit (in min) → erreichte Höhe (über Starthöhe in m)* für den Zeitraum einer Stunde. Vereinfache dazu die Bewegungen und gib an, welche Vereinfachungen du vorgenommen hast.

b) Beschreibe und vergleiche die beiden Graphen.

Lösung

a) Für den Sessellift nehmen wir vereinfachend an:

- Die Steigung auf der Strecke ist konstant.
- Die Gondel startet unten und bewegt sich mit konstanter Geschwindigkeit, das bedeutet gleicher Höhenzuwachs pro Zeiteinheit.
- Wir vernachlässigen den Umlenkvorgang zwischen Berg- und Talfahrt und betrachten die Bewegung als direktes Auf und Ab.

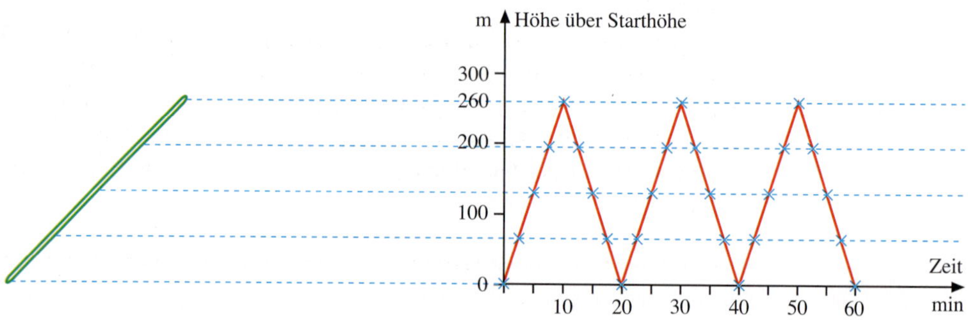

Auch beim Riesenrad betrachten wir eine Gondel, die unten startet. Die kontinuierliche Bewegung führt zu einer Drehung um einen konstanten Winkel pro Zeiteinheit: 360° in 30 Minuten. Wir bestimmen die Höhe in Schritten von 30°, d.h. alle $2\frac{1}{2}$ Minuten.

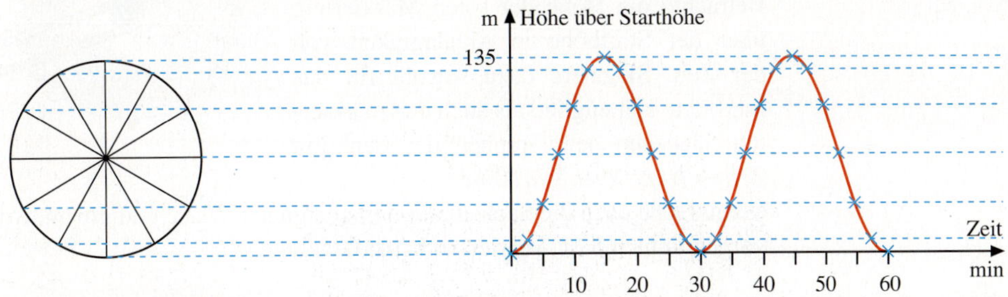

b) Beide Graphen steigen zunächst an und fallen dann wieder. Danach ergibt sich ein genau gleiches Ansteigen und Abfallen.
Beim Sessellift erfolgt der Höhenzuwachs bis zur maximalen Höhe gleichmäßig und ebenso die Höhenabnahme bis zur Starthöhe zurück: 260 m pro 10 min, also 26 m pro min.
Die Beschreibung kann also abschnittsweise mithilfe linearer Funktionen erfolgen.
Beim Riesenrad dagegen wird z.B. für $\frac{1}{4}$ Runde (Drehung um 90°) je nach Abschnitt ein größerer oder kleinerer Höhenunterschied erreicht. Damit ist hier eine Beschreibung mithilfe linearer Funktionen nicht möglich.

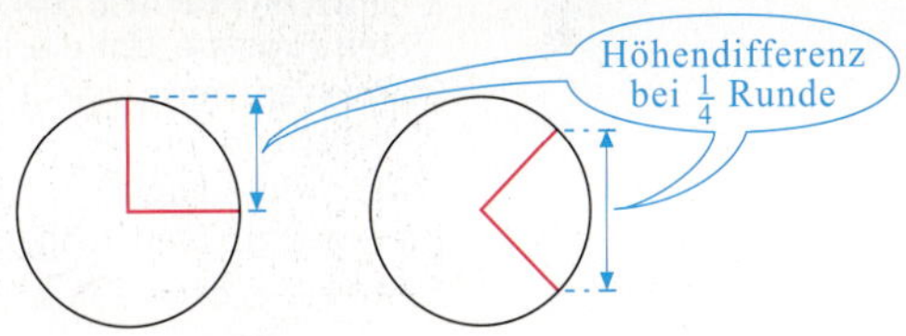

Information

Beim Sessellift erreicht ein Sessel alle 20 Minuten dieselbe Position: Die Höhe h(x) zu einem Zeitpunkt x stimmt überein mit der Höhe zu dem 20 Minuten späteren Zeitpunkt x + 20; es gilt also:

$h(x) = h(x + 20)$

Beim Riesenrad erreicht eine Gondel alle 30 Minuten dieselbe Position; hier gilt also:

$h(x) = h(x + 30)$

Beim Sessellift ist die Zeitspanne von 20 Minuten die kleinste, nach der sich jede Position wiederholt. Damit wiederholt sich jede Position aber auch nach 40, 60, ... Minuten. Beim Riesenrad ist entsprechend 30 Minuten die kleinste Zeitspanne, nach der sich jede Position wiederholt. Solche Vorgänge, bei denen sich der Ablauf in festen Zeitabständen wiederholt, nennt man *periodisch*.
Häufig beschreibt man bestimmte Abhängigkeiten bei periodischen Vorgängen mithilfe von Funktionen. Dazu muss man meistens die Situation vereinfachen und ein Koordinatensystem einführen.

periodisch ⟨griech.⟩ regelmäßig auftretend, wiederkehrend

Definition

Eine Funktion f heißt **periodisch,** wenn sich ihre Funktionswerte in festen Abständen wiederholen. Ihre **Periode** ist die kleinste positive Zahl p, für die für alle Werte x aus der Definitionsmenge der Funktion gilt:

$\mathbf{f(x) = f(x + p)}$

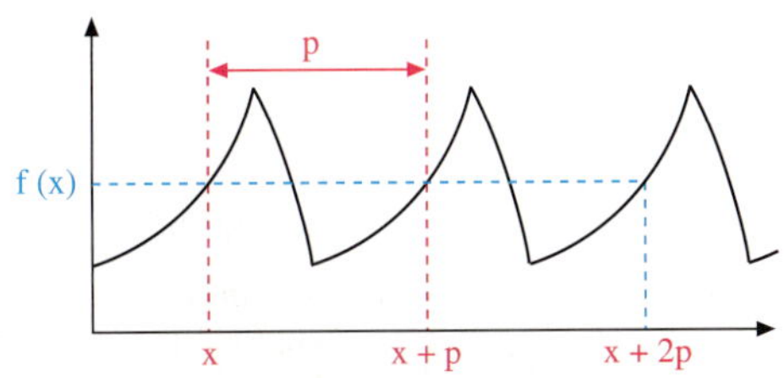

Übungsaufgaben

2. Das Sägeblatt einer Kreissäge wird mithilfe einer Kette angetrieben. Ein Kettenglied und ein Sägezahn sind rot markiert.
Betrachte die Höhe der roten Markierung über der Starthöhe in Abhängigkeit von der Zeit. Skizziere dazu sowohl für das markierte Kettenglied als auch den markierten Sägezahn den Graphen der Funktion *Zeit → Höhe über Starthöhe*.
Vereinfache dazu die Sachsituation in geeigneter Weise und gib an, welche Vereinfachungen du vorgenommen hast. Vergleiche beide Graphen.

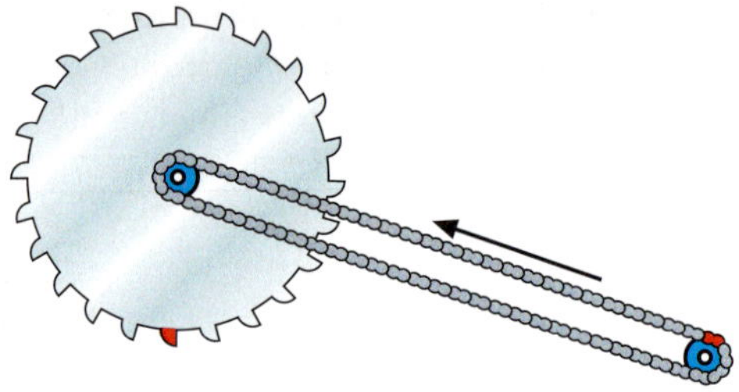

3.

Nockenwellen dienen z. B. zur Steuerung der Ein- und Auslassventile in den Motoren von Kraftfahrzeugen.
Die Nocken einer Nockenwellen sind auf einem sich drehenden Stab (Welle) montiert. Dabei wird die Drehbewegung der Welle oder Scheibe in eine Hub- oder Hebelbewegung umgesetzt. Je nach Anforderung gibt es Nocken mit einfachen und komplizierten Profilen. Um die jeweils gewünschte Bewegungsfolge zu erzielen, muss man in vielen Fällen das Nockenprofil nur leicht verändern.
Auch in Automaten für die Massenproduktion werden Nockenwellen zur Steuerung der Prozesse eingesetzt.

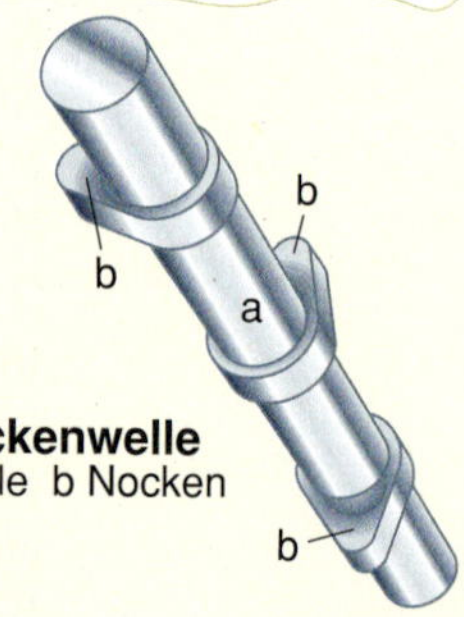

Nockenwelle
a Welle b Nocken

Rechts siehst du die Hubbewegung einer Nocke in Abhängigkeit von der Zeit.

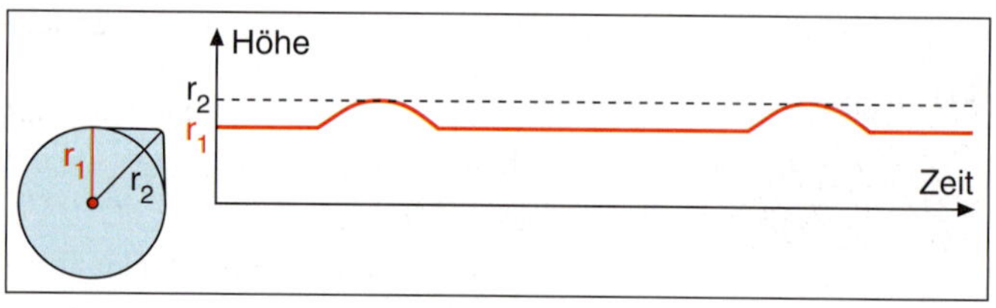

a) Zeichne die entsprechenden Graphen zu folgenden Nocken:

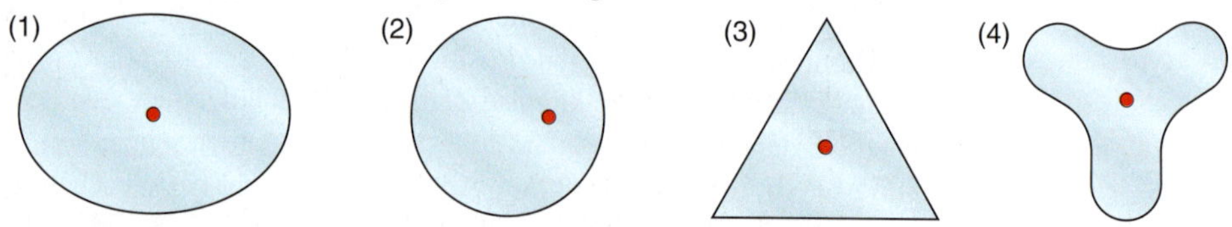

b) Erfinde selbst weitere Nockenformen und zeichne die zugehörigen Graphen.

4. Die Fahrt mit einer Achterbahn über mehrere Runden hintereinander ist ein periodischer Vorgang.

a) Zwischen welchen Größen kann hier eine Zuordnung vorgenommen werden?

b) Beschreibe eine Fahrt in Worten und zeichne dazu einen Graphen.

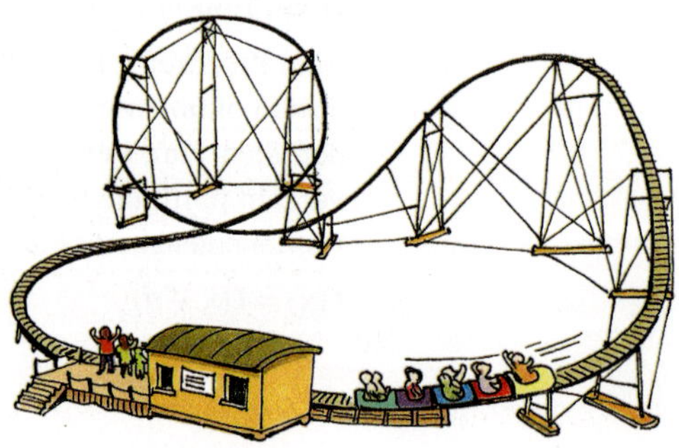

5. Unten siehst du das Gelände der Rennstrecke auf dem Sachsenring. Es wird auch als Auto-Teststrecke genutzt. Zeichne für die Rundkurse A und B jeweils ein Diagramm für die Geschwindigkeit eines Testfahrzeugs, das auf dieser Strecke fährt.

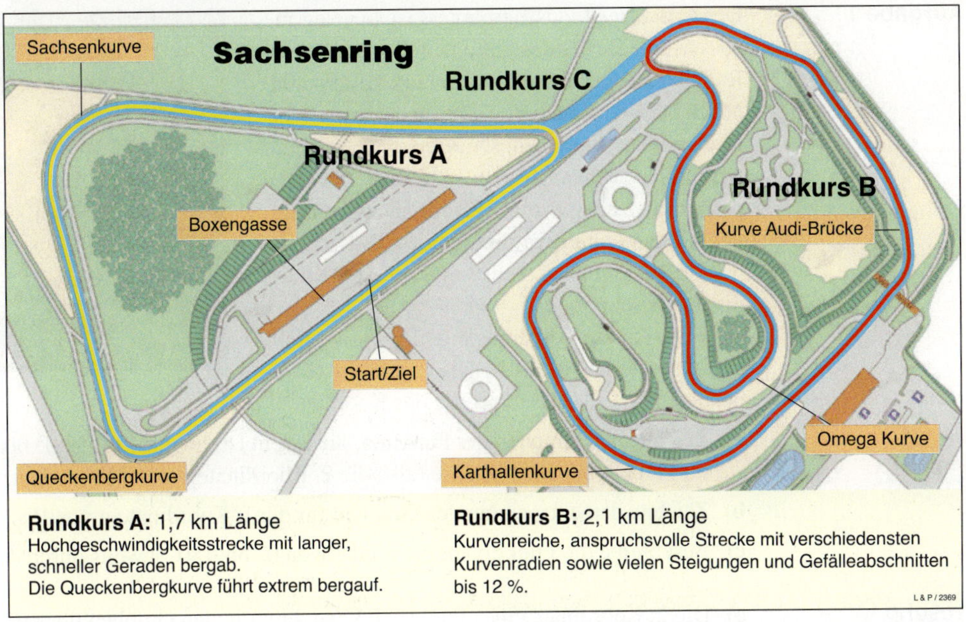

6. Die Gezeiten an der Nordsee ändern den Wasserstand in den Seehäfen.
Große, schwer beladene Schiffe benötigen eine Mindestwassertiefe zum Ein- und Auslaufen in den Hafen.
Ein Containerschiff wird beladen und soll am 12. Oktober bei Hochwasser auslaufen.

Gezeiten in Wilhelmshaven
September 2007

Tag	Hochwasser		Tag	Hochwasser	
1	04 : 54	17 : 06	16	04 : 53	17 : 09
2	05 : 33	17 : 48	17	05 : 17	17 : 35
3	06 : 11	18 : 31	18	05 : 42	18 : 03
4	06 : 52	19 : 22	19	06 : 15	18 : 45
5	07 : 48	20 : 32	20	07 : 10	19 : 57
6	09 : 08	22 : 04	21	08 : 34	21 : 31
7	10 : 40	23 : 36	22	10 : 08	23 : 02
8	12 : 01	–	23	11 : 29	–
9	00 : 49	13 : 01	24	00 : 14	12 : 30
10	01 : 41	13 : 47	25	01 : 08	13 : 18
11	02 : 24	14 : 29	26	01 : 55	14 : 02
12	03 : 02	15 : 08	27	02 : 37	14 : 43
13	03 : 35	15 : 42	28	03 : 14	15 : 22
14	04 : 04	16 : 13	29	03 : 50	16 : 01
15	04 : 28	16 : 41	30	04 : 26	16 : 42

a) Stelle den Zeitpunkt des Hochwassers an den verschiedenen Tagen im September grafisch dar (siehe Tabelle).
Achte auf geeignetes Verbinden der Punkte. Beschreibe das Diagramm.

b) Erstelle eine Prognose für den Hochwasserzeitpunkt am 12. Oktober 2007.

c) Gib Grenzen des Modells an: Welche Besonderheiten wurden nicht beachtet, welche Vereinfachungen wurden vorgenommen?

7. Die Gondel eines Sessellifts bewegt sich in 10 Minuten über eine Höhendifferenz von 150 m. Vereinfache die Bewegung modellmäßig. Zeichne dann den Graphen der Funktion
Zeit → Höhe über Starthöhe für einen Zeitraum von 30 Minuten.
Mit welchen Funktionsvorschriften kann man die einzelnen Abschnitte im vereinfachten Modell beschreiben?

Langzeitaufgabe

8. *Teamarbeit:* Findet weitere Beispiele für periodische Vorgänge im Alltag. Stellt sie grafisch dar. Gestaltet eine Ausstellung dazu im Klassenraum.

3.2 Sinus und Kosinus am Einheitskreis

Aufgabe 1

Der Arm eines Industrieroboters ist so gelagert, dass er eine Bewegung auf einem Kreis mit dem Radius 1 (gemessen in m) um einen Mittelpunkt M ausführen kann.

In der Ebene, in der dieser Kreis liegt, wählen wir ein Koordinatensystem so, dass der Mittelpunkt des Kreises im Koordinatenursprung liegt. Dann kann man die Position P des Endpunktes in einfacher Weise mithilfe von Koordinaten beschreiben.

Gesucht ist die Abhängigkeit der Position P vom Drehwinkel α des Armes gegenüber (dem positiven Teil) der Rechtsachse des Koordinatensystems.

a) Zeichne den Graphen der Funktion, die jedem Drehwinkel α von 0° bis 360° die Höhe der Position P über der Rechtsachse (also die 2. Koordinate v von P) zuordnet.

b) Zeichne den entsprechenden Graphen für die 1. Koordinate u von P.

c) Beschreibe die Funktionen für Winkel von 0° bis 180° jeweils durch eine Formel.

Lösung

a) Die 2. Koordinate eines Punktes P kann direkt in den Graphen übertragen werden.

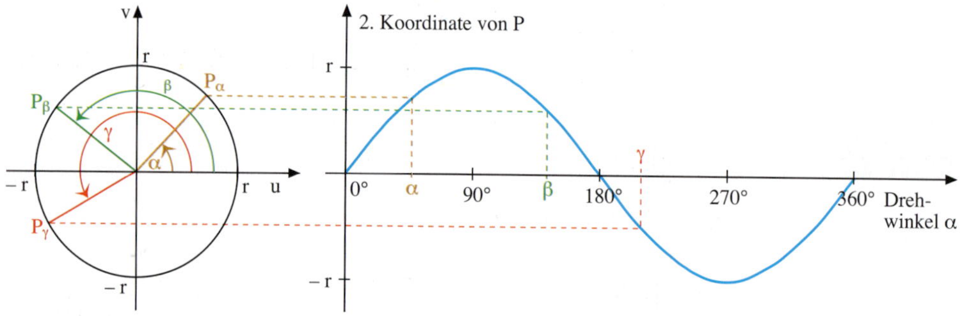

b) Die 1. Koordinate eines Punktes P kann auf der Rechtsachse abgelesen werden. Um sie direkt in den Graphen zu übertragen, müssen wir die 1. Koordinate zunächst auf die Hochachse übertragen. Dazu zeichnen wir einen Viertelkreis von der 1. Koordinate auf der Rechtsachse bis zur Hochachse. Der Wert, an dem der Viertelkreis auf die Hochachse trifft, kann nun direkt in den Graphen als 2. Koordinate übertragen werden.

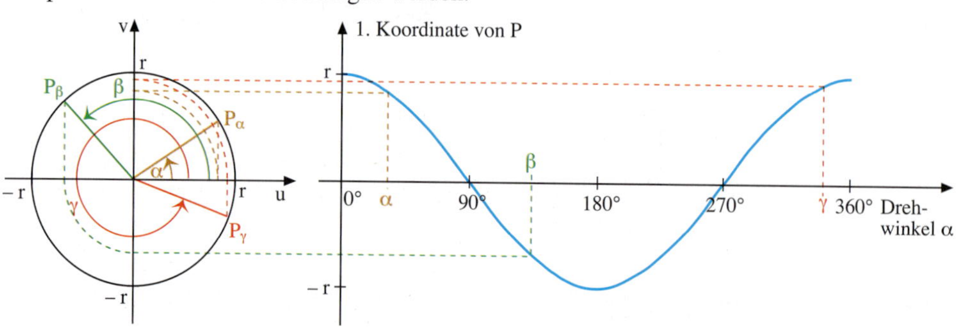

$\sin(\alpha) = \frac{\text{Gegenkathete}}{\text{Hypotenuse}}$

$\cos(\alpha) = \frac{\text{Ankathete}}{\text{Hypotenuse}}$

c) Wir betrachten einen Punkt P auf dem Teil des Einheitskreises im 1. Quadranten. Die Koordinaten dieses Punktes P können wir mithilfe des eingezeichneten rechtwinkligen Dreiecks berechnen.
Für die 1. Koordinate u gilt:
$\frac{u}{1} = \cos(\alpha)$, also $u = \cos(\alpha)$
Entsprechend erhält man für die 2. Koordinate:
$v = \sin(\alpha)$
Für Winkel α von 0° bis 180° gilt also:
Die Funktion *Drehwinkel* $\alpha \rightarrow$ *1. Koordinate von P* wird also durch die Formel $u = \cos(\alpha)$ und die Funktion *Drehwinkel* $\alpha \rightarrow$ *2. Koordinate von P* durch die Formel $v = \sin(\alpha)$ beschrieben.

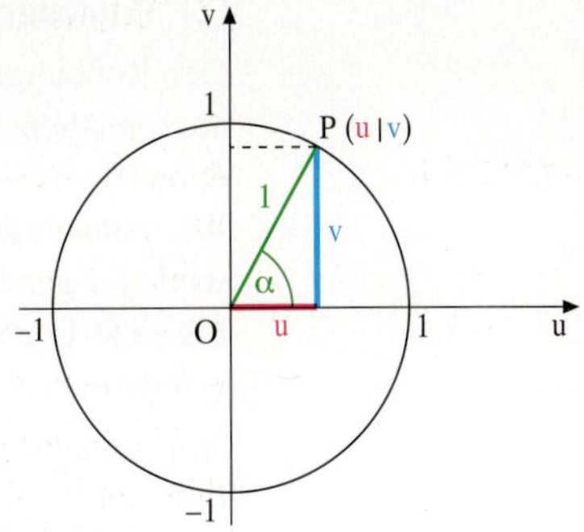

Information

(1) Koordinaten eines Punktes auf dem Einheitskreis für $0° \leq \alpha \leq 360°$

Die auf den Seiten 31 und 37 vorgenommene Deutung des Sinus und des Kosinus am oberen Teil des Einheitskreises übertragen wir nun auf den ganzen Einheitskreis: Auch wenn der Punkt P auf dem Teil des Einheitskreises nicht im 1. Quadranten liegt, ist seine 1. Koordinate $\cos(\alpha)$ und seine 2. Koordinate $\sin(\alpha)$, wobei α der Winkel zwischen der Halbgeraden $\overrightarrow{OP}$ und der positiven Rechtsachse ist (siehe Seite 31 und 37).

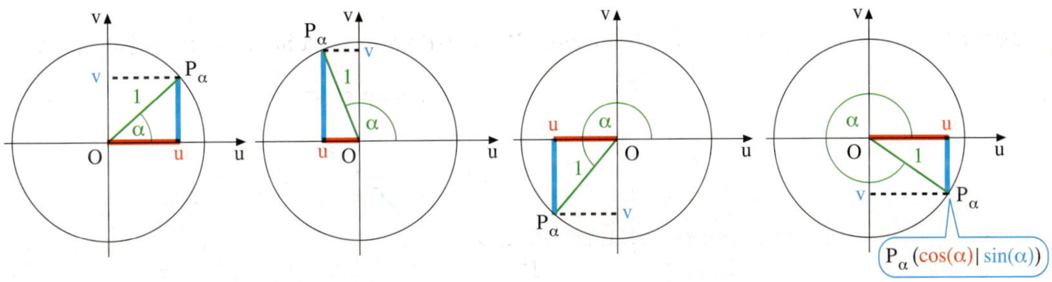

Beispiele für besondere Winkelwerte:

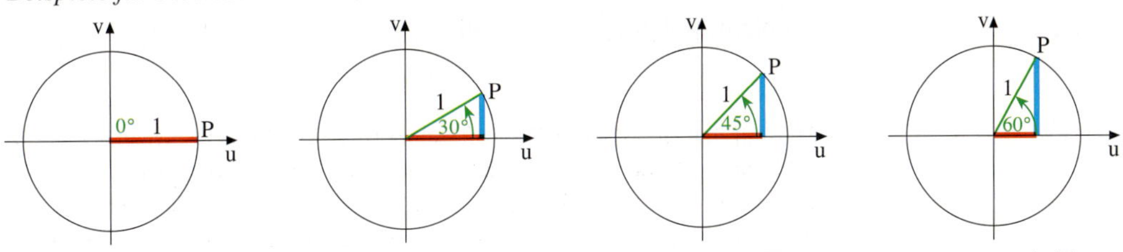

$\sin(0°) = 0$
$\cos(0°) = 1$

$\sin(30°) = \frac{1}{2}$
$\cos(30°) = \frac{1}{2}\sqrt{3}$

$\sin(45°) = \frac{1}{2}\sqrt{2}$
$\cos(45°) = \frac{1}{2}\sqrt{2}$

$\sin(60°) = \frac{1}{2}\sqrt{3}$
$\cos(60°) = \frac{1}{2}$

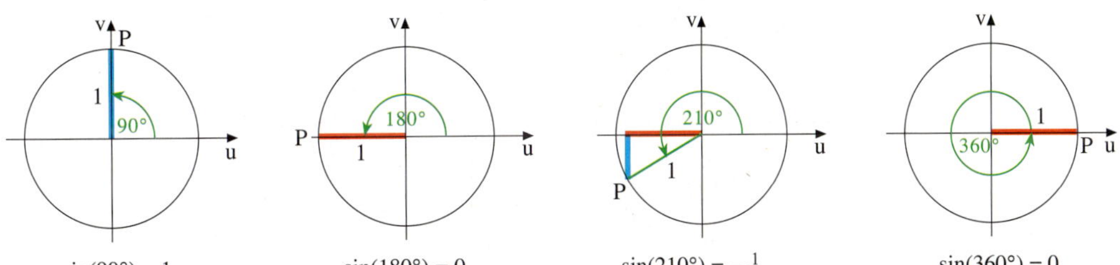

$\sin(90°) = 1$
$\cos(90°) = 0$

$\sin(180°) = 0$
$\cos(180°) = -1$

$\sin(210°) = -\frac{1}{2}$
$\cos(210°) = -\frac{1}{2}\sqrt{3}$

$\sin(360°) = 0$
$\cos(360°) = 1$

(2) Winkelgrößen über 360° und negative Winkelgrößen

Den Roboterarm in Aufgabe 1 auf Seite 84 haben wir linksherum (d.h. entgegen dem Uhrzeigersinn, auch mathematisch positiv genannt) bis zu seiner Endposition gedreht. Für den Drehwinkel α gilt dann $0° \le \alpha \le 360°$.

Wir können den Roboterarm auch über eine Volldrehung (360°) hinaus weiterdrehen. Den Drehwinkel α geben wir dann durch Winkelgrößen über 360° an.

Für eine Drehung rechtsherum (d.h. im Uhrzeigersinn, auch mathematisch negativ genannt) verwenden wir Winkelgrößen mit negativer Maßzahl.

Am Einheitskreis können wir das so veranschaulichen:

In Bild (1) bildet der Zeiger mit (dem positiven Teil) der Rechtsachse einen Winkel von 40°. Der Zeiger hat diese Lage durch eine Volldrehung und zusätzlich eine Drehung um 40°, also insgesamt durch eine Drehung um 400° linksherum erreicht: $360° + 40° = 400°$.

Dreht man den Zeiger rechtsherum, also im Uhrzeigersinn (mathematisch negativ genannt), so gibt man den Drehwinkel durch eine negative Maßzahl an, z.B. $-320°$ in Bild (2).

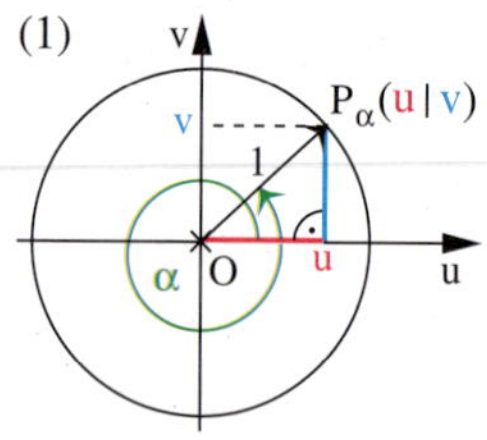

$\alpha = 400°$

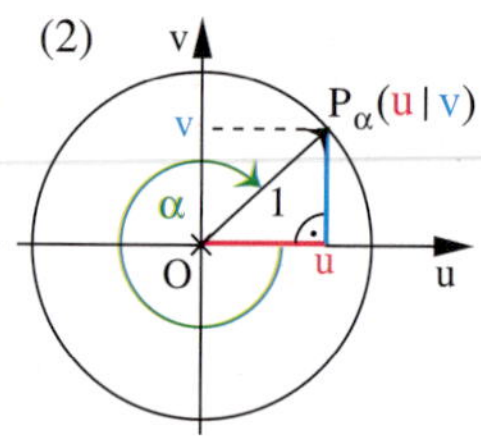

$\alpha = -320°$

Damit können wir nun den Sinus und den Kosinus von beliebigen Winkelgrößen definieren.

Definition

Gegeben ist ein beliebiger Winkel α mit dem Scheitelpunkt im Koordinatenursprung und dem 1. Schenkel auf (dem positiven Teil) der Rechtsachse des Koordinatensystems. Der 2. Schenkel schneidet den Einheitskreis in einem Punkt $P_\alpha(u|v)$. Für die Koordinaten von P_α gilt dann für jeden beliebigen Winkel α:

$\mathbf{v = \sin(\alpha), \quad u = \cos(\alpha)}$

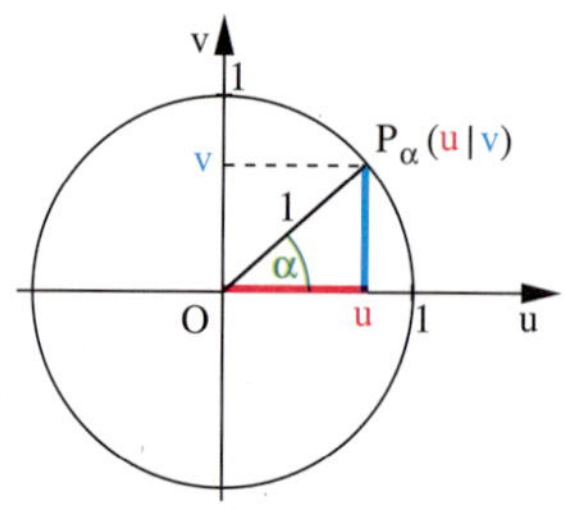

(3) Graphen zu den Funktionen mit y = sin (α) und y = cos (α)

Definition

Der Graph der Funktion mit der Gleichung $y = \sin(\alpha)$ heißt **Sinuskurve**.

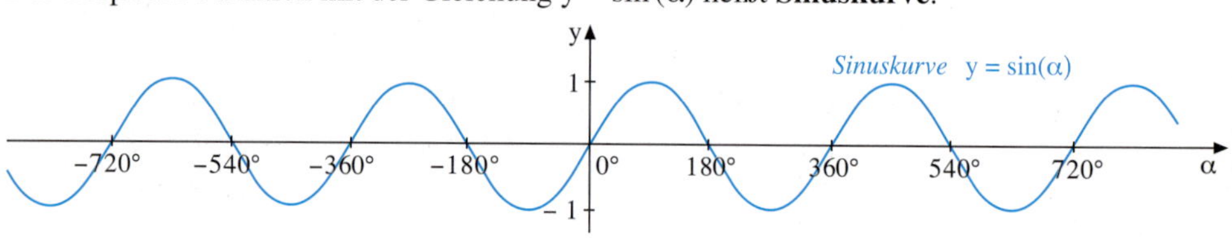

Der Graph der Funktion mit der Gleichung $y = \cos(\alpha)$ heißt **Kosinuskurve**.

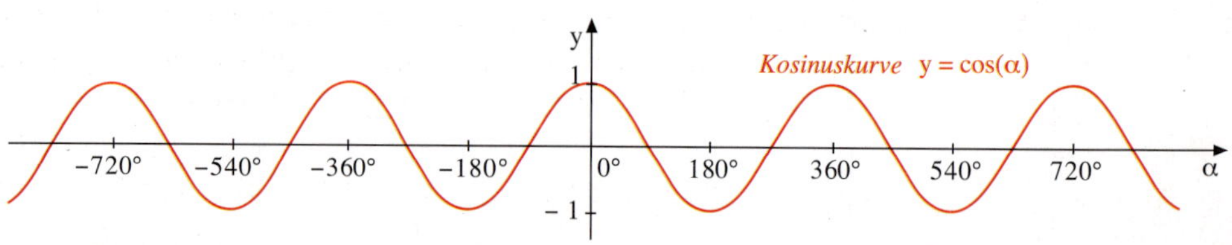

Die Sinuskurve und die Kosinuskurve haben die Periode 360°.

Übungsaufgaben

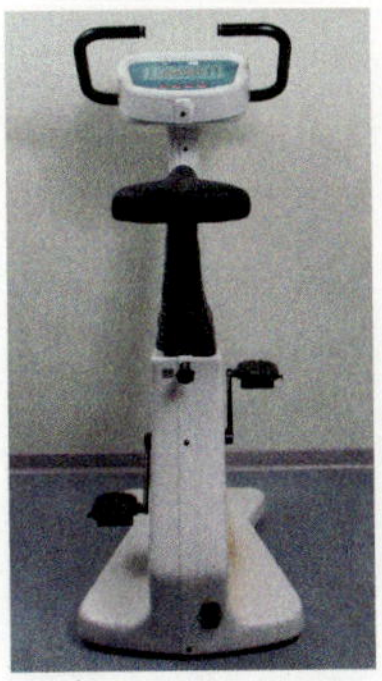

2. Der Rückstrahler eines sich gleichmäßig drehenden Fahrradpedals zeigt bei Betrachtung von hinten eine besondere Auf- und Abbewegung. Diese Bewegung soll durch ein mathematisches Modell untersucht werden.

Anstelle des Fahrradpedals betrachten wir einen Zeiger der Länge r. Er dreht sich um einen Mittelpunkt M mit gleich bleibender Geschwindigkeit. Beleuchtet man den Zeiger von der linken Seite (Ansicht des Pedals von hinten), so entsteht an der Wand ein Schatten des Zeigers. Die Länge v des Schattens ist dabei abhängig von der Größe α des Drehwinkels des Zeigers.

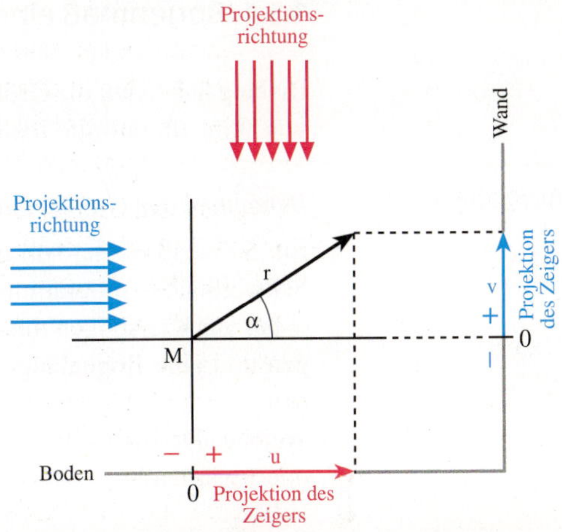

a) Zeichne den Graphen der Funktion, die jeder Größe α des Drehwinkels die Länge v des Schattens an der Wand zuordnet. Zeigt die Pfeilspitze des Schattens nach oben, so wählen wir v positiv, sonst negativ.

b) Beschreibe die Funktion im Bereich $0° \leq \alpha \leq 180°$ durch eine Gleichung.

c) Betrachte nun eine Beleuchtung von oben (Ansicht des Fahrradpedals von oben). Zeichne den Graphen der Funktion, die jeder Größe α des Drehwinkels die Schattenlänge u auf dem Boden zuordnet. Zeigt die Pfeilspitze nach rechts, so wählen wir u positiv, sonst negativ. Beschreibe die Funktion im Bereich $0° \leq \alpha \leq 180°$ durch eine Gleichung.

3. Bestimme zeichnerisch am Einheitskreis (r = 1 dm) auf Hundertstel.

a) $\sin(75°)$, $\cos(75°)$ **b)** $\sin(156°)$, $\cos(156°)$ **c)** $\sin(214°)$, $\cos(214°)$ **d)** $\sin(281°)$, $\cos(281°)$ **e)** $\sin(349°)$, $\cos(349°)$ **f)** $\sin(415°)$, $\cos(415°)$

4. Bestimme am Einheitskreis die Winkelgrößen aus dem Bereich $0° \leq \alpha \leq 360°$, für die gilt:

a) $\sin(\alpha) = 0{,}24$; $\sin(\alpha) = -0{,}56$ **b)** $\cos(\alpha) = 0{,}75$; $\cos(\alpha) = -0{,}32$ **c)** $\sin(\alpha) \geq 0{,}35$; $\sin(\alpha) \leq -0{,}45$ **d)** $\cos(\alpha) \geq 0{,}65$; $\cos(\alpha) \leq -0{,}45$

5. Bestimme die Winkelgrößen im Bereich $0° \leq \alpha \leq 360°$, für die gilt:

a) $\cos(\alpha) = 0$ **b)** $\sin(\alpha) = 1$ **c)** $\cos(\alpha) = -1$ **d)** $\sin(\alpha) = -1$ **e)** $\cos(\alpha) = 1$

6. Bestimme mithilfe des Taschenrechners. Runde sinnvoll.

a) $\sin(119{,}5°)$; $\cos(254{,}5°)$ **b)** $\sin(-202{,}8°)$; $\cos(-153{,}1°)$ **c)** $\sin(775{,}4°)$; $\cos(-514{,}6°)$ **d)** $-\sin(-358{,}1°)$; $-\cos(-261{,}5°)$

7. Zu dem Punkt P_α gehört der jeweils angegebene Drehwinkel α. Durch welche Winkelgröße α aus dem Bereich $0° \leq \alpha \leq 360°$ wird dieselbe Lage des Punktes P_α beschrieben?

a) $\alpha = 768°$; $\alpha = 432°$ **b)** $\alpha = 920°$; $\alpha = 860°$ **c)** $\alpha = 973°$; $\alpha = 1\,217°$ **d)** $\alpha = -82°$; $\alpha = -64°$ **e)** $\alpha = -138°$; $\alpha = -218°$ **f)** $\alpha = -333°$; $\alpha = -614°$

8. Skizziere die Sinuskurve [Kosinuskurve] im Bereich $-360° \leq \alpha \leq 720°$.

9. Für welche Winkelgrößen α im Bereich $0° \leq \alpha \leq 360°$ gilt jeweils:

a) $\sin(\alpha) > 0$ **b)** $\cos(\alpha) < 0$ **c)** $\sin(\alpha) > 0$ und $\cos(\alpha) > 0$ **d)** $\sin(\alpha) > 0$ und $\cos(\alpha) < 0$?

1.3 Sinus- und Kosinusfunktion mit $\mathbb{R}$ als Definitionsmenge

1.3.1 Bogenmaß eines Winkels

Bislang haben wir die Größe von Winkeln im Gradmaß in der Einheit ° gemessen. Jetzt soll die Größe von Winkeln mithilfe reeller Zahlen angegeben werden.

Aufgabe 1

Berechnen der Größe eines Winkels aus der Bogenlänge

Ein Schweißroboter soll für das Herstellen zweier kreisförmiger Schweißnähte programmiert werden. Die Schweißnähte sollen dabei auf Kreisbögen mit den Radien $r_1 = 1$ m und $r_2 = 1{,}5$ m liegen und eine Bogenlänge von $b_1 = 0{,}48$ m bzw. $b_2 = 0{,}72$ m haben.
Welcher Drehwinkel muss für den Roboterarm jeweils programmiert werden?

Lösung

Für die zu einer Kreisbogenlänge b_α gehörende Winkelgröße α gilt:

$$b_\alpha = 2\pi r \cdot \frac{\alpha}{360°}, \quad \text{also:} \quad a = \frac{b_\alpha \cdot 360°}{2\pi r} = \frac{b_\alpha \cdot 180°}{\pi r}$$

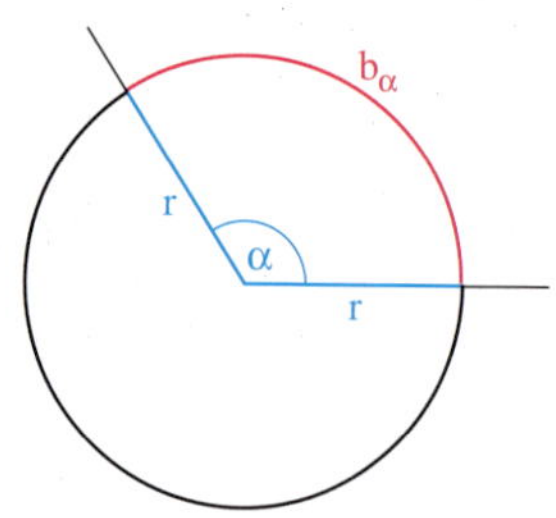

Damit folgt:

$$\alpha_1 = \frac{0{,}48 \text{ m} \cdot 180°}{\pi \cdot 1 \text{ m}} = 27{,}50\ldots° \approx 27{,}5° \quad \text{und}$$

$$\alpha_2 = \frac{0{,}72 \text{ ,m} \cdot 180°}{\pi \cdot 1{,}5 \text{ m}} = 27{,}50\ldots° \approx 27{,}5°$$

Information

Größen kann man in verschiedenen Einheiten messen:

Länge:
Meter ⟷ inch

Temperatur:
Grad Celsius ⟷ Grad Fahrenheit

Winkel:
Gradmaß ⟷ Bogenmaß

Bogenmaß eines Winkels

In Aufgabe 1 haben wir beide Male als Winkelgröße 27,5° erhalten. Dies liegt daran, dass der Radius r_2 genau 1,5-mal so groß wie der Radius r_1 und auch die Bogenlänge b_2 genau 1,5-mal so groß wie die Bogenlänge b_1 ist. Formt man die Formel $\alpha = \frac{b_\alpha \cdot 180°}{\pi r}$ um in $\frac{b_\alpha}{r} = \alpha \cdot \frac{180°}{\pi}$, so sieht man, dass das Verhältnis $\frac{b_\alpha}{r}$ aus Bogenlänge b_α und Radius r nur von der Winkelgröße α abhängt, denn π und 180° sind Konstanten.
Das Verhältnis $\frac{b_\alpha}{r}$ können wir daher auch dazu verwenden, um die Größe eines Winkels anzugeben. Man nennt es das *Bogenmaß* des Winkels α. Das Bogenmaß eines Winkels ist eine reelle Zahl. Bisher haben wir die Größe eines Winkels in der Einheit Grad angegeben, also im so genannten Gradmaß. Mit der Formel $\frac{b_\alpha}{r} = \alpha \cdot \frac{\alpha}{180°}$ können wir jede Winkelgröße, die im Gradmaß angegeben ist, in das Bogenmaß umrechnen und umgekehrt.

Definition

Das Verhältnis $\frac{b_\alpha}{r}$ aus der Länge b_α des Kreisbogens und dem Radius r heißt das **Bogenmaß** des Winkels α.

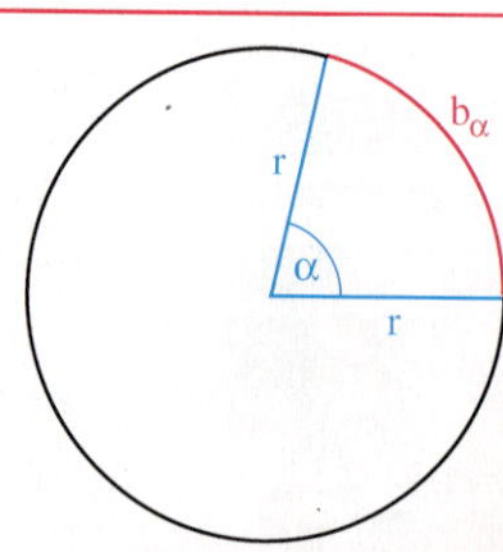

Das Bogenmaß ist eine reelle Zahl!

Satz

(1) Zu dem Gradmaß α eines Winkels gehört das Bogenmaß $x = \alpha \cdot \frac{\pi}{180°}$.

(2) Zu dem Bogenmaß x eines Winkels gehört das Gradmaß $\alpha = x \cdot \frac{180°}{\pi}$.

Beispiele: $\alpha = 152°$ $\qquad$ $x = 5{,}1$

$x = \alpha \cdot \frac{\pi}{180°} = 152° \cdot \frac{\pi}{180°} \approx 2{,}65$ $\qquad$ $\alpha = x \cdot \frac{\pi}{180°} = 5{,}1 \cdot \frac{\pi}{180°} \approx 292{,}2°$

Aufgabe 2

Umrechnen vom Gradmaß in das Bogenmaß

Gib für –90°, 0°, 30°, 45°, 60°, 90°, 180°, 270°, 360° und 720° den Zusammenhang zwischen Gradmaß und Bogenmaß an.

Lösung

Du könntest das Gradmaß für jede einzelne Winkelgröße mithilfe der Formel $x = \alpha \cdot \frac{\pi}{180°}$ berechnen. Einfacher ist jedoch folgendes Vorgehen:
Zu dem Gradmaß α = 360° eines Winkels gehört das Bogenmaß x = 2π, zu dem Gradmaß 180° gehört das Bogenmaß π, ... Die weiteren Werte für das Bogenmaß ergeben sich aus der Tatsache, dass die Zuordnung zwischen Gradmaß und Bogenmaß proportional ist.

Gradmaß	–90°	0°	30°	45°	60°	90°	180°	270°	360°	720°
Bogenmaß	$-\frac{\pi}{2}$	0	$\frac{\pi}{6}$	$\frac{\pi}{4}$	$\frac{\pi}{3}$	$\frac{\pi}{2}$	π	$\frac{3}{2}\pi$	2π	4π

360° entspricht 2π

Information

Verschiedene Winkelmaße beim Taschenrechner

Der Taschenrechner kann neben dem Gradmaß auch das Bogenmaß für Berechnungen verwenden. Dazu muss er aber auf das Bogenmaß umgeschaltet werden.
Für das Gradmaß wird auch die Abkürzung DEG (Degree) und für das Bogenmaß die Abkürzung RAD (Radiant) verwandt.
Auch Tabellenkalkulationsprogramme verwenden das Bogenmaß für Winkelgrößen.

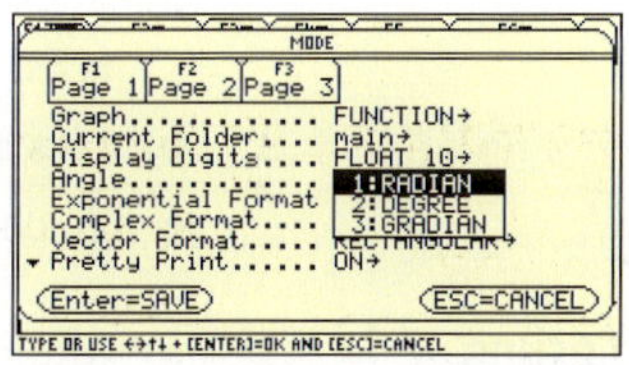

Übungsaufgaben

3. Zur Kontrolle des Winkels einer neu gebauten Diskuswurf-Anlage wird sowohl der Bogen auf dem Wurfkreis gemessen als auch auf der des 50 m-Weitenkreises im Wurfsektor: 0,87 m bzw. 28,50 m.
Überlege, warum es leichter ist, diese Größen statt der Winkelgröße direkt zu messen. Berechne dann die Größe des Winkels.

SPORTINFO

Diskuswerfen

Der Diskus ist eine mit Metall eingefasste Hartholz- oder Metallscheibe, die aus einem Wurfkreis mit 2,50 Meter Durchmesser in das gekennzeichnete Wurffeld geworfen wird.
Der Wurfkreis wird durch eine Metallumrandung oder eine weiße Linie markiert. Vom Mittelpunkt des Kreises führen in einem 40-Grad-Winkel zwei gerade Linien nach vorne und begrenzen somit einen Sektor, in dem alle gültigen Würfe landen müssen. Die Messung der Würfe erfolgt auf einer geraden Linie durch den Kreismittelpunkt von der Auftreffstelle zur Innenkante der Kreisumrandung.

4. Gegeben sind Winkelgrößen im Gradmaß. Berechne jeweils das zugehörige Bogenmaß.

a) 37°; 109°; 348°; 258°; 17,5°; 339,8°; 127,1° **b)** –55°; 456°; –125°; –518°; –256,8°

5. Gegeben sind Winkelgrößen im Bogenmaß. Berechne jeweils das zugehörige Gradmaß.

a) 2,67; 5,14; 0,5; –3,25; 23,6; –1,3; 20,4 **b)** $\frac{3}{2}\pi$; $\frac{\pi}{4}$; $\frac{5}{4}\pi$; $-\frac{7}{4}\pi$; $-\frac{3}{8}\pi$; $-\frac{5}{8}\pi$; $\frac{7}{8}\pi$; $-\frac{\pi}{6}$

6. Rechne jeweils in das andere Winkelmaß um, gerundet auf Zehntel.

a) 17°; 3,4; 2,7; 93°; –93; 1,9° **b)** 1°; 1; –1; –1°; π; π°

7. *Partnerarbeit:* Lasse dir von deinem Partner einen Winkel im Bogenmaß bzw. im Gradmaß sagen. Schätze den Winkel im anderen Maß. Dein Partner berechnet den Wert zur Kontrolle. Tauscht die Rollen nach jeder Aufgabe.

1.3.2 Definition der Sinus- und Kosinusfunktion

Aufgabe 1

Die Sinusfunktion und die Kosinusfunktion können auch für Winkelgrößen im Bogenmaß definiert werden. In der grafischen Darstellung wird das Gradmaß an der Rechtsachse durch das Bogenmaß ersetzt. Die Werte an der Rechtsachse sind dann reelle Zahlen.

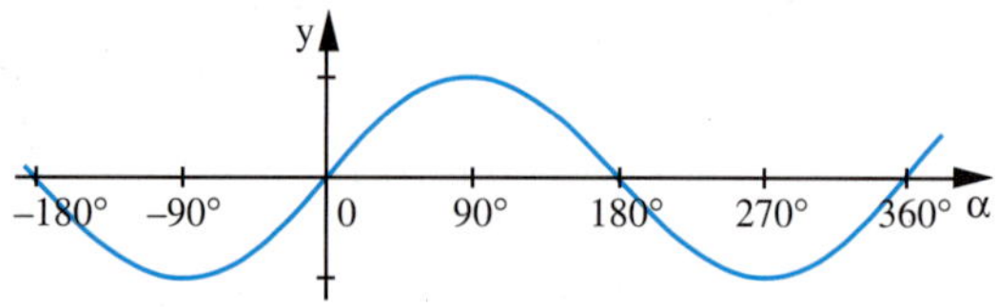

a) Zeichne den Graphen der Sinusfunktion für Winkelgrößen im Bogenmaß und gib an der Rechtsachse zusätzlich die Werte für das Gradmaß an.

b) Lies am Graphen die Funktionswerte für sin (0,5); sin (1); sin (2,5); $\sin\left(\frac{\pi}{2}\right)$ und sin (π) ab.

c) Zeichne entsprechend zu Teilaufgabe a) auch den Graphen der Kosinusfunktion.

Lösung

a) Mithilfe einer Wertetabelle erhalten wir den Graphen:

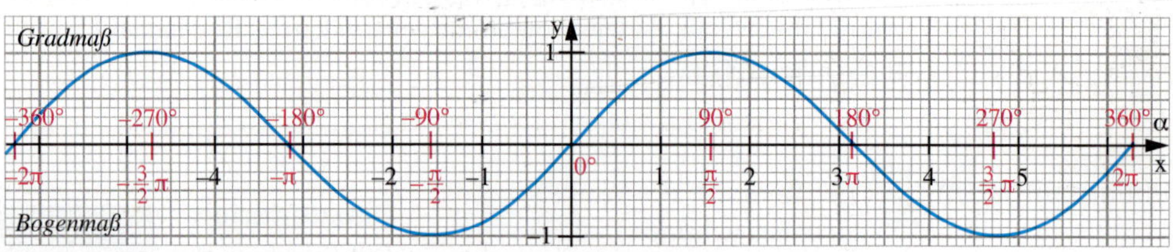

b) Unter Berücksichtigung der Ablesegenauigkeit ergibt sich:

sin (0,5) ≈ 0,5; sin (1) ≈ 0,8; sin (2,5) ≈ 0,6; $\sin\left(\frac{\pi}{2}\right) = 1$; sin ($\pi$) = 0

c) Mithilfe einer Wertetabelle erhalten wir den Graphen:

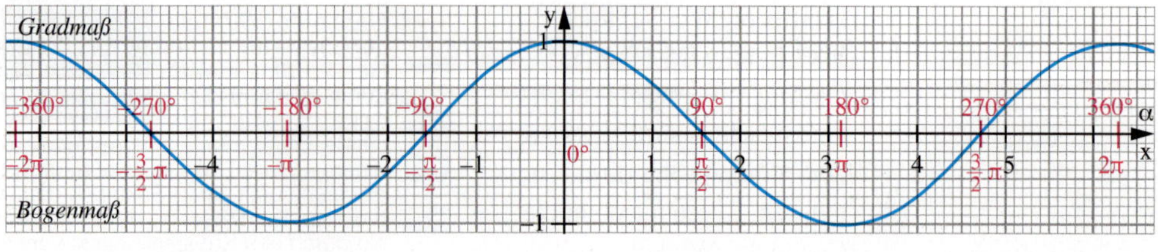

Information

Definition

Die Funktion mit der Gleichung $y = \sin(x)$ und ℝ (bzw. einer Teilmenge von ℝ) als Definitionsmenge heißt **Sinusfunktion.** Ihr Graph heißt auch *Sinuskurve.*

Die Funktion mit der Gleichung $y = \cos(x)$ und ℝ (bzw. einer Teilmenge von ℝ) als Definitionsmenge heißt **Kosinusfunktion.** Ihr Graph heißt auch *Kosinuskurve.*

Graph der Sinusfunktion:

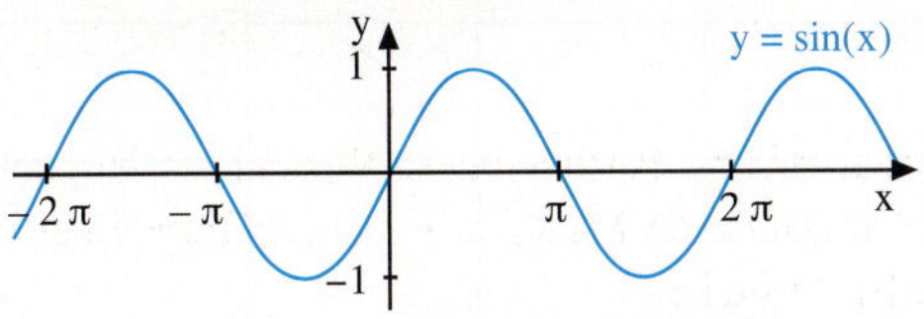

Graph der Kosinusfunktion:

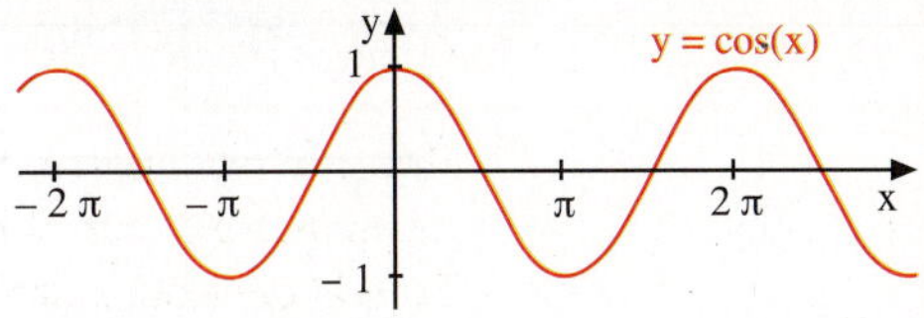

Die Wertemenge ist jeweils die Menge aller reellen Zahlen, für die gilt: $-1 \le y \le 1$.

Satz

Die Sinus- und die Kosinusfunktion sind periodische Funktionen mit der Periode 2π:

$\mathbf{\sin(x + 2\pi) = \sin(x)}$ $\mathbf{\cos(x + 2\pi) = \cos(x)}$

Besondere Werte: $\sin(0) = 0$ $\sin\left(\frac{\pi}{2}\right) = 1$ $\sin(\pi) = 0$ $\sin\left(\frac{3}{2}\pi\right) = -1$ $\sin(2\pi) = 0$

$\cos(0) = 1$ $\cos\left(\frac{\pi}{2}\right) = 0$ $\cos(\pi) = -1$ $\cos\left(\frac{3}{2}\pi\right) = 0$ $\cos(2\pi) = 1$

Übungsaufgaben

2. **a)** Zeichne mit dem Rechner den Graphen der Funktion „Sinus“ und „Kosinus“ im Bogenmaß.
b) Begründe, dass der angezeigte Graph in beiden Fällen der Graph einer Funktion ist.
c) Erläutere den Verlauf des Graphen jeweils mithilfe der Definition am Einheitskreis.

3. Gerrit hat versucht, den Graphen der Sinusfunktion mit seinem Rechner zu zeichnen. Welchen Fehler hat er gemacht?

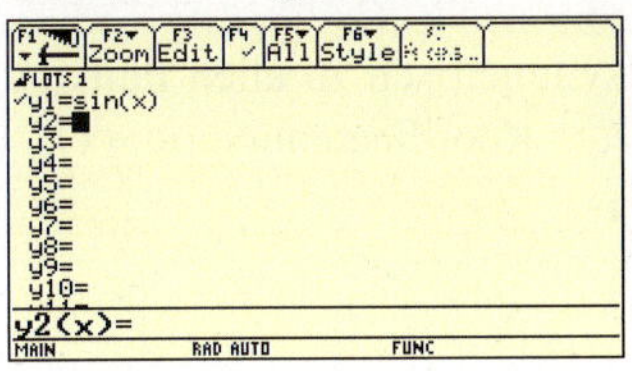

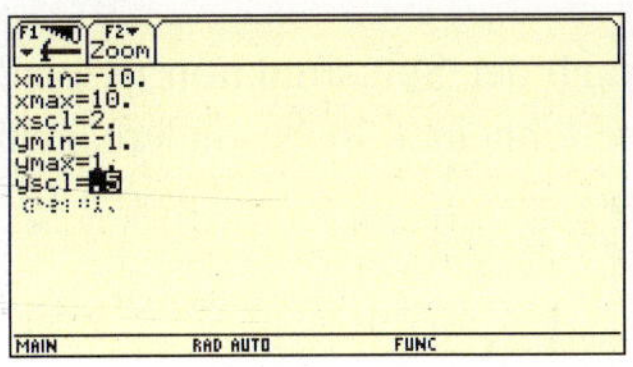

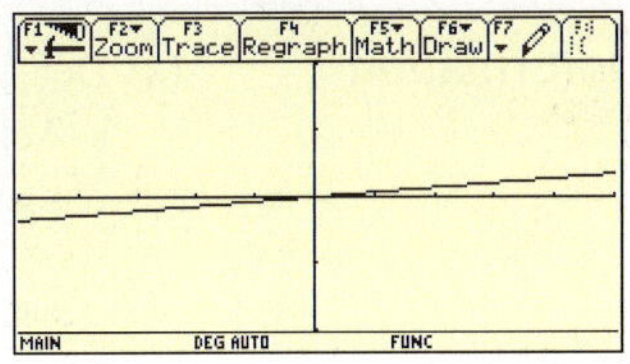

4. Zeichne den Graphen der Sinusfunktion und verdeutliche daran die folgenden Funktionswerte.
(1) $\sin(\pi)$ (2) $\sin(\pi°)$ (3) $\sin(15)$ (4) $\sin(15°)$ (5) $\sin(-1)$ (6) $\sin(-1°)$

5. Zeichne den Graphen der Funktion mit der angegebenen Gleichung im Bereich $-13 \le x \le 13$.
a) $y = 1 + \sin(x)$ **b)** $y = \frac{1}{2}x - \cos(x)$ **c)** $y = \sin(x) + \cos(x)$ **d)** $y = \frac{1}{10}x^2 - \cos(x)$

6. Zeichne den Graphen der Kosinusfunktion mit dem Rechner und untersuche, wie sich die verschiedenen Fenster, die man im Zoom-Menü wählen kann, auf die Darstellung des Graphen auswirken.

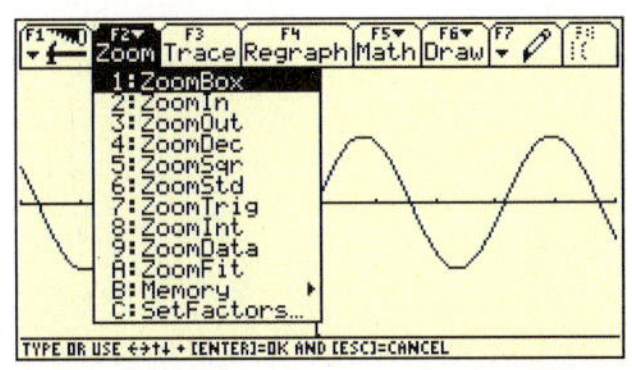

Verwende ZoomDec oder ZoomSqr für gleiche Einteilung auf beiden Achsen.

3.3.3 Eigenschaften der Sinus- und Kosinusfunktion

Aufgabe 1

a) Zeichne die Graphen der Sinus- und Kosinusfunktion und untersuche sie auf Symmetrie.

b) Gib die Nullstellen der beiden Funktionen an.

Lösung

a) (1) Wir können nur einen kleinen Ausschnitt des Graphen der Sinusfunktion zeichnen.

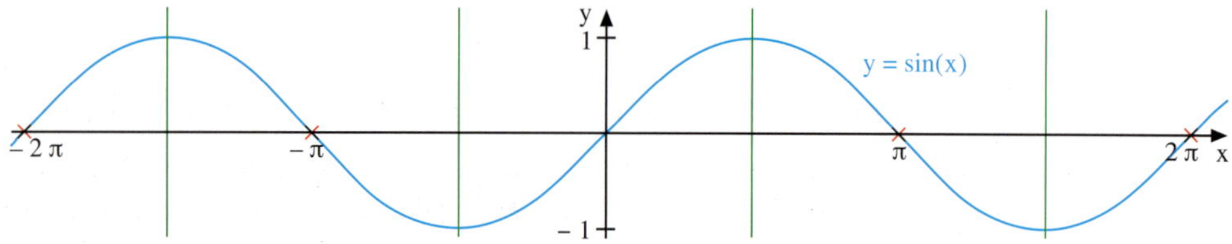

Die rot markierten Punkte sind Symmetriepunkte. Die grünen Geraden sind Symmetrieachsen.

(2) Auch vom Graphen der Kosinusfunktion können wir nur einen kleinen Ausschnitt zeichnen.

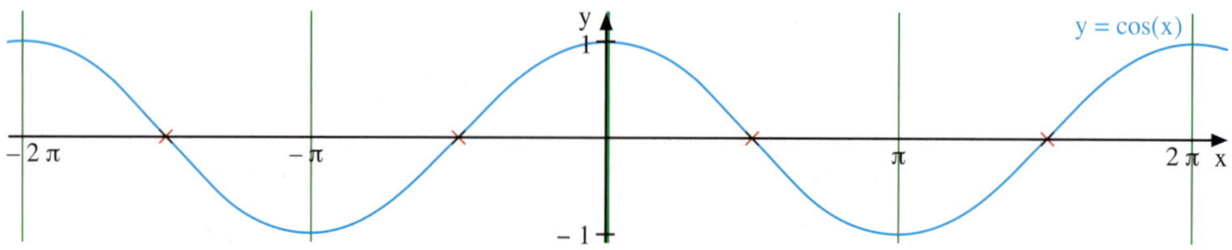

Die rot markierten Punkte sind Symmetriepunkte. Die grünen Geraden sind Symmetrieachsen.

Menge der ganzen Zahlen: $\mathbb{Z} = \{..., -2, -1, 0, 1, 2, ...\}$

b) Die Sinusfunktion hat zwischen 0 und 2π die Nullstellen $0; \pi; 2\pi$. Wegen der Periode 2π hat sie in $\mathbb{R}$ unendlich viele Nullstellen, z.B. $-3\pi, -2\pi, -\pi, 0, \pi, 2\pi, 3\pi$; allgemein $k \cdot \pi$ mit $k \in \mathbb{Z}$.

Auch die Kosinusfunktion hat unendlich viele Nullstellen, z.B. $-\frac{5}{2}\pi, -\frac{3}{2}\pi, -\frac{1}{2}\pi, \frac{1}{2}\pi, \frac{3}{2}\pi, \frac{5}{2}\pi$; allgemein $\frac{\pi}{2} + k \cdot \pi$ mit $k \in \mathbb{Z}$.

Information

(a) Der Graph der Sinusfunktion ist punktsymmetrisch zu allen Punkten, an denen der Graph die x-Achse schneidet, insbesondere auch zum Koordinatenursprung O.

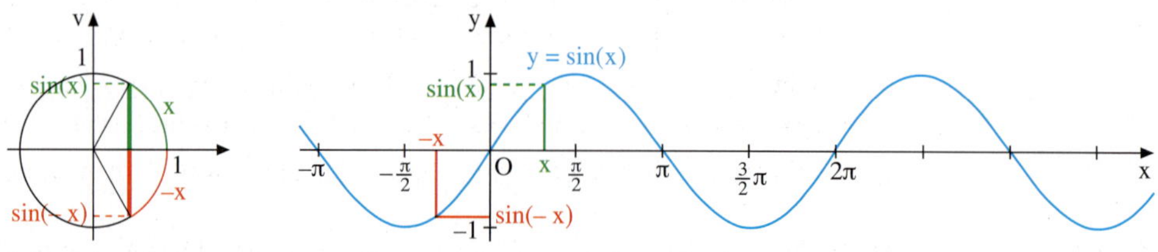

Bezüglich des Koordinatenursprungs O(0|0) gilt also: $\sin(-x) = -\sin(x)$

(b) Der Graph der Sinusfunktion ist achsensymmetrisch zu allen zur y-Achse parallelen Geraden, die durch einen Hoch- oder Tiefpunkt des Graphen verlaufen.

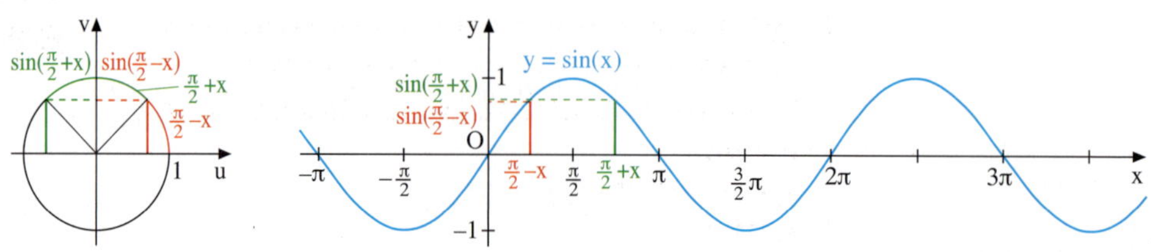

Bezüglich des Hochpunktes $H\left(\frac{\pi}{2}\middle|1\right)$ gilt also beispielsweise: $\sin\left(\frac{\pi}{2} + x\right) = \sin\left(\frac{\pi}{2} - x\right)$

(c) Der Graph der Kosinusfunktion ist punktsymmetrisch zu allen Punkten, an denen der Graph die x-Achse schneidet.

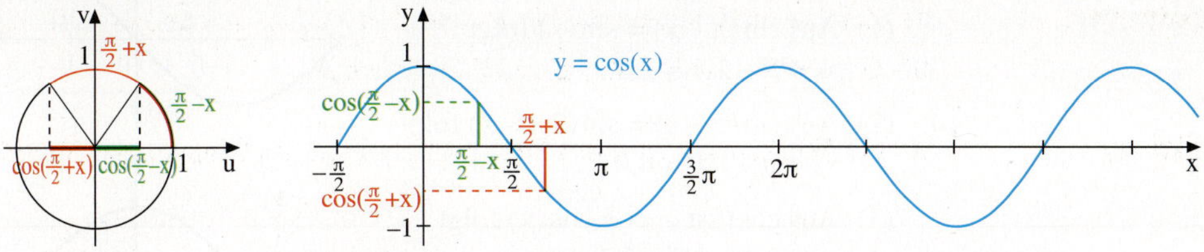

Bezüglich des Punktes $N\left(\frac{\pi}{2}|0\right)$ gilt also beispielsweise: $\cos\left(\frac{\pi}{2}+x\right) = -\cos\left(\frac{\pi}{2}-x\right)$

(d) Der Graph der Kosinusfunktion ist achsensymmetrisch zu allen zur y-Achse parallelen Geraden, die durch einen Hoch- oder Tiefpunkt des Graphen verlaufen, insbesondere auch zur y-Achse.

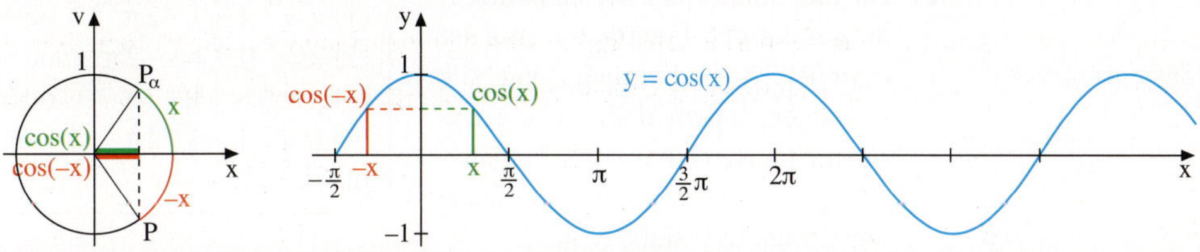

Bezüglich der y-Achse gilt also: $\cos(-x) = \cos(x)$

Satz

Sinus- und Kosinusfunktion sind punkt- und achsensymmetrisch. Insbesondere gilt:

(1) Der Graph der Sinusfunktion ist punktsymmetrisch zum Koordinatenursprung.
Für alle Winkelgrößen x gilt: $\mathbf{\sin(-x) = -\sin(x)}$

(2) Der Graph der Kosinusfunktion ist achsensymmetrisch zur y-Achse.
Für alle Winkelgrößen x gilt: $\mathbf{\cos(-x) = \cos(x)}$

Aufgabe 2

Bestimmen von Winkelgrößen zu vorgegebenen Sinus- und Kosinuswerten

a) Bestimme mithilfe des Rechners *eine* Winkelgröße x aus dem Bereich $0 \leq x \leq 2\pi$, für die gilt:
(1) $\sin(x) = 0{,}9$ (2) $\sin(x) = -0{,}8$ (3) $\cos(x) = 0{,}7$ (4) $\cos(x) = -0{,}5$

b) Zeichne die Graphen der Sinus- und Kosinusfunktion. Ermittle am Graphen alle weiteren Winkelgrößen aus dem Bereich $0 \leq x \leq 2\pi$ mit den Sinus- und Kosinuswerten aus Teilaufgabe a).

c) Bestimme alle Winkelgrößen $x \in \mathbb{R}$ mit den Sinus- und Kosinuswerten aus Teilaufgabe a).

Lösung

a) Mithilfe des Rechners erhalten wir Näherungswerte für die gesuchten Winkelgrößen, die wir auf Zehntel gerundet angeben:

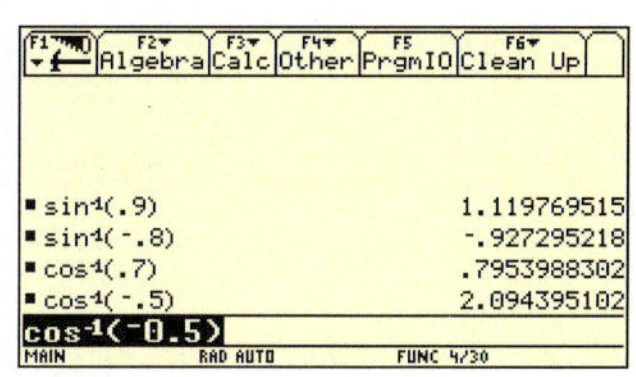

(1) $x_1 = 1{,}1$

(2) $-0{,}9$ liegt nicht im Bereich $0 \leq x \leq 2\pi$. Da die Sinusfunktion die Periode 2π hat, gilt $\sin(x) = \sin(x + 2\pi)$.
Eine gesuchte Winkelgröße aus dem Bereich $0 \leq x \leq 2\pi$ ist daher:
$x_1 = -0{,}9 + 2\pi \approx 5{,}4$

(3) $x_1 = 0{,}8$

(4) $x_1 = 2{,}1$

b) Weitere Werte erhalten wir mithilfe der Symmetrieeigenschaften der Graphen.

(1) Aus $\sin(\pi - x) = \sin(x)$ folgt
$x_2 = \pi - 1{,}1 \approx 2{,}0$

(2) Aus $\sin(\pi + x) = \sin(2\pi - x)$ folgt
$x_2 = \pi + 0{,}9 \approx 4{,}0$

(3) Aus $\cos(2\pi - x) = \cos(x)$ folgt
$x_2 = 2\pi - 0{,}8 \approx 5{,}5$

(4) Aus $\cos(2\pi - x) = \cos(x)$ folgt
$x_2 = 2\pi - 2{,}1 \approx 4{,}2$

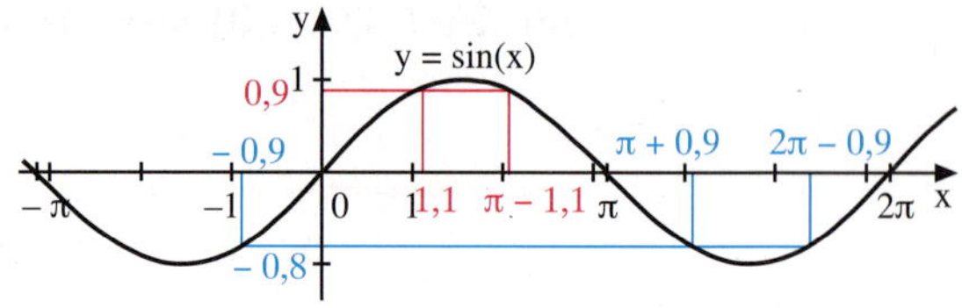

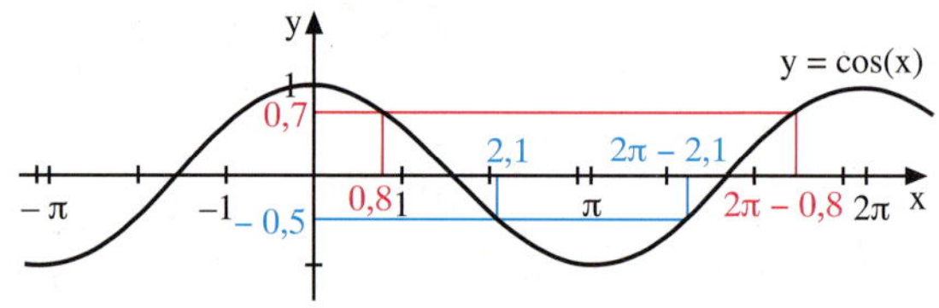

c) Da die Sinus- und Kosinusfunktion periodische Funktionen mit der Periode 2π sind, erhält man alle Lösungen, indem man zu den Lösungen im Bereich $0 \le x \le 2\pi$ ganzzahlige (auch negative) Vielfache von 2π addiert (siehe rechts).

Menge der ganzen Zahlen:
$\mathbb{Z} = \{..., -2, -1, 0, 1, 2, ...\}$

(1) $x = 1{,}1 + k \cdot 2\pi$	oder	$x = p - 1{,}1 + k \cdot 2\pi$
(2) $x = -0{,}9 + k \cdot 2\pi$	oder	$x = p + 0{,}9 + k \cdot 2\pi$
(3) $x = 0{,}8 + k \cdot 2\pi$	oder	$x = -0{,}8 + k \cdot 2\pi$
(4) $x = 2{,}1 + k \cdot 2\pi$	oder	$x = -2{,}1 + k \cdot 2\pi$
mit $k \in \mathbb{Z}$.		

Übungsaufgaben

3. **a)** Rechts wurde mit dem Rechner der Sinuswert eines Winkels im Bogenmaß bestimmt und anschließend die zu diesem Sinuswert gehörende Winkelgröße berechnet. Nimm Stellung dazu.

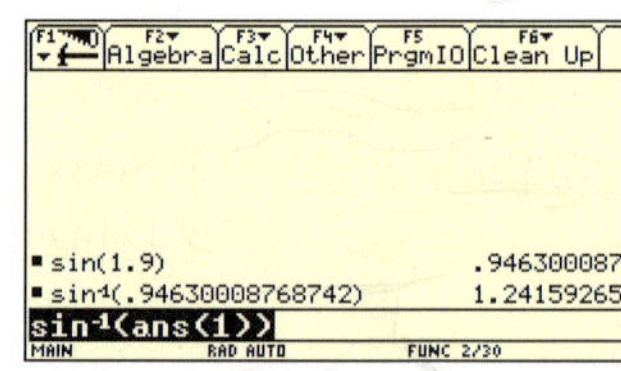

b) Bei welchen weiteren Winkelgrößen statt 4 ergibt sich bei vergleichbarer Rechnung ebenfalls $-0{,}7568024953$?

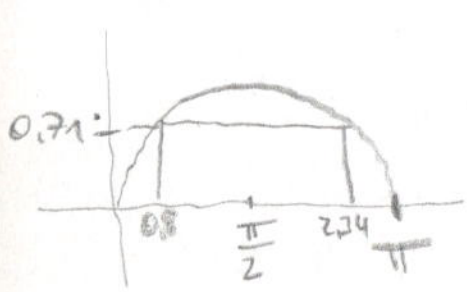

4. Bestimme alle Winkelgrößen aus dem Bereich $0 \le x \le 2\pi$ mit:

a) $\sin(x) = 0$ **b)** $\sin(x) = 0{,}71$ **c)** $\cos(x) = 0{,}5$ **d)** $\cos(x) = -1$ **e)** $\sin(x) = 2{,}5$

5. Bestimme alle $x \in \mathbb{R}$ mit:

a) $\cos(x) = 0{,}47$ **b)** $\sin(x) = -0{,}22$ **c)** $\sin(x) = 0{,}72$ **d)** $\cos(x) = -0{,}12$

6. Hier kannst du exakte Werte für x angeben. Begründe.

a) $\sin(x) = 1$ **c)** $\cos(x) = 0$ **e)** $\cos(x) = \frac{1}{2}$ **g)** $\cos(x) = -\frac{1}{2}\sqrt{2}$

b) $\sin(x) = 0$ **d)** $\cos(x) = -\sqrt{1}$ **f)** $\sin(x) = \frac{1}{2}$ **h)** $\cos(x) = -\frac{1}{2}\sqrt{3}$

7. Bestimme alle Stellen, an denen der größtmögliche [kleinstmögliche] Funktionswert angenommen wird, für

a) die Sinusfunktion; **b)** die Kosinusfunktion.

CAS **8.** Erläutere die Anzeige im Fenster eines CAS-Rechners.

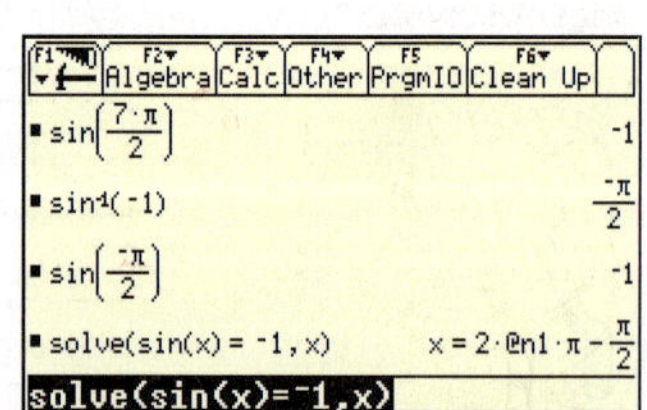

3.4 Strecken des Graphen der Sinus- und Kosinusfunktion

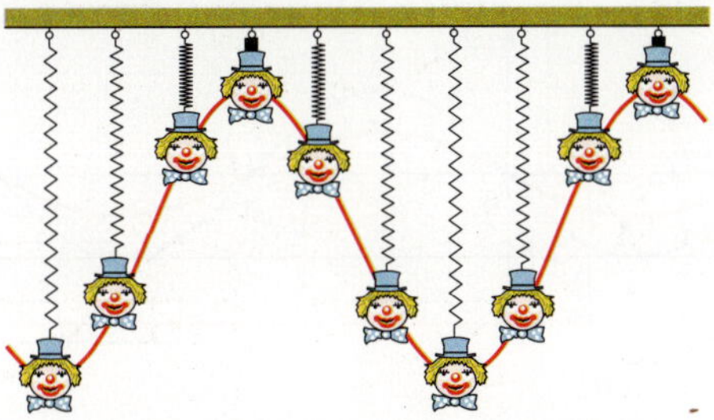

Die Bilder zeigen Bewegungen verschiedener auf- und abschwingender Federclowns. Es ergeben sich Graphen, die denen der Sinus- und Kosinusfunktion sehr ähnlich sind. Im Vergleich zur Sinusfunktion sind sie in Richtung der x- und y-Achse gestreckt oder gestaucht und in Richtung der x- und y-Achse verschoben. Solche Funktionen werden auch als *allgemeine Sinus- und Kosinusfunktionen* bezeichnet.

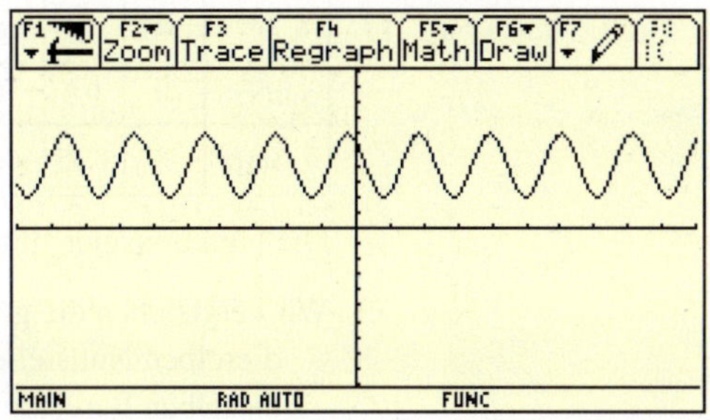

Aufgabe 1

Strecken parallel zur y-Achse

Zeichne den Graphen der Sinusfunktion mit y = sin (x) im Bereich $-2\pi \le x \le 2\pi$.

a) Strecke den Graphen der Sinusfunktion von der x-Achse aus parallel zur y-Achse mit dem Faktor 2. Erstelle auch die Funktionsgleichung der zugehörigen Funktion.

b) Strecke den Graphen der Sinusfunktion von der x-Achse aus parallel zur y-Achse mit dem Faktor $\frac{1}{2}$ und erstelle die Funktionsgleichung.

c) Vergleiche die gestreckten Graphen mit dem Graphen der Sinusfunktion.

Lösung

a) Das Strecken der Sinuskurve parallel zur y-Achse mit dem Faktor 2 bedeutet, dass die y-Koordinate jedes Punktes verdoppelt wird, während die x-Koordinate beibehalten wird.

Graph:

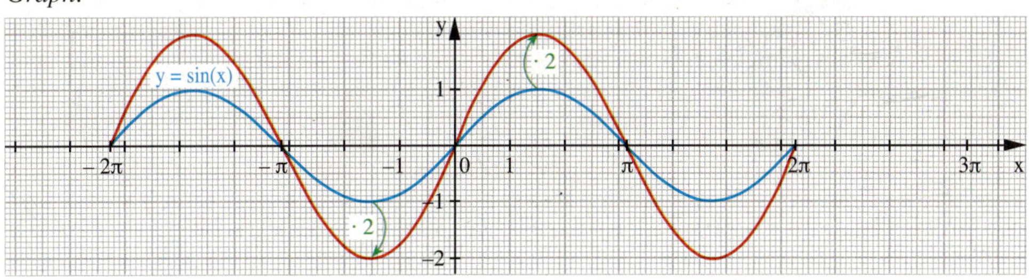

Wertetabelle (mit gerundeten Werten):

x	-2π	$-\frac{7}{4}\pi$	$-\frac{3}{2}\pi$	$-\frac{5}{4}\pi$	$-\pi$	$-\frac{3}{4}\pi$	$-\frac{\pi}{2}$	$-\frac{\pi}{4}$	0	$\frac{\pi}{4}$	$\frac{\pi}{2}$	$\frac{3}{4}\pi$	π	$\frac{5}{4}\pi$	$\frac{3}{2}\pi$	$\frac{7}{4}\pi$	2π
sin (x)	0	0,7	1	0,7	0	−0,7	−1	−0,7	0	0,7	1	0,7	0	−0,7	−1	−0,7	0
2 · sin (x)	0	1,4	2	1,4	0	−1,4	−2	−1,4	0	1,4	2	1,4	0	−1,4	−2	−1,4	0

· 2

Die Funktionsgleichung zum gestreckten Graphen lautet somit y = 2 · sin (x).

b) Entsprechend wird beim Strecken des Graphen der Sinusfunktion von der x-Achse aus parallel zur y-Achse mit dem Faktor $\frac{1}{2}$ die y-Koordinate jedes Punktes mit dem Faktor $\frac{1}{2}$ multipliziert.

Graph:

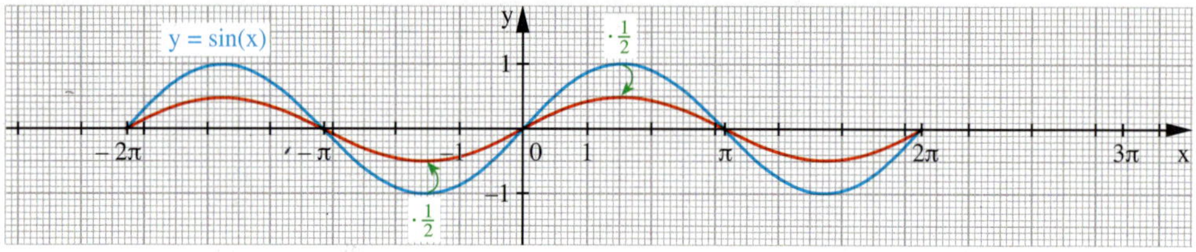

Wertetabelle (mit gerundeten Werten):

x	-2π	$-\frac{7}{4}\pi$	$-\frac{3}{2}\pi$	$-\frac{5}{4}\pi$	$-\pi$	$-\frac{3}{4}\pi$	$-\frac{\pi}{2}$	$-\frac{\pi}{4}$	0	$\frac{\pi}{4}$	$\frac{\pi}{2}$	$\frac{3}{4}\pi$	π	$\frac{5}{4}\pi$	$\frac{3}{2}\pi$	$\frac{7}{4}\pi$	2π
sin (x)	0	0,7	1	0,7	0	−0,7	−1	−0,7	0	0,7	1	0,7	0	−0,7	−1	−0,7	0
$\frac{1}{2} \cdot \sin(x)$	0	0,35	0,5	0,35	0	−0,35	$-\frac{1}{2}$	−0,35	0	0,35	$\frac{1}{2}$	0,35	0	−0,35	−0,5	−0,35	0

$\cdot \frac{1}{2}$

Die Funktionsgleichung zum gestreckten Graphen lautet somit $y = \frac{1}{2} \cdot \sin(x)$.

c) Wir vergleichen die gestreckten Graphen mit dem der Sinusfunktion. Sie besitzen

- dieselben Nullstellen: $-2\pi,\ \pi,\ 0,\ \pi,\ 2\pi,\ \ldots$
- dieselben Bereiche, in denen sie steigen bzw. fallen.
- dieselbe Periode 2π.

Beide Funktionen unterscheiden sich bei dem größten und kleinsten Funktionswert und folglich bei den Wertemengen:

Funktion zu	*größter Funktionswert*	*kleinster Funktionswert*	*Wertemenge*
$y = \sin(x)$	1	−1	$-1 \le y \le 1$
$y = 2 \cdot \sin(x)$	2	−2	$-2 \le y \le 2$
$y = \frac{1}{2} \cdot \sin(x)$	$\frac{1}{2}$	$-\frac{1}{2}$	$-\frac{1}{2} \le y \le \frac{1}{2}$

Information

Durch Strecken des Graphen der Sinusfunktion parallel zur y-Achse erhält man Graphen zur Beschreibung der Bewegung von Federclowns, deren maximale Auslenkung verschieden ist.

Amplitude ⟨lat.⟩
Physik: Schwingungsweite
Math.: größter absoluter Funktionswert einer periodischen Funktion

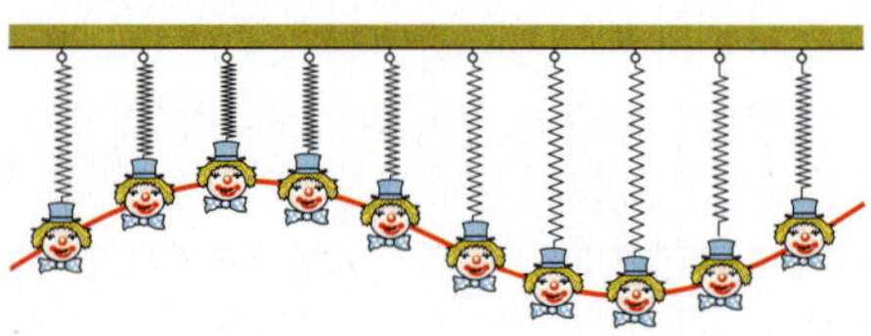

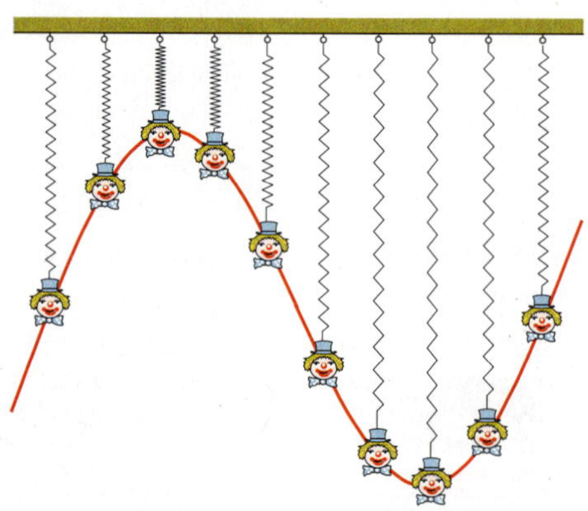

Die maximale Auslenkung aus der Nulllage bezeichnet man auch als *Amplitude*.

Eigenschaften der Funktionen mit $y = a \cdot \sin(x)$ mit $a > 0$

(1) Der Graph entsteht durch Strecken mit dem Faktor a parallel zur y-Achse aus dem Graphen der Sinusfunktion mit $y = \sin(x)$.
(2) Die Periode ist 2π.
(3) Der größte Funktionswert ist a, der kleinste $-a$. Die Wertemenge ist die Menge aller reellen Zahlen y mit $-a \le y \le a$.
(4) Nullstellen sind $\dots, -4\pi, -3\pi, -2\pi, -\pi, 0, \pi, 2\pi, 3\pi, 4\pi, \dots$, allgemein $k \cdot \pi$ mit $k \in \mathbb{Z}$.

Beachte: Man spricht in der Mathematik auch von Streckung, wenn der positive Streckfaktor kleiner als 1 ist, also eine Stauchung vorliegt.

Aufgabe 2

Strecken parallel zur x-Achse

Zeichne den Graphen der Sinusfunktion mit $y = \sin(x)$ im Bereich $0 \le x \le 2\pi$.

a) Strecke den Graphen der Sinusfunktion von der y-Achse aus parallel zur x-Achse mit dem Faktor 2.
Erstelle auch die Funktionsgleichung der zugehörigen Funktion.

b) Strecke den Graphen der Sinusfunktion von der y-Achse aus parallel zur x-Achse mit dem Faktor $\frac{1}{2}$ und erstelle die Funktionsgleichung.

c) Vergleiche die gestreckten Graphen mit dem der Sinusfunktion.

Lösung

a) Entsprechend zum Strecken parallel zur y-Achse bedeutet das Strecken parallel zur x-Achse mit dem Faktor 2, dass die x-Koordinate jedes Punktes verdoppelt wird, während die y-Koordinate beibehalten wird.

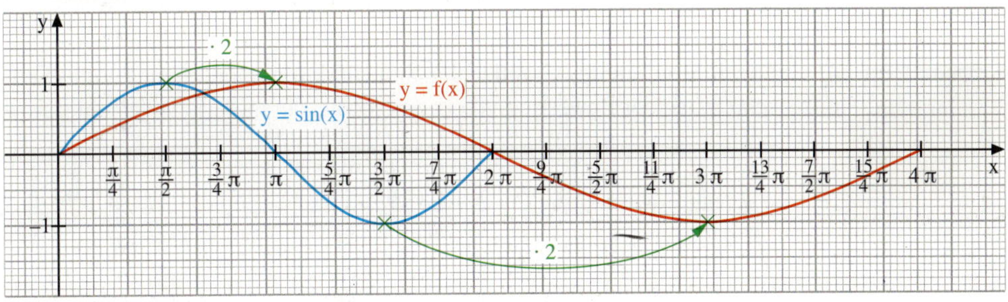

Am Graphen erkennen wir:
Die neue Funktion f hat an der Stelle x denselben Wert wie die Sinusfunktion an der Stelle $\frac{x}{2}$.
Es gilt also: $y = \sin\left(\frac{x}{2}\right)$ mit $0 \le x \le 4\pi$
Eine Wertetabelle bestätigt diesen Zusammenhang:

x	0	$\frac{\pi}{2}$	π	$\frac{3}{2}\pi$	2π	$\frac{5}{2}\pi$	3π	$\frac{7}{2}\pi$	4π
$\sin(x)$	0	1	0	-1	0				
$\sin\left(\frac{x}{2}\right)$	0	$\frac{1}{2}\sqrt{2}$	1	$\frac{1}{2}\sqrt{2}$	0	$-\frac{1}{2}\sqrt{2}$	-1	$-\frac{1}{2}\sqrt{2}$	0
$\frac{x}{2}$	0	$\frac{\pi}{4}$	$\frac{\pi}{2}$	$\frac{3}{4}\pi$	π	$\frac{5}{4}\pi$	$\frac{3}{2}\pi$	$\frac{7}{4}\pi$	2π

b) Strecken parallel zur x-Achse mit dem Faktor $\frac{1}{2}$ bedeutet, dass die x-Koordinate jedes Punktes halbiert wird.
Am Graphen erkennt man wiederum:
Die neue Funktion f hat an der Stelle x denselben Wert wie die Sinusfunktion an der Stelle 2x. Es gilt also: $y = \sin(2x)$ mit $0 \le x \le \pi$. Auch das bestätigen wir mit der Wertetabelle:

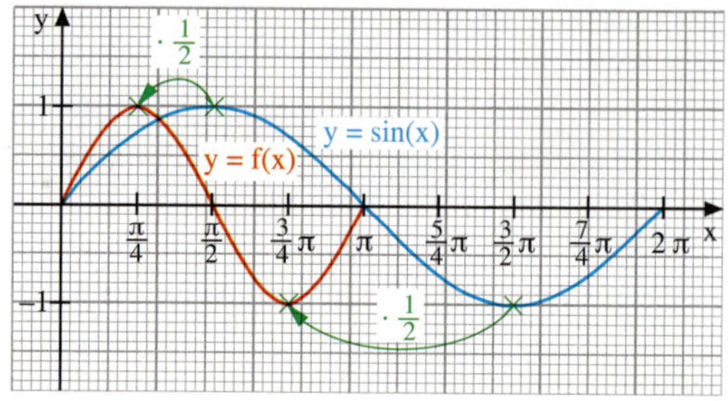

x	0	$\frac{\pi}{4}$	$\frac{\pi}{2}$	$\frac{3}{4}\pi$	π	$\frac{5}{4}\pi$	$\frac{3}{2}\pi$	$\frac{7}{4}\pi$	2π
sin (x)	0	$\frac{1}{2}\sqrt{2}$	1	$\frac{1}{2}\sqrt{2}$	0	$-\frac{1}{2}\sqrt{2}$	-1	$-\frac{1}{2}\sqrt{2}$	0
sin (2x)	0	1	0	-1	0				
2x	0	$\frac{\pi}{2}$	π	$\frac{3}{2}\pi$	2π				

c) Wir vergleichen die gestreckten Graphen mit dem der Sinusfunktion.
Sie besitzen dieselbe Amplitude 1 und somit dieselbe Wertemenge $-1 \le y \le 1$.
Beide Funktionen unterscheiden sich in der Periode und den Nullstellen von der Sinusfunktion.

Funktionen	*Periode*	*Nullstellen*
$y = \sin(x)$	2π	…, 0; π; 2π; 3π; … allgemein $k \cdot \pi$ mit $k \in \mathbb{Z}$
$y = \sin(2x)$	π	…, 0; $\frac{\pi}{2}$; π; $\frac{3}{2}\pi$; 2π; … allgemein $k \cdot \frac{\pi}{2}$ mit $k \in \mathbb{Z}$
$y = \sin\left(\frac{1}{2}x\right)$	4π	…, 0; 2π; 4π; 6π; … allgemein $k \cdot 2\pi$ mit $k \in \mathbb{Z}$

Information

Durch Strecken des Graphen der Sinusfunktion parallel zur x-Achse erhält man Graphen zur Beschreibung der Bewegung von Federclowns, deren Periode verschieden von 2π ist.

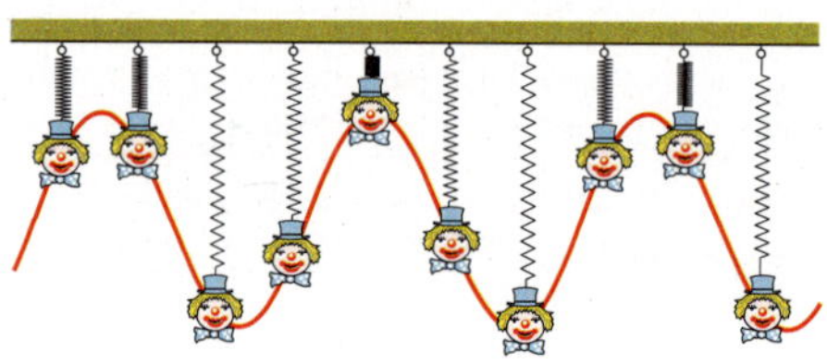

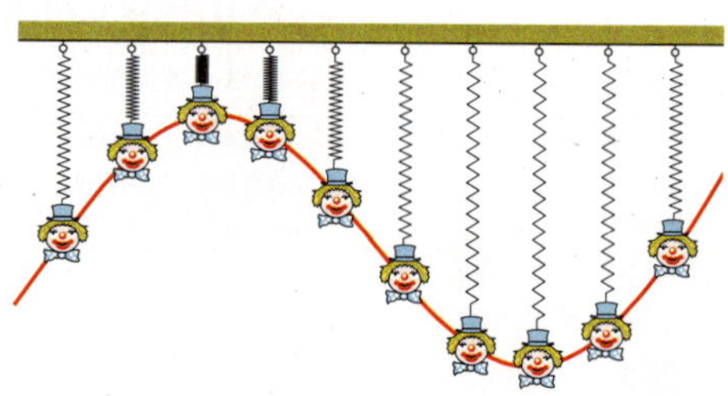

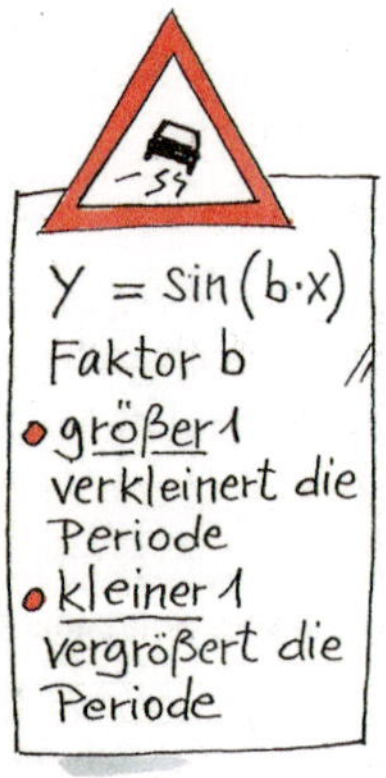

Eigenschaften der Funktionen mit $y = \sin(b \cdot x)$ mit $b > 0$

(1) Der Graph entsteht durch Strecken mit dem Faktor $\frac{1}{b}$ parallel zur x-Achse aus dem Graphen der Sinusfunktion mit $y = \sin(x)$.

(2) Die Periode ist $\frac{2\pi}{b}$.

(3) Der größte Funktionswert ist 1, der kleinste -1.

(4) Die Wertemenge ist die Menge aller reellen Zahlen y mit $-1 \le y \le 1$.

(5) Die Nullstellen sind $k \cdot \frac{\pi}{b}$ mit $k \in \mathbb{Z}$.

Weiterführende Aufgaben

3. *Negative Streckfaktoren*

Untersuche, wie sich der Graph der Sinusfunktion verändert, wenn man mit einem negativen Faktor parallel zur y-Achse [parallel zur x-Achse] streckt. Betrachte insbesondere auch den Spezialfall – 1 als Streckfaktor.

> (1) Strecken parallel zur y-Achse mit dem Faktor –1 entspricht einem Spiegeln an der x-Achse.
> (2) Strecken parallel zur x-Achse mit dem Faktor –1 entspricht einem Spiegeln an der y-Achse.

4. *Verketten der Streckungen parallel zur y- und zur x-Achse*

Strecke den Graphen der Sinusfunktion zunächst mit einem Faktor a parallel zur y-Achse. Strecke dann den gestreckten Graphen mit einem Faktor $\frac{1}{b}$ parallel zur x-Achse.
Wähle verschiedene Beispiele für a und b.
Gib die Eigenschaften des entstandenen Graphen und seine Funktionsgleichung an.

Übungsaufgaben

5. Untersuche, wie der Graph der Funktion zu $y = a \cdot \cos(x)$ aus dem Graphen der Kosinusfunktion hervorgeht. Wähle verschiedene Werte für a.
Formuliere eine Regel.

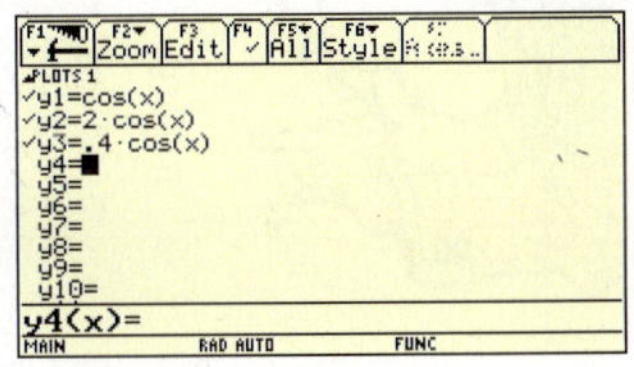

6. Gib zu den Graphen die Funktionsgleichung an.

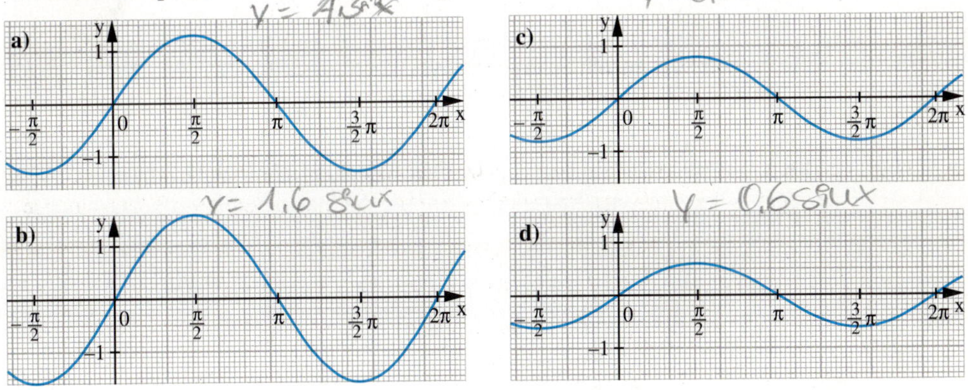

7. Gegeben ist die Funktion f mit $f(x) = 2{,}5 \cdot \sin(x)$ im Bereich $-\frac{\pi}{2} \leq x \leq \frac{\pi}{2}$.

a) Der Punkt $P_1\left(\frac{\pi}{4} \middle| y_1\right)$ soll zum Graphen gehören. Bestimme die fehlende Koordinate.

b) Der Punkt $P_2(x_2 | -1{,}25)$ soll zum Graphen gehören. Bestimme die fehlende Koordinate.

8. Bestimme den Faktor a in der Funktionsgleichung $y = a \cdot \sin(x)$ [$y = a \cdot \cos(x)$], sodass gilt:

a) Die Wertemenge der Funktion ist die Menge aller reellen Zahlen y mit $-1{,}3 \leq y \leq 1{,}3$.

b) Der Graph geht durch den Punkt $P\left(\frac{\pi}{6} \middle| 3\right)$.

9. Durch die Gleichung $y = a \cdot \sin(x)$ [$y = a \cdot \cos(x)$] ist eine Funktion gegeben. Der Graph dieser Funktion geht durch den Punkt P. Wie lautet die Funktionsgleichung?

a) $P\left(\frac{\pi}{3} \middle| 1{,}4\right)$ **b)** $P\left(-\frac{\pi}{3} \middle| -1{,}9\right)$ **c)** $P\left(\frac{7}{4}\pi \middle| -0{,}4\right)$ **d)** $P\left(-\frac{5}{4}\pi \middle| 1{,}5\right)$

10. Untersuche, wie der Graph der Funktion zu $y = \cos(b \cdot x)$ aus dem Graphen der Kosinusfunktion hervorgeht. Wähle verschiedene Werte für b. Formuliere eine Regel.

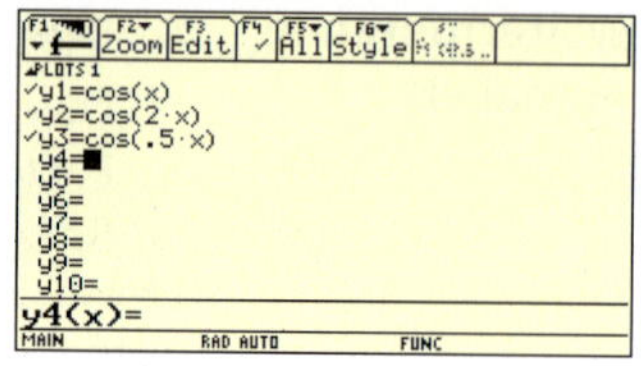

11. Zeichne im Bereich $-2\pi \le x \le 2\pi$ den Graphen der Funktion. Gib die Eigenschaften an.

a) $y = \sin\left(\frac{1}{3}x\right)$ **b)** $y = \sin(3x)$ **c)** $y = \cos(2{,}5x)$

12. Zeichne im Bereich $-2\pi \le x \le 2\pi$ den Graphen der Funktion. Gib die Eigenschaften an.

a) $y = 3 \cdot \sin(0{,}5x)$ **b)** $y = 3 \cdot \sin(2x)$ **c)** $y = 2 \cdot \sin(3x)$ **d)** $y = 2 \cdot \cos\left(\frac{1}{4}x\right)$

13. Kontrolliere Devins Hausaufgaben.

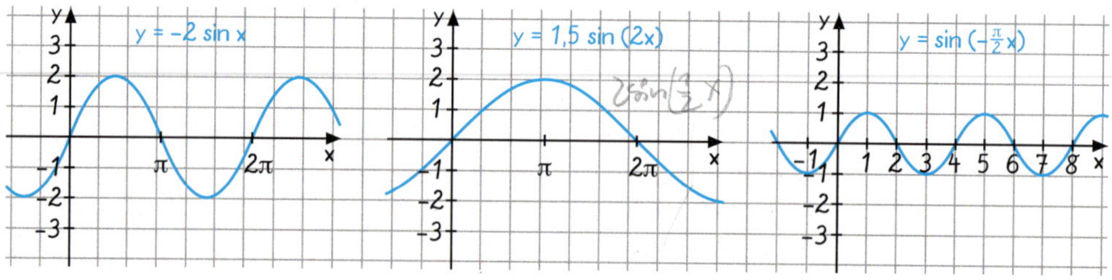

14. Gib die Funktionsgleichung zum Graphen an.

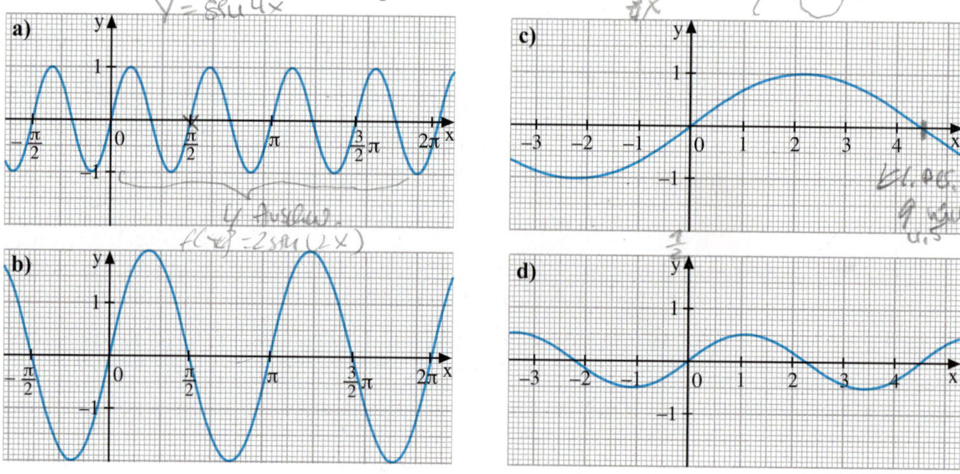

15. Gegeben ist die Funktion mit $y = \sin\left(\frac{1}{3}x\right)$ im Bereich $-3\pi \le x \le 3\pi$.

(1) Der Punkt $P_1\left(\frac{\pi}{2} \middle| y_1\right)$ soll zum Graphen der Funktion gehören. Bestimme die 2. Koordinate.

(2) Der Punkt $P_2\left(x_2 \middle| -\frac{1}{2}\right)$ soll zum Graphen der Funktion gehören. Bestimme die 1. Koordinate.

Beschreibe wie du vorgegangen bist. Welche Unterschiede weisen beide Teilaufgaben auf?

16. Durch $y = \sin(b \cdot x)$ ist eine Funktion gegeben. Bestimme alle Werte für Faktor b, falls gilt:

a) Die Periode ist $\frac{\pi}{2}$. **b)** Der Graph geht durch den Punkt $P\left(\frac{\pi}{12} \middle| \frac{1}{2}\sqrt{2}\right)$.

17. Gegeben ist die Funktion mit der Gleichung $y = 1{,}5 \cdot \sin(2x)$ im Bereich $-2\pi \le x \le 2\pi$. Beschreibe, wie der Graph dieser Funktion aus dem Graphen der Sinusfunktion mit $y = \sin(x)$ entsteht. Zeichne auch den Graphen. Gib die Eigenschaften der Funktion an.

3.5 Verschieben des Graphen der Sinus- und Kosinusfunktion
Zum Selbstlernen

Ziel

Eine Normalparabel kannst du im Koordinatensystem verschieben. Hier lernst du kennen, wie man die Graphen der Sinus- und Kosinusfunktion verschiebt.

Zum Erarbeiten

Verschieben des Graphen der Sinusfunktion parallel zur y-Achse

Zeichne den Graphen der Sinusfunktion mit $y = \sin(x)$ im Bereich $0 \le x \le 2\pi$.

a) *Verschiebe den Graphen parallel zur y-Achse um 1 Einheit nach oben und gib den Funktionsterm $f(x)$ des verschobenen Graphen an.*

b) *Verschiebe den Graphen parallel zur y-Achse um 2 Einheiten nach unten und gib den Funktionsterm $g(x)$ des verschobenen Graphen an.*

a) An dem Graphen erkennst du:
Beim Verschieben eines Punktes $P(x|y)$ der Sinuskurve um 1 Einheit nach oben wird die x-Koordinate beibehalten und zum y-Wert wird 1 addiert.
Der Funktionsterm lautet also:
$f(x) = \sin(x) + 1$

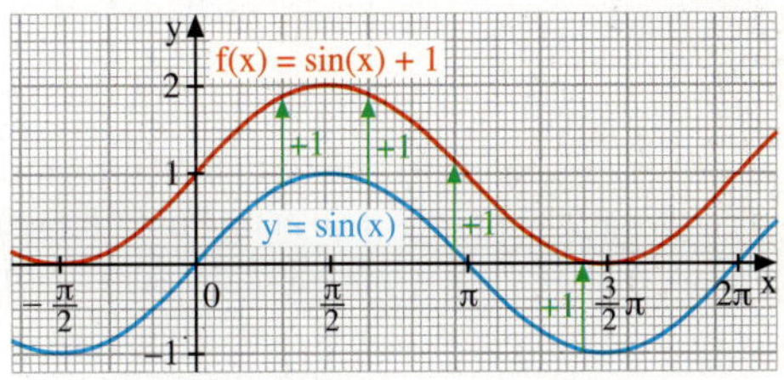

b) An dem Graphen erkennst du:
Beim Verschieben eines Punktes $P(x|y)$ der Sinuskurve um 2 Einheiten nach unten wird die x-Koordinate beibehalten und vom y-Wert wird 2 subtrahiert.
Der Funktionsterm lautet also:
$g(x) = \sin(x) - 2$

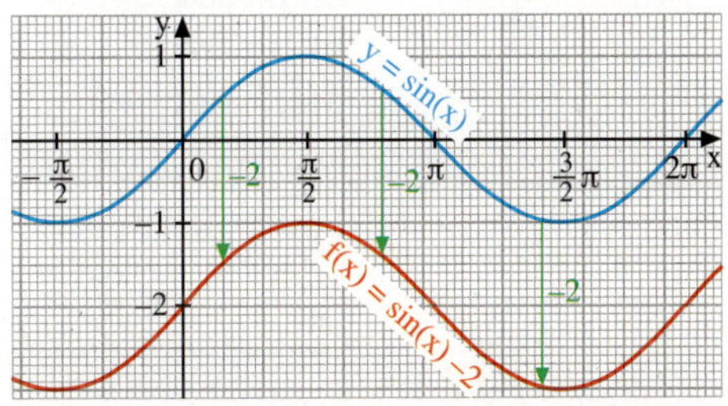

Verschieben parallel zur y-Achse

Den Graphen der Funktion f mit $f(x) = \sin(x) + d$ erhält man durch Verschieben des Graphen der Sinusfunktion mit $y = \sin(x)$ parallel zur y-Achse.

Wenn $d > 0$, wird nach oben verschoben; wenn $d < 0$, wird nach unten verschoben.

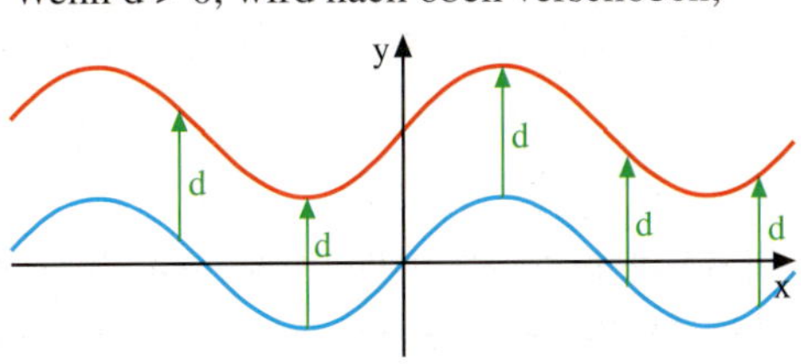

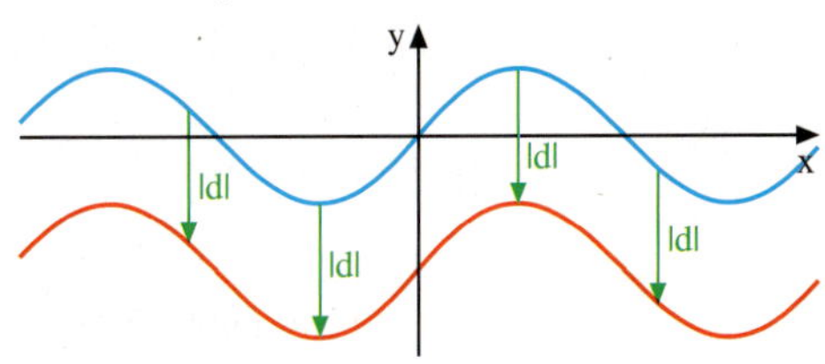

Verschieben des Graphen der Sinusfunktion parallel zur x-Achse

Zeichne den Graphen der Sinusfunktion mit $y = \sin(x)$ im Bereich $0 \le x \le 2\pi$.

a) *Verschiebe den Graphen um $\frac{\pi}{4}$ parallel zur x-Achse nach rechts und gib den Funktionsterm $f(x)$ des verschobenen Graphen an.*

b) *Verschiebe den Graphen um $\frac{\pi}{4}$ parallel zur x-Achse nach links und gib den Funktionsterm $g(x)$ des verschobenen Graphen an.*

Zum Selbstlernen

a) Am Graphen erkennen wir: Die neue Funktion f hat an der Stelle x denselben Wert wie die Sinusfunktion an der Stelle $x - \frac{\pi}{4}$.
Es gilt also:
$f(x) = \sin\left(x - \frac{\pi}{4}\right)$
mit $\frac{\pi}{4} \le x \le \frac{9}{4}\pi$.

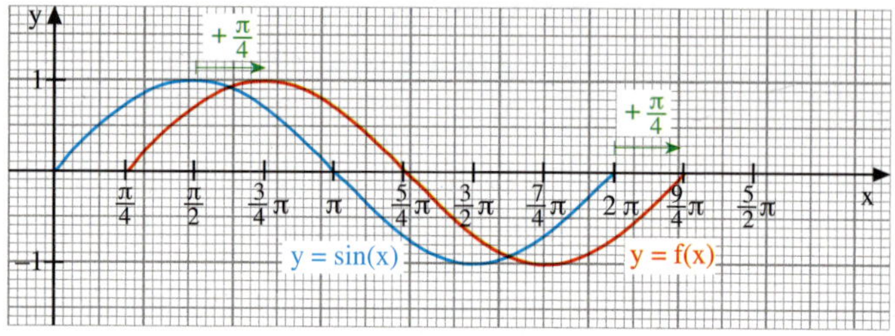

Eine Wertetabelle bestätigt diesen Zusammenhang:

x	0	$\frac{1}{4}\pi$	$\frac{1}{2}\pi$	$\frac{3}{4}\pi$	π	$\frac{5}{4}\pi$	$\frac{3}{2}\pi$	$\frac{7}{4}\pi$	2π	$\frac{9}{4}\pi$
sin(x)	0	$\frac{1}{2}\sqrt{2}$	1	$\frac{1}{2}\sqrt{2}$	0	$-\frac{1}{2}\sqrt{2}$	-1	$-\frac{1}{2}\sqrt{2}$	0	
$\sin\left(x - \frac{\pi}{4}\right)$		0	$\frac{1}{2}\sqrt{2}$	1	$\frac{1}{2}\sqrt{2}$	0	$-\frac{1}{2}\sqrt{2}$	-1	$-\frac{1}{2}\sqrt{2}$	0
$x - \frac{\pi}{4}$		0	$\frac{1}{4}\pi$	$\frac{1}{2}\pi$	$\frac{3}{4}\pi$	π	$\frac{5}{4}\pi$	$\frac{3}{2}\pi$	$\frac{7}{4}\pi$	2π

b) Am Graphen erkennst du: Die neue Funktion g hat an der Stelle x denselben Wert wie die Sinusfunktion an der Stelle $x + \frac{\pi}{4}$.
Es gilt also:
$g(x) = \sin\left(x + \frac{\pi}{4}\right)$
mit $-\frac{\pi}{4} \le x \le \frac{7}{4}\pi$.

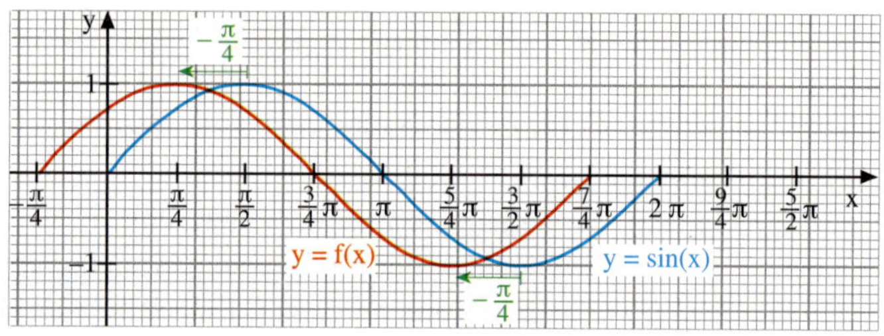

Eine Wertetabelle bestätigt diesen Zusammenhang:

x	$-\frac{\pi}{4}$	0	$\frac{1}{4}\pi$	$\frac{1}{2}\pi$	$\frac{3}{4}\pi$	π	$\frac{5}{4}\pi$	$\frac{3}{2}\pi$	$\frac{7}{4}\pi$	2π
sin(x)		0	$\frac{1}{2}\sqrt{2}$	1	$\frac{1}{2}\sqrt{2}$	0	$-\frac{1}{2}\sqrt{2}$	-1	$-\frac{1}{2}\sqrt{2}$	0
$\sin\left(x + \frac{\pi}{4}\right)$	0	$\frac{1}{2}\sqrt{2}$	1	$\frac{1}{2}\sqrt{2}$	0	$-\frac{1}{2}\sqrt{2}$	-1	$-\frac{1}{2}\sqrt{2}$	0	
$x + \frac{\pi}{4}$	0	$\frac{1}{4}\pi$	$\frac{1}{2}\pi$	$\frac{3}{4}\pi$	π	$\frac{5}{4}\pi$	$\frac{3}{2}\pi$	$\frac{7}{4}\pi$	2π	

Information

Verschieben parallel zur x-Achse

Den Graphen einer Funktion f mit $f(x) = \sin(x + c)$ erhält man durch Verschieben des Graphen der Sinusfunktion mit $y = \sin(x)$ in Richtung der x-Achse.

Wenn $c < 0$, wird nach rechts verschoben; wenn $c > 0$, wird nach links verschoben.

c < 0

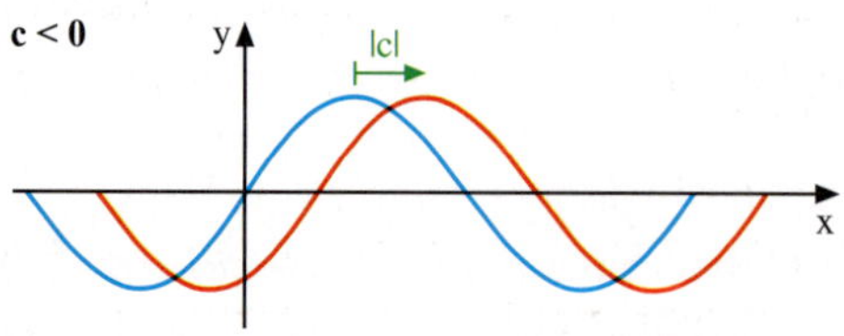

c > 0

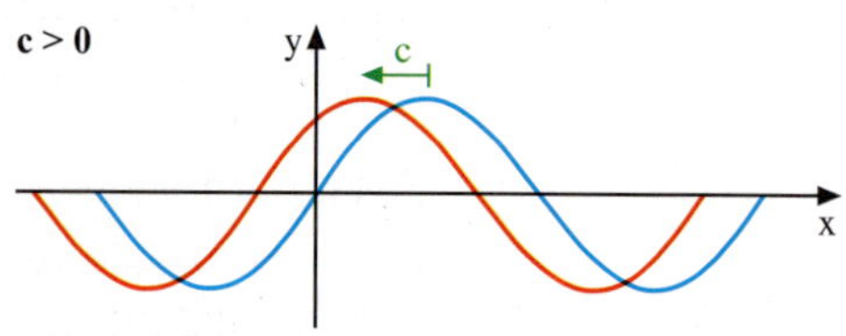

Beachte: In der Physik nennt man c auch die *Phasenverschiebung* und wählt dann dafür den griechischen Buchstaben φ (gelesen: Phi).

Zum Selbstlernen

Zusammenhang zwischen Sinus und Kosinus

Vergleiche die Graphen der Sinus- und der Kosinusfunktion miteinander und gib an, wie man aus dem Graphen der Sinusfunktion den Graphen der Kosinusfunktion erzeugen kann.

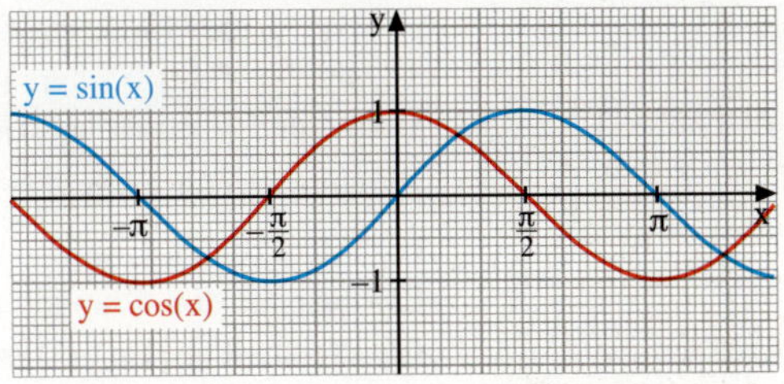

Verschiebt man den Graphen der Sinusfunktion um $\frac{\pi}{2}$ nach links, so erhält man den Graphen der Kosinusfunktion. Also gilt:
$\cos(x) = \sin\left(x + \frac{\pi}{2}\right)$

Für die Sinus- und Kosinusfunktion gilt: $\cos(x) = \sin\left(x + \frac{\pi}{2}\right)$ $\quad \sin(x) = \cos\left(x - \frac{\pi}{2}\right)$

Zum Üben

1. Vergleiche den Graphen der Sinusfunktion mit dem zu:
(1) $y = \sin(x) + 2$ (2) $y = \sin(x) - 3$ (3) $y = \sin(x) - \pi$ (4) $y = \pi + \sin(x)$

2. Ermittle zum Graphen einen Funktionsterm.

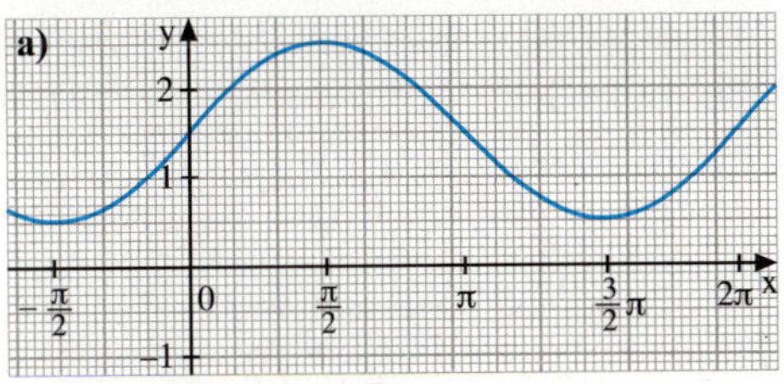

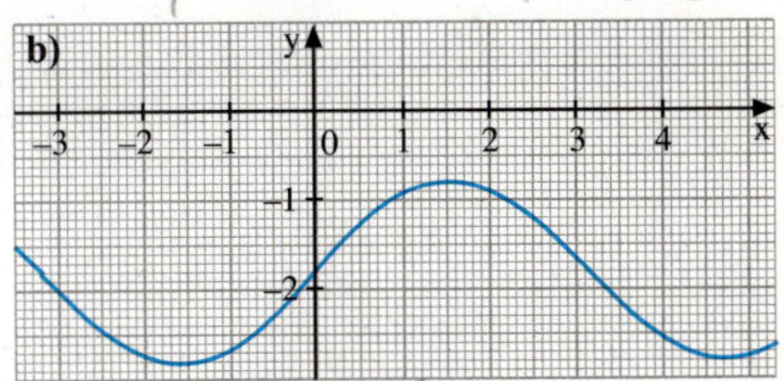

3. Vergleiche den Graphen der Sinusfunktion mit $y = \sin x$ mit denen zu:
(1) $y = \sin\left(x + \frac{\pi}{2}\right)$ (2) $y = \sin\left(x + \frac{\pi}{4}\right)$ (3) $y = \sin\left(x - \frac{\pi}{2}\right)$ (4) $y = \sin\left(x - \frac{\pi}{4}\right)$
Wie gehen die Graphen der angegebenen Funktionen aus dem der Sinusfunktion hervor?

4. Untersuche, wie der Graph der Funktion zu $y = \cos(x + c)$ aus dem Graphen der Kosinusfunktion hervorgeht. Wähle verschiedene Werte für c.
Schreibe eine Zusammenfassung.

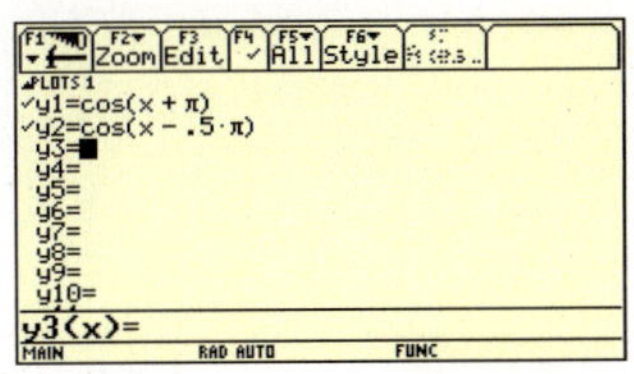

5. Ermittle zum Graphen einen Funktionsterm.

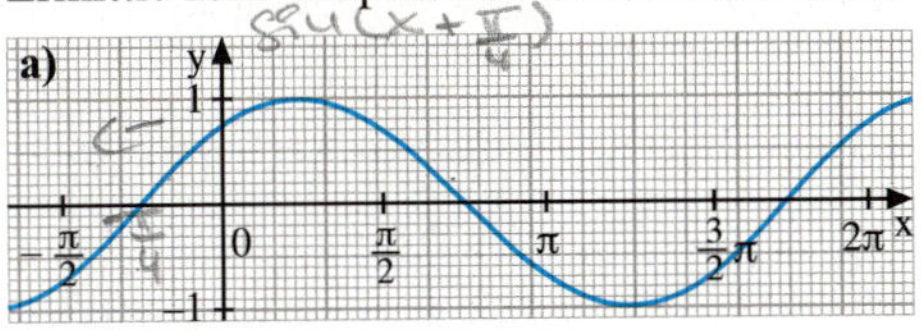

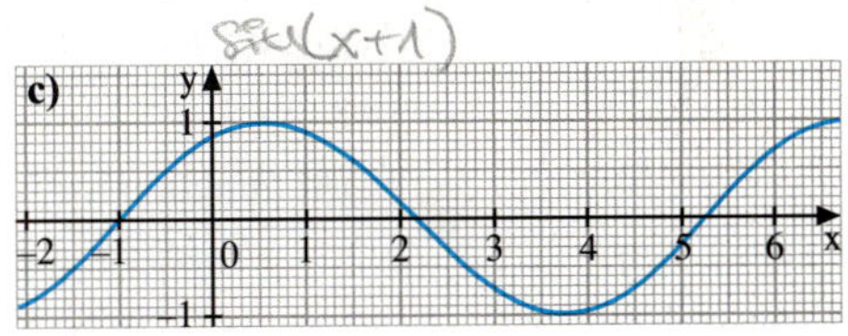

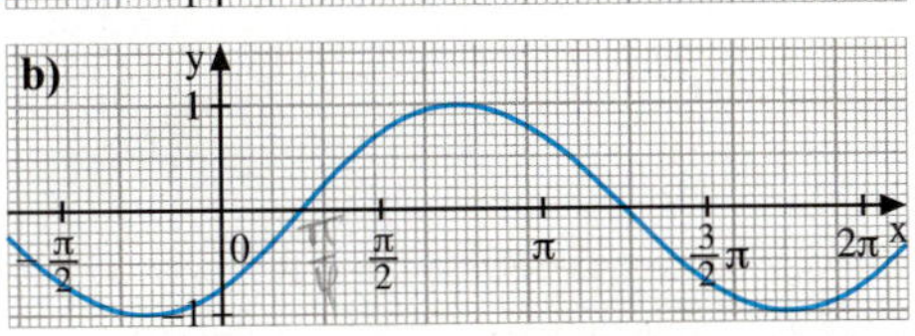

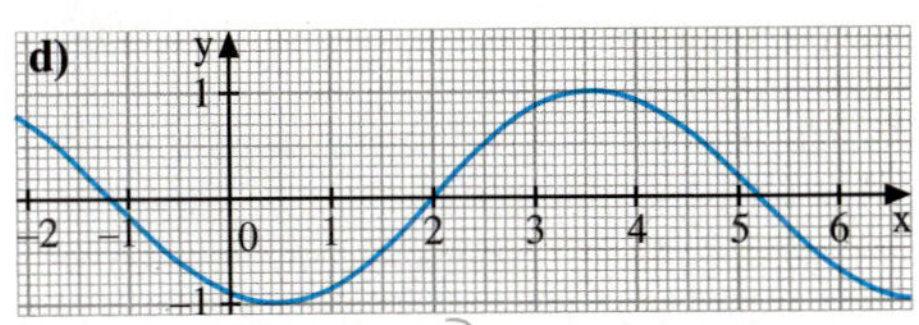

Zum Selbstlernen

3.6 Allgemeine Sinusfunktion

Aufgabe 1

Graph der allgemeinen Sinusfunktion

Zeichne den Graphen der Sinusfunktion mit y = sin (x).

(1) Strecke den Graphen zu y = sin (x) mit dem Faktor 1,5 parallel zur y-Achse.
(2) Strecke den Graphen aus (1) mit dem Faktor $\frac{1}{2}$ parallel zur x-Achse.
(3) Verschiebe den gestreckten Graphen um $\frac{\pi}{6}$ nach rechts.
(4) Verschiebe nun diesen Graphen um 1 nach oben.

Gib jeweils die Funktionsgleichung der Graphen an.

Lösung

(1) Strecken wir den Graphen der Sinusfunktion mit dem Faktor 1,5 parallel zur y-Achse, so erhalten wir den Graphen zur Funktion mit
$y = 1{,}5\ \sin(x)$.

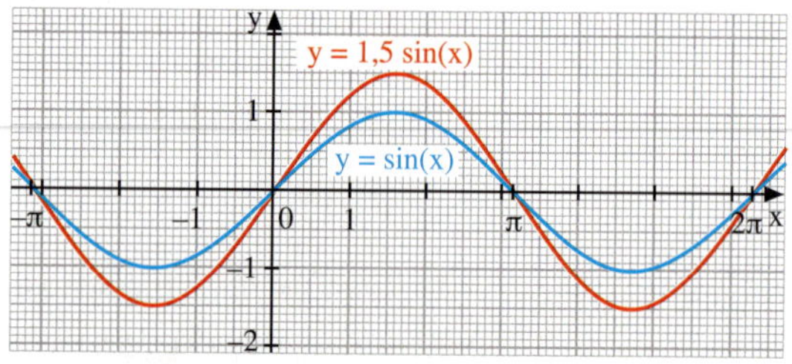

(2) Strecken wir diesen Graphen parallel zur x-Achse mit dem Faktor $\frac{1}{2}$, so erhalten wir den Graphen zur Funktion mit
$y = 1{,}5\sin(2x)$.

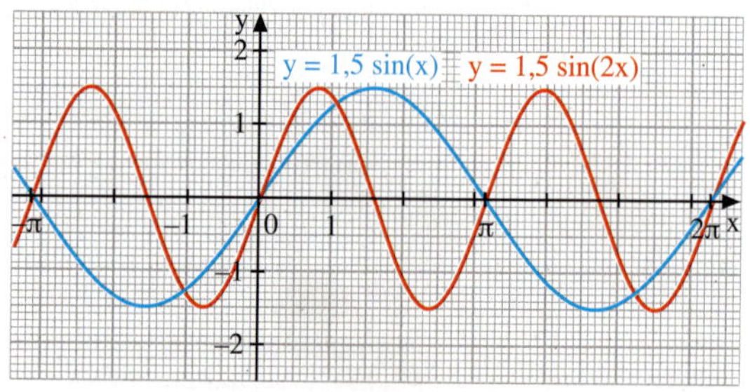

(3) Verschieben wir diesen Graphen um $\frac{\pi}{6}$ nach rechts, so erhalten wir den Graphen zur Funktion mit
$y = 1{,}5\sin\left(2\left(x - \frac{\pi}{6}\right)\right)$, also
$y = 1{,}5\sin\left(2x - \frac{\pi}{3}\right)$.

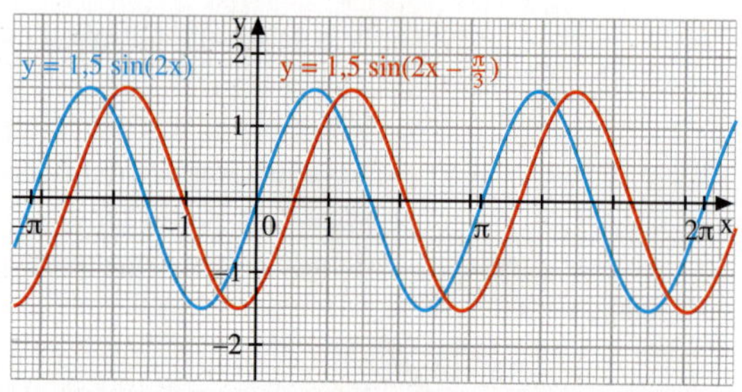

(4) Verschieben wir diesen Graphen um 1 nach oben, so erhalten wir den Graphen zur Funktion mit
$y = 1{,}5\ \sin\left(2x - \frac{\pi}{3}\right) + 1$.

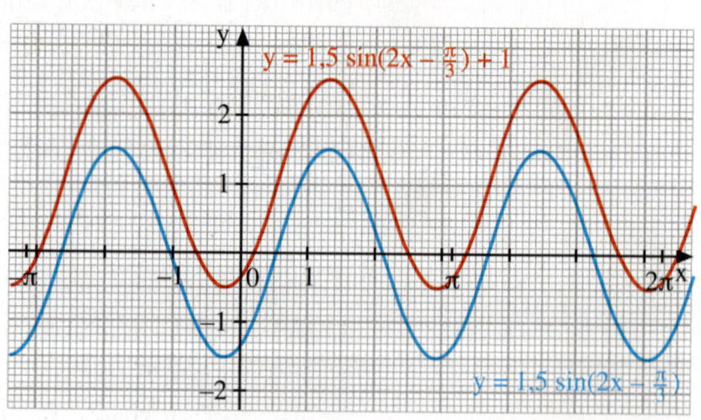

Information Durch Verallgemeinerung des Ergebnisses von Aufgabe 1 erhalten wir:

> **Graph der allgemeinen Sinusfunktion mit $y = a \cdot \sin(b(x + c)) + d$**
>
> Aus dem Graphen der Sinusfunktion mit $y = \sin(x)$ erhält man den zur allgemeinen Sinusfunktion mit $y = a \cdot \sin(b(x + c)) + d$ durch
>
> (1) Strecken mit dem Faktor a parallel zur y-Achse;
>
> (2) anschließendes Strecken mit dem Faktor $\frac{1}{b}$ parallel zur x-Achse;
>
> (3) anschließendes Verschieben um $|c|$ parallel zur x-Achse;
> wenn $c < 0$, wird nach rechts verschoben; wenn $c > 0$, wird nach links verschoben;
>
> (4) anschließendes Verschieben um $|d|$ parallel zur y-Achse;
> wenn $d > 0$, wird nach oben verschoben; wenn $d < 0$, wird nach unten verschoben.

Beachte: Löst man z.B. im Funktionsterm $\sin\left(2\left(x + \frac{\pi}{4}\right)\right)$ die Klammern auf, so erhält man den einfacheren Funktionsterm $\sin\left(2x + \frac{\pi}{2}\right)$. Aus diesem kann man aber die Verschiebung parallel zur x-Achse nicht unmittelbar ablesen.

Aufgabe 2 *Reihenfolge von Strecken und Verschieben parallel zur x-Achse*

a) Strecke den Graphen der Sinusfunktion parallel zur x-Achse mit dem Faktor $\frac{1}{2}$; verschiebe dann den gestreckten Graphen um $\frac{\pi}{2}$ nach links. Erstelle den Funktionsterm.

b) Verschiebe den Graphen der Sinusfunktion um $\frac{\pi}{2}$ nach links; strecke dann den verschobenen Graphen parallel zur x-Achse mit dem Faktor $\frac{1}{2}$. Erstelle den Funktionsterm.

c) Vergleiche die in den Teilaufgaben a) und b) erhaltenen Graphen.

Lösung

a) (1) Strecken parallel zur x-Achse mit $\frac{1}{2}$

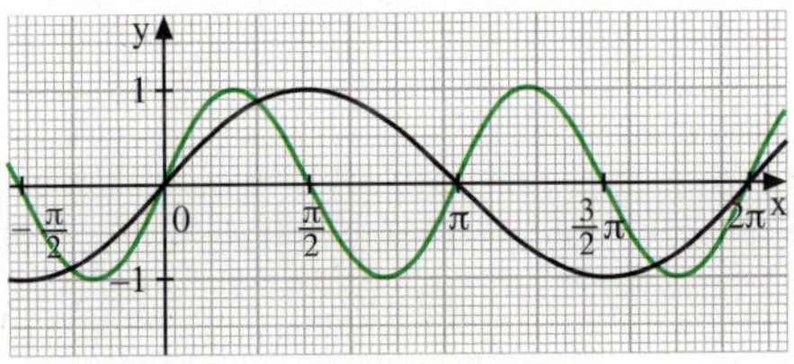

Funktionsterm: $f_1(x) = \sin(2x)$

(2) Verschieben um $\frac{\pi}{2}$ nach links

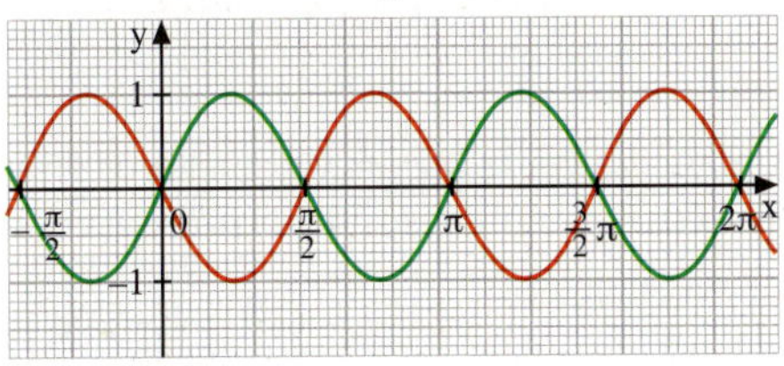

Funktionsterm: $f_2(x) = \sin\left(2\left(x + \frac{\pi}{2}\right)\right)$

b) (1) Verschieben um $\frac{\pi}{2}$ nach links

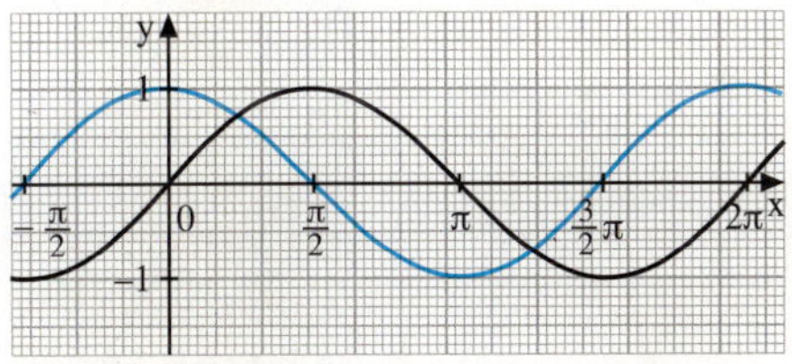

Funktionsterm: $g_1(x) = \sin\left(x + \frac{\pi}{2}\right)$

(2) Strecken parallel zur x-Achse mit $\frac{1}{2}$

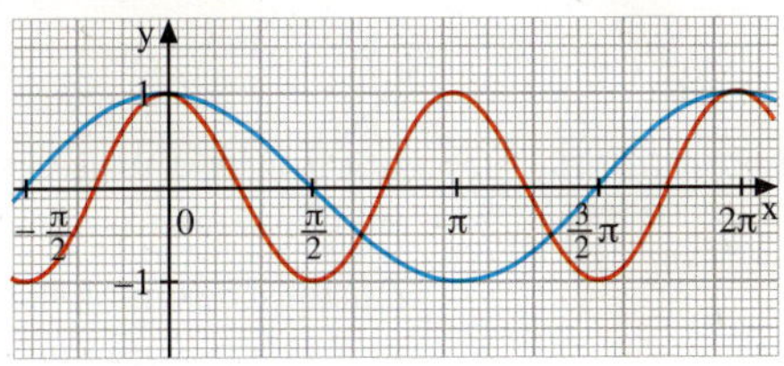

Funktionsterm: $g_2(x) = \sin\left(2x + \frac{\pi}{2}\right)$

c) Die auf den beiden Wegen enthaltenen Graphen sind verschieden. Wird der Graph der Sinusfunktion zunächst verschoben und dann der verschobene Graph gestreckt, so wird auch der Betrag der Verschiebung mit gestreckt. Er unterscheidet sich von dem bei dem umgekehrten Vorgehen: erst Strecken, dann Verschieben. Die Reihenfolge von Verschieben und Strecken parallel zur x-Achse kann nicht ohne weiteres vertauscht werden.

Information

Die Lösung der Aufgabe 2 zeigt, dass es beim Verschieben und Strecken auf die Reihenfolge ankommt. In der Information auf Seite 105 haben wir zuerst gestreckt und dann verschoben.

Den Graphen der Funktion zu $y = \sin(bx + c)$ erhält man aus den Graphen der Sinusfunktion mit $y = \sin(x)$ durch

(1) Verschieben um $|c|$ parallel zur x-Achse (nach rechts für $c > 0$ bzw. nach links für $c < 0$);

(2) Strecken mit dem Faktor $\frac{1}{b}$ parallel zur x-Achse.

Weiterführende Aufgabe

3. *Bestimmen der Funktionsgleichung einer allgemeinen Sinusfunktion aus dem Graphen*

Bestimme die Funktionsgleichung einer allgemeinen Sinusfunktion zu dem gezeichneten Graphen.

Anleitung: Verfahre in der umgekehrten Reihenfolge zu der in der Information auf Seite 105:

(1) Verschiebung parallel zur y-Achse
(2) Verschiebung parallel zur x-Achse
(3) Streckung parallel zur x-Achse
(4) Streckung parallel zur y-Achse

Kontrolliere anschließend mit einem Rechner.

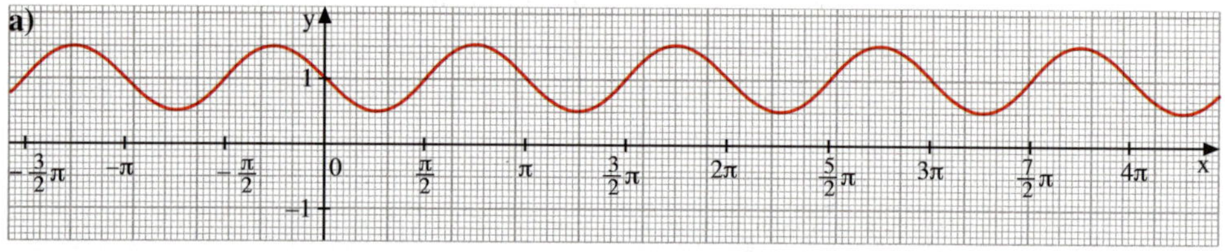

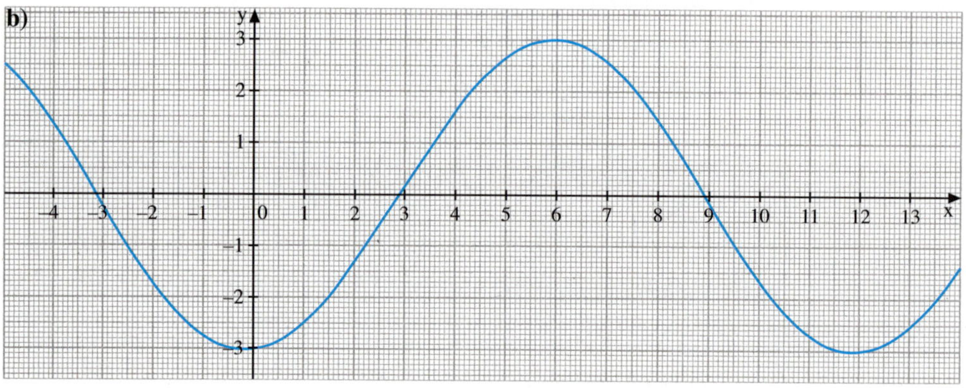

Information

Auf folgende Weise kann man mögliche Werte für die Parameter einer allgemeinen Sinusfunktion mit dem Funktionsterm $f(x) = a \sin(b(x + c)) + d$ aus dem Graphen ermitteln:

Zunächst bestimmt man den größten Funktionswert (*Maximum*) und den kleinsten Funktionswert (*Minimum*).

Dann gilt für die Parameter:

d: Mittelwert aus Maximum und Minimum
a: halbe Differenz von Maximum und Minimum
c: Gegenzahl der ersten positiven Stelle, an der der Funktionswert d beträgt und der Funktionsgraph ansteigt
b: Quotient aus 2π und der Periodenlänge

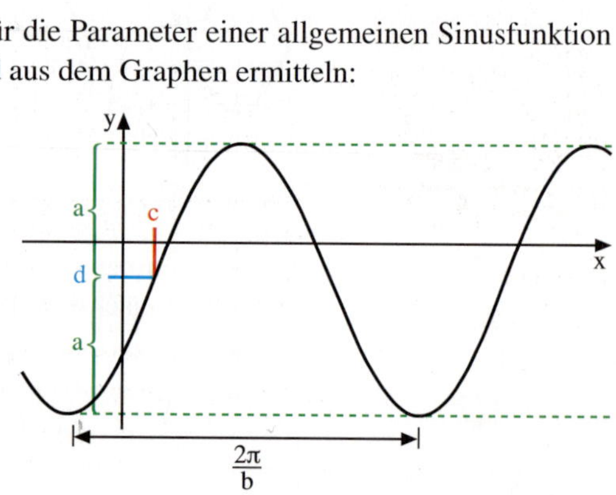

Übungsaufgaben

4. *Partnerarbeit:* Verschafft euch einen Überblick über die Funktionen mit einer Funktionsgleichung der Gestalt $y = a \cdot \sin(b(x + c)) + d$ mit reellen Zahlen a, b, c, d.
Variiert dazu die Parameter a, b, c, d geeignet.
Fasst anschließend die Ergebnisse so übersichtlich zusammen, dass ihr einen Vortrag darüber halten könnt.

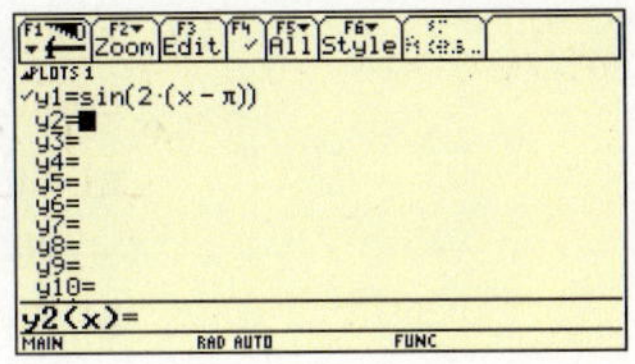

5. Zeichne den Graphen der Sinusfunktion und führe nacheinander folgende Abbildungen aus. Ermittle auch die Funktionsterme der einzelnen Funktionen.

a) Strecken mit dem Faktor 3 parallel zur y-Achse, dann Strecken mit dem Faktor 2 parallel zur x-Achse, dann Verschieben parallel zur x-Achse um π nach rechts, dann Verschieben parallel zur y-Achse um 4 nach oben.

b) Strecken mit dem Faktor –2 parallel zur y-Achse, dann Strecken mit dem Faktor $\frac{1}{3}$ parallel zur x-Achse, dann Verschieben parallel zur x-Achse um $\frac{\pi}{2}$ nach links, dann Verschieben parallel zur y-Achse um 1,5 nach unten.

c) Strecken mit dem Faktor –2 parallel zur y-Achse, dann Strecken mit dem Faktor –1 parallel zur x-Achse, dann Verschieben parallel zur x-Achse um 2 nach rechts, dann Verschieben parallel zur y-Achse um 1 nach oben.

d) Strecken mit dem Faktor $-\frac{1}{2}$ parallel zur y-Achse, dann Strecken mit dem Faktor π parallel zur x-Achse, dann Verschieben parallel zur x-Achse um 1 nach links, dann Verschieben parallel zur y-Achse um 3 nach unten.

6. Beschreibe, wie der Graph der angegebenen Funktion aus dem der Sinusfunktion mit $y = \sin(x)$ hervorgeht.

a) $y = 2\sin\left(2\left(x + \frac{\pi}{4}\right)\right)$

b) $y = 3\sin\left(\frac{1}{2}(x - \pi)\right) + 1$

c) $y = \frac{1}{2}\sin(3(x - 1))$

d) $y = -2\sin\left(\frac{\pi}{2}(x + 2)\right) - 2$

7. Mache an einem selbst gewählten Beispiel deutlich, dass es beim Verschieben und Strecken eines Funktionsgraphen auf die Reihenfolge ankommt.

8. Untersuche die Graphen der Funktionen f und g mit $f(x) = \sin\left(2x + \frac{\pi}{4}\right)$ und $g(x) = \sin\left(2\left(x + \frac{\pi}{8}\right)\right)$.
Wie gehen die Graphen der Funktionen f und g aus denen der Sinusfunktion mit $y = \sin x$ hervor?

9. Marc hat die Graphen allgemeiner Sinusfunktionen von Hand skizziert.
Kontrolliere seine Lösungen.

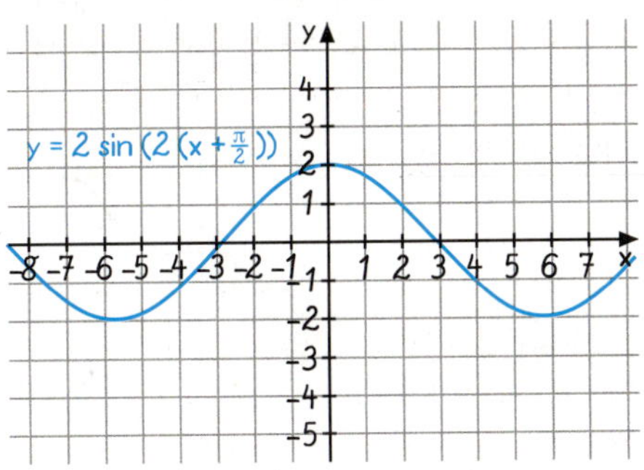

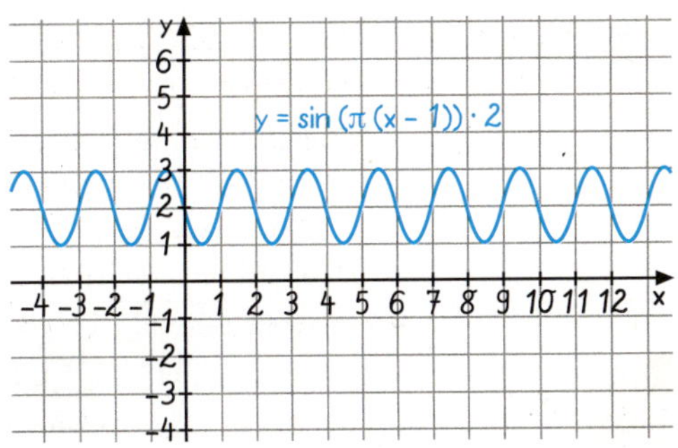

10. Zeichne den Graphen der Kosinusfunktion. Führe nacheinander folgende Abbildungen aus und ermittle die Funktionsterme der einzelnen Funktionen.

a) Strecken mit dem Faktor -2 parallel zur y-Achse, dann Strecken mit dem Faktor $\frac{1}{3}$ parallel zur x-Achse, dann Verschieben um $\frac{\pi}{2}$ nach links, dann Verschieben um 1,5 nach unten.

b) Strecken mit dem Faktor -2 parallel zur y-Achse, dann Strecken mit dem Faktor -1 parallel zur x-Achse, dann Verschieben um 2 nach rechts, dann Verschieben um 1 nach oben.

11. Gib zu dem dargestellten Graphen den Funktionsterm einer allgemeinen Sinusfunktion an.

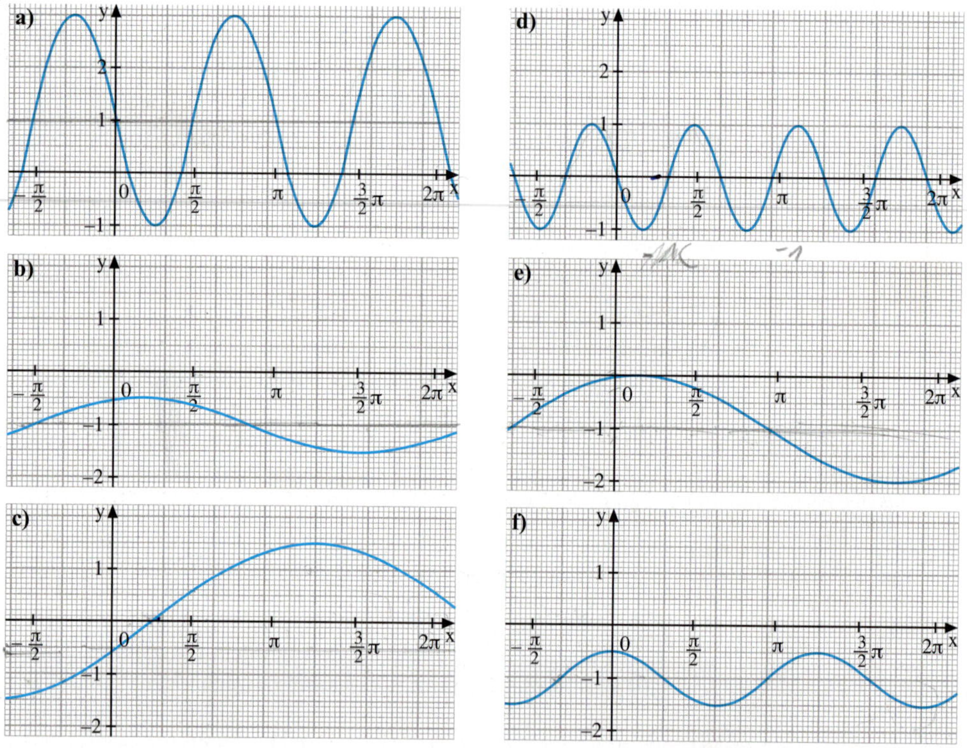

12. **a)** Gib zu den Graphen mögliche Funktionsgleichungen an.

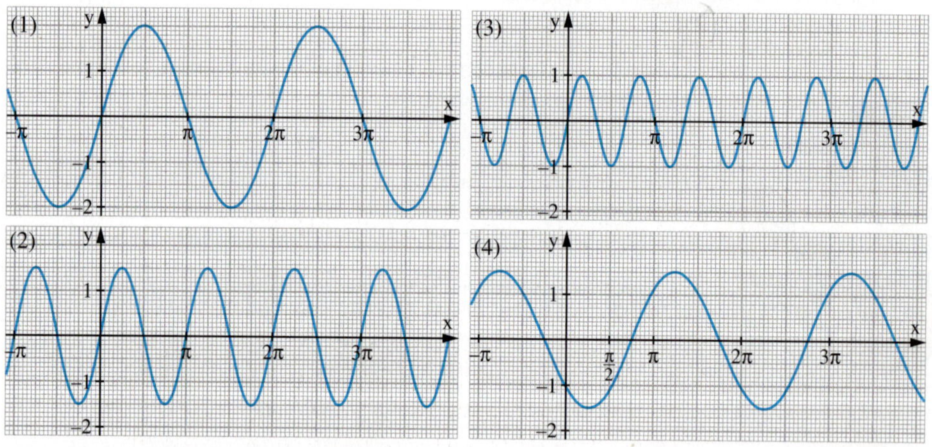

b) Nimm an, die Graphen beschreiben die Bewegung einer Riesenradgondel. Welche Unterschiede gibt es in den Bewegungen?

3.7 Modellieren mit allgemeinen Sinusfunktionen

Aufgabe 1

Pegel, der, Wasserstandsmesser
Tide, die, (norddeutsch) regelmäßig wiederkehrende Bewegung der See, Flut
NN Abkürzung für Normalnull

Das Amt für Strom- und Hafenbau in Hamburg veröffentlicht im Internet regelmäßig die aktuellen Daten zum Pegelstand der Elbe bei St. Pauli.
Stelle die gegebenen Daten grafisch dar und bestimme eine allgemeine Sinusfunktion, die die Tidenkurve im gegebenen Zeitraum möglichst beschreibt.

Uhrzeit	*Wasserstand über NN (in cm)*	*Uhrzeit*	*Wasserstand über NN (in cm)*	*Uhrzeit*	*Wasserstand über NN (in cm)*
0.00	143	3.30	48	7.00	–124
0.30	161	4.00	17	7.30	–142
1.00	175	4.30	–7	8.00	–160
1.30	168	5.00	–32	8.30	–171
2.00	148	5.30	–58	9.00	–154
2.30	118	6.00	–80		
3.00	84	6.30	–100		

Lösung

Da der Pegelstand sich periodisch um Normalnull verändert, modellieren wir ihn mithilfe einer allgemeinen Sinusfunktion, die nicht parallel zur y-Achse verschoben ist: $y = a \sin(b(x - c))$.

Die Darstellung zeigt, dass die Amplitude a mit 175 cm gut angenähert ist. Der höchste Wasserstand liegt um 1.00 Uhr, der darauf folgende niedrigste um 8.30 Uhr vor. Die halbe Periodenlänge beträgt somit etwa 7,5 Stunden, die Periode beträgt also 15 Stunden. Damit ist der Graph dieser Funktion gegenüber dem der Sinusfunktion mit $y = \sin(x)$ um den Faktor $\frac{15}{2\pi} \approx 2{,}4$ parallel zur x-Achse gestreckt. Weiterhin liegt die erste positive Nullstelle beim Zeitpunkt $\approx 4{,}3$ Stunden, die der Funktion mit $y = \sin\left(\frac{2\pi}{15}x\right)$ liegt bei 7,5 Stunden. Also muss der Graph um 3,2 nach links verschoben werden.

Amplitude: $h_{max} = 175$, $h_{min} = -171$, $346 : 2 = a$, $a = 173$

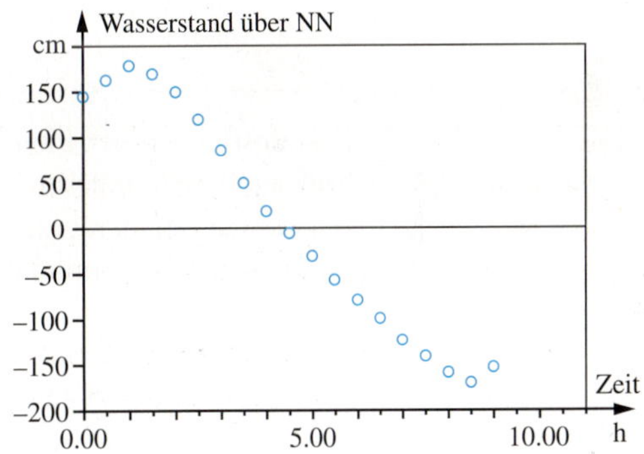

Somit erhalten wir die Funktionsgleichung

$$y = 175 \cdot \sin\left(\frac{1}{\frac{15}{2\pi}}(x + 3{,}2)\right)$$ oder ausgerechnet näherungsweise $y \approx 175 \cdot \sin(0{,}42x + 1{,}34)$.

Der Vergleich zwischen den Messwerten und der gefundenen Sinusfunktion zeigt, dass die Rechnungen die Messwerte gut annähern. Im Bereich um die Hoch- und Niedrigwasserpunkte ist die Sinusfunktion aber „breiter“ als es die Messwerte vorgeben.

Gehe zum Vergleich vor wie auf Seite 106.

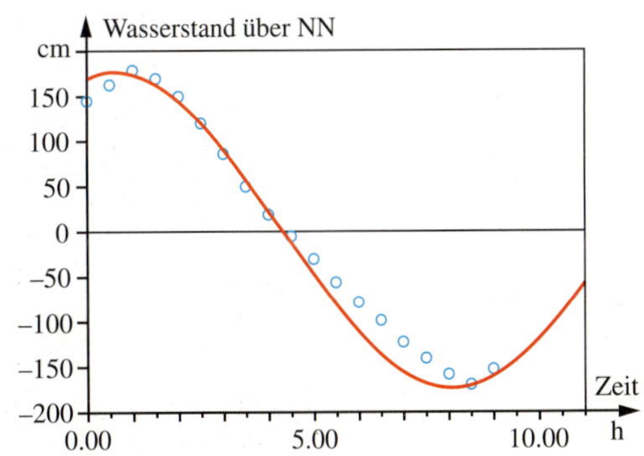

Information

(1) Modellieren mithilfe von Sinusfunktionen

Periodische Vorgänge in Natur und Technik kann man häufig mit Sinusfunktionen modellieren. Man kann sich dabei auf die allgemeinen Sinusfunktionen beschränken und allgemeine Kosinusfunktionen vermeiden, da man die Graphen von Kosinusfunktionen durch Verschieben von Graphen von Sinusfunktionen erhalten kann.
Die Bestimmung der Periodenlänge und der Amplitude sind die zentrale Aufgabe beim Erstellen der Funktionsgleichung. Verschiebungen kann man häufig durch eine geeignete Wahl des Koordinatensystems vermeiden.

(2) Anpassen einer Sinusfunktion mithilfe des grafikfähigen Taschenrechners

Wir haben in der Aufgabe 1 eine allgemeine Sinusfunktion mithilfe von Überlegungen zu Eigenschaften des Graphen gefunden. Auch von einem (grafikfähigen) Taschenrechner kann man, ählich wie bei der quadratischen Regression, das Finden einer passenden allgemeinen Sinusfunktion durchführen lassen.

Gib die Koordinaten der Messpunkte ein, indem du den Data/Matrix-Editor aufrufst. Vereinbare dort eine neue Datenvariable, in die du die Werte in die beiden Spalten c1 und c2 einträgst.
Unter **PlotSetup** (F2) kannst du mit **Define** das gewünschte Aussehen des Graphen **(PlotType)** definieren, z. B. im Plot1.
Vereinbare anschließend mit dem Befehl **WINDOW** ein geeignetes Fenster zum Zeichnen der Werte und lasse die Punkte mit dem Befehl **GRAPH** zeichnen.

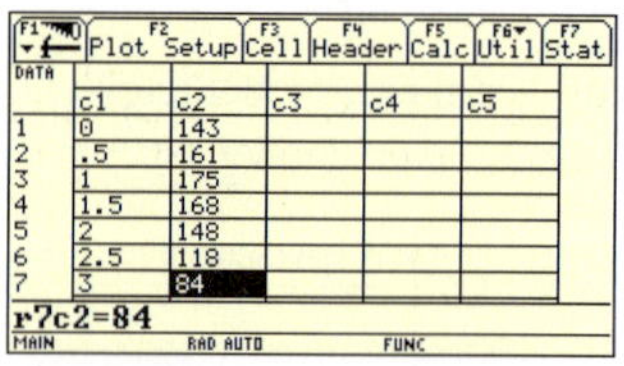

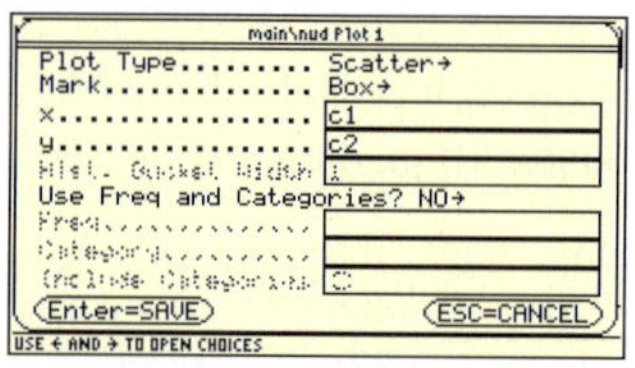

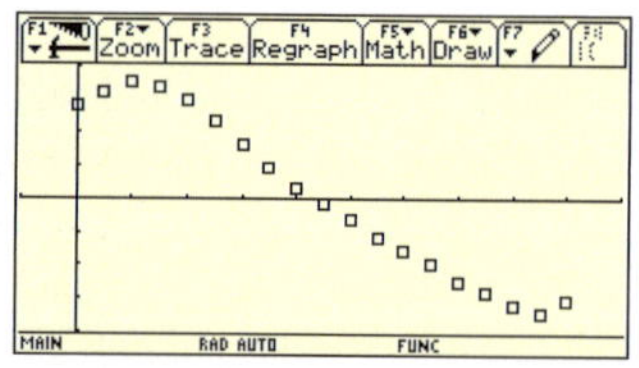

Das Bestimmen der Funktionsgleichung der quadratischen Funktion erfolgt mithilfe des Befehls **SinReg**; diesen findest du im Untermenü **CALC**.
Bei diesem Befehl muss als erstes die Liste der 1. Koordinaten der Messpunkte (hier c1), als zweites die Liste der 2. Koordinaten (hier c2) und dann die Variable angegeben werden, in der der Funktionsterm gespeichert werden soll (hier Y1).
Auf dem Bildschirm erscheinen dann die Koeffizienten des Funktionstermes, den du aber auch im **Y=**-Menü nachlesen kannst.

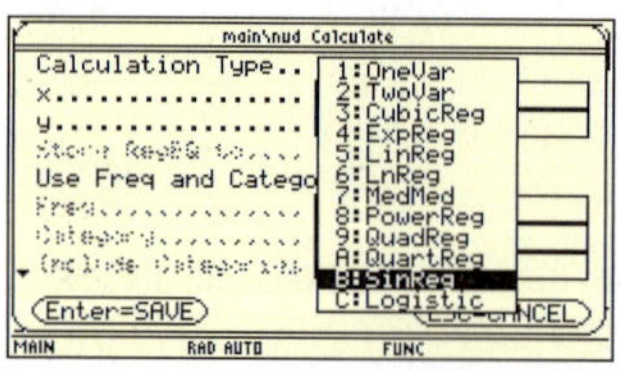

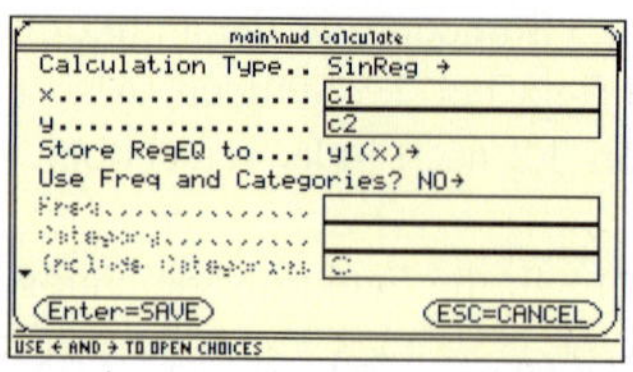

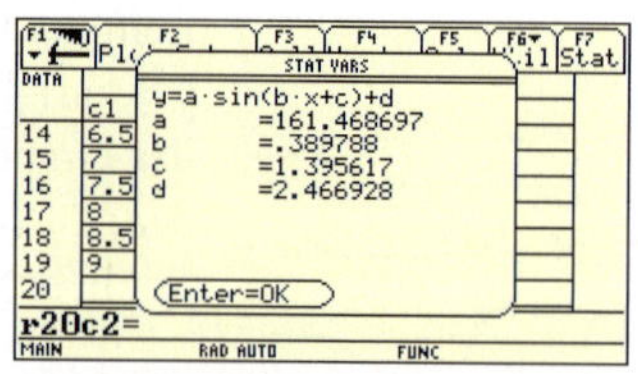

Nach dem Befehl **GRAPH** wird dann die gefundene Parabel durch die Messpunkte gezeichnet, so dass du einen Eindruck von der Güte der Parabel gewinnst.

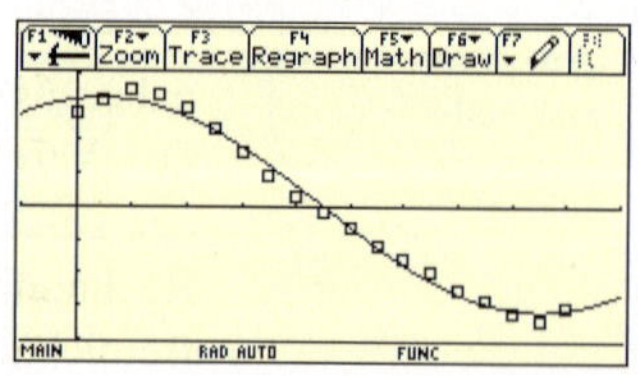

Probiere aus, wie du bei deinem Rechner vorgehen musst.

Übungsaufgaben

2. Unter der astronomischen Sonnenscheindauer versteht man die Zeitspanne zwischen Sonnenaufgang und Sonnenuntergang. Der 50. Breitengrad verläuft mitten durch die Bundesrepublik, z. B. durch Mainz. Für Orte auf ihm beträgt die astronomische Sonnenscheindauer ungefähr:

Datum	22.6.	22.7.	22.8.	22.9.	22.10.	22.11.	22.12.	22.1.	22.2.	22.3.	22.4.	22.5.
Dauer (in h)	16,2	15,4	13,8	12,0	10,2	8,6	7,8	8,7	10,3	12,2	13,9	15,4

a) Bestimme eine allgemeine Sinusfunktion, welche die astronomische Sonnenscheindauer für Orte auf dem 50. Breitengrad gut annähert.

b) Bestimme mithilfe von Teilaufgabe a) die astronomische Sonnenscheindauer am 10. Juli.

a = 90 → Amplitude
Smin = 50
Smax = 230

3. Welche allgemeine Sinusfunktion beschreibt die mittlere Sonnenscheindauer in Stuttgart möglichst gut?

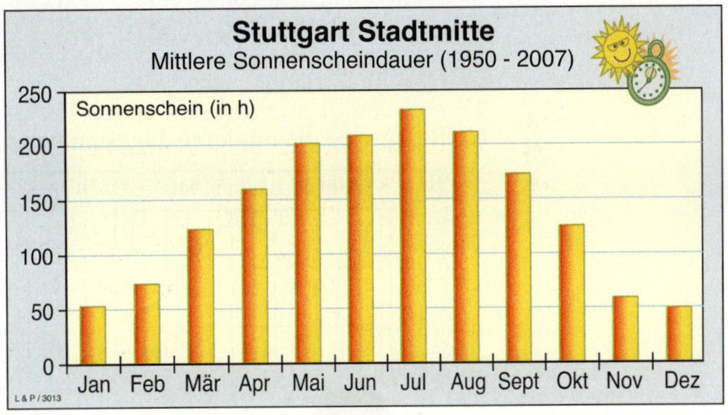

4. Meteorologen erfassen Temperaturdaten über lange Zeiträume, um Veränderungen im Klima untersuchen zu können. Für die Messstation auf Helgoland wurden die unten stehenden Tagesmittelwerte gemessen.

a) Stelle die Messwerte grafisch dar.

b) Bestimme den Term einer allgemeinen Sinusfunktion, die die Messwerte möglichst gut annähert.

JJJJMM bedeutet, dass die ersten 4 Ziffern die Jahreszahl und die übrigen 2 den Monat angeben.

Monatswerte					
JJJJMM	Tagesmittel (in C°)	JJJJMM	Tagesmittel (in C°)	JJJJMM	Tagesmittel (in C°)
200307	18.3	200206	15.3	200105	10.9
200306	15.8	200205	11.8	200104	6.2
200305	11.1	200204	7.9	200103	2.9
200304	7.6	200203	5.7	200102	3.0
200303	4.8	200202	5.8	200101	3.7
200302	0.8	200201	4.7	200012	5.9
200301	2.5	200112	4.6	200011	8.8
200212	2.3	200111	9.0	200010	12.9
200211	7.0	200110	14.3	200009	15.4
200210	10.3	200109	14.4	200008	16.8
200209	16.7	200108	18.0	200007	15.1
200208	19.8	200107	17.4	200006	14.1
200207	17.0	200106	13.3		

5. Soffie hat zu den Daten eines periodischen Prozesses mit dem Rechner den Term einer allgemeinen Sinusfunktion ermittelt.

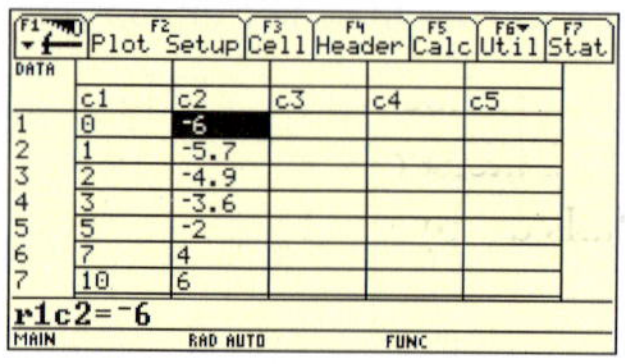

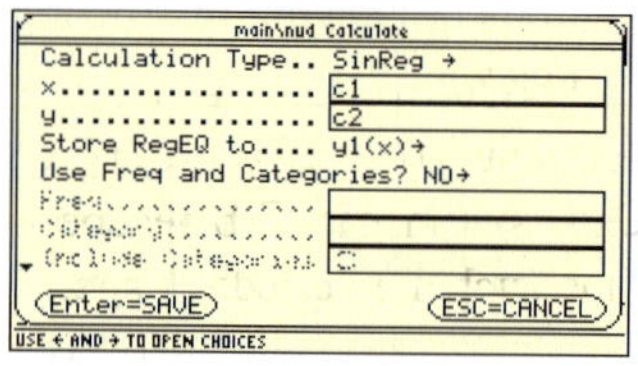

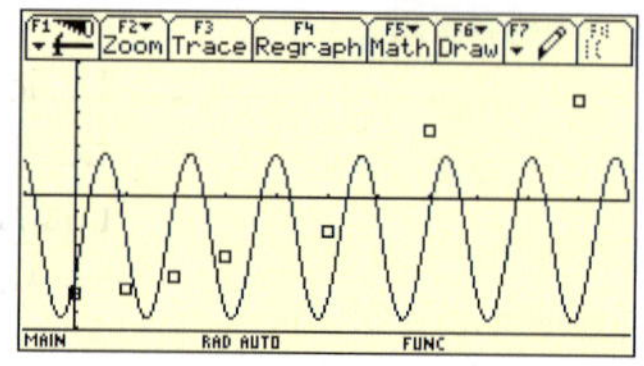

Da ihr das Ergebnis nicht zusagt, hat sie es noch einmal auf andere Weise versucht. Finde den Fehler bei ihrem ersten Vorgehen und gib ihr einen Tipp.

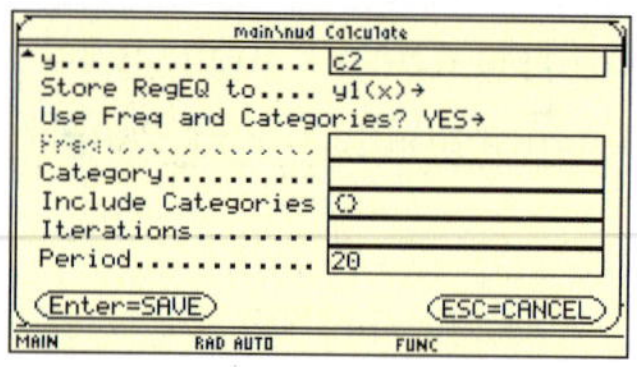

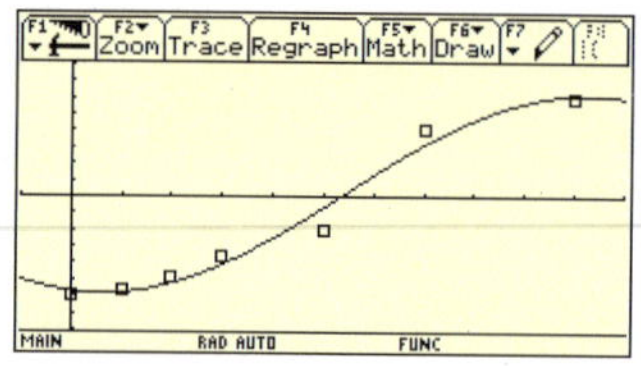

6. Beschreibe die mittleren Tagestemperaturen durch allgemeine Sinusfunktionen.

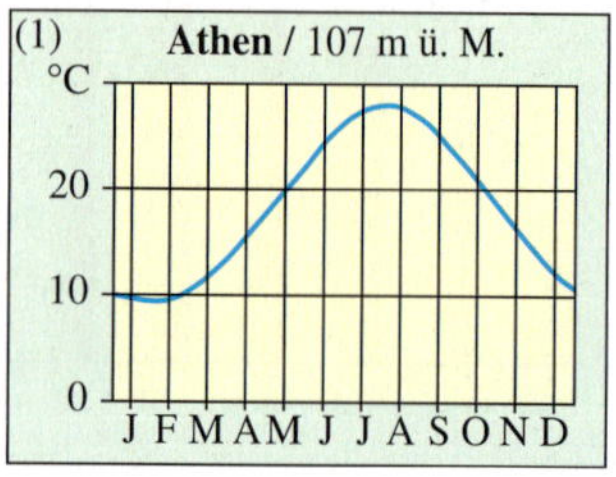

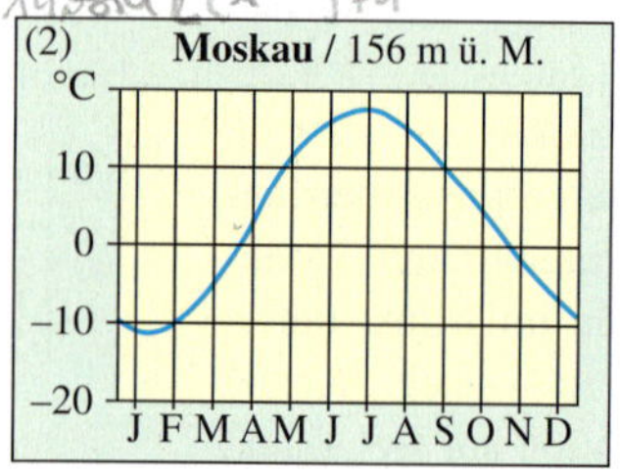

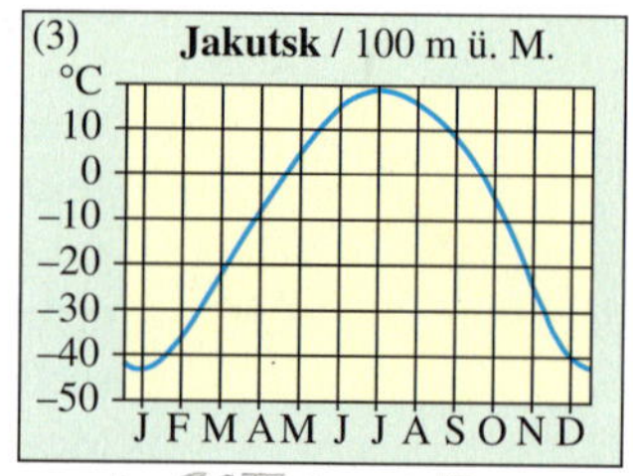

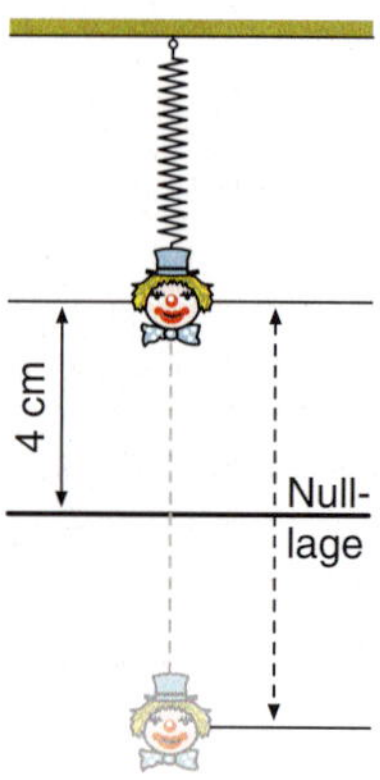

7. Ein Federpendel ist aus der Nulllage um 4 cm nach oben ausgelenkt worden. 2 Sekunden nach dem Loslassen ist es das erste Mal wieder ganz oben angelangt. Beschreibe die Auslenkung in Abhängigkeit von der Zeit durch eine geeignete Sinus- oder Kosinusfunktion.

8. Taschenkalender enthalten oftmals auch die Auf- und Untergangszeiten des Mondes. Bestimme ein geeignetes Modell für die Mondscheindauer.

Mondscheindauer in Berlin		
Datum	Aufgang	Untergang
01.03.09	07.49	23.46
02.03.09	08.11	–
03.03.09	08.42	01.11
04.03.09	09.26	02.29
05.03.09	10.28	03.35
06.03.09	11.45	04.25
07.03.09	13.13	05.01
08.03.09	14.43	05.26
09.03.09	16.11	05.45
10.03.09	17.37	06.00

Mondscheindauer in Berlin		
Datum	Aufgang	Untergang
11.03.09	19.01	06.14
12.03.09	20.22	06.27
13.03.09	21.43	06.41
14.03.09	23.02	06.58
15.03.09	–	07.18
16.03.09	00.17	07.45
17.03.09	01.26	08.21
18.03.09	02.25	09.08
19.03.09	03.11	10.05
20.03.09	03.46	11.12

Mondscheindauer in Berlin		
Datum	Aufgang	Untergang
21.03.09	04.12	12.23
22.03.09	04.32	13.37
23.03.09	04.47	14.52
24.03.09	05.01	16.08
25.03.09	05.13	17.24
26.03.09	05.25	18.43
27.03.09	05.39	20.05
28.03.09	05.55	21.30
29.03.09	06.15	22.57
30.03.09	06.44	–
31.03.09	07.25	00.19

9. In Zeitschriften findet man neben Horoskopen gelegentlich auch Informationen zum Biorhythmus. Danach sollen die körperliche, die emotionelle und die intellektuelle Leistungsfähigkeit Höhen und Tiefen wie eine Sinuskurve haben. Man gibt dabei 23 Tage (körperlich), 28 Tage (emotional) und 33 Tage (intellektuell) für die jeweilige Periode ab dem eigenen Geburtsdatum an. Stelle geeignete Fragen und beantworte sie mithilfe eines Rechners.

3.8 Aufgaben zur Vertiefung

1. In den Abbildungen sind die Graphen von periodischen Funktionen gezeigt. Sie sind aus Stücken der Sinuskurve zusammengesetzt. Untersuche die Graphen der Funktionen auf Punkt- und Achsensymmetrie. Gib gegebenenfalls die Symmetriepunkte bzw. die Symmetrieachsen an. Bestimme auch die Periodenlänge.

a)

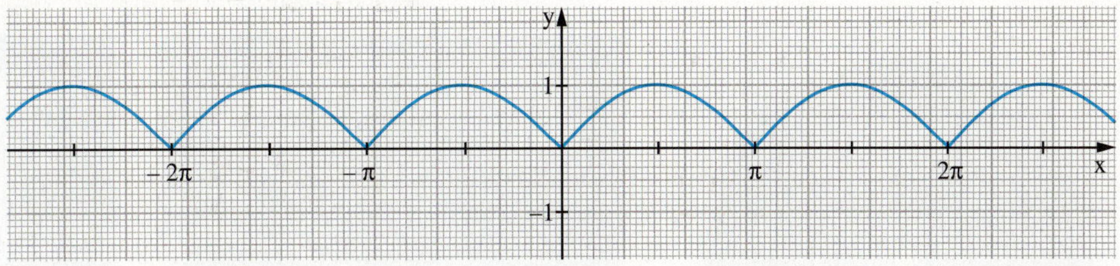

● gehört zum Graphen
○ gehört nicht zum Graphen

b)

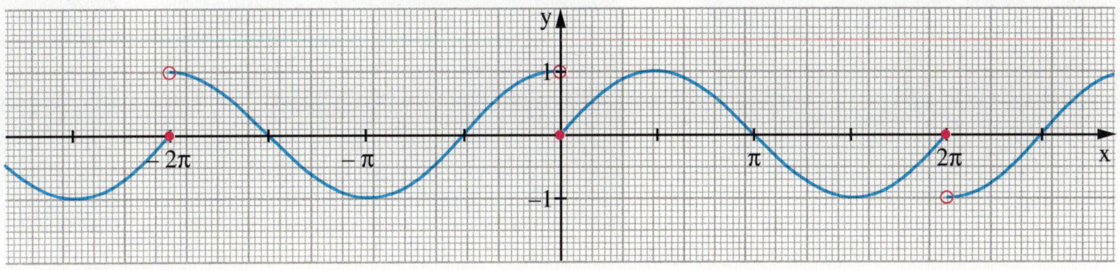

c)

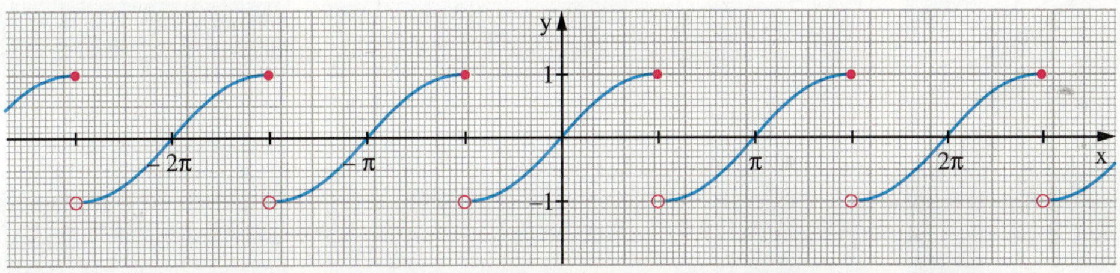

d)

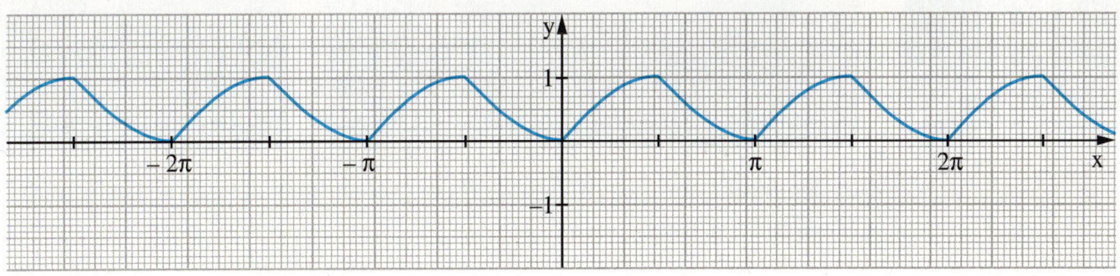

2. Erstelle selbst Bilder wie in Aufgabe 1. Dokumentiere die Lösungen.

3. Zeichne den Graphen der Kosinusfunktion mit $y = \cos(x)$ und geeignete Parabelbögen (Streckungen und Verschiebungen der Normalparabel), die die Kosinusfunktion abschnittsweise annähern. Beurteile die Güte, mit der die Kosinusfunktion selbst modelliert wird. Verwende dazu auch die **TABLE**-Funktion des Rechners.

$\tan(x) = \frac{\sin(x)}{\cos(x)}$

4. Der Rechner kennt neben den trigonometrischen Funktionen „Sinus“ und „Kosinus“ noch eine dritte trigonometrische Funktion: „Tangens“.
Zeichne den Graphen der Tangensfunktion und untersuche die Funktion auf Definitionslücken, Nullstellen und Symmetrieeigenschaften.
Vergleiche mit der Sinus- und Kosinusfunktion.

Im Blickpunkt

Im Blickpunkt

Spiralen

Friedensreich Hundertwasser
(738) GRASS FOR THOSE WHO CRY

In der Natur kommen oft Spiralen vor. Seit Jahrtausenden sind sie auch zur künstlerischen Gestaltung verwendet worden.

1. Erläutere, warum eine Spirale kein Graph einer Funktion ist.

2. Auch Kreise sind keine Funktionsgraphen. An einem Kreis soll eine Beschreibung von Kurven erarbeitet werden, die nicht Graph einer Funktion sind.
   Der Arm eines Bohrautomaten ist in der Ebene frei beweglich. Mit dem Bohrer sollen in eine Scheibe mit dem Durchmesser 2,40 m 12 Löcher in rotationssymmetrischer Anordnung, jeweils 20 cm vom Rand entfernt, gebohrt werden.
   Wähle ein geeignetes Koordinatensystem und gib dann die Koordinaten der Bohrlöchermittelpunkte an.

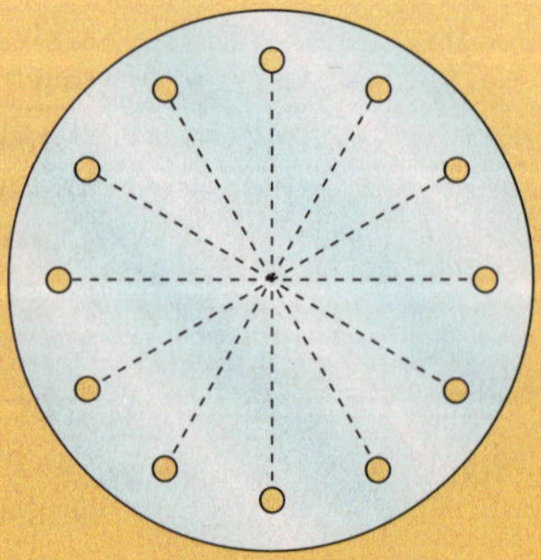

3. Erläutere die folgende Möglichkeit zur Beschreibung eines Kreises.

Die Beschreibung aller Punkte $P(x|y)$ durch die Gleichungen $x = r \cdot \cos(\alpha)$ und $y = r \cdot \sin(\alpha)$ heißt **Parameterdarstellung des Kreises** mit Radius r um den Ursprung.

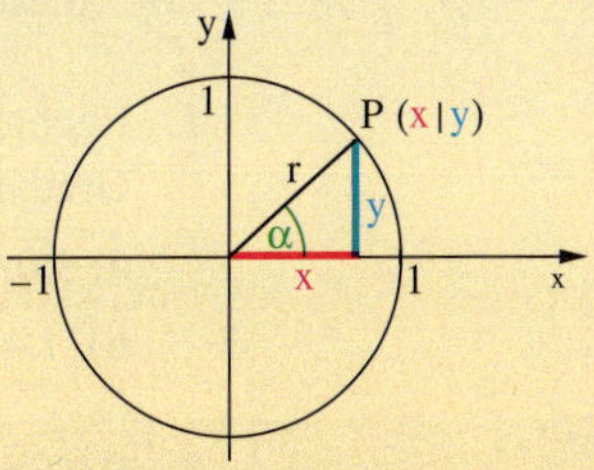

4. Der Rechner kann nicht nur Funktionsgraphen zeichnen, sondern auch mit Parameterdarstellungen arbeiten.

Zur Parameterdarstellung eines Kreises mit dem Rechner muss dieser unter **MODE** in den Parametermodus für grafische Darstellungen umgeschaltet werden.

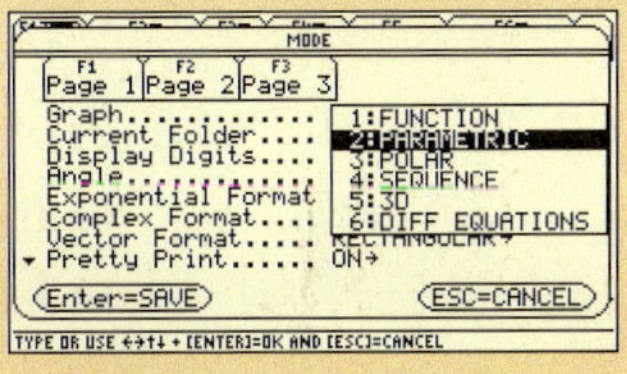

Im Menü **Y =** werden dann für die x-Koordinate und für die y-Koordinate die Werte eingegeben; im Beispiel für einen Kreis mit $r = 2{,}5$.

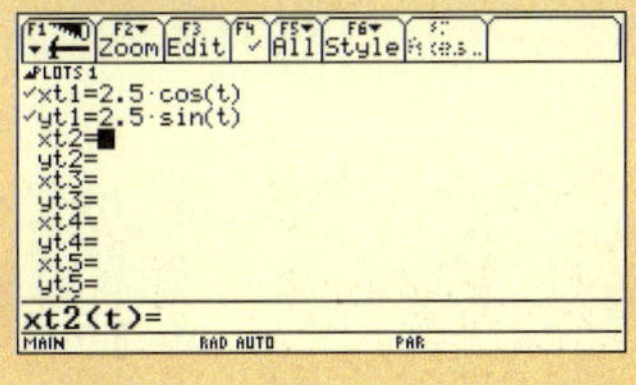

Damit keine Verzerrungen des Bildes auftreten, wählt man mithilfe des Befehls **ZoomSqr** aus dem Menü Zoom ein Koordinatensystem mit gleicher Skalierung der x- und y-Achse.

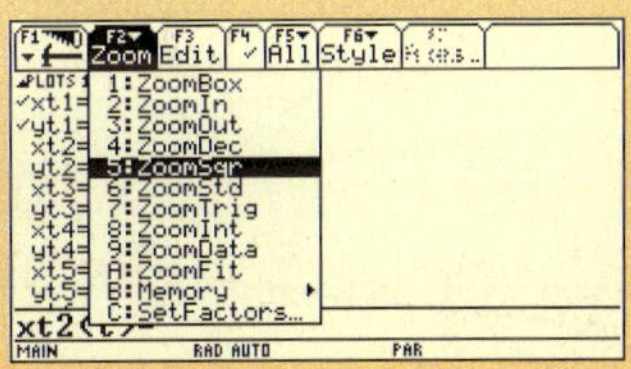

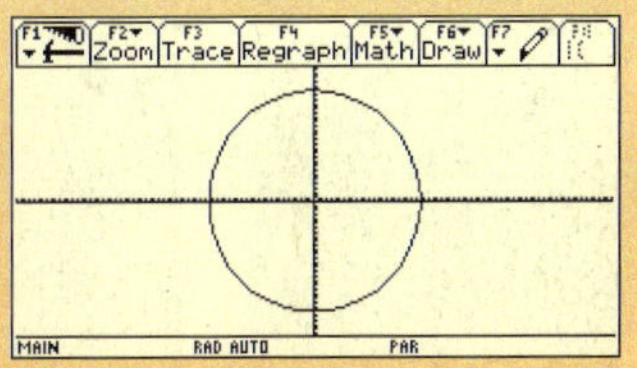

5. Zeichne mit deinem Rechner einen Kreis mit dem Radius 3.

Statt Strahl sagt man auch Halbgerade.

6. Eine besonders einfache Spirale ist die **archimedische Spirale:**

Ein im Ursprung beginnender Strahl g bewegt sich mit konstanter Geschwindigkeit ω_0 (Winkelgeschwindigkeit). Gleichzeitig bewegt sich ein Punkt auf dem Strahl mit konstanter Geschwindigkeit v_0 nach außen.

Der Punkt P beschreibt dadurch in der Ebene eine Kurve, welche *archimedische Spirale* genannt wird (Bild rechts).

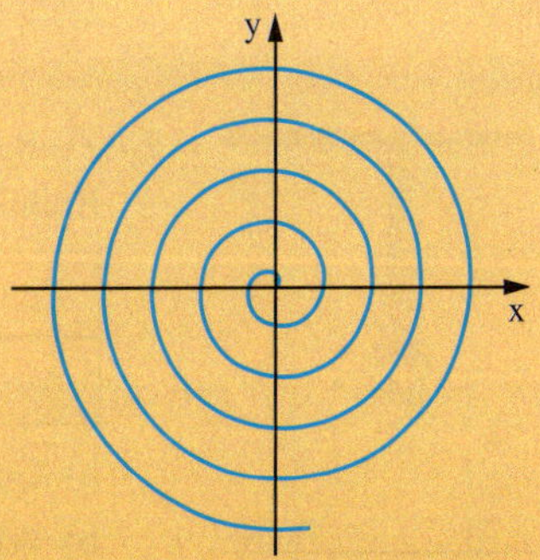

a) Zeige, dass mit der Zeit t als Parameter die archimedische Spirale die Parameterdarstellung $x = v_0 \cdot t \cos(\omega_0 \cdot t)$ und $y = v_0 \cdot t \sin(\omega_0 \cdot t)$ hat.

b) Zeichne mit dem Rechner für verschiedene Werte von v_0 und ω_0 Spiralen. Beschreibe, welchen Einfluss v_0 und ω_0 auf die Spiralenform haben.

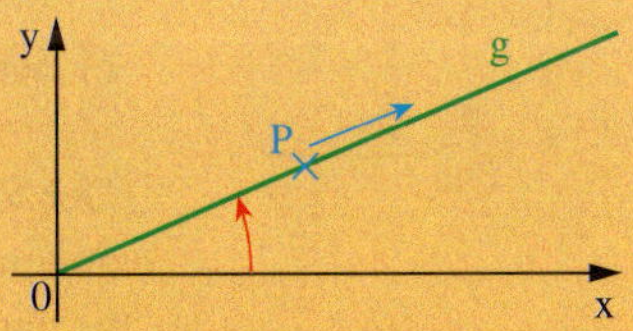

Bist du fit?

1. Rechne die Winkelangaben in das jeweils andere Winkelmaß um. Runde im Gradmaß auf zehntel Grad, im Bogenmaß auf Hundertstel.

a) 20°; 48°; 217°; 90°; 68°

b) 1,4; 0,6; 4,2; 2,1; 1,7

c) $\pi°$; π; 1; 1°; 100°

d) 3,8°; –2,9; 171°; 1,4; –126°

2. Bestimme alle Winkelgrößen (im Bogenmaß), die die Gleichung lösen. Runde auf Zehntel.

a) $\sin(x) = 1$ **b)** $\cos(x) = 0{,}42$ **c)** $\sin(x) = 0{,}84$ **d)** $\cos(x) = -0{,}72$

3. Skizziere die Kosinuskurve. Gib dann Symmetrieeigenschaften der Kosinusfunktion an und begründe diese am Einheitskreis.

4. Zeichne den Graphen der Funktion und prüfe, ob die gegebenen Punkte auf dem Graphen liegen.

a) Funktionsgleichung $y = 1{,}5 \cdot \cos(x)$ $P\left(\frac{\pi}{9}\middle|2\right)$; $Q\left(\frac{\pi}{3}\middle|\frac{3}{4}\right)$; $R\left(\frac{5\pi}{2}\middle|-1\right)$

b) Funktionsgleichung $y = 2 \cdot \sin\left(\frac{1}{2}x\right) + 1$ $S(2\pi|0)$; $T\left(\frac{\pi}{3}\middle|2\right)$; $U(6\pi|0)$

5. Beschreibe, wie der Graph der Funktionen aus dem der Sinusfunktion mit $y = \sin x$ hervorgeht.

a) $y = 0{,}5 \cdot \sin(2x)$

b) $y = 2 \cdot \sin\left(x - \frac{\pi}{2}\right)$

c) $y = \sin(x + \pi) - \pi$

d) $y = -\sin\left(\frac{1}{2}(x + \pi)\right)$

e) $y = \sin(\pi x - 2\pi)$

f) $y = \cos(x)$

6. Gib eine Funktionsvorschrift der abgebildeten Funktionsgraphen an.

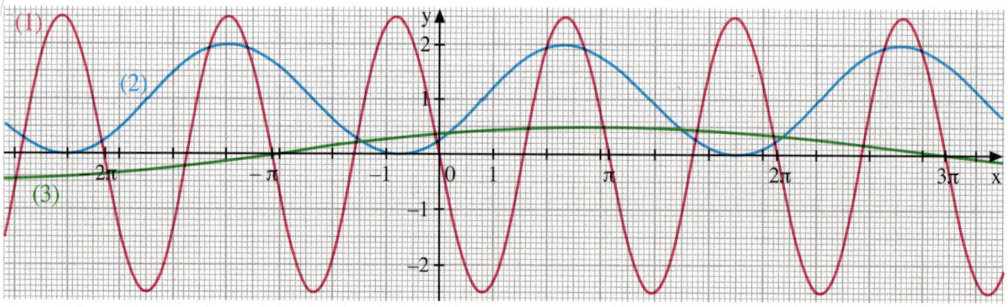

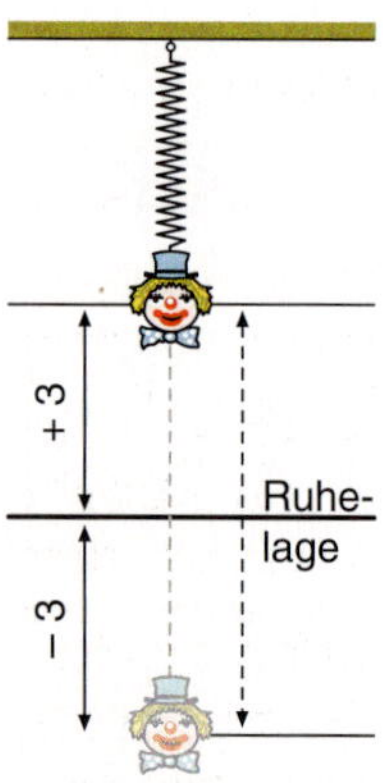

7. Zu Beobachtungsbeginn befindet sich das Pendel in unterer Maximalauslenkung. In Bezug zur Ruhelage werden folgende Messwerte für die Auslenkung aufgenommen:

Zeit (in s)	0	2	4	6	10	15	20
Auslenkung (in cm)	– 3	– 2,86	– 2,45	– 1,81	– 0,97	2,02	3

a) Gib eine Funktion an, die die Bewegung gut modelliert.

b) Wie lange braucht das Pendel, um den Ausgangspunkt wieder zu erreichen? Welche Auslenkung hat das Pendel nach 1 Minute?

c) Welche Annahmen zur Vereinfachung hast du gemacht?

8. Der Graph einer allgemeinen Sinusfunktion mit dem Term $f(x) = a \sin(b(x - c)) + d$ ist unter anderem durch Verschiebung um 1 nach rechts aus dem Graphen der Sinusfunktion entstanden. Er hat die Periode 5 und verläuft durch die Punkte $P(2{,}25|7)$ und $Q(4{,}75|1)$. Ermittle den Funktionsterm.

Bleib fit im ... Umgang mit Zufallsexperimenten

Zum Aufwärmen

1. Krischan und Sophie würfeln mit einem Oktaeder, dessen Seitenflächen mit den Zahlen von 1 bis 8 beschriftet sind.

a) Bestimme die Wahrscheinlichkeit dafür,
(1) eine 3 zu werfen,
(2) keine 3 zu werfen,
(3) mindestens 3 zu werfen,
(4) eine durch 3 teilbare Zahl zu werfen.

b) Krischan erhält beim Werfen 1, 7, 6, 2, 4, 5, 8.
Wie groß ist die Wahrscheinlichkeit, beim nächsten Wurf eine 3 zu erhalten?

c) Sophie ist nicht sicher, ob dieser Würfel wirklich alle Zahlen mit gleicher Wahrscheinlichkeit liefert.
Wie kann sie das überprüfen?

Zum Erinnern

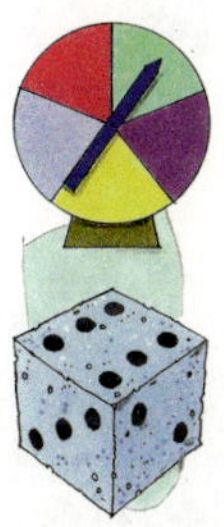

(1) Wahrscheinlichkeiten von Ergebnissen bei einstufigen Zufallsexperimenten

Man kann zwei Typen von Zufallsexperimenten unterscheiden:

- Bei **LAPLACE-Experimenten** wird ein Zufallsgerät benutzt, bei dem kein Grund ersichtlich ist, warum eines der möglichen Ergebnisse eine größere Chance als ein anderes hat aufzutreten. Besitzt ein solches Zufallsexperiment n mögliche Ergebnisse, so beträgt die Wahrscheinlichkeit für das Auftreten eines bestimmten Ergebnisses $\frac{1}{n}$.
  Beispiele: Werfen einer Münze, Werfen eines Würfels, Drehen eines Glücksrades mit gleich großen Sektoren, Ziehen von gleichartigen Kugeln aus einer Urne.

- Bei **Nicht-LAPLACE-Experimenten** lassen sich die Wahrscheinlichkeiten für die einzelnen möglichen Ergebnisse nicht durch Symmetrieüberlegungen (oder Ähnliches) bestimmen.
  Beispiel: Reißnägel unterscheiden sich durch unterschiedliche Druckflächen und unterschiedliche Längen der Nägel; man kann nicht vorhersagen, wie oft ein Reißnagel beim Werfen auf der Seite liegen bleibt oder mit der Spitze nach oben zeigt.
  Weitere Beispiele: Werfen eines LEGO-Würfels oder eines Kronkorkens.

  Nach vielen Durchführungen eines Zufallsexperiments kann man jedoch Schätzwerte für die zugrunde liegenden Wahrscheinlichkeiten bestimmen.

Beispiel: Lego-Vierer

Ergebnis	1	2	3	4	5	6
Wahrscheinlichkeit	0,48	0,06	0,06	0,28	0,06	0,06

Keine Regel ohne Ausnahme!

Das **empirische Gesetz der Großen Zahlen** besagt, dass bei wiederholten Durchführungen eines Zufallsexperiments die *relativen Häufigkeiten,* mit denen das betrachtete Ergebnis eines Zufallsexperiments auftritt, mit zunehmender Anzahl der Durchführungen in der Regel immer weniger um die Wahrscheinlichkeit schwanken.

(2) Wahrscheinlichkeiten von Ereignissen bei einstufigen Zufallsexperimenten

Ergebnisse eines Zufallsexperiments kann man zu *Ereignissen* zusammenfassen.

Beispiel: Beim Werfen eines Würfels gehören zum Ereignis *gerade Augenzahl* die Ergebnisse 2, 4 und 6. Dieses Ereignis wird durch die Menge {2; 4; 6} angegeben.

> Die *Wahrscheinlichkeit eines Ereignisses* erhält man als Summe der Wahrscheinlichkeiten der zugehörigen Ergebnisse (*Summenregel*).

Bei LAPLACE-Experimenten verwendet man speziell die **LAPLACE-Regel:**

Wahrscheinlichkeit,
engl.: probability
franz.: probabilité
lat.: probabilitas

> Für die Wahrscheinlichkeit eines Ereignisses E bei einem LAPLACE-Experiment gilt:
>
> $$P(E) = \frac{\text{Anzahl der zu E gehörenden Ergebnisse}}{\text{Anzahl aller möglichen Ergebnisse}}$$
>
> *Beispiel:* Werfen eines Würfels $P(\text{gerade Augenzahl}) = \frac{3}{6} = \frac{1}{2}$

Zum Trainieren

2. Bei einem Geburtstag werden kleine Gewinne mit einem Würfelspiel verteilt. Worauf würdest du setzen?
(1) Erscheinen einer Primzahl beim Werfen des Oktaeders
(2) Erscheinen einer geraden Zahl beim Werfen eines gewöhnlichen Würfels

3. Marc spielt mit seinen Großeltern Skat. Er denkt, dass die erste Karte, die er erhält, ein Glücks- oder Unglückszeichen ist.
Bestimme die Wahrscheinlichkeit dafür, dass die 1. Karte

a) der Kreuz-Bube ist;
b) ein Bube ist;
c) eine Kreuz-Karte ist;
d) eine rote Karte ist;
e) eine Karte ohne Punkte (also 7, 8 oder 9) ist.

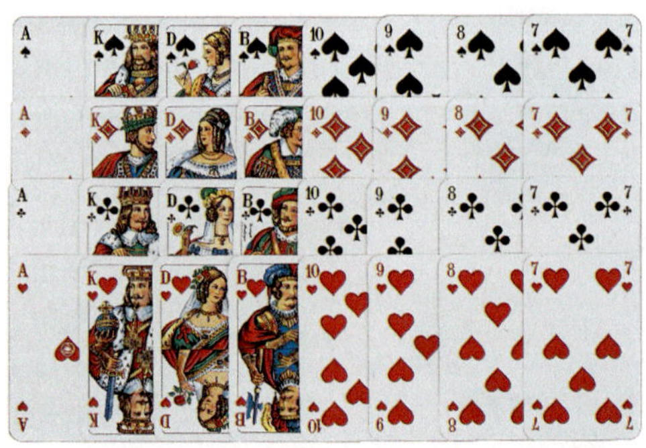

4. Bestimme für einen Lego-Vierer mithilfe der auf Seite 117 angegebenen Wahrscheinlichkeitsverteilung die Wahrscheinlichkeit für das Werfen

a) einer geraden Augenzahl;
b) einer ungeraden Augenzahl;
c) einer Augenzahl von höchstens 3;
d) einer Augenzahl von mindestens 2;
e) einer durch 7 teilbaren Augenzahl;
f) einer kleineren Augenzahl als 7.

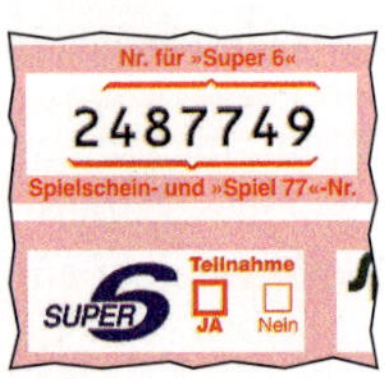

5. *Super 6* ist eine Zusatzlotterie zum gewöhnlichen Lottospiel. Bei jeder Ziehung wird eine sechsstellige Gewinnzahl von 000000 bis 999999 gezogen, die mit der Spielschein-Nummer verglichen wird. Die Teilnahme kostet 1,25 €. Bestimme für jede Gewinnhöhe die Wahrscheinlichkeit.

Gewinnzahl	Gewinn
6 richtige Endziffern:	100.000,00 €
5 richtige Endziffern:	6.666,00 €
4 richtige Endziffern:	666,00 €
3 richtige Endziffern:	66,00 €
2 richtige Endziffern:	2,50 €

4. MEHRSTUFIGE ZUFALLSEXPERIMENTE

Maximilian muss auf seinem Weg zur Schule drei Straßen überqueren und dabei das Ampelsignal beachten.

Manchmal, wenn er es besonders eilig hat, zeigen alle Ampeln Rot. An anderen Tagen lässt er sich Zeit, weil es unterwegs viel zu sehen gibt, und trotzdem zeigen alle drei Ampeln Grün.
Es scheint also vom Zufall abzuhängen, ob Maximilian bei Grün oder bei Rot an einer Ampel ankommt.

- Was kommt öfter vor: *Alle drei Ampeln zeigen Rot* oder *Alle drei Ampeln zeigen Grün*?
- Schätze, wie oft es vorkommt, dass er dreimal hintereinander Rot hat.
- Wie kann man den Vorgang mit den unterschiedlich eingestellten Ampeln simulieren?

Maximilian muss dreimal nacheinander die Ampel beachten; dabei hängt es vom Zufall ab, ob sie Rot oder Grün für ihn zeigt. Hier liegt also ein dreistufiges Zufallsexperiment vor.

In diesem Kapitel beschäftigen wir uns mit der Frage, wie man Wahrscheinlichkeiten für mehrstufige Zufallsexperimente berechnet.

4.1 Mehrstufige Zufallsexperimente – Baumdiagramme

Aufgabe 1

Bei einem Schulfest kann man an einem Stand mit zwei Glücksrädern spielen. Gewinner ist, wer für beide Glücksräder richtig vorhersagt, auf welchen Feldern die Zeiger stehen bleiben werden.

Beim linken Glücksrad gibt es ein rotes und ein blaues Feld.

Beim linken Glücksrad ist $\frac{1}{4}$ der Fläche rot und $\frac{3}{4}$ blau gefärbt.

Beim rechten Glücksrad gibt es gleich große Felder, die die Nummern 1, 2 oder 3 tragen.

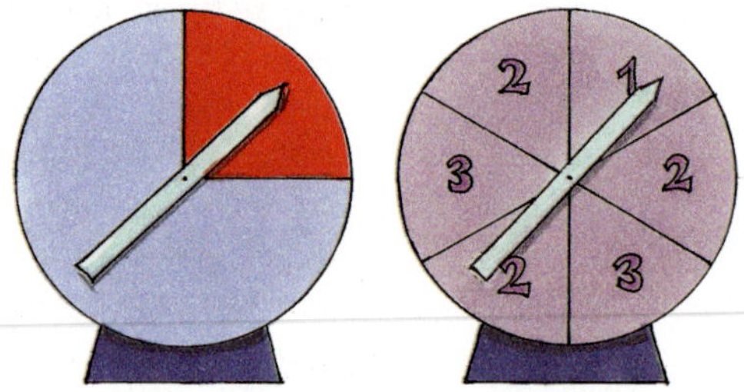

Im Bild rechts ist der Zeiger des linken Glücksrades auf „Rot“, der Zeiger des rechten Glücksrades ist auf „1“ stehen geblieben. Wir notieren dieses Ergebnis als Paar (Rot|1) oder kurz auch als (R|1).

a) Welche anderen Ergebnisse sind möglich?

b) Die möglichen Ergebnisse beim Drehen der beiden Glücksräder kann man in einem **Baumdiagramm** darstellen. Dem Ergebnis (R|1) entspricht der rote Pfad im Baumdiagramm.

Ergänze das Diagramm. Schreibe an die einzelnen Teile des Pfades die zugehörigen Wahrscheinlichkeiten und notiere am Ende eines jeden Pfades das Ergebnis des Zufallsexperiments.

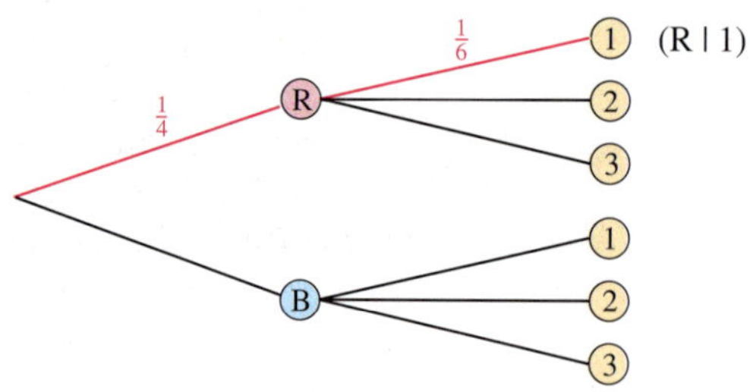

Lösung

a) Bleibt das linke Glücksrad auf dem roten Feld stehen, so sind beim rechten Glücksrad noch drei Ergebnisse möglich. Ebenso sind beim rechten Glücksrad drei Ergebnisse möglich, wenn das linke Glücksrad auf dem blauen Feld stoppt. Insgesamt sind dies zwei mal drei mögliche Ergebnisse, also sechs Ergebnisse des zweistufigen Zufallsexperiments:
(R|1), (R|2), (R|3), (B|1), (B|2), (B|3).

b) Die 6 möglichen Ergebnisse des Zufallsexperiments sind durch die 6 Pfade im Baumdiagramm dargestellt.

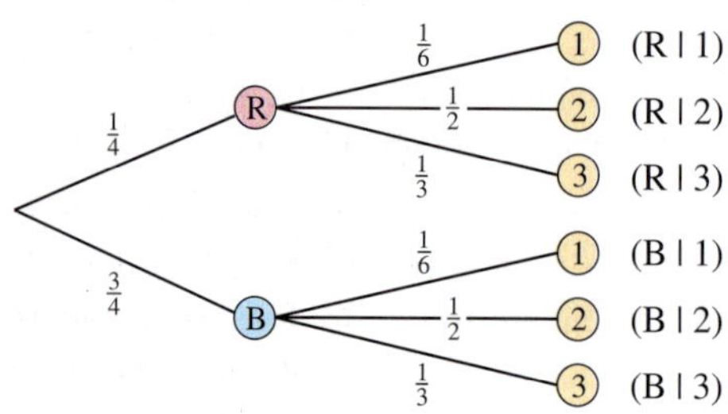

Da beim linken Glücksrad $\frac{1}{4}$ der Fläche rot und $\frac{3}{4}$ blau gefärbt ist, gehen wir davon aus, dass die Wahrscheinlichkeit für das Stoppen des Zeigers auf „Rot“ $\frac{1}{4}$ und auf „Blau“ $\frac{3}{4}$ beträgt.

Das rechte Glücksrad hat 6 gleich große Felder, davon trägt ein Feld die Nummer „1“.

Die Wahrscheinlichkeit, dass der Zeiger auf „1“ stehen bleibt, ist somit $\frac{1}{6}$.

Drei von 6 Feldern tragen die Nummer „2“.

Die Wahrscheinlichkeit, dass der Zeiger auf „2“ stehen bleibt, beträgt also $\frac{3}{6} = \frac{1}{2}$.

Für „3“ beträgt die Wahrscheinlichkeit entsprechend $\frac{2}{6} = \frac{1}{3}$.

Information

(1) Mehrstufige Zufallsexperimente

Manche Zufallsexperimente werden in zwei oder mehr Schritten *nacheinander* durchgeführt.

Beispiele:

- Jemand wirft zweimal hintereinander eine Münze.
- Eine siebenstellige Glückszahl wird so bestimmt, dass ein Glücksrad mit den Sektoren 0, 1, 2, …, 9 siebenmal hintereinander gedreht wird.
- Jemand würfelt dreimal hintereinander.
- Nacheinander werden 6 Kugeln aus einer Lottotrommel mit 49 Kugeln gezogen.

Man nennt solche Zufallsexperimente **mehrstufig**; die Ergebnisse werden bei zweistufigen Zufallsexperimenten als Paare (2|3), bei dreistufigen als Tripel (2|5|3) usw. notiert.

(2) Baumdiagramme – Pfad in einem Baumdiagramm

Mehrstufige Zufallsexperimente lassen sich in Form von Baumdiagrammen darstellen, um einen Überblick über alle möglichen Ergebnisse zu erhalten. Zu jedem der möglichen Ergebnisse des Zufallsexperiments gehört ein so genannter **Pfad** im Baumdiagramm. Er beginnt an der Wurzel des Baums, verläuft über die verschiedenen Verzweigungen und endet mit der letzten Stufe.

Der rote Pfad im Beispiel rechts gehört zum Ergebnis (W|Z|W).

Beispiel: Dreifacher Münzwurf

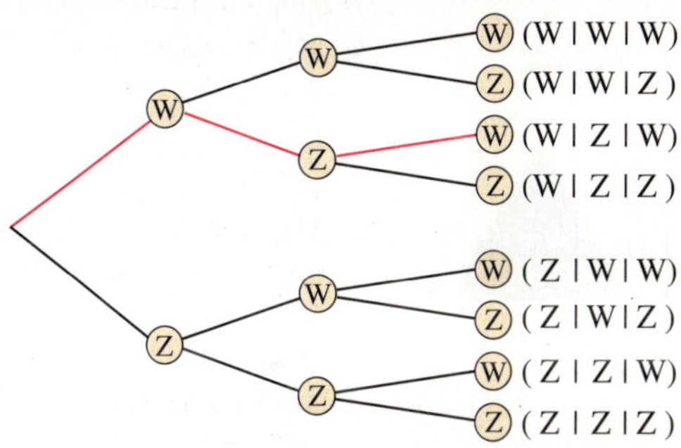

Weiterführende Aufgaben

2. *Veränderte Anordnung der Stufen eines Baumdiagramms*

Bei der Aufgabe 1 (Seite 120) ist nicht beschrieben, ob zunächst das linke und dann das rechte Glücksrad gedreht wird. Deshalb ist es auch möglich, das Zufallsexperiment durch ein Baumdiagramm zu beschreiben, bei dem zunächst die möglichen Ergebnisse des rechten Glücksrades und dann die des linken Glücksrades erfasst werden. Zeichne ein solches Baumdiagramm.

3. *Doppelter Münzwurf – nacheinander bzw. gleichzeitig*

a) Eine Münze wird zweimal geworfen. Stelle die möglichen Ergebnisse des Zufallsexperiments in einem Baumdiagramm dar.

b) Eine 5-Cent- und eine 10-Cent-Münze werden gleichzeitig geworfen. Überlege, wie sich auch dieses Zufallsexperiment in einem Baumdiagramm darstellen lässt.

c) Zwei gleichartige Münzen werden (1) gleichzeitig, (2) nacheinander geworfen. Zeichne Baumdiagramme. Vergleiche mit den Baumdiagrammen aus den Teilaufgaben a) und b).

Information

(1) Summenprobe im Baumdiagramm

Trägt man in ein vollständig gezeichnetes Baumdiagramm an den einzelnen Strecken alle Wahrscheinlichkeiten ein, so ist *immer* eine Kontrolle möglich: Die Summe der Wahrscheinlichkeiten nach jeder Verzweigung bis zur nächsten Stufe ist immer 1 (*Summenprobe*).

(2) Deutung gleichzeitig durchgeführter Zufallsexperimente als mehrstufige Zufallsexperimente

Oft kann man Zufallsexperimente, bei denen Vorgänge *gleichzeitig* erfolgen, als mehrstufig auffassen. Es spielt dann keine Rolle, welchen Vorgang man als 1. oder 2. (oder 3., …) Stufe ansieht.

Beispiele:
- Ein roter und ein blauer Würfel werden gleichzeitig geworfen.
- Drei unterschiedliche Münzen werden gleichzeitig geworfen.
- Mehrere Lose werden gleichzeitig aus einer Lostrommel gezogen.

Übungsaufgaben

4. In einer Fabrik werden hergestellte Porzellanbecher nacheinander auf Form, Farbe und Oberfläche geprüft. Bei der Form unterscheidet man nach gut, mittelmäßig und schlecht, bei der Farbe nach gleichmäßig und ungleichmäßig. Bei der Oberflächenbeschaffenheit unterscheidet man nach glatt und uneben. Jeder Becher durchläuft alle drei Kontrollen. Stelle übersichtlich dar, welche Kombinationsmöglichkeiten auftreten können.

5. In einem Gefäß sind eine rote, zwei blaue und drei grüne Kugeln. Nacheinander werden zwei Kugeln gezogen und nicht wieder zurückgelegt.
Zeichne dafür ein Baumdiagramm.

Tetraeder, Vierflächner, dreiseitige Pyramide

6. Ein Tetraeder wird zweimal geworfen. Welche Ergebnisse gehören zu den Ereignissen?

E_1: Mindestens einmal Augenzahl 1.
E_2: Beim zweiten Wurf Augenzahl 1.
E_3: Nur beim zweiten Wurf Augenzahl 1.
E_4: Nur ungerade Augenzahlen.
E_5: Eine gerade, eine ungerade Augenzahl.
E_6: Augensumme 3.

7. Eine Münze und ein Würfel werden nacheinander geworfen.

a) Stelle das Zufallsexperiment in einem Baumdiagramm dar. Welche Ergebnisse sind möglich?

b) Welche Baumdiagramme kann man zeichnen, wenn Münze und Würfel gleichzeitig geworfen werden?

8. Drei verschiedene Münzen werden gleichzeitig geworfen. Welche Ergebnisse sind möglich? Stelle das Zufallsexperiment in einem Baumdiagramm dar.

9. **a)** Zwei Glücksräder werden gedreht. Stelle das Zufallsexperiment in einem Baumdiagramm dar. Welche der Pfade gehören zum Ereignis *Zweimal dieselbe Farbe*? Welchem Ergebnis wird man die größte Wahrscheinlichkeit zuordnen?

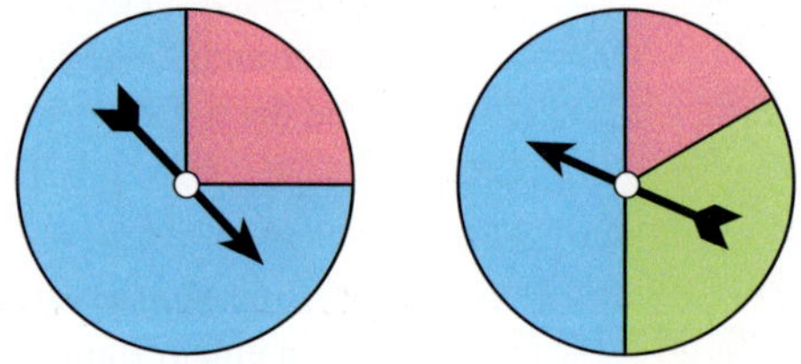

Glücksrad A   Glücksrad B

b) Zwei Glücksräder werden gedreht. Ergänze die Eintragungen am Baumdiagramm. Gib an, wie groß die verschiedenen Sektoren der beiden Glücksräder sind. Welchem Ergebnis wird man die kleinste Wahrscheinlichkeit zuordnen?

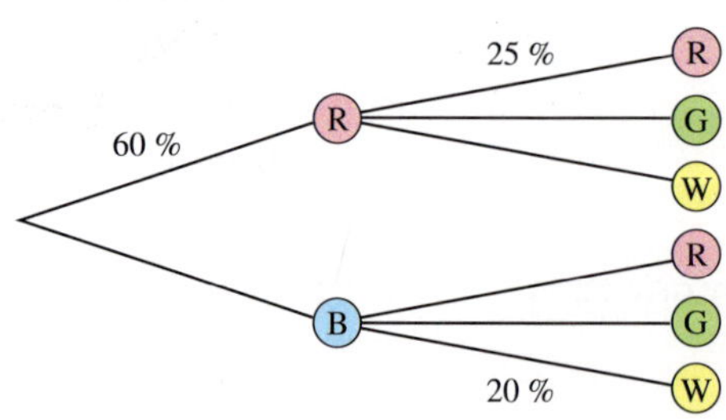

10. Eine Münze wird zweimal geworfen. Beschreibe die Ereignisse mit Worten.
$E_1 = \{(W|W); (W|Z); (Z|W)\}$
$E_2 = \{(W|W); (Z|Z)\}$ $E_3 = \{(W|Z); (Z|W)\}$

4.2 Pfadregeln

Aufgabe 1

Ein Glücksrad hat drei verschieden große Felder. Das blaue Feld ist doppelt so groß wie das rote Feld; das grüne Feld hat die dreifache Größe des roten Feldes.

a) Das Glücksrad wird einmal gedreht. Ordne den Einzelergebnissen „Grün“, „Rot“, „Blau“ Wahrscheinlichkeiten zu.

b) (1) Das Glücksrad wird zweimal hintereinander gedreht. Stelle dieses Zufallsexperiment durch ein Baumdiagramm dar und trage die zugehörigen Wahrscheinlichkeiten ein.

(2) Das Zufallsexperiment *Zweifaches Drehen des Glücksrades* wird 600-mal durchgeführt. Wie oft kann man dabei das Ergebnis (*Rot*|*Grün*) erwarten?

(3) Welche Wahrscheinlichkeit kann man dem Ergebnis (*Rot*|*Grün*) zuordnen? Wie kann man diese Wahrscheinlichkeit direkt aus den Wahrscheinlichkeiten längs des Pfades bestimmen?

c) Das Glücksrad wird dreimal hintereinander gedreht.

(1) Welche Wahrscheinlichkeit hat das Ereignis *Dreimal dieselbe Farbe*?

(2) Ist es günstiger, auf das Ereignis *Dreimal dieselbe Farbe* oder auf das Ergebnis *Drei verschiedene Farben* zu wetten?

Lösung

a) Das grüne Feld nimmt die Hälfte der gesamten Fläche ein:
P (Grün) $= \frac{1}{2}$.

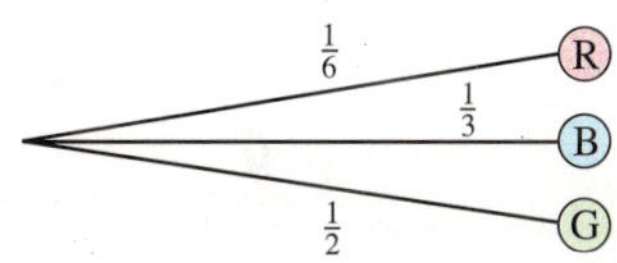

Das rote Feld ist ein Drittel des grünen Feldes, also ein Sechstel der gesamten Fläche:
P (Rot) $= \frac{1}{6}$.

Die blaue Fläche ist doppelt so groß wie die rote Fläche, also $\frac{1}{3}$ der gesamten Fläche:
P (Blau) $= \frac{1}{3}$.

b) (1)

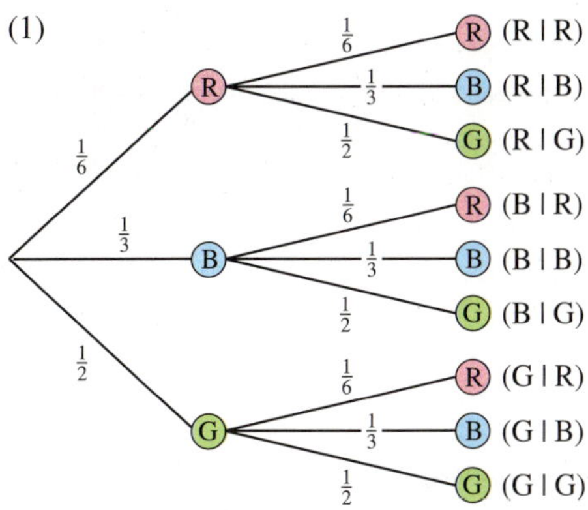

(2) Bei ungefähr $\frac{1}{6}$ aller Drehungen des Glücksrades bleibt der Zeiger auf *Rot* stehen, d.h. bei ungefähr 100 der 600 Durchführungen des Zufallsexperiments. Bei ungefähr der Hälfte aller Drehungen des Glücksrades hält der Zeiger auf dem *grünen* Feld an; also auch bei der Hälfte der 100 Zufallsexperimente, bei denen er zuvor auf *Rot* stehen blieb.

Das Ergebnis (*Rot*|*Grün*) wird also bei ungefähr 50 der 600 Doppeldrehungen vorkommen.

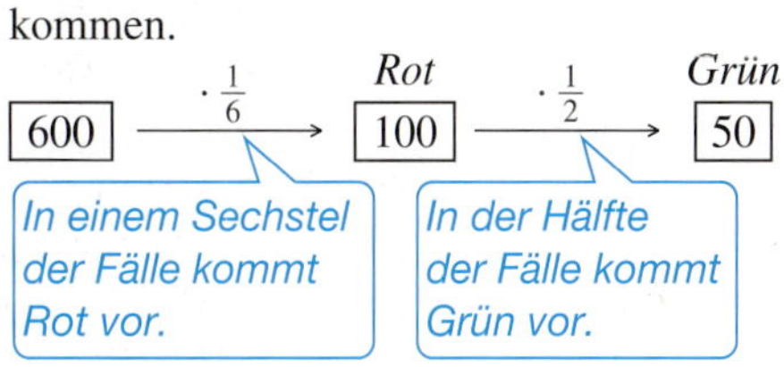

(3) Die Wahrscheinlichkeit für das Ergebnis (*Rot*|*Grün*) ist $\frac{5}{600}$, also $\frac{1}{12}$.
Die Wahrscheinlichkeit für das Ergebnis (*Rot*|*Grün*) kann man auch als Produkt aus den Wahrscheinlichkeiten für Rot $(\frac{1}{6})$ und für Grün $(\frac{1}{2})$ berechnen, denn bei einem Sechstel der Durchführungen des Zufallsexperiments erscheint Rot, bei der Hälfte davon Grün. Die Hälfte von einem Sechstel ist ein Zwölftel: $\frac{1}{6} \cdot \frac{1}{2} = \frac{1}{12}$.

c) (1) Bei dem dreistufigen Zufallsexperiment würden sich die 9 Pfade des zweistufigen Experiments nochmals jeweils dreimal verzweigen. Es interessieren aber nur die drei Pfade, die zu den Ergebnissen (Rot|Rot|Rot), (Blau|Blau|Blau), (Grün|Grün|Grün), also zum Ereignis „Dreimal dieselbe Farbe" führen.

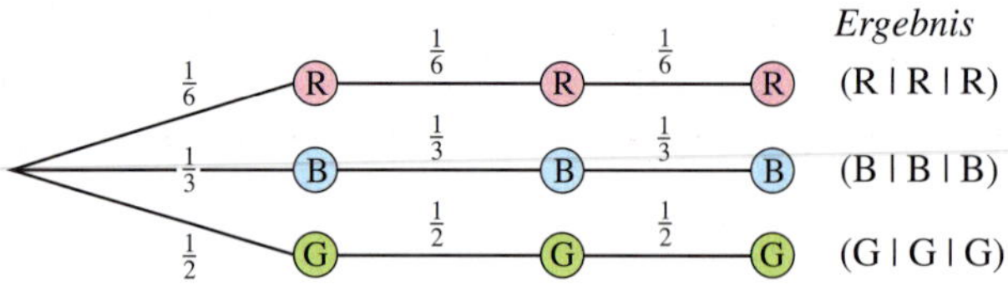

Die Wahrscheinlichkeiten für die einzelnen Pfade können jeweils wieder als Produkt der Wahrscheinlichkeiten längs des betreffenden Pfades berechnet werden:

$P((R|R|R)) = \frac{1}{6} \cdot \frac{1}{6} \cdot \frac{1}{6} = \frac{1}{216}$

$P((B|B|B)) = \frac{1}{3} \cdot \frac{1}{3} \cdot \frac{1}{3} = \frac{1}{27} = \frac{8}{216}$

$P((G|G|G)) = \frac{1}{2} \cdot \frac{1}{2} \cdot \frac{1}{2} = \frac{1}{8} = \frac{27}{216}$

Das Ereignis „Dreimal dieselbe Farbe" besteht aus diesen drei Ergebnissen. Die Wahrscheinlichkeit für dieses Ereignis ist dann:

P(Dreimal dieselbe Farbe)
$= P((R|R|R)) + P((B|B|B)) + P((G|G|G)) = \frac{1}{216} + \frac{8}{216} + \frac{27}{216} = \frac{36}{216} = \frac{1}{6}$

(2) Zum Ereignis „Drei verschiedene Farben" führen von 27 möglichen Pfaden sechs Pfade.

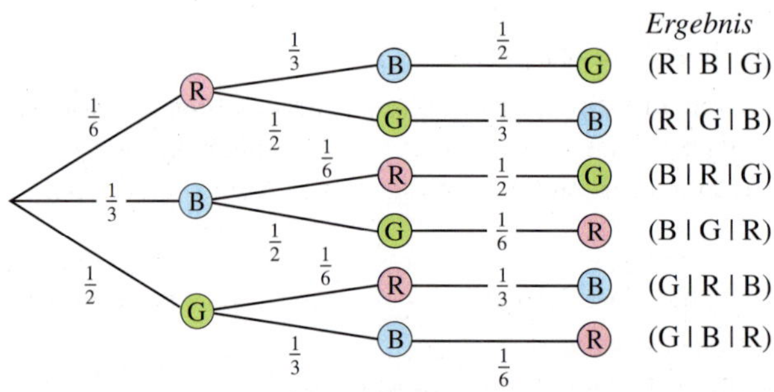

Wieder kann man längs der Pfade die Wahrscheinlichkeit des zugehörigen Ergebnisses durch Multiplikation längs des Pfades berechnen. Dabei treten in jedem Fall die Faktoren $\frac{1}{6}$, $\frac{1}{3}$ und $\frac{1}{2}$ auf, wenn auch in verschiedenen Reihenfolgen. Daraus ergibt sich:

$P((R|B|G)) = \frac{1}{6} \cdot \frac{1}{3} \cdot \frac{1}{2} = \frac{1}{36}$

sowie

$P((R|G|B)) = P((B|R|G)) = P((B|G|R)) = P((G|R|B)) = P((G|B|R)) = \frac{1}{36}$.

Für die Wahrscheinlichkeit des Ereignisses „Drei verschiedene Farben" folgt also:

P(Drei verschiedene Farben) $= 6 \cdot \frac{1}{36} = \frac{1}{6}$.

Die beiden Ereignisse „Dreimal dieselbe Farbe" und „Drei verschiedene Farben" haben die gleiche Wahrscheinlichkeit, also hat man beim Wetten bei beiden Ereignissen die gleiche Chance zu gewinnen.

Information

(1) Pfadmultiplikationsregel

Bei einem mehrstufigen Zufallsexperiment erhält man die Wahrscheinlichkeit eines Ergebnisses, das durch einen Pfad in einem Baumdiagramm dargestellt ist, indem man die Wahrscheinlichkeiten längs dieses Pfades miteinander multipliziert.

Pfadmultiplikationsregel

Die Wahrscheinlichkeit eines Pfades ist gleich dem Produkt der Wahrscheinlichkeiten längs des Pfades.

Beispiel: *Ergebnis:* *Wahrscheinlichkeit:*

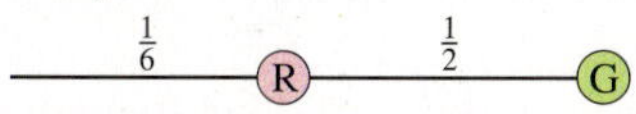

(R|G) $\frac{1}{6} \cdot \frac{1}{2}$, also $\frac{1}{12}$

(2) Pfadadditionsregel

Ereignisse können sich aus mehreren Ergebnissen zusammensetzen. In der Aufgabe 1 c) wird das Ereignis *Dreimal dieselbe Farbe* aus den Ergebnissen (R|R|R), (B|B|B) und (G|G|G) gebildet. Die Wahrscheinlichkeit eines Ereignisses wird als Summe der Wahrscheinlichkeiten der zugehörigen Ergebnisse berechnet (*Summenregel*). Da jedes Ergebnis eines mehrstufigen Zufallsexperiments mithilfe eines Pfades in einem Baumdiagramm dargestellt werden kann, lässt sich diese Regel auch wie folgt formulieren:

Pfadadditionsregel

Gehören zu einem Ereignis mehrere Pfade in einem Baumdiagramm, dann erhält man die Wahrscheinlichkeit des Ereignisses, indem man die Pfadwahrscheinlichkeiten der einzelnen zu dem Ereignis gehörenden Ergebnisse addiert.

(3) Vereinfachtes Baumdiagramm

Will man bei einem mehrstufigen Zufallsexperiment nur die Wahrscheinlichkeit *eines* Ereignisses bestimmen, dann genügt es, ein *vereinfachtes* Baumdiagramm zu zeichnen, das nur die interessierenden Pfade enthält. Es entfällt dann aber die Möglichkeit der Summenprobe.

Weiterführende Aufgabe

2. *Anwendung der Komplementärregel bei mehrstufigen Zufallsexperimenten*

Ein Glücksrad wird dreimal gedreht.
Ermittle die Wahrscheinlichkeit für das Ereignis
E: *Der Zeiger bleibt mindestens einmal auf dem roten Feld stehen.*

Komplementärregel

Die Wahrscheinlichkeit P(E) eines Ereignisses E und die Wahrscheinlichkeit $P(\overline{E})$ des zugehörigen Gegenereignisses $\overline{E}$ ergänzen sich zu 1:

$$\mathbf{P(E) + P(\overline{E}) = 1}$$

Übungsaufgaben

3. Beim Deutschen Roten Kreuz geht man für die Verteilung der vier Blutgruppen A, B, AB und 0 in der Bevölkerung von den nebenstehenden Daten aus.
Zwei nicht verwandte Personen kommen zur Blutspende.
Wie groß ist die Wahrscheinlichkeit, dass
(1) die erste Person Blutgruppe A hat, die zweite Person Blutgruppe B,
(2) die erste Person Blutgruppe 0 hat, die zweite eine andere,
(3) die beiden Personen gleiche Blutgruppen haben,
(4) mindestens eine Person die seltene Blutgruppe AB hat?

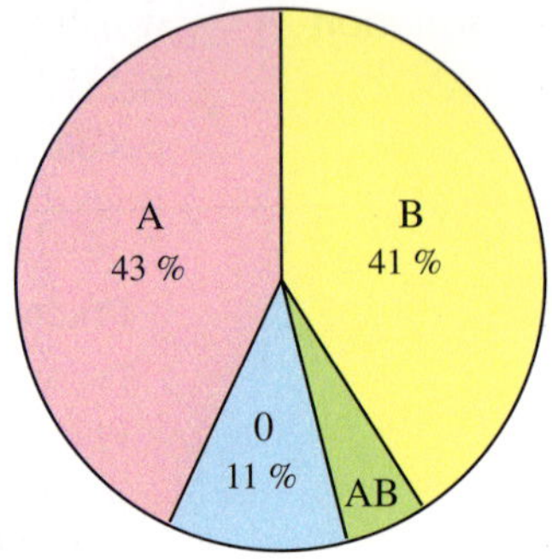

4. Ein Glücksrad wird zweimal gedreht. Zeichne das zugehörige Baumdiagramm.

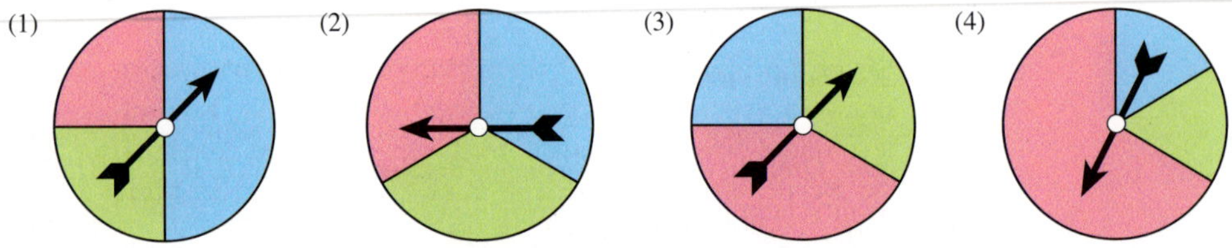

a) Welche Wahrscheinlichkeit hat das Ergebnis (Rot|Grün)?

b) Welche Wahrscheinlichkeit hat das Ereignis *Zweimal dieselbe Farbe?*

c) Bei welchem Glücksrad ist es günstig, auf das Ereignis *Zweimal dieselbe Farbe* zu setzen?

5. **a)** Ein Glücksrad wird dreimal gedreht. Stelle das Zufallsexperiment in einem Baumdiagramm dar.
Welche Wahrscheinlichkeit hat das Ereignis
(1) dreimal Rot; (3) zweimal Rot;
(2) dreimal dieselbe Farbe; (4) öfter Rot als Blau?

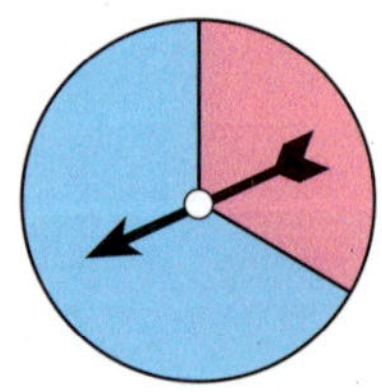

b) *Teamarbeit:* Bastelt ein solches Glücksrad. Führt das Zufallsexperiment mehrfach durch. Vergleicht mit den in Teilaufgabe a) berechneten Wahrscheinlichkeiten.

6. Eine Münze wird dreimal nacheinander geworfen. Stelle das Zufallsexperiment in einem Baumdiagramm dar. Bestimme für das angegebene Ereignis die Wahrscheinlichkeit seines Eintretens.
(1) zuerst Wappen, dann zweimal Zahl
(2) nicht dreimal Wappen
(3) der letzte Wurf ist Zahl
(4) mindestens einmal Wappen
(5) mehr Wappen als Zahl
(6) gleich oft Wappen und Zahl
(7) Pasch (d.h. drei gleiche Ergebnisse)
(8) höchstens zweimal Zahl
(9) der erste Wurf ist Wappen
(10) der zweite Wurf ist Zahl

7. Wirft man Reißnägel einer bestimmten Sorte, dann tritt Lage „Kopf: Spitze nach oben" mit Wahrscheinlichkeit 0,4 und Lage „Spitze zur Seite" mit Wahrscheinlichkeit 0,6 auf.
Ein Reißnagel wird dreimal geworfen.

a) Zeichne das zugehörige Baumdiagramm.

b) Mit welcher Wahrscheinlichkeit tritt das Ergebnis (Kopf|Kopf|Seite) auf?

c) Welche Wahrscheinlichkeit hat das Ereignis *Kopf kommt öfter als Seite*?

d) Welche Wahrscheinlichkeit hat das Ereignis *Nur Kopf oder nur Seite*?

8. *Teamarbeit:* Besorgt euch Reißnägel einer Sorte und bestimmt dafür die Wahrscheinlichkeiten für die Ergebnisse „Kopf“ und „Seite“. Welche Wahrscheinlichkeiten erwartet ihr für die Ergebnisse beim dreifachen Wurf? Kontrolliert eure Erwartungen experimentell.

9. **a)** Die Wahrscheinlichkeit für Wappen beim Münzwurf ist $\frac{1}{2}$, d.h. durchschnittlich kommt auf 2 Würfe einmal Wappen. Wie groß ist die Wahrscheinlichkeit für das Ereignis *(Genau) einmal Wappen* beim zweifachen Münzwurf?

b) Die Wahrscheinlichkeit für *Augenzahl 1 oder 2* beim Würfeln ist $\frac{1}{3}$. Wie groß ist die Wahrscheinlichkeit für das Ereignis *(Genau) einmal Augenzahl 1 oder 2* beim dreifachen Würfeln?

c) Die Wahrscheinlichkeit für *Zweimal Wappen* beim Werfen zweier Münzen beträgt $\frac{1}{4}$. Wie groß ist die Wahrscheinlichkeit, dass bei einem vierfachen Doppelwurf von Münzen das Ergebnis *(Genau) zweimal Wappen* einmal auftritt?

10. Bevor ein Buch gedruckt wird, werden die probeweise gedruckten Seiten auf Fehler durchgesehen. Der erste Kontrolleur findet erfahrungsgemäß 70 % der Fehler und korrigiert sie. Bei den nächsten beiden Kontrollen werden von den übrig gebliebenen Fehlern 50 % bzw. 30 % entdeckt.
Mit welcher Wahrscheinlichkeit ist ein Fehler, der ursprünglich in einem Drucktext vorhanden war, auch nach diesen drei Kontrollen noch nicht entdeckt?

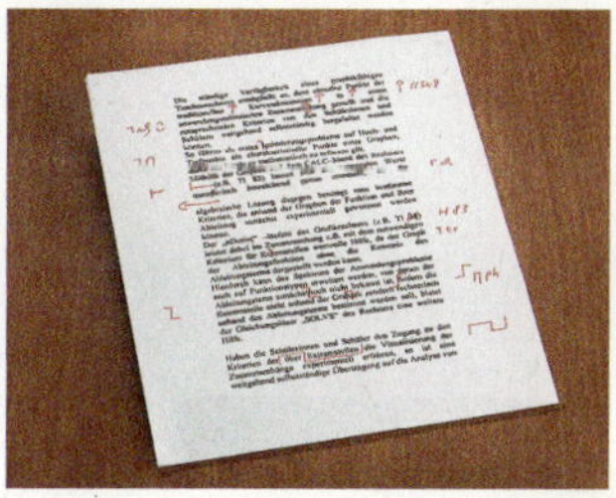

11. *Teamarbeit:* Robin und Verena beginnen ein „Mensch-ärgere-dich-nicht“-Spiel mit einem üblichen Spielwürfel. Als Robin an die Reihe kommt, hat er nach drei Würfen noch keine einzige Sechs erzielt und ist enttäuscht.

a) Spielt das dreifache Würfeln mehrfach nach. Wie oft erhaltet ihr keine Sechs in drei Würfen?

b) Verena stellt das dreistufige Zufallsexperiment mit den Einzel-Ergebnissen „Sechs“ und „Keine Sechs“ mit einem geeigneten Baumdiagramm dar. Zeichne es und erkläre damit Robin, dass noch kein Grund für eine Enttäuschung vorliegt.

12. Zu Annas Schulweg gehören 3 Kreuzungen mit Fußgängerampeln. Häufig, wenn sie es eilig hat, zeigen alle drei Ampeln Rot. An anderen Tagen kommt es auch vor, dass alle 3 Ampeln gerade Grün zeigen, wenn sie kommt. Zur genaueren Untersuchung dieses Sachverhalts stoppt Anna die Rot- und Grünzeiten der Ampeln.

	Ampel 1	Ampel 2	Ampel 3
Rotzeit	60 s	60 s	40 s
Grünzeit	30 s	20 s	60 s

Nimm an, dass die Ampeln nicht auf „Grüne Welle“ geschaltet sind, d.h. es ist an jeder Ampel zufällig, ob man sie bei Rot oder Grün antrifft.

a) Berechne zunächst für jede Ampel einzeln die Wahrscheinlichkeit dafür, dass sie bei Annas Ankunft Rot bzw. Grün zeigt. Zeichne dann ein Baumdiagramm.

b) Wie groß ist die Wahrscheinlichkeit, dass alle 3 Ampeln bei Annas Ankunft Rot zeigen?

c) Wie groß ist die Wahrscheinlichkeit dafür, dass alle 3 Ampeln Grün zeigen?

d) Wie groß ist die Wahrscheinlichkeit dafür, dass mindestens eine Ampel Rot zeigt?

e) Wie groß ist die Wahrscheinlichkeit dafür, dass genau eine Ampel Rot zeigt?

13. *Partnerarbeit:* Welche der folgenden Schlussfolgerungen ist richtig? Diskutiere mit deinem Nachbarn. Schreibt anschließend jeder eine kleine Zusammenfassung und vergleicht diese.

(1) Ungefähr 40 % der Deutschen haben Blutgruppe 0; 30 % der Blutspender beim Deutschen Roten Kreuz sind unter 20 Jahre alt. Ein Blutspender beim DRK wird ausgelost.
Der Leiter der Blutspendeaktion vermutet, dass die Wahrscheinlichkeit, dass diese Person unter 20 Jahre alt ist *und* Blutgruppe 0 hat, ungefähr 12 % beträgt.

(2) 40 % der Schülerinnen und Schüler einer Klasse haben im Fach Deutsch eine gute Note (1 oder 2); im Fach Englisch sind es 30 %. Hieraus folgt, dass der Anteil derer, die in beiden Fächern eine gute Note haben, ungefähr 12 % beträgt.

14. Ein Glücksrad wird zweimal gedreht.

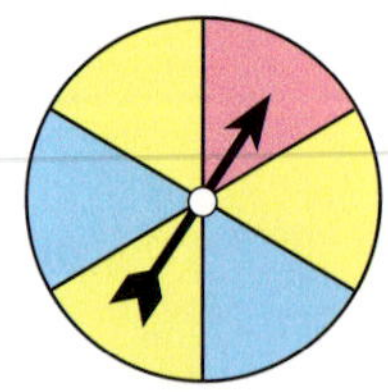

a) Ermittle die Wahrscheinlichkeit für das Ereignis
E: *Zwei verschiedene Farben*.

b) Das Glücksrad wird jetzt dreimal gedreht.
Ermittle die Wahrscheinlichkeit für das Ereignis
F: *Mindestens zwei Farben sind gleich*?

15. Julia schlägt Maria das folgende Spiel vor:
„Du darfst aus dem Becher 2 Kugeln nacheinander ziehen, ohne die erste zurückzulegen. Du gewinnst, wenn sie die gleichen Farben haben, sonst gewinne ich."

a) Sollte Maria sich auf das Spiel einlassen,
(1) wenn 3 rote und 4 blaue Kugeln in dem Becher sind;
(2) wenn 3 rote und 3 blaue Kugeln in dem Becher sind;
(3) wenn 6 rote und 3 blaue Kugeln in dem Becher sind?

b) Jetzt soll die erste gezogene Kugel nach dem Ziehen zurückgelegt werden. Welche der Spielregeln (1) bis (3) sind nun günstig für Maria, welche für Julia?

16. Auf dem Tisch liegen verdeckt 8 Zahlkärtchen. Davon werden zwei Kärtchen gezogen und aus den Ziffern eine zweistellige Zahl gebildet.

a) Das erste gezogene Kärtchen stellt die Zehnerziffer dar. Dann wird das Kärtchen wieder zurückgelegt und nach dem Mischen wird ein zweites Kärtchen gezogen. Dies stellt die Einerziffer dar.
(1) Wie viele Ergebnisse sind möglich? Begründe, dass es sich bei diesem Zufallsexperiment um ein Laplace-Experiment handelt.
(2) Wie groß ist die Wahrscheinlichkeit, dass bei diesem Ziehvorgang eine Zahl unter 20 entsteht?

b) Das erste gezogene Kärtchen stellt die Zehnerziffer dar. Das erste Kärtchen wird nicht zurückgelegt. Dann wird ein zweites Kärtchen gezogen. Die zweite Ziffer stellt die Einerziffer dar.
(1) Wie viele Ergebnisse sind möglich? Handelt es sich bei diesem Zufallsexperiment um ein Laplace-Experiment? Begründe.
(2) Wie groß ist die Wahrscheinlichkeit, dass bei diesem Ziehvorgang eine Zahl unter 20 entsteht?

c) Die beiden Kärtchen werden gleichzeitig gezogen und so angeordnet, dass eine möglichst hohe Zahl entsteht. Bestimme die Wahrscheinlichkeit, dass bei diesem Ziehvorgang eine Zahl unter 30 entsteht.

17. Ein Skatspiel besteht aus 32 Karten, jeweils 8 Kreuz-, 8 Pik-, 8 Herz- und 8 Karokarten. Beim Austeilen erhält jeder Spieler 10 Karten, 2 Karten werden verdeckt als Skat auf den Tisch gelegt. Bestimme die Wahrscheinlichkeit, dass im Skat

a) zwei Herzkarten liegen;

b) zwei gleichfarbige Karten liegen;

c) eine Herzkarte und eine Karokarte liegen.

18. Beim Roulette bleibt die Kugel in einem der Felder mit den Nummern 0, 1, …, 36 liegen. Davon sind 18 Felder rot markiert. Ufuk hat noch zwei Chips, von denen er je einen in zwei aufeinander folgenden Spielen auf „Rot" setzen will. Bleibt die Kugel in einem roten Feld liegen, so erhält er seinen Einsatz und einen gleich hohen Gewinn zurück. Sonst ist der Einsatz verloren.

a) Wie viele Chips kann Ufuk nach zwei Spielen besitzen?

b) Welche Wahrscheinlichkeiten bestehen für die einzelnen Anzahlen?

c) Warum heißt es in Spielerkreisen: „Auf Dauer gewinnt immer die Bank"?

Komplementärregel
$P(E) = 1 - P(\overline{E})$

19. Das Glücksrad rechts wird mehrfach gedreht.
Mit welcher Wahrscheinlichkeit wird der Zeiger spätestens beim 3. Mal auf *Rot* stehen bleiben?

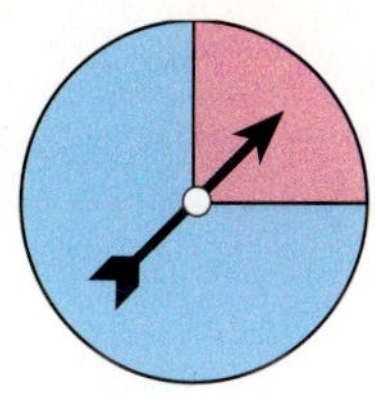

20. a) Ein Würfel wird dreimal geworfen. Welche Wahrscheinlichkeit hat das Ereignis *Höchstens zweimal Augenzahl 6*?

b) Das Glücksrad aus Aufgabe 1 auf Seite 123 wird fünfmal gedreht. Welche Wahrscheinlichkeit hat das Ereignis *Weniger als fünfmal Rot*?

c) Eine Münze wird viermal geworfen. Welche Wahrscheinlichkeit hat das Ereignis *Mindestens einmal Zahl*?

21. *Partnerarbeit:* Laura und Katharina würfeln abwechselnd solange, bis die Augenzahl 1 gefallen ist; jeder wirft jedoch höchstens dreimal. Laura beginnt. Gewinnt Laura auf lange Sicht öfter als Katharina oder haben beide gleiche Gewinnchancen?

a) Stellt Vermutungen auf; ihr könnt das Spiel auch selbst einige Male durchführen, bevor ihr eine Vermutung aufstellt.

b) Berechnet die Wahrscheinlichkeit dafür, dass Laura gewinnt.

c) Wie groß ist die Wahrscheinlichkeit, dass es bei einer Spielrunde keinen Gewinner gibt? Wie viele von 100 Spielen müssen wiederholt werden, weil es keinen Sieger gibt?

22. Bei einem Fernsehquiz mit hohen Gewinnmöglichkeiten müssen die 10 Kandidaten zunächst unter Zeitdruck vier Begriffe in die richtige Reihenfolge bringen. Der Moderator behauptet, dass man bei einer zufällig getippten Reihenfolge eine Wahrscheinlichkeit von $\frac{1}{24}$ besteht, die richtige Reihenfolge erwischt zu haben. Hat er Recht?

23. Bei der Lottoziehung *6 aus 49* werden nacheinander 6 Kugeln aus einer Urne mit 49 nummerierten Kugeln ohne Zurücklegen gezogen.

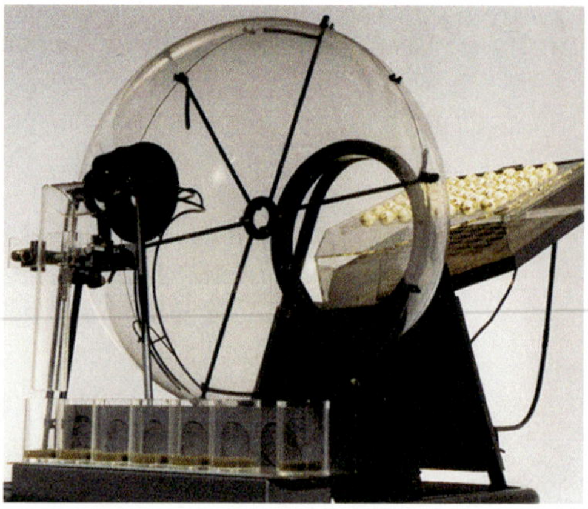

a) Begründe: Die Wahrscheinlichkeit, alle 6 Zahlen richtig vorherzusagen, beträgt:
$\frac{6}{49} \cdot \frac{5}{48} \cdot \frac{4}{47} \cdot \frac{3}{46} \cdot \frac{2}{45} \cdot \frac{1}{44} = \frac{1}{13\,983\,816}$

b) Begründe: Die Wahrscheinlichkeit, keine der 6 Zahlen richtig vorherzusagen, beträgt:
$\frac{43}{49} \cdot \frac{42}{48} \cdot \frac{41}{47} \cdot \frac{40}{46} \cdot \frac{39}{45} \cdot \frac{38}{44}$

c) Jede Woche werden ungefähr 100 Millionen Tipps abgegeben. Wie viele Tipps mit *6 Richtigen* [*0 Richtigen*] werden etwa dabei sein?

Recherche ⟨**franz.**⟩
Nachforschung

d) Kontrolliere dein Ergebnis durch Recherche der letzten Wochenziehungen im Internet.

24. Martin und Alexa werfen mit zwei Würfeln um Gummibärchen.

a) Martin gewinnt ein Bärchen, wenn die Summe der beiden Augenzahlen gerade ist. Mit wie vielen Bärchen kann Martin bei 30 Doppelwürfen rechnen?

b) Alexa gewinnt ein Bärchen, wenn das Produkt der beiden Augenzahlen ungerade ist. Mit wie vielen Bärchen kann Alexa bei 50 Doppelwürfen rechnen?

Dränage ⟨**franz.**⟩
Entwässerungsleitung im Boden; med.: Ableitung von Wundflüssigkeiten.

25. In einen Schacht wird Wasser aus einer Dränage geleitet. Steht es dort zu hoch, kann es in den Keller eines Gebäudes eindringen. Daher wird das Wasser automatisch ab einem gewissen Wasserstand abgepumpt. Zur Sicherheit befinden sich im Schacht zwei unabhängig voneinander arbeitende Pumpen, damit ein Abpumpen auch dann noch erfolgt, wenn eine der beiden Pumpen versagt. Nach Werksangaben wird für die Pumpe die einwandfreie Funktion in 99,99 % aller Fälle garantiert.

a) Mit welcher Wahrscheinlichkeit versagen beide Pumpen zugleich?

b) Wie groß ist die Wahrscheinlichkeit für das korrekte Abpumpen?

c) Eine der beiden Pumpen soll durch eine teurere ersetzt werden, die in 99,999 % aller Fälle funktioniert. Auf welchen Wert steigt dadurch die Wahrscheinlichkeit für die einwandfreie Funktion?

4.3 Ziehen mit und ohne Zurücklegen

Aufgabe 1

Zählregel der Kombinatorik

In einer Klasse sind 30 Schülerinnen und Schüler. Für ein Konzert stehen 5 nummerierte Freikarten für verschiedene Preisklassen zur Verfügung. Die Klassenlehrerin will die Karten in ihrer Klasse gerecht verteilen. Als Hilfsmittel kann sie benutzen:

(1) Ein Glücksrad mit 30 gleich großen Sektoren.

(2) 30 Lose mit den Namen der Schülerinnen und Schüler ihrer Klasse.

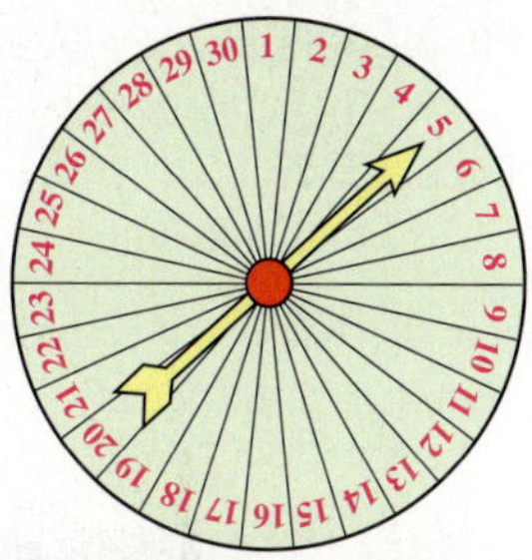

1 Esther	2 Jannick	3 Miriam	4 Patrick	5 Sabrina
6 Sarah	7 Alexander	8 Konstantin	9 Julia	10 Lisa
11 Christian	12 Dominik	13 Janina	14 Lara	15 Felix
16 Corinna	17 Jasmin	18 Luca	19 Florian	20 Jerome
21 Anna	22 Leon	23 Arne	24 Martin	25 Philip
26 Johannes	27 Alma	28 Marco	29 Eva	30 Robin

a) Vergleiche das Losverfahren mit dem Glücksradverfahren. Beschreibe mögliche Unterschiede im Ergebnis der Kartenvergabe. Unter welcher Bedingung haben die beiden Verfahren dieselbe Wirkung?

b) Wie viele Möglichkeiten gibt es, die Karten mithilfe des Glücksrads bzw. der Lose zu verteilen? Überlege dazu, wie viele Verzweigungen das zugehörige Baumdiagramm hätte.

Lösung

a) Benutzt man das Glücksrad zur Verlosung, dann kann es vorkommen, dass eine Schülerin oder ein Schüler zwei (oder noch mehr) Freikarten erhält. Diese Situation könnte bei dem Losverfahren nur dann eintreten, wenn ein Los gezogen und anschließend wieder zurückgelegt wird.

Will man umgekehrt nicht zulassen, dass jemand mehr als eine Karte erhält, dann muss man das Glücksrad so oft drehen, bis es auf 5 verschiedenen Sektoren stehen geblieben ist.

b) An den folgenden Baumdiagrammen kann man (im Prinzip) die Anzahl der Möglichkeiten der Kartenvergabe ablesen:

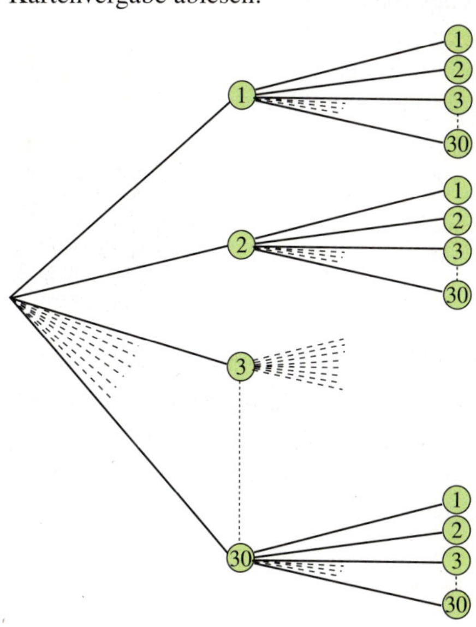

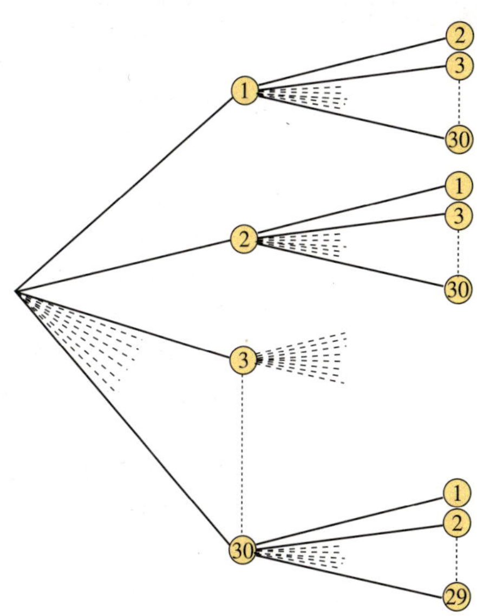

Denkt man sich die Baumdiagramme vollständig gezeichnet, so erkennt man für die beiden Verfahren die Anzahl der Möglichkeiten, die Karten zu verteilen.

Glücksrad (Ziehen *mit* Wiederholung)
Für die 1. Freikarte gibt es 30 Möglichkeiten.
Für die 2. Freikarte gibt es jeweils wieder 30 Möglichkeiten.
Für die 3. Freikarte gibt es jeweils wieder 30 Möglichkeiten.
Für die 4. Freikarte gibt es jeweils wieder 30 Möglichkeiten.
Für die 5. Freikarte gibt es jeweils wieder 30 Möglichkeiten.

Los (Ziehen *ohne* Wiederholung)
Für die 1. Freikarte gibt es 30 Möglichkeiten.
Für die 2. Freikarte gibt es jeweils noch 29 Möglichkeiten.
Für die 3. Freikarte gibt es jeweils noch 28 Möglichkeiten.
Für die 4. Freikarte gibt es jeweils noch 27 Möglichkeiten.
Für die 5. Freikarte gibt es jeweils noch 26 Möglichkeiten.

Ergebnis: Die Anzahl der Möglichkeiten, die Karten in der Klasse zu verteilen, beträgt

beim Glücksradverfahren:
$30 \cdot 30 \cdot 30 \cdot 30 \cdot 30$
$= 30^5 = 24\,300\,000$

beim Losverfahren:
$30 \cdot 29 \cdot 28 \cdot 27 \cdot 26$
$= 17\,100\,720$

Information

(1) Allgemeines Zählprinzip der Kombinatorik

In der Lösung der Aufgabe 1 wurde eine wichtige Regel der Kombinatorik angewandt:

Satz: *Zählregel der Kombinatorik*

Nacheinander sollen k Entscheidungen (Auswahlen) getroffen werden.
Angenommen,
auf der ersten Stufe gibt es n_1 Möglichkeiten;
auf der zweiten Stufe gibt es n_2 Möglichkeiten;
⋮
auf der k. Stufe gibt es n_k Möglichkeiten.

Dann gibt es *insgesamt* $n_1 \cdot n_2 \cdot \ldots \cdot n_k$ Möglichkeiten.

Man erhält also die Anzahl *aller* Möglichkeiten bei einem mehrstufigen Auswahlvorgang, indem man die Anzahl der Möglichkeiten der einzelnen Stufen miteinander multipliziert.

(2) Typen von Urnenziehungen

In der Stochastik benutzt man verschiedene Geräte zur Durchführung von Ziehungen bzw. Verlosungen. Alle Geräte lassen sich durch das so genannte **Urnenmodell** beschreiben: Aus einem Gefäß, der Urne, werden Lose oder Kugeln gezogen.
Wir unterscheiden Ziehen *mit* Zurücklegen und Ziehen *ohne* Zurücklegen:

Satz: *Ziehen mit Zurücklegen* (*Geordnete Auswahl mit Wiederholungen*)

Gegeben ist eine Urne mit n unterscheidbaren Kugeln. Es wird k-mal nacheinander eine Kugel gezogen und wieder zurückgelegt.
Dies ist auf $\underbrace{n \cdot n \cdot \ldots \cdot n}_{\text{k Faktoren}}$, also n^k verschiedene Arten möglich.

Satz: *Ziehen ohne Zurücklegen (Geordnete Auswahl ohne Wiederholung)*

Gegeben ist eine Urne mit n unterscheidbaren Kugeln. Es wird k-mal nacheinander eine Kugel gezogen und nicht wieder zurückgelegt ($k \le n$).
Dies ist auf $\underbrace{n \cdot (n-1) \cdot \ldots \cdot (n-k+1)}_{\text{k Faktoren}}$ verschiedene Arten möglich.

Da beim Münzwurf, beim Würfeln, beim Drehen eines Glücksrades nach jedem Versuch wieder alle möglichen Ergebnisse auftreten können, kann man diese Zufallsexperimente auch als Ziehen *mit* Zurücklegen interpretieren. Mit diesen Zufallsgeräten lassen sich aber auch Ziehungen *ohne* Zurücklegen *simulieren:* Tritt bei einer Durchführung des Zufallsexperiments ein Ergebnis auf, das bereits vorher vorgekommen war, dann beachtet man dieses Ergebnis nicht und wiederholt den Versuch so lange, bis ein Ergebnis auftritt, das bis dahin noch nicht vorkam.

Aufgabe 2

Anzahl der möglichen Anordnungen von Dingen

Anna, Bert, Christina, David und Emma sitzen bei einer Klassenfahrt in einem Abteil mit fünf Plätzen. Sie wechseln oftmals ihre Plätze und überlegen, wie oft es möglich ist, stets eine neue Verteilung (Anordnung) zu erhalten.
Berechne, auf wie viele Weisen man 5 Schüler auf 5 Plätzen verteilen kann.

Lösung

Wir bestimmen die Anzahl der möglichen Anordnungen der Schüler(innen) mithilfe der Produktregel der Kombinatorik, indem wir die Schüler(innen) einer nach dem anderen Platz nehmen lassen. Setzt sich Anna als erste, so hat sie 5 Plätze zur Wahl. Für jede Wahl von Anna hat Bert als zweiter noch 4 Plätze zur Wahl, Christina dann noch jeweils 3 mögliche Plätze, David 2 und Emma als letzte muss sich auf den verbliebenen freien Platz setzen.
Insgesamt gibt es also $5 \cdot 4 \cdot 3 \cdot 2 \cdot 1 = 120$ verschiedene Möglichkeiten.

Information

(1) Sonderfall: Vollständiges Ziehen ohne Zurücklegen – n Fakultät

Zieht man z. B. Lose mit Namen aus einer Urne ohne Zurücklegen so lange, bis die Urne leer ist, dann hat man die Namen in eine *Reihenfolge* gebracht; die Namen sind jetzt *angeordnet.*
Bei 5 Losen gibt es dafür $5 \cdot 4 \cdot 3 \cdot 2 \cdot 1$ Möglichkeiten. Zur Abkürzung schreiben wir für dieses Produkt 5! (gelesen 5 *Fakultät*).

facultas ⟨lat.⟩ Möglichkeit

Definition

Für $n \ge 2$ ist **n Fakultät:** $\mathbf{n! = n \cdot (n-1) \cdot (n-2) \cdot \ldots \cdot 3 \cdot 2 \cdot 1}$

Zusätzlich soll gelten: $\mathbf{1! = 1}$ und $\mathbf{0! = 1}$

Damit lässt sich das obige Ergebnis folgendermaßen formulieren:

Satz (*Anordnen von Dingen*)

Für n verschiedene Dinge gibt es n! verschiedene Anordnungen auf n Plätzen.

(2) Berechnen der Anzahl von Möglichkeiten mit einem Rechner

a) Ziehen von k Dingen aus n Dingen mit Zurücklegen
Die Potenz n^k ist bei den meisten Rechnern direkt mit den entsprechenden Tasten berechenbar.

b) Ziehen von k Dingen aus n Dingen ohne Zurücklegen
Das Produkt $n \cdot (n-1) \cdot \ldots \cdot (n-k+1)$ kann von vielen Rechnern direkt berechnet werden. Der entsprechende Befehl lautet **nPr**. Diese Abkürzung kommt daher, dass im Englischen die Ergebnisse einer solchen Ziehung als *permutations* bezeichnet werden.

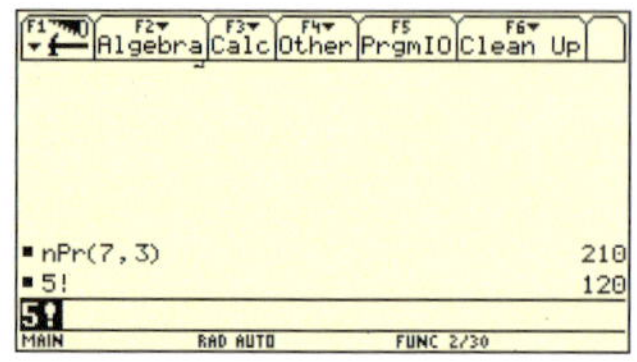

c) Anordnen von n Dingen
Die Fakultät n! kann von den meisten Rechnern direkt berechnet werden.

Weiterführende Aufgaben

3. *Berechnung von Wahrscheinlichkeiten mithilfe von Abzählstrategien*

An der Herder-Schule ist eine Sammelaktion für den Tierschutz geplant. Zur Vorbereitung wird ein Ausschuss gebildet, der aus je einem Schüler der Klassen 10a und 10b besteht. An der Wandtafel werden die Namen der möglichen Ausschussmitglieder notiert.
Da kein Schüler bevorzugt werden soll, wird die Auswahl nach dem Zufall getroffen.

a) Wie viele Möglichkeiten der Zusammensetzung des Ausschusses gibt es? Zeichne ein Baumdiagramm; überprüfe dein Ergebnis mit der Produktregel.

b) Wie viele Möglichkeiten gibt es, dass der Ausschuss sich
(1) nur aus Mädchen, (2) nur aus Jungen, (3) aus einem Mädchen und einem Jungen zusammensetzt?

c) Wie groß ist die Wahrscheinlichkeit, dass der Ausschuss sich
(1) nur aus Mädchen, (2) nur aus Jungen, (3) aus einem Mädchen und einem Jungen zusammensetzt?

Übungsaufgaben

4. Eine Jugendabteilung eines Sportvereins besteht aus 32 Jugendlichen. Sie hat 4 verschiedene Restkarten für ein Fußballländerspiel geschenkt bekommen. Diese sollen gerecht verteilt werden. Dafür sind zwei Möglichkeiten im Gespräch:

(1) Es werden 32 Lose mit den Namen hergestellt und daraus gezogen.
(2) Es wird ein Rouletterad gedreht, das gleich große, von 0 bis 36 beschriftete Felder hat.

Beschreibe wie man bei beiden Verfahren vorgeht und vergleiche sie.

5. Für eine Tombola wurden 1 000 Lose verkauft, welche die Nummern 000, 001, …, 999 tragen.
Die Gewinnzahl für die Tombola wird so bestimmt:
In einer Urne sind 10 Kugeln mit den Nummern 0, 1, 2, …., 9. Nacheinander werden drei Kugeln herausgenommen. Diese bestimmen (in der Reihenfolge der Ziehung) die Hunderter-, Zehner- und Einerziffer der Gewinnzahl.
Unter welcher Bedingung ist dieses Verfahren geeignet?

6. In einer Großküche werden nebenstehende Gerichte hergestellt. Wie viele verschiedene Menüs aus Vorspeise, Hauptgericht und Nachspeise sind möglich?

7. In Florians Bücherregal stehen 12 Kriminalromane, 7 Reisebücher und 4 Tierbücher. Maren möchte von jeder Sorte ein Buch ausleihen. Wie viele Möglichkeiten der Zusammenstellung hat sie?

8. Die Klassen 10 a (mit 10 Mädchen und 9 Jungen), 10 b (mit 14 Mädchen und 8 Jungen) und 10 c (mit 9 Mädchen und 11 Jungen) sind zu einem Umwelt-Hearing eingeladen. Aus jeder Klasse soll je ein Schüler oder eine Schülerin an der Podiumsdiskussion teilnehmen.

a) Wie viele Möglichkeiten der Auswahl dreier Mädchen gibt es?

b) Wie viele Möglichkeiten der Auswahl dreier Jungen gibt es?

c) Wie viele Möglichkeiten der Auswahl insgesamt gibt es?

9. Das Alphabet besteht aus 26 Buchstaben (21 Konsonanten und 5 Vokalen).

a) Wie viele „Wörter“ mit 4 [mit 6] Buchstaben können (theoretisch) gebildet werden?

b) Wie viele „Wörter“ könnte es mit 4 [mit 6] verschiedenen Buchstaben geben?

c) Wie viele „Wörter“ mit 4 Buchstaben sind denkbar, bei denen Konsonanten und Vokale in der Reihenfolge Konsonant-Vokal-Konsonant-Vokal vorkommen (z. B. Bodo, Tina, Xiru)?

10. **a)** Die Angestellte einer Versicherung muss nacheinander 6 Kunden aufsuchen. Auf wie viele Arten ist dies möglich?

b) Auf wie viele Weisen können 8 Autos in einer Reihe auf einem Parkplatz aufgestellt werden?

c) Ein Hotel hat 7 Einbettzimmer. Es kommen am Abend 7 Personen an. Auf wie viele Weisen können diese auf die Zimmer verteilt werden?

d) Bei den Schülern der 10. Klasse wird eine Umfrage gemacht: 5 Popgruppen sollen nach ihrer Beliebtheit angeordnet werden. Wie viele Reihenfolgen sind möglich?

11. Klassenarbeiten lässt der Mathematiklehrer der Klasse 10 a immer in einem Raum mit Einzeltischen schreiben. Im Raum sind 32 Einzeltische [28 Einzeltische]. Auf wie viele Arten kann er den 28 Schülerinnen und Schülern der Klasse Plätze zuweisen?

12. Nacheinander kommen 5 Patienten in das Wartezimmer eines Arztes, in dem 12 Stühle stehen. Wie viele Möglichkeiten haben die Patienten, Platz zu nehmen?

13. Aus einer Urne mit drei Kugeln wird dreimal hintereinander eine Kugel gezogen. Nimm Stellung zu folgenden Erläuterungen von Lisa.

> Es gibt 6 Möglichkeiten:
> Bei der ersten Ziehung gibt es drei Möglichkeiten, bei der zweiten zwei und bei der dritten Ziehung eine Möglichkeit.
> Insgesamt sind dies 3 + 2 + 1, also 6 Möglichkeiten.

14. In einem Gefäß sind eine blaue, eine rote und eine schwarze Kugel. In einem zweiten Gefäß sind ebenfalls eine blaue, eine rote, eine schwarze und außerdem eine gelbe und eine weiße Kugel. Aus beiden Gefäßen wird je eine Kugel gezogen.

a) Wie viele Möglichkeiten der Ziehung gibt es?

b) Wie groß ist die Wahrscheinlichkeit, dass
(1) beide Kugeln blau sind;
(2) die 1. Kugel rot, die 2. Kugel nicht rot ist;
(3) beide Kugeln nicht schwarz sind;
(4) beide Kugeln gleichfarbig sind?

15. Bei einem Grenzübergang versehen 4 Beamte die Passkontrolle und 5 Beamte die Zollkontrolle. Zwei der Passkontrolleure lassen die Reisenden ohne Formalitäten einreisen, drei der Zöllner verzichten auf eine Kontrolle.
Mit welcher Wahrscheinlichkeit hat ein Reisender
(1) keine Kontrolle, (2) genau zwei Kontrollen, (3) genau eine Kontrolle?

16. Gib an, um welches Urnenmodell (siehe Information (2) auf den Seiten 132 und 133) es sich handelt.

(1) Beim *Spiel 77* werden nacheinander die 7 Ziffern einer 7-stelligen Gewinnzahl bestimmt.
Wie viele mögliche Gewinnzahlen gibt es?

(2) Wenn am Wochenende Fußballspiele ausfallen, muss das Ergebnis des Spiels für die Totowette ausgelost werden: 1 = Sieg der Heimmannschaft; 2 = Sieg der Gastmannschaft; 0 = unentschieden.
Angenommen, alle 11 Spiele der Fußballwette fallen aus:
Wie viele verschiedene Toto-Gewinnreihen könnten ausgelost werden?

17. Wie viele dreistellige [fünfstellige] Zahlen kann man bilden aus
a) den Ziffern 2, 4, 6; **b)** den Ziffern 1, 2, 3, 4; **c)** den ungeraden Ziffern?

18. **a)** Bei einer Sparkasse haben alle Konten eine zehnstellige Nummer. Die erste Ziffer zeigt an, um welche Art von Konto es sich handelt. Alle Girokonten beginnen mit der Ziffer 6.
Wie viele verschiedene Girokonten mit einer zehnstelligen Nummer können vergeben werden?

b) Wie viele siebenstellige Telefonnummern ohne Vorwahl gibt es?

19. Tim möchte die Daten auf seinem Computer vor unberechtigtem Zugriff schützen. Er wählt ein Codewort, das aus vier aneinandergereihten Buchstaben besteht.

a) Wie viele Möglichkeiten hat Tim, aus den 26 Buchstaben des Alphabetes ein solches Codewort, z. B. HUND, DXTR, AHHR, auszuwählen?

b) Wie groß ist die Wahrscheinlichkeit, dass ein Unberechtigter, der weiß, dass das Codewort aus vier Buchstaben besteht, gleich auf „Anhieb" das richtige Codewort trifft?

20. Vor Beginn der Fußball-Weltmeisterschaft müssen die Namen von 23 Spielern einer Mannschaft an den Internationalen Fußballverband gemeldet werden. Dabei erhalten die Spieler eine feste Nummer zugeteilt, die sie während der Spiele des Turniers tragen müssen.

a) Wie viele Möglichkeiten gibt es, die Nummern 1 bis 23 zu verteilen?

b) Es werden 3 Torwarte gemeldet, die die Nummern 1, 2 oder 3 bekommen; die übrigen Nummern werden an die Feldspieler verteilt. Wie viele Möglichkeiten gibt es jetzt?

A	· –
B	– · · ·
C	– · – ·
D	– · ·
E	·
F	· · – ·
G	– – ·
H	· · · ·
I	· ·
J	· – – –
K	– · –
L	· – · ·
M	– –
N	– ·
O	– – –
P	· – – ·
Q	– – · –
R	· – ·
S	· · ·
T	–
U	· · –
V	· · · –
W	· – –
X	– · · –
Y	– · – –
Z	– – · ·
1	· – – – –
2	· · – – –
3	· · · – –
4	· · · · –
5	· · · · ·
6	– · · · ·
7	– – · · ·
8	– – – · ·
9	– – – – ·
0	– – – – –
Punkt	· – · – · –
Komma	– – · · – –
Ä	· – · –
Ü	· · – –
Ö	– – – ·
CH	– – – –
Verbindungsaufbau	· – · – · –
Verbindungsende	· – · – ·
Irrtum beim Sender	· · · · · · · ·

21. Wie viele verschiedene zweistellige [dreistellige; vierstellige] Morsezeichen gibt es?

Samuel Morse, amerikanischer Maler und Erfinder wurde am 27. April 1791 in Charlestown, einem Stadtteil des heutigen Boston, geboren. Er wurde vor allem bekannt als Porträtmaler und Bildhauer. Ab 1832 war Morse Professor für Zeichenkunst an der New Yorker Universität. Etwa zu dieser Zeit begann er, sich für chemische und elektrische Experimente zu interessieren. 1833 begann Morse mit der Entwicklung des ersten elektromagnetischen Schreibtelegrafen (Morseapparat). 1836 reichte er am Patentamt in Washington eine Patentanmeldung ein und versuchte erfolglos, europäische Patente für seinen Apparat zu erhalten. Im selben Jahr entwickelte er das Morsealphabet. Dieses besteht aus kurzen Signalen (Punkte) und langen Signalen (Striche). Die erste Nachricht wurde im Mai 1844 über eine Telegrafenleitung zwischen Washington und Baltimore übermittelt. Später experimentierte Morse mit der Tiefseekabel-Telegrafie. Der Morsecode wurde lange Zeit fast ausschließlich für die Telegrafie verwendet. Morse starb am 2. April 1872 in New York City.

22. Denke dir einen Zufallsversuch aus, für den es

a) 3^4, **c)** $4 \cdot 3 \cdot 2$,

b) 4^3, **d)** $4!$

mögliche Ergebnisse gibt.

23. Beim Roulettespiel kann eine Kugel auf einem der Felder 0, 1, 2, …, 36 stehen bleiben.
Wie viele mögliche Ergebnisse können beim fünffachen [zehnfachen] Drehen des Roulettes auftreten?

24. Beim Lottospiel *6 aus 49* wurden in einer Wochenziehung die Zahlen 7 – 8 – 24 – 30 – 33 – 37 gezogen. Diese Zahlen wurden nach der Ziehung der Größe nach sortiert. Auf wie viele Arten hätte dieses Ergebnis zustande kommen können?

25. Probiere mit deinem Rechner aus:

a) Wie viele Dinge muss man anordnen, damit es
(1) ungefähr 1 Million, (2) ungefähr 1 Milliarde verschiedene Möglichkeiten gibt?

b) Welches ist die größte Anzahl von Dingen, deren Anzahl von Anordnungen du mit dem Rechner direkt berechnen kannst?

26. Die fünf Besten eines Schreibwettbewerbs der 10. Klassen sollen einen Buchpreis erhalten. Die be-treuende Lehrerin sucht aus der Jugendbuchliste 8 [3] mögliche Buchtitel aus.
Wie viele Möglichkeiten der Preisverleihung gibt es?
Ist die Fragestellung genau genug? Präzisiere gegebenenfalls das Verfahren der Auswahl.

Komplementärregel

Für das Gegenereignis $\bar{E}$ eines Ereignisses E gilt: $P(\bar{E}) = 1 - P(E)$

27. Beim Verlosen von Freikarten an fünf Schüler(innen) mithilfe eines Rouletts (siehe Aufgabe 20) ist die Möglichkeit zugelassen, dass eine Schülerin oder ein Schüler zwei oder mehr Freikarten erhält. Wie groß ist die Wahrscheinlichkeit hierfür?
(*Tipp:* Bestimme zunächst die Wahrscheinlichkeit für das Ereignis *Die Freikarten wurden an fünf verschiedene Personen verlost.*)

28. Bei einem Quizspiel muss man bei jeder Frage angeben, welche von 4 Antworten richtig ist. Angenommen, ein Kandidat verlässt sich vollkommen auf sein Glück und wirft bei jeder Frage einen Tetraeder.
Mit welcher Wahrscheinlichkeit übersteht der Kandidat die ersten drei [vier, fünf] Runden?

4.4 Ziehen mit einem Griff

4.4.1 Anzahl der Möglichkeiten beim Ziehen mit einem Griff

Einführung

Die Gewinnzahlen beim Lotto *6 aus 49* werden *nacheinander* ohne Zurücklegen gezogen. Die Ziehung könnte auch so erfolgen, dass die 6 Kugeln mit den Gewinnzahlen *auf einmal* herausgegriffen werden. Das wäre aber sicherlich weniger spannend.
Bevor wir die große Anzahl der Möglichkeiten beim Spiel *6 aus 49* betrachten, beschäftigen wir uns mit einer überschaubareren Situation, dem Lottospiel *3 aus 5:* In einer Urne sind Kugeln, die die Nummern von 1 bis 5 tragen. Man greift in die Urne und zieht 3 Kugeln auf einmal heraus.
Wie viele Möglichkeiten gibt es hierfür?
Um systematisch alle Möglichkeiten aufzulisten, stellen wir uns den Vorgang so vor: Die drei Kugeln werden nacheinander ohne Zurücklegen gezogen; anschließend aber beachtet man nicht mehr, in welcher Reihenfolge die Kugeln gezogen wurden.
Für das dreifache Ziehen ohne Zurücklegen gibt es $5 \cdot 4 \cdot 3$, also 60 Möglichkeiten:

$(1\mid 2\mid 3)$	$(1\mid 2\mid 4)$	$(1\mid 2\mid 5)$	$(1\mid 3\mid 4)$	$(1\mid 3\mid 5)$	$(1\mid 4\mid 5)$	$(2\mid 3\mid 4)$	$(2\mid 3\mid 5)$	$(2\mid 4\mid 5)$	$(3\mid 4\mid 5)$
$(1\mid 3\mid 2)$	$(1\mid 4\mid 2)$	$(1\mid 5\mid 2)$	$(1\mid 4\mid 3)$	$(1\mid 5\mid 3)$	$(1\mid 5\mid 4)$	$(2\mid 4\mid 3)$	$(2\mid 5\mid 3)$	$(2\mid 5\mid 4)$	$(3\mid 5\mid 4)$
$(2\mid 1\mid 3)$	$(2\mid 1\mid 4)$	$(2\mid 1\mid 5)$	$(3\mid 1\mid 4)$	$(3\mid 1\mid 5)$	$(4\mid 1\mid 5)$	$(3\mid 2\mid 4)$	$(3\mid 2\mid 5)$	$(4\mid 2\mid 5)$	$(4\mid 3\mid 5)$
$(2\mid 3\mid 1)$	$(2\mid 4\mid 1)$	$(2\mid 5\mid 1)$	$(3\mid 4\mid 1)$	$(3\mid 5\mid 1)$	$(4\mid 5\mid 1)$	$(3\mid 4\mid 2)$	$(3\mid 5\mid 2)$	$(4\mid 5\mid 2)$	$(4\mid 5\mid 3)$
$(3\mid 1\mid 2)$	$(4\mid 1\mid 2)$	$(5\mid 1\mid 2)$	$(4\mid 1\mid 3)$	$(5\mid 1\mid 3)$	$(5\mid 1\mid 4)$	$(4\mid 2\mid 3)$	$(5\mid 2\mid 3)$	$(5\mid 2\mid 4)$	$(5\mid 3\mid 4)$
$(3\mid 2\mid 1)$	$(4\mid 2\mid 1)$	$(5\mid 2\mid 1)$	$(4\mid 3\mid 1)$	$(5\mid 3\mid 1)$	$(5\mid 4\mid 1)$	$(4\mid 3\mid 2)$	$(5\mid 3\mid 2)$	$(5\mid 4\mid 2)$	$(5\mid 4\mid 3)$

Mögliche Anordnungen der Zahlen 1, 2, 3

Mögliche Anordnungen der Zahlen 3, 4, 5

In jeder Spalte stehen dieselben Zahlen, nur jeweils in anderer Reihenfolge. Es gibt $3 \cdot 2 \cdot 1$, also 6 Reihenfolgen von 3 Zahlen. Somit gibt es (nur) $\frac{5 \cdot 4 \cdot 3}{3 \cdot 2 \cdot 1} = \frac{60}{6}$, also 10 Möglichkeiten, drei Kugeln mit einem Griff aus einer Urne mit 5 Kugeln zu entnehmen:

Ziehen nacheinander ohne Zurücklegen: $5 \cdot 4 \cdot 3 = 60$ Möglichkeiten

Anordnung der 3 gezogenen Zahlen: $3 \cdot 2 \cdot 1 = 6$ Möglichkeiten

Ziehungen mit einem Griff: $\frac{5 \cdot 4 \cdot 3}{3 \cdot 2 \cdot 1} = 10$ Möglichkeiten

Ergebnis: Es gibt 10 Möglichkeiten, 3 Kugeln mit einem Griff aus einer Urne zu ziehen.

Information

(1) Zerlegen von Mengen in Teilmengen

Wir betrachten das Beispiel aus der Einführung: Die Ziehung mit einem Griff zerlegt die Menge aller in der Urne befindlichen Kugeln in eine drei-elementige Teilmenge, die herausgegriffen wird, und eine zwei-elementige Teilmenge, die in der Urne bleibt.

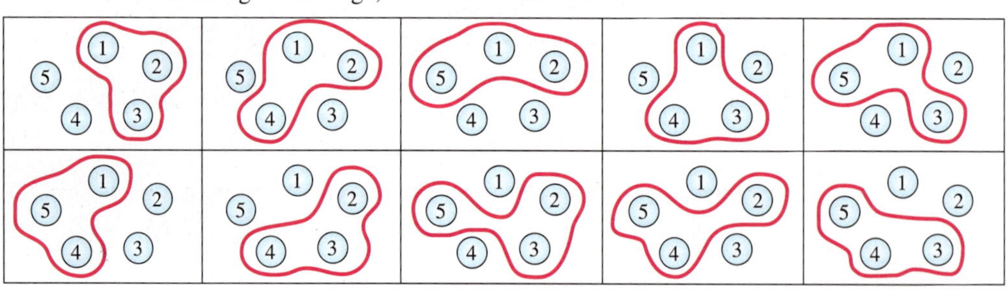

Nach dieser Überlegung müsste die Anzahl der Möglichkeiten, *drei* Kugeln mit einem Griff aus einer Urne mit fünf Kugeln zu ziehen, genauso groß sein wie die Anzahl der Möglichkeiten, *zwei* Kugeln mit einem Griff zu ziehen.
Das bestätigt auch die folgende Rechnung:

Ziehen nacheinander ohne Zurücklegen:	$5 \cdot 4 = 20$ Möglichkeiten
Anordnung der 2 gezogenen Zahlen:	$2 \cdot 1 = 2$ Möglichkeiten
Ziehungen mit einem Griff	$\frac{5 \cdot 4}{2 \cdot 1} = 10$ Möglichkeiten

(2) Anzahl der Möglichkeiten beim Ziehen auf einen Griff

Wir verallgemeinern die Betrachtungen aus der Einführung von Seite 138:
Erfolgt eine Urnenziehung mit einem Griff oder kommt es bei der Ziehung ohne Wiederholung nicht auf die Reihenfolge an, mit der die Kugeln gezogen werden, dann spricht man von einer *ungeordneten Auswahl* oder einer *ungeordneten Stichprobe.*

Die Anzahl der möglichen Stichproben berechnet sich wie folgt:

k-faches Ziehen ohne Wiederholung aus einer Urne mit n Kugeln:	$n \cdot (n-1) \cdot \ldots \cdot (n-k+1)$ Möglichkeiten
Anordnen der k Kugeln:	$k \cdot (k-1) \cdot \ldots \cdot 1$ Möglichkeiten

Weil jede der $n \cdot (n-1) \cdot \ldots \cdot (n-k+1)$ Möglichkeiten auf $k \cdot (k-1) \cdot \ldots \cdot 1$ Arten umgestellt werden kann, gibt es bei der Ziehung mit einem Griff $\frac{n \cdot (n-1) \cdot \ldots \cdot (n-k+1)}{k \cdot (k-1) \cdot \ldots \cdot 1}$ Möglichkeiten.

Für diesen Ausdruck führt man eine Abkürzung ein:

Definition

Für natürliche Zahlen n und k mit $k \leq n$ setzt man

$$\binom{n}{k} = \frac{n \cdot (n-1) \cdot (n-2) \cdot \ldots \cdot (n-(k-1))}{k \cdot (k-1) \cdot (k-2) \cdot \ldots \cdot 1}$$

$\binom{n}{k}$ wird gelesen als *n über k* und heißt **Binomialkoeffizient**.

Beispiele: $\binom{7}{3} = \frac{7 \cdot \cancel{6}^{1} \cdot 5}{\cancel{3}_1 \cdot \cancel{2}_1 \cdot 1} = 35$ $\binom{10}{5} = \frac{\cancel{10}^{2} \cdot \cancel{9}^{3} \cdot \cancel{8}^{1} \cdot 7 \cdot 6}{\cancel{5}_1 \cdot \cancel{4} \cdot \cancel{3}_1 \cdot \cancel{2}_1 \cdot 1} = 252$ $\binom{4}{1} = \frac{4}{1} = 4$

Der Bruchterm $\binom{n}{k} = \frac{n \cdot (n-1) \cdot \ldots \cdot (n-(k-1))}{k \cdot (k-1) \cdot \ldots \cdot 1}$ gibt eine Anzahl an; er ist also eine natürliche Zahl. Daraus ergibt sich, dass sich dieser Bruch stets kürzen lässt.
Zusammenfassend erhalten wir:

Satz: *Ziehen auf einen Griff (Ungeordnete Stichprobe)*

Gegeben ist eine Urne mit n unterscheidbaren Kugeln.
Es werden k Kugeln mit einem Griff entnommen, d. h. es wird eine k-elementige Teilmenge der n-elementigen Menge gebildet.

Dies ist auf $\binom{n}{k} = \underbrace{\frac{n \cdot (n-1) \cdot (n-2) \cdot \ldots \cdot (n-(k-1))}{k \cdot (k-1) \cdot (k-2) \cdot \ldots \cdot 1}}_{\text{je k Faktoren}}$ verschiedene Arten möglich.

(3) Berechnen von Binomialkoeffizienten mit dem Rechner

Auch Binomialkoeffizienten können mit vielen Rechnern direkt berechnet werden. Im Englischen bezeichnet man die Ergebnisse beim Ziehen auf einen Griff als *combinations.* Von diesem Wort stammt der entsprechende Rechner-Befehl **nCr**.

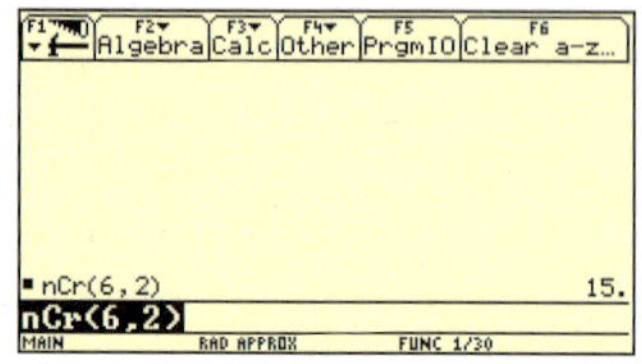

Weiterführende Aufgaben

1. *Lottoprobleme*

Bei den Lottoziehungen am Mittwoch und am Samstag, die im Fernsehen zu sehen sind, werden nacheinander 6 Kugeln aus einer Lostrommel mit 49 nummerierten Kugeln gezogen. Anschließend werden die Gewinnzahlen der Größe nach geordnet. Diese Reihenfolge wird auch in der Zeitung abgedruckt.

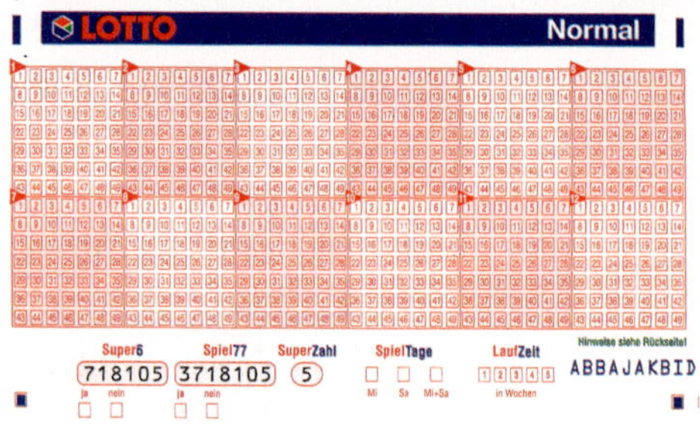

a) An einem Samstag wurden z. B. die Zahlen 11 – 14 – 24 – 32 – 36 – 42 gezogen. Auf wie viele Arten hätte dieses Ergebnis zustande kommen können?

b) Zeige: Beim Lottospiel *6 aus 49* gibt es 13 983 816 mögliche Tipps.

c) Man könnte die Lottoziehungen spannender machen: Statt die 6 Gewinnzahlen auszulosen, könnte man nacheinander die 43 Zahlen herausgreifen, die *nicht* gewonnen haben.
Begründe: Auch für diese Methode gäbe es 13 983 816 Möglichkeiten.

d) Begründe: Die Wahrscheinlichkeit für 6 Richtige ist $\frac{1}{13\,983\,816}$.

2. *Angabe des Binomialkoeffizienten mithilfe von Fakultäten*

Man kann Binomialkoeffizienten auch kürzer mithilfe von Fakultäten schreiben. Beweise den folgenden Satz:

> **Satz**
> Für natürliche Zahlen n und k mit k ≤ n gilt: $\binom{n}{k} = \frac{n!}{k! \cdot (n-k)!}$
>
> Taschenrechner: n cr k=

Übungsaufgaben

3. a) Es sind 8 nummerierte Kugeln vorhanden. Auf wie viele Weisen lassen sich diese nebeneinander anordnen?

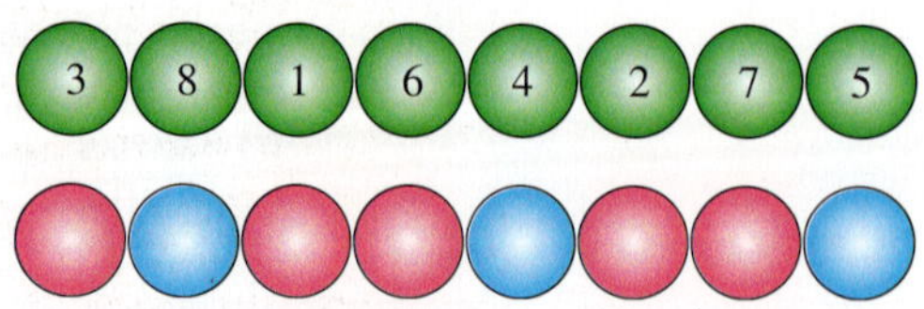

b) Es sind 5 rote Kugeln und 3 blaue Kugeln vorhanden. Diese sind *nicht* nummeriert, daher kann man die drei blauen Kugeln bzw. die 5 roten Kugeln nicht voneinander unterscheiden. Auf wie viele Arten lassen sich diese Kugeln anordnen?

4. Bei einem Jugendherbergsaufenthalt werden 6 Schüler aus einer Klasse mit 28 Schülern für Arbeiten in der Küche benötigt.
Wie viele Auswahlmöglichkeiten gibt es? Ist die Aufgabenstellung eindeutig?
Sind die 6 Schüler nacheinander auszulosen oder genügt ein Ziehen auf einen Griff?

5. In welchen der folgenden Situationen gibt es die meisten Möglichkeiten? Schätze zuerst, berechne dann jeweils die Anzahl der Möglichkeiten.
(1) In einer Eisdiele gibt es 10 Eissorten. Carsten möchte 3 verschiedene Eiskugeln.
(2) Heike will in den Urlaub 4 von 12 Kriminalromanen mitnehmen.
(3) Frau Struck hat einen Gutschein für 5 Theateraufführungen. In dieser Spielzeit werden 11 verschiedene Stücke gezeigt.
(4) Im Schachklub sind 9 Spieler etwa gleich gut. Zu einem Turnier soll eine Mannschaft von 3 Spielern geschickt werden.
(5) Für 4 gleichartige offene Stellen in derselben Firma gibt es 15 Bewerber.

6. Im Viertelfinale eines Fußballturniers sind noch acht Mannschaften. Wie viele verschiedene Endspielpaarungen sind zu diesem Zeitpunkt noch möglich?

7. Alexander will für sich und 5 seiner Freunde Theaterkarten kaufen. In Reihe 17 sind noch 8 Plätze frei. Wie viele Möglichkeiten der Platzbelegung gibt es?

8. Drei Leichtathletinnen aus Corinnas Verein gelang es bei der letzten Mehrkampfmeisterschaft, Plätze unter den ersten Zehn zu belegen. Wie viele Möglichkeiten der Platzierung lässt die Information zu? Ist die Frage eindeutig gestellt?

9. In einer Klasse sind 30 Schülerinnen und Schüler. Für ein Popkonzert stehen 5 Eintrittskarten für den Bereich vor der Bühne zur Verfügung. Der Lehrer verlost die 5 Freikarten, indem er aus einer Lostrommel, die 30 Lose mit den Namen aller Schülerinnen und Schüler der Klasse enthält, 5 Lose herausnimmt.
Auf wie viele Arten ist die Auswahl möglich? Kann man nachträglich immer erkennen, ob nacheinander oder mit einem Griff gezogen wurde?

10. Bei einem Multiple-Choice-Test gibt es zu einer Frage 5 Antworten, von denen 2 richtig sind. Wie groß ist die Wahrscheinlichkeit, dass man durch bloßes Raten genau die beiden richtigen Antworten ankreuzt?

Wie müssen Sie sich in dieser Situation als Fahrer verhalten?

- ○ Hupen und mit unveränderter Geschwindigkeit weiterfahren.
- ○ Geschwindigkeit vermindern.
- ○ Nicht hupen, aber mit gleicher Geschwindigkeit weiterfahren, da die Kinder am linken Straßenrand sind.
- ○ Bremsbereit sein und vorsichtig vorbeifahren.
- ○ Beschleunigen und schnell vorbeifahren, bevor die Kinder auf die Straße laufen.

L & P / 3581

4.4.2 Wahrscheinlichkeiten beim Ziehen mit einem Griff

Einführung

Beim Tippen markiert man auf dem Lottoschein 6 der 49 Zahlen (z. B. 12; 15; 16; 34; 38; 48, siehe erstes Bild).
Beim Ziehen der Lottozahlen werden 6 von 49 nummerierten Kugeln gezogen (z. B. 11; 12; 23; 34; 38; 46, siehe zweites Bild).
3 Richtige bedeutet dann, dass man 3 der 6 Gewinnzahlen (z. B. 12, 34 und 38, siehe zweites Bild) und 3 der 43 Nicht-Gewinnzahlen (z. B. 15, 16 und 48, siehe zweites Bild) angekreuzt hat.

Beispiel eines Tipps

3 Richtige im Tipp

(1) Wie viele Möglichkeiten gibt es insgesamt hierfür?

Wir berechnen zunächst die Anzahl der Möglichkeiten, irgendwelche 3 von den 6 Gewinnzahlen auszuwählen. Hierfür gibt es $\binom{6}{3} = \frac{6 \cdot 5 \cdot 4}{3 \cdot 2 \cdot 1} = 20$ Möglichkeiten.
Weiter berechnen wir die Anzahl der Möglichkeiten, irgendwelche 3 von den 43 Nicht-Gewinnzahlen zu wählen. Hierfür gibt es $\binom{43}{3} = \frac{43 \cdot 42 \cdot 41}{3 \cdot 2 \cdot 1} = 12\,341$ Möglichkeiten.

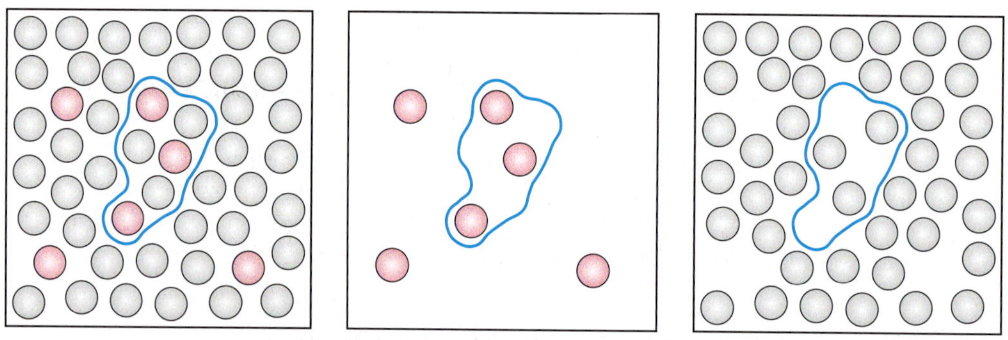

Da jede der 20 Möglichkeiten für *3 von 6 richtigen Zahlen* mit jeder der 12 341 Möglichkeiten für *3 von 43 falschen Zahlen* kombiniert werden kann (und damit zum Gewinn *3 Richtigen* führt), gibt es hierfür insgesamt $\binom{6}{3} \cdot \binom{43}{3} = 20 \cdot 12\,341 = 246\,820$ Möglichkeiten.

(2) Wie groß ist die Wahrscheinlichkeit für 3 Richtige?

Von den $\binom{49}{6} = 13\,983\,816$ möglichen Tipps (siehe Aufgabe 1, Seite 140) gibt es also 246 820 Tipps, mit denen man im Rang *3 Richtige* gewinnt.

Die Wahrscheinlichkeit für einen Gewinn in diesem Rang ist also:

$$\frac{\binom{6}{3}\binom{43}{3}}{\binom{49}{6}} = \frac{246\,820}{13\,983\,816} \approx 0{,}0177 = 1{,}77\,\%.$$

Das bedeutet: Nur ungefähr jeder 57. Tipp ist ein Tipp mit 3 Richtigen, denn $0{,}0177 \approx \frac{1}{57}$.
Man muss also über ein Jahr lang jede Woche einen Tipp abgeben, um – im Mittel – einmal im Rang *3 Richtige* zu gewinnen!
Wenn an einem Wochenende 140 Millionen Tipps abgegeben werden, dann sind etwa 1,77 % von 140 Millionen, das sind ungefähr 2,5 Millionen Tipps mit 3 Richtigen darunter zu erwarten (*Häufigkeitsinterpretation der Wahrscheinlichkeit*).

Aufgabe 1

Nachdem beim Lottospiel *6 aus 49* die sechste Zahl gezogen worden ist, wird auch noch eine weitere Zahl gezogen, die *Zusatzzahl.* Man hat *3 Richtige mit Zusatzzahl,* wenn man 3 der 6 Gewinnzahlen, 2 der 42 Nicht-Gewinnzahlen und die Zusatzzahl richtig hat.

a) Wie viele Möglichkeiten gibt es hierfür?

b) Wie groß ist die Wahrscheinlichkeit für *3 Richtige mit Zusatzzahl?*

c) Wie viele Wochen lang ungefähr muss man einen Tipp abgeben, um 3 Richtige mit Zusatzzahl zu haben? Wie viele Tipps in diesem Rang kann man unter den 140 Millionen Tipps eines Wochenendes erwarten?

Lösung

a) Es gibt $\binom{6}{3} = \frac{6 \cdot 5 \cdot 4}{3 \cdot 2 \cdot 1} = 20$ Möglichkeiten, 3 der 6 Gewinnzahlen auszuwählen;

es gibt $\binom{1}{1} = 1$ Möglichkeit, die eine Zusatzzahl zu haben;

es gibt $\binom{42}{2} = \frac{42 \cdot 41}{2 \cdot 1} = 861$ Möglichkeiten, 2 der 42 Nicht-Gewinnzahlen auszuwählen.

Demnach gibt es nach der Zählregel der Kombinatorik insgesamt $\binom{6}{3} \cdot \binom{1}{1} \cdot \binom{42}{2} = 20 \cdot 1 \cdot 861$, also 17 220 mögliche Tipps mit *3 Richtigen mit Zusatzzahl.*

b) Von den $\binom{49}{6} = 13\,983\,816$ insgesamt möglichen Tipps gibt es also 17 220 Tipps, mit denen man im Rang *3 Richtige mit Zusatzzahl* gewinnt. Die Wahrscheinlichkeit für einen Gewinn in diesem Rang ist also $\frac{\binom{6}{3}\binom{1}{1}\binom{42}{2}}{\binom{49}{6}} = \frac{17\,220}{13\,983\,816} \approx 0{,}00123 = 0{,}123\,\%$.

c) Es ist $0{,}00123 \approx \frac{1}{812}$. Gibt man also jede Woche einen Tipp ab, dann dauert es im Mittel 812 Wochen, d. h. mehr als 15 Jahre, bis man *3 Richtige mit Zusatzzahl* hat.

Unter 140 Millionen Tipps eines Wochenendes sind etwa $140\,000\,000 \cdot 0{,}00123$, also ungefähr 170 000 Gewinner mit *3 Richtigen mit Zusatzzahl* zu erwarten.

Information

Wahrscheinlichkeiten bei Stichprobennahmen

Sind in einer Urne unterschiedlich gefärbte Kugeln, dann kommt es vor, dass beim Ziehen mit einem Griff auch in der Stichprobe unterschiedlich gefärbte Kugeln auftreten.

Die Anzahl der möglichen Stichproben einer bestimmten Zusammensetzung erhält man, indem man *für jede Farbe getrennt* die Anzahl der möglichen Stichproben bestimmt und diese Anzahlen miteinander multipliziert.

Die Wahrscheinlichkeit für eine Stichprobe einer bestimmten Zusammensetzung erhält man, indem man die Anzahl der möglichen Stichproben dieser Zusammensetzung durch die Anzahl aller möglichen Stichproben vom selben Umfang teilt.

Beispiel: Gegeben ist eine Urne mit 7 roten, 5 blauen, 8 weißen, also insgesamt 20 Kugeln. Wir nehmen eine Stichprobe vom Umfang 6 (Ziehen mit einem Griff). Wie groß ist die Wahrscheinlichkeit, dass in der Stichprobe 1 rote, 2 blaue und 3 weiße Kugeln sind?

Es gibt $\binom{7}{1}$ Möglichkeiten, 1 von 7 roten Kugeln zu ziehen, $\binom{5}{2}$ Möglichkeiten, 2 von 5 blauen Kugeln zu ziehen und $\binom{8}{3}$ Möglichkeiten, 3 von 8 weißen Kugeln zu ziehen. Also beträgt die Anzahl der möglichen Stichproben mit 1 roten, 2 blauen und 3 weißen Kugeln: $\binom{7}{1} \cdot \binom{5}{2} \cdot \binom{8}{3}$

Ferner beträgt die Anzahl der möglichen Stichproben vom Umfang 6: $\binom{20}{6}$

Daraus ergibt sich die Wahrscheinlichkeit für eine Stichprobe mit 1 roten, 2 blauen, 3 weißen Kugeln: $\frac{\binom{7}{1}\binom{5}{2}\binom{8}{3}}{\binom{20}{6}} = \frac{7 \cdot 10 \cdot 56}{38\,760} \approx 0{,}101$

Übungsaufgaben

2. Aus einem Skat-Kartenspiel mit 32 Karten werden vier Karten gezogen.

a) Auf wie viele Arten ist dies möglich?

b) Wie groß ist die Wahrscheinlichkeit, dass dies
(1) zwei Asse und zwei Buben sind;
(2) zwei Asse und zwei andere Karten sind?

c) Wie oft ungefähr muss man vier Karten aus einem Kartenspiel mit 32 Karten ziehen, damit das in Teilaufgabe b) (1) bzw. (2) beschriebene Ereignis eintritt?

3. Beim Lottospiel *6 aus 49* wird neben den 6 Gewinnzahlen und der Zusatzzahl auch noch eine Superzahl ausgelost. Die Superzahl ist eine Zahl zwischen 0 und 9, die zusätzlich ausgelost wird. Damit werden dann acht verschiedene Gewinnklassen unterschieden. Bestimme deren Gewinnwahrscheinlichkeiten.

Gewinnklasse

I	(6 Richtige mit Superzahl)	V	4 Richtige mit Zusatzzahl
II	(6 Richtige ohne Superzahl)	VI	4 Richtige ohne Zusatzzahl
III	(5 Richtige mit Zusatzzahl)	VII	3 Richtige mit Zusatzzahl
IV	(5 Richtige ohne Zusatzzahl)	VIII	3 Richtige ohne Zusatzzahl

4. In einzelnen Ländern Europas werden auch andere Lottospiele angeboten
Dänemark: *7 aus 36*
Slowenien, Kroatien: *7 aus 39*
Belgien, Irland: *6 aus 42*
Österreich, Schweiz, Niederlande: *6 aus 45*
Finnland, Norwegen, Schweden: *6 aus 48*
Bestimme die Wahrscheinlichkeiten für die drei höchsten Gewinnklassen (ohne Berücksichtigung einer Zusatzzahl).

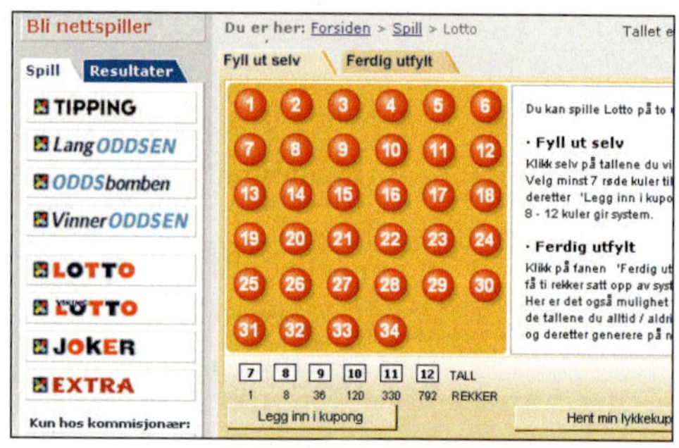

5. In einer Klasse sind 12 Schülerinnen und 16 Schüler; 5 werden durch Los für den Ordnungsdienst ausgewählt.
Wie groß ist die Wahrscheinlichkeit, dass dies

a) lauter Jungen sind;

b) lauter Mädchen sind;

c) 1 Junge und 4 Mädchen sind;

d) 2 Jungen und 3 Mädchen sind;

e) 3 Jungen und 2 Mädchen sind;

f) 4 Jungen und 1 Mädchen sind?

6. In den vier Klassen der Jahrgangsstufe 10 soll eine Umfrage gemacht werden. Aus Zeitgründen beschränkt man sich darauf, einzelne Schülerinnen und Schüler nach dem Zufallsprinzip auszuwählen und zu befragen.
Wie viele Möglichkeiten der Auswahl gibt es?

Klasse	Mädchen	Jungen
10a	15	12
10b	14	16
10c	12	18
10d	16	13

a) Aus jeder Klasse sollen 3 Jugendliche ausgewählt werden.

b) Aus jeder Klasse sollen 2 Jungen und 2 Mädchen ausgewählt werden.

c) Aus der Jahrgangsstufe sollen 5 Jungen und 5 Mädchen ausgewählt werden.

d) Wie groß ist die Wahrscheinlichkeit, dass die in den Teilaufgaben a), b) und c) beschriebenen Ereignisse zufällig eintreten?

7. Für die Teilnahme an einem Austauschprogramm mit einer ausländischen Partnerschule bewerben sich 24 Schülerinnen und Schüler der Jahrgangsstufe 10. Da nur 16 teilnehmen können, wird gelost.

a) Unter den Bewerbern sind je 12 Mädchen und Jungen.
Wie groß ist die Wahrscheinlichkeit, dass auch unter den ausgelosten Teilnehmern gleich viele Mädchen wie Jungen sind?

b) Unter den Bewerbern sind 15 Mädchen und 9 Jungen [18 Jungen und 6 Mädchen].
Wie groß ist die Wahrscheinlichkeit, dass Mädchen und Jungen mit entsprechendem Anteil unter den ausgelosten Teilnehmern sind?

8.

Auf der Internetseite des Irischen Lottos (links) bzw. des Belgischen Lottos (rechts) findet man wöchentlich die jeweiligen Gewinneranzahlen für das Lottospiel „*6 aus 42*“.
Schätze, wie viele Tipps an dem betreffenden Wochenende abgegeben wurden.

9. Eine Eisdiele bietet ihren Kunden ein spezielles Eis-Lottospiel an: Wenn die Kunden ein Eis mit drei Kugeln bestellen und dabei die richtigen drei Sorten Eis nennen, müssen sie ihr Eis nicht bezahlen. Wenn jemand die richtigen drei Sorten geraten hat, werden die „Glückssorten“ gewechselt.
In der Eisdiele werden 10 Sorten Eis angeboten. Mit welcher Wahrscheinlichkeit rät man die Gewinn-Kombination?

10. Herr Kirst weiß aus den Fußballstatistiken, dass im Mittel 6 der 11 Spiele eines Totozettels von der Heimmannschaft gewonnen werden (Tipp: 1), 3 Spiele gehen Unentschieden aus (Tipp: 0) und 2 Spiele werden von der Gastmannschaft gewonnen (Tipp: 2). Deshalb verteilt er zufällig seine 11 Kreuzchen auf dem Tippzettel (6mal 1, 3mal 0, 2mal 2).
Angenommen, an einem Wochenende gehen tatsächlich die 11 Spiele so aus wie durch den Mittelwert beschrieben.
Mit welcher Wahrscheinlichkeit hat Herr Kirst alle Spiele richtig angekreuzt?

4.5 Vermischte Übungen zur Kombinatorik

1. Aus einem Skatspiel mit 32 Karten werden nacheinander fünf Karten gezogen.

a) Wie viele Möglichkeiten der Ziehung gibt es?

b) Wie viele mögliche Blätter mit fünf Karten gibt es?

c) Wie viele Blätter mit fünf Karten gibt es, die
(1) nur aus Herzkarten bestehen;
(2) zwei Damen und zwei Könige enthalten;
(3) zwei Damen, zwei Könige und ein Ass enthalten?

2. Eine Münze wird zehnmal geworfen.

a) Wie viele mögliche Ergebnisse (z. B. W Z W W Z Z Z W Z Z) gibt es?

b) Wie viele mögliche Ergebnisse gibt es mit zweimal Wappen und achtmal Zahl? (Das bedeutet: Wie viele Möglichkeiten gibt es, den Buchstaben W zweimal in das nebenstehende Schema einzutragen?)

1	2	3	4	5	6	7	8	9	10

c) Wie groß ist die Wahrscheinlichkeit für dreimal Wappen [viermal Zahl; fünfmal Wappen]?

3. An einem Pferderennen nehmen 10 Pferde teil.

a) Wie viele Möglichkeiten gibt es für den Einlauf im Ziel?

b) Wie viele Tipps sind möglich für den 1. Platz, 2. Platz und den 3. Platz?

c) Man kann raten, welche Pferde unter den ersten drei sein werden.
Wie viele Tipps sind möglich?

4. An einem Schachturnier nehmen 16 Spieler teil.

a) Jeder Spieler soll einmal gegen jeden spielen. Wie viele Partien sind das insgesamt?

b) Angenommen, bei dem Turnier würde nach K.-o.-System vorgegangen. Wie viele verschiedene Endspielpaarungen sind zu Beginn des Turniers noch denkbar?

c) Die 8 Spielpaarungen der 1. Runde wurden so ausgelost: Der Turnierleiter greift aus einer Urne gleichzeitig je zwei Zettel heraus.
Wie viele Möglichkeiten gibt es für die 8 Spiele der Eröffnungsrunde des Turniers?
Gib einen Term an.

5. In einer Urne sind 26 Kugeln, die mit den Buchstaben des Alphabets bezeichnet sind.

a) Man greift nacheinander viermal [fünfmal] eine Kugel
(1) mit Zurücklegen, (2) ohne Zurücklegen
heraus. Die Buchstaben werden in der Reihenfolge der Ziehung notiert.
Wie viele Buchstabengebilde sind möglich?

b) Man greift auf einmal vier Kugeln [fünf Kugeln] heraus. Die Buchstaben können auf verschiedene Weise angeordnet werden. Wie viele verschiedene Ziehungen *auf einen Griff* sind möglich? Wie viele „Wörter" können auf diese Weise hergestellt werden?

6. Gegeben ist eine Urne mit n unterscheidbaren Kugeln. k Kugeln werden *mit einem Griff* entnommen, d. h. es wird eine k-elementige Teilmenge einer n-elementigen Menge gebildet.

a) Zeige, dass folgende Tabelle gilt:

Anzahl n der Kugeln in der Urne	Anzahl der k-elementigen Teilmengen				
	k = 1	k = 2	k = 3	k = 4	k = 5
2	2	1	–	–	–
3	3	3	1	–	–
4	4	6	4	1	–
5	5	10	10	5	1

Blaise Pascal
(1623–1662)

b) Die Tabelle ist Teil eines Rechenschemas, des so genannten *Pascal'schen Dreiecks*, benannt nach dem französischen Mathematiker Blaise PASCAL (1623–1662).

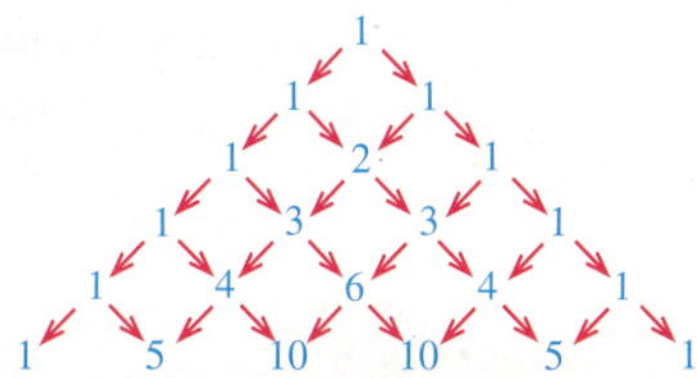

Es gelten die folgenden Regeln:

(I) Schreibe an den Anfang und das Ende einer Zeile eine 1.

(II) Addiere zwei benachbarte Zahlen und schreibe die Summe in die nächste Zeile.

Beantworte folgende Fragen:

(1) Einige Zahlen des Pascal'schen Dreiecks sind in der Tabelle aus der Teilaufgabe a) nicht abgedruckt. Welche Zahlen sind dies? Welche Bedeutung haben diese Zahlen?

(2) Begründe, warum das Pascal'sche Dreieck symmetrisch ist.

(3) Berechne nach den Regeln (I) und (II) die nächsten beiden Zeilen des Pascal'schen Dreiecks. Was geben diese Zahlen an?

c) Wieso gilt die in Teilaufgabe b) genannte Regel (II)? Erkläre Regel (II) am Beispiel: Was haben 3-elementige Teilmengen aus einer 5-elementigen Menge zu tun mit den 2-elementigen bzw. den 3-elementigen Teilmengen einer 4-elementigen Menge?

7. Die Bezeichnung „Binomialkoeffizient" für die Zahlen aus dem Pascal'schen Dreieck ergibt sich aus deren Bedeutung im Zusammenhang mit den binomischen Formeln.

a) Multipliziere $(a+b)^2$, $(a+b)^3$ und $(a+b)^4$ aus. Vergleiche das Ergebnis mit den Zahlen im Pascal'schen Dreieck.

b) Gib zunächst eine Vermutung für das Ergebnis $(a+b)^5$ ab und kontrolliere dann durch Ausmultiplizieren.

c) Finde entsprechende Aufgaben, die zur 2. und 1. Zeile des Pascal'schen Dreiecks gehören.

d) Begründe, warum der Summand $a^2 b^4$ in der ausmultiplizierten Form von $(a+b)^6$ genau $\binom{6}{2}$-mal vorkommt.

e) Begründe: $(a+b)^n = a^n + \binom{n}{1} a b^{n-1} + \binom{n}{2} a^2 b^{n-2} + \binom{n}{3} a^3 b^{n-3} + \ldots + \binom{n}{n-1} a^{n-1} b + b^n$

8. Ein Würfel wird mehrfach geworfen. Mit welcher Wahrscheinlichkeit fallen beim dreifachen [beim vierfachen; fünffachen] Würfeln lauter verschiedene Augenzahlen?

9. Bei einem Schulfest werden 500 Lose verkauft. In der Lostrommel sind 50 Gewinnlose, 100 Lose mit Trostpreis und 350 Nieten.
Mit welcher Wahrscheinlichkeit hat man unter 10 gekauften Losen 1 Gewinnlos, 2 Lose für Trostpreise und 7 Nieten?

10. Von den 49 Lottozahlen sind 24 gerade und 25 ungerade.

a) Wie groß ist die Wahrscheinlichkeit, dass genau je 3 der Gewinnzahlen gerade (bzw. ungerade) sind?

b) Berechne auch die Wahrscheinlichkeiten für
(1) lauter gerade Gewinnzahlen;
(2) 1 gerade, 5 ungerade Gewinnzahlen;
(3) 2 gerade, 4 ungerade Gewinnzahlen;
(4) 4 gerade, 2 ungerade Gewinnzahlen;
(5) 5 gerade, 1 ungerade Gewinnzahl;
(6) lauter ungerade Gewinnzahlen.

c) (1) Berechne mithilfe der Wahrscheinlichkeiten aus den Teilaufgaben a) und b), wie oft etwa die einzelnen Ergebnisse vorkommen werden, wenn man 2716 Wochenziehungen durchführt.
(2) In der nebenstehenden Tabelle sind die tatsächlichen Ergebnisse von 2716 Wochenziehungen abgedruckt. Vergleiche die absoluten Häufigkeiten mit den Schätzwerten aus (1).

Anzahl der geraden Gewinnzahlen	Anzahl der ungeraden Gewinnzahlen	Häufigkeit der Wochenziehungen
0	6	33
1	5	218
2	4	723
3	3	912
4	2	605
5	1	194
6	0	31

11. Manchmal werden beim Lottospiel *6 aus 49* lauter Zahlen unter 32 gezogen. Da viele Lottospieler ihre Geburtsdaten tippen, gibt es dann viele Gewinner, unter denen 50% des eingenommenen Betrages ausgezahlt wird. Die Gewinner erhalten dann entsprechend wenig ausbezahlt.

a) Schätze: Kommt es oft vor, dass 31 die größte ausgeloste Zahl in einer Wochenziehung ist?
Begründe: Die Wahrscheinlichkeit, dass 31 die größte ausgeloste Zahl ist, beträgt $\frac{\binom{30}{5}}{\binom{49}{6}}$.

b) Berechne analog zu Teilaufgabe a) die Wahrscheinlichkeit, dass
(1) die Zahl 40 [45; 49] die größte ausgeloste Zahl ist;
(2) die Zahl 10 [5; 1] die kleinste ausgeloste Zahl ist.

c) Folgere aus Teilaufgabe b):
Welche Zahl hat die größte Wahrscheinlichkeit, dass sie als größte Gewinnzahl ausgelost wird?
Welche Zahl hat die größte Wahrscheinlichkeit, dass sie als kleinste Gewinnzahl ausgelost wird?

12. Zahlen unter 32 werden beim Lottospiel *6 aus 49* häufiger angekreuzt als andere Zahlen. Im Allgemeinen ist deshalb die Zahl der Gewinner umso größer, je mehr Zahlen unter 32 ausgelost werden.
Bestimme die Wahrscheinlichkeit, dass
(1) alle Gewinnzahlen unter 32 sind;
(2) 5 Gewinnzahlen unter 32 und 1 Gewinnzahl über 31 sind;
(3) 4 Gewinnzahlen unter 32 und 2 Gewinnzahlen über 31 sind;
(4) 3 Gewinnzahlen unter 32 und 3 Gewinnzahlen über 31 sind;
(5) 2 Gewinnzahlen unter 32 und 4 Gewinnzahlen über 31 sind;
(6) 1 Gewinnzahl unter 32 und 5 Gewinnzahlen über 31 sind;
(7) alle Gewinnzahlen über 31 sind.

4.6 Bernoulli-Ketten

Aufgabe 1

Ann-Cathrin, Jonas und Marco spielen ein Würfelspiel. Sie vereinbaren, dass man eine Spielfigur erst dann in das Spielfeld setzen darf, wenn man eine Vier gewürfelt hat. Jeder hat nur einen Versuch, dann wird der Würfel weitergegeben.

Wie groß ist die Wahrscheinlichkeit, dass es keinem, einem, zwei oder sogar allen drei Spielern in der ersten Runde gelingt, ihre Spielfigur in das Feld zu setzen?
Stelle dazu das Zufallsexperiment in einem möglichst einfachen Baumdiagramm dar und lies die Wahrscheinlichkeiten für die angegebenen Ereignisse ab.

Lösung

Da es in der 1. Runde des Würfelspiels nur darauf ankommt, ob jemand eine Vier wirft oder nicht, betrachten wir bei den drei Würfen der Teilnehmer vereinfachend nur zwei Ergebnisse:
Eine Vier wird geworfen (kurz: 4) – dieses Ergebnis hat die Wahrscheinlichkeit $\frac{1}{6}$ – oder
Eine Vier wird nicht geworfen (kurz: n) – letzteres Ergebnis hat die Wahrscheinlichkeit $\frac{5}{6}$.

Die drei Würfe der Spielteilnehmer lassen sich in einem dreistufigen Baumdiagramm mit insgesamt $2 \cdot 2 \cdot 2$, also 8 Pfaden, darstellen.

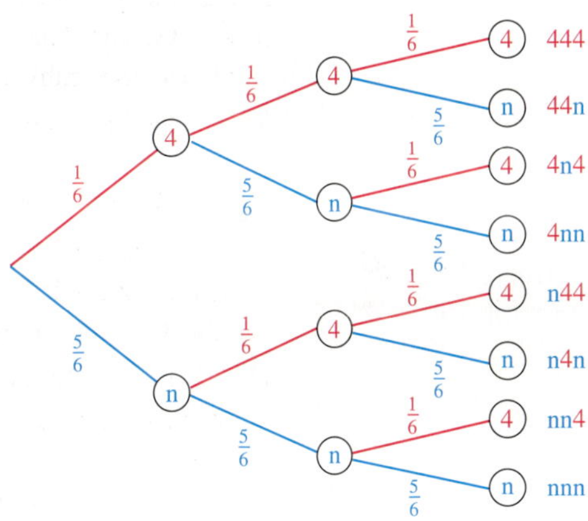

Zum Ereignis *Kein Spieler wirft eine Vier* gehört 1 Pfad mit der Wahrscheinlichkeit
$P(\text{nnn}) = \left(\frac{5}{6}\right)^3 = \frac{125}{126} \approx 57{,}9\,\%$.

Also gilt:
$P(\text{\textit{0 Spieler werfen eine Vier}}) \approx 57{,}9\,\%$

Zum Ereignis *1 Spieler wirft eine Vier* gehören 3 Pfade mit gleichen Pfadwahrscheinlichkeiten:

$$\left.\begin{array}{l} P(\text{4nn}) = \frac{1}{6} \cdot \frac{5}{6} \cdot \frac{5}{6} \\ P(\text{n4n}) = \frac{5}{6} \cdot \frac{1}{6} \cdot \frac{5}{6} \\ P(\text{nn4}) = \frac{5}{6} \cdot \frac{5}{6} \cdot \frac{1}{6} \end{array}\right\}$$

$P(\text{\textit{1 Spieler wirft eine Vier}}) = 3 \cdot \left(\frac{1}{6}\right)^1 \cdot \left(\frac{5}{6}\right)^2 = \frac{75}{216} \approx 34{,}7\,\%$

Auch zum Ereignis *2 Spieler werfen eine Vier* gehören 3 Pfade:

$$\left.\begin{array}{l} P(\text{44n}) = \frac{1}{6} \cdot \frac{1}{6} \cdot \frac{5}{6} \\ P(\text{4n4}) = \frac{1}{6} \cdot \frac{5}{6} \cdot \frac{1}{6} \\ P(\text{n44}) = \frac{5}{6} \cdot \frac{1}{6} \cdot \frac{1}{6} \end{array}\right\}$$

$P(\text{\textit{2 Spieler werfen eine Vier}}) = 3 \cdot \left(\frac{1}{6}\right)^2 \cdot \left(\frac{5}{6}\right)^1 = \frac{15}{216} \approx 6{,}9\,\%$

Schließlich gehört zum Ereignis *3 Spieler werfen eine Vier* ebenfalls nur 1 Pfad:

$P(\text{\textit{3 Spieler werfen eine Vier}}) = P(444) = \left(\frac{1}{6}\right)^3 = \frac{1}{216} \approx 0{,}5\,\%$

Information

Statt Erfolg und Misserfolg kann man auch Treffer und Niete sagen.

In Aufgabe 1 interessierten wir uns nicht für die Augenzahlen, die der einzelne Spieler würfelt, sondern bei jedem Spieler nur dafür, ob die Augenzahl Vier fällt oder nicht. Wenn eine Vier fällt ist dies ein *Erfolg,* das Erscheinen einer anderen Augenzahl ist ein *Misserfolg.* Das Zufallsexperiment des Würfelns wird hier nicht nur einmal, sondern mehrfach durchgeführt: dreimal in der ersten Runde.
Da man bei vielen Zufallsexperimenten solche Unterteilungen nach Erfolg oder Misserfolg vornehmen kann, lohnt es, sich hiermit näher zu beschäftigen.

Jakob Bernoulli
1654 – 1705
Mitbegründer der Wahrscheinlichkeitsrechnung

Definition: Bernoulli-Experiment, Bernoulli-Kette

(1) Ein Zufallsexperiment mit nur zwei interessierenden Ergebnissen heißt ein **Bernoulli-Experiment**. Die Ergebnisse bezeichnet man als *Erfolg* bzw. *Misserfolg.* Die Wahrscheinlichkeit für einen Erfolg bezeichnet man als *Erfolgswahrscheinlichkeit* p, die für einen Misserfolg als *Misserfolgswahrscheinlichkeit* q (= 1 – p).
(2) Wird ein Bernoulli-Experiment n-mal durchgeführt und ändert sich die Erfolgswahrscheinlichkeit von Stufe zu Stufe nicht, so spricht man von einem n-stufigen Bernoulli-Experiment oder einer n-stufigen **Bernoulli-Kette**.

Anmerkung:

Der Begriff *Erfolg* ist umgangssprachlich mit etwas Erfreulichem verbunden, *Misserfolg* ist entsprechend negativ belastet. Im Zusammenhang mit dem Urnenmodell und der Ziehung unterschiedlich gefärbter Kugeln oder Lose erscheinen die Bezeichnungen eher angemessen als in manchen anderen Anwendungssituationen.
Wird z. B. bei fünf zufällig ausgesuchten Personen geprüft, ob eine Krankheit vorliegt oder nicht, dann wird man das Vorliegen einer Krankheit im Alltag kaum als „Erfolg" bezeichnen, auch wenn die Mediziner oft von einem „positiven Befund" einer Untersuchung sprechen.

Weiterführende Aufgabe

2. *Wahrscheinlichkeiten bei Bernoulli-Ketten*

Merle möchte Bananen-Pflanzen aus Samen ziehen. Das gekaufte Saatgut weist eine Keimgarantie von 60% auf. Für jedes einzelne Samenkorn beträgt also die Wahrscheinlichkeit, dass es keimt und ein Bananen-Pflänzchen ergibt, 60% = 0,6.
Merle überlegt, dass sie ganz besonders großes Glück haben kann, sodass alle 5 Samen keimen. Im anderen Extremfall kann es aber auch vorkommen, dass kein einziger der 5 Samen keimt.
Mit welcher Wahrscheinlichkeit keimen 5, 4, 3, 2, 1, 0 Samen?

Hinweis: Es ist aufwändig, das Baumdiagramm für das 5-stufige Zufallsexperiment zu zeichnen. Überlege daher, wie viele Pfade zu jedem der Ereignisse gehören und welche Wahrscheinlichkeiten sie haben.

Information

Wahrscheinlichkeitsverteilung bei Bernoulli-Ketten

Wir betrachten ein n-stufiges Bernoulli-Experiment mit der Erfolgswahrscheinlichkeit p.
Jeder einzelne Pfad zum Ereignis k Erfolge hat die Wahrscheinlichkeit $p^k \cdot (1-p)^{n-k}$, da an k Stellen des Pfades mit der Wahrscheinlichkeit p ein Erfolg und an n – k Stellen ein Misserfolg mit der Wahrscheinlichkeit 1 – p auftreten muss.
Die Anzahl solcher Pfade beträgt nach den obigen Überlegungen $\binom{n}{k}$. Damit ergibt sich als Wahrscheinlichkeit für k Erfolge gerade $\binom{n}{k} \cdot p^k (1-p)^{n-k}$.

Wahrscheinlichkeiten bei Bernoulli-Ketten

Gegeben ist eine n-stufige Bernoulli-Kette mit Erfolgswahrscheinlichkeit p.
Die Wahrscheinlichkeit für k Erfolge berechnet sich nach der Formel

$P(\text{k Erfolge}) = \binom{n}{k} \cdot p^k \cdot (1-p)^{n-k}$

Beispiel: 5-maliges Würfeln
Erfolg: Augenzahl 3
Erfolgswahrscheinlichkeit: $p = \frac{1}{6}$
$P(\text{2 Erfolge}) = \binom{5}{2} \cdot \left(\frac{1}{6}\right)^2 \cdot \left(\frac{5}{6}\right)^3 = \frac{1250}{7776} \approx 16\,\%$

Bei Bernoulli-Ketten interessieren wir uns dafür, wie oft ein Erfolg eintritt. Eine Tabelle, in der notiert wird, mit welchen Wahrscheinlichkeiten ein Erfolg 0-mal, 1-mal, 2-mal, …, n-mal auftreten wird, beschreibt die so genannte **Wahrscheinlichkeitsverteilung der Bernoulli-Kette,** die auch als **Binomialverteilung** bezeichnet wird.

Beispiel: 4-stufige Bernoulli-Kette mit der Erfolgswahrscheinlichkeit p = 0,4

Anzahl der Erfolge	Wahrscheinlichkeit
0	$\binom{n}{0} \cdot p^0 (1-p)^n = 1 \cdot 0{,}4^0 \cdot 0{,}6^4 = 0{,}1296$
1	$\binom{n}{1} \cdot p^1 (1-p)^{n-1} = 4 \cdot 0{,}4^1 \cdot 0{,}6^3 = 0{,}3456$
2	$\binom{n}{2} \cdot p^2 (1-p)^{n-2} = 6 \cdot 0{,}4^2 \cdot 0{,}6^2 = 0{,}3456$
3	$\binom{n}{3} \cdot p^3 (1-p)^{n-3} = 4 \cdot 0{,}4^3 \cdot 0{,}6^1 = 0{,}1536$
4	$\binom{n}{4} \cdot p^4 (1-p)^{n-4} = 1 \cdot 0{,}4^4 \cdot 0{,}6^0 = 0{,}0256$

Wahrscheinlichkeitsverteilung

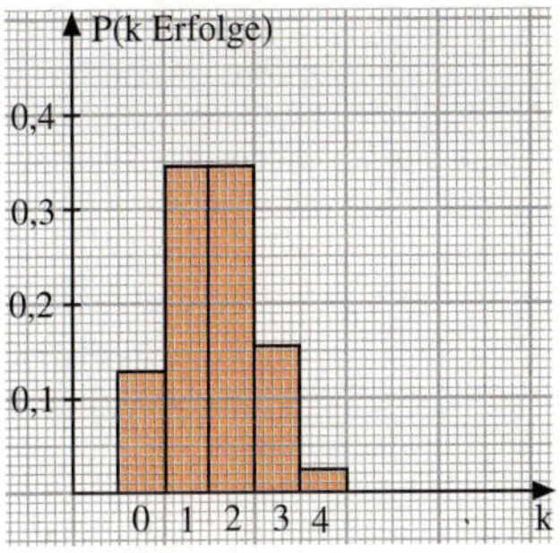

Histogramm

Übungsaufgaben

3. Ein Hersteller von Überraschungs-Schokokugeln wirbt damit, dass in jeder siebten Kugel eine Figur enthalten ist, die unter Sammlern als besonders wertvoll gilt. Daher ist die Freude groß, wenn man in seiner Kugel eine solche Figur entdeckt.
Wie groß ist die Wahrscheinlichkeit, beim Kauf von 3 Überraschungskugeln 0, 1, 2, 3 wertvolle Figuren zu haben?

4. Gib an, ob das Zufallsexperiment ein Bernoulli-Experiment ist oder nicht.

a) Werfen einer Reißzwecke.

b) Gleichzeitiges Werfen von zwei Münzen: Wir achten darauf, ob die oben liegenden Seiten gleich sind.

c) Ziehen aus einem Gefäß, das Lose enthält, die entweder Nieten oder Gewinne sind.

d) Ziehen einer Kugel aus einem Gefäß, das rote, grüne und weiße Kugeln enthält: Wir achten darauf, ob die gezogene Kugel rot ist.

5. Entscheide, ob das Zufallsexperiment eine Bernoulli-Kette ist. Begründe die Antwort.

a) Ein Würfel wird siebenmal nacheinander geworfen: Wir notieren jeweils die Augenzahl.

b) Aus einer Urne mit 20 schwarzen und 10 weißen Kugeln werden 12 Kugeln gezogen. Die gezogene Kugel wird jedesmal in die Urne zurückgelegt [nicht zurückgelegt].

5. Unter welcher Voraussetzung ist das folgende Zufallsexperiment eine Bernoulli-Kette? Gib gegebenenfalls Erfolg und die zugehörige Erfolgswahrscheinlichkeit an.
(1) Eine Münze wird 10-mal geworfen.
(2) 10 Münzen werden gleichzeitig geworfen.
(3) 5 % aller Konservendosen haben Untergewicht; 8 Dosen werden zufällig aus Kartons herausgegriffen und gewogen.
(4) 90 % aller Haushalte Internetanschluss; 50 Haushalte werden repräsentativ ausgewählt.

6. Welche der folgenden Zufallsexperimente können als Bernoulli-Kette aufgefasst werden? Begründe deine Entscheidung.

a) Aus einer Kiste mit Schrauben werden einzeln nacheinander 10 Stück herausgenommen, auf ihre Brauchbarkeit geprüft und danach wieder zurückgelegt.

b) Beim Training einer Fußballmannschaft tritt jeder der 10 Feldspieler einen Elfmeter.

c) In einem Gefäß sind schwarze und weiße Kugeln; 6 Kugeln werden auf einmal herausgenommen.

d) Bei einer Meinungsumfrage haben die befragten Personen die Möglichkeit, einer bestimmten Meinung zuzustimmen oder diese abzulehnen.

e) Eine Klasse wählt einen Klassensprecher und seinen Stellvertreter.

7. In Deutschland beträgt die Wahrscheinlichkeit dafür, dass ein Neugeborenes ein Junge ist, 51,3 %. Wie groß ist die Wahrscheinlichkeit, dass eine Familie mit zwei Kindern 0, 1, 2 Jungen hat? Nenne die Voraussetzungen, die du für die Berechnung gemacht hast.

8. Beim Känguru-Wettbewerb müssen in einem Zeitraum von 75 Minuten 30 Mathematik-Aufgaben gelöst werden. Zu jeder Aufgabe sind fünf Antwortmöglichkeiten angegeben.
Wie groß ist die Wahrscheinlichkeit, dass jemand bei den ersten fünf Aufgaben durch reines Raten (Ankreuzen auf gut Glück) 5, 4, 3, 2, 1, 0 Aufgaben richtig löst?

9. Bei einer bestimmten Sorte Reißnägel ist die Wahrscheinlichkeit für Lage Seite ( ) gleich 0,6 und für Lage Kopf ( ) gleich 0,4. Ein Reißnagel wird 4-mal geworfen. Bestimme die Wahrscheinlichkeit für 0-mal [1-mal; 2-mal; 3-mal; 4-mal] Seite.

10. Der Arzt und Naturforscher Francis Galton konstruierte ein Gerät zur Simulation von Bernoulli-Ketten, das nach ihm benannte Galton-Brett. Es funktioniert wie folgt:
Aus einem Behälter rollen sehr viele Kugeln nacheinander in ein Raster von Hindernissen. Die Kugeln können von Stufe zu Stufe entweder links oder rechts in die nächste Stufe fallen. Die Kugeln werden schließlich in einer Reihe nebeneinander liegender Gefäße gesammelt. Auf diese Weise wird ein mehrstufiges Zufallsexperiment simuliert, bei dem auf jeder Stufe nur zwei Ergebnisse möglich sind.

Francis Galton (1828 – 1911)

Beim abgebildeten Galton-Brett ist die Wahrscheinlichkeit dafür, dass die Kugel nach links oder nach rechts läuft, an jedem Hindernis 0,5.
Skizziere ein Galton-Brett mit 8 Hindernisreihen in deinem Heft und notiere, wie viele von 256 Kugeln, die auf das erste Hindernis treffen, im Mittel nach rechts bzw. links laufen, wie sie sich bei der nächsten Hindernisreihe verhalten usw.
Berechne die Wahrscheinlichkeit dafür, dass eine Kugel in das Fach 0; 1; 2; 3; 4 rollt.

4.7 Bestimmen von Wahrscheinlichkeiten durch Simulation

Einführung

In einer Gruppe sind 10 Jungen und Mädchen. Zum Weihnachtsfest wird vereinbart, dass jeder ein kleines Geschenk bastelt und eingepackt in einen Sack legt. Bei einer Weihnachtsfeier soll sich dann jeder ein Geschenk blind aus dem Sack herausgreifen. Maria befürchtet, dass bei diesem Verfahren einige Kinder das Geschenk erhalten könnten, das sie selbst gebastelt haben.
Kannst du abschätzen, ob die Wahrscheinlichkeit für das Ereignis, dass mindestens ein Kind sein eigenes Geschenk erhält, groß oder klein ist?
Es ist schwierig, diese Wahrscheinlichkeit zu berechnen. Man kann sich dann damit behelfen, dass man das Zufallsexperiment sehr oft *simuliert*, d.h. nachspielt, um mithilfe der relativen Häufigkeit wenigstens näherungsweise herauszufinden, wie groß die gesuchte Wahrscheinlichkeit ist.

Wir vereinfachen das Simulieren des Zufallsexperiments schrittweise:
1. Schritt: Statt Geschenke zu nehmen, könnte jeder seinen Namen auf einen Zettel schreiben und diesen in einen Behälter legen. Dann könnten alle nacheinander einen Zettel herausgreifen und nachschauen, was auf dem Zettel steht.
2. Schritt: Dies könnte auch einer alleine machen: Man nimmt eine Namensliste aus der Gruppe und schreibt jeweils hinter den Namen auf, welcher Name auf dem gezogenen Zettel steht (siehe Tabelle rechts).
3. Schritt: Statt der Namen kann man auch Nummern auf Zettel schreiben. In einer Tabelle notiert man, welche Nummer bei welcher Ziehung gezogen wurde. Das geht schneller und ist übersichtlicher.

Gruppenliste	Namen auf den gezogenen Zetteln	
	1. Simulation	2. Simulation
1. Alexander	Laura	Katharina
2. Anna	Maria	Lukas
3. Leon	Anna	Leon STOP
4. Laura	Tim	
5. Katharina	Lukas	
6. Lukas	Alexander	
7. Maria	Leon	
8. Maximilian	Sophie	
9. Sophie	Katharina	
10. Tim	Maximilian	

Hier sind die Ergebnisse von acht Simulationen:

Nummern auf den gezogenen Zetteln								
Ziehung Nr.	1. Simulation	2. Simulation	3. Simulation	4. Simulation	5. Simulation	6. Simulation	7. Simulation	8. Simulation
1	9	2	10	6	5	2	9	6
2	2	6	3	1	1	6	3	10
3		8	1	7	8	4	4	2
4		1	9	3	9	7	5	1
5		4	4	10	2	10	2	8
6		9	7	2	10	3	10	7
7		7	5	8	7	1	8	4
8			6	5		8	7	9
9			8	9			6	5
10			2				1	3

Bei 5 von 8 Simulationen gab es übereinstimmende Nummern; man kann bei dieser geringen Anzahl von Simulationen noch nicht entscheiden, ob es eher wahrscheinlich ist, dass irgendjemand sein eigenes Geschenk erhält. Simuliert man das Zufallsexperiment 100-mal, dann stellt man fest, dass ungefähr 63-mal der Fall „Es gibt mindestens eine Übereinstimmung" vorliegt.

Ergebnis: Die Wahrscheinlichkeit für das betrachtete Ereignis ist also ungefähr 63 %.

Weiterführende Aufgaben

1. *Simulation mithilfe von Zufallszahlen*

Für ein Fantasy-Spiel wird ein Oktaeder als Würfel benötigt. Anstatt zu würfeln kannst du auch einen Rechner verwenden, der *Zufallszahlen* erzeugt. Mit dem Befehl rand(8) erhältst du eine zufällig bestimmte natürliche Zahl zwischen 1 und 8. Führst du diesen Befehl mehrfach aus, erhältst du die Zahlen 1 bis 8 an annähernd gleicher Häufigkeit, so als ob du gewürfelt hast.

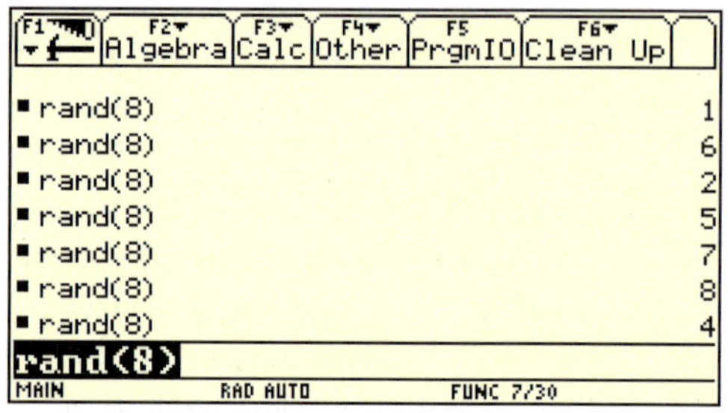

Erzeuge mit deinem grafikfähigen Taschenrechner 100 Zufallszahlen zwischen 1 und 8. Zähle dann aus, wie viele Einsen, Zweien, …, Achter du erhalten hast. Vergleiche mit deinem Nachbarn.

2. *Simulation eines Zufallsexperiments mithilfe eines Zufallsgeräts*

Im einführenden Beispiel wurden statt der gebastelten Geschenke nur Zettel mit Nummern verwendet, um das Zufallsexperiment zu simulieren.

a) Eine Münze soll geworfen werden. Angenommen, du hast keine Münze, aber einen Würfel. Wie kannst du mit diesem den Münzwurf simulieren?

b) Ein Würfel soll geworfen werden. Angenommen du hast keinen Würfel, aber ein Glücksrad mit 30 gleich großen Sektoren [20 gleich großen Sektoren]. Wie kannst du mit diesem das Würfeln simulieren?

c) Das Glücksrad rechts ist defekt. Du möchtest aber das Drehen des Glücksrades simulieren. Du besitzt eine Reihe von roten, blauen und grünen Kugeln (Murmeln). Wie kannst du mit diesen das Drehen des Glücksrads simulieren? Wie viele Kugeln musst du von den einzelnen Farben nehmen?

Information

(1) Simulation von Zufallsexperimenten

Zufallsexperimente kann man mit geeigneten Zufallsgeräten simulieren (nachspielen). Die Simulation eines Zufallsexperiments kann weniger aufwändig sein; oft spart man bei der Simulation auch Zeit. Es kann auch vorkommen, dass der betrachtete Vorgang so kompliziert ist, dass eine einfache Berechnung von Wahrscheinlichkeiten nicht gelingt. Dann ist eine Simulation von Zufallsexperimenten besonders sinnvoll.

Man führt das (simulierte) Zufallsexperiment oft durch und schätzt dann aus der berechneten relativen Häufigkeit, wie groß die gesamte Wahrscheinlichkeit ist.

Wahrscheinlichkeit bei einem komplizierten Zufallsversuch → Simulation des Zufallsexperiments durch einen vereinfachten Zufallsexperiment → Bestimmung der relativen Häufigkeit im vereinfachten Zufallsexperiment → Schätzwert für die Wahrscheinlichkeit im vereinfachten Zufallsexperiment

(2) Zufallszahlen

Der Zufallszahlengenerator eines Rechners liefert Zahlenfolgen, die so aussehen, als wären sie beim Würfeln mit einem regelmäßigen Gegenstand entstanden. Mit ihrer Hilfe kann man Zufallsexperimente simulieren.

(3) Telefonnummern als Zufallszahlen

Man kann sogar das Telefonbuch als Zufallszahlengenerator benutzen. Dazu schlägt man das Telefonbuch auf einer beliebigen Seite auf und beginnt bei einer beliebigen Nummer. Man schreibt sich die letzten beiden Ziffern der Telefonnummer ab, genauso verfährt man bei den nachfolgenden Telefonnummern. Auf diese Weise erhält man nacheinander zufällig Ziffernpaare zwischen 00 und 99, also 100 mögliche Zufallszahlen.

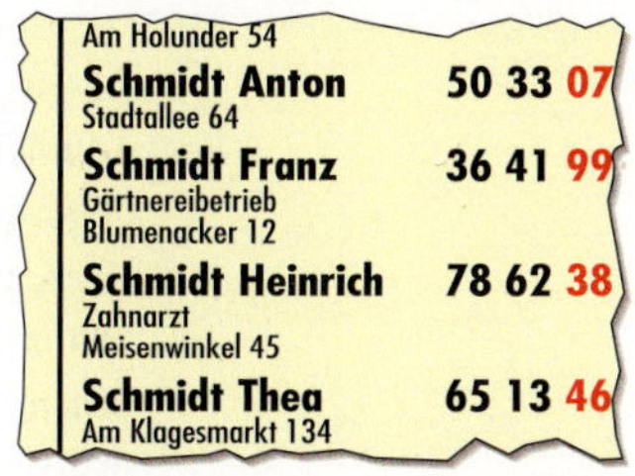

(4) Simulation mithilfe von Zufallszahlen

Viele Taschenrechner erzeugen auf Knopfdruck so genannte Zufallszahlen. Auch Tabellenkalkulationsprogramme können Zufallszahlen erzeugen. Der Excel-Befehl ZUFALLSBEREICH (1;6) liefert eine zufällig gewählte natürliche Zahl zwischen 1 und 6. Der Befehl ZUFALLSZAHL ( ) liefert einen Dezimalbruch zwischen 0 und 1. Multipliziert man diese Zahl mit 6, so erhält man entsprechend einen Dezimalbruch zwischen 0 und 6.
Mit dem Befehl GANZZAHL (6∗ ZUFALLSZAHL) ( )) werden die Stellen hinter dem Komma abgeschnitten, man erhält also eine der natürlichen Zahlen 0, 1, 2, 3, 4, 5. Addiert man noch die Zahl 1, dann sieht das Ergebnis so aus wie beim Würfeln eines Würfels.

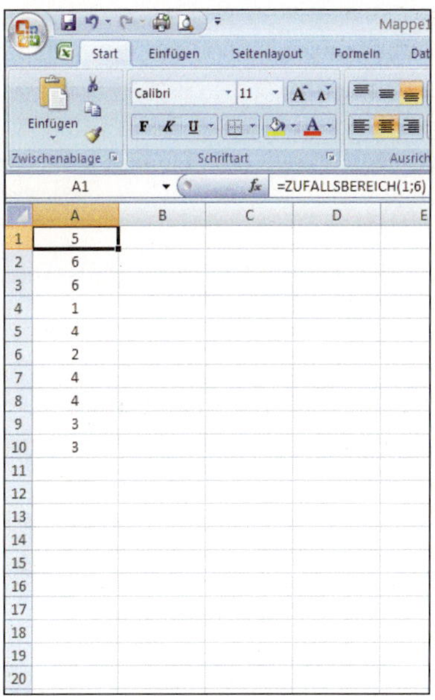

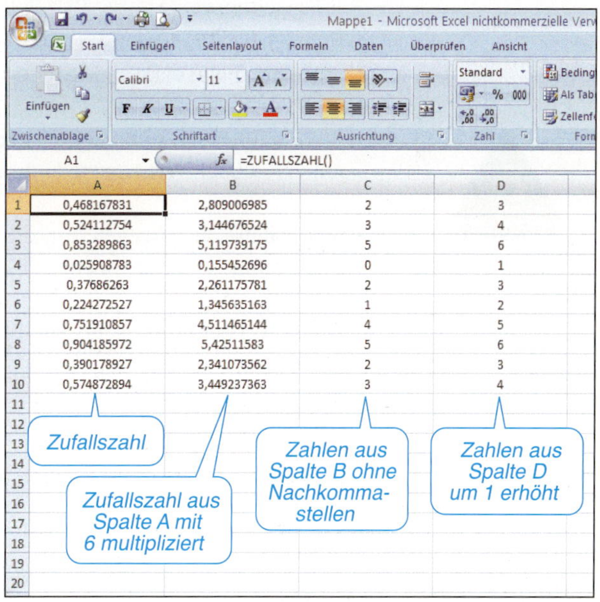

Auch die Auswertung, wie oft ein bestimmtes Ergebnis aufgetreten ist, kann man vom Tabellenkalkulationsprogramm durchführen lassen. Mithilfe des Befehls ZÄHLENWENN kann man auszählen, wie oft eine bestimmte Zahl in einem Bereich des Tabellenblattes steht.
Zum Beispiel liefert ZÄHLENWENN (D1 : D10; 3) wie oft die Zahl 3 in den Zahlen D1 bis D10 vorkommt.

Übungsaufgaben

dodeka ⟨griech.⟩ zwölf

3. Mara, Leo und Lukas benötigen für ein besonderes Würfelspiel einen Dodekaeder. Das ist ein völlig regelmäßiger Körper mit 12 dreieckigen Seitenflächen. Da sie keinen Dodekaeder haben, wollen sie sich behelfen. Was hältst du von folgenden Vorschlägen:

Leo: „Wir nehmen zwei gewöhnliche Würfel und bilden die Augensumme."
Mara: „Wir basteln uns ein Glücksrad mit 12 Sektoren."
Lukas: „Wir würfeln mit einer Münze und einem gewöhnlichen Würfel. Erscheint Zahl, wird das Würfelergebnis verdoppelt, sonst nicht."

4. Auf einem Tisch stehen 6 gleichartig aussehende Pakete mit den Nummern 1 bis 6. Drei Personen schreiben auf, welches Paket sie gerne hätten. Wird ein Paket nur von einer Person gewünscht, dann darf sie es behalten. Wird eine Nummer mehrfach aufgeschrieben, dann gehen die betreffenden Personen leer aus.
Simuliere wie folgt das Spiel mithilfe von drei Würfeln:

Zeigen die 3 Würfel lauter verschiedene Augenzahlen, dann dürfen alle 3 Personen ihr Paket behalten.

Stimmen 2 der 3 Augenzahlen überein, dann erhält nur die Person ein Paket, deren Augenzahl nicht mit den übrigen übereinstimmt.

Zeigen alle 3 Würfel die gleiche Augenzahl, dann gehen alle leer aus.

Führe diese Simulation 100-mal durch und notiere, wie oft die einzelnen Fälle vorkommen.

5. Für ein Spiel soll mit einem Tetraeder gewürfelt werden. Du hast kein Tetraeder zur Hand, aber einen Rechner. Wie kannst du dir helfen?

6. Wie kannst du vorgehen, um die Güte der Zufälligkeit der Zufallszahlen deines Rechners zu überprüfen? Prüfe an einem selbst gewählten Beispiel.

7. Mit dem Glücksrad rechts sollten Gewinne bei einem Klassenfest ausgelost werden. Da es defekt ist, soll die Auslosung mit einem anderen Zufallsgerät erfolgen. Nenne mehrere Möglichkeiten.

8. Zu einer Serie von Sammelbildern in Cornflakes-Packungen gehören 8 verschiedene Bilder. Jede Packung enthält ein Sammelbild. Anna will 12 Cornflakes-Packungen kaufen, um möglichst viele verschiedene Bilder zu haben.
Simuliere dieses Zufallsexperiment. Nimm dazu 12 Zufallszahlen und zähle, wie viele verschiede-ne Zahlen dabei sind. Führe die Simulation insgesamt 10-mal durch.

4.8 Aufgaben zur Vertiefung

1. a) Sechs Freunde sitzen zusammen und feiern den Geburtstag von Leon. Dabei fällt ihnen auf, dass jeder von ihnen in einem anderen Monat Geburtstag hat. „Mich wundert das nicht", sagt Pascal, „schließlich gibt es doch 12 Monate und wir sind sechs!"

(1) Schätze zunächst, wie häufig es vorkommt, dass 6 zufällig ausgewählte Personen in lauter verschiedenen Monaten Geburtstag haben.

(2) Begründe dazu, warum die gesuchte Wahrscheinlichkeit gleich $P(E) = \frac{12}{12} \cdot \frac{11}{12} \cdot \frac{10}{12} \cdot \frac{9}{12} \cdot \frac{8}{12} \cdot \frac{7}{12}$ ist, und berechne den Term.

(3) Welche Wahrscheinlichkeit hat also das Ereignis $\overline{E}$: *Mindestens zwei von sechs zufällig ausgewählten Personen haben im gleichen Monat Geburtstag?*

b) (1) Wie groß ist die Wahrscheinlichkeit, dass von 10 zufällig ausgewählten Personen mindestens zwei am gleichen Tag Geburtstag haben?

(2) Berechne die gesuchte Wahrscheinlichkeit auch für 15, 20, 25 Personen.

2.

Die amerikanische Fernsehshow „Let's make a deal" steuert ihrem Höhepunkt entgegen. Gelingt es dem Kandidaten, das Luxusauto zu gewinnen? Der Showmaster zeigt auf drei Türen. Welche Tür soll der Kandidat auswählen: Hinter einer der Türen steht ein Luxuswagen, hinter zwei Türen steht jeweils eine Ziege als Zeichen für die verlorene Wette. Der Kandidat zeigt auf eine der Türen. Der Showmaster reagiert zunächst nicht, öffnet dann aber plötzlich eine der beiden anderen Türen. Hinter dieser geöffneten Tür steht natürlich nicht das Auto, sondern eine meckernde Ziege.
Hat es der Kandidat jetzt leichter? Hat sich seine Gewinnwahrscheinlichkeit erhöht? Soll er sich neu entscheiden oder bei seinem ersten Tipp bleiben?

In der Kolumne „Ask Marilyn" der amerikanischen Zeitschrift *Parade* erklärte die Journalistin *Marilyn vos Savant*, dass es für den Kandidaten günstiger sei, auf die Tür zu wechseln, auf die er am Anfang nicht gezeigt hatte. Dann würden sich seine Gewinnchancen verdoppeln. Die Journalistin erhielt wegen ihres Hinweises 10 000 Leserbriefe; die meisten widersprachen ihr.

Kann es wirklich sein, dass sich durch das Öffnen einer Tür die Gewinnchancen des Kandidaten verändern?

a) Simuliere dieses Zufallsexperiment mit beiden möglichen Strategien.

(1) Verändere die Wahl der Tür nicht.

(2) Verändere die Wahl der Tür nach dem Öffnen der ersten Tür.

Was stellst du fest?

b) Begründe dein Ergebnis mithilfe eines Baumdiagramms.

Im Blickpunkt

Im Blickpunkt

Klassische Probleme aus der Geschichte der Wahrscheinlichkeitsrechnung

1. Warum lohnt es sich, beim 4-fachen Würfeln darauf zu wetten, dass mindestens eine Sechs fällt, aber nicht darauf, dass beim 24-fachen Würfeln mit zwei Würfeln mindestens ein Sechser-Pasch auftritt?

Blaise Pascal (1623–1662) und Pierre Fermat (1601–1665) korrespondierten 1654 über die Lösung dieses Problems des Chevalier de Méré – dies gilt als die „Geburtsstunde" der Wahrscheinlichkeitsrechnung.
Betrachte zur Lösung das Ereignis
E_1: *Beim 4-fachen Würfeln fällt keine Sechs* bzw.
E_2: *Beim 24-fachen Würfeln mit zwei Würfeln fällt keine Doppelsechs* und jeweils das zugehörige Gegenereignis. Vergleiche die berechneten Wahrscheinlichkeiten.

2. Bei einem Glücksspiel, das aus mehreren Runden besteht, gewinnt derjenige von zwei Mitspielern den gesamten Spieleinsatz, der als erster eine bestimmte Punktzahl erreicht. Das Spiel muss bei einem gewissen Zwischenstand abgebrochen werden. Wie ist die gerechte Aufteilung des Spieleinsatzes?

Dieses so genannte *Problème des partis* findet sich im Buch „Della Summa de Arithmetica Geometria Proportioni et Proportionalita" von Luca Pacioli (1445–1514). Pacioli gab eine Lösung an, die von Geronimo Cardano (1501–1576) und von Niccolo Tartaglia (1449–1557) kritisiert wurde. Pierre de Fermat und Blaise Pascal lösten das Problem 1654 mithilfe eines Baumdiagramms.
Pascal und Fermat sahen es als gerecht an, wenn die ausgefallenen Runden des abgebrochenen Spiels durch Münzwurf ersetzt werden.
Angenommen, eine Mannschaft gewinnt das Spiel, wenn sie 6-Punkte erreicht hat; das Spiel musste beim Stand von 5-:-2 abgebrochen werden. Zeichne ein Baumdiagramm für die ausstehenden Runden und bestimme die Wahrscheinlichkeit dafür, dass die führende Mannschaft gewinnt.

3. Der holländische Mathematiker Christian Huygens (1629–1695) nahm 1657 verschiedene bekannte Probleme in das erste große Lehrbuch der Wahrscheinlichkeitsrechnung „Van reeckening in spelen von geluck" (lateinisch: „De ratiociniis in ludo aleae") auf. Huygens löste viele Aufgaben, indem er Gewinnerwartungen berechnete.
Wir betrachten die in Aufgabe 2 beschriebene Situation eines Spiels, das beim Stand von 5 : 2 abgebrochen wurde und das eigentlich solange hätte dauern sollen, bis eine Mannschaft 6 Punkte erreicht hat. Wie oft muss man im Mittel noch die Münze werfen, um das unterbrochene Spiel zu Ende zu bringen?

4. Beim Würfeln mit 2 Würfeln tritt die Augensumme 11 genauso häufig auf wie Augensumme 12. Beide Augensummen kommen dreimal so häufig vor wie Augensumme 7.

Dem großen Mathematiker GOTTFRIED WILHELM LEIBNIZ (1646–1716) werden diese Behauptungen nachgesagt. Überprüfe dies. Bestimme dazu allgemein die Wahrscheinlichkeit für die Augensummen 2, 3, 4, …, 12 beim zweifachen Würfeln.

5. Die Wahrscheinlichkeit für eine Sechs ist $\frac{1}{6}$; also lohnt es sich darauf zu wetten, dass eine Sechs in drei Würfen auftritt.

Diese Aussage findet man im Buch „Liber de ludo aleae“ (Über das Glücksspiel) von GERONIMO CARDANO (1501–1576). Überprüfe diese Behauptung.

6. Erhält man beim Werfen mit 3 Würfeln Augensumme 10 häufiger als Augensumme 9?

GALILEO GALILEI (1564–1642) wurde diese Aufgabe von seinem Fürsten vorgelegt. Überprüfe diese Behauptung.

7. Aus einem Kartenspiel mit 32 Karten [52 Karten] werden zufällig 4 Karten ohne Zurücklegen gezogen. A wettet mit B, dass dies 4 Karten mit verschiedenen Symbolen sind (Kreuz, Pik, Herz, Karo). Bei welchem Wetteinsatz ist dies eine faire Wette?

Aufgaben dieser Art schickte PIERRE DE FERMAT (1601–1665) an CHRISTIAN HUYGENS (1629–1695). Was müsste B zahlen, wenn A einen Euro setzen würde?

8. 13 Karten werden gut gemischt und eine Karte nach der anderen abgehoben. Stimmt kein Kartenwert mit der Ziehungsnummer überein, so gewinnt der Spieler, andernfalls die Bank.

Dieses so genannte *Rencontre-Problem* findet sich zum ersten Mal im „Essai d'Analyse sur les Jeux de Hazard“ von PIERRE RÉMOND DE MONTMORT (1678–1719). Seit einer Arbeit von LEONHARD EULER (1707–1783) wird das Problem als Rencontre-Problem bezeichnet („Calcul de la probabilité dans le jeu de rencontre“, 1751). Löse dieses Problem für ein Kartenspiel mit 3 Karten [4 Karten]. Mit welcher Wahrscheinlichkeit stimmt bei keiner Karte der Kartenwert mit der Nummer überein [bei einer Karte; bei zwei Karten; bei drei Karten; bei vier Karten]? *Hinweis:* Nimm für das Ass den Kartenwert 1.

9. A und B spielen mit einem Würfel. Derjenige von beiden hat gewonnen, der als Erster eine Sechs wirft. Welche Chancen hat A zu gewinnen?

(1) A beginnt; dann würfelt B; danach ist A wieder an der Reihe usw.

(2) A beginnt und wirft einmal; dann folgt B; anschließend darf A zweimal würfeln, dann B zweimal usw.

(3) A beginnt und wirft einmal; dann würfelt B zweimal; anschließend darf A dreimal würfeln, dann B viermal usw.

Aufgaben dieser Art findet man im Buch „Ars conjectandi“ („Mutmaßungskunst“) des Schweizer Mathematikers JACOB BERNOULLI (1655–1705). Berechne die Wahrscheinlichkeiten für einen Gewinn von A bzw. B innerhalb der ersten 10 Runden.

Bist du fit?

1. a) Ein Glücksrad wird dreimal gedreht. Bestimme die Wahrscheinlichkeit für das Ereignis:
E_1: Dreimal die gleiche Farbe
E_2: Mindestens einmal rot

b) In einer Urne befinden sich 12 gleichartige Kugeln, davon 5 rote, 4 blaue, 2 grüne und 1 gelbe. Drei Kugeln werden ohne Zurücklegen gezogen. Bestimme die Wahrscheinlichkeiten der Ereignisse E_1 und E_2 aus Teilaufgabe a).

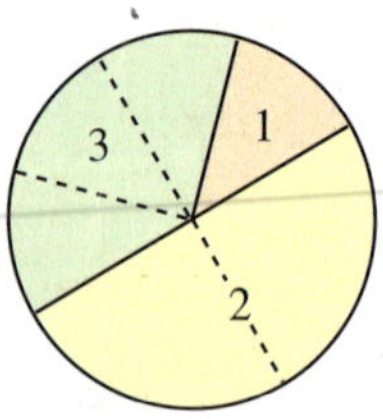

2. Bei einer Geburtstagsfeier wird für eine Verlosung eine Glückszahl bestimmt: Zunächst dreht man das Glücksrad links und erhält eine Zahl. Danach wirft man eine Münze; bei Zahl wird die Glücksradzahl verdoppelt, bei Wappen bleibt sie unverändert.
Welche Glückszahlen sind möglich? Bestimme ihre Wahrscheinlichkeiten.

3. Wenn man viermal eine Münze wirft, so kann die Anzahl der Wappen 0, 1, 2, 3 oder 4 betragen.

a) Schätze: Welche Wappenanzahl hat die höchste Wahrscheinlichkeit?

b) Bestimme für alle Wappenanzahlen die zugehörigen Wahrscheinlichkeiten.

4. Für vereinfachte Rechnungen geht man oft davon aus, dass die Wahrscheinlichkeiten für eine Mädchen- und eine Jungengeburt gleich groß sind.

a) Familie Adam hat 3 Kinder verschiedenen Alters. Welches ist nun der wahrscheinlichere Fall: Verschiedene Geschlechter oder lauter gleiche Geschlechter?

b) Familie Bertram hat 5 Kinder. Welches ist nun der wahrscheinlichere Fall: Mehr Jungen als Mädchen oder mehr Mädchen als Jungen?

5. Das Büro einer Firma ist mit einer Sicherung an der Haupttür und einem Bewegungsmelder im Kassenraum gegen Einbruch gesichert. Nach Werksangaben wird garantiert, dass die Türsicherung in 99,5 %, der Bewegungsmelder in 98,5 % aller Störungen funktioniert.

a) Welche Wahrscheinlichkeit wird für das gleichzeitige Funktionieren beider Sicherungssysteme garantiert?

b) Bestimme die Wahrscheinlichkeit, dass beim Einbruch beide Sicherungen versagen können.

c) Die Firma möchte einen anderen Bewegungsmelder installieren, sodass die Wahrscheinlichkeit für ein ungehindertes Eindringen bei höchstens 1 : 100 000 liegt. Mit welcher Wahrscheinlichkeit müsste dann das Funktionieren des Melders garantiert sein?

6. Beim Roulette-Spiel bleibt eine Kugel zufällig auf einem der 37 Sektoren mit den Nummern 0, 1, 2, 3, …, 36 stehen. Betrachte vier aufeinander folgende Spielrunden.

a) Begründe, warum das Zufallsexperiment als Bernoulli-Kette aufgefasst werden kann.

b) 18 der Felder sind rot gefärbt („rouge“). Welche Pfade im Baumdiagramm gehören zum Ereignis *2-mal „rouge“*?

c) Mit welcher Wahrscheinlichkeit ergibt sich in vier Spielrunden 4-mal [3-mal; 2-mal; 1-mal; 0-mal] eine Glückszahl aus dem letzten Dutzend (Felder 25, 26, …, 36)?

5. WACHSTUMSPROZESSE – EXPONENTIALFUNKTIONEN

In den 800 Jahren von Christi Geburt bis zur Krönung Karls des Großen vermehrte sich die Weltbevölkerung um etwa 50 Millionen Menschen. Heute dauert es nur 8 Monate, bis die Menschheit um 50 Millionen Einwohner gewachsen ist.
Am Anfang des 20. Jahrhunderts lebten ungefähr 1,6 Milliarden Menschen auf der Erde, am Ende des 20. Jahrhunderts waren es über 6 Milliarden Menschen.

- Die neuesten Zahlen zum Stand der Weltbevölkerung kann man an einer besonderen Uhr ablesen, der "World population clock" des U.S. Census Büros in Washington. Diese Zahlen werden laufend aktualisiert. Ihr könnt euch die Daten über den aktuellen Stand der Weltbevölkerung aus dem Internet beschaffen; ihr findet sie unter der Adresse: *http://www.census.gov/cgi-bin/ipc/popclockw*

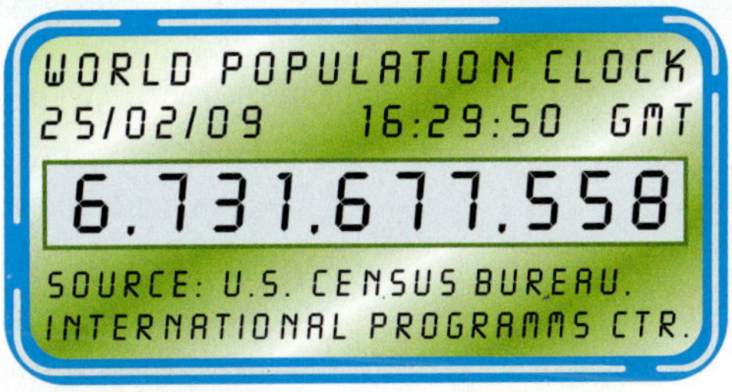

- Veranschauliche das Anwachsen der Weltbevölkerung durch ein Diagramm.

Prozesse wie das Bevölkerungswachstum haben folgende Besonderheit: Zunächst ist das Wachstum über einen langen Zeitraum kaum bemerkbar, dann aber wird es plötzlich in einer unvorstellbaren Dynamik sichtbar. Man sagt gelegentlich: Das Wachstum „explodiert".

Wir werden in diesem Kapitel lernen, wie man Wachstumsprozesse durch Funktionen darstellen und Werte berechnen kann.

5:1 Beschreibung exponentieller Prozesse

5.1.1 Lineares und exponentielles Wachstum

Aufgabe 1

In einer Flussniederung wird Kies ausgebaggert. Ein anfangs 500 m^2 großer See vergrößert sich durch die Baggerarbeiten jede Woche um 200 m^2.
Da der See später als Wassersportfläche genutzt werden soll, wird die Wasserqualität regelmäßig untersucht. Besonders genau wird eine Algenart beobachtet, die sich sehr schnell vermehrt.
Die von den grünen Algen bedeckte Fläche ist zu Beginn der Baggerarbeiten 10 m^2 groß, sie verdoppelt sich jede Woche.

a) Wann ungefähr ist der ganze See mit Algen bedeckt? Zeichne dazu die Graphen der beiden Funktionen

Zeit (in Wochen) → Baggerseegröße (in m^2*)* und
Zeit (in Wochen) → Algenflächengröße (in m^2*)*.

b) Beschreibe das Anwachsen des Baggersees und der Algenfläche mithilfe von Gleichungen.

Lösung

a) Wir erstellen zunächst die Wertetabellen.

(1)

Zeit t (in Wochen)	0	1	2	3	4	5	6	7	8	…
Baggerseegröße (in m^2)	500	700	900	1 100	1 300	1 500	1 700	1 900	2 100	…

(Zeit jeweils +1; Baggerseegröße jeweils +200)

(2)

Zeit t (in Wochen)	0	1	2	3	4	5	6	7	8	…
Algenflächengröße (in m^2)	10	20	40	80	160	320	640	1 280	2 560	…

(Zeit jeweils +1; Algenflächengröße jeweils · 2)

Die Punkte zu den Wertepaaren der Tabelle zur Baggerseegröße liegen auf einer Geraden. Die Punkte aus der Tabelle zur Algenflächengröße liegen nicht auf einer Geraden. Wir verbinden die Punkte sinnvoll.
An den Graphen erkennst du:
Zwischen der 7. und 8. Woche ist der ganze See mit Algen bedeckt.
Nach diesem Zeitpunkt haben die Graphen keine Bedeutung mehr für die Wirklichkeit.

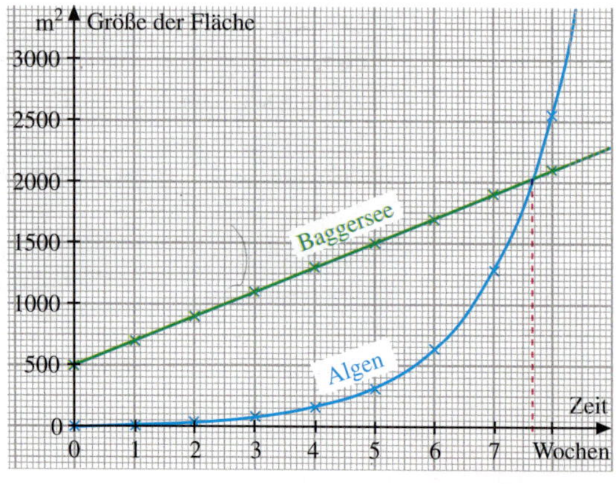

b) Wir bezeichnen die Baggerseegröße (in m^2) zum Zeitpunkt t (in Wochen) mit B (t). Die Wertetabelle für die Baggerseegröße wurde so erstellt:

In jeder abgelaufenen Woche erhöht sich die Größe der Wasserfläche um 200 m^2. In 5 Wochen ist so zur Anfangsgröße von 500 m^2 eine Fläche von $200 \cdot 5$ m^2 dazu gekommen. Nach t Wochen beträgt der Zuwachs $200 \cdot t$ m^2. Insgesamt ist die Wasserfläche dann $(500 + 200 \cdot t)$ m^2 groß.

Die Wachstumsformel lautet daher: $B(t) = 500 + 200\,t$

Wir bezeichnen die Algenflächengröße (in m^2) zum Zeitpunkt t (in Wochen) mit A(t). Die Wertetabelle für die Algenflächengröße wurde so erstellt:

In jeder abgelaufenen Woche erhöht sich die Größe der Algenfläche auf das Doppelte. In 5 Wochen wird die Ausgangsfläche von 10 m^2 mit $2 \cdot 2 \cdot 2 \cdot 2 \cdot 2$, also 2^5 multipliziert. Sie beträgt dann $10 \cdot 2^5$ m^2. Nach t Wochen ist die Fläche $10 \cdot 2^t$ m^2 groß.

Die Wachstumsformel lautet daher: $A(t) = 10 \cdot 2^t$

Information

(1) Fortschreiten in beliebigen Zeitspannen

Die Werte der Tabellen in der Aufgabe 1 wurden dadurch erzeugt, dass die Zeit immer um eine Woche erhöht wurde. Man kann z. B. auch eine Zeitspanne von zwei Wochen wählen. Du erkennst an der Tabelle rechts:

Wenn die t-Werte um 2 zunehmen, dann
- nehmen die B(t)-Werte jeweils um 400 zu,
- werden die A(t)-Werte jeweils mit 4 multipliziert.

Zeit (in Wochen)	*Baggerseegröße* (in m^2)	*Algenflächengröße* (in m^2)
t	$B(t) = 500 + 200 \cdot t$	$A(t) = 10 \cdot 2^t$
0	500	10
+2 → 2	+400 → 900	·4 → 40
+2 → 4	+400 → 1300	·4 → 160
+2 → 6	+400 → 1700	·4 → 640

Begründung: In zwei Wochen wächst der See um jeweils $2 \cdot 200$ m^2, also 400 m^2. Die Fläche der Algen wird in den zwei Wochen zweimal verdoppelt, also vervierfacht.

Auch für die Zeitspanne einer halben Woche muss gelten:
- Die Baggerseegröße wächst um einen gleich bleibenden Betrag an.
- Die Algenflächengröße vervielfacht sich mit dem gleichbleibenden Faktor.

Damit ergibt sich:

Wählt man als Zeitspanne eine halbe Woche, so wächst der See nur um jeweils die Hälfte von 200 m^2, also 100 m^2.

Die Algenfläche ist nach einer ganzen Woche, also nach zweimal einer halben Woche verdoppelt. Der Wachstumsfaktor für eine halbe Woche muss also mit sich selbst multipliziert den Wachstumsfaktor 2 für eine ganze Woche ergeben. Also muss die Algenfläche pro halbe Woche auf das $\sqrt{2}$-fache (ungefähr 1,4-fache) anwachsen, denn $\sqrt{2} \cdot \sqrt{2} = 2$.

Damit erhalten wir die Werte in der Tabelle rechts.

Zeit (in Wochen)	*Baggerseegröße* (in m^2)	*Algenflächengröße* (in m^2)
t	$B(t) = 500 + 200 \cdot t$	$A(t) = 10 \cdot 2^t$
0	500	10
+0,5 → 0,5	+100 → 600	$\cdot\sqrt{2}$ → ≈ 14,1
+0,5 → 1	+100 → 700	$\cdot\sqrt{2}$ → 20
+0,5 → 1,5	+100 → 800	$\cdot\sqrt{2}$ → ≈ 28,3

(2) Lineares und exponentielles Wachstum

Bei beiden Wachstumsprozessen in Aufgabe 1 handelt es sich um Größen (Größe der Baggersee-Fläche, Größe der Algenfläche), die sich mit der Zeit nach bestimmten Gesetzmäßigkeiten verändern. Ihnen liegen die Formeln $B(t) = 200 \cdot t + 500$ bzw. $A(t) = 10 \cdot 2^t$ zugrunde. Solche Wachstumsprozesse treten häufig auf. Man hat ihnen daher besondere Namen gegeben.

Lineares Wachstum

In gleichen Zeitspannen c werden zu den zugehörigen Größen B(t) immer die gleichen Summanden addiert.
Dies nennt man *lineares Wachstum*.

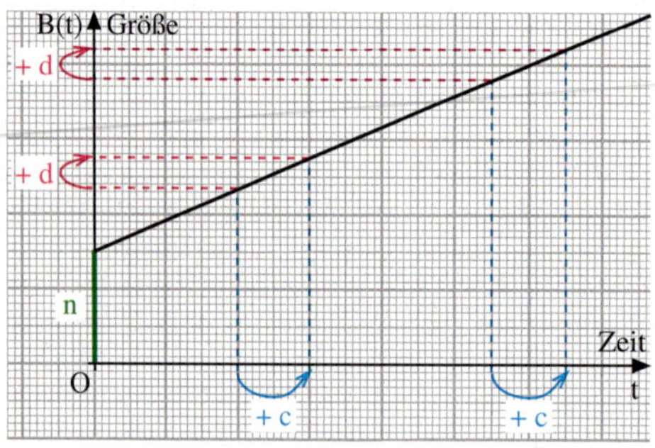

Lineares Wachstum wird durch die Formel $B(t) = m \cdot t + n$ beschrieben.

Bei der Baggerseegröße liegt lineares Wachstum mit dem Anfangsbestand n vor.

Exponentielles Wachstum

In gleichen Zeitspannen c werden die zugehörigen Größen B(t) immer mit dem gleichen Faktor d multipliziert.
Dies nennt man *exponentielles Wachstum*.

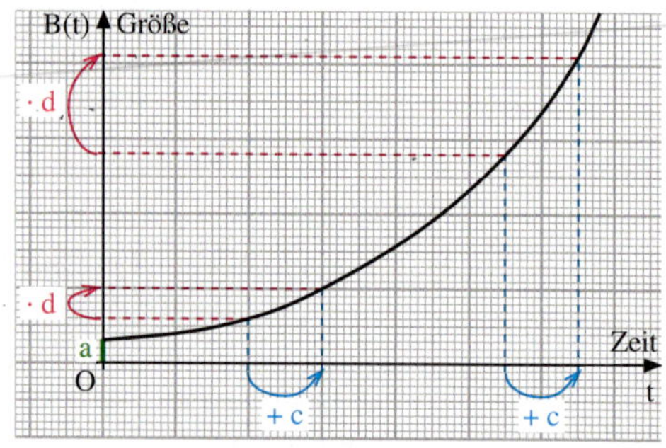

Exponentielles Wachstum wird durch die Formel $B(t) = a \cdot b^t$ beschrieben.

Bei der Algenflächengröße liegt exponentielles Wachstum mit dem Anfangsbestand a vor.

Weiterführende Aufgabe

2. *Proportionales Wachstum*

Aus einem undichten Hahn fließt Wasser gleichmäßig aus: in 2 Minuten insgesamt 1,5 Liter.

a) Lege für die Zeit t (t = 0, 1, 2, …, 12) in Minuten und die Wassermenge B(t) in Liter eine Tabelle an und zeichne den Graphen. Bescheibe ihn durch eine Formel.

b) Begründe, dass lineares Wachstum vorliegt.

c) Welche besonderen Eigenschaften weist dieser Spezialfall eines linearen Wachstums auf?

Proportionales Wachstum

Wächst ein Bestand so an, dass nach doppelt (dreimal, viermal, …) so langer Zeit der Bestand sich verdoppelt (verdreifacht, vervierfacht, …) so liegt *proportionales Wachstum* vor.
Proportionales Wachstum ist der Spezialfall linearen Wachstums mit dem Anfangsbestand 0.

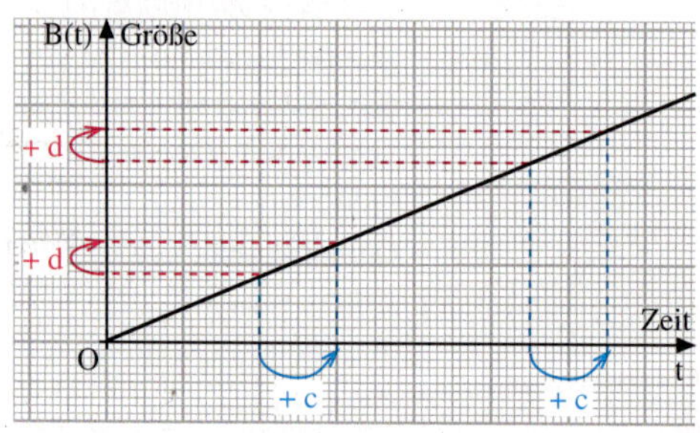

Lineares und proportionales Wachstum haben wir schon früher untersucht. Jetzt werden wir uns eingehend mit dem exponentiellem Wachstum beschäftigen.

Übungsaufgaben

3. Eine Gärtnerei überlegt verschiedene Lohnangebote für einen Ferienjob über 15 Arbeitstage.

Angebot 1: Am ersten Tag gibt es 10 €, an jedem weiteren Tag noch 25 €.

Angebot 2: An jedem Tag gibt es 20 € Lohn.

Angebot 3: Am ersten Tag gibt es 3 Cent Lohn. An jedem weiteren Tag wird so viel Lohn gezahlt, dass die Aushilfskraft insgesamt doppelt so viel Geld hat wie am Vortag.

Vergleiche die drei Angebote. Du kannst grafisch oder tabellarisch vorgehen.

4. Für das Algenwachstum eines Sees gilt $B(t) = 10 \cdot 2^t$. Dabei gibt t die Zeit (in Wochen) nach dem Beobachtungsbeginn an.

a) Mit welchem Faktor vervielfacht sich die von den Algen bedeckte Fläche jeweils nach 4 Wochen, nach 6 Wochen, nach 8 Wochen, nach 10 Wochen?

b) Welche Fläche ist nach 11 Wochen [10 Wochen; 9 Wochen] mit Algen bedeckt?

c) Wie groß ist die Algenfläche nach $\frac{1}{4}$ Woche, nach 1 Tag?

d) Begründe: Nach 10 Wochen hat sich die mit Algen bedeckte Fläche ungefähr vertausendfacht. Bewerte das Ergebnis.

5. Ein Baggersee von 1 200 m^2 Größe wird jede Woche um 700 m^2 vergrößert. Eine Algenart bedeckt zu Beginn der Baggerarbeiten 1 m^2 Wasserfläche. Die mit Algen bedeckte Fläche verdreifacht sich jede Woche.

a) Lege für die Zunahme der Wasserfläche und für das Wachstum der Algen eine Tabelle an. Beschreibe jeweils die Art des Wachstums. Gib jeweils eine Formel an.

b) Zeichne die Graphen. Wann ist die ganze Wasserfläche mit Algen bedeckt?

6. Wasserhyazinthen überwuchern den afrikanischen Victoriasee. Diese Hyazinthenart wächst jeden Monat auf das Dreifache. Am Anfang bedeckte sie eine Fläche von 2 m^2. Lege eine Tabelle an und zeichne einen Graphen der Funktion
Zeit t (in Monaten) → Größe B(t) der mit Hyazinthen bedeckten Fläche (in m^2).
Du kannst aufhören, wenn eine Fläche von 10 km^2 bedeckt ist.
Wie lautet die Formel?

7. Welche Art von Wachstum könnte dem Prozess zugrunde liegen? Begründe.

	Zeit (in Tagen)	0	1	2	3	4	5	6	7	8
a)	Volumen einer Hefekultur (in cm^3)	1	3		27		243			6 561
b)	Füllhöhe eines Wasserbeckens (in cm)	0	26	52		104	130			
c)	Anzahl der infizierten Personen	1	4	16		256				65 536

5.1.2 Prozentuale Wachstumsrate

Aufgabe 1

Festmeter
gebräuchliche, aber nicht gesetzliche Buchungseinheit für Holz, die ein Kubikmeter feste Holzmasse bedeutet.

Der Holzbestand eines Waldes beträgt etwa 50000 Festmeter. Bei natürlichem Wachstum nimmt der Holzbestand jährlich um 3,6 % zu. Lege eine Tabelle an, die den Holzbestand für die nächsten 5 Jahre beschreibt. Zeige, dass es sich dabei um exponentielles Wachstum handelt. Ermittle eine Formel.

Lösung

Der Bestand wächst pro Jahr um 3,6 %, d.h. pro Jahr kommen zu 100 % noch 3,6 % hinzu. Der neue Bestand beträgt also 103,6 % des alten Bestandes. Man muss bei einem Zeitschritt von 1 Jahr also immer mit dem Faktor 1,036 multiplizieren. Es handelt sich um exponentielles Wachstum.

Zeit t (in Jahren)	0	1	2	3	4	5
Bestand B(t) (in m^3)	50000	51800	53665	55597	57599	59672

Die Formel für den Bestand B(t) in Abhängigkeit von der Zeit t lautet: $B(t) = 50000 \cdot 1{,}036^t$.

Information

Wird eine Größe in gleichen Zeitspannen immer um den gleichen Prozentsatz p % vermehrt, so liegt exponentielles Wachstum vor. Man spricht auch vom *prozentualen Wachstum*. Dies kennst du bereits von der Berechnung der Zinseszinsen. p % heißt *Wachstumsrate* pro Zeitspanne. In der Aufgabe 1 beträgt die prozentuale Wachstumsrate 3,6 % pro Jahr.
Die Zahl, mit der man die Ausgangsgröße multiplizieren muss, um die Größe nach dieser Zeitspanne zu erhalten, heißt *Wachstumsfaktor*. In Aufgabe 1 beträgt er 1,036 pro Jahr.

Bei einer Zunahme mit konstanter **prozentualer Wachstumsrate** p % liegt exponentielles Wachstum mit dem **Wachstumsfaktor** $\left(1 + \frac{p}{100}\right)$ pro Zeitspanne vor.
Der Wachstumsfaktor $\left(1 + \frac{p}{100}\right)$ wird oft mit q abgekürzt: $q = 1 + \frac{p}{100}$

Weiterführende Aufgaben

2. *Prozentuale Wachstumsrate und Verdopplungszeit*

a) Ermittle, nach wie vielen Jahren sich ein Anfangskapital von 1000 € bei einem Zinssatz von 5 % verdoppelt hat. Verändere das Anfangskapital. Was folgt aus der Untersuchung?

b) Untersuche, nach wie vielen Jahren sich ein Anfangskapital von 1000 € bei unterschiedlichen Zinssätzen verdoppelt hat. Lege eine Tabelle an.

Zinssatz p %	Verdopplungszeit d
5 %	

c) Welcher Zusammenhang besteht zwischen dem Zinssatz p % und der Verdopplungszeit d? Überprüfe die Vermutung für weitere Zinssätze bis 10 % und für andere Zinssätze. Vergleiche mit der nebenstehenden Faustformel.

d) Die prozentuale Wachstumsrate der Erdbevölkerung liegt bei 1,4 % pro Jahr. Begründe, warum man mit der Formel aus Teilaufgabe c) auch die Verdopplungszeit der Erdbevölkerung näherungsweise bestimmen kann.

3. *Bestimmen der prozentualen Wachstumsrate pro Zeitspanne*

Eine Hefekultur von 5 g vermehrt sich so, dass der Bestand jede Stunde auf das Zweieinhalbfache anwächst. Wie groß ist die prozentuale Wachstumsrate pro Stunde? Welchen Einfluss hat der Anfangsbestand? Begründe.

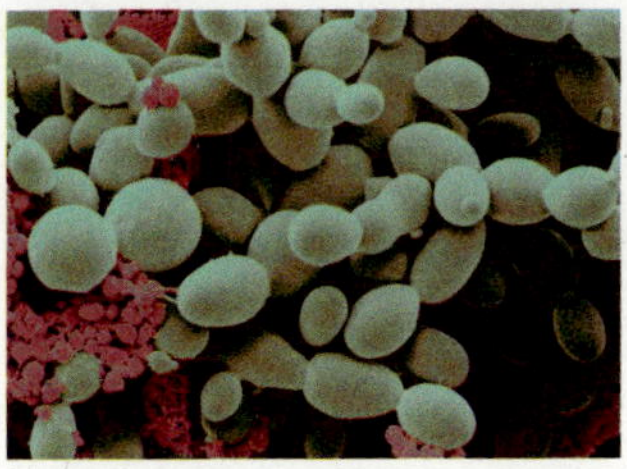

Übungsaufgaben

4. Auf wie viel Euro wachsen 1 000 € bei einer Verzinsung von 3 % pro Jahr in 3 Jahren, in 5 Jahren, in 8 Jahren an? Um welches Wachstum handelt es sich? Gib eine Formel an.

5. Gib die Bedeutung der Variablen an. Ermittle die fehlenden Werte und schreibe zu jeder Aufgabe eine Rechengeschichte.

Zinseszinsformel
$K_n = K_0 \cdot \left(1 + \frac{p}{100}\right)^n$

K_0	1 500 €	25 000 €		1 000 €	
p %	4 %	5,75 %	3 %		6 %
n	8	10	8	10	12
K_n			30 000 €	1 500 €	18 000 €

6. a) Durch schädliche Umwelteinflüsse verlangsamt sich das Wachstum des Holzbestandes von Aufgabe 1 so, dass er jährlich nur um 2,5 % zunimmt. Auf wie viel Festmeter wächst der Holzbestand des geschädigten Waldes nach 4 Jahren [nach 8, 12, 16, 20 Jahren] an?

b) Für einen Festmeter Holz wird durchschnittlich ein Erlös von 45 € erzielt. Wie hoch ist der durch Umweltschäden verursachte Verlust (gegenüber dem natürlichen Wachstum) in dem angegebenen Zeitraum für den Waldbesitzer?

7. Nach wie vielen Jahren würde sich die Bevölkerung jeweils verdoppeln, wenn die vorausberechnete Wachstumsrate sich als richtig erweist? Verwende die Faustformel.

Afrika	2,6 %
Asien	1,4 %
Nordamerika	0,8 %

8. Die Bevölkerung eines Landes wird sich bei gleichmäßig prozentualem Wachstum nach einer Prognose A in 25 Jahren, nach einer Prognose B in 32 Jahren verdoppeln.
Von welcher prozentualen Wachstumsrate gehen die Prognosen jeweils aus?

9. Betrachte die Überlegung von Lukas rechts. Wo steckt der Fehler?

10. a) Beim Metall Blei rechnet man mit einer jährlichen Wachstumsrate des Verbrauchs von 3,14 %. Heute wird ein Jahresverbrauch von 3,7 Mio t angenommen. Stelle eine Formel auf und berechne den Verbrauch nach 10, 20, 30 und 100 Jahren.

b) Hannes ist das zu umständlich. Er rechnet mit 3 % pro Jahr. Untersuche die Fragestellung aus Teilaufgabe a). Vergleiche die beiden Ergebnisse. Begründe.

5.1.3 Exponentielle Abnahme – Zerfall

Aufgabe 1

Eine Patientin nimmt einmalig 8 mg eines Medikaments zu sich. Im Körper wird im Laufe eines Tages $\frac{1}{4}$ des Medikaments abgebaut, d.h. es sind am nächsten Tag noch $\frac{3}{4}$ davon vorhanden.

a) Lege eine Tabelle an.
Erstelle eine Formel, mit der man die Masse M(t) zum Zeitpunkt t Tage nach der Einnahme berechnen kann.

b) Zeichne einen Graphen. Beantworte anhand des Graphen: Nach welcher Zeitspanne ist nur noch die Hälfte des Anfangsbestandes vorhanden?
Zeige am Graphen: Diese Zeitspanne bleibt gleich, auch wenn man eine andere Ausgangsmasse wählt.

Lösung

a)

Zeitpunkt t (in Tagen)	0	1	2	3	4	5	6	7	8
Masse M(t) (in mg)	8	6	4,5	3,38	2,53	1,90	1,42	1,07	0,80

Nach 1 Tag sind noch $8\text{ mg} \cdot \frac{3}{4}$ vorhanden, am 2. Tag noch $\left(8\text{ mg} \cdot \frac{3}{4}\right) \cdot \frac{3}{4} = 8\text{ mg} \cdot \left(\frac{3}{4}\right)^2$. Nach 5 Tagen liegt noch eine Masse von $8\text{ mg} \cdot \left(\frac{3}{4}\right)^5$ vor. Für t Tage gilt: $M(t) = 8 \cdot \left(\frac{3}{4}\right)^t$

b)

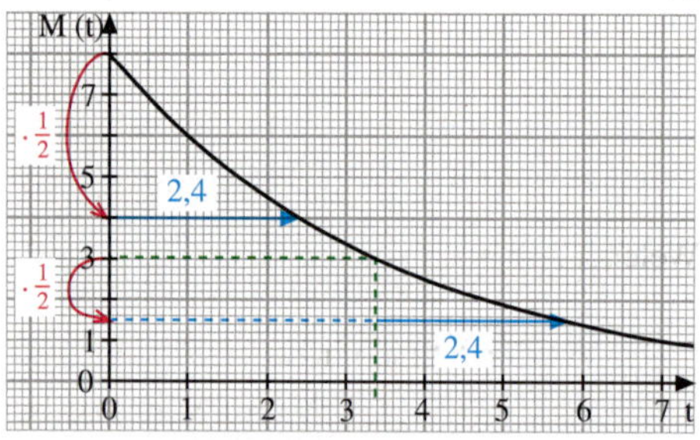

In ungefähr 2,4 Tagen ist statt 8 mg nur noch die Hälfte des Anfangsbestandes, also 4 mg vorhanden.
Die Zeitspanne, in der das Medikament z.B. von 3 mg auf 1,5 mg abnimmt, beträgt auch ungefähr 2,4 Tage.
Dies gilt auch für andere Beispiele.

Information

(1) Exponentielle Abnahme

Im Sachverhalt von Aufgabe 1 kann man auch andere Zeitspannen wählen und untersuchen, mit welchem Faktor man multiplizieren muss. Wählt man z.B. eine Zeitspanne von 2 Tagen, so wird die Medikamentenmasse zweimal mit $\frac{3}{4}$ multipliziert, also insgesamt mit $\frac{9}{16}$.

Für eine Zeitspanne von einem halben Tag muss für den Faktor x gelten: $x \cdot x = \frac{3}{4}$. Man muss also die Medikamentenmasse mit $\sqrt{\frac{3}{4}}$ multiplizieren, um zu bestimmen, wie viel nach einem halben Tag vorhanden ist.

Exponentielle Abnahme

In gleichen Zeitspannen c werden die jeweiligen Größenangaben immer mit dem gleichen Faktor d multipliziert. Der Faktor d liegt zwischen 0 und 1.
Dies nennt man *exponentielle Abnahme*.
Exponentielle Abnahme wird durch die Formel $f(t) = a \cdot b^t$ beschrieben, wobei die Basis b zwischen 0 und 1 liegt.

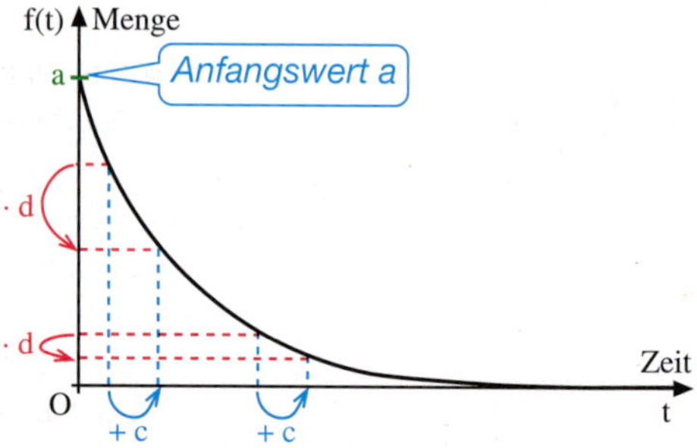

(2) Exponentielles Wachstum

Zu exponentieller Abnahme und Zunahme gehören Formeln der Form $B(t) = a \cdot b^t$, wobei bei Abnahme der Wachstumsfaktor zwischen 0 und 1 liegt. Bei Zunahme ist der Faktor größer als 1. Der Oberbegriff zu exponentieller Zunahme und exponentieller Abnahme ist **exponentielles Wachstum**.
Zuweilen werden Abnahmeprozesse auch plakativ als „*negatives Wachstum*“ bezeichnet.

Weiterführende Aufgabe

Radioaktivität
Zerfall instabiler Atomkerne unter Aussendung von Strahlen

2. *Abnahmerate und Abnahmefaktor*

a) Radioaktives Iod zerfällt so, dass seine Masse um 8 % pro Tag abnimmt. Am Anfang sind 3 mg vorhanden.
Wie viel radioaktives Iod ist am 2. Tag, 3. Tag, 4. Tag, 5. Tag noch vorhanden? Stelle auch eine Formel auf.

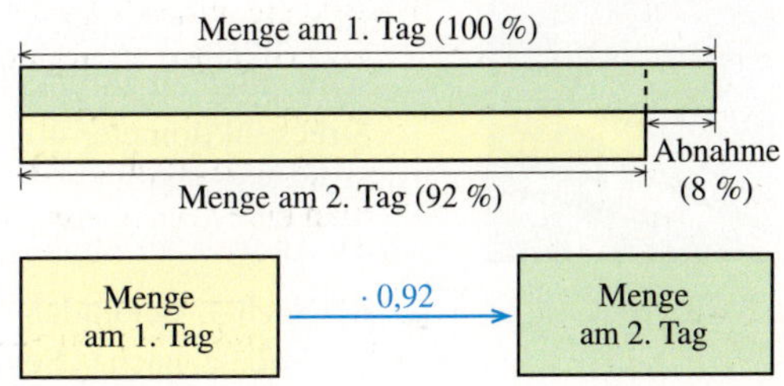

b) Erläutere folgende Regel:

Bei einer Abnahme mit konstanter prozentualer Abnahmerate (Zerfallsrate) p % liegt **exponentielle Abnahme** mit dem **Abnahmefaktor** (*Zerfallsfaktor*) $\left(1 - \frac{p}{100}\right)$ vor.

Übungsaufgaben

3. Radioaktiver Schwefel zerfällt so, dass die Masse jedes Jahr um $\frac{1}{12}$ abnimmt. Es sind anfangs 6 g Schwefel vorhanden.

a) Wie viel Schwefel sind nach 1; 2; 3; 4; 5; 6 Jahren noch vorhanden? Zeichne einen Graphen.

b) Ermittle eine Formel. Welcher Anteil ist nach 10 Jahren noch vorhanden?

ppm ⟨**engl.**⟩
parts per million;
$1 : 10^6$

4. Für bestimmte Untersuchungen verwendet man in der Medizin ein radioaktives Iod-Isotop, das schnell zerfällt. Von 1 mg ist nach 1 Stunde jeweils nur noch 0,75 mg im menschlichen Körper vorhanden. Nach wie viel Stunden ist von 1 mg zum ersten Mal weniger als 0,5 mg vorhanden? Wie groß ist der Zerfallsfaktor zur Zeitspanne 1 Stunde, in 2, in 3, in 5 Stunden?

5. Bei einem Blutalkoholgehalt ab 0,5 Promille werden Kraftfahrer mit einem Bußgeld oder mit Führerscheinentzug bestraft. Alkohol wird von der Leber so abgebaut, dass sein Gehalt im Blut um etwa 0,2 Promillepunkte pro Stunde (also jeweils um die gleiche Menge) abnimmt.

a) Ein Zecher geht um 3 Uhr nachts mit einem Blutalkoholgehalt von 2,3 Promille schlafen. Um wie viel Uhr ist der Blutalkoholgehalt kleiner als 0,5 Promille [gleich 0]?

b) Vergleiche den Abbau des Alkohols im Blut mit dem Abbau des radioaktiven Iods im menschlichen Körper (Übungsaufgabe 4).

ppm ⟨**engl.**⟩
parts per million;
$1 : 10^6$

6. Durch Einleitung einer giftigen Chemikalie in einen Stausee ist das Wasser so verunreinigt worden, dass ein Badeverbot erlassen werden musste. Im Stausee wurden 135 ppm der Chemikalie gemessen. Die Verunreinigung nimmt langsam ab, und zwar um 10 % pro Woche. Das Badeverbot kann aufgehoben werden, wenn die Verunreinigung den von den Gesundheitsbehörden festgesetzten Grenzwert von 25 ppm unterschritten hat. Nach wie vielen Wochen ist das möglich?

7. Röntgenstrahlen werden durch Bleiplatten abgeschirmt. Bei einer Plattendicke von 1 mm nimmt die Strahlungsstärke um 5 % ab. Wie dick muss die Bleiplatte sein, damit Strahlung auf die Hälfte [etwa $\frac{1}{10}$] der ursprünglichen Stärke vermindert wird?

Im Blickpunkt

Im Blickpunkt

Mittelwerte bei Zunahme- und Abnahmeprozessen

1. Ein Hochgeschwindigkeitszug legt einen Teil einer Teststrecke mit konstanter Geschwindigkeit zurück. Nach 30 s ist er beim Streckenkilometer 40, nach 50 s beim Streckenkilometer 43.

a) An welcher Stelle war er nach 40 s?

b) Nach t_1 Sekunden soll der Zug an der Stelle a, nach t_2 Sekunden an der Stelle b sein.
Berechne einen Term für die Stelle, an der der Zug nach $\frac{t_1 + t_2}{2}$ Sekunden ist.

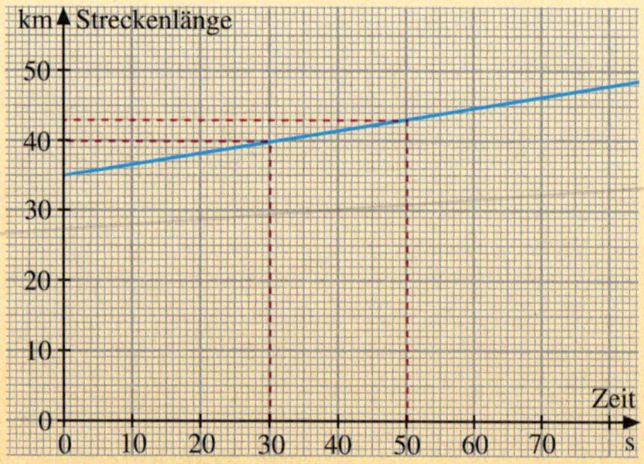

2. Bei einer anderen Testzugfahrt wird eine bestimmte Strecke zurückgelegt. Aus der benötigten Zeit wird die Geschwindigkeit bestimmt.
Ein Zug, der 30 s benötigt, hat eine Geschwindigkeit von 400 $\frac{km}{h}$, einer, der 50 s benötigt, eine Geschwindigkeit von 240 $\frac{km}{h}$.

a) Welche Geschwindigkeit hat der Zug, der 40 s benötigt?

b) Ein Zug, der t_1 Sekunden benötigt, hat die Geschwindigkeit a, einer, der t_2 Sekunden benötigt, die Geschwindigkeit b.
Berechne einen Term für die Geschwindigkeit eines Zuges, der $\frac{t_1 + t_2}{2}$ Sekunden benötigt.

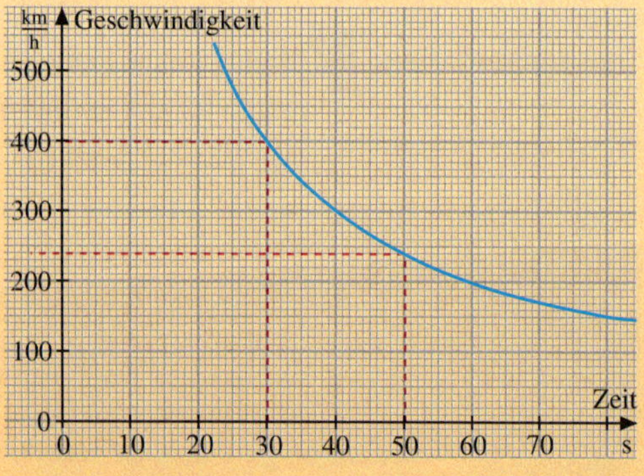

3. Eine Algenart wächst exponentiell an. 30 Tage nach Beobachtungsbeginn sind 40 m^2 bedeckt, nach 50 Tagen 90 m^2.

a) Wie viel war nach 40 Tagen bedeckt?

b) Nach t_1 Tagen sollen a Quadratmeter, nach t_2 Tagen b Quadratmeter bedeckt sein. Berechne einen Term für die Größe der nach $\frac{t_1 + t_2}{2}$ Tagen bedeckten Fläche.

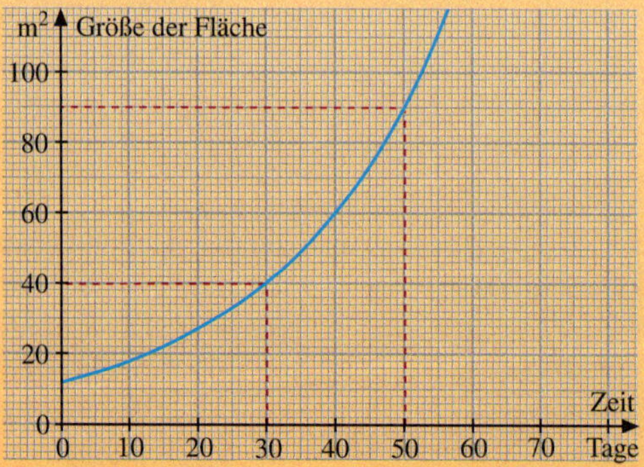

4. Katharina entdeckt in einem Lexikon, dass es zu zwei gegebenen Werten a und b verschiedene Mittelwerte gibt:

Arithmetisches Mittel	Harmonisches Mittel	Geometrisches Mittel
$m = \frac{1}{2}(a + b)$	$\frac{1}{h} = \frac{1}{2}\left(\frac{1}{a} + \frac{1}{b}\right)$	$g = \sqrt{a \cdot b}$

a) Felix bemerkt, dass die drei Formeln mit den ersten drei Aufgaben zusammenhängen. Erläutere.

b) Untersuche an einem selbst gewählten Beispiel, welcher der obigen Mittelwerte bei einem linearen Abnahmeprozess, welcher bei einem exponentiellen Abnahmeprozess anzuwenden ist.

c) Begründe Folgendes:

(1) Verändert sich eine Größe linear, so gehört zum arithmetischen Mittel zweier Ausgangswerte das arithmetische Mittel der zugehörigen Werte.

(2) Verändert sich eine Größe exponentiell, so gehört zum arithmetischen Mittel zweier Ausgangswerte das geometrische Mittel der zugehörigen Werte.

(3) Verändert sich eine Größe antiproportional, so gehört zum arithmetischen Mittel zweier Ausgangswerte das harmonische Mittel der zugehörigen Werte.

5. Überlege, welcher Mittelwert der angemessene ist.

(1) Nicole fährt eine Stunde mit dem Fahrrad. Die Hälfte der Zeit fährt sie mit 18 $\frac{km}{h}$, die andere Hälfte mit 12 $\frac{km}{h}$. Wie groß ist ihre Durchschnittsgeschwindigkeit?

(2) Niklas fährt 12 km mit dem Fahrrad. Die ersten 6 km mit 18 $\frac{km}{h}$, die zweiten 6 km mit 12 $\frac{km}{h}$. Wie groß ist seine Durchschnittsgeschwindigkeit?

(3) Jessica und Tina fahren Tandem. Der Preis für ihr Tandem-Modell erhöht sich im ersten Jahr von 500 € um 30 %, dann im zweiten Jahr um 10 %. Wie groß ist ihre durchschnittliche prozentuale Erhöhung pro Jahr?

6. Erfinde selbst je eine Aufgabe zur Mittelwertberechnung, bei der das arithmetische Mittel, das harmonische Mittel und das geometrische Mittel berechnet werden muss.

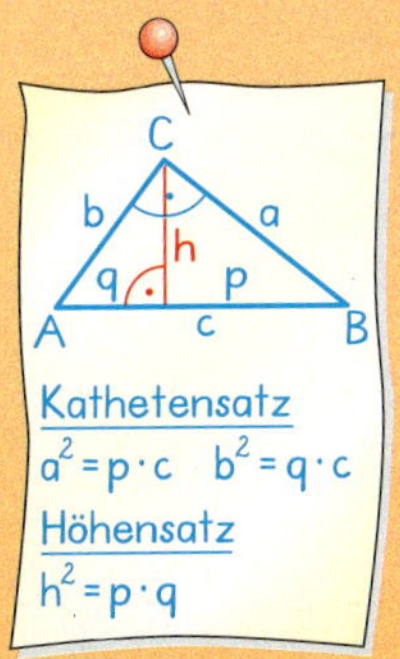

7. Aus der Zeichnung rechts kann man einen Größenvergleich von arithmetischem, geometrischem und harmonischem Mittel für positive Werte a und b herleiten.

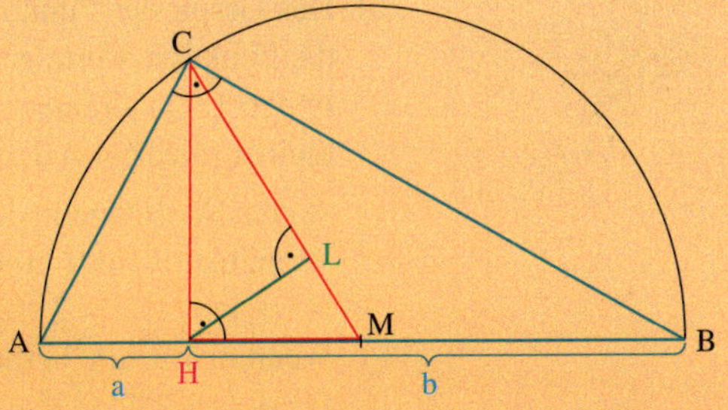

(1) Begründe, dass |MC| das arithmetische Mittel von a und b ist.

(2) Begründe mithilfe des Höhensatzes für das Dreieck ABC, dass |HC| das geometrische Mittel von a und b ist.

(3) Begründe mithilfe des Kathetensatzes für das Dreieck HMC, dass |LC| das harmonische Mittel von a und b ist.

(4) Folgere daraus eine Größenreihenfolge der drei Mittelwerte.

5.2 Exponentialfunktionen und ihre Eigenschaften

Bei den exponentiellen Prozessen des Algenwachstums (Seite 162) und der Medikamentenabnahme (Seite 169) haben wir die Abhängigkeit der Größe der Algenfläche bzw. der Masse von der Zeit durch die Formeln $f(t) = 10 \cdot 2^t$ bzw. $f(t) = 8 \cdot (\frac{3}{4})^t$ beschrieben. Durch solche Formeln werden auch Funktionen beschrieben, mit denen und deren Eigenschaften wir uns beschäftigen wollen.

5.2.1 Die Exponentialfunktionen mit $y = b^x$ mit $b > 0$; $b \neq 1$

Aufgabe 1

Die Exponentialfunktion zur Basis 2

a) Zeichne den Graphen der Exponentialfunktion f mit $f(x) = 2^x$ im Bereich $-3 \leq x \leq 3$.

b) Gib Eigenschaften des Graphen an.

c) Wie ändert sich der Funktionswert, wenn x um 1 bzw. um 3 erhöht wird? Begründe.

d) Wie ändert sich der Funktionswert, wenn x um s erhöht wird? Begründe.

Lösung

a) *Wertetabelle:*

x	2^x
– 3	0,125
– 2,5	0,177
– 2	0,25
– 1,5	0,354
– 1	0,5
– 0,5	0,707
0	1
0,5	1,414
1	2
1,5	2,828
2	4
2,5	5,657
3	8

Graph:

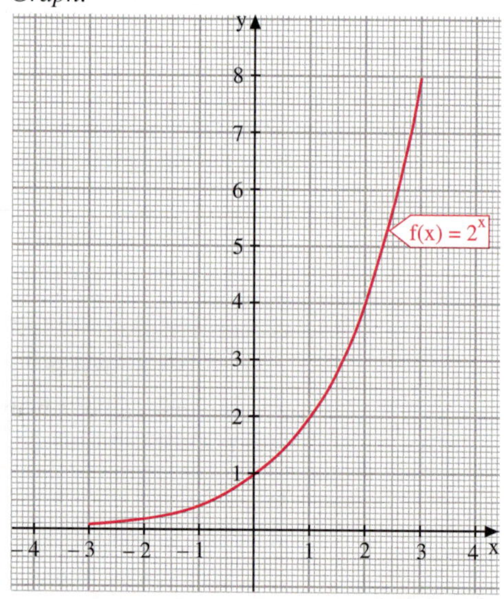

b) Der Graph der Funktion steigt (von links nach rechts) immer an; mit wachsendem x werden die Funktionswerte größer. Er verläuft vom 2. Quadranten durch den Punkt $P(0|1)$ der y-Achse in den 1. Quadranten. Der Graph nähert sich im 2. Quadranten der x-Achse immer mehr an, je kleiner (niedriger) die Werte für x werden.

c) An der Wertetabelle oder am Graphen erkennst du:
Wenn man x um 1 erhöht, verdoppelt sich der Funktionswert, denn:
$f(x+1) = 2^{x+1} = 2^x \cdot 2 = f(x) \cdot 2$
Wenn man x um 3 erhöht, verachtfacht sich der Funktionswert, denn:
$f(x+3) = 2^{x+3} = 2^x \cdot 2^3 = f(x) \cdot 8$

$a^{r+s} = a^r \cdot a^s$

d) Wenn man x um s erhöht, wird der Funktionswert 2^x mit 2^s multipliziert. Das kann man auch mit einem Potenzgesetz begründen:
$f(x+s) = 2^{x+s} = 2^x \cdot 2^s = f(x) \cdot 2^s$

Aufgabe 2 *Die Exponentialfunktion zur Basis $\frac{1}{2}$*

Zeichne den Graphen zur Exponentialfunktion f mit $f(x) = \left(\frac{1}{2}\right)^x$ im Bereich $-4 \le x \le 4$.
Zeichne in dasselbe Koordinatensystem den Graphen der Exponentialfunktion g mit $g(x) = 2^x$.
Vergleiche die beiden Graphen. Was fällt auf? Begründe.

Lösung *Wertetabelle:*

x	$\left(\frac{1}{2}\right)^x$	2^x
– 4	16	0,06
– 3,5	11,31	0,09
– 3	8	0,13
– 2,5	5,66	0,18
– 2	4	0,25
– 1,5	2,83	0,35
– 1	2	0,5
– 0,5	1,41	0,71
0	1	1
0,5	0,71	1,41
1	0,5	2
1,5	0,35	2,83
2	0,25	4
2,5	0,18	5,66
3	0,13	8
3,5	0,09	11,31
4	0,06	16

Graph:

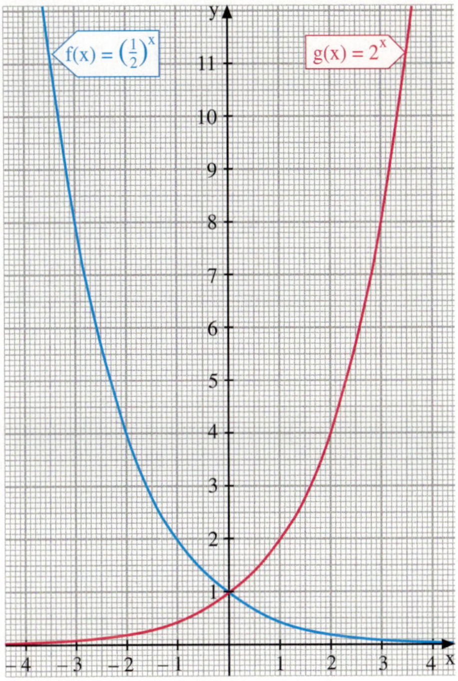

Der Graph zu $f(x) = \left(\frac{1}{2}\right)^x$ geht aus dem Graphen zu $g(x) = 2^x$ durch Spiegelung an der y-Achse hervor und umgekehrt.

$a^{-n} = \frac{1}{a^n}$

Begründung: Ersetzt man in dem einen Funktionsterm x durch –x, so ergibt sich der andere Funktionsterm:

$g(-x) = 2^{-x} = \frac{1}{2^x} = \frac{1^x}{2^x} = \left(\frac{1}{2}\right)^x = f(x)$ bzw. $f(-x) = \left(\frac{1}{2}\right)^{-x} = \frac{1}{\left(\frac{1}{2}\right)^x} = \frac{1}{\frac{1^x}{2^x}} = \frac{1}{\frac{1}{2^x}} = 2^x = g(x)$

Information

Definition
Eine Funktion mit der Gleichung $y = b^x$, wobei $b > 0$, $b \neq 1$, heißt **Exponentialfunktion zur Basis b**.

Weiterführende Aufgabe

3. *Eigenschaften der Exponentialfunktion zu $y = b^x$*

a) In den Aufgaben 1 und 2 hast du die Exponentialfunktionen zu den Basen 2 und $\frac{1}{2}$ betrachtet.
Zeichne Graphen von Exponentialfunktionen auch für andere Basen.
Nenne Eigenschaften der Graphen. Welche Gemeinsamkeiten bestehen, welche Unterschiede?

b) Was ergibt sich im Fall $b = 1$?
Warum wird dieser Fall wohl ausgeschlossen?
Warum wird der Fall $b = 0$ für die Basis ausgeschlossen?
Warum darf für die Basis b keine negative Zahl genommen werden?

Information Wir fassen die Ergebnisse der Aufgaben 1 bis 3 noch einmal zusammen.

Satz (*Eigenschaften der Exponentialfunktionen*)

Für jede Exponentialfunktion zu $y = b^x$ mit $x \in \mathbb{R}$ und beliebiger positiver Basis $b \neq 1$ gilt:

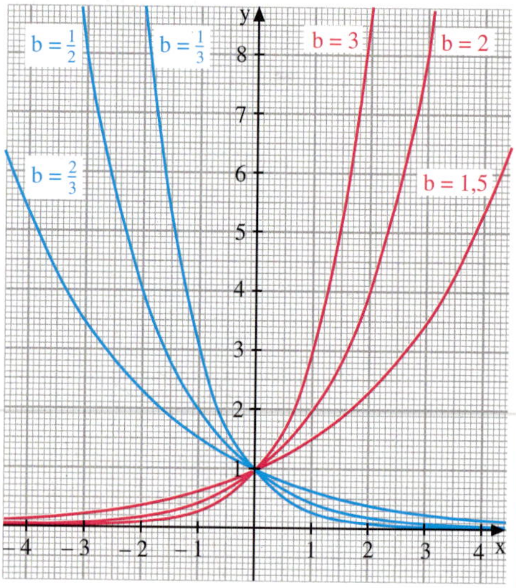

- Der Graph
  - steigt für $b > 1$;
  - fällt für $0 < b < 1$.
- Der Graph liegt oberhalb der x-Achse. Jede positive reelle Zahl kommt als Funktionswert vor.
- Der Graph schmiegt sich
  - für $b > 1$ dem negativen Teil der x-Achse an;
  - für $0 < b < 1$ dem positiven Teil der x-Achse an.
- Jedes Mal, wenn x um s wächst, wird der Funktionswert b^x mit dem Faktor b^s multipliziert (*Grundeigenschaft der Exponentialfunktion*).
- Alle Graphen haben den Punkt $P(0|1)$ und nur diesen Punkt gemeinsam.
- Die Graphen der Exponentialfunktionen zu $y = b^x$ und $y = \left(\frac{1}{b}\right)^x$ gehen durch Spiegelung an der y-Achse auseinander hervor.
  Statt $y = \left(\frac{1}{b}\right)^x$ kann man auch $y = b^{-x}$ schreiben.

Übungsaufgaben

4. Zeichne für verschiedene Werte von b die Graphen von Exponentialfunktionen mit $f(x) = b^x$ in ein gemeinsames Koordinatensystem.
Wie ändert sich der Graph, wenn man die Basis b ändert?
Nenne gemeinsame Eigenschaften und Unterschiede der Graphen.

5. Zeichne mit deinem Rechner den Graphen zu $y = 2^x$.

a) Lies am Graphen Näherungswerte ab für $2^{\frac{1}{4}}$; $2^{\frac{3}{4}}$; $2^{0,6}$; $2^{1,2}$; $2^{-0,8}$.

b) Lies am Graphen Näherungswerte für die Stellen ab, zu denen die folgenden Funktionswerte gehören: 0,5; $\frac{4}{5}$; 1,2; 1,5; 2; 3; $\frac{5}{2}$; $\frac{7}{3}$; $\frac{11}{2}$; $-\frac{1}{2}$

6. Wie ändert sich jedes Mal der Funktionswert bei $f(x) = 2^x$, wenn man x

a) um 2 vergrößert; **d)** um 3 verkleinert; **g)** verdoppelt;
b) um 2 verkleinert; **e)** um 0,5 vergrößert; **h)** verdreifacht;
c) um 3 vergrößert; **f)** um 0,5 verkleinert; **i)** halbiert?

7. a) Wie viel Mal so groß wird der Funktionswert bei $f(x) = 2^x$, wenn x um 10 größer wird [um 10 kleiner wird]? Formuliere eine Faustregel.

b) Um wie viel muss man x vermehren, damit sich der Funktionswert 4^x vertausendfacht?

8. Zeichne den Graphen von $y = \left(\frac{1}{2}\right)^x$.

a) Lies am Graphen Näherungswerte ab für $\left(\frac{1}{2}\right)^{2,5}$; $\left(\frac{1}{2}\right)^{\frac{3}{4}}$; $\left(\frac{1}{2}\right)^{0,6}$; $0{,}5^{-2,2}$.

b) Lies, soweit möglich, am Graphen Näherungswerte ab für die Stellen, die zu folgenden Funktionswerten gehören: 0,75; $\frac{1}{3}$; 4,7; 1,1; $\frac{1}{100}$; 0; −3.

9. Wie verändert sich jeweils der Funktionswert bei $f(x) = \left(\frac{1}{2}\right)^x$, wenn man x

a) um 2 vergrößert; **c)** um 10 vergrößert; **e)** um 0,5 vergrößert;
b) um 4 vergrößert; **d)** um 1 verkleinert; **f)** verdoppelt?

10. a) Zeichne den Graphen zu $f(x) = 3^x$. Lies Näherungswerte für die fehlende Koordinate der Punkte ab:
$A(\frac{1}{2}|\square)$; $B(\frac{4}{3}|\square)$; $C(0{,}6|\square)$; $D(-0{,}5|\square)$;
$E(\square|1)$; $F(\square|0{,}5)$; $G(\square|1{,}5)$; $H(\square|\frac{11}{2})$.

b) Gehe bei der Exponentialfunktion $f(x) = 3^x$ von der Stelle −1 beginnend immer um 1 nach rechts. Mit welchem Faktor multipliziert sich jedes Mal der Funktionswert? Nimm nun als Schrittweite 2 statt 1. Was ändert sich? Wähle nun eine beliebige Schrittweite s; formuliere das Resultat allgemein: Jedes Mal, wenn …

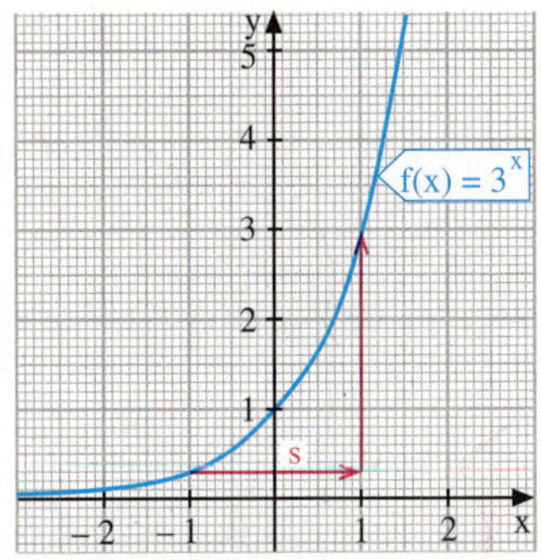

11. Zeichne den Graphen der Funktion f mit $f(x) = 4^x$ im Bereich $-2 \le x \le 2$.

a) Lies am Graphen Näherungswerte für die Werte von a ab, die folgende Bedingungen erfüllen:
$f(0) = a$; $f(-0{,}8) = a$; $f(1{,}9) = a$; $f(a) = 1$; $f(a) = 4$; $f(a) = 3$;
$f(a) = 0{,}5$; $f(a) = 0{,}25$; $f(a) = 0$; $f(a) = -3$; $f(a) = 2$; $f(a) = \sqrt[3]{4}$

b) Wie verändert sich der Funktionswert bei $y = 4^x$, wenn man x
(1) um 1 [um 0,5] vergrößert; (2) um 1 [um 0,5] verkleinert?

12. Zeichne den Graphen der Exponentialfunktion zur Basis 2,5 [Basis 1,3; Basis 3,4]. Beschreibe Eigenschaften des Graphen. Wähle die Schrittweite 0,5 und veranschauliche die Grundeigenschaften der Exponentialfunktion am Graphen für $-2 \le x \le 2$.

13. Das Wachstum einer Hefekultur wird durch folgende Tabelle von Messwerten beschrieben.

Zeit (in h)	0	0,5	0,75	1	1,4	−0,5	−1
Volumen (in cm^3)	1	1,4	1,7	2	2,65	0,7	0,5

a) Bestätige: Nach x Stunden hat die Hefekultur ein Volumen von ungefähr 2^x cm^3.

b) Welches Volumen würde sie bei gleich bleibendem Wachstum nach 2 [nach 5; nach 10; nach 20] Stunden einnehmen?

14. Das Wachstum einer Algenkultur wurde durch folgende Tabelle von Messwerten beschrieben. Welche Funktion kann dieses Wachstum beschreiben?
Ergänze die fehlenden Werte. Gib eine anschauliche Erklärung für das letzte Wertepaar.

Zeit (in h)	0	0,5	1	1,5	2	3	3,5	4	10	20	−1
Größe der Algenfläche (in m^2)	1	1,58	2,5	3,95	6,25	15,625					

15. Zeichne den Graphen der Exponentialfunktion g mit $g(x) = (\sqrt{3})^x$.
Ermittle am Graphen Näherungswerte für die Lösungen der folgenden Gleichungen.
$g(2) = y$; $g(-2{,}5) = z$; $g(x) = 4{,}3$; $g(r) = -0{,}01$; $g(c) = 1{,}73$; $g(x) = 0{,}5$

16. In dem Koordinatensystem rechts sind die Einheiten nicht eingetragen. Trotzdem kann man den Graphen je einen der folgenden Funktionsterme richtig zuordnen.
Begründe.

(1) $2{,}7^x$ (3) $0{,}8x + 1$ (5) $3{,}4^x$
(2) $1{,}8^x$ (4) $2{,}8x + 1$ (6) $2x + 2$

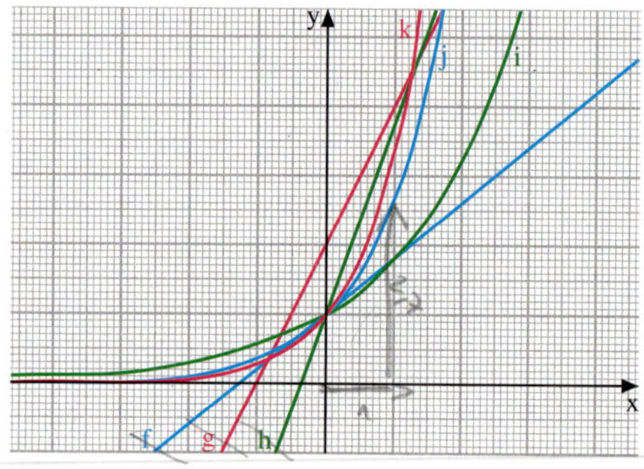

17. Zeichne den Graphen der Exponentialfunktion zur Basis 0,7 [zur Basis 0,3].
Gib Eigenschaften an.

18. Zeichne den Graphen von f mit $f(t) = \left(\frac{1}{4}\right)^t$ im Bereich $-2 \le t \le 2$.

a) Lies, soweit möglich, am Graphen Näherungswerte ab für die Werte von a, die folgende Gleichung erfüllen: $f(-0{,}8) = a$; $f(1{,}9) = a$; $f(a) = 1$; $f(a) = 3$; $f(a) = 0$; $f(a) = -3$

b) Wie verändert sich jeweils der Funktionswert, wenn man t

(1) um 1 vergrößert; (3) um 0,5 vergrößert; (5) verdoppelt;
(2) um 1 verkleinert; (4) um 0,5 verkleinert; (6) halbiert?

19. In dem Koordinatensystem sind die Einheiten nicht eingetragen. Trotzdem kann man den Graphen je einen der folgenden Funktionsterme richtig zuordnen. Begründe.

a) $0{,}3^x$ **c)** $-x + 1$ **e)** $1 - \frac{8}{5}x$
b) $\left(\frac{1}{4}\right)^x$ **d)** $0{,}9^x$ **f)** $2 - 0{,}9x$

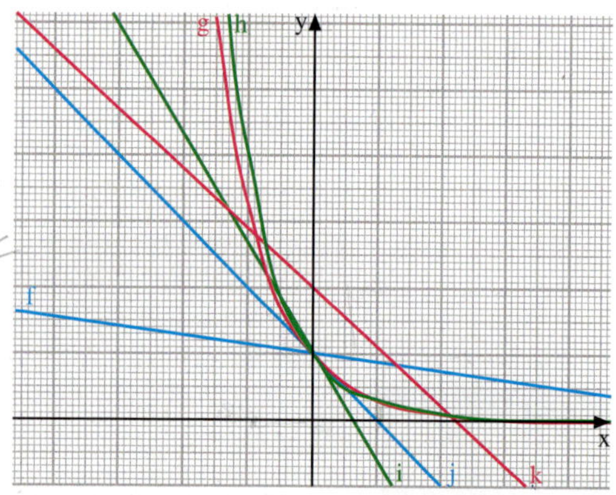

20. Zeichne die Graphen zu $y = 3^x$ und $y = \left(\frac{1}{3}\right)^x$ in ein gemeinsames Koordinatensystem. Zeige durch eine Rechnung, dass sie durch Spiegeln an der y-Achse auseinander hervorgehen.

21. Bilde Paare von Funktionstermen, deren Graphen beim Spiegeln an der y-Achse auseinander hervorgehen: $\left(\frac{3}{4}\right)^x$; 10^x; $1{,}2^x$; $\left(\frac{4}{3}\right)^x$; $1{,}4^x$; $\left(\frac{5}{6}\right)^x$; $\left(\frac{5}{7}\right)^x$

22. Der Graph einer Exponentialfunktion mit $y = b^x$ geht durch den Punkt P. Bestimme die Basis b wie im Beispiel.

a) P(2|25) **d)** P(−3|0,125) **g)** P(3|0,343)
b) P(−1|0,25) **e)** P(−4|0,25) **h)** P(−4|256)
c) $P(\frac{1}{2}|\frac{1}{2}\sqrt{2})$ **f)** P(−1|6) **i)** $P(-0{,}5|\frac{1}{3})$

P(1,5|8)
$b^{1,5} = 8$
$b^{\frac{3}{2}} = 8 \quad |\ (\ )^{\frac{2}{3}}$
$b = \sqrt[3]{8^2}$
$= 4$

23. Kann man in Aufgabe 22 an den Koordinaten von P erkennen, ob die Basis b größer oder kleiner als 1 ist? Formuliere eine Regel. Begründe sie.

5.2.2 Potenzen mit irrationalen Exponenten

Information

(1) Definition von Potenzen mit irrationalen Exponenten

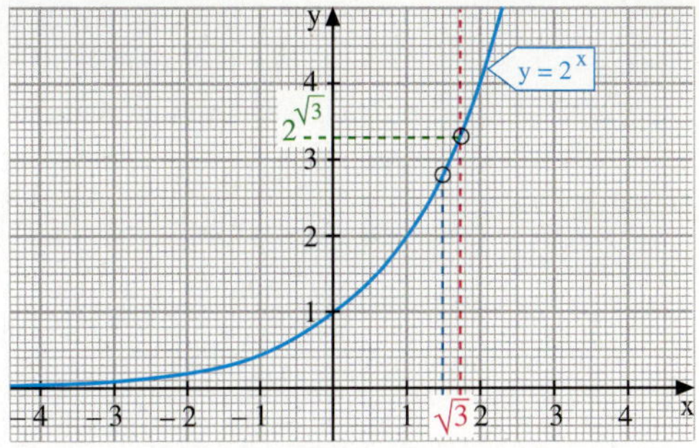

Im vorigen Abschnitt haben wir für die Exponentialfunktion mit $y = 2^x$ stillschweigend die Menge $\mathbb{R}$ der reellen Zahlen als Definitionsmenge angenommen. Bisher haben wir aber nur Potenzen mit rationalen Exponenten kennen gelernt, z. B. ist:

$2^{1,5} = 2^{\frac{3}{2}} = \sqrt{2^3} = \sqrt{8} = 2,8284\ldots$

Eine solche Termumformung ist aber nur möglich, wenn der Exponent eine rationale Zahl ist. Wenn man z. B. $2^{\sqrt{3}}$ angeben möchte, wird man sinnvoller Weise für $\sqrt{3}$ rationale Näherungswerte einsetzen und die Potenz berechnen, z. B.

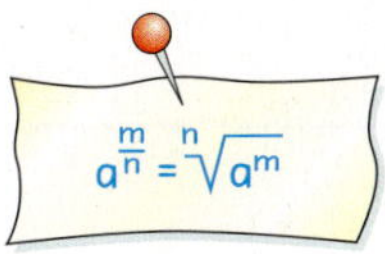

$2^{\sqrt{3}} \approx 2^{1,73} = 2^{\frac{173}{100}} = \sqrt[100]{2^{173}} = 3,31\ldots$

Wir nähern also $\sqrt{3}$ durch rationale Zahlen an, um einen Näherungswert für $2^{\sqrt{3}}$ zu erhalten. Deshalb ist folgende Definition sinnvoll:

Definition
Unter Potenzen mit irrationalen Exponenten versteht man die Werte, welche die Lücken bei dem Graph der entsprechenden Exponentialfunktion mit rationalen Exponenten schließen.

Wir vereinbaren: Wenn die Definitionsmenge einer Funktion nicht angegeben ist, soll die größtmögliche in $\mathbb{R}$ angenommen werden, bei Exponentialfunktionen also $\mathbb{R}$.

(2) Potenzgesetze für reelle Exponenten

Die aus Klasse 9 bekannten Potenzgesetze gelten nicht nur für rationale, sondern sogar für beliebige reelle Exponenten. Wir verzichten auf einen Beweis.

Satz
Für beliebige reelle Exponenten r und s und reelle Basen a > 0, b > 0 gilt:

	Potenzgesetze	*Beispiele*
(P1):	$a^r \cdot a^s = a^{r+s}$	$2^{\sqrt{3}} \cdot 2^{\sqrt{5}} = 2^{\sqrt{3}+\sqrt{5}}$
(P1*)	$a^r : a^s = a^{r-s}$	$2^{\sqrt{5}} : 2^{\sqrt{3}} = 2^{\sqrt{5}-\sqrt{3}}$
(P2)	$a^r \cdot b^r = (a \cdot b)^r$	$2^{\sqrt{5}} \cdot 3^{\sqrt{5}} = (2 \cdot 3)^{\sqrt{5}} = 6^{\sqrt{5}}$
(P2*)	$a^r : b^r = (a : b)^r$	$6^{\sqrt{5}} : 3^{\sqrt{5}} = (6 : 3)^{\sqrt{5}} = 2^{\sqrt{5}}$
(P3)	$(a^r)^s = a^{r \cdot s}$	$(2^{\sqrt{8}})^{\sqrt{2}} = 2^{\sqrt{8} \cdot \sqrt{2}} = 2^{\sqrt{16}} = 2^4$

Übungsaufgaben

1. Ermittle mithilfe des Taschenrechners Näherungswerte auf vier Stellen gerundet.
a) $3^{\sqrt{2}}$; $2^{\frac{1}{2}\sqrt{2}}$; $4^{\sqrt{20}}$ **b)** $6,3^{\sqrt{\sqrt{8}}}$; $2^{-\sqrt{6}}$ **c)** $-\frac{\sqrt{10}}{3}$; $\left(\frac{6}{5}\right)^{-\sqrt{1,4}}$ **d)** $\sqrt{2}^{\sqrt{5}}$; $\left(\frac{2}{\sqrt{7}}\right)^{-\sqrt{10}}$

2. Vereinfache: **a)** $33^{\sqrt{6}} : 11^{\sqrt{6}}$ **b)** $4^{\sqrt[3]{7}} \cdot 0,5^{\sqrt[3]{7}}$ **c)** $(3^{\sqrt{10}})^{\sqrt{40}}$ **d)** $6^{\sqrt{5}} \cdot \left(\frac{12}{2}\right)^{3\sqrt{5}}$

3. Welche der folgenden Terme sind wertgleich zueinander? Begründe.
$(3^{\sqrt{5}})^2$; $3^{(2 \cdot \sqrt{5})}$; $(3^2)^{\sqrt{5}}$; $3^{((\sqrt{2})^2)}$; $3^{\sqrt{2}} \cdot 3^{\sqrt{2}}$; $3^{\sqrt{5}} \cdot 3^{\sqrt{5}}$; $(3^{\sqrt{2}})^2$

5.2.3 Die Exponentialfunktion mit $y = a \cdot b^x$ mit $b > 0$, $b \neq 1$, $a > 0$

Aufgabe 1

Strecken des Graphen einer Exponentialfunktion parallel zur y-Achse

Zeichne die Graphen zu $f(x) = 2^x$ und $g(x) = 3 \cdot 2^x$ in ein Koordinatensystem; ebenso die Graphen zu $f(x) = (\frac{1}{3})^x$ und $g(x) = 2 \cdot (\frac{1}{3})^x$ in ein anderes Koordinatensystem. Wie entsteht jeweils der Graph zu g aus dem Graphen zu f? Vergleiche auch die Eigenschaften der Graphen.

Lösung

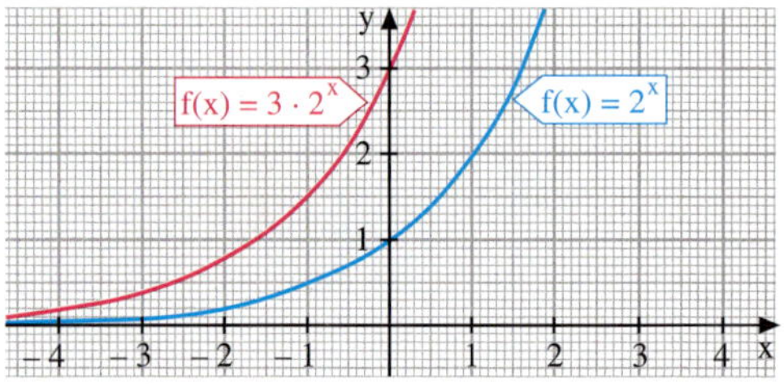

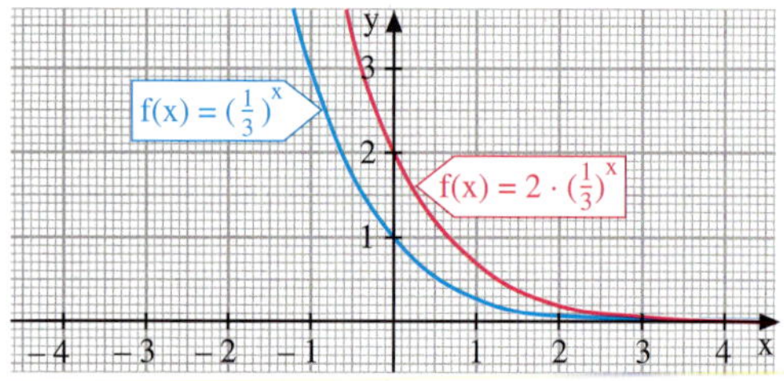

Für jeden Wert von x wird der Funktionswert f(x) mit 3 bzw. 2 multipliziert, d. h. die y-Koordinate wird verdreifacht bzw. verdoppelt. Dies entspricht einer Streckung des Graphen in y-Richtung mit dem Faktor 3 bzw. 2. Bis auf dem Schnittpunkt mit der y-Achse bleiben die Eigenschaften erhalten.

Aufgabe 2

Bestimmen des Funktionsterms zu einem exponentiellen Prozess

Eine Bakterienart vermehrt sich so, dass sich alle 3 Stunden die von ihr bedeckte Fläche verdoppelt. Zu Beginn der Beobachtung sind 12 cm^2 bedeckt. Erläutere, warum die Abhängigkeit durch eine Exponentialfunktion mit dem Term $f(x) = a \cdot b^x$ beschrieben werden kann, wobei x die Zeit seit Beobachtungsbeginn (in Stunden) bezeichnet. Ermittle a und b. Zeichne den Graphen.
Wie groß war die bedeckte Fläche 4 Stunden vor Beobachtungsbeginn?

Lösung

Da die bedeckte Fläche in jeweils gleichen Zeitspannen (3 Stunden) mit dem jeweils gleichen Faktor (2) multipliziert wird, handelt es sich um ein exponentielles Wachstum; die Größe f(x) der bedeckten Fläche (in cm^2) zum Zeitpunkt x (in h) kann also durch eine Exponentialfunktion mit dem Term $f(x) = a \cdot b^x$ beschrieben werden.

Bestimmen des Faktors a

Zum Zeitpunkt 0 ist $f(0) = a \cdot b^0 = a$, also ist $a = 12$.
Der Funktionsterm lautet also $f(x) = 12 \cdot b^x$, wobei die Basis b noch zu bestimmen ist.

x	f(x)
0	12
1	
2	
3	24

(+1, +1, +1; +3 | · b, · b, · b; · 2)

Bestimmen der Basis b

Nach 3 Stunden sind 24 cm^2 bedeckt, d. h. $f(3) = 24$.
Also muss gelten: $24 = 12 \cdot b^3$
Daher ist $b^3 = 2$.
Die Basis ist demnach:
$b = \sqrt[3]{2} = 1{,}2599\ldots \approx 1{,}26$

Die gesuchte Gleichung lautet also:
$f(x) = 12 \cdot \sqrt[3]{2}^{\,x}$ bzw. $f(x) \approx 12 \cdot 1{,}26^x$

Ergebnis: 4 Stunden vor Beobachtungsbeginn waren
$f(-4) \approx 12 \cdot 1{,}26^{-4} \approx 4{,}76$,
also ungefähr 4,76 cm^2 bedeckt.

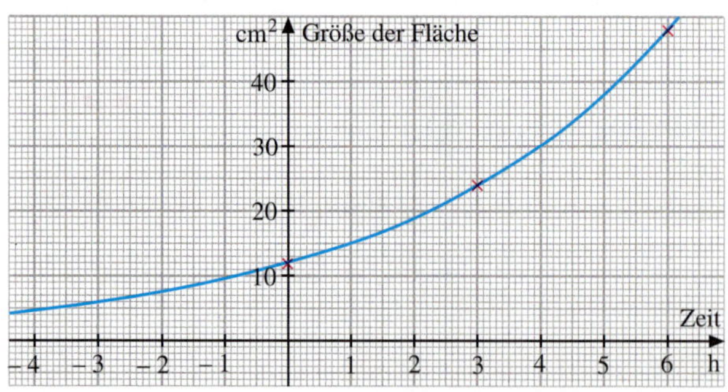

Information

(1) Exponentialfunktionen

Auch Funktionen mit einem Funktionsterm der Form $f(x) = a \cdot b^x$ mit $x \in \mathbb{R}$, $a > 0$, $b > 0$, $b \neq 1$ werden als Exponentialfunktionen bezeichnet.

Man erhält den Graphen von $g(x) = a \cdot b^x$ aus dem Graphen von $f(x) = b^x$ durch Strecken mit dem Faktor a in Richtung der y-Achse.

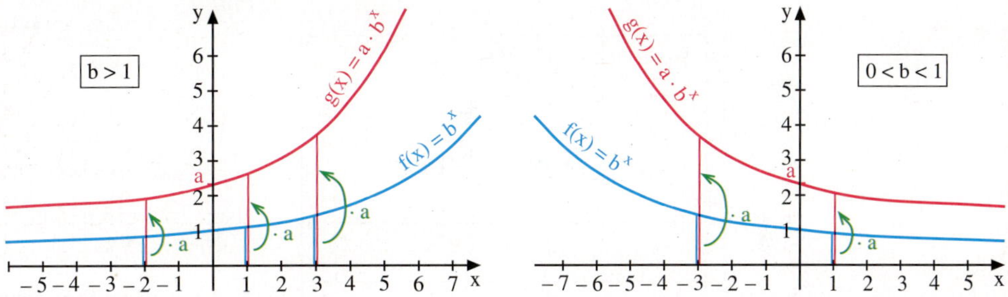

Die Eigenschaften der Funktion f mit $f(x) = b^x$ übertragen sich auf die Funktion g mit $g(x) = a \cdot b^x$. Erhalten bleibt das Steigen bzw. Fallen und das Anschmiegen an die x-Achse. Weiterhin wird jede reelle positive Zahl als Funktionswert angenommen. Auch die Grundeigenschaft der Exponentialfunktion bleibt erhalten: Wenn x um s wächst, wird der Funktionswert mit b^s multipliziert.
Statt durch $P(0|1)$ verläuft der Graph durch $S(0|a)$.

(2) Exponentielles Wachstum

Wir können nun den Zusammenhang zwischen exponentiellem Wachstum und Exponentialfunktionen herstellen.

„Ein Prozess verläuft exponentiell" bedeutet anders formuliert:
Die Zunahme bzw. die Abnahme kann durch eine Exponentialfunktion mit einem Funktionsterm der Form $f(x) = a \cdot b^x$ beschrieben werden.
Liegt ein exponentieller Zunahmeprozess vor, so ist die Basis b größer als 1; bei einem exponentiellen Abnahmeprozess liegt die Basis zwischen 0 und 1.

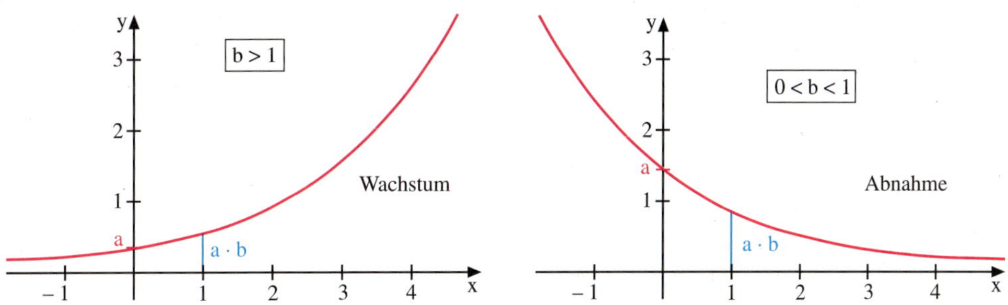

In der Funktionsgleichung $f(x) = a \cdot b^x$ kann die Zahl a verschieden gedeutet werden:
- a kann als Streckfaktor aufgefasst werden.
- a ist die Ordinate (2. Koordinate) des Schnittpunktes des Graphen mit der y-Achse. — $S(0|a)$
- a ist der Anfangswert bei exponentiellen Zunahmeprozessen bzw. Abnahmeprozessen.

Weiterführende Aufgabe

3. *Bestimmen einer Exponentialfunktion, wenn zwei Punkte des Graphen gegeben sind*

a) Von einer Messtabelle eines exponentiellen Wachstums ist der Anfang abgerissen worden. Kristina und Phil haben zwei unterschiedliche Wege, wie sie die Tabelle ergänzen können. Erläutere ihre Überlegungen.

1	4	6
0,8	12,5	?

Kristina

$P(1\|0{,}8)$ und $Q(4\|12{,}5)$ $f(x) = a \cdot b^x$
$0{,}8 = a \cdot b^1$ $12{,}5 = a \cdot b^4$ } dividieren
$15{,}625 = b^3 \quad \mid (\ )^{\frac{1}{3}}$ $2{,}5 = b$
$0{,}8 = a \cdot 2{,}5^1$ $0{,}32 = a$
$f(x) = 0{,}32 \cdot 2{,}5^x$

$f(6) = 78{,}125$

Phil

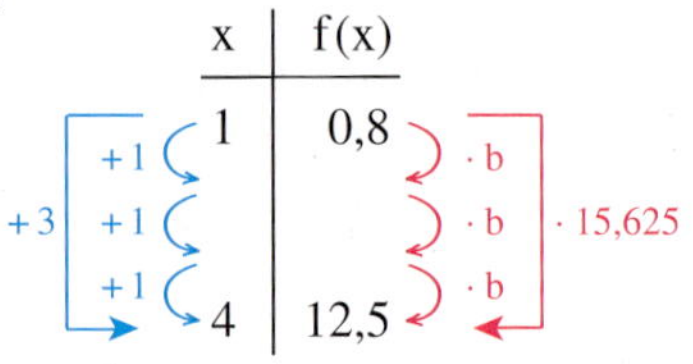

x	f(x)
1	0,8
4	12,5

(Pfeile: x jeweils $+1$, insgesamt $+3$; f(x) jeweils $\cdot b$, insgesamt $\cdot 15{,}625$)

also: $b^3 = 15{,}625$
$b = 2{,}5$

Anfangswert: Von Wert 0,8 bei 1 einen „Zeitschritt" zurück gehen:

also: $a = 0{,}8 : 2{,}5 = 0{,}32$
$f(x) = 0{,}32 \cdot 2{,}5^x$
$f(6) = 78{,}125$

b) Bei welcher Exponentialfunktion verläuft der Graph durch $P(-2|0{,}16)$ und $Q(-1|0{,}8)$?

Übungsaufgaben

4. Zeichne für verschiedene Werte von a und b die Graphen von Exponentialfunktionen mit der Gleichung $y = a \cdot b^x$ in ein gemeinsames Koordinatensystem.
Wie ändert sich der Graph, wenn man den Faktor a bzw. die Basis b verändert?

5. a) Zeichne die Graphen von $g(x) = 2 \cdot 3^x$ und von $f(x) = 3^x$ im Intervall $-4 \le x \le 2$.
Durch welche Abbildung geht der Graph zu $g(x) = 2 \cdot 3^x$ aus dem zu $f(x) = 3^x$ hervor?

b) Welche Eigenschaften der Exponentialfunktion zu $y = 3^x$ (Seite 174) übertragen sich auf die Funktion zu $y = 2 \cdot 3^x$ [zu $y = a \cdot 3^x$ mit $a > 0$]?

6. Zeichne die Graphen von $y = \frac{1}{2} \cdot 0{,}8^x$ und $y = 0{,}8^x$ [von $y = \frac{5}{3} \cdot 2^x$ und $y = 2^x$] in ein gemeinsames Koordinatensystem. Vergleiche die Eigenschaften beider Graphen. Wie verändert sich der Funktionswert, wenn x um 2 [0,5; 1,5] wächst?

7. Ordne jedem Funktionsterm den passenden Graphen zu.

$f_1(x) = 2 \cdot 1{,}3^x$ 5 $\qquad f_2(x) = 3 \cdot 1{,}5^x$ 3
$f_3(x) = 3 \cdot (\frac{2}{3})^x$ 2 $\qquad f_4(x) = 2 \cdot 1{,}7^x$ 4
$f_5(x) = 3 \cdot 0{,}8^x$ 1

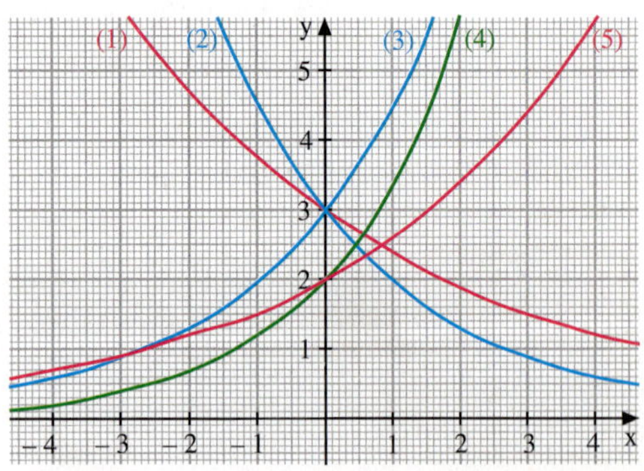

8. a) Skizziere den Verlauf der Graphen von $y = 2 \cdot 3^x$; $y = 2{,}1 \cdot 3^x$; $y = 2 \cdot 3{,}1^x$ und $y = 2{,}1 \cdot 3{,}1^x$ in ein gemeinsames Koordinatensystem.

b) *Partnerarbeit:* Bildet selbst ähnliche Beispiele. Formuliert ein allgemeines Ergebnis.

9. Eine Bakterienart vermehrt sich so, dass sie alle 3 Wochen auf das 2,8fache anwächst. Zu Beginn sind 20 Bakterien vorhanden.

a) Julian rundet den Wachstumsfaktor pro Woche auf 2 Stellen nach dem Komma, Ann-Kathrin auf 4. Vergleiche ihre Werte für die Bakterienanzahl nach 5 Wochen, 10 Wochen und 20 Wochen.

b) Berechne die Werte aus Teilaufgabe a) nach einer eigenen Rundungsregel. Verändere auch den Anfangswert.

10. Eine Bakterienart vermehrt sich so, dass sie sich alle 4 Tage verdreifacht. Am Anfang sind 60 Bakterien vorhanden.

a) Gib die prozentuale Wachstumsrate pro Tag an.

b) Wie viele Bakterien sind nach 8 Tagen, 10 Tagen, 3 Wochen vorhanden?

11. Eine Substanz nimmt so ab, dass sie sich alle 4 Tage drittelt. Anfangs sind 90 g vorhanden.

a) Welche Masse ist nach 8 Tagen, nach 12 Tagen vorhanden?

b) Ermittle die prozentuale Abnahmerate pro Tag und gib die Masse nach 7 Tagen [11 Tagen] an.

12. Ergänze die Lücken im Heft.

Beschreibung des Prozesses	Anfangsbestand	Zeiteinheit	Wachstumsfaktor pro Zeiteinheit	prozentuale Wachstumsrate pro Zeiteinheit	Bestand nach x Zeiteinheiten
Vergrößerung einer Länge auf das 2,3fache alle 7 Wochen	350 cm	1 Woche	$\sqrt[7]{2{,}3} = 1{,}1264$	$\sqrt[7]{2{,}3} - 1 \approx 0{,}1264 = 12{,}64\,\%$	$350\text{ cm} \cdot 1{,}1264^x$
Zunahme pro Jahr	600 €			3 %	
		1 Minute			$30\text{ g} \cdot \left(\sqrt[6]{2{,}3}\right)^x$

13. Ermittle eine Funktionsgleichung für den Prozess.

a) Ein Anfangsbestand von 30 vervierfacht sich alle drei Tage.

b) Ein Anfangsbestand von 2 drittelt sich alle 5 Stunden.

c) Ein Anfangsbestand von 0,65 vermehrt sich alle 2,5 Minuten auf das 1,5fache.

d) Ein Anfangsbestand von 400 verringert sich jeweils in einem halben Jahr um 12 %.

e) Ein Anfangsbestand von 32 vermehrt sich jeweils in 3 Sekunden um 5 %.

f) Ein Anfangsbestand von 4 wächst stündlich um 0,3.

g) Ein Anfangsbestand von 13,7 fällt alle vier Tage um 5.

14. Der Graph einer Exponentialfunktion soll durch die Punkte P(1|1) und Q(2|3) verlaufen. Die Rechnung rechts von Tobias ist fehlerhaft. Korrigiere sie.

$1 = a \cdot b^1$

$2 = a \cdot b^3 = a \cdot b \cdot b^2$

$2 = 1 \cdot b^2$

$b = \sqrt{2}$

$a = \frac{1}{\sqrt{2}}$

$y = \frac{1}{\sqrt{2}} \cdot \sqrt{2}^x = \sqrt{2}^{x-1}$

15. Der Graph der Exponentialfunktion mit $y = a \cdot b^x$ geht durch die Punkte P und Q. Bestimme a und b. Gib auch die Funktionsgleichung an.

a) P(1|6), Q(2|18) **c)** P(4|12,5), Q(1|0,8) **e)** P(−2|40), Q(−4|160) **g)** P(0|r), Q(t|1)
b) P(−1|0,3), Q(2|37,5) **d)** P($\frac{1}{2}$|3), Q(2|18) **f)** P(0|r), Q(1|t) **h)** P(0|r), Q(s|t)

16. a) Welcher Graph und welche Funktionsgleichung passen zusammen? Entscheide anhand der Eigenschaften. Wie verläuft der Graph zur noch fehlenden Funktionsgleichung?

(1) $y = 1{,}5 \cdot 1{,}3^x$
(2) $y = 1{,}5 \cdot 0{,}8^x$
(3) $y = 0{,}2 \cdot x^3 + 1{,}5$
(4) $y = 0{,}1 \cdot x^4 + 1{,}5$
(5) $y = 4 \cdot x^{-1}$
(6) $y = 1{,}5x + 1$

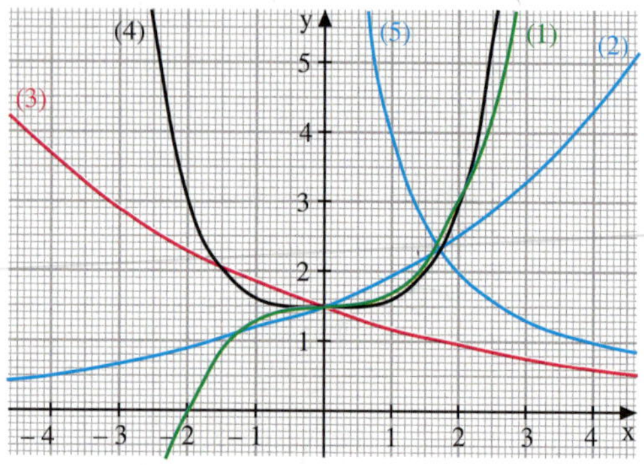

b) Zeichne alle Graphen mit einem Rechner. Wie groß ist die Seitenlänge eines Quadrates mindestens, das alle Schnittpunkte in der „Nähe“ von A(1,7|2) enthält?

17. Gib eine lineare Funktion mit $y = m \cdot x + b$, eine Exponentialfunktion mit $y = a \cdot b^x$ und eine Potenzfunktion mit $y = a \cdot x^p$ an, deren Graphen durch die beiden Punkte P und Q verlaufen.

a) P(1|1); Q(2|4) **b)** P(2|2); Q(4|$\frac{1}{2}$)

18. Rechts siehst du die Graphen einer linearen Funktion und einer Exponentialfunktion. Erzeuge die Graphen mit einem Rechner. Wie stark weichen die Funktionswerte für x = 5 voneinander ab?

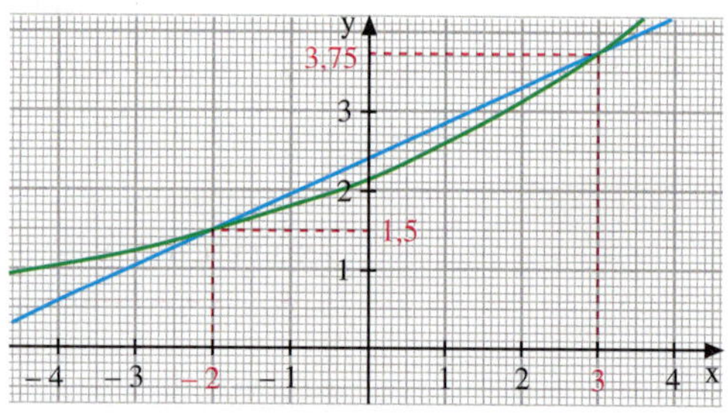

19. In zwei Schalen 1 und 2 werden zwei Substanzen beobachtet:
In Schale 1 sind anfangs 200 cm² bedeckt, in Schale 2 sind es 150 cm². Die Substanz von Schale 1 zerfällt kontinuierlich so, dass sie sich in jeweils zwei Monaten halbiert. Von Schale 2 wird kontinuierlich so viel weggenommen, dass sich die Substanz monatlich um 20 cm² verringert.

a) Stelle für beide Prozesse eine Funktionsgleichung auf, welche die bedeckte Fläche in Abhängigkeit von der Anzahl der Monate angibt.

b) Löse grafisch: Wann ist in Schale 2 eine größere Fläche bedeckt als in Schale 1?

20. Überprüfe, ob den Angeboten ein fester Zinssatz zugrunde liegt. Welches Angebot ist günstiger?

Angebot A:
Ihre Anlage von 20 000 € wächst an
in 3 Jahren auf 24 500 €,
in 6 Jahren auf 30 014 €,
in 10 Jahren auf 39 343 €.

Angebot B:
Ihre Anlage von 50 000 € wächst an
in 4 Jahren auf 63 123 €,
in 8 Jahren auf 78 020 €,
in 12 Jahren auf 100 609 €.

5.3 Verschieben und Strecken der Graphen der Exponentialfunktionen
Zum Selbstlernen

Ziel

Wir haben beliebige exponentielle Wachstumsprozesse mit Exponentialfunktionen vom Typ $y = a \cdot b^x$ mit $c > 0$ beschrieben. Diese Exponentialfunktionen haben an der Stelle 0 einen positiven Anfangswert $a > 0$. Hier lernst du das Strecken auch mit negativen Streckfaktoren und das Verschieben parallel zur x-Achse kennen.

A **Strecken des Graphen parallel zur y-Achse**

a) *Zeichne die Graphen zu $f(x) = 1{,}5^x$, $g(x) = 3 \cdot 1{,}5^x$ und $h(x) = -3 \cdot 1{,}5^x$ in ein Koordinatensystem.*

b) *Zeichne die Graphen zu $f(x) = \left(\frac{1}{4}\right)^x$, $g(x) = 2 \cdot \left(\frac{1}{4}\right)^x$ und $h(x) = -2 \cdot \left(\frac{1}{4}\right)^x$ in ein anderes Koordinatensystem.*

c) *Wie entsteht jeweils der Graph zu g bzw. h aus dem Graphen zu f?*

Du erhältst folgende Graphen:

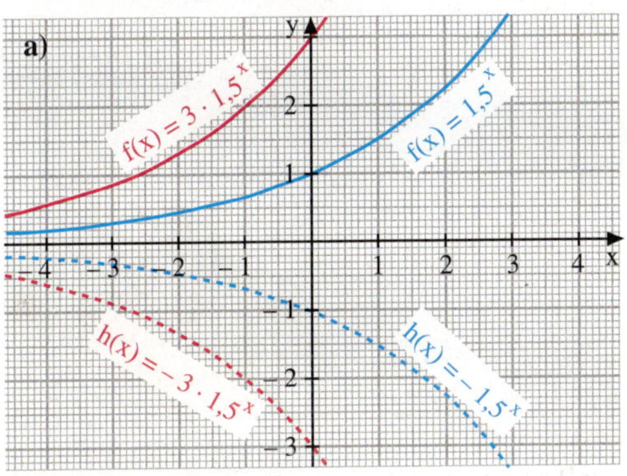

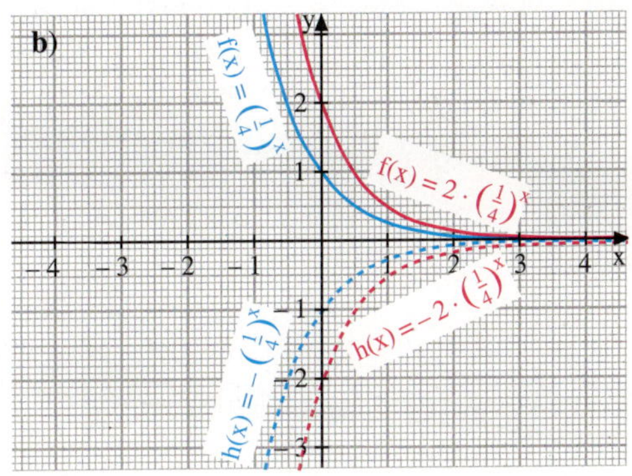

c) Wird der Funktionswert f(x) mit 3 bzw. 2 multipliziert, so wird die y-Koordinate jedes Punktes verdreifacht bzw. verdoppelt. Dies entspricht einer Streckung des Graphen in y-Richtung.

Man erhält den Graphen zu $g(x) = a \cdot b^x$ aus dem Graphen zu $f(x) = b^x$ durch Strecken mit dem Faktor a in Richtung der y-Achse.

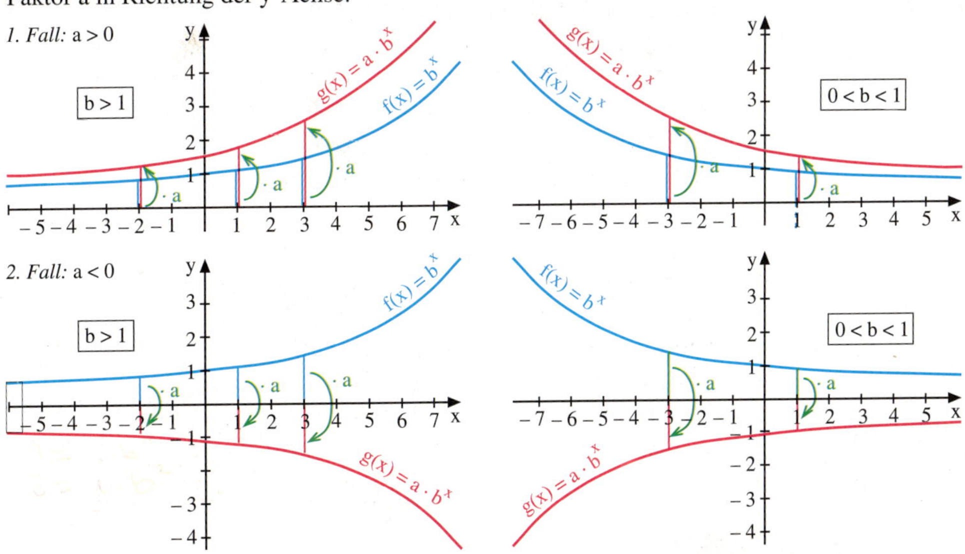

A Verschieben der Graphen parallel zur x-Achse

Zeichne den Graphen der Exponentialfunktion zu $f(x) = 2^x$ und verschiebe ihn um 1 Einheit nach rechts.

Zeichne ein weiteres Koodinatensystem des Graphen der Exponentialfunktion zu $g(x) = \left(\frac{1}{3}\right)^x$ und verschiebe ihn um 2 Einheiten nach links.

Erstelle die Funktionsterme der beiden verschobenen Graphen. Formuliere Gemeinsamkeiten und Unterschiede.

Bezeichne die Funktion zu dem nach rechts verschobenen Graphen mit u.

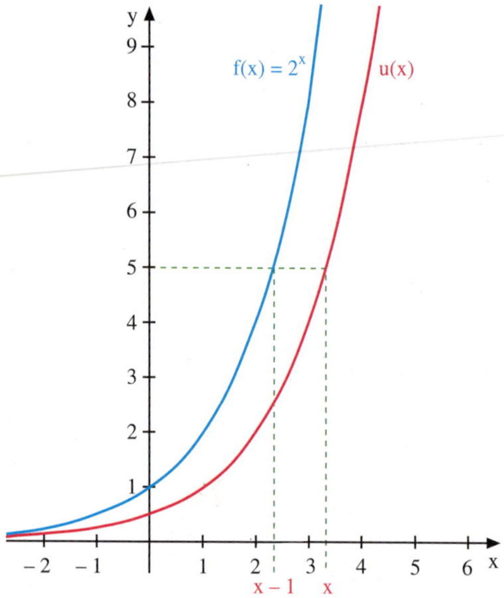

Bezeichne die Funktion zu dem nach links verschobenen Graphen mit v.

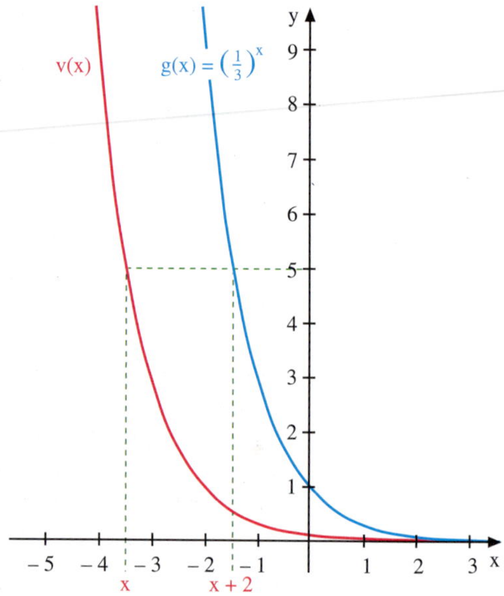

Betrachte die Wertetabellen der Funktionen:

x	– 3	– 2	– 1	0	1	2	3
$f(x) = 2^x$	$\frac{1}{8}$	$\frac{1}{4}$	$\frac{1}{2}$	1	2	4	8
u(x)		$\frac{1}{8}$	$\frac{1}{4}$	$\frac{1}{2}$	1	2	4

x	– 3	– 2	– 1	0	1	2	3
$g(x) = \left(\frac{1}{3}\right)^x$	27	9	3	1	$\frac{1}{3}$	$\frac{1}{9}$	$\frac{1}{27}$
v(x)	3	1	$\frac{1}{3}$	$\frac{1}{9}$	$\frac{1}{27}$	$\frac{1}{81}$	$\frac{1}{243}$

Der Funktionswert u(x) des um 1 nach rechts verschobenen Graphen an der Stelle x ist gleich dem Funktionswert der Funktion f an der um 1 weiter links liegenden Stelle x – 1.

Also gilt:

$u(x) = f(x - 1) = 2^{x-1}$

Der Funktionswert v(x) des um 2 nach links verschobenen Graphen an der Stelle x ist gleich dem Funktionswert der Funktion g an der um 2 weiter nach rechts liegenden Stelle x + 2.

Also gilt:

$v(x) = g(x + 2) = \left(\frac{1}{3}\right)^{x+2}$

Das Verschieben des Graphen wird in beiden Fällen durch eine Veränderung des Exponenten im Funktionsterm bewirkt. Eine Addition einer positiven Zahl bewirkt eine Verschiebung nach links, eine Subtraktion einer positiven Zahl (bzw. Addition einer negativen Zahl) bewirkt eine Verschiebung nach rechts.

Die Verschiebung der Graphen dieser Exponentialfunktionen parallel zur x-Achse führt zu einem Ersetzen des Exponenten x durch eine Summe x + c, wobei c positiv, aber auch negativ sein kann.

Man erhält den Graphen von $g(x) = b^{x+c}$ aus dem Graphen von $f(x) = b^x$ durch Verschieben parallel zur x-Achse um $|c|$ Einheiten, und zwar

nach links, falls $c > 0$; nach rechts, falls $c < 0$.

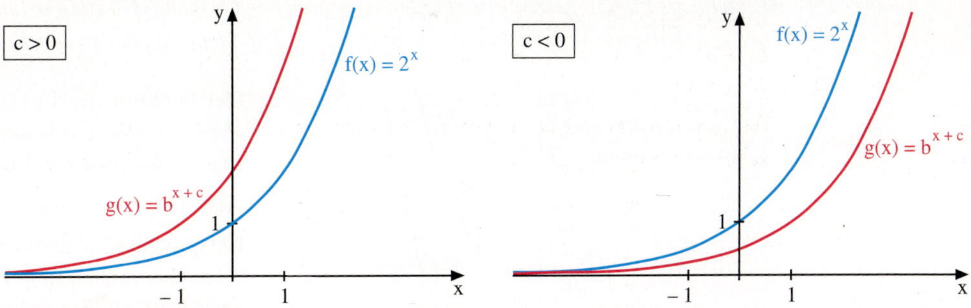

A Ersetzen einer Verschiebung durch eine Streckung

Zeichne den Graphen zu $g(x) = 2^{x+3}$. Finde zwei verschiedene Möglichkeiten, wie man ihn aus dem Graphen zu $f(x) = 2^x$ erhalten kann.

Aus dem Term erkennt man unmittelbar, dass man den Graphen zu $f(x) = 2^x$ um 3 Einheiten nach links verschieben kann, um den Graphen zu $g(x) = 2^{x+3}$ zu erhalten. Andererseits kann man den Graphen aber auch mit dem Faktor 2^3, also 8, parallel zur y-Achse strecken, um den Graphen zu g(x) zu erhalten. Dies lässt sich durch eine Umformung des Funktionstermes begründen:

Potenzgesetz
$a^n \cdot a^m = a^{n+m}$

$$\begin{aligned} g(x) &= 2^{x+3} \\ &= 2^x \cdot 2^3 \\ &= 8 \cdot 2^x \end{aligned}$$

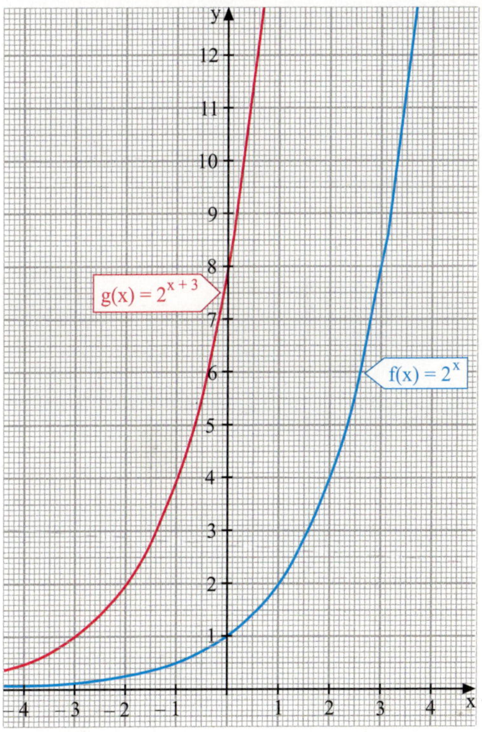

Der Graph $g(x) = b^{x+c}$ kann man auf zwei verschiedene Weisen aus dem zu $f(x) = b^x$ entstehen:

(1) durch Verschieben parallel zur x-Achse um $|c|$ Einheiten;

(2) durch Strecken parallel zur y-Achse mit dem Faktor b^c, denn $g(x) = b^{x+c} = b^x \cdot b^c = b^c \cdot b^x$.

Zum Selbstlernen

A Verschieben des Graphen parallel zur y-Achse

Zeichne den Graphen der Exponentialfunktion zu $f(x) = 2^x$ und verschiebe ihn

a) *um 1 Einheit nach oben.* ***b)*** *um 3 Einheiten nach unten.*

Erstelle die Funktionsterme der beiden verschobenen Graphen. Formuliere anschließend ein allgemeines Ergebnis zum Verschieben des Graphen eine Exponentialfunktion parallel zur y-Achse.

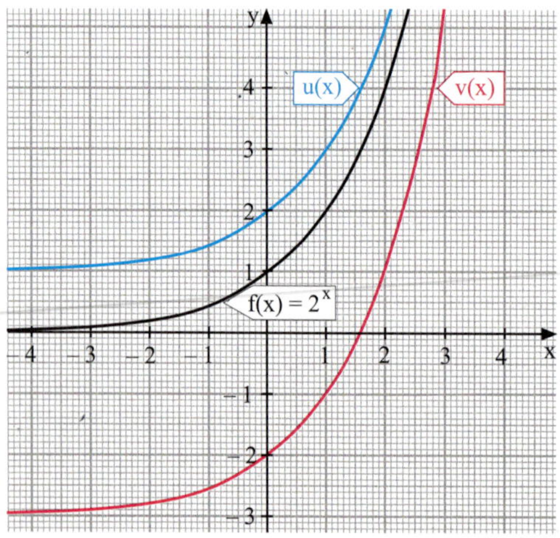

$2^x - 3 = 2^x + (-3)$

Der Funktionswert u(x) des um 1 Einheit nach oben verschobenen Graphen an der Stelle x ist um 1 größer als der Funktionswert f(x).

Also gilt: $u(x) = f(x) + 1 = 2^x + 1$

Entsprechend ist der Funktionswert u(x) des um 3 Einheiten nach unten verschobenen Graphen an jeder Stelle um 3 kleiner als der Funktionswert f(x).

Also gilt: $u(x) = f(x) - 3 = 2^x - 3$

Man erhält den Graphen zu $g(x) = b^x + c$ aus den Graphen zu $f(x) = b^x$ durch Verschieben parallel zur y-Achse um $|c|$ Einheiten, und zwar
nach oben, falls $c > 0$;
nach unten, falls $c < 0$.

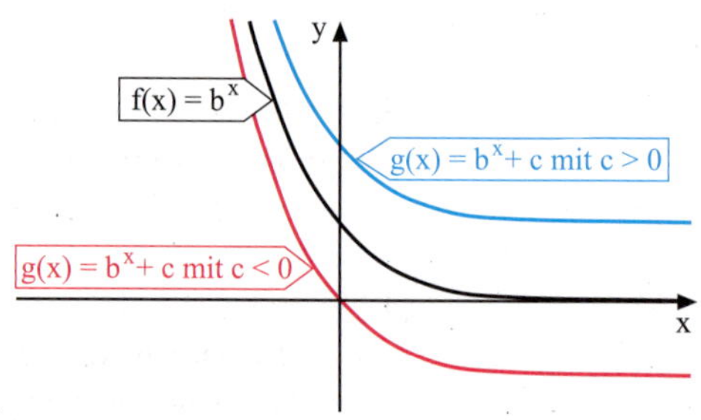

Zum Üben

1. Zeichne den Graphen zu $y = 2^x$. Zeichne in dasselbe Koordinatensystem die Graphen zu:
(1) $y = 0{,}4 \cdot 2^x$ (2) $y = 1{,}5 \cdot 2^x$ (3) $y = -2^x$ (4) $y = -0{,}3 \cdot 2^x$ (5) $y = -1{,}2 \cdot 2^x$
Beschreibe, wie diese Graphen aus dem der Exponentialfunktion zu $y = 2^x$ entstehen.

2. Schreibe eine kleine Zusammenfassung: Wie sieht der Graph einer Funktion mit $g(x) = a \cdot b^x$ im Vergleich zu dem der Exponentialfunktion mit $y = b^x$ aus? Beachte verschiedene Fälle.

3. Zeichne den Graphen zu:
a) $y = -\frac{1}{3} \cdot 5^x$ **b)** $y = -\frac{2}{3} \cdot 2^x$ **c)** $y = -3 \cdot \left(\frac{1}{2}\right)^x$
Gib Eigenschaften der Graphen an. Wie verändert sich der Funktionswert, wenn x um 2 [um 0,5; um 1,5] wächst?

4. Zeichne die Graphen zu $y = 2^{x+c}$ für $c = -2; -1; 0; 1; 2$. Wie verändern sich die Graphen, wenn c größer (kleiner) wird?

5. Zeichne die Graphen der Exponentialfunktionen f und g mit $f(x) = \left(\frac{3}{2}\right)^{x+1}$ bzw. $g(x) = \left(\frac{3}{2}\right)^{x-2}$. Durch welche Verschiebung geht der Graph von g aus dem Graphen f hervor?

Zum Selbstlernen

6. Ordne zu jedem Funktionsterm den passenden Graphen zu.

$f_1(x) = 2 \cdot 1{,}2^x$ $f_5(x) = 4 \cdot 0{,}5^x$
$f_2(x) = 3 \cdot 1{,}4^x$ $f_6(x) = -1{,}8^x$
$f_3(x) = 3 \cdot \left(\frac{3}{4}\right)^x$ $f_7(x) = -2 \cdot 0{,}4^x$
$f_4(x) = 2 \cdot 1{,}6^x$ $f_8(x) = -2 \cdot 1{,}5^x$

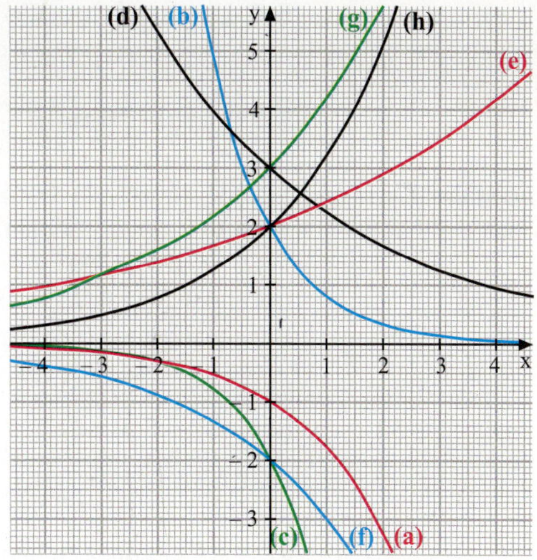

7. *Partnerarbeit:* Beschreibt die Veränderungen der Graphen, wenn

a) in der Gleichung $y = 1{,}5^{x+c}$ der Parameter c verändert wird;

b) in der Gleichung $y = a \cdot 1{,}5^x$ der Parameter a verändert wird.

Fasst eure Überlegungen übersichtlich auf einer Folie zusammen.

Parameter ⟨griech.⟩ Math.: konstante oder unbestimmt gelassene Hilfsvariable

8. Ordne jedem Funktionsterm den passenden Graphen zu.

$f_1(x) = 2^{x+1}$ $f_4(x) = \left(\frac{2}{3}\right)^{x+1}$
$f_2(x) = \left(\frac{1}{2}\right)^{x-2}$ $f_5(x) = 3^{x-1}$
$f_3(x) = 1{,}5^{x+2}$ $f_6(x) = 0{,}2^{x-2}$

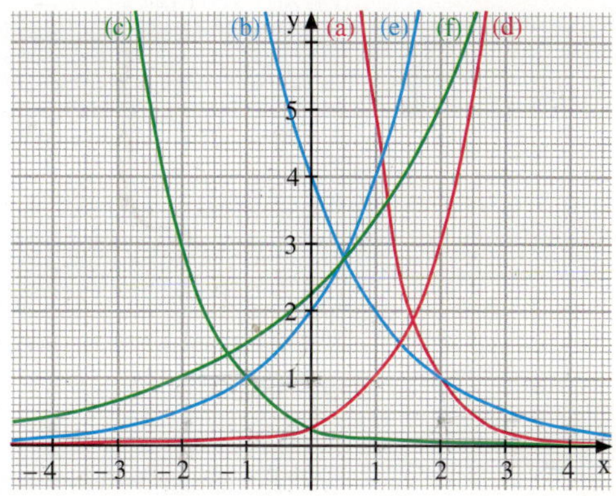

9. Bestimme c so, dass die Graphen zu den Funktionen mit den Gleichungen $y = 4 \cdot \left(\frac{1}{2}\right)^x$ und $y = \left(\frac{1}{2}\right)^{x+c}$ übereinstimmen.

10. **a)** Stelle $y = 4^{x+3}$ in der Form $y = a \cdot 4^x$ dar. Durch welche Abbildung kann der Graph aus dem zu $y = 4^x$ gehörenden Graphen hervorgehen?

b) Stelle $y = 2 \cdot 8^x$ in der Form $y = 8^{x+c}$ dar.
Gib Abbildungen an, durch die der Graph zu $y = 2 \cdot 8^x$ aus dem $y = 8^x$ hervorgeht.

11. Begründe, dass sich die Graphen zu $y = b^{x+c}$ und $y = b^{x+d}$ für $c \neq d$ nicht schneiden.

12. Zeichne mit dem Rechner den Graphen zu $f(x) = \left(\frac{1}{2}\right)^x + c$ [$f(x) = 1{,}2^x + c$] für verschiedene Werte von c. Was fällt dir auf? Begründe.

13. Bestimme die Funktionsgleichung und überprüfe mit dem Rechner:
Der Graph der Exponentialfunktion zur Basis 2 wird

a) an der x-Achse [y-Achse] gespiegelt,

b) um 3 Einheiten entlang der x-Achse nach links [nach rechts] verschoben,

c) um 1 Einheit entlang der y-Achse nach oben [nach unten] verschoben,

d) an der x-Achse [y-Achse] gespiegelt und dann um 1 Einheit nach links und um 3 Einheiten nach oben verschoben.

14. Beschreibe den Verlauf des Graphen.

a) $y = -2 \cdot 3^x$ **b)** $y = \frac{1}{2} \cdot 1{,}5^{x-2}$ **c)** $y = 3 \cdot 0{,}5^x - 3$ **d)** $y = -0{,}25 \cdot \left(\frac{1}{4}\right)^{x+0{,}5} + 2$

Zum Selbstlernen

5.4 Logarithmen – Exponentialgleichungen

5.4.1 Logarithmen

Aufgabe 1

1 000 € werden zu 4 % Zinsen angelegt. Wann sind mindestens 1 500 € auf dem Konto?
Nach x Jahren beträgt der Kontostand $1\,000 \cdot 1{,}04^x$. Du musst also die Ungleichung $1\,000 \cdot 1{,}04^x > 1\,500$ mit der Variablen im Exponenten lösen. Durch Probieren mit dem Taschenrechner findest du x = 11. Nach 11 Jahren sind also erstmals mindestens 1 500 € vorhanden.
Bei den folgenden Gleichungen kannst du den gesuchten Exponenten sogar im Kopf bestimmen.

a) $2^x = 8$; $2^x = \frac{1}{4}$; $2^x = \sqrt{2}$
b) $3^x = 3$; $3^x = \frac{1}{3}$; $3^x = \sqrt[3]{81}$
c) $10^x = 1$; $10^x = 0{,}01$; $10^x = 100 \cdot \sqrt{10}$

Lösung

a) Um die Lösung zu finden, stellt man die rechte Seite der Gleichung als Potenz von 2 dar: $8 = 2^3$.
Also gilt $2^x = 2^3$ und somit x = 3.
Ebenso gilt: $2^x = \frac{1}{4} = \frac{1}{2^2} = 2^{-2}$, also x = –2; $2^x = \sqrt{2} = 2^{\frac{1}{2}}$, also $x = \frac{1}{2}$

b) $3^x = 3 = 3^1$, also x = 1; $3^x = \frac{1}{3} = 3^{-1}$, also x = –1
$3^x = \sqrt[3]{81} = 81^{\frac{1}{3}} = (3^4)^{\frac{1}{3}} = 3^{\frac{4}{3}}$, also $x = \frac{4}{3}$

c) $10^x = 1 = 10^0$, also x = 0; $10^x = 0{,}01 = \frac{1}{100} = 10^{-2}$, also x = –2
$10^x = 100 \cdot \sqrt{10} = 10^2 \cdot 10^{\frac{1}{2}} = 10^{2{,}5}$, also x = 2,5

Information

(1) Begriff des Logarithmus

Beim Logarithmieren sucht man Exponenten.

Definition

Gegeben sind zwei positive Zahlen y und b (b ≠ 1).
Unter dem **Logarithmus von y zur Basis b** verstehen wir diejenige Zahl x, mit der man b potenzieren muss, um y zu erhalten. Für die Zahl x gilt also $b^x = y$.
Dafür schreibt man $\log_b(y)$. Die Zahl y hinter dem $\log_b$-Symbol heißt **Numerus.**
Das Bestimmen des Logarithmus von y zur Basis b heißt **Logarithmieren**.

Beispiel: „Bestimme $\log_3(81)$“ bedeutet:
Suche den Exponenten x, sodass 3^x die Zahl 81 ergibt.
$\log_3(81) = 4$, denn $3^4 = 81$.

Weitere Beispiele: $\log_{10}\left(\frac{1}{1000}\right) = -3$, denn $10^{-3} = \frac{1}{1000}$ $\log_{\frac{1}{4}}(2) = -\frac{1}{2}$, denn $\left(\frac{1}{4}\right)^{-\frac{1}{2}} = 2$

Für den Logarithmus zur Basis 10 schreibt man auch nur lg oder log.

Beachte:
(a) Logarithmuswerte kann man nur von positiven Zahlen bestimmen, da Potenzen b^x für b > 0 stets positiv sind.
(b) Beim Logarithmieren zur Basis 10 wollen wir die Basis in der Schreibweise weglassen:
$\log_{10}(15) = \log(15) = 1{,}176\ldots$
(c) Gelegentlich lässt man Klammern bei Logarithmen weg, wenn durch ihr Fehlen keine Missverständnisse entstehen, z.B. log15 statt log(15).

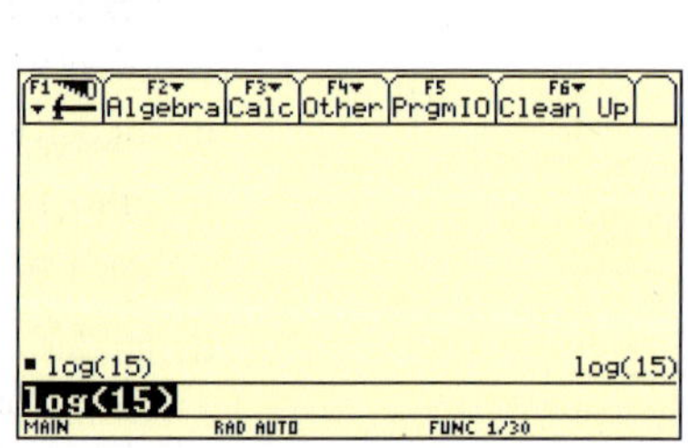

(2) Zusammenhang zwischen Potenzieren, Logarithmieren und Wurzelziehen (Radizieren)

Das Bilden einer Potenz b^x nennt man auch *Potenzieren.* Man erhält dann als Ergebnis den Potenzwert.

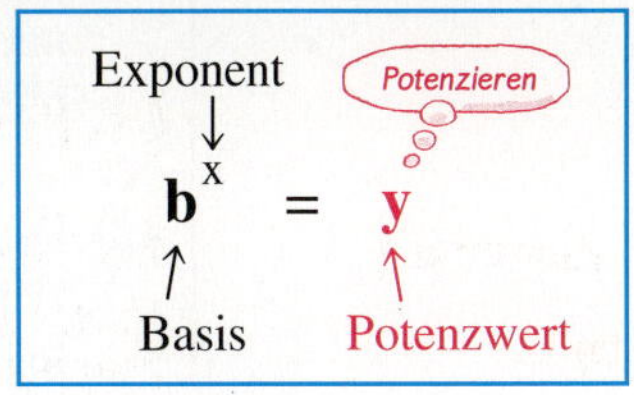

Für das Potenzieren gibt es zwei Umkehrungen:

(a) *Das Radizieren als 1. Umkehrung des Potenzierens*
Sind in der Gleichung $b^x = y$ der Exponent x und der Potenzwert y gegeben und ist die Basis b gesucht, so erhält man diese durch Wurzelziehen (*Radizieren*). Es gilt dann:
$b = \sqrt[x]{y}$

Beispiel: $b^4 = 81$; $b = \sqrt[4]{81} = 3$

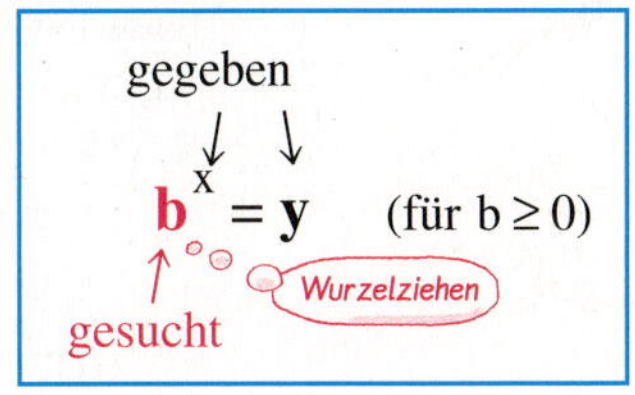

(b) *Das Logarithmieren als 2. Umkehrung des Potenzierens*
Sind in der Gleichung $b^x = y$ die Basis b und der Potenzwert y gegeben und ist der Exponent x gesucht, so erhält man diesen durch *Logarithmieren.*
Man schreibt dann:
$x = \log_b(y)$

Beispiel: $2^x = 256$; $x = \log_2(256) = 8$

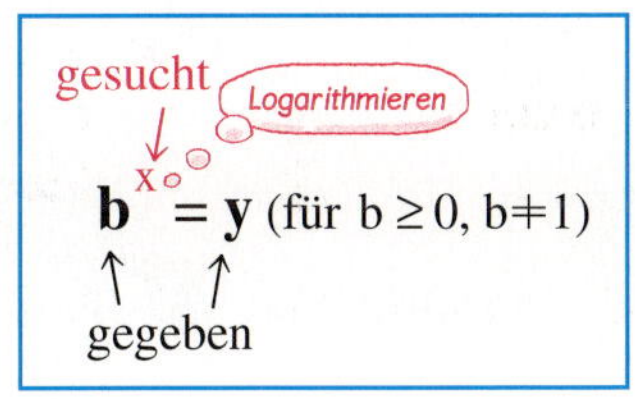

Nützlich ist häufig die folgende Merkregel:

$\log_b(y) = x$ bedeutet dasselbe wie $b^x = y$

(3) Zur Geschichte der Logarithmen

Logarithmus,
Kunstwort aus den griechischen Wörtern
logos,
das Berechnen, Verhältnis
arithmos,
Zahl

Ursprünglich sind die Logarithmen aus dem Bedürfnis heraus entstanden, die Genauigkeit von Berechnungen zu erhöhen (z. B. in der Astronomie). Man hat dabei z. B. den Verhältnissen $\left(\frac{a}{b}\right)^1, \left(\frac{a}{b}\right)^2, \left(\frac{a}{b}\right)^3, \ldots$ die Zahlen 1, 2, 3, … gegenübergestellt.
Bedeutende Werke mit Tabellen solcher Gegenüberstellungen stammen vom Schotten John Napier (1614) und dem Engländer Henry Briggs (1617). Erst 1748 wurde vom Schweizer Leonard Euler die Bedeutung von Logarithmen bei Exponentialgleichungen erkannt. Von Euler stammt auch die Sprechweise „Logarithmus zur Basis …“.

Weiterführende Aufgaben

2. *Ausschluss der Basis 1*

Überlege, warum bei der Definition des Logarithmus die Basis 1 ausgeschlossen wird.

3. *Logarithmieren und Potenzieren heben sich gegenseitig auf*

a) Bilde zuerst den Logarithmus zur Basis 2 von

8; 16; $\frac{1}{2}$; $\sqrt{2}$; $8\sqrt{2}$

Potenziere dann 2 mit jedem Ergebnis:

	$\log_2$ →	2 hoch →
8	3	8

b) Potenziere zuerst 2 mit

4; 5; −2; $\frac{3}{2}$; −0,5

Bilde dann von jedem Ergebnis den Logarithmus zur Basis 2:

	2 hoch →	$\log_2$ →
4	16	4

Vervollständige die Tabellen. Vergleiche jeweils die erste und dritte Spalte.

(1) Das Potenzieren zur Basis b ist die Umkehrung des Logarithmierens zur Basis b:
$\mathbf{b^{\log_b(x)} = x}$ (für alle $x > 0$, $b > 0$, $b \neq 1$)

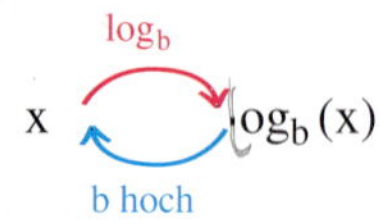

(2) Das Logarithmieren zur Basis b ist die Umkehrung des Potenzierens zur Basis b:
$\mathbf{\log_b(b^x) = x}$ (für alle $x > 0$, $b > 0$, $b \neq 1$)

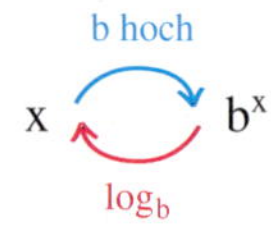

4. *Grundaufgaben bei Logarithmen*

a) Erläutere die drei Beispiele rechts. Welche Unterschiede bestehen?

$\log_5\left(\frac{1}{25}\right) = x$	$\log_b(64) = 3$	$\log_2(y) = 5$
$5^x = \frac{1}{25}$	$b^3 = 64$	$2^5 = y$
$5^x = 5^{-2}$	$b^3 = 4^3$	$y = 32$
$x = -2$	$b = 4$	

b) Ermittle wie in Teilaufgabe a):
(1) $\log_2(16) = x$ (4) $\log(x) = 3$
(2) $\log_b(8) = 3$ (5) $\log(0{,}001) = c$
(3) $\log_4(x) = \frac{1}{2}$ (6) $\log_b(1\,024) = 5$

Übungsaufgaben

5. Bestimme jeweils die Zahl für x.

a) $2^x = 16$; $3^x = 9$; $4^x = 1$

b) $3^x = \frac{1}{9}$; $2^x = \frac{1}{16}$; $5^x = \frac{1}{125}$

c) $2^x = \sqrt[3]{8}$; $3^x = \sqrt[3]{9}$; $5^x = \sqrt[5]{25}$

d) $2^x = \frac{1}{\sqrt[3]{16}}$; $3^x = \frac{1}{\sqrt[3]{9}}$; $4^x = \frac{1}{\sqrt[5]{64}}$

6. Bestimme:

a) $\log_2(64)$; $\log_2(1\,024)$; $\log_2(1)$; $\log_2\left(\frac{1}{8}\right)$; $\log_2\left(\frac{1}{16}\right)$; $\log_2\left(\frac{1}{128}\right)$; $\log_2(\sqrt{2})$; $\log_2(2^{13})$

b) $\log_3(9)$; $\log_3(1)$; $\log_3(243)$; $\log_3\left(\frac{1}{81}\right)$; $\log_3\left(\frac{1}{9}\right)$; $\log_3(3^7)$; $\log_3(\sqrt{3})$; $\log_3(\sqrt{3^3})$

c) $\log_4(4)$; $\log_4(16)$; $\log_4(1)$; $\log_4(256)$; $\log_4(4^5)$; $\log_4(0{,}25)$; $\log_4(0{,}0625)$; $\log_4(2)$

7. Ordne die Logarithmen zunächst der Größe nach. Bestimme sie dann zur Kontrolle.

a) $\log_5(625)$; $\log_5(5)$; $\log_5(25)$; $\log_5(1)$; $\log_5(0{,}2)$; $\log_5\left(\frac{1}{625}\right)$; $\log_5(\sqrt{5})$; $\log_5(5^8)$

b) $\log(100)$; $\log(1\,000)$; $\log(0{,}001)$; $\log(0{,}1)$; $\log(10^9)$; $\log(10^{-6})$; $\log(\sqrt{10})$

8. a) $\log_2(512)$; $\log_4(1\,024)$; $\log_3(729)$; $\log_6(36)$; $\log_8(64)$; $\log_{12}(12)$; $\log_7(1)$

b) $\log_2\left(\frac{1}{256}\right)$; $\log_2(0{,}125)$; $\log_3\left(\frac{1}{243}\right)$; $\log_7\left(\frac{1}{49}\right)$; $\log_8\left(\frac{1}{8}\right)$; $\log_8\left(\frac{1}{512}\right)$; $\log_6(6^5)$

9. Berechne im Kopf, zwischen welchen ganzen Zahlen der Logarithmus liegt. Argumentiere.

a) $\log_2(3)$ **b)** $\log_2(5)$ **c)** $\log_2\left(\frac{1}{3}\right)$ **d)** $\log_3(2)$ **e)** $\log_4(13)$; **f)** $\log_5(36)$ **g)** $\log_6(99)$

10. a) $\log_2\left(\sqrt[3]{16}\right)$; $\log_2\left(\sqrt[5]{128}\right)$; $\log_2\left(\sqrt[4]{8}\right)$; $\log_2\left(\sqrt{0{,}25}\right)$; $\log_2\left(\frac{1}{\sqrt[3]{16}}\right)$; $\log_2\left(2^{\frac{4}{7}}\right)$; $\log_2\left(2^{-\frac{2}{3}}\right)$

b) $\log_5\left(\sqrt[3]{5}\right)$; $\log_4\left(\frac{1}{\sqrt[3]{16}}\right)$; $\log\left(10^{\frac{2}{3}}\right)$; $\log_3\left(\sqrt[5]{\frac{1}{27}}\right)$; $\log\left(\sqrt{0{,}1}\right)$; $\log_5\left(\sqrt{0{,}2}\right)$; $\log_7\left(\sqrt[3]{49}\right)$

11. a) $\log_2(2^m)$ **d)** $\log_4\left(\frac{1}{\sqrt[n]{4}}\right)$ **g)** $\log_b\left(\frac{1}{b}\right)$ **j)** $\log_a(a^n)$ **m)** $\log_a\left(\sqrt[n]{a}\right)$

b) $\log_5\left(\frac{1}{5^m}\right)$ **e)** $\log_b(b)$ **h)** $\log_b(b^2)$ **k)** $\log_c(\sqrt{c})$ **n)** $\log_a\left(a^{\frac{m}{n}}\right)$

c) $\log_3\left(\sqrt[n]{3}\right)$ **f)** $\log_b(1)$ **i)** $\log_b\left(\frac{1}{b^2}\right)$ **l)** $\log_c\left(\frac{1}{\sqrt{c}}\right)$ **o)** $\log_a\left(\frac{1}{\sqrt[5]{a^3}}\right)$

12. Berechne.

a) $2^{\log_2(7)}$ **b)** $2^{\log_2(u^2)}$ **c)** $3^{\log_3(\sqrt{12})}$ **d)** $10^{\log(2)}$ **e)** $\log_5(5^9)$ **f)** $\log_3\left(3^{\sqrt{2}}\right)$ **g)** $\log\left(10^{-7}\right)$

13. Bestimme die Zahl für y.

a) $\log_2(y) = 5$ **c)** $\log(y) = 6$ **e)** $\log_3(y) = 2{,}5$ **g)** $\log_4(y) = \frac{1}{2}$ **i)** $\log(y) = 1$

b) $\log_2(y) = \frac{2}{3}$ **d)** $\log_4(y) = \frac{2}{3}$ **f)** $\log_2(y) = -5$ **h)** $\log_4(y) = -\frac{1}{2}$ **j)** $\log(y) = -\frac{3}{4}$

14. Die Lösungen sind fehlerhaft. Korrigiere.

a) $x^4 = 25$, $x = \log_4(25)$ b) $3^x = 101$, $x = \sqrt[3]{101}$ c) $3x-7=20$, $x = -1$ d) $x^6 = -12$, $x = -\sqrt[6]{12}$ e) $2^x = -13$, $x = -\log_2(13)$

15. Für welche Basis b ist die Gleichung erfüllt?

a) $\log_b(9) = 2$ **c)** $\log_b\left(\frac{1}{9}\right) = -2$ **e)** $\log_b(125) = 3$ **g)** $\log_b\left(\sqrt{8}\right) = \frac{3}{4}$

b) $\log_b\left(\sqrt{2}\right) = \frac{1}{2}$ **d)** $\log_b(5) = 1$ **f)** $\log_b(256) = 4$ **h)** $\log_b\left(\sqrt{729}\right) = \frac{3}{2}$

16. a) Beweise, dass $\log_2(3)$ keine rationale Zahl ist.
Anleitung: Nimm das Gegenteil an, d. h. $\log_2(3) = \frac{m}{n}$ mit $m \in \mathbb{N}^*$ und $n \in \mathbb{N}^*$; folgere hieraus dann $2^m = 3^n$ und widerlege dies.

b) Marc fragt sich: „Auf diese Weise kann man doch auch beweisen, dass $\log_9(3)$ eine irrationale Zahl ist, oder?" Kontrolliere dies und begründe deine Meinung.

17. Bestimme die Lösungsmenge der Gleichung bzw. Ungleichung.

a) $\log_2(x-1) = 2$ **c)** $\log_5(4x+1) = 1$ **e)** $\log_2(x) < 5$ **g)** $\log_2(u) \geq 2$

b) $\log\left(\frac{1}{5}x\right) = -3$ **d)** $\log_2\left(u^2\right) = 4$ **f)** $0{,}5 < \log(x) \leq 1$ **h)** $0 \leq \log_3(x) \leq 1$

5.4.2 Logarithmengesetze

Aufgabe 1

Bei Potenzen hast du Potenzgesetze kennen gelernt. Für die erste Umkehrung des Potenzierens, das Wurzelziehen, kennst du Wurzelgesetze.
Gibt es auch Gesetze für die zweite Umkehrung, das Logarithmieren?
Stelle eine Wertetabelle für die Zehner-Logarithmen im Bereich von 1 bis 10 auf und versuche, solche Gesetze zu entdecken.

Lösung

x	1	2	3	4	5	6	7	8	9	10
log (x)	0	0,301	0,477	0,602	0,699	0,778	0,845	0,903	0,954	1

Du erkennst z. B.

(1) $\log(6) = \log(2) + \log(3)$
$\log(10) = \log(2) + \log(5)$

(2) $\log(5) = \log(10) - \log(2)$
$\log(1) = \log(7) - \log(7)$

(3) $\log(4) = 2 \cdot \log(2)$
$\log(8) = 3 \cdot \log(2)$

Es gelten also vermutlich folgende Logarithmengesetze:

(1) $\log(a \cdot b) = \log(a) + \log(b)$ (2) $\log\left(\frac{a}{b}\right) = \log(a) - \log(b)$ (3) $\log\left(a^n\right) = n \cdot \log(a)$

Information

Die Lösung der Aufgabe 1 legt folgende Gesetze nahe.

statt Multiplizieren Addieren
statt Dividieren Subtrahieren
statt Potenzieren Multiplizieren

Satz (*Logarithmengesetze*)
Für $b > 0, b \neq 1, u > 0, v > 0, r \in \mathbb{R}$ gilt:
(L1): $\mathbf{\log_b(u \cdot v) = \log_b(u) + \log_b(v)}$ (für $u > 0, v > 0$)
(L2): $\mathbf{\log_b\left(\frac{u}{v}\right) = \log_b(u) - \log_b(v)}$ (für $u > 0, v > 0$)
(L3): $\mathbf{\log_b(u^r) = r \cdot \log_b(u)}$ (für $u > 0, r \in \mathbb{R}$)

Beispiele:
$\log_4(16 \cdot 4^a) = \log_4(16) + \log_4(4^a) = 2 + a$
$\log\left(\frac{1000}{x}\right) = \log(1\,000) - \log(x) = 3 - \log(x)$
$\log\left(\sqrt[10]{100}\right) = \log\left(100^{\frac{1}{10}}\right) = \frac{1}{10}\log(100) = \frac{1}{10} \cdot 2 = 0{,}2$

Potenzgesetze:
$a^n \cdot a^m = a^{n+m}$
$\frac{a^n}{a^m} = a^{n-m}$
$(a^n)^m = a^{n \cdot m}$

Beweis der Logarithmengesetze:
Wir beschränken uns auf die Basis 10, weil dadurch die Schreibweise übersichtlicher ist.

(1) $\log(u \cdot v) = \log(u) + \log(v)$ gilt, falls $10^{\log(u)+\log(v)}$ gleich dem Produkt $u \cdot v$ ist.
Mit einem Potenzgesetz ergibt sich: $10^{\log(u)+\log(v)} = 10^{\log(u)} \cdot 10^{\log(v)} = u \cdot v.$

(2) $\log\left(\frac{u}{v}\right) = \log(u) - \log(v)$ gilt, falls $10^{\log(u)-\log(v)}$ gleich dem Quotienten $\frac{u}{v}$ ist.
Mit einem Potenzgesetz ergibt sich: $10^{\log(u)-\log(v)} = \frac{10^{\log(u)}}{10^{\log(v)}} = \frac{u}{v}.$

(3) $\log(u^r) = r \cdot \log(u)$ gilt, falls $10^{r \cdot \log(u)}$ gleich der Potenz u^r ist.
Mit einem Potenzgesetz ergibt sich: $10^{r \cdot \log(u)} = 10^{\log(u) \cdot r} = \left(10^{\log(u)}\right)^r = u^r.$

Weiterführende Aufgaben

2. *Berechnen von beliebigen Logarithmen mit der log-Taste*

Der Taschenrechner liefert nur Näherungswerte für Logarithmen zur Basis 10. Dies reicht auch aus, um Logarithmen zu einer beliebigen Basis mit dem Taschenrechner berechnen zu können.

a) Beweise die folgende Formel, indem du die einzelnen Schritte rechts erläuterst.

$$\log_b(y) = \frac{\log(y)}{\log(b)} \quad (y > 0,\ b > 0,\ b \neq 1)$$

Zu zeigen: $x = \log_b(y) = \frac{\log(y)}{\log(b)}$

$$b^{\frac{\log(y)}{\log(b)}} = \left(10^{\log b}\right)^{\frac{\log(y)}{\log(b)}}$$
$$= 10^{\frac{\log(b) \cdot \log(y)}{\log(b)}}$$
$$= 10^{\log(y)}$$
$$= y$$

b) Bestimme mithilfe der Formel Näherungswerte für $\log_2(3)$ und $\log_{0,4}(1{,}3)$ (auf 5 Nachkommastellen gerundet). Mache die Probe durch Potenzieren.

3. *Sonderfälle der Logarithmengesetze*

a) Für das Logarithmengesetz (L1) lassen sich in Sonderfällen weitere Regeln aufstellen. Kontrolliere die beiden Regeln rechts mit Zahlenbeispielen.
Beweise sie anschließend.

Für $u = 1$ gilt: $\log_b\left(\frac{1}{v}\right) = -\log_b(v)$
Für $u = b$ gilt: $\log_b(b \cdot v) = 1 + \log_b(v)$

b) Finde Regeln für Sonderfälle der Logarithmengesetze.

Übungsaufgaben

4. *Partnerarbeit:* Für das Multiplizieren, Dividieren und Potenzieren von Potenzen kennst du die Potenzgesetze. Untersucht, ob es auch für das Logarithmieren Gesetze gibt.

5. Vereinfache durch Zusammenfassen der Logarithmenterme.

a) $\log(8) + \log(5) + \log(25)$ **e)** $\log_2(10) + \log_2\left(\frac{3}{5}\right) + \log_2\left(\frac{1}{3}\right)$

b) $\log(150) + \log(2) - \log(3)$ **f)** $\log_2(7) + \log_2(12) - \log_2\left(\frac{21}{4}\right)$

c) $\log(60) - \log(2) - \log(3)$ **g)** $\log_3(4) + \log_3\left(\frac{2}{3}\right) + \log_3\left(\frac{1}{8}\right)$

d) $\log\left(\frac{5}{3}\right) + \log\left(\frac{4}{5}\right) + \log\left(\frac{3}{4}\right)$ **h)** $\log_3\left(\frac{4}{5}\right) - \log_3\left(\frac{4}{7}\right) + \log_3\left(\frac{5}{7}\right)$

$$\log(4) + \log(25) = \log(4 \cdot 25) = \log(100) = 2$$

6. Es ist $\log_2(3) \approx 1{,}6$. Bestimme ohne Taschenrechner die Logarithmen zur Basis 2 von:

a) 9 **b)** 27 **c)** 36 **d)** 12 **e)** $\sqrt{3}$ **f)** $\frac{1}{3}$ **g)** $\frac{2}{3}$

$$\log_2(1{,}5) = \log_2\tfrac{3}{2} = \log_2(3) - \log_2(2) \approx 1{,}6 - 1 = 0{,}6$$

7. Wende Logarithmengesetze an. Beachte einschränkende Bedingungen.

a) $\log_b(4x)$ **d)** $\log_b(a \cdot b \cdot c)$ **g)** $\log_b\left(\frac{1}{4b}\right)$

b) $\log_b(r \cdot s)$ **e)** $\log_b(x(y+z))$ **h)** $\log_b\left(\frac{1}{x \cdot y}\right)$

c) $\log_b\left(\frac{3}{z}\right)$ **f)** $\log_b\left(\frac{2a}{3b}\right)$ **i)** $\log_b\left(\frac{xyz}{5b}\right)$

$$\log_b\left(\frac{x \cdot y}{z}\right) = \log_b(x \cdot y) - \log_b(z) = \log_b(x) + \log_b(y) - \log_b(z)$$
(für $x > 0,\ y > 0,\ z > 0,\ b > 0,\ b \neq 1$)

8. **a)** $\log_b\left(x^5\right)$ **c)** $\log_a\left(a^{-2}\right)$ **e)** $\log_b\left(\frac{1}{x^3}\right)$

b) $\log_b\left(r^{\frac{4}{5}}\right)$ **d)** $\log_b\left(z^{-\frac{2}{3}}\right)$ **f)** $\log_b\left(\frac{1}{a^{\frac{1}{3}}}\right)$

$$\log_b\left(\sqrt[3]{x^2}\right) = \log_b\left(x^{\frac{2}{3}}\right) = \tfrac{2}{3}\log_b(x);\quad x > 0$$

9. Bestimme die Lösungsmenge der Gleichung.

a) $\log_2(x) + \log_2(3) = \log_2(5)$ **c)** $\log(3x + 1) = 1$ **e)** $\log_2 y - \log_2(25) = 0$

b) $\log(5) + \log(z) = 1$ **d)** $\log_5(x + 2) + 1 = \log_5(12)$ **f)** $\log_2 y - 2\log_2(25) = 2$

10. **a)** Begründe, warum im Allgemeinen gilt:
(1) $\log(x + y) \neq \log(x) + \log(y)$; (2) $\log(r - s) \neq \log(r) - \log(s)$.

b) Untersuche, ob es Sonderfälle gibt, in denen diese Formeln richtig sind.

11. Gib auf 5 Nachkommastellen gerundet an.

a) $1 - \log_3(7)$ **b)** $\left(\log_{13}(27)\right)^2$ **c)** $\log_5(6) - \log_6(5)$ **d)** $\log_{3,4}(0{,}27) : (1 + \log_{3,4}(0{,}27))$

12. **a)** Wie viele Stellen hat 10^3; 10^9; 10^{100}?

b) Wie viele Stellen vor dem Komma hat die Zahl $10^{1,5}$; $10^{6,3}$; $10^{21,1}$?

c) Björn behauptet:
„Die Zahl 4^{13} hat im Dezimalsystem 8 Stellen."
Erläutere seine Rechnung rechts.
Kontrolliere den Wert, indem du 4^{13} mit dem Taschenrechner berechnest.

(1) $\log\left(4^{13}\right) = 13 \cdot \log(4) = 7{,}826\ldots$
(2) $4^{13} = 10^{7,826\ldots}$
(3) 4^{13} hat 8 Stellen.

d) Ermittle mit dem Verfahren von Björn die Stellenzahl von 5^5; $\left(5^5\right)^5$; $5^{\left(5^5\right)}$ im Dezimalsystem.

e) Daniela behauptet, dass die größte Zahl, die man im Dezimalsystem mit drei Ziffern schreiben kann, ungefähr 370 Millionen Stellen hat. Überprüfe diese Behauptung.

5.2.3 Lösen von Exponentialgleichungen mithilfe von Logarithmen

Einführung

Julia hat 1 500 € zu 2,5 %, Dennis 2 500 € zu 3,25 % angelegt. Wann hat Dennis doppelt so viel Guthaben auf seinem Sparbuch wie Julia?
Wir bezeichnen die Zeit (in Jahren), die vergehen muss, bis Dennis doppelt so viel Geld wie Julia auf seinem Sparbuch hat, mit x.
Zu lösen ist dann folgende Gleichung:
$3\,000 \cdot 1{,}025^x = 2\,500 \cdot 1{,}0325^x$
Diese Gleichung kannst du schon tabellarisch oder grafisch lösen. Wir wollen jetzt ein algebraisches Lösungsverfahren entwickeln. Betrachte und erläutere das Vorgehen rechts.

$$3\,000 \cdot 1{,}025^x = 2\,500 \cdot 1{,}0325^x$$
$$\frac{3\,000}{2\,500} = \frac{1{,}0325^x}{1{,}025^x}$$
$$1{,}2 = \left(\frac{1{,}0325}{1{,}025}\right)^x$$
$$1{,}2 \approx 1{,}0073^x$$
$$x \approx \log_{1,0073}(1{,}2)$$
$$x \approx \frac{\log(1{,}2)}{\log(1{,}0073)}$$
$$x \approx 25{,}066\ldots \approx 25$$

Ergebnis: Nach ungefähr 25 Jahren hat Dennis erstmals mehr als doppelt so viel wie Julia, wenn in dieser Zeitspanne keine Veränderungen eintreten.

Aufgabe 1

Bestimme die Lösung der Gleichung. Überlege zunächst, was im ersten Schritt gemacht wurde.

a) $6^{x+2} = 720$
$6^x = \square$

b) $5^{2x} = 4 \cdot 2^x$
$(5^2)^x = \square$

c) $5^{4x-2} = 3^{7x+4} \cdot 0{,}13$
$(5^4)^x \cdot 5^{-2} = \square$

Führe eine Probe durch.

Lösung

$\log_b(y) = \frac{\log(y)}{\cos(b)}$ (cos durchgestrichen, handschriftlich: log)

a)
$$6^{x+2} = 720$$
$$6^x \cdot 6^2 = 720 \quad |:36$$
$$6^x = 20$$
$$x = \log_6(20)$$
$$x = \frac{\log(20)}{\log(6)} \approx 1{,}672$$

b)
$$5^{2x} = 4 \cdot 2^x$$
$$(5^2)^x = 4 \cdot 2^x \quad |:2^x$$
$$12{,}5^x = 4$$
$$x = \log_{12,5}(4)$$
$$x = \frac{\log(4)}{\log(12{,}5)} \approx 0{,}549$$

c)
$$5^{4x-2} = 3^{7x+4} \cdot 0{,}13$$
$$(5^4)^x \cdot 5^{-2} = (3^7)^x \cdot 3^4 \cdot 0{,}13$$
$$625^x \cdot 0{,}04 = 2\,187^x \cdot 10{,}53 \quad |:(625^x \cdot 10{,}53)$$
$$0{,}003799 \approx 3{,}4992^x$$
$$x \approx \log_{3,4992}(0{,}003799)$$
$$x \approx \frac{\log(0{,}003799)}{\log(3{,}4992)} \approx -4{,}449$$

Probe zu c):
linke Seite: $1{,}4561 \cdot 10^{-14}$
rechte Seite: $1{,}4569 \cdot 10^{-14}$

Rechenungenauigkeit

Weiterführende Aufgaben

2. *Anwenden von Logarithmengesetzen beim Lösen von Exponentialgleichungen*

a) Vergleiche die beiden Verfahren zur Bestimmung der Lösung der Gleichung $8 \cdot 3^{2x} = 32 \cdot 5^x$. Begründe jeden Umformungsschritt.

b) Löse ebenso die folgenden Gleichungen auf zwei Arten. Mache die Probe.
(1) $60 \cdot 2{,}2^x = 180 \cdot 1{,}5^{3x}$
(2) $24 \cdot 3^{-2x} = 18 \cdot 6^{3x}$

Anwenden von Potenzgesetzen	Anwenden von Logarithmengesetzen
$8 \cdot 3^{2x} = 32 \cdot 5^x$	$8 \cdot 3^{2x} = 32 \cdot 5^x$
$(3^2)^x = 4 \cdot 5^x$	$3^{2x} = 4 \cdot 5^x$
$\left(\frac{3^2}{5}\right)^x = 4$	$\log(3^{2x}) = \log(4 \cdot 5^x)$
$1{,}8^x = 4$	$2x \cdot \log(3) = \log(4) + x \cdot \log(5)$
$x = \log_{1,8}(4)$	$x \cdot (2 \cdot \log(3) - \log(5)) = \log(4)$
$x = \frac{\log(4)}{\log(1{,}8)}$	$x = \frac{\log(4)}{2 \cdot \log(3) - \log(5)}$
$x \approx 2{,}36$	$x \approx 2{,}36$

Blei-Jsotop ^{210}Pb,
kommt als Zerfallsprodukt des Uran-Jsotops ^{238}U in Bleierzen vor.
Radioaktiver β-Strahler, der zu Bismut zerfällt.
Blei ^{210}Pb hat eine Halbwertszeit von 22 Jahren.

3. *Bestimmen der Halbwertszeit mit Logarithmen*

Bei exponentiellen Zerfallsprozessen kann man ermitteln, innerhalb welcher Zeitspanne sich der Bestand jeweils halbiert hat. Diese Zeitspanne heißt **Halbwertszeit**.

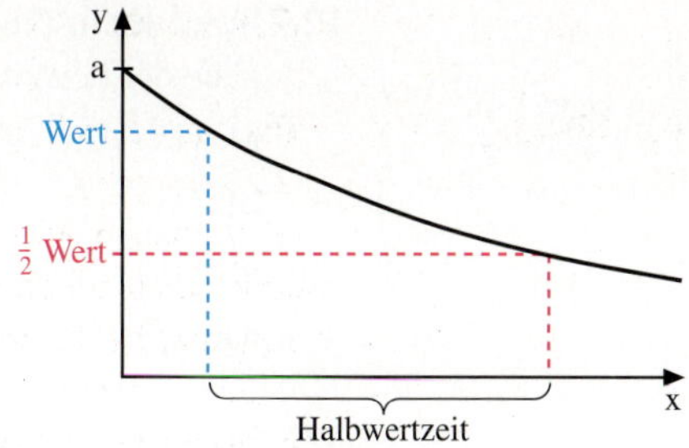

a) Begründe, warum die Halbwertszeit nur von der Basis der Exponentialfunktion $y = a \cdot b^x$ abhängt, aber nicht vom Anfangsbestand a.

b) Begründe den Ansatz zur Bestimmung der Halbwertszeit s und die Umformungsschritte. Ermittle die Halbwertszeit des Prozesses mit dem Term $f(t) = 5{,}5 \cdot 0{,}63^t$.

$$\frac{1}{2} \cdot a \cdot b^x = a \cdot b^{x+s} \quad | : (a \cdot b^x)$$
$$0{,}5 = b^s$$
$$s = \log_b(0{,}5)$$
$$s = \frac{\log(0{,}5)}{\log(b)}$$

c) Ermittle eine Formel, die den Bestand von Blei ^{210}Pb nach t Jahren beschreibt, wenn anfangs 3,2 g vorhanden waren.

Übungsaufgaben

4. Es gibt Algen, die ihre Höhe jede Woche verdoppeln können. Wie viele Wochen dauert es, bis eine 60 cm große Alge an die Oberfläche des 6,40 m tiefen Sees gelangt?

5. Bestimme x. Runde das Ergebnis auf Tausendstel.

a) $5^x = 7$ **c)** $5 \cdot 4^{2x+1} = 26$ **e)** $3^{2x} = 4 \cdot 5^{x+3}$ **g)** $22 \cdot 3^{x-3} = 9 \cdot 5^{3+x}$

b) $3^{x-1} = 120$ **d)** $5^x = 2 \cdot 7^{x+1}$ **f)** $5 \cdot 6^{2x} = 6 \cdot 5^{2x}$ **h)** $18 \cdot 2^{7x-1} = 2 \cdot 5^{2x-1}$

6. Ein Kapital von 4 000 € wird mit 4,5 % jährlich verzinst. Nach wie viel Jahren hat es sich verdoppelt [verdreifacht; vervierfacht]?

7. Wassermelonen wachsen anfangs so schnell, dass sich ihre Masse täglich um 13 % vermehrt. Nach wie viel Tagen hat eine ursprünglich 1,3 kg schwere Melone die Masse 4,6 kg?

8. Eine Bakterienart vermehrt sich so, dass sie alle 3 Tage auf das 1,5fache anwächst. Nach welcher Zeit sind aus 10 Bakterien 45 geworden?

9. Bestimme die Lösungsmenge der Exponentialungleichung.

a) $4^x < 12$ **b)** $5 \cdot 3^x < 30$ **c)** $3^{2x} > 5$ **d)** $2^x < 3^{x-1}$

10. Bestimme die Lösung der Exponentialgleichung im Kopf.

a) $6 \cdot 3^x = 54$ **b)** $5 \cdot 0{,}2^x = 0{,}2$ **c)** $19{,}2 = 0{,}3 \cdot 4^x$ **d)** $20 \cdot 2^x - 500 = 780$

11. Manche Exponentialgleichungen lassen sich auch ohne Logarithmieren lösen. Löse wie im Beispiel.

$3^{3x+1} = \frac{1}{9}$	(Als Potenz mit der gleichen Basis schreiben)
$3^{3x+1} = 3^{-2}$	(Vergleich der Exponenten)
$3x + 1 = -2$	(Lösen der linearen Gleichung)
$x = -1$	

a) $2^{2x+1} = 8$

b) $3^{3x-6} = 81$ **d)** $2^{x^2-2} = 0{,}5$ **f)** $3^{x+1} = 2 \cdot 3^{2x}$ **h)** $2^{4x-3} \cdot 4^{2x+1} = 8^x$

c) $2^{2-3x} = 0{,}25$ **e)** $b^{2x-3} = b^{3-x}$ **g)** $3 \cdot 4^{x+1} = 2^{x-1}$ **i)** $3^{3x+1} \cdot 9^{1-2x} = 27^x$

Du kannst die algebraischen Lösungen grafisch kontrollieren.

12. In welchem Punkt schneiden sich die Graphen der beiden Exponentialfunktionen?

a) $f(x) = 80 \cdot 2^x$ und $g(x) = 5 \cdot 4^x$

b) $f(x) = \left(\frac{1}{9}\right)^x$ und $g(x) = 81 \cdot 3^{-x}$

c) $f(x) = 5 \cdot 2^x$ und $g(x) = 6 \cdot 0{,}3^x$

d) $f(x) = 3 \cdot 2^{-x}$ und $g(x) = 6 \cdot \left(\frac{8}{5}\right)^x$

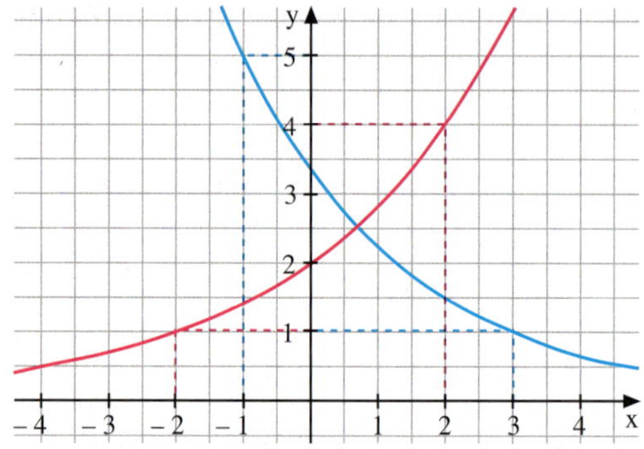

13. In den beiden Graphen rechts sind Exponentialfunktionen dargestellt. Bestimme die Koordinaten des Schnittpunktes.

14. Berechne die Halbwertszeit für das exponentielle Wachstum mit folgender Vorschrift:

a) $y = 3 \cdot \left(\frac{1}{8}\right)^x$ **b)** $y = 10 \cdot 0{,}7^x$ **c)** Basis: $\frac{3}{5}$

d) Anfangsbestand: 8; prozentuale Abnahmerate: 6 % pro Tag

e) Anfangsbestand: a; Abnahmefaktor: 0,65 pro Stunde

15. a) Ein radioaktives Präparat zerfällt so, dass die vorhandene Substanz nach jeweils 5 Tagen auf ein Drittel zurückgeht. Zu Beginn der Messung sind 12 mg vorhanden. Welche Funktion liegt dem Zerfallsprozess zugrunde? Wie groß ist die Halbwertszeit?

b) Ein radioaktives Präparat zerfällt so, dass es jeweils in 6 Stunden um 15 % abnimmt. Ermittle die Halbwertszeit.

c) Im Bild rechts ist der Zerfall von 30 g radioaktivem Iod dargestellt. Ermittle die Halbwertszeit. Nach welcher Zeit sind nur noch 3 g vorhanden?

d) Radioaktives Cäsium 137 hat eine Halbwertszeit von ca. 30 Jahren. Welcher Anteil der anfangs vorhandenen Menge Cäsium ist nach 10 Jahren, nach 40 Jahren noch vorhanden?

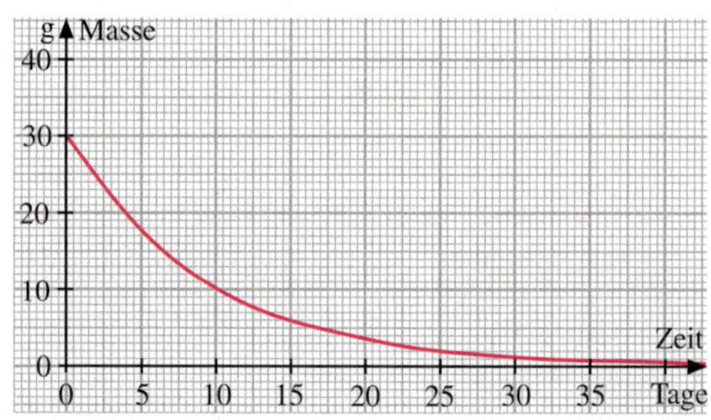

16. Bei gewissen Untersuchungen wird Patienten radioaktives Iod gegeben, das so zerfällt, dass die vorhandene Menge nach jeweils (etwa) 8 Tagen auf die Hälfte zurückgeht. Nach wie viel Tagen sind noch 10 % [noch 1 %, noch 2 ‰] der Anfangsdosis vorhanden?

17. Ein Kapital von 2 500 € ist in 4 Jahren auf 2 868,80 € angewachsen. Nach wie vielen Jahren wären bei gleich bleibender Bedingungen 5 000 € auf dem Konto, wann 10 000 €?

18. Die Strahlung von Cäsium 137 wird durch 3,5 cm dicke Aluminiumschichten, die von Cobalt 60 erst durch 5,3 cm dicke Schichten um die Hälfte geschwächt.

a) Wie viele 2 cm dicke Platten benötigt man, wenn man die jeweilige Strahlung auf 5 % reduzieren will?

b) Die Dichte von Aluminium beträgt $2{,}7\ \frac{g}{cm^3}$.
Welche Masse hat die jeweilige Abschirmung, wenn die Platten quadratisch mit einer Seitenlänge von 5 cm sind?

5.4.4 Logarithmusfunktionen

Auf den Seiten 188 bis 190 haben wir festgestellt, dass Potenzieren und Logarithmieren sich gegenseitig aufheben. In diesem Abschnitt wollen wir untersuchen, welcher Zusammenhang zwischen den entsprechenden Funktionen besteht.

Aufgabe 1

a) Zeichne den Graphen der Logarithmusfunktion zur Basis 2 mit der Gleichung $y = \log_2(x)$, wobei $x > 0$. Benutze zur Berechnung der Funktionswerte die Formel $\log_2 x = \frac{\log(x)}{\log(2)}$. Verwende auf beiden Koordinatenachsen die gleiche Skalierung.

b) Gib Eigenschaften des Graphen an.

c) Zeichne in dasselbe Koordinatensystem den Graphen der Exponentialfunktion zur Basis 2 mit der Gleichung $y = 2^x$ mit $x \in \mathbb{R}$. Wir hängen die beiden Graphen zusammen?

Lösung

a)

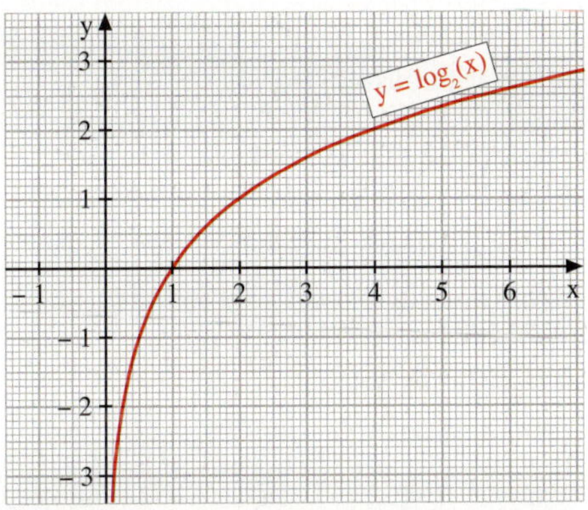

b) Der Graph der Logarithmusfunktion mit der Gleichung $y = \log_2(x)$ steigt an.
Der Graph verläuft im 4. und 1. Quadranten.
Jede reelle Zahl kommt als Funktionswert vor.
Der Graph schmiegt sich dem negativen Teil der y-Achse an.

c)

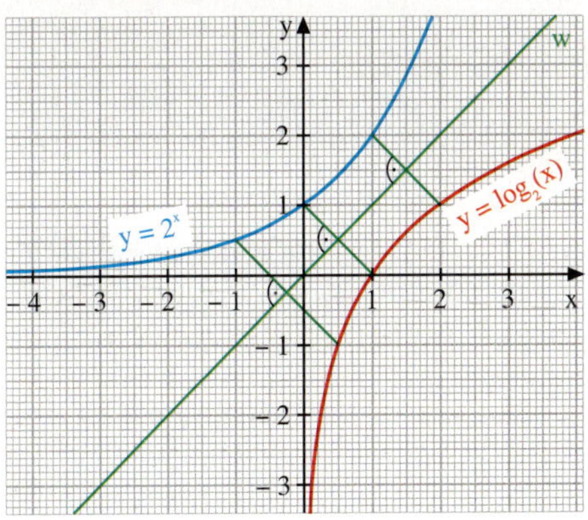

Der Graph der Logarithmusfunktion mit der Gleichung $y = \log_2(x)$ geht aus dem Graphen der Exponentialfunktion mit der Gleichung $y = 2^x$ durch Spiegeln an der Hauptwinkelhalbierenden w hervor, wenn beide Koordinatenachsen die gleiche Skalierung haben.

Information

(1) Definition der Logarithmusfunktionen

> **Definition**
>
> Die Funktion mit der Gleichung $y = \log_b(x)$ mit $x > 0$ heißt **Logarithmusfunktion** zur Basis b, wobei $b > 0$, $b \neq 1$.

(2) Zusammenhang zwischen Logarithmusfunktionen und Exponentialfunktionen

Satz

Es sei $b > 0$ und $b \neq 1$.
Den Graphen zu $y = \log_b(x)$ mit $x > 0$ erhält man durch Spiegeln des Graphen zu $y = b^x$ mit $x \in \mathbb{R}$ an der Hauptwinkelhalbierenden w des Koordinatensystems und umgekehrt, wenn beide Koordinatenachsen die gleiche Skalierung haben.
Die Funktion zu $y = \log(x)$ ist die Umkehrfunktion zur Exponentialfunktion zu $y = b^x$.

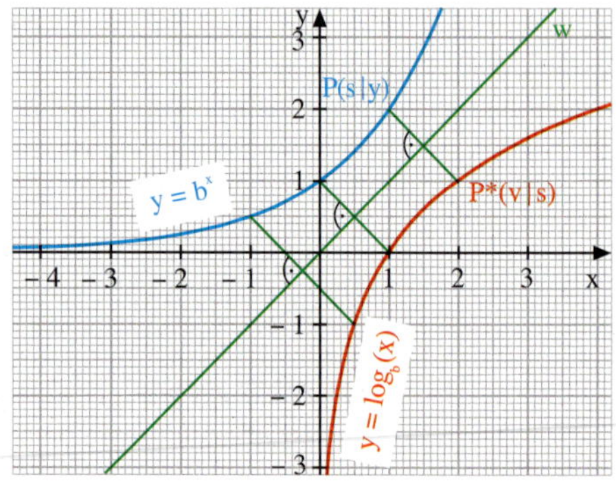

Begründung: Der Punkt $P(s|v)$ geht beim Spiegeln an w über in den Punkt $P^*(v|s)$. Wenn nun $P(s|v)$ auf dem Graphen der Funktion zu $y = b^x$ liegt, so gilt $v = b^s$. Daraus folgt $s = \log_b(v)$.
Also ist s der Funktionswert der Logarithmusfunktion an der Stelle v.
P^* hat also die Koordinaten $(v|\log_b(v))$. Somit liegt P^* auf dem Graphen der Funktion zu $y = \log_b(x)$.

(3) Eigenschaften der Logarithmusfunktionen

Wegen des Zusammenhangs der Graphen der Exponentialfunktionen mit denen der entsprechenden Logarithmusfunktionen ergeben sich unmittelbar die Eigenschaften von Logarithmusfunktionen mit der Gleichung $y = \log_b(x)$.

Satz: *(Eigenschaften der Logarithmusfunktionen)*

Für jede Logarithmusfunktion zu $y = \log_b(x)$ mit $x > 0$, $b > 0$, $b \neq 1$ gilt:

(1) Der Graph der Funktion
- steigt für $b > 1$;
- fällt für $0 < b < 1$.

(2) Der Graph der Funktion liegt rechts von der y-Achse. Jede reelle Zahl kommt als Funktionswert vor; es gilt
- für $b > 1$:
  - $\log_b(x) < 0$, falls $0 < x < 1$
  - $\log_b(x) = 0$, falls $x = 1$
  - $\log_b(x) > 0$, falls $x > 1$
- für $0 < b < 1$:
  - $\log_b(x) > 0$, falls $0 < x < 1$
  - $\log_b(x) = 0$, falls $x = 1$
  - $\log_b(x) < 0$, falls $x > 1$

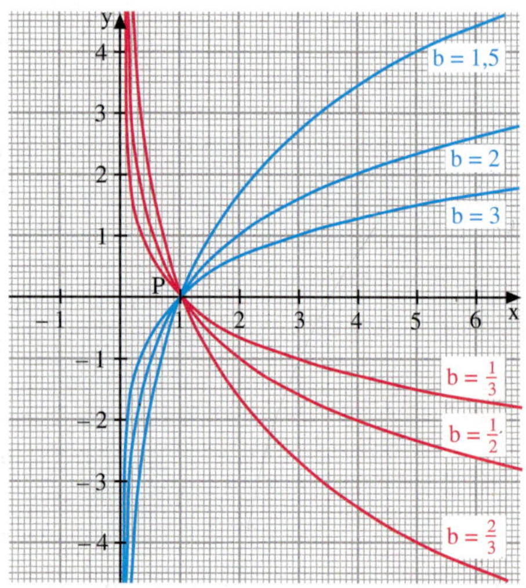

(3) Der Graph schmiegt sich
- dem negativen Teil der y-Achse an für $b > 1$;
- dem positiven Teil der y-Achse an für $0 < b < 1$.

(4) Jedes Mal, wenn x mit s multipliziert wird, wird zu dem Funktionswert $\log_b(x)$ der Summand $\log_b(s)$ addiert (*Grundeigenschaft*).

(5) Alle Graphen haben den Punkt $P(1|0)$ und nur diesen Punkt gemeinsam.

Übungsaufgaben

3. **a)** Zeichne für verschiedene Werte von b die Graphen von Logarithmusfunktionen mit der Gleichung $y = \log_b(x)$ in ein gemeinsames Koordinatensystem. Wie ändert sich der Graph, wenn man die Basis b ändert? Nenne gemeinsame Eigenschaften und Unterschiede der Graphen.

b) Untersuche einen Zusammenhang von Graphen der Logarithmusfunktionen mit $y = \log_b(x)$ und von Exponentialfunktionen mit $y = b^x$. Wähle gleiche Skalierung auf den beiden Koordinatenachsen.

4. Zeichne den Graphen der Logarithmusfunktionen im Bereich $0 < x \leq 8$.

a) $y = \log_3(x)$ **b)** $y = \log_{\frac{3}{2}}(x)$ **c)** $y = \log_{1,7}(x)$

5. Zeichne den Graphen zu $y = \log_{0,3} x$. Nenne Eigenschaften dieses Graphen. Begründe die Eigenschaften mithilfe der entsprechenden Eigenschaften der zugehörigen Exponentialfunktion.

6. **a)** Begründe den Zusammenhang der Graphen zu $y = \log_4(x)$ und $y = \log_{0,25}(x)$, indem du die Eigenschaften der Exponentialfunktionen zu $y = 4^x$ und $y = 0{,}25^x$ benutzt.

b) Bilde selbst ähnliche Beispiele.

7. Bestimme diejenige Logarithmusfunktion mit $\log_b x$, wobei $b > 0$, deren Graph durch den Punkt P verläuft.

a) $P(8 | 3)$ **b)** $P(3 | 8)$ **c)** $P(0{,}5 | -1)$ **d)** $P(\frac{1}{3} | 3)$ **e)** $P(1 | 0)$ **f)** $P(0{,}1 | -6)$

8. Ordne jedem Graphen einen Funktionsterm zu.

(1) $\log_2(x)$ (3) $\log_{1,26}(x)$
(2) $\log_{2,5}(x)$ (4) $\log_{0,5}(x)$

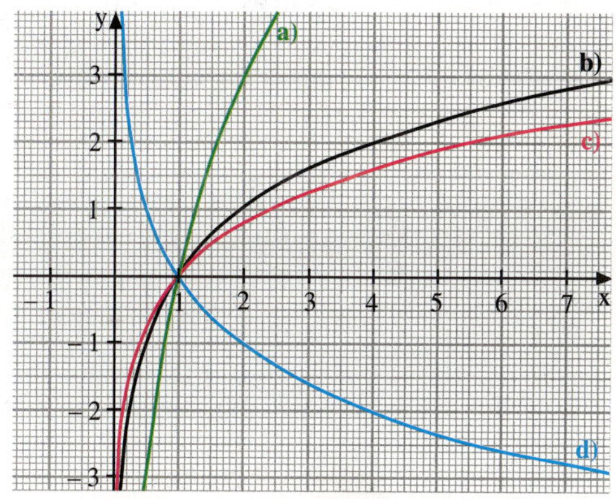

9. **a)** Begründe die Grundeigenschaft der Logarithmusfunktionen:
Jedes Mal, wenn x mit f multipliziert wird, wird zum Funktionswert f(x) ein konstanter Summand addiert. Erläutere diese Eigenschaft auch am Graphen.

b) Du kennst weitere Eigenschaften der Exponentialfunktionen (siehe Seite 174). Formuliere entsprechende Eigenschaften für Logarithmusfunktionen und begründe sie.

10. Tim hat den Graphen der Logarithmusfunktion mit $y = \log_2(x)$ in ein Koordinatensystem mit der Einheit 1 cm auf ein DIN-A4-Blatt gezeichnet, einmal im Hochformat, einmal im Querformat.

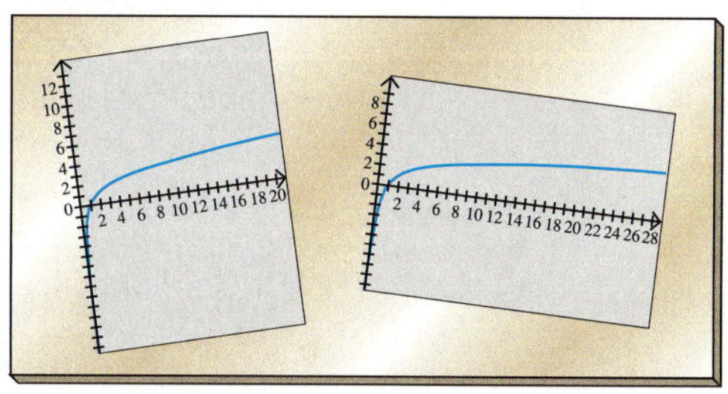

a) Wie viele DIN-A4-Blätter müsste Tim anlegen, damit auf dem letzten Blatt der Graph an den oberen Rand stößt?

b) Wie viel wiegt der Papierstapel, wenn Tim den Graphen der Funktion mit $y = \log(x)$ zeichnet und 1 000 Blätter 5 kg wiegen?

c) Wie lautet die Basis einer Logarithmusfunktion mit $y = \log_b(x)$, die auf dem ersten Blatt gerade durch die obere rechte Ecke verläuft?

5.5 Weitere Wachstums- und Abnahmeprozesse

5.5.1 Überlagerung von exponentiellem und linearem Wachstum

Aufgabe 1

Ratensparen

Frau Osberg schließt mit ihrer Bank einen Ratensparvertrag mit jährlicher Sparrate ab. Dieser sieht vor:

Frau Osberg zahlt 7 Jahre lang zu Beginn eines jeden Jahres 2 500 € als Sparrate ein. Der Zinssatz soll gleich bleibend 3,75 % betragen. Die Verzinsung erfolgt jährlich.

Überprüfe den in der Anzeige angegebenen Auszahlungsbetrag. Erläutere dann die Berechnung rechts und setze die Tabelle bis zum Ende fort.

Jahr	Kapital (in €)	
1	2 500	· 1,0375 + 2 500
2	5 093,25	

Lösung

Zu Beginn des 1. Jahres sind 2 500 € auf dem Konto.
Das Kapital erhöht sich am Ende des Jahres um 3,75 %, d. h. mit dem Wachstumsfaktor 103,75 %, also mit 1,0375. Hinzu kommen 2 500 € an Sparrate zu Beginn des 2. Jahres.
Dieses Verfahren setzt sich fort:
Multiplikation mit dem Wachstumsfaktor 1,0375, dann Addition von 2 500. Am Ende des 7. Jahres kommen aber nur die Zinsen hinzu.

Ergebnis: Der in der Anzeige angegebene Betrag ist korrekt.

Jahr	Kapital (in €)	
1	2 500,00	· 1,0375 + 2 500
2	5 093,75	· 1,0375 + 2 500
3	7 784,77	· 1,0375 + 2 500
4	10 576,69	· 1,0375 + 2 500
5	13 473,32	· 1,0375 + 2 500
6	16 478,57	· 1,0375 + 2 500
7	19 596,52	· 1,0375
8	20 331,39	

Weiterführende Aufgabe

2. *Tilgung eines Darlehns*

Frau Baier will ihr Haus renovieren. Sie nimmt dafür einen Kredit von 35 000 € bei der Sparkasse auf. Der Zinssatz (für die jeweilige Restschuld) beträgt 7,75 %. Sie zahlt jährlich 4 300 € zurück.

a) Fülle dazu die Tabelle aus, bis keine Restschuld mehr vorhanden ist, und erkläre die Rechnung.

b) Nach wie vielen Jahren ist der Kredit abbezahlt? Wie hoch ist die letzte Rate?

c) Bei welcher Rückzahlung würde die Restschuld immer gleich bleiben? Wann würde sie zunehmen, wann abnehmen?

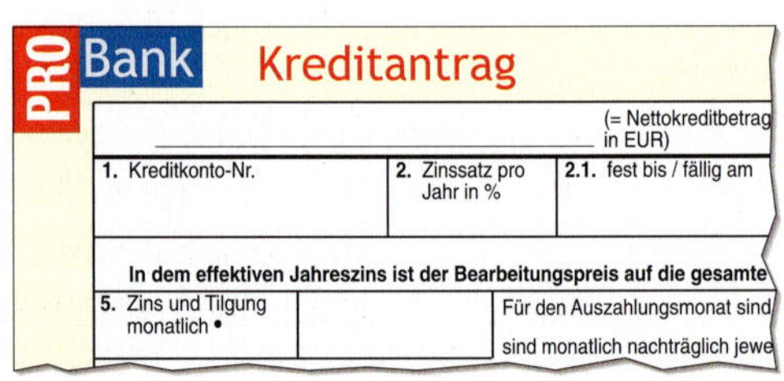

Jahr	Restschuld (in €)	
0	35 000,00	· 1,0775 – 4 300
1	☐	· 1,0775 – 4 300
2	☐	· 1,0775 – 4 300
3	☐	

Information

(1) Überlagerung von exponentiellen und linearen Prozessen

Bei den Beispielen des Ratensparens und der Tilgung eines Darlehns liegt eine Überlagerung eines exponentiellen und eines linearen Prozesses vor.
Beim Ratensparen wächst das Kapital durch die Verzinsung exponentiell, hinzu kommt eine lineare Vermehrung durch die Sparrate.
Bei der Tilgung eines Darlehns wächst die Restschuld durch die Verzinsung exponentiell; es erfolgt aber auch eine lineare Abnahme durch die Rückzahlungsrate.

Überlagerung eines exponentiellen und eines linearen Prozesses

B (t) sei die Größe für den t-ten Zeittakt.
Dann erhält man die Größe B (t + 1) für den (t + 1)-ten Zeittakt, indem man B (t) mit dem konstanten Wachstumsfaktor W multipliziert und anschließend den konstanten Zuwachs Z addiert.
Z kann auch negativ sein.

$B(t+1) = B(t) \cdot W + Z$

Zeittakt	Größe
…	…
t	B (t) ⟩ · W + Z
t + 1	B (t + 1)

rekursiv (lat.)
zurückgehend bis zu bekannten Werten
explizit (lat.)
erklärt, ausführlich dargestellt

(2) Rekursive und explizite Berechnung

Bei der Formel für das Ratensparen ($B(t+1) = B(t) \cdot 1{,}0375 + 2\,500$) kann z. B. B (3) nur berechnet werden, wenn B (2) bekannt ist: $B(3) = B(2) \cdot 1{,}0375 + 2\,500$.
Für die Berechnung von B (2) benötigt man B (1); der Wert von B (1) lässt sich durch B (0) berechnen: $B(1) = B(0) \cdot 1{,}0375 + 2\,500$; $B(0) = 2500$.
Ein solches Verfahren, bei dem wie hier nur der Wert des unmittelbar folgenden Taktes berechnet werden kann, ist ein Beispiel für eine *rekursive* Berechnungsvorschrift.
Im Gegensatz dazu steht eine *explizite* Formel. Ein Beispiel dafür ist die Zinseszinsformel $K_n = K_0 \cdot 1{,}0375^n$ (zum Beispiel $B(n) = B(0) \cdot 1{,}0375^n$). Hier kann zum Beispiel B (3) direkt in einem Schritt berechnet werden ($B(3) = B(0) \cdot 1{,}0375^3$) ohne vorher B (2) und B (1) zu ermitteln.

Übungsaufgaben

TAB

3. Niklas möchte jeweils am Jahresende von dem Weihnachtsgeld 120 € sparen. Die Bank gibt ihm für eine Laufzeit von 8 Jahren 3,25 % Zinsen. Zu Beginn kann einmalig noch ein Betrag von 1 500 € eingezahlt werden.
Wie groß ist der Endbetrag? Löse mit einem Tabellenkalkulationsprogramm.

4. Herr Milten zahlt zu Beginn eines jeden Jahres 2 400 € auf ein Konto ein. Der Zinssatz beträgt gleich bleibend 4,25 %. Nach wie vielen Jahren sind mehr als 40 000 € auf dem Konto?

5. Frau Sigmund schließt einen Ratensparvertrag zu 2,75 % ab. Sie zahlt zu Beginn des 1. Jahres 2 500 € ein und dann jeweils zu Beginn der nächsten Jahre 225 €.

a) Nach wie vielen Jahren hat sie 5 000 € erreicht?

b) Stelle durch systematisches Probieren fest:
Wie hoch müsste die jährliche Sparrate sein, damit sie nach 4 Jahren 6 000 € erreicht hat?

6. Eine Familie nimmt für einen Hausbau einen Kredit von 160 000 € zu einem Zinssatz von 6,25 % auf. Jährlich zahlt sie 13 500 € zurück.

a) Wie lange läuft der Kredit und wie hoch ist die letzte Rate?

b) Welches ist die kleinstmögliche Rate, die man zahlen muss, damit die Restschuld nicht zunimmt?

7. Eine Forschungsanstalt führt eine Untersuchung durch. Auf einen Acker werden wöchentlich 5 kg eines Unkrautvertilgungsmittel aufgebracht. Der Bestand des Mittels nimmt wöchentlich um 31,5 % ab.

a) In einer Tabelle soll für die nächsten 10 Wochen der Bestand des Mittels angegeben werden.

b) Nach wie vielen Wochen befinden sich 15 kg des Unkrautvertilgungsmittels auf dem Feld?

TAB **c)** Erstelle ein Tabellenblatt, welches den Bestand des Mittels kurz nach dem wöchentlichen Aufbringen angibt.

8. Herr Haber nimmt von einem bestimmten Tag an täglich 2 mg eines Medikamentes ein. 20 % des Medikamentes werden täglich ausgeschieden.

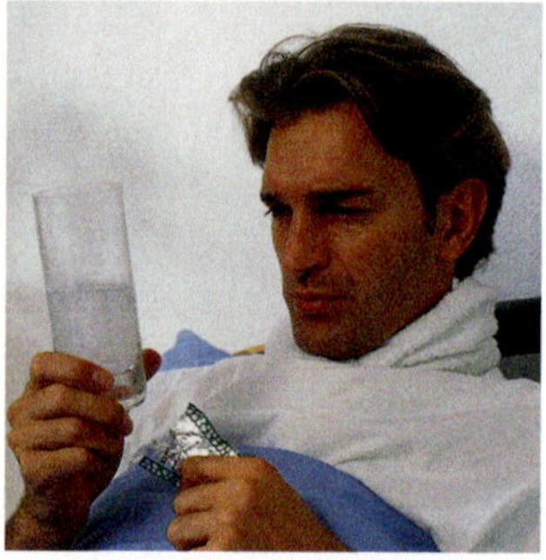

a) In einer Tabelle soll für die nächsten 14 Tage angegeben werden, wie viel mg Herr Haber unmittelbar nach [vor] Einnahme des Medikamentes in seinem Körper hat.

b) Nach wie vielen Tagen hat er 9,9 mg in seinem Körper?

TAB **c)** Erstelle ein Tabellenblatt, welches angibt, wie viel mg Herr Haber unmittelbar vor der Einnahme in seinem Körper hat.

TAB **9.** Herr Konstant und Frau Prozent haben beide einen Betrag bei einer Bank angelegt, die das Kapital verzinst. Herr Konstant lässt sich jeweils am Jahresende nach der Verzinsung einen konstanten Betrag auszahlen, Frau Prozent immer einen bestimmten Prozentsatz des jeweiligen Guthabens.

Erläutere das Tabellenblatt, insbesondere auch die Formeln in den Zellen A7 und C7 im rechten Tabellenblatt.

Untersuche die weitere Entwicklung der beiden Guthaben. Verändere auch die Daten in den grau schraffierten Zellen.

	A	B	C	D
1	Herr Konstant		Frau Prozent	
2	10000	Anfangskapital	10000	
3	4%	Zinssatz	4%	
4	1000	Auszahlung	0,1	
5		Jahr		
6	10000,00	0	10000,00	
7	9400,00	1	9360,00	
8	8776,00	2	8760,96	
9	8127,04	3	8200,26	
10	7452,12	4	7675,44	
11	6750,21	5	7184,21	
12	6020,21	6	6724,42	
13	5261,02	7	6294,06	
14	4471,46	8	5891,24	
15				
16				

	A	B	C	D
1	Herr Konstant		Frau Prozent	
2	10000	Anfangskapital	10000	
3	0,04	Zinssatz	0,04	
4	1000	Auszahlung	0,1	
5		Jahr		
6	=A2	0	=C2	
7	=A6*(1+$A$3)-$A$4	1	=C6*(1+$C$3)*(1-$C$4)	
8	=A7*(1+$A$3)-$A$4	2	=C7*(1+$C$3)*(1-$C$4)	
9	=A8*(1+$A$3)-$A$4	3	=C8*(1+$C$3)*(1-$C$4)	
10	=A9*(1+$A$3)-$A$4	4	=C9*(1+$C$3)*(1-$C$4)	
11	=A10*(1+$A$3)-$A$4	5	=C10*(1+$C$3)*(1-$C$4)	
12	=A11*(1+$A$3)-$A$4	6	=C11*(1+$C$3)*(1-$C$4)	
13	=A12*(1+$A$3)-$A$4	7	=C12*(1+$C$3)*(1-$C$4)	
14	=A13*(1+$A$3)-$A$4	8	=C13*(1+$C$3)*(1-$C$4)	
15				
16				
17				
18				
19				
20				
21				

TAB **10.** 15 Jahre werden monatlich 100 € eingezahlt. Der Zinssatz für den gesamten Zeitraum ist 4,8 % p.a., also 0,4 % monatlich. Nach Ablauf der 15 Jahre werden monatlich 250 € entnommen. Wie lange reicht das Kapital? Schätze zuerst.

11. **a)** Eine Bank bietet nebenstehenden Ratensparvertrag an. Stelle das Anwachsen des Kapitals in einer Tabelle und auch grafisch dar. Überlege die Auswirkungen, wenn du die Einzahlungen und die Zinssätze variierst.

b) Nimm Stellung zu der Aussage von Rahel: „Eine noch so geringe Erhöhung der Zinssätze führt zu mehr Kapital als eine noch so starke Vergrößerung der Rate."

5.5.2 Begrenztes Wachstum

Einführung

Ein Gegenstand wird aus dem Kühlschrank (6,5 °C) in eine wärmere Umgebung (24 °C) gebracht. Er wird sich anfangs schneller erwärmen, d.h. der Zuwachs der Temperatur ist zunächst größer als später. Der Zuwachs nimmt immer mehr ab, je mehr sich die Temperatur des Gegenstandes der Umgebungstemperatur (24 °C) nähert. In diesem Beispiel soll für den Erwärmungsprozess gelten:
In jeder Minute ist der Zuwachs $Z(t)$ 18 % der Differenz zwischen 24 °C und der Temperatur $\vartheta(t)$, die der Gegenstand zu Beginn der Minute hat, also: $Z(t) = (24 - \vartheta(t)) \cdot 0{,}18 = 4{,}32 - 0{,}18\,\vartheta(t)$.
Für die neue Temperatur $\vartheta(t+1)$ gilt dann: $\vartheta(t+1) = \vartheta(t) + Z(t) = 4{,}32 + 0{,}82 \cdot \vartheta(t)$
Mit dieser Formel kann man nacheinander die Werte für die Temperatur aus der Ausgangstemperatur $\vartheta(0) = 6{,}5$ berechnen. Es handelt sich also um eine Überlagerung eines exponentiellen und eines linearen Wachstums. Wir erhalten folgende Tabelle und zeichnen den Graphen.

Theta (θ, ϑ) griechischer Buchstabe

t (in min)	$\vartheta(t)$ (in °C)
0	6,5
1	9,65
2	12,23
3	14,35
4	16,09
5	17,51
6	18,68
7	19,64
8	20,42
9	21,06
10	21,59
11	22,02
12	22,38
13	22,67
14	22,91
15	23,11
16	23,27
17	23,40
18	23,51
19	23,60
20	23,67

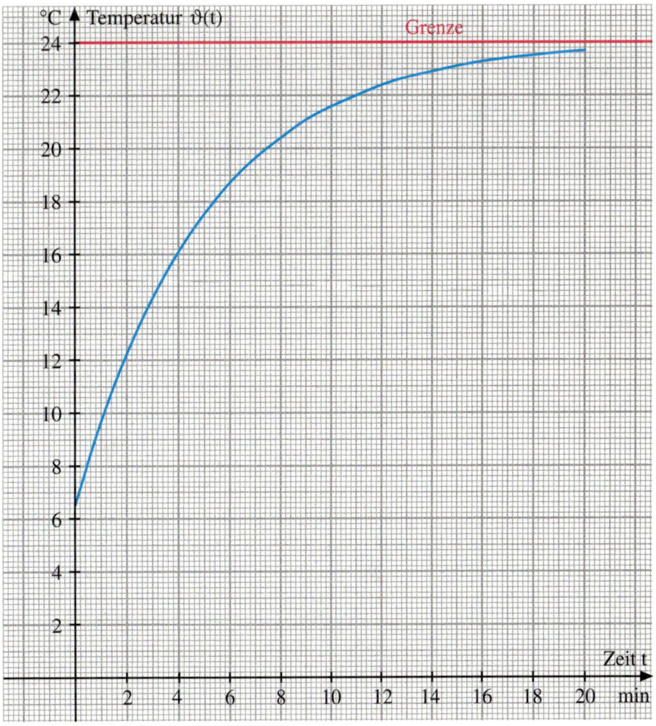

Information

Der Wachstumsprozess aus der Einführung auf Seite 203 heißt *begrenztes Wachstum*, weil eine Grenze nicht überschritten wird. Die Größe nähert sich immer mehr dieser Grenze, weil der Zuwachs sich immer mehr 0 nähert.

Begrenztes Wachstum

Gilt für eine Größe mit einer Grenze S die Gleichung
$G(t+1) = G(t) + Z(t)$
und beträgt der Zuwachs $Z(t)$ immer einen bestimmten Anteil von der Differenz zwischen der Grenze S und der momentanen Größe $G(t)$, also $Z(t) = q \cdot (S - G(t))$ mit $0 < q < 1$, so spricht man von **begrenztem Wachstum:**
$\mathbf{G(t+1) = G(t) + q\,(S - G(t))}$

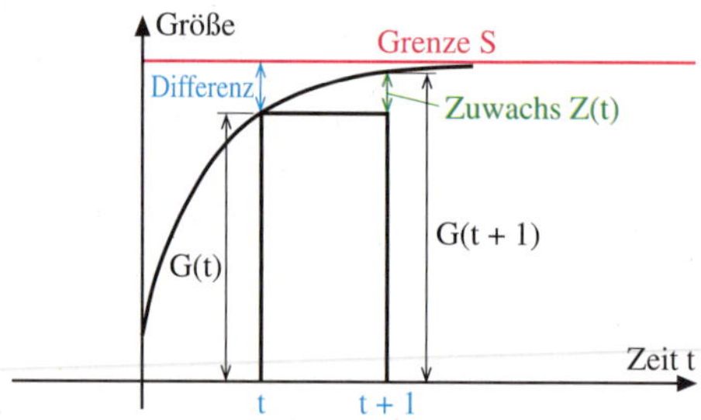

Beispiel: $G(t+1) = G(t) + 0{,}64 \cdot (80 - G(t))$

Der Zuwachs beträgt immer 64 % der Differenz zwischen der Grenze 80 und der momentanen Größe.

Anmerkung: Wir verzichten hier darauf, eine explizite Formel für solche Prozesse zu erstellen, da sich die rekursiven Berechnungen gut mit einem grafikfähigen Taschenrechner oder einer Tabellenkalkulation durchführen lassen.

Weiterführende Aufgabe

1. *Begrenzte Abnahme*
Frisch aufgebrühter, 80 °C warmer Kaffee wird in einem 20 °C warmen Raum stehen gelassen. Pro Minute beträgt die Abkühlung 10% der noch vorhandenen Temperaturdifferenz zur Raumtemperatur.

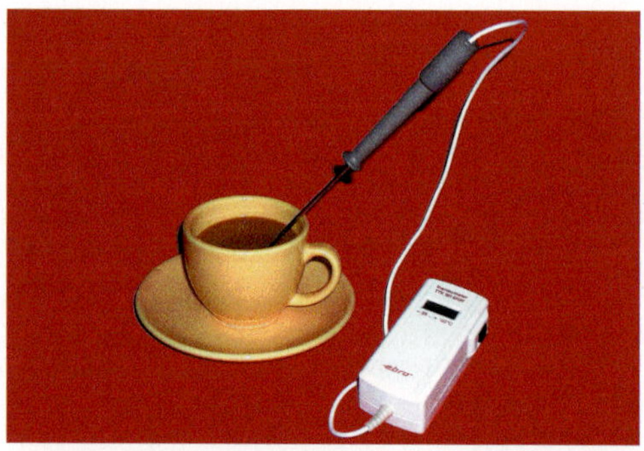

a) Ermittle für die nächsten 20 Minuten die Temperatur und zeichne den Graphen.

b) Erstelle eine rekursive Formel für die Funktion *Zeit* → *Temperatur*.

Übungsaufgaben

2. Pflanzen wachsen, können aber nicht beliebig groß werden. Eine Fichte ist zu Beginn der Beobachtung 1,00 m groß. Sie kann höchstens 80 m (*Grenzgröße*) werden. Man geht davon aus, dass die Fichte jährlich um 5% der Differenz zwischen aktueller Höhe und Grenzgröße anwächst.

a) Lege eine Tabelle für die Höhe der Fichte in Abhängigkeit von der Zeit an. Zeichne auch einen Graphen.

b) Erstelle eine rekursive Formel. Nach wie vielen Jahren hat die Fichte eine Größe von 40 m erreicht?

3. Ein Teich bietet für 1 000 Fische Lebensraum. Zu Beginn eines bestimmten Jahres werden 200 Fische ausgesetzt. Diese vermehren sich ohne Störungen so, dass der jährliche Zuwachs 10 % des Unterschiedes zwischen 1000 und dem jeweiligen Fischbestand beträgt.

a) Gib unter diesen Voraussetzungen den Fischbestand für die nächsten 12 Jahre an.

b) Erstelle auch eine rekursive Formel.

Runde auf cm.

4. Eine Sonnenblume ist 0,50 m groß, ihre Grenzgröße beträgt 3 m. Man geht davon aus, dass sie wöchentlich um 12 % der Differenz zwischen der Grenzgröße und der aktuellen Größe wächst.

a) Nach wie vielen Wochen hat die Sonnenblume eine Größe von mehr als 2 m erreicht?

b) Ab wann wächst die Sonnenblume wöchentlich um weniger als 5 cm?

5. Ein Stück Butter (24,5 °C) wird in einen Kühlschrank (5,5 °C) gebracht. Man kann davon ausgehen, dass die Temperaturabnahme pro Minute 12 % der Differenz zwischen Körpertemperatur und Kühlschranktemperatur beträgt.
Nach wie vielen Minuten wird eine Temperatur von 20 °C [15 °C; 10 °C; 5 °C] erreicht?

6. Eine Größe hat anfangs einen Bestand von 500 und wächst nach dem Gesetz eines begrenzten Wachstums. In Schritten von 5 min wurden die Daten rechts tabelliert.

Zeit (min)	0	5	10	15
Bestand	500	600	690	771

a) Bestimme die Sättigungsgrenze.

b) Setze die Tabelle um drei Schritte fort.

7. Auf einem Feld werden wöchentlich 9 kg eines Unkrautvertilgungsmittels aufgebracht. Außerdem nimmt die Menge des Mittels wegen Zersetzung wöchentlich um 60 % ab.

a) Zeige, dass trotz der hohen Abnahmerate von 60 % ein Wachstum vorliegt. Wie groß ist die Grenze?

b) Gib in einer Tabelle die Menge des Unkrautvertilgungsmittels in den nächsten 20 Wochen an.
Nach wie vielen Wochen ist der Grenzbestand schon zu 99 % erreicht?

c) Bewerte die nebenstehende Anzeige auf dem Hintergrund der obigen Überlegungen.

TAB

8. Entwickle für das Beispiel mit der Temperaturzunahme aus der Einführung auf Seite 203 ein erweitertes Kalkulationsblatt mithilfe eines Tabellenkalkulations-Programms für 20 Zeitschritte zu je 2 min. Stelle in einzelnen Spalten die Zeitschritte, den alten Bestand, den Zuwachs und den neuen Bestand dar.
Variiere für ähnliche Fälle die Anfangstemperatur, die Grenztemperatur und den Proportionalitätsfaktor. Stelle die Temperaturentwicklungen auch grafisch dar.

F6 = =C6+$F$2*E6

	A	B	C	D	E	F	G
1	Anfangstemperatur		4	Grenztemperatur		20	
2	Proportionalitätsfaktor		0,2	Zeitschritt (in min)		2	
3							
4	Zeitschritt (in min)		Alte	Sättigungs-	Änderungs-	Neue	
5	von	bis	Temperatur	manko	rate	Temperatur	
6	0	2	4,0	16,0	3,2	10,4	
7	2	4	10,4	9,6	1,9	14,2	
8	4	6	14,2	5,8	1,2	16,5	
9	6	8	16,5	3,5	0,7	17,9	
10	8	10	17,9	2,1	0,4	18,8	
11	10	12	18,8	1,2	0,2	19,3	
12	12	14	19,3	0,7	0,1	19,6	
13	14	16	19,6	0,4	0,1	19,7	
14	16	18	19,7	0,3	0,1	19,8	
15	18	20	19,8	0,2	0,0	19,9	
16	20	22	19,9	0,1	0,0	19,9	
17	22	24	19,9	0,1	0,0	20,0	
18	24	26	20,0	0,0	0,0	20,0	
19	26	28	20,0	0,0	0,0	20,0	
20	28	30	20,0	0,0	0,0	20,0	
21	30	32	20,0	0,0	0,0	20,0	
22	32	34	20,0	0,0	0,0	20,0	
23	34	36	20,0	0,0	0,0	20,0	
24	36	38	20,0	0,0	0,0	20,0	

5.5.3 Logistisches Wachstum

Einführung

An einer Schule mit 700 Schülern breitet sich das Gerücht aus: „Heute gibt es hitzefrei.“ 14 Schüler setzen dieses Gerücht in Umlauf. Wie breitet sich das Gerücht weiter aus? Dazu nehmen wir an, dass in einem bestimmten Zeittakt (z. B. 1 Minute) das Gerücht weiter verbreitet wird. Es gelte:

G (t) = Anzahl der wissenden Schüler zum Zeittakt t
G (t + 1) = Anzahl der wissenden Schüler zum Zeittakt t + 1: $G(t+1) = G(t) + Z(t)$

Wovon hängt der Zuwachs Z (t) ab? Ein Zuwachs erfolgt nur dann, wenn ein Wissender auf einen Unwissenden trifft. Der Zuwachs ist umso größer,

- je mehr Wissende (Anzahl G (t)), aber auch
- je mehr Nichtwissende (Anzahl 700 – G (t))

es gibt.

Der Zuwachs Z (t) ist also proportional zum Produkt aus beiden: $Z(t) = q \cdot G(t) \cdot (700 - G(t))$
Am Anfang ist $700 - G(t) \approx 700$, denn es gibt kaum Wissende, d. h. $G(t) \cdot (700 - G(t)) \approx 700 \cdot G(t)$. Das Wachstum ist also zu Beginn nahezu exponentiell.

Am Ende ist $G(t) \approx 700$, denn es gibt kaum Unwissende, d. h.:
$G(t) \cdot (700 - G(t)) \approx 700 \cdot (700 - G(t))$
Den jeweils *gleichen* Faktor 700 berücksichtigen wir mit beim Proportionalitätsfaktor q für das Produkt. Wir nehmen also an, dass für alle Zeittakte gilt:
$Z(t) = q \cdot G(t) \cdot (700 - G(t))$
Da das Wachstum in jedem Fall begrenzt ist, muss der Zuwachs einen Anteil von der Differenz 700 – G (t) betragen, also muss $q \cdot G(t)$ kleiner als 1 sein.
Der größte Wert für das Produkt entsteht für G (t) = 700. Also muss gelten: $q < \frac{1}{700} = 0{,}0014\ldots$
Für q = 0,001 lautet die rekursive Formel: $G(t+1) = G(t) + 0{,}001 \cdot G(t) \cdot (700 - G(t))$

t (in min)	G (t)
0	14,00
1	23,60
2	39,56
3	65,68
4	107,34
5	170,96
6	261,40
7	376,05
8	497,87
9	598,50
10	659,25
11	686,11
12	695,64
13	698,67
14	699,60
15	699,88

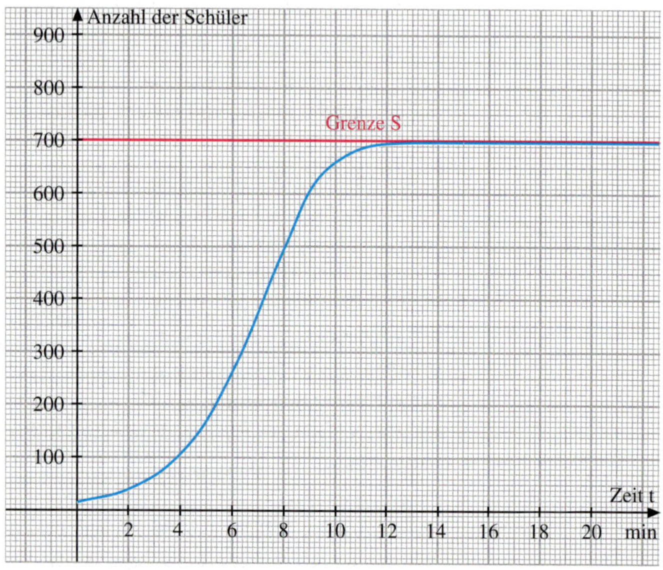

Ergebnis: Nach 10 Minuten wissen immerhin schon ungefähr 95% der Schüler von dem Gerücht, nach einer Viertelstunde praktisch alle Schüler.

Information

(1) Definition des logistischen Wachstums

Viele Wachstumsvorgänge verlaufen wie in der Einführung auf Seite 206.
Zunächst wird das Wachstum immer schneller, dann verlangsamt es sich immer mehr und nähert sich schließlich langsam einem Grenzwert S, der *Sättigungsgrenze*.
Beispiele hierfür sind das Wachstum vieler Pflanzen, das Wachstum einer Bakterienkultur in einer begrenzten Nährlösung, das Wachstum einer Tierpopulation in einem begrenzten Lebensraum, das Wachstum der Verkaufszahlen vieler Gebrauchsgüter wie bestimmter Autotypen, bestimmter Rundfunkgeräte, die Ausbreitung einer Epidemie, usw.
Beim logistischen Wachstum hängt der Zuwachs pro Zeittakt einerseits von der wachsenden Größe $G(t)$ und andererseits von der Differenz zwischen Sättigungsgrenze S und der Größe $G(t)$ ab.
Allgemein ist das logistische Wachstum folgendermaßen erklärt:

Logistisches Wachstum

Gilt für eine Größe mit einer Sättigungsgrenze S die Gleichung $G(t+1) = G(t) + Z(t)$ und gilt für den Zuwachs $Z(t)$ die Bedingung $Z(t) = q \cdot G(t) \cdot (S - G(t))$ mit $0 < q < \frac{1}{S}$,
so spricht man vom **logistischen Wachstum:**

$$\mathbf{G(t+1) = G(t) + q \cdot G(t) \cdot (S - G(t))}$$

Beispiel:
$G(t+1) = G(t) + 0{,}001 \cdot G(t) \cdot (700 - G(t))$.

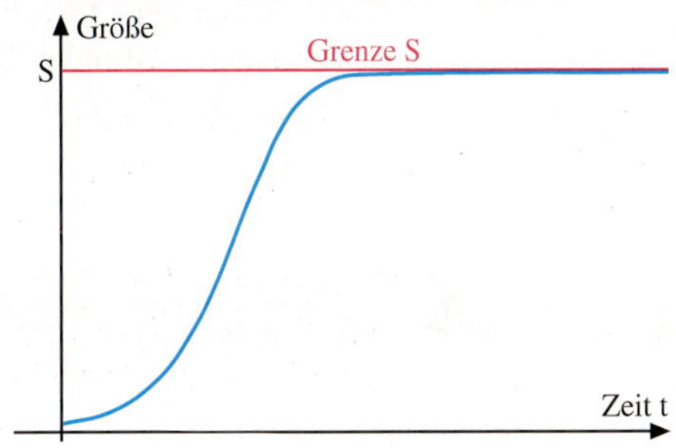

Beim logistischen Wachstum kann man drei Abschnitte unterscheiden:
Am Anfang verläuft es nahezu exponentiell, am Ende verhält es sich wie begrenztes Wachstum. Dazwischen liegt eine Übergangsphase.
Anmerkung: Wir verzichten hier darauf, eine explizite Formel für solche Prozesse zu erstellen, da sich die rekursiven Berechnungen gut mit einem Rechner durchführen lassen.

(2) Prozess des Modellierens von Wachstumsprozessen

Bei allen behandelten Wachstumstypen handelt es sich um so genannte *mathematische Modelle*. Ein solches mathematisches Modell kann aufgefasst werden als ein Abbild des tatsächlichen Vorgangs in der Wirklichkeit, das jedoch die Wirklichkeit nicht vollständig, sondern nur in Teilaspekten darstellt.

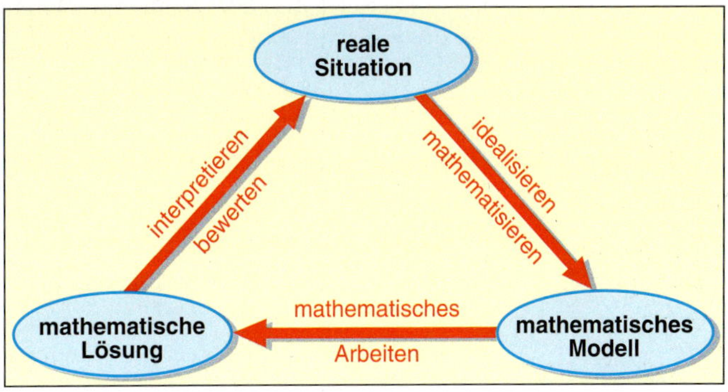

Ein solches mathematisches Modell kann als (anfänglicher) Versuch zur Darstellung der Wirklichkeit erste gute Dienste leisten. Damit wird das Aufstellen von Vorhersagen über zukünftige Entwicklungen möglich, die aber permanent an der Realität überprüft werden müssen. Abweichungen der Prognosen von den tatsächlich zu beobachtenden Erscheinungen führen dann zu Veränderungen im Modellansatz. Eine neuerliche Überprüfung an der Realität führt dann vielleicht zu einem wieder geänderten Ansatz. Nach der begründeten Entscheidung für einen Wachstumstyp müssen dann auch alle Konstanten und Beziehungen eventuell vielfach angesetzt, überprüft und andauernd darauf hin untersucht werden, ob die beobachtbare Wirklichkeit noch in angemessener Weise durch die Modellannahmen wiedergegeben wird.

Übungsaufgaben

1. Eine rasch wachsende Algenart („Killeralgen") bedeckt zu Beginn $2\,m^2$ eines $300\,m^2$ großen Teiches. Der monatliche Zuwachs Z(t) ist sowohl proportional zur vorhandenen Fläche als auch zur noch freien Fläche: $Z(t) = 0{,}003 \cdot F(t) \cdot (300 - F(t))$.

a) Überlege, was für diese doppelte Proportionalität spricht.

b) Zeichne einen Graphen für die Fläche, die von der Alge bedeckt wird, in Abhängigkeit von der Zeit.

2. Eine 20 cm große Fichte wird gepflanzt. Die Sättigungsgrenze ihres Wachstums ist 75 m. Sie wird ungefähr nach 80 Jahren Wachstum erreicht. Nimm für die Fichte ein logistisches Wachstum an. Finde durch systematisches Probieren einen geeigneten Wachstumsfaktor. Wähle als Zeittakt 4 Jahre.

Beachte: $q < \frac{1}{S}$

3. Eine Epidemie unter Füchsen hat zunächst nur 5 Tiere befallen. Im Bereich der Epidemie leben 50 Füchse. Das ist die Sättigungsgrenze der Epidemie. Wir nehmen an, dass das Wachstum der Epidemie logistisch mit dem monatlichen Wachstumsfaktor $q = 0{,}001$ erfolgt.

a) Wie viele Füchse sind in den nächsten 20 Monaten von der Krankheit betroffen? Lege eine Tabelle an.

b) Nach wie vielen Monaten sind 48 Füchse betroffen?

4. Eine Schule hat 500 Schüler. Ein Schüler erfindet ein Gerücht. Nach wie vielen Tagen kennen mindestens 90% aller Schüler das Gerücht?
Löse die Aufgabe unter der folgenden Annahme:

a) Jeden Tag hören das Gerücht 35 % [20 %] der Schüler, die das Gerücht vorher noch nicht kannten (begrenztes Wachstum).

b) Nimm logistisches Wachstum an mit dem Faktor $q = 0{,}0019$ [$q = 0{,}0015$].

5. Man kann die Annahme machen, dass das Wachstum der Erdbevölkerung logistisch ist. Welche Gründe gibt es für diese Annahme?

Pierre François Verhulst, 1804 – 1849

6. Der belgische Mathematiker VERHULST entwickelte das Modell des logistischen Wachstums aus den Bevölkerungsdaten der USA in den Jahren 1790 bis 1840: Zu Beginn der Beobachtung (1790) betrug die Bevölkerung 3,9 Mio. Aus den weiteren Daten wurde eine Grenze von 200 Mio. und ein Wachstumsfaktor $k = 1{,}589 \cdot 10^{-4}$ ermittelt. Berechne die damit prognostizierten Bevölkerungsdaten und vergleiche diese mit den gezählten Werten:

Jahr	1790	1800	1820	1840	1860	1880	1900	1920
Einwohner USA in Mio.	3,9	5,3	9,6	17,1	31,4	50,2	76,0	106,5

5.6 Aufgaben zur Vertiefung

1. **a)** Überprüfe die Behauptung in der Anzeige.

b) Welcher Zinssatz würde sich ergeben, wenn man sogar halbmonatlich verzinsen würde?

c) Welche Zinssätze ergäben sich für wöchentliche, tägliche, stündliche, minütliche bzw. sekündliche Verzinsung?

d) Kann man auf diese Weise einen beliebig hohen Zinssatz erreichen?

2. Berechne den Term $\frac{p \cdot \log(2)}{\log\left(1 + \frac{p}{100}\right)}$ für verschiedene Werte von p zwischen 1 und 10.
Stelle einen Zusammenhang mit der Faustformel für die Verdopplungszeit her.

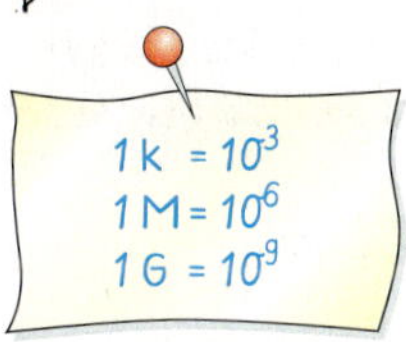

3. Verändern sich Größen sehr stark, so wird in Diagrammen die nach oben gerichtete Achse häufig nicht linear unterteilt:

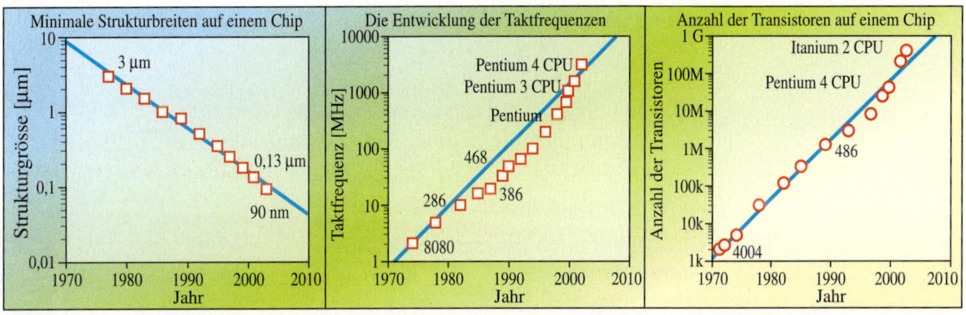

Auch mit manchen Computerprogrammen kann man derartige Darstellungen erzeugen. In solchen so genannten logarithmischen Achseneinteilungen erreicht man, dass z.B. einer Verzehnfachung der Werte auf der Achse immer eine gleichlange Strecke auf der Achse entspricht. Entsprechendes gilt für jeden anderen Multiplikator.

a) Erläutere dies an der nebenstehenden Abbildung.

b) In der nebenstehenden Abbildung ist die nach oben gerichtete Achse logarithmisch geteilt, die waagerechte Achse linear. Zeige, dass die Punkte der Geraden auf dem Graphen einer Exponentialfunktion liegen, wenn man beide Achsen wie gewöhnlich linear teilt. Ermittle die Funktionsgleichung.

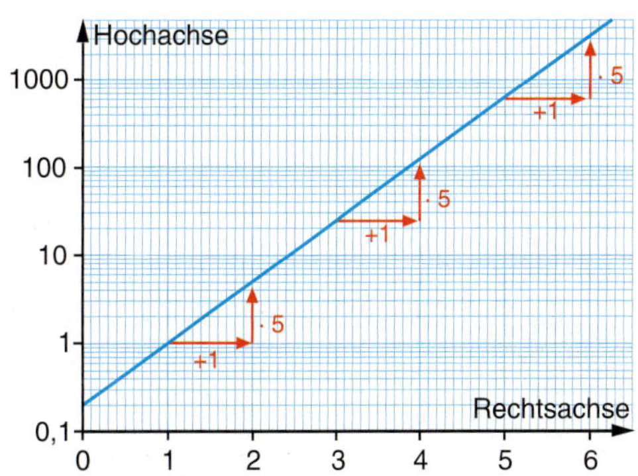

Langzeitaufgabe

4. Suche selbst in Zeitungen, Lexika, … solche Darstellungen, bei denen die Achsen nicht linear, sondern logarithmisch geteilt sind.

Im Blickpunkt

Im Blickpunkt

Nichtlineare Regression – Sportliche Rekorde

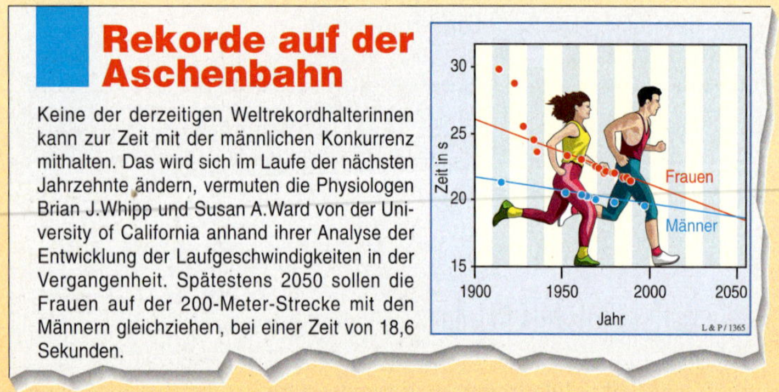

Rekorde auf der Aschenbahn

Keine der derzeitigen Weltrekordhalterinnen kann zur Zeit mit der männlichen Konkurrenz mithalten. Das wird sich im Laufe der nächsten Jahrzehnte ändern, vermuten die Physiologen Brian J.Whipp und Susan A.Ward von der University of California anhand ihrer Analyse der Entwicklung der Laufgeschwindigkeiten in der Vergangenheit. Spätestens 2050 sollen die Frauen auf der 200-Meter-Strecke mit den Männern gleichziehen, bei einer Zeit von 18,6 Sekunden.

Prognosen, wie sie in vielen Lebensbereichen getroffen werden, versucht man auch im Bereich der sportlichen Leistungen zu tätigen. In dem Artikel links wurden Regressionsgeraden gezeichnet, um die Laufzeiten in die Zukunft zu extrapolieren. Bei Daten, die noch stärker von einer Geraden abweichen, sucht man z.B. eine quadratische Funktion, eine Potenz- oder eine Exponentialfunktion, deren Graph besonders gut zu den gegebenen Datenpunkten passt.

1. Beim Stundenweltrekord im Radsport wird gemessen, welche Strecke man in einer Stunde zurücklegen kann.
Durch Verwendung von High-Tech-Spezialrädern konnte dieser Rekord in den letzten Jahrzehnten stark gesteigert werden.
Allerdings hat der internationale Radsportverband im Jahr 2000 das Reglement so verändert, dass Spezialräder, die extreme Sitzpositionen zulassen, nicht mehr erlaubt sind.
Die in den letzten 28 Jahren aufgestellten Rekorde gelten daher nicht als Weltrekorde, sondern als Weltbestleistungen.

1967	Ferdinand Bracke	Belgien	48,093 km
1968	Ole Ritter	Dänemark	48,643 km
1972	Eddy Merckx	Belgien	49,432 km
1984	Francesco Moser	Italien	51,151 km
1993	Chris Boardman	Großbritannien	52,270 km
1994	Tony Rominger	Schweiz	55,291 km
1996	Chris Boardman	Großbritannien	56,375 km

Gib eine Prognose:

- Mit welcher Weltbestleistung kann man im Jahr 2010 rechnen?
- Wann wird wohl zum ersten Mal die 60-km-Grenze überschritten worden sein?

Eine Funktion, deren Graph diese Punkte gut annähert, kannst du mithilfe des grafikfähigen Taschenrechners ermitteln.
Gib zunächst die Koordinaten der Messpunkte ein, indem du den Data/Matrix-Editor aufrufst. Vereinbare dort eine neue Datenvariable, in die du die Werte in die beiden Spalten c1 und c2 einträgst.

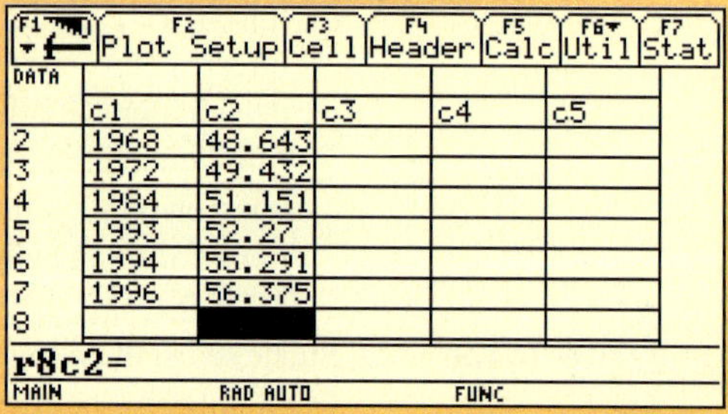

Unter **PlotSetup** (F2) kannst du das gewünschte Aussehen des Graphen mit **PlotType** definieren (F1), z. B. im Plot1. Vereinbare anschließend mit dem Befehl **WINDOW** ein geeignetes Fenster zum Zeichnen der Werte und lasse die Punkte mit dem Befehl **GRAPH** zeichnen.

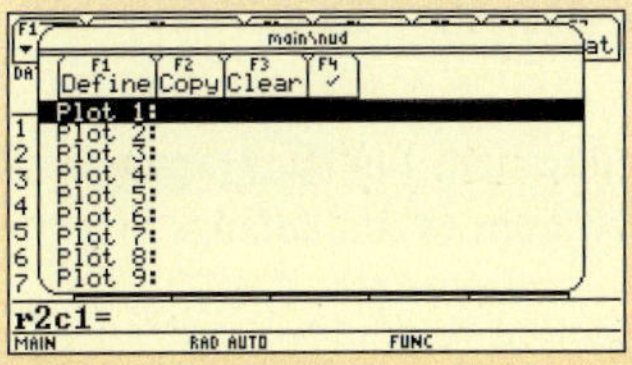

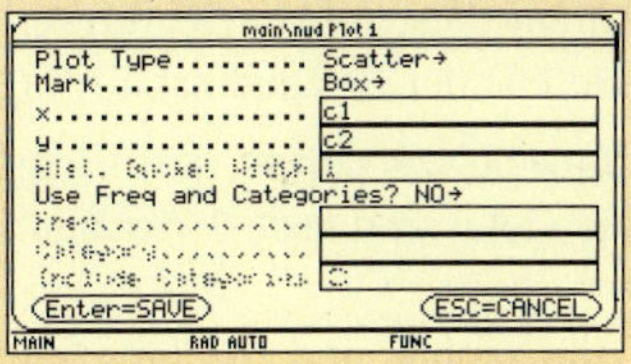

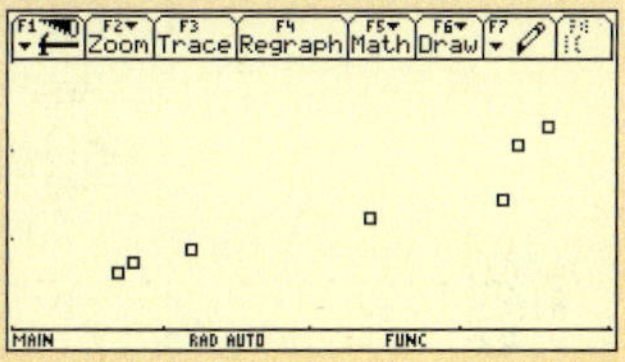

Das Bestimmen der Funktionsgleichung der Regressionsgeraden erfolgt mithilfe des Befehls **LinReg**; diesen findest du im Untermenü **CALC**. Bei diesem Befehl muss als erstes die Liste der 1. Koordinaten der Messpunkte (hier c1), als zweites die Liste der 2. Koordinaten (hier c2) und dann die Variable angegeben werden, in der der Funktionsterm gespeichert werden soll (hier Y1). Auf dem Bildschirm erscheinen dann die Koeffizienten des Funktionstermes, den du aber auch im **Y=**-Menü nachlesen kannst.

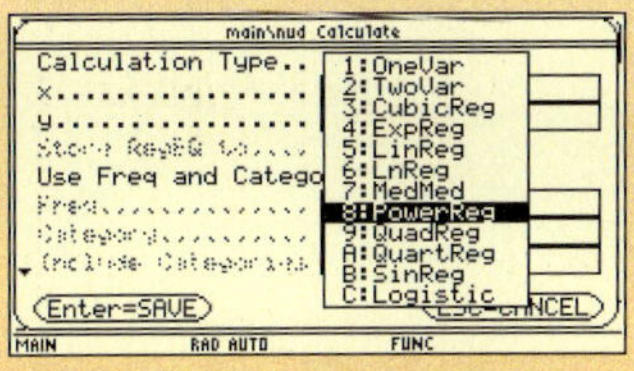

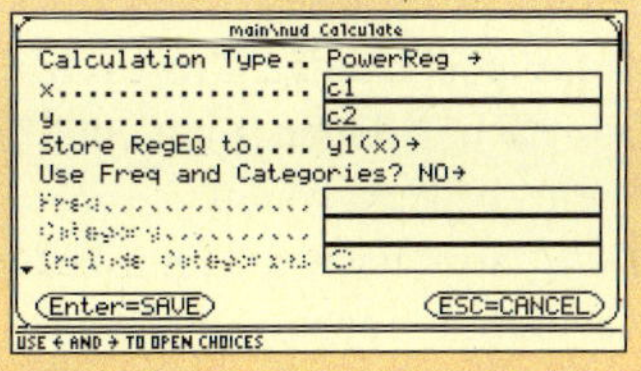

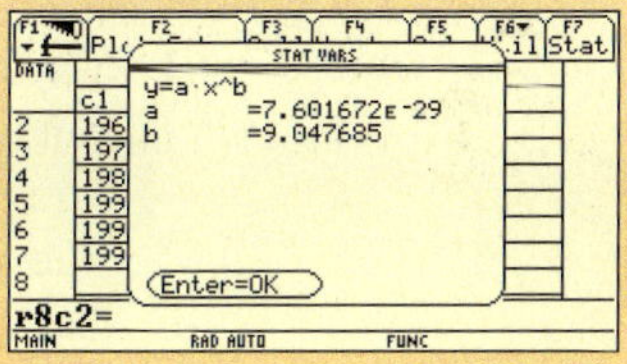

Mit dem Befehl **GRAPH** wird dann die gefundene Gerade durch die Messpunkte gezeichnet, sodass du einen Eindruck von der Güte der Regressionsgeraden gewinnst.
Probiere aus, wie du bei deinem Rechner vorgehen musst.

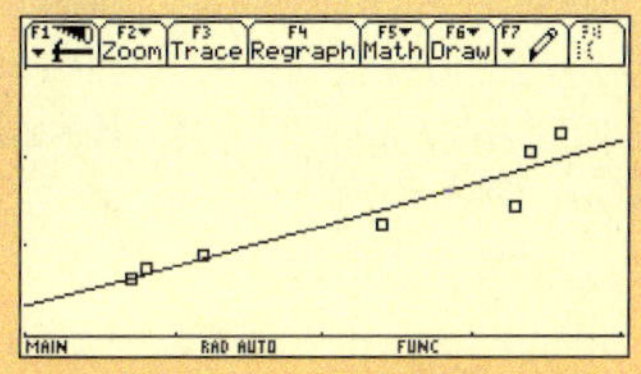

2. Die Tabelle zeigt die Weltrekordzeiten der Frauen im Eisschnelllauf.

500 Meter	37,22 Sekunden	Catriona LeMay-Doan, Kanada	09.12.2001	Salt Lake City
1 000 Meter	1:13,83 Minuten	Chris Witty, USA	17.12.2001	Salt Lake City
1 500 Meter	1:54,02 Minuten	Anni Friesinger, Deutschland	20.02.2002	Salt Lake City
3 000 Meter	3:57,70 Minuten	Claudia Pechstein, Deutschland	10.02.2002	Salt Lake City
5 000 Meter	6:46,91 Minuten	Claudia Pechstein, Deutschland	23.02.2002	Salt Lake City
10 000 Meter	14:22,60 Minuten	Gunda Niemann, Deutschland	27.03.1994	Calgary

Betrachte die Funktion *Streckenlänge → zugehörige Weltrekordzeit.*

a) Begründe, das hier weder lineares noch exponentielles Wachstum vorliegt.

b) Ermittle die Funktionsgleichung einer Potenzfunktion, die diese Werte gut annähert.

c) Welche Rekordzeit müsste man für eine 15 000-m-Strecke erwarten, welche für eine Marathonstrecke von ca. 42 km, wenn es sie denn gäbe. Bewerte deine Prognosen.

Langzeitaufgabe

3. Recherchiere selber (im Internet) nach sportlichen Rekorden, z. B. beim Laufen oder anderen Disziplinen der Leichtathletik. Stelle geeignete Fragen und beantworte sie, indem du den Daten einen möglichst guten Funktionsgraphen anpasst. Vergleiche und bewerte verschiedene Möglichkeiten.

Bist du fit?

1. **a)** Ein Anfangsbestand von 20 verdreifacht sich alle 7 Tage. Wie groß ist der Bestand nach 5 Tagen?

b) Eine Substanz zerfällt so, dass nach jeweils einem Tag 10 % weniger als am Vortag vorhanden ist. Wie viel g sind nach 2 Wochen zu erwarten, wenn anfangs 30g vorhanden waren?

2. In dem Bild rechts sind die Graphen der Funktionen zu $y = 2 \cdot 1{,}4^x$; $y = x^2 + 2$ und $y = 2 \cdot 0{,}3^x$ gezeichnet. Zeichne das Bild ab und ergänze es um die Graphen zu $y = 2 \cdot 1{,}8^x$; zu $y = x^3$; zu $y = 2 \cdot 0{,}5^x$; und zu $y = 0{,}8 \cdot 1{,}4^x$ ohne Wertetabelle qualitativ richtig.

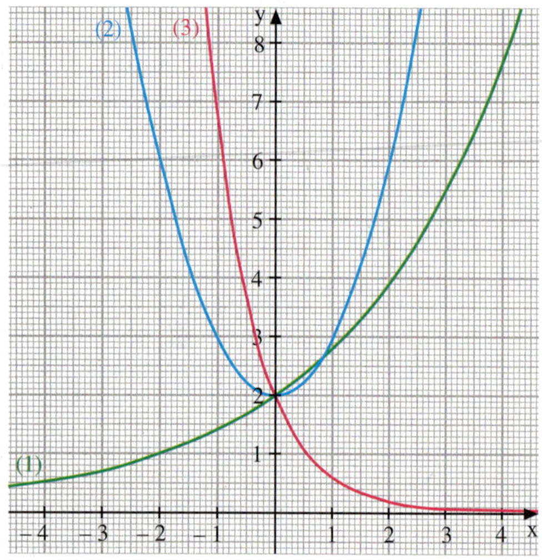

3. Von einem exponentiellen Prozess ist bekannt, dass nach 3 Tagen 1 cm² und nach 5 Tagen 4 cm² bedeckt waren. Wie viel cm² sind nach 8 Tagen bedeckt? Nach wie vielen Tagen sind 6 cm² bedeckt?

4. Bestimme folgende Logarithmen.

a) $\log_2(64)$ **b)** $\log_2\left(\frac{1}{4}\right)$ **c)** $\log_5\left(\sqrt{5}\right)$ **d)** $\log_5 \sqrt[3]{25}$ **e)** $\log_b\left(b^n\right)$ **f)** $\log\left(\frac{1}{b}\right)$

5. Vereinfache so weit wie möglich.

a) $\log\left(\frac{a-5}{a^2-10a+25}\right) + \log(a-5)$ **b)** $\log_4 \sqrt{(a+1)} - \log_4(1+a) + \log_4(1\,024)$

6. Bestimme die Lösungsmenge der Gleichung.

a) $2 \cdot 3^x = 4^x$ **b)** $3 \cdot 4^{2x} = 5^{x-3}$ **c)** $\log_3(x) - 2\log_3(4) = 4$

7. Skizziere die Graphen der Funktionen zu $y = 3 \cdot 0{,}4^x$ und $y = 2 \cdot 1{,}3^x$. Bestimme die Koordinaten des Schnittpunktes auf Hundertstel genau.

8. Gib eine lineare Funktion, eine Exponentialfunktion und eine Potenzfunktion an, deren Graph durch die Punkte P(2|3) und Q(3|2) verläuft. Welche Funktionswerte ergeben sich in der „Mitte" bei x = 2,5?

9. Ein Kunde erhält von einer Bank ein Darlehen von 8 000 € zu einem Zinssatz von 8,25 %. Wie lange läuft das Darlehen, wenn der Kunde am Jahresende jährlich 1 150 € zurückzahlen kann? Wie hoch ist die letzte Rate?

10. Eine kleine Gemeinde mit 5 000 Haushalten erhält die Möglichkeit zum Kabelanschluss. Zu Beginn lassen sich 200 Haushalte anschließen. Danach kommen monatlich 5 % der Differenz zu 5 000 hinzu.

a) Zeichne einen Graphen für die Entwicklung der Anzahl der Kabelanschlüsse.

b) Wann sind 90 % aller Haushalte angeschlossen?

6. GRAPHEN

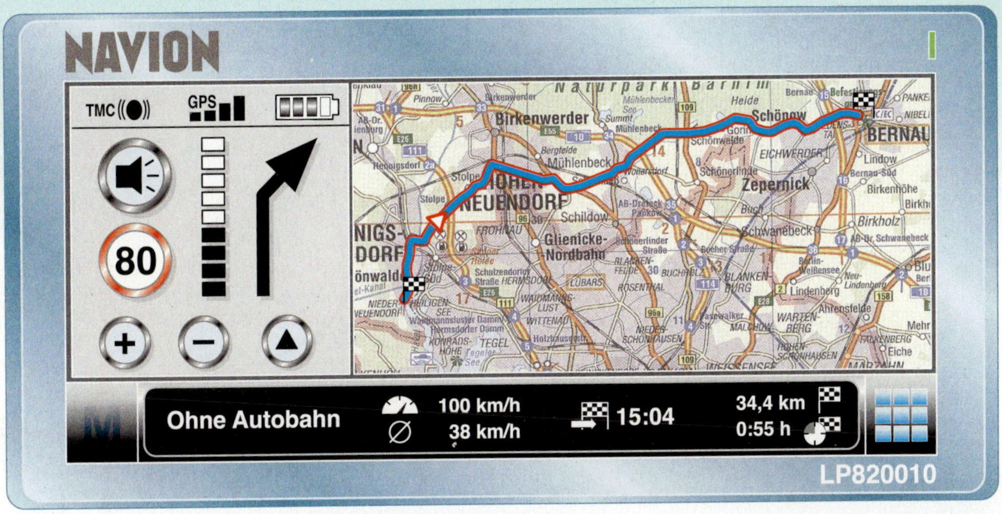

Der Einsatz von Navigationsgeräten zum Planen von Fahrtrouten und zum Ansagen bzw. Anzeigen des Weges hat in den letzten Jahren stark zugenommen. Viele Autos haben solche Geräte schon fest eingebaut.

Navigationsgeräte berechnen eine möglichst günstige Fahrtroute.

- Warum kann es zwei verschiedene richtige Ergebnisse geben?

In diesem Kapitel lernst du, wie man optimale Wege ermitteln kann.

6.1 Eulergraphen

Aufgabe 1

Eulertour

Ein Paketzusteller soll in jeder Straße des abgebildeten Stadtgebiets Pakete zustellen. Er kommt mit seinem Paketauto vom Paketzentrum, dorthin muss er am Ende auch wieder zurückfahren.

Mache einen Vorschlag für eine Tour des Paketautos.

Tipp: Für die Lösung ist es hilfreich, zuvor einen vereinfachten Stadtplan zu zeichnen.

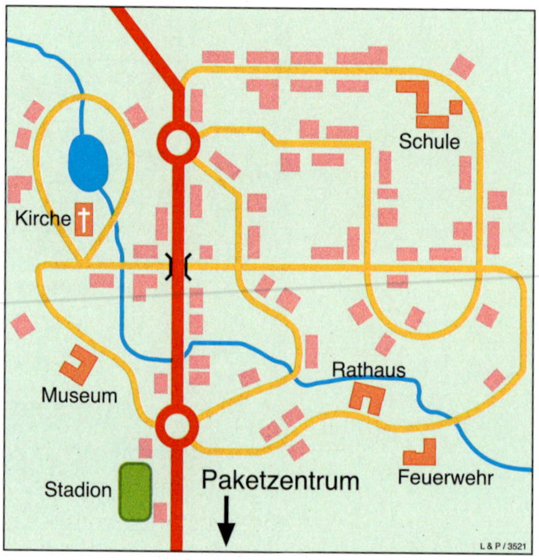

Lösung

Der Paketzusteller wird versuchen, eine möglichst günstige Tour zu fahren. Darunter kann man zum Beispiel eine möglichst kurze Fahrstrecke verstehen. Eine Tour, bei der das Paketauto durch jede Straße, in der Pakete ausgeliefert werden sollen, nur einmal fährt und zum Ausgangspunkt zurückkehrt, ist sicher am kürzesten.

Zum Ermitteln einer solchen Tour ist der genaue Verlauf der Straßen nicht wichtig, auch die Länge der einzelnen Abschnitte spielt hier keine Rolle. Entscheidend ist, ob es an einer Straße Kreuzungen oder Einmündungen gibt.

In der Zeichnung siehst du zwei Beispiele, wie man den Stadtplan vereinfacht zeichnen könnte. Die Stellen, an denen das Paketauto abbiegen kann, sind durch dick gezeichnete blaue Punkte hervorgehoben.

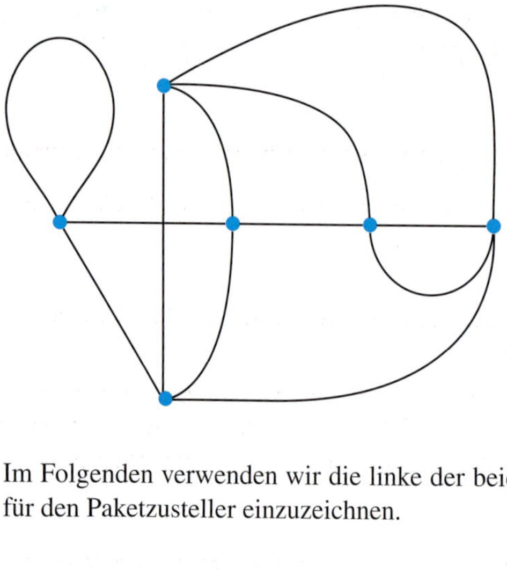

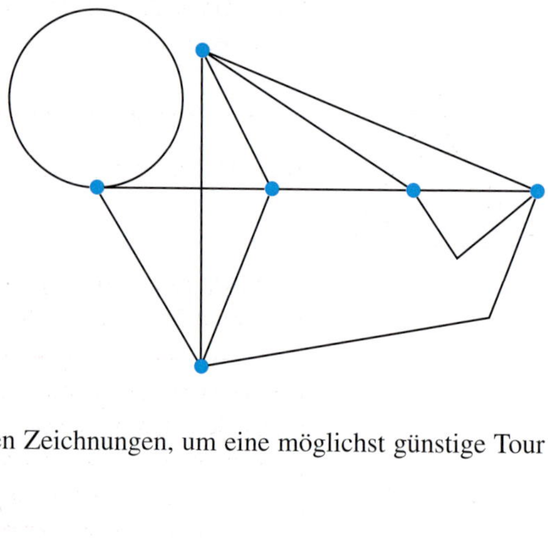

Im Folgenden verwenden wir die linke der beiden Zeichnungen, um eine möglichst günstige Tour für den Paketzusteller einzuzeichnen.

Es gibt mehrere solche Touren, bei denen jeder Straßenabschnitt einmal durchfahren wird. Alle diese Touren sind gleich lang.

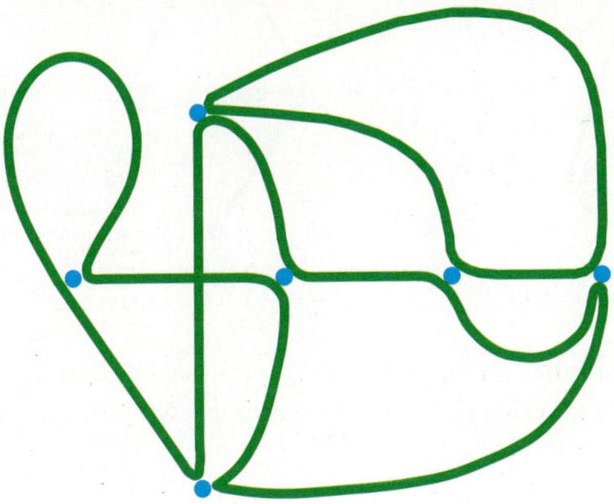

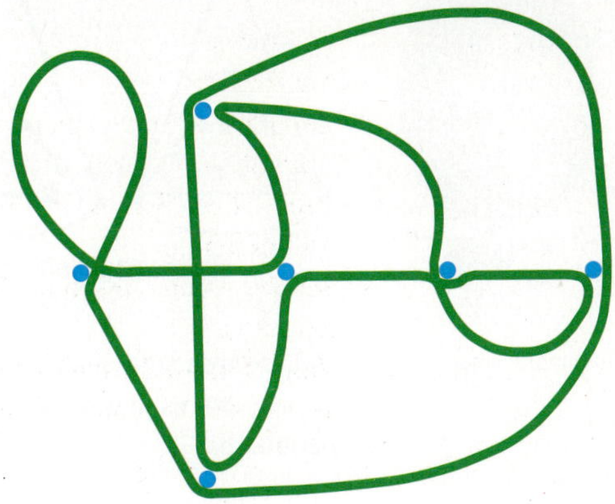

(1) Graphen

Information

Wir haben vereinfachte Zeichnungen des Stadtgebiets gezeichnet. Die Straßenkreuzungen und die Straßeneinmündungen haben wir als Punkte dargestellt; man nennt sie *Knoten*. Die Straßenabschnitte zwischen den Knoten sind zu einfachen Linien geworden, man nennt sie *Kanten*. Eine solche Zeichnung nennt man einen *Graph*.

Graphen bestehen aus **Knoten** und **Kanten**. Die Kanten enden immer in Knoten.
Einfache Überkreuzungen von Kanten sind keine Knoten.

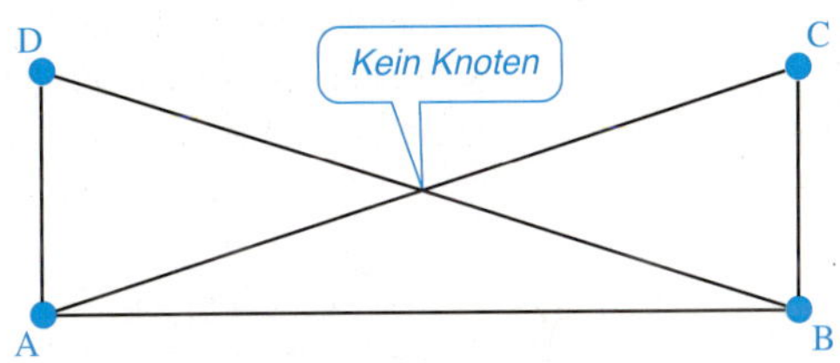

Bei einem Graphen kommt es nur darauf an, welche Knoten miteinander verbunden sind. Daher kann man ein und denselben Graphen auf verschiedene Weise zeichnen.

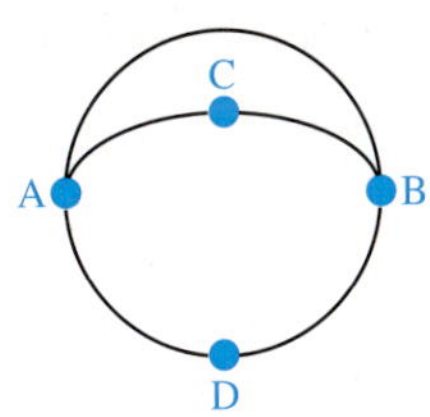

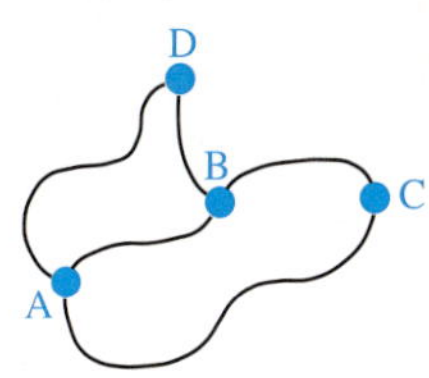

Hier hat das Wort „Graph" eine ganz andere Bedeutung als in dem Wort „Funktionsgraph".

(2) Eulertour

Im Stadtgebiet von Aufgabe 1 fährt das Paketauto durch alle Straßen, durch jede genau einmal und kehrt zum Ausgangspunkt zurück.

Eine Linie entlang der Kanten eines Graphen, die man so zeichnen kann, dass sie
(a) die jede Kante des Graphen beinhaltet, aber keine Kante doppelt und
(b) an ihrem Anfangspunkt endet,
nennt man eine **Eulertour**.

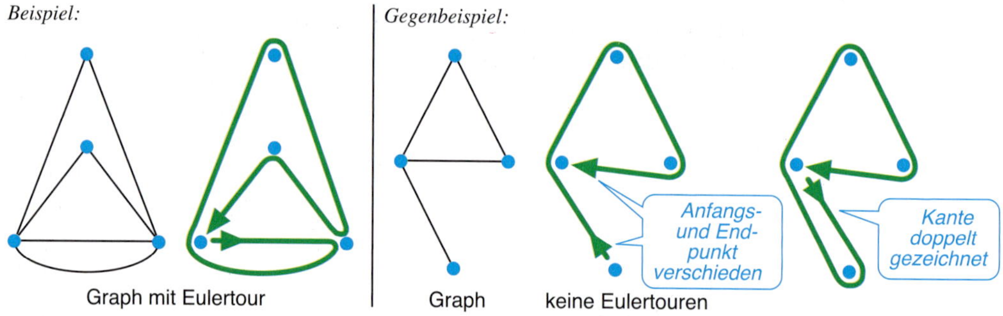

Leonhard Euler
* 1707 – † 1783

Eulertouren sind nach Leonhard Euler benannt, von dem viele sagen, dass er der größte Mathematiker ist, den es je gegeben hat. Er war der Erste, der Graphen als Modell zur Lösung eines Problems benutzt hat.

Aufgabe 2

Eulergraph

Das Stadtgebiet von Aufgabe 1 haben wir durch einen Graphen ersetzt und gesehen, dass es eine Eulertour gibt.
Gibt es in den folgenden Graphen eine Eulertour? Begründe deine Aussage.

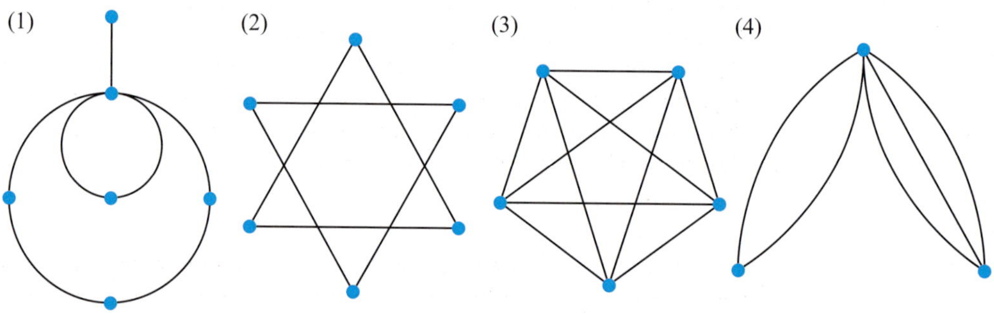

Lösung

(1)

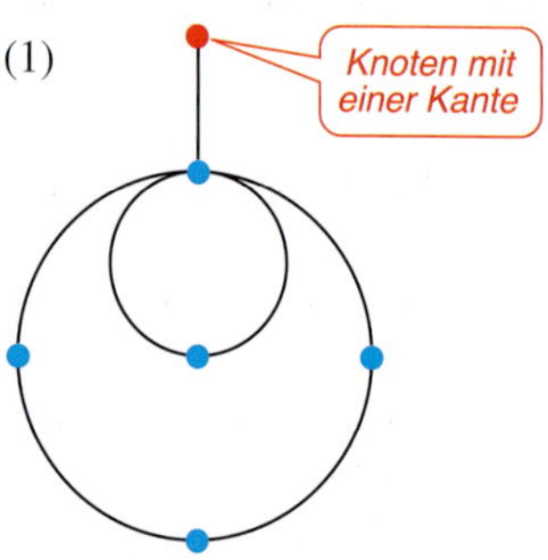

Der Graph hat einen Knoten, in dem nur eine Kante endet. Beginnt man in diesem Knoten die Tour, so kann man nicht zu ihm zurückgelangen. Beginnt man in einem anderen Knoten und gelangt zu dem Knoten mit der einen Kante, so kommt man von ihm nicht wieder weg.
Zu diesem Graphen gibt es also keine Eulertour.

(2)

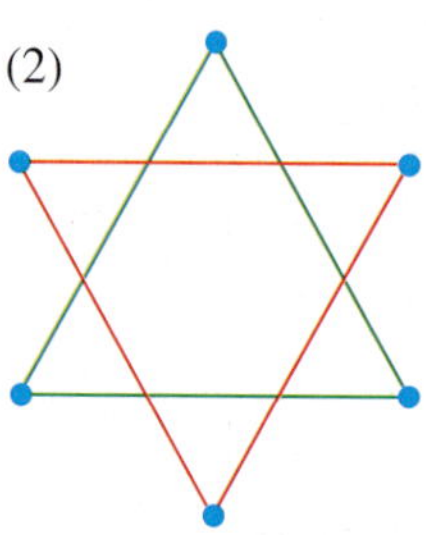

Der Graph besteht aus zwei Teilen, die nicht zusammenhängen. Die Überschneidungspunkte des roten und des blauen Teilgraphen sind keine Knoten. Daher kann man dort nicht von einem Teilgraphen auf den anderen wechseln. Um den ganzen Graphen zu zeichnen, muss man den Stift absetzen.
Zu diesem Graphen gibt es also keine Eulertour.

(3) Zu diesem Graphen gibt es eine Eulertour. zum Beispiel:

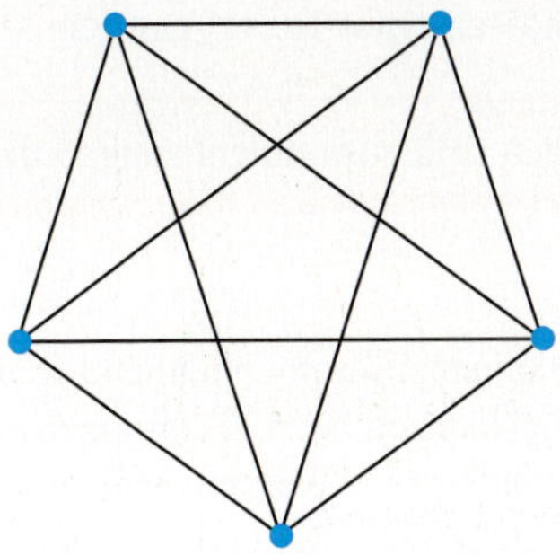

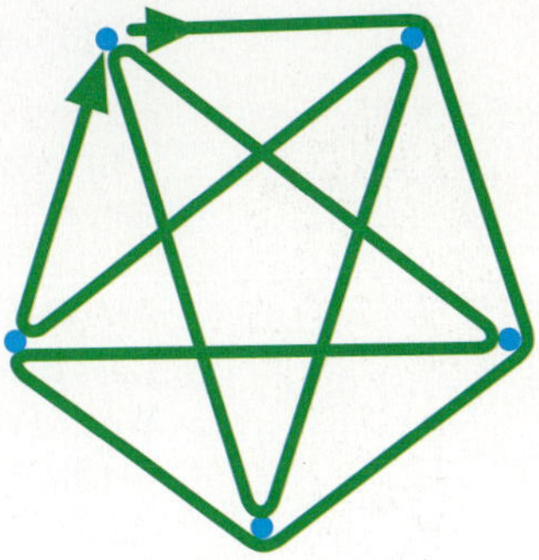

(4) Der Graph hat einen Knoten, in dem drei Kanten enden, und einen anderen Knoten, in dem fünf Kanten enden. Beim Versuch, eine Eulertour zu zeichnen, bemerkt man Folgendes:
Wählt man den Knoten mit drei Kanten als Anfangspunkt, so verlässt man ihn auf einer Kante. Die beiden übrigen Kanten können dann während der Tour verwendet werden, um zu dem Knoten zu gelangen und wieder wegzukommen. Somit kann dieser Knoten nicht der Endpunkt sein.
Entsprechend kann der Knoten mit den fünf Kanten nicht der Anfangspunkt für das Zeichnen einer Tour sein.
Nimmt man den Knoten mit den zwei Kanten als Ausgangspunkt zum Zeichnen, so landet man irgendwann in dem Knoten mit den drei Kanten oder in dem Knoten mit den fünf Kanten und kann nicht wieder weg. Somit kommt man nicht mehr zum Anfangspunkt zurück.
Zu diesem Graphen gibt es also keine Eulertour.

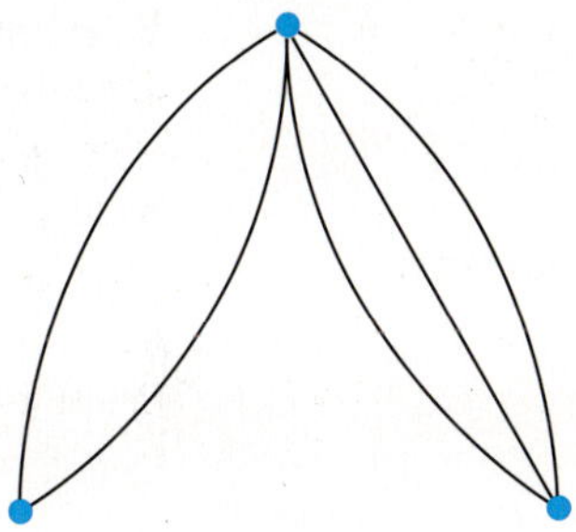

Information

(1) Eulergraph

In Aufgabe 2 haben wir gesehen, dass es nicht zu jedem Graphen eine Eulertour gibt.

Einen Graphen, in dem man eine Eulertour finden kann, nennt man **Eulergraph**.

(2) Grad eines Knotens

Bei der Untersuchung, ob ein Graph ein Eulergraph ist, kann man betrachten, wie viele Kanten in einem Knoten enden.

Die Anzahl der Kanten, die in einem Knoten enden, nennt man den **Grad** des Knotens.

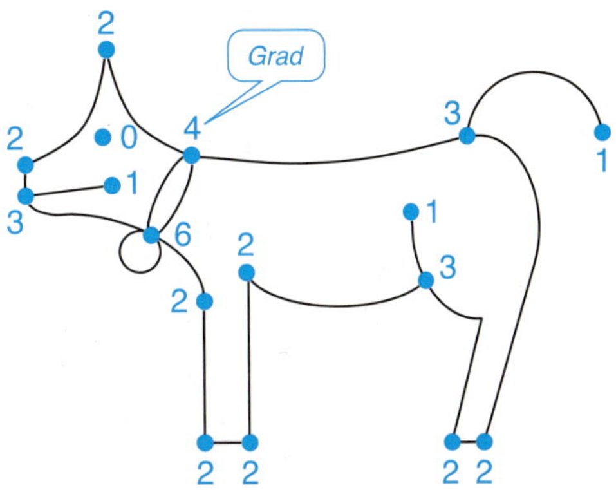

(3) Eigenschaften eines Eulergraphen

Eulergraphen sind zusammenhängend und der Grad eines jeden Knotens ist eine gerade Zahl.

Begründung:
Dass Eulergraphen zusammenhängend sein müssen, ist offensichtlich.
Wenn du beim Nachzeichnen des Graphen auf einen Knoten triffst, so benutzt du dabei zwei Kanten: eine, auf der du ankommst, und eine, auf der du den Knoten verlässt. Der Grad jedes Knotens ist also mindestens 2.

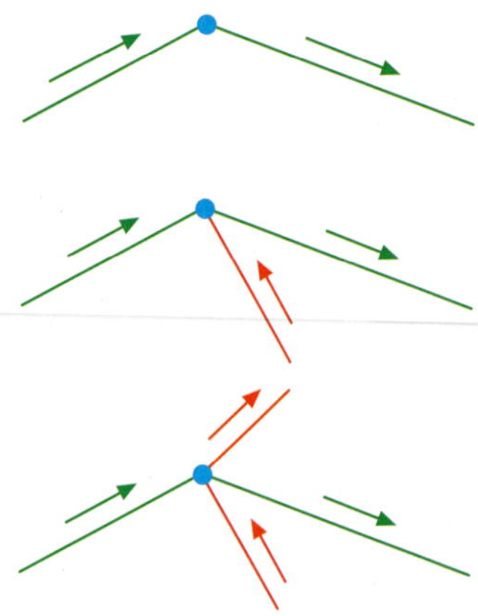

Es kann vorkommen, dass wir einen Knoten erreichen, an dem wir schon einmal waren. Die Eulertour kann dort nicht zu Ende sein, sie geht weiter, und zwar auf einer Kante, auf der wir noch nicht waren.
Der Grad jedes Knotens ist deshalb 2, 4, . . ., also eine gerade Zahl. Das gilt ebenso für den Knoten, in dem die Eulertour angefangen hat, denn dort endet sie auch.

Weiterführende Aufgabe

3. *Darstellen eines Graphen durch eine Tabelle (Matrix)*

Um einen Graphen in einen Computer einzugeben, kann man eine Tabelle (Matrix) erstellen. Die Knoten schreibt man oben und links als Tabellenkopf. In der Tabelle wird zu jeder Kombination von Knoten die Anzahl der Kanten zwischen ihnen angegeben.

Beispiel:

	A	B	C	D	E
A	1	0	2	1	1
B	0	0	1	1	1
C	2	1	0	1	0
D	1	1	1	0	1
E	1	1	0	1	0

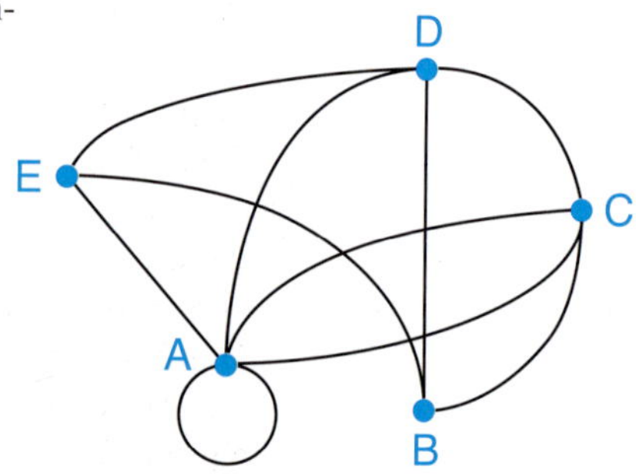

a) Zeichne zu der folgenden Tabelle einen Graphen.

	A	B	C	D	E
A	0	1	1	0	1
B	1	2	1	1	3
C	1	1	0	1	0
D	0	1	1	0	0
E	1	3	0	0	1

b) Erstelle zu dem folgenden Graphen eine Tabelle.

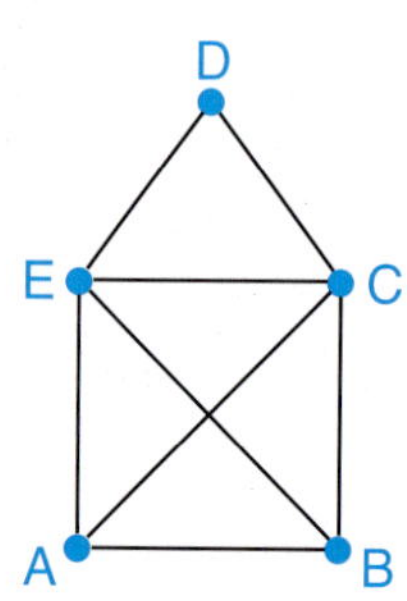

Übungsaufgaben

4. a) Zeichne.
„Das ist das Haus vom Ni-ko-laus". Wahrscheinlich kennst du die Knobelaufgabe. Der Graph soll - ohne abzusetzen - in einem Zug gezeichnet werden, ohne eine Kante doppelt zu zeichnen.

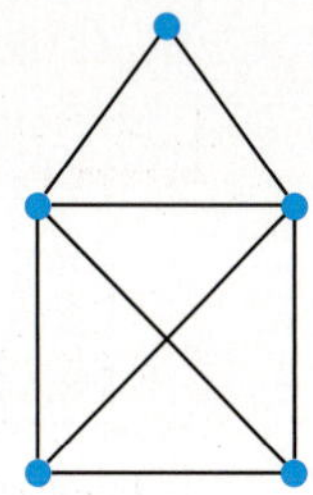

b) Versuche die Häuser rechts auch in einem Zug zu zeichnen.
Was stellst du fest?

(1)
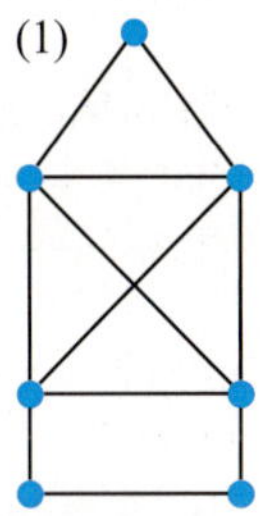

(2)
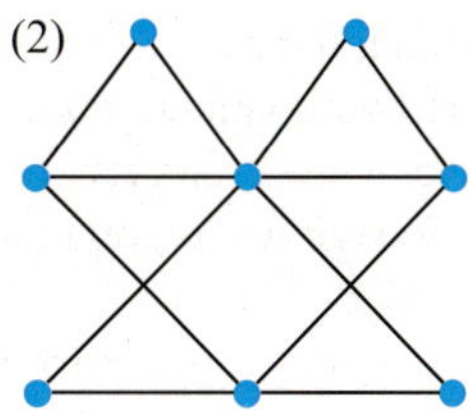

(3)
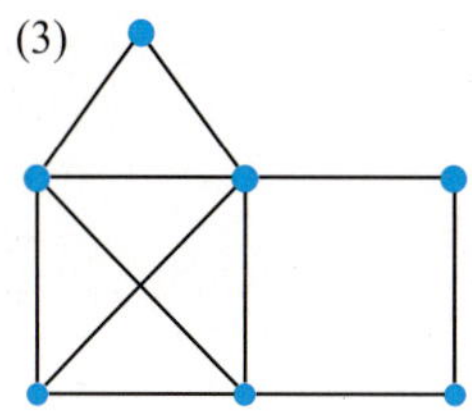

Wiederholung: Graphen

5. Zeichne für das Straßennetz in der Umgebung deiner Schule einen Graphen, der

a) die für Radfahrer günstigen Straßen und Wege enthält;

b) die für Sattelschlepper günstigen Straßen enthält.

6. Begründe, dass die beiden Zeichnungen rechts denselben Graphen darstellen. Du kannst die Aufgabe am besten dadurch lösen, dass du die Graphen abzeichnest und die Knoten des Graphen (2) so benennst, dass zwischen den entsprechenden Knoten der beiden Graphen gleich viele Kanten verlaufen.

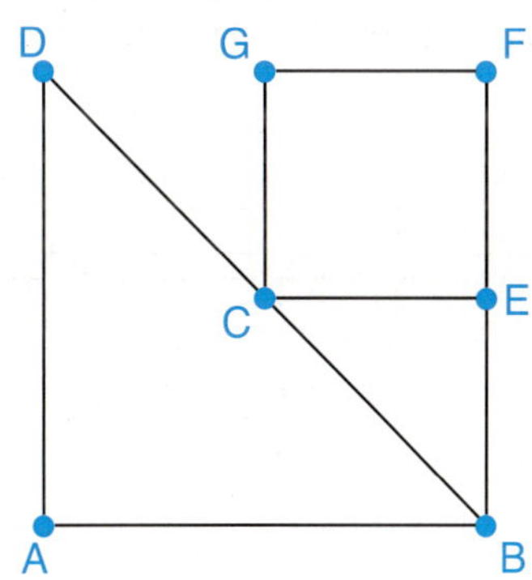

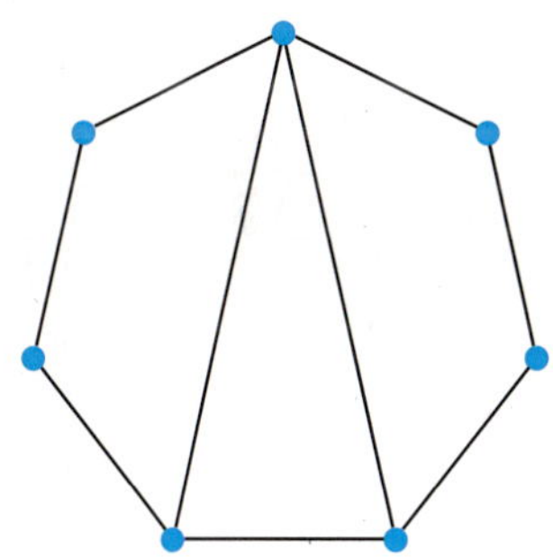

7. Entscheide, welche der folgenden Zeichnungen den gleichen Graphen darstellen.

(1)
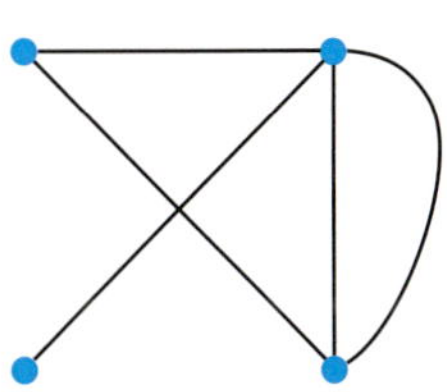

(2)
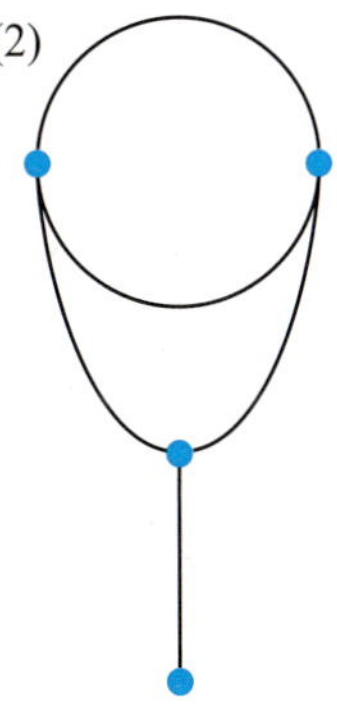

(3)
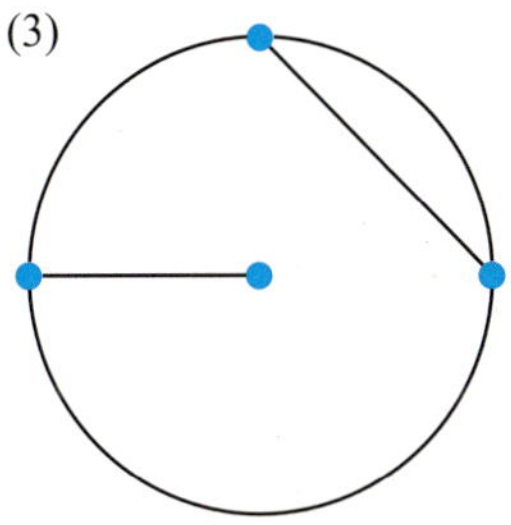

(4)
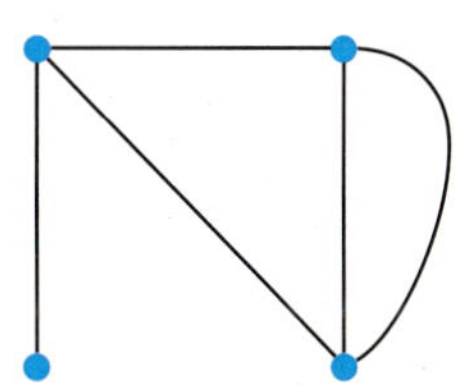

(5)
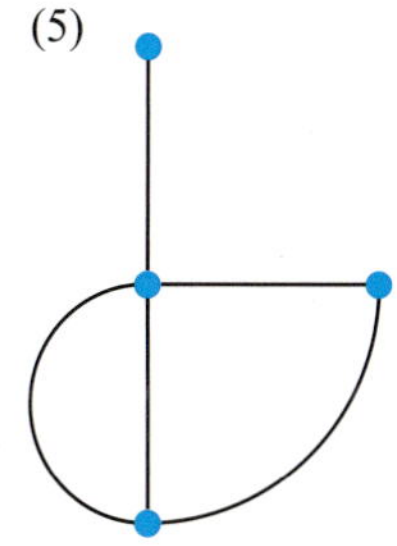

8. Zeichne mehrere verschiedene Graphen mit 6 Knoten und 5 Kanten.

Eulergraphen

9. Auch viele Kantenmodelle geometrischer Körper kann man als Graphen ansehen. Die Ecken betrachten wir als Knoten und die Kanten des Körpers sind die Kanten des Graphen. Zum Beispiel kann man eine vierseitige Pyramide auf verschiedene Weise als Graph zeichnen:

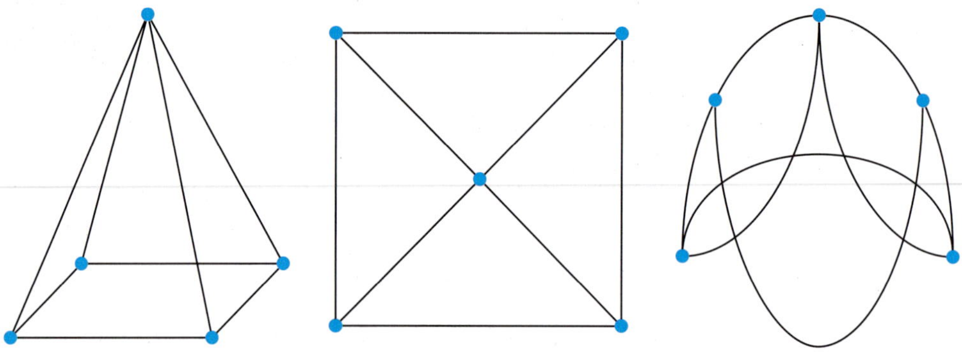

Oktaeder
von acht gleichseitigen Dreiecken begrenzter Körper.

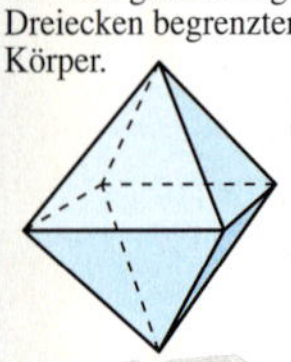

a) Zeichne zu einem Würfel mehrere Graphen, davon auch einen, bei dem sich keine zwei Kanten überkreuzen.

b) Zeichne zu einem Oktaeder mehrere Graphen, davon auch einen, bei dem sich keine zwei Kanten überkreuzen.

c) Warum ist der Graph einer vierseitigen Pyramide (eines Würfels) kein Eulergraph?

d) Der Graph eines Oktaeders ist ein Eulergraph. Zeichne eine Eulertour.

e) Kann man ein Modell einer vierseitigen Pyramide [eines Würfels, eines Oktaeders] aus einem einzigen Stück Draht biegen?

10. **a)** Gib bei den Graphen rechts für jeden Knoten den Grad an.

b) Zeichne einen Graphen, bei dem die Knoten die vorgegebenen Gradzahlen haben.

(1) 1 – 1 – 2 – 2 – 2 – 2
(2) 2 – 2 – 2 – 2
(3) 1 – 1 – 1 – 1 – 4
(4) 3 – 3 – 3 – 3
(5) 1 – 2 – 2 – 2 – 3

(1)

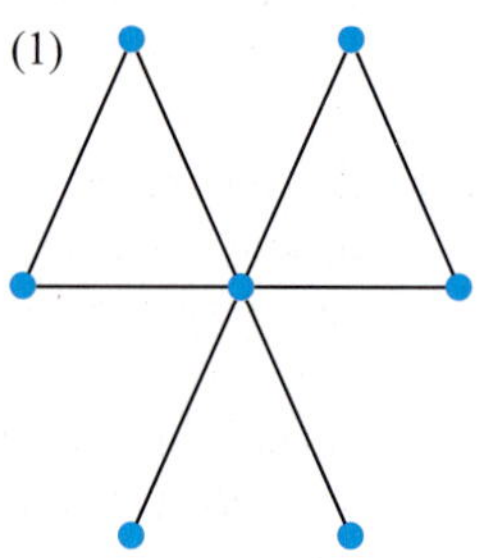

(2)

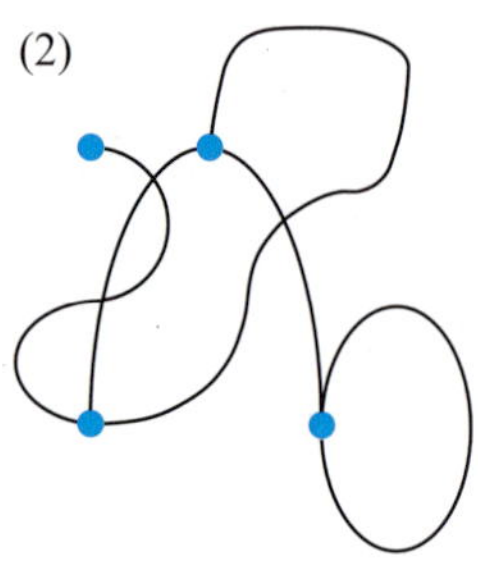

11. Untersuche, ob folgende Graphen Eulergraphen sind. Begründe deine Aussage.

(1)

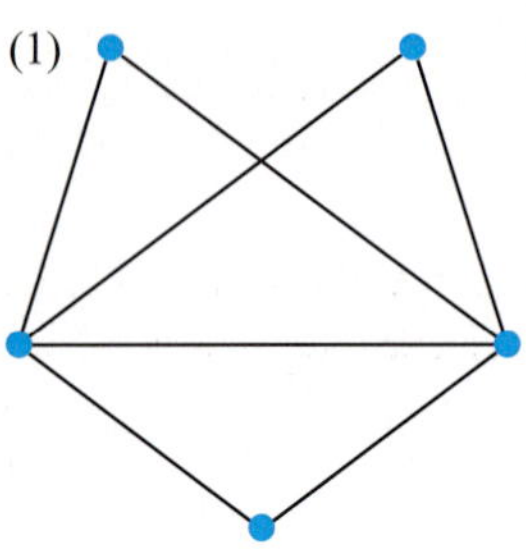

(2)

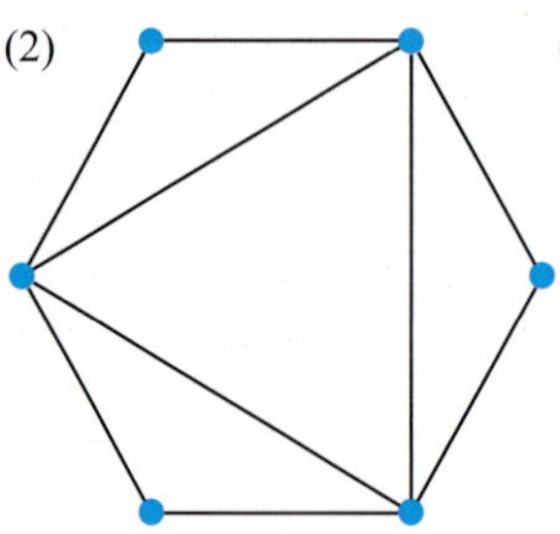

(3)

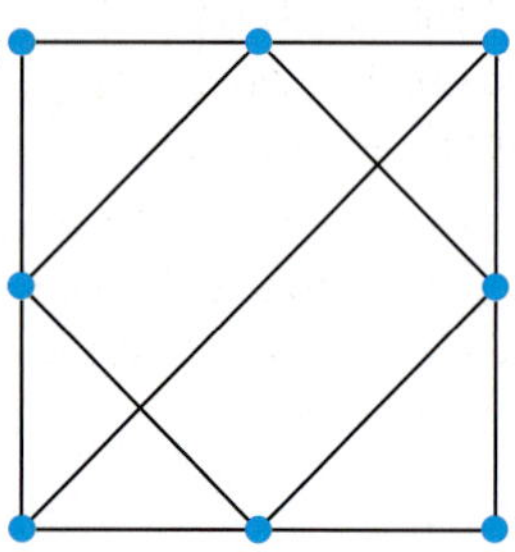

(4)

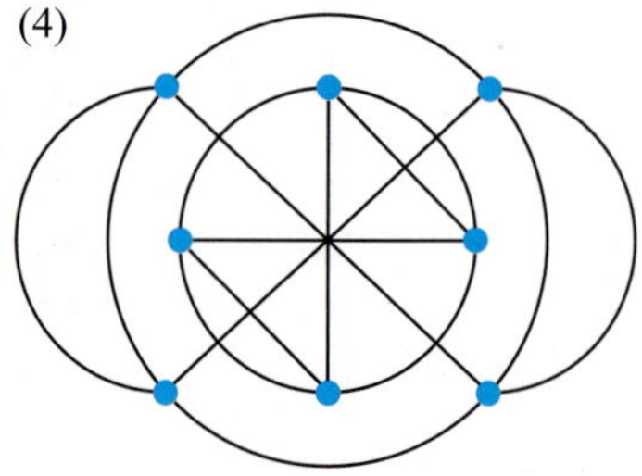

14. In Königsberg (heute Kaliningrad) gibt es einen Fluss, den Pregel, der sich im Stadtgebiet mehrfach teilt. Zur Zeit Leonard Eulers kursierte die folgende Aufgabe:
Kann man einen Spaziergang durch die Stadt machen und dabei über jede Brücke gehen, aber über jede nur einmal? Und nach dem Spaziergang möchte man wieder nach Hause, d.h. zum Ausgangspunkt zurückkehren. Niemand fand eine Lösung, und so wurde der berühmte Mathematiker Leonhard Euler gebeten, einen Vorschlag für einen Spaziergang zu machen.

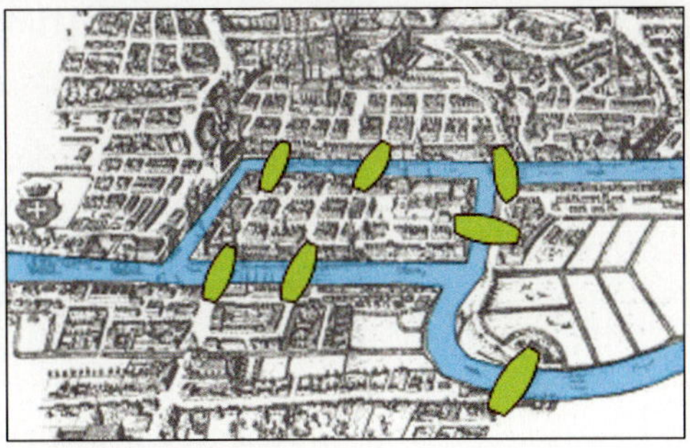

a) Zeichne einen Graphen zu dem Stadtplan von Königsberg, der zu der Aufgabenstellung passt. *Hinweis:* Die Stadtteile und Inseln solltest du als Knoten darstellen.

b) Begründe, warum es in diesem Graphen keine Eulertour gibt.

c) *Partnerarbeit:* Versucht, einige Besonderheiten aus Eulers Leben herauszufinden.

15. Graphen, die keine Schlingen und keine Mehrfachkanten haben, nennt man *einfache Graphen.*

a) Wie viele Kanten kann ein einfacher Graph mit 6 Knoten höchstens haben?

b) Gibt es bei einfachen Graphen eine Obergrenze für die Knotengrade?

c) Lässt sich dein Ergebnis auch auf Graphen, die nicht einfach sind, übertragen?

d) Können in einem einfachen Graphen alle Knoten verschiedene Grade haben?

16. Zeichne mehrere Graphen.

a) Berechne die Summe der Grade der Knoten.

b) Was fällt bei dem Ergebnis von Teil a auf? Versuche eine Begründung zu finden.

c) Zähle die Knoten mit ungeradem Grad. Fällt dir etwas auf? Versuche eine Begründung zu finden.

17. a) Zeichne zu dieser Straßeneinmündung einen so genannten *Konfliktgraphen*, d.h. zeichne einen Graphen, bei dem die Verkehrsströme die Knoten sind und Knoten dann durch eine Kante verbunden werden, wenn es zu Kollisionen kommen kann. Zum Beispiel müssen die Knoten A und C durch eine Kante verbunden sein, zwischen A und F ist keine Kante.

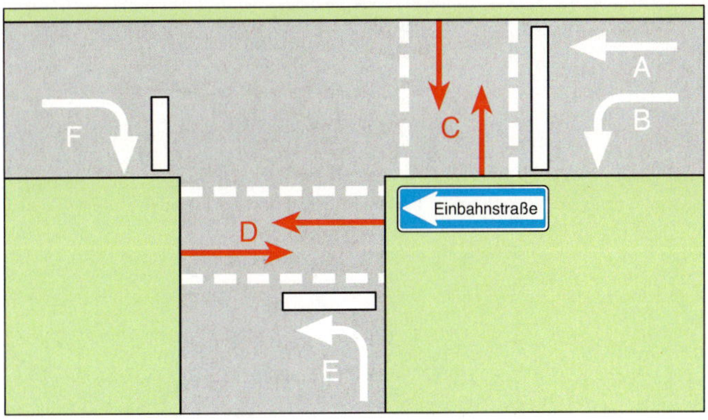

b) Mache einen Vorschlag für eine sichere Ampelschaltung, d.h. gib an, welche Verkehrsströme gleichzeitig grün haben dürfen, wenn Kollisionen absolut ausgeschlossen sein sollen.

6.2 Algorithmus zum Auffinden einer Eulertour

Einführung

Es ist nicht immer leicht, eine Eulertour zu finden. Am Beispiel rechts entwickeln wir ein systematisches Verfahren (einen **Algorithmus**), wie man auch in komplizierten Eulergraphen eine Eulertour finden kann. Wir suchen nicht sofort eine Eulertour des ganzen Graphen, sondern nur Eulertouren für Teile des Graphen, so genannte *Rundtouren*.

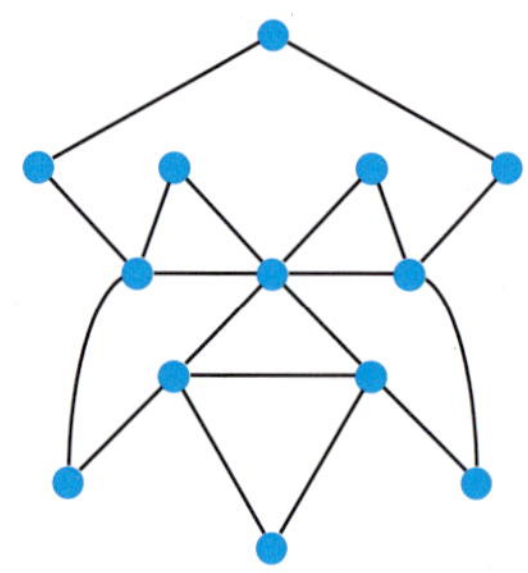

Unter einer **Rundtour** versteht man eine Linie entlang von Kanten, die zum Ausgangsknoten zurückkehrt. Man muss sie zeichnen können ohne abzusetzen und es darf keine Kante doppelt vorkommen. Eine Rundtour darf mehrmals durch denselben Knoten gehen.

Wir gehen nun schrittweise vor, um eine Eulertour zu finden:

1. Schritt:

Zerlege den Graphen in lauter Rundtouren, die zwar Knoten, aber keine Kanten, gemeinsam haben. Zeichne dazu zuerst irgendeine Rundtour in dem Graphen. Zeichne in dem Rest des Graphen eine weitere Rundtour (wenn möglich mit einer anderen Farbe) usw., bis der ganze Graph in lauter Rundtouren zerlegt ist.

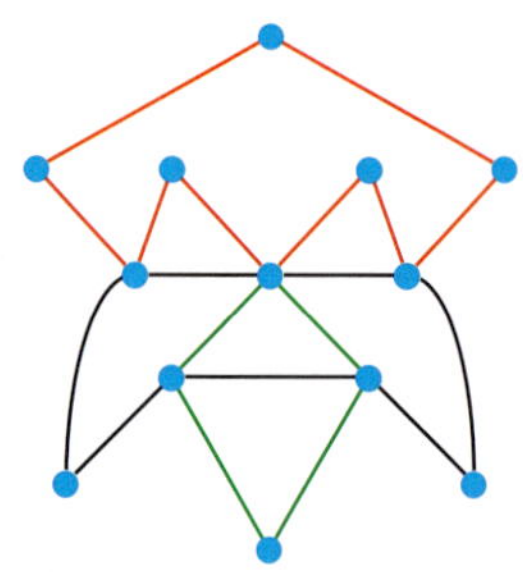

2. Schritt:

- Starte in einem beliebigen Knoten mit einer der Rundtouren aus dem 1. Schritt und zeichne eine Linie entlang dieser Rundtour, bis du auf eine neue Rundtour triffst.
- Wenn immer du auf eine neue Rundtour triffst, wechsle auf diese Rundtour.
- Wenn du auf eine Rundtour triffst, auf der du schon einmal warst, dann bleibe auf der alten Rundtour.
- Wenn das alles nicht möglich ist, wechsle auf die Rundtour, die du als letzte betreten hast.

Natürlich darfst du dabei keine Kante mehr als einmal benutzen.

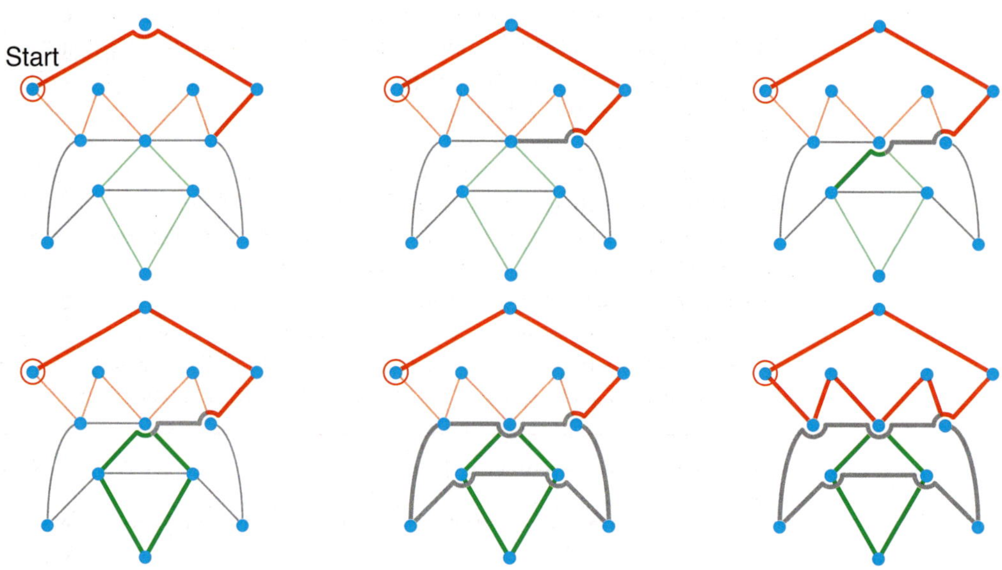

Information

Algorithmus von Hierholzer

Den in der Einführung beschriebenen Algorithmus zum Auffinden einen Eulertour hat Carl Hierholzer entwickelt. Wir begründen nun, dass man mit ihm in jedem zusammenhängenden Graphen, der nur Knoten geraden Grades hat, eine Eulertour finden kann.
Dass der 1. Schritt des Algorithmus, das Zerlegen in lauter Rundtouren, möglich ist, können wir so einsehen:
Du startest in einem beliebigen Knoten und zeichnest ohne abzusetzen eine Linie durch den Graphen. Dabei benutzt du keine Kante mehr als einmal. Auf dieser Tour kommst du automatisch zum Startknoten zurück, denn:

- Wenn du nämlich in einem Knoten ankommst, an dem du noch nicht warst, kannst du deine Tour bestimmt auf einer neuen Kante fortsetzen, denn der Knoten hat einen geraden Grad, also mindestens 2.
- Es kann aber auch passieren, dass du zu einem Knoten kommst, an dem du schon einmal vorüber gekommen bist. Handelt es sich nicht um den Startknoten, dann gehören bereits 2 Kanten, die von diesem Knoten ausgehen, zu deiner Tour. Warst du schon zweimal dort, so sind es 4 Kanten. Und nun kommst du auf einer neuen Kante an. Weil der Grad dieses Knotens gerade ist, muss es eine zweite Kante geben, auf der du diesen Knoten auch wieder verlassen kannst.

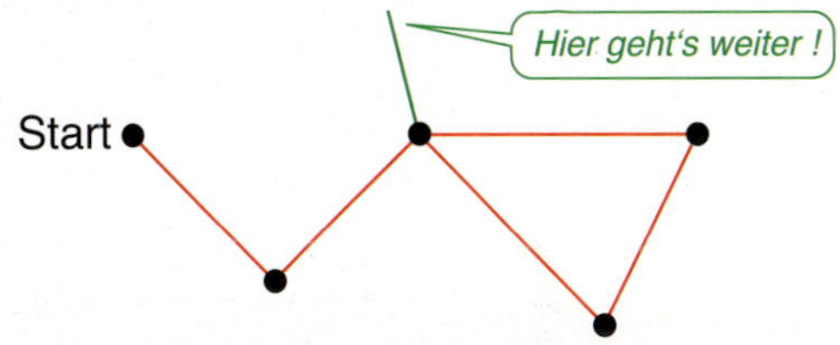

  Handelt es sich um den Startknoten, so kann es sein, dass deine Tour beendet ist und du hast eine Rundtour erhalten. Das muss irgendwann einmal passieren, denn sonst hätte der Graph unendlich viele Kanten. Du erhältst also auf jeden Fall eine Rundtour.

Wenn du noch nicht alle Kanten des Graphen durchwandert hast, gibt es mindestens eine Kante, die nicht zu deiner bisherigen Rundtour gehört, aber an diese angrenzt. (Wenn keine von den noch nicht besuchten Kanten an die schon vorhandene Rundtour angrenzen würde, wäre der Graph nicht zusammenhängend.) Diese Kante, die noch nicht zur Rundtour gehört, ist der Anfang einer neuen Tour. Auch wenn die neue Tour ein zweites Mal auf die vorige Tour trifft, wissen wir sicher, dass es eine Kante gibt, auf der die neue Tour weitergeht, weil in diesem Knoten eine gerade Zahl von Kanten endet. Die Tour endet dann schließlich in ihrem Startknoten und du hast eine zweite Rundtour erhalten. Sind immer noch Kanten übrig, geht es wieder so wie beim Auffinden der zweiten Rundtour usw., bis schließlich alle Kanten zu einer Rundtour gehören.

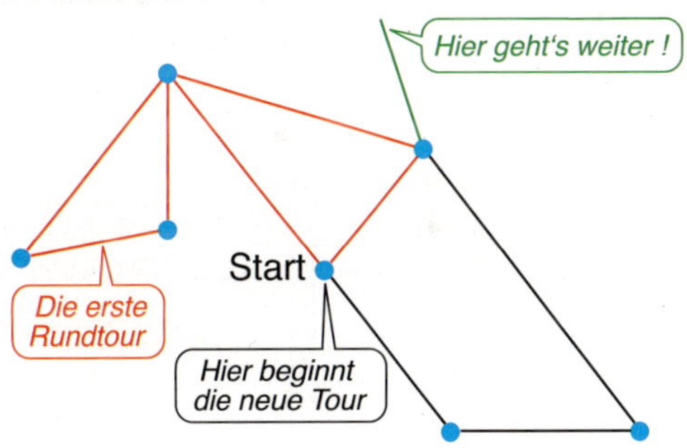

Der 1. Schritt ist also stets möglich.
Im 2. Schritt des Algorithmus fügst du die einzelnen Rundtouren zu einer einzigen zusammen. Auch das ist stets möglich, denn du betrittst nach und nach alle Rundtouren, vollendest die letzte Rundtour und rückwärts auch die anderen, sofern du sie nicht schon vorher zu Ende gezeichnet hast.

> Jeder zusammenhängende Graph, in dem alle Knoten einen geraden Grad haben, ist ein Eulergraph.

Übungsaufgaben

2. Zerlege den Graphen von Aufgabe 1 auf eine andere Art in Rundtouren und wende dann darauf den 2. Schritt des Algorithmus von Hierholzer an.

3. **a)** Warum sind die folgenden Graphen Eulergraphen?

b) Finde mit dem Algorithmus von Hierholzer eine Eulertour.

(1)

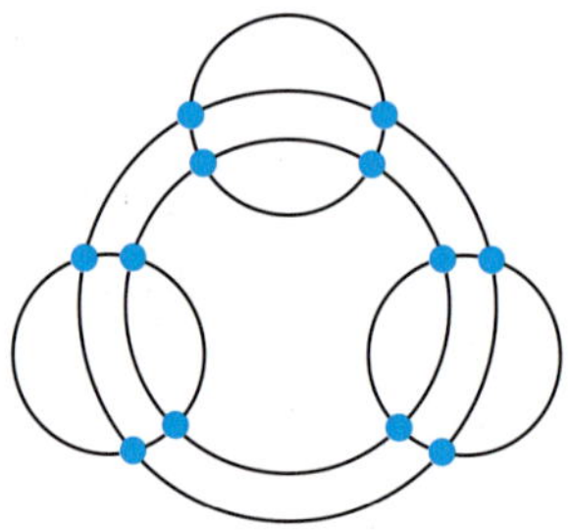

(2)

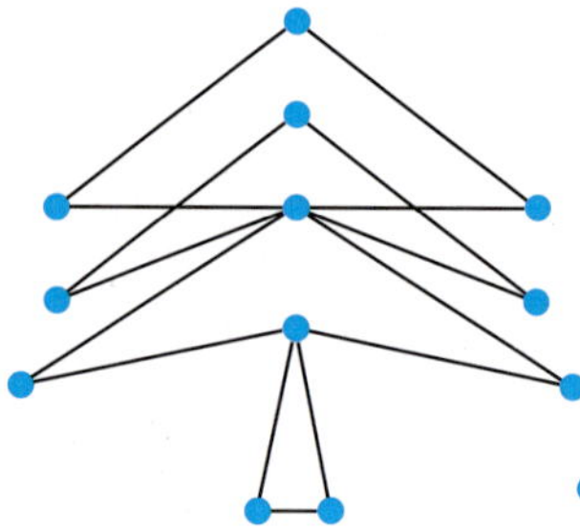

(3)

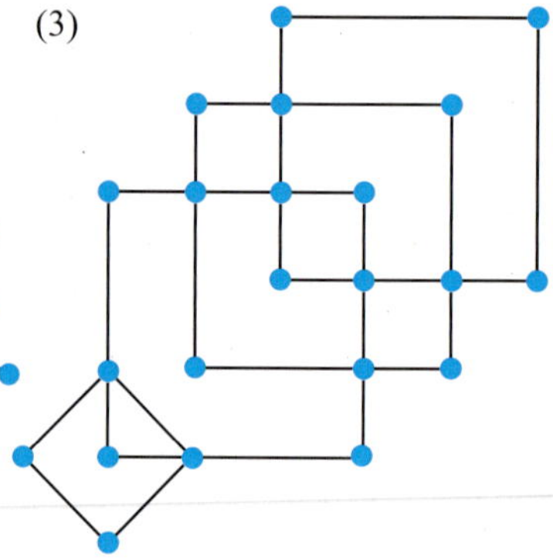

4. Die Figuren kann man mit einem Stift nachzeichnen, ohne ihn abzusetzen.

a) Finde eine Möglichkeit.

b) Zeichne noch weitere Beispiele für Figuren, die man in einem Zug zeichnen kann.

(1)

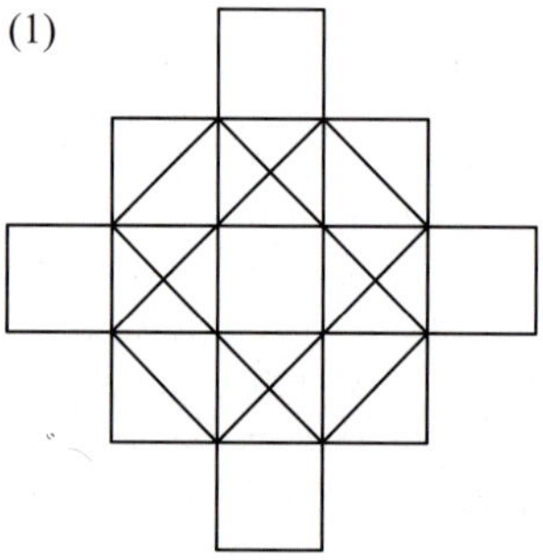

(2)

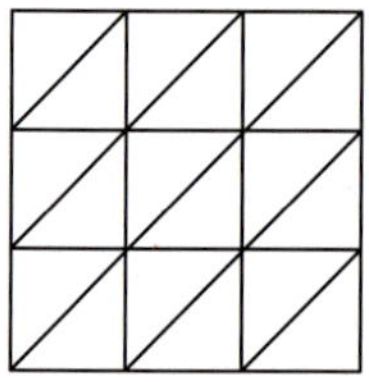

5. In der Zeichnung siehst du den Grundriss einer Ausstellung. Die Exponate sind farbig dargestellt. Du willst deinen Freunden die ganze Ausstellung zeigen. Versuche, einen Vorschlag für einen Rundgang zu machen, bei dem ihr an jedem Exponat genau einmal vorbei kommt.

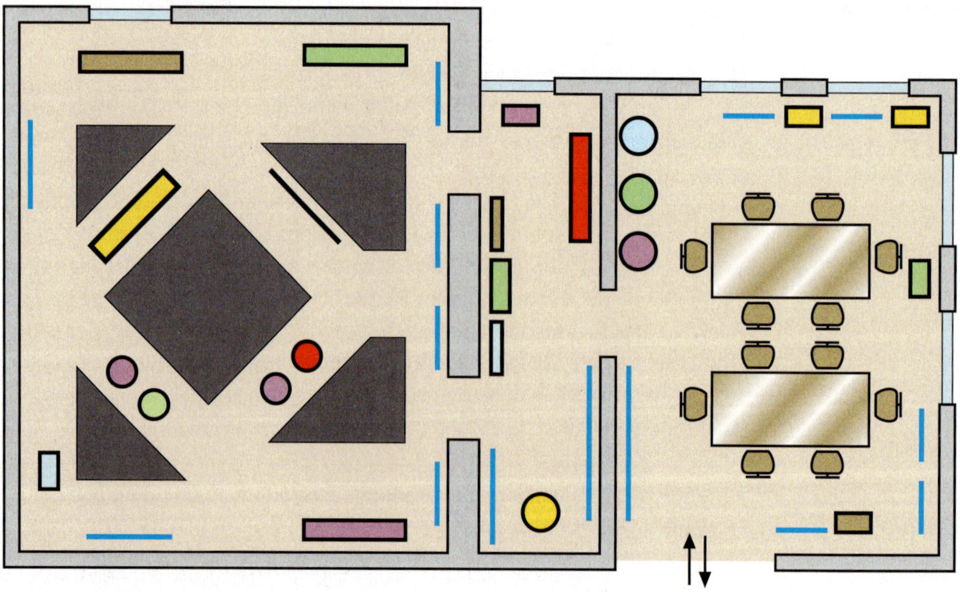

6.3 Kürzeste Wege

Information

Frau Lösche möchte mit dem Auto von Berlin nach Bremen fahren. Eine Autobahnfahrt ist über Hamburg oder Hannover möglich. Für eine Entscheidung zwischen diesen beiden Alternativen spielt die Länge der Fahrstrecke eine Rolle.
Wir können das Autobahnnetz als Graphen ansehen, bei dem den Kanten Zahlen, nämlich die Maßzahlen der Streckenlängen in km, zugeordnet sind.

Die Bewertungen können Maßzahlen von Größen sein.

Einen Graphen, bei dem jeder Kante eine Zahl zugeordnet ist, nennt man einen **bewerteten Graphen**. Die Zahlen bezeichnet man als **Bewertung**.

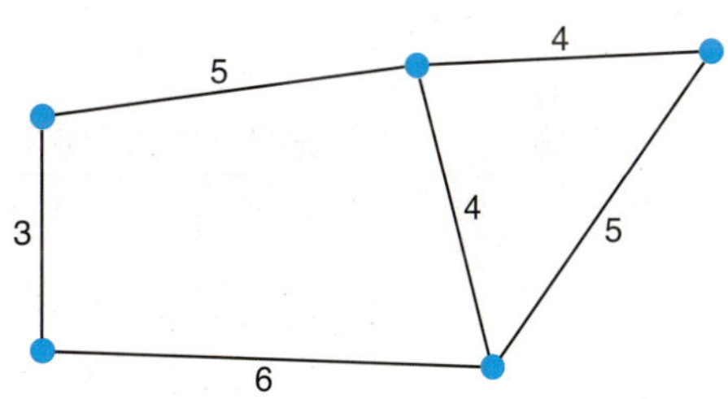

Als Bewertung sind auch andere Größenangaben möglich.
Da auf den Autobahnstrecken verschiedene Geschwindigkeiten möglich sind, könnte man den Kanten statt der Längen die durchschnittlichen Fahrzeiten als Bewertung zuordnen. In diesem Fall wäre statt des kürzesten Weges die kürzeste Fahrzeit gesucht.

Einführung

Bei einem großen Graphen gibt es so viele Fahrwege zwischen Start und Ziel, dass selbst ein Computer mit bloßem Probieren in den meisten Fällen zu lange braucht, um einen kürzesten Weg zu finden.
Wir entwickeln daher anhand des Graphen rechts ein systematisches Verfahren, den *Algorithmus von Dijkstra*.

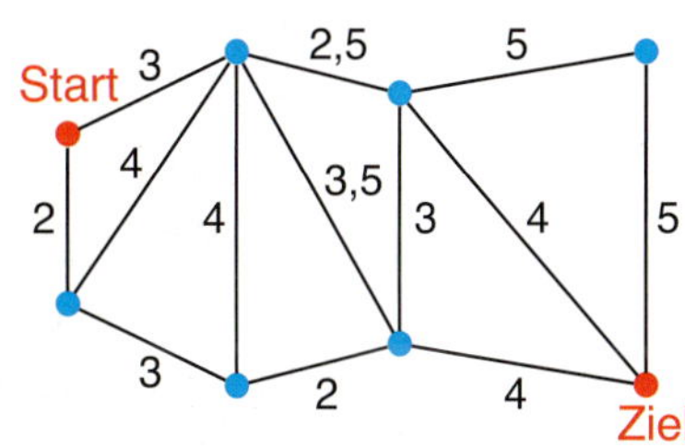

Dijkstra
dɛɪk'stra

1. Schritt:
Wir markieren den Startknoten mit 0 und vergleichen alle Entfernungen zu seinen Nachbarknoten: 3 und 2. Die kürzere Entfernung ist 2, und diese Zahl tragen wir bei dem entsprechenden Knoten ein und kennzeichnen die Kante zu ihm.

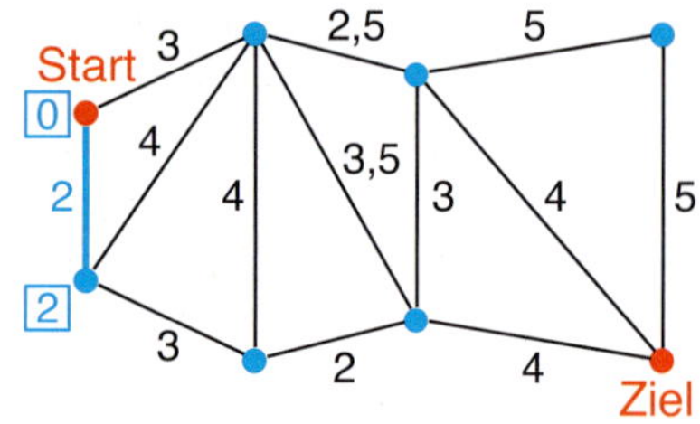

2. Schritt:
Wir suchen die noch nicht markierten Nachbarn der beiden Knoten, die bereits eine Markierung haben, hier 0 und 2, und addieren zu den bereits notierten Markierungen die Längen der Kanten. Wir wählen den Knoten mit der kleinsten Summe. Die kürzeste Entfernung vom Startknoten notieren wir und kennzeichnen die Kante zu ihm.

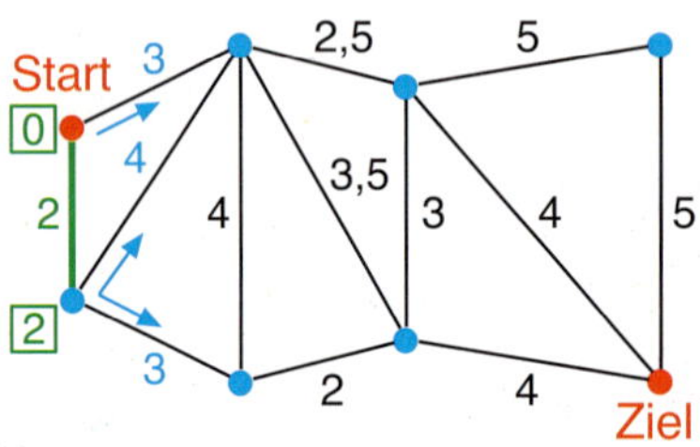

0 + 3 = 3
2 + 4 = 6
2 + 3 = 5
Kleinste Summe: 3

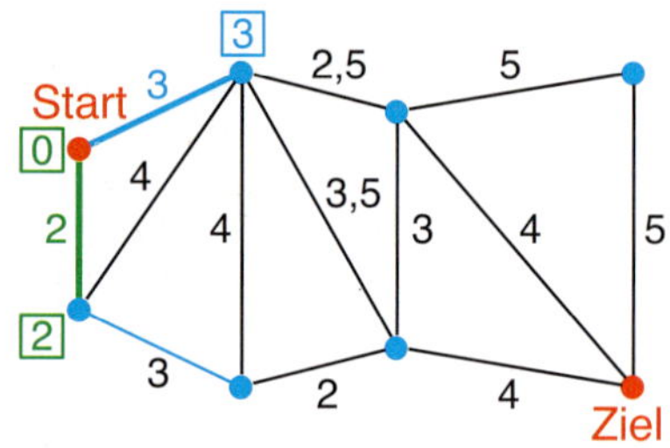

3. Schritt:
Alle Nachbarknoten der 0 sind bereits markiert. Wir suchen nun die noch nicht markierten Nachbarn der anderen Knoten, die bereits eine Markierung haben, und berechnen ihre Entfernungen vom Startknoten. Wir wählen den Knoten mit der kleinsten Summe. Die kürzeste Entfernung vom Startknoten notieren wir und kennzeichnen die Kante zu ihm.

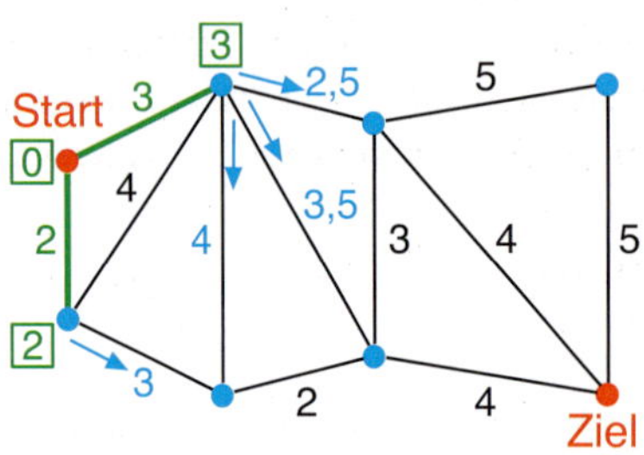

2 + 3 = 5
3 + 2,5 = 5,5
3 + 3,5 = 6,5
3 + 4 = 7
Kleinste Summe: 5

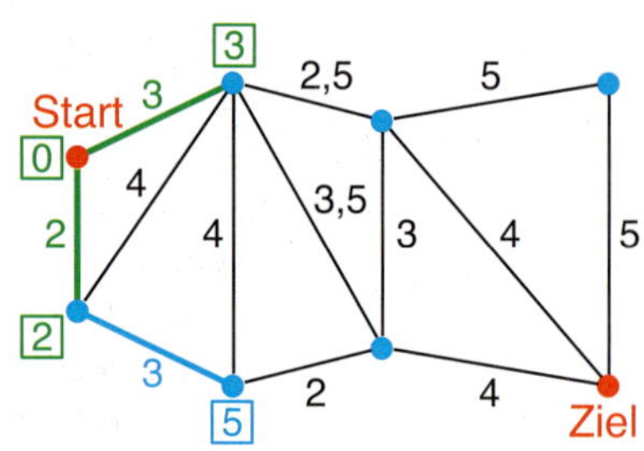

4. Schritt:
Wir untersuchen entsprechend die Nachbarn der 3 und der 5. Die kürzeste Entfernung vom Startknoten notieren wir und kennzeichen die Kante zu ihm.

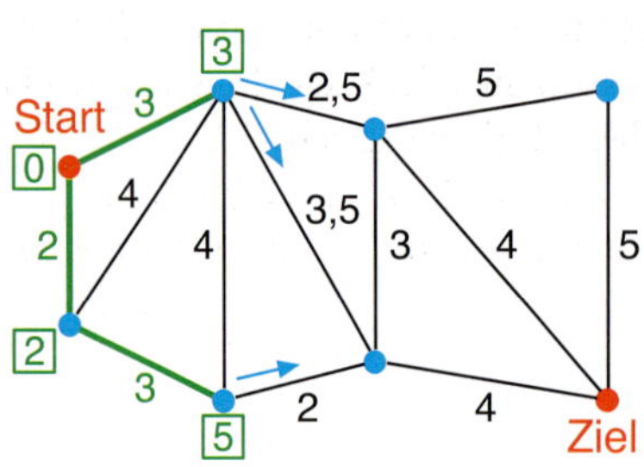

3 + 2,5 = 5,5
3 + 3,5 = 6,5
5 + 2 = 7
Kleinste Summe: 5,5

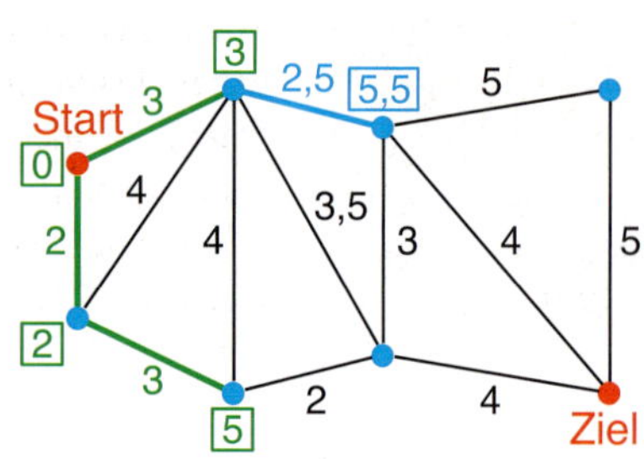

5. Schritt:
Wir untersuchen entsprechend die Nachbarn der 3 und der 5 und der 5,5.

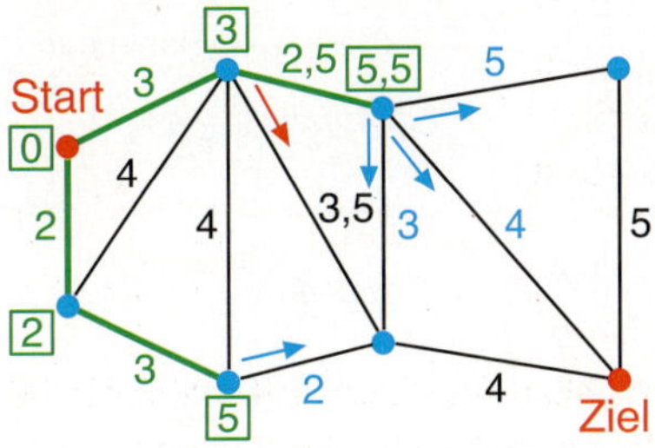

5,5 + 5 = 10,5
5,5 + 4 = 9,5
5,5 + 3 = 8,5
3 + 3,5 = 6,5
5 + 2 = 7
Kleinste Summe: 6,5

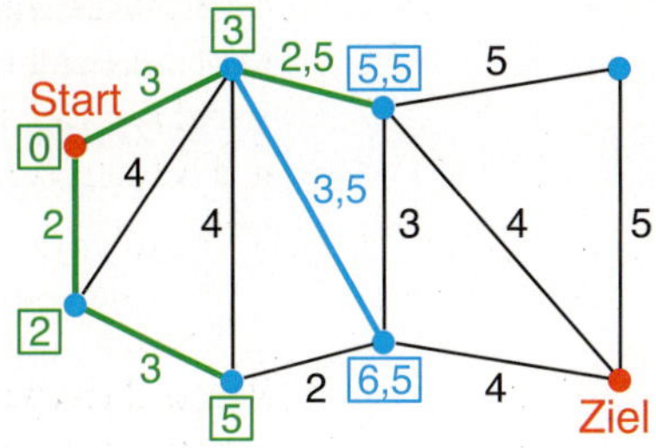

6. Schritt:
Wir untersuchen entsprechend die Nachbarn der 5,5 und der 6,5.

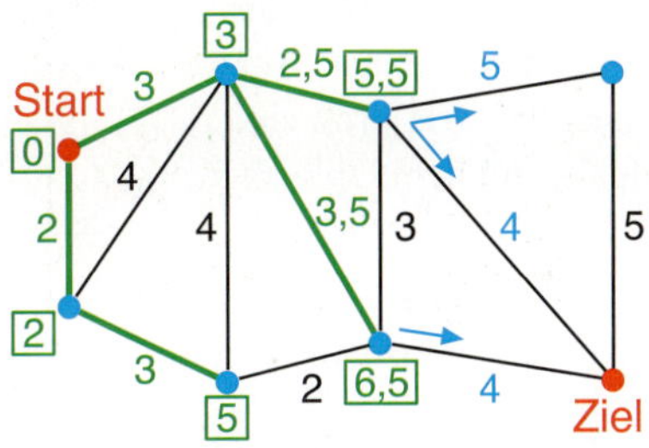

5,5 + 5 = 10,5
5,5 + 4 = 9,5
6,5 + 4 = 10,5
Kleinste Summe: 9,5

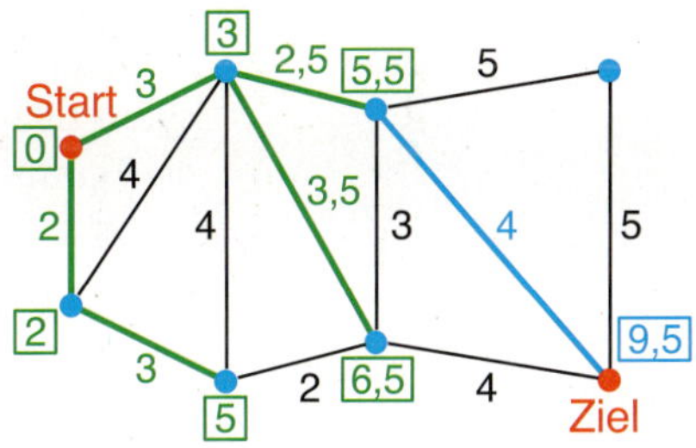

Ergebnis: Ein kürzester Weg zwischen Start und Ziel hat die Länge 9,5.

Information

Dijkstra-Algorithmus

Schreibe an den Startknoten eine 0. Suche dann zu allen Knoten, für die du die kürzeste Entfernung vom Startknoten bereits bestimmt hast, die Kanten, die zu den noch nicht markierten Nachbarknoten führen. Addiere für jede dieser Kanten zu der Entfernung vom Startknoten, die bereits bekannt ist, ihre Länge.

Suche die kleinste Summe; in Bild rechts wurde sie mit x bezeichnet. Schreibe sie neben den entsprechenden Knoten und markiere die neue Kante. Bestimme deren Länge y. Schreibe dann an den Endknoten dieser Kante die Summe x+y.

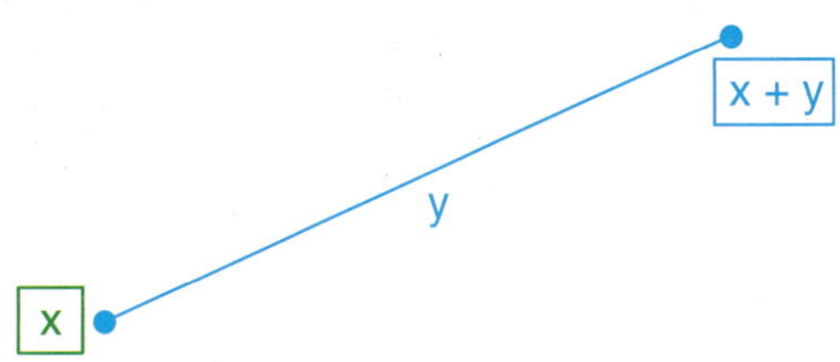

Setze das Verfahren fort, bis du die kürzeste Entfernung des Zielknotens vom Startknoten und somit einen kürzesten Weg gefunden hast.

Manchmal kommt es vor, dass zwei oder mehr Knoten die gleiche Entfernung vom Startknoten haben. Dann ist es egal, welche Kante du auswählst. Es kann also mehrere kürzeste Wege geben. Es kann auch mehrere Knoten mit der gleichen Markierung geben.

Auch an den anderen Knoten gibt die Markierung die kürzeste Entfernung vom Startknoten an.

Wir verzichten auf einen Beweis, dass man mit dem Dijkstra-Algorithmus einen kürzesten Weg zwischen Start- und Zielknoten erhält.

Edsger W. Dijkstra
* 1930 – † 2002

Übungsaufgaben

2. **a)** Zeichne diese Landkarte in vereinfachter Form als bewerteten Graph in dein Heft.

b) Zeichne die kürzesten Wege von Griebelow zu allen Orten, die in dieser Landkarte eingezeichnet sind, ein. Verwende dabei den Algorithmus von Dijkstra.

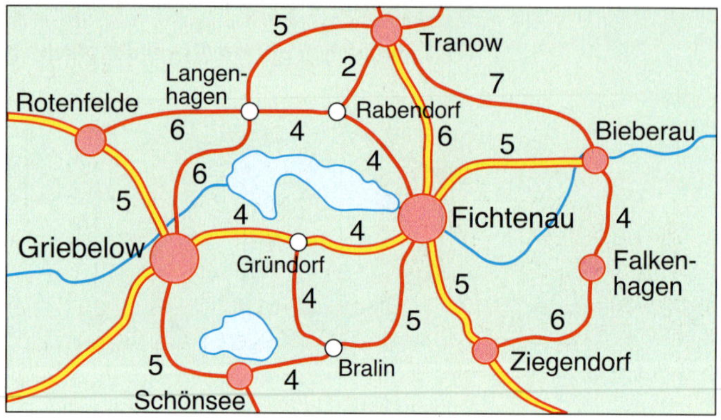

3. **a)** Das Bild zeigt Flugstrecken als bewerteten Graphen; die Zahlen stellen die Transportkosten für ein Paket dar. Welches ist ein billigster Weg von A nach G? Wie groß sind die Transportkosten? Löse die Aufgabe mit dem Dijkstra-Algorithmus.

b) In der Aufgabe steht „ein billigster Weg“ und nicht „der billigste Weg“. Warum ist die Unterscheidung notwendig?

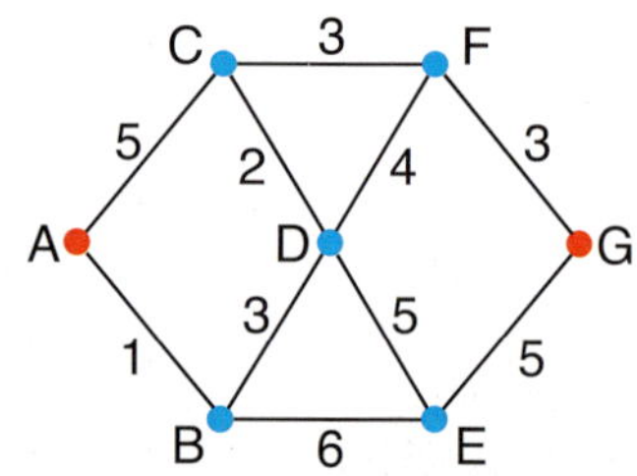

4. *Partnerarbeit:* Du willst mit Freunden einen Rundgang durch den Zoo machen und ihnen interessante Tiere zeigen. Du willst möglichst wenige Wege zweimal gehen und zum Schluss zum Ausgangspunkt zurückkehren.

a) Lege gemeinsam mit deinem Nachbarn die Wege fest, die ihr entlang gehen wollt.

b) Zeichne zu diesen Wegen einen Graphen.

c) Mache einen Vorschlag für einen Rundgang.

d) Vergleiche deinen Vorschlag mit dem deines Nachbarn.

5. Die Zeichnung zeigt das Zustellgebiet eines Briefzustellers mit Angaben der Längen der einzelnen Straßenabschnitte. Er soll die Straßen versorgen und wieder zur Postfiliale zurückkehren. Dabei möchte er einen möglichst kurzen Weg zurücklegen. Mach ihm einen Vorschlag.

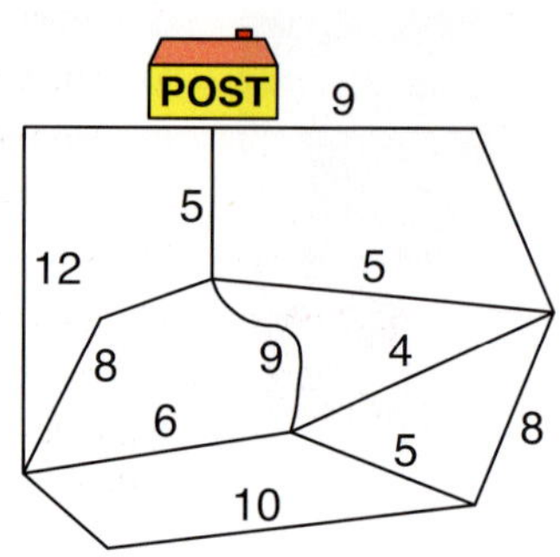

6. Zeichne einen Graphen, der 6 Knoten mit ungeradem Grad hat. Er soll Modell für ein Gebiet sein, in dem ein Müllfahrzeug Müll abholen soll. Welches Problem ergibt sich, wenn eine optimale Tour gefunden werden soll?
Beschreibe einen Lösungsweg.

7. ÄNDERUNGSVERHALTEN VON FUNKTIONEN

Während der Tour de France werden täglich die Höhenprofile der einzelnen Etappen in den Sportteilen der Zeitungen veröffentlicht.
Aus diesen Höhenprofilen kann man u.a. entnehmen, welche *Steigungen* die Radsportler zu bewältigen haben. So kann man Etappen oder Teile von Etappen miteinander vergleichen.
Die folgende Grafik zeigt das Höhenprofil der 17. Etappe vom 23. Juli 2008.

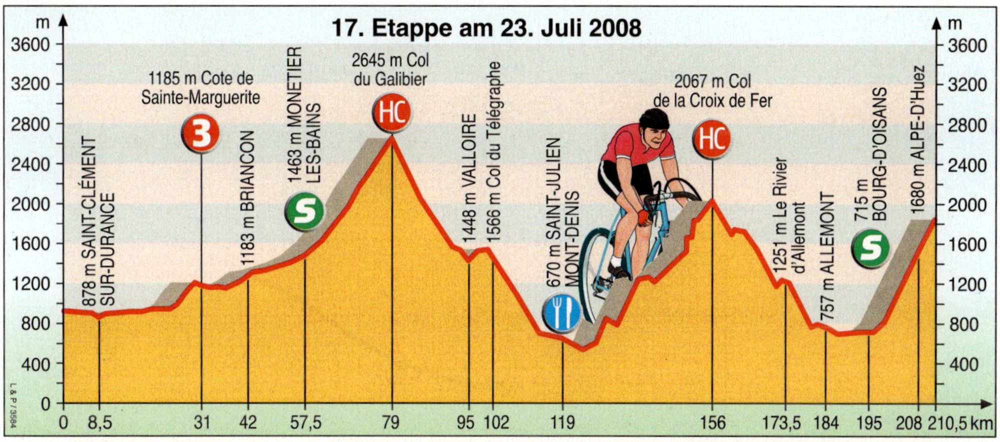

- Beschreibe das abgebildete Höhenprofil mit Worten.
  In welchen Abschnitten liegen die größten Steigungen?
  In welchen Teilen werden die Fahrer vermutlich eine hohe Geschwindigkeit erreichen?
- Das Höhenprofil vermittelt einen übertriebenen Eindruck von den Steigungen der Etappe. Woran liegt das?

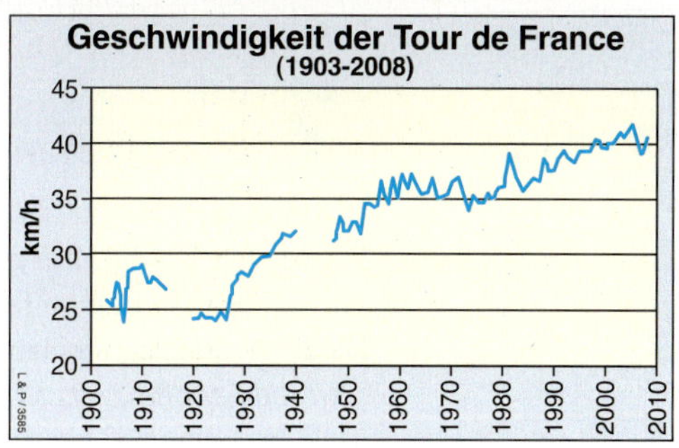

- Schätze für einige Teilstrecken dieser Etappe die Steigung, die die Fahrer überwinden müssen.
- Die Geschwindigkeit, mit der die Tour de France gefahren wird, hat sich in den letzten Jahrzehnten sehr geändert. In welchem Zeitraum erfolgte der stärkste Leistungsanstieg?

Du weißt schon, was man unter der Steigung einer Geraden versteht und wie man die Steigung einer Geraden bestimmt.
In diesem Kapitel werden wir erarbeiten, was man unter der Steigung eines gekrümmten Graphen versteht und wie man diese bestimmen kann. Mit diesen Kenntnissen lässt sich das Änderungsverhalten von Funktionen gut beschreiben.

7.1 Änderungsrate und Sekantensteigung

Aufgabe 1

Änderungsrate aus diskreten Daten

Bei einer Überschwemmung eines Flusses wurden folgende Wasserstände im Radio gemeldet.

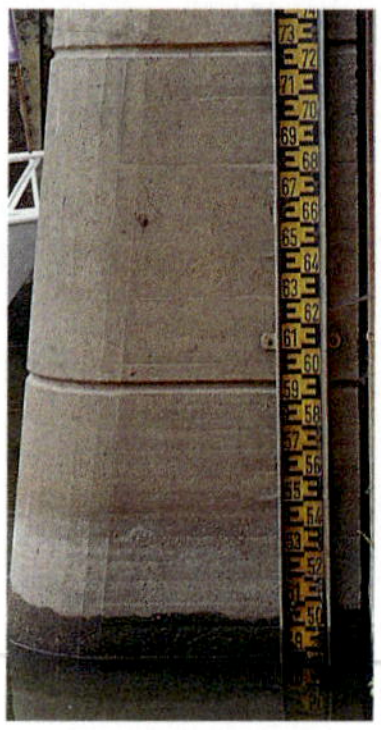

Uhrzeit	6 Uhr	8 Uhr	9 Uhr	12 Uhr	16 Uhr
Wasserstand	2,0 m	2,2 m	2,4 m	3,3 m	4,1 m

Skizziere den Graphen der Funktion *Uhrzeit* ⟶ *Wasserstand*. Bestimme, wann der Wasserstand am schnellsten angestiegen ist.

Lösung

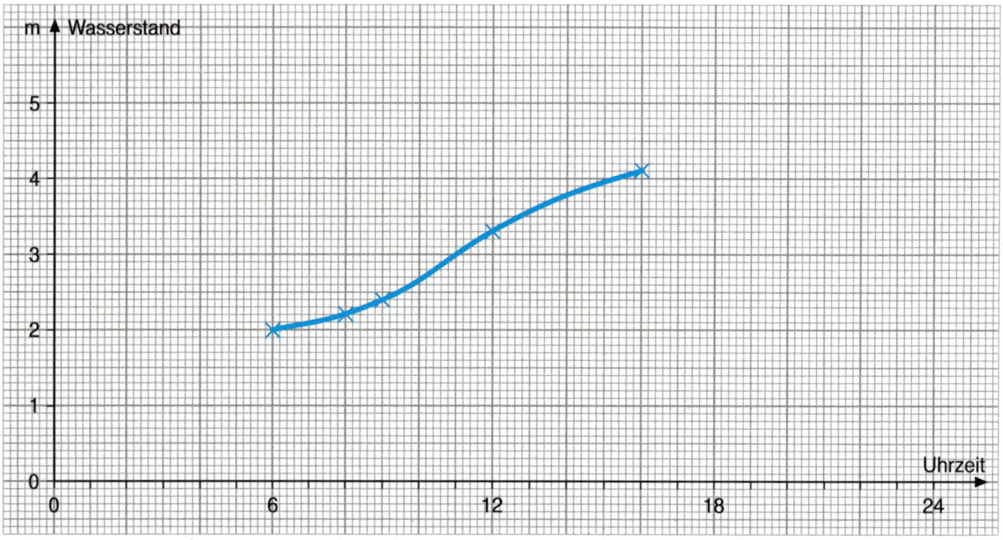

Die einzelnen Punkte wurden verbunden, da es auch für die Zeitpunkte zwischen den Messungen Wasserstände gibt; ihre genaue Höhe ist aber nicht bekannt. Am Graphen erkennt man, dass der Wasserstand zu Beginn langsam anstieg, dann schneller und zum Schluss wieder etwas langsamer. Da die Abstände zwischen den Zeitpunkten unterschiedlich groß sind, kann man nicht nur die Wasserstandsänderungen zwischen diesen Zeitpukten miteinander vergleichen, sondern muss die Länge der Zeitspanne berücksichtigen. Wir stellen dies in einer Tabelle zusammen.

	6 bis 8 Uhr	8 bis 9 Uhr	9 bis 12 Uhr	12 bis 16 Uhr
Zeitspanne	2 h	1 h	3 h	4 h
Wasserstandsänderung	0,2 m	0,2 m	0,9 m	0,8 m
Wasserstandsänderung pro Stunde	$\frac{0{,}2\text{ m}}{2\text{ h}} = 0{,}1\ \frac{\text{m}}{\text{h}}$	$\frac{0{,}2\text{ m}}{1\text{ h}} = 0{,}2\ \frac{\text{m}}{\text{h}}$	$\frac{0{,}9\text{ m}}{3\text{ h}} = 0{,}3\ \frac{\text{m}}{\text{h}}$	$\frac{0{,}8\text{ m}}{4\text{ h}} = 0{,}2\ \frac{\text{m}}{\text{h}}$

Zum Vergleich der Werte wurden in der letzten Zeile der Tabelle die Wasserstandsänderungen pro Stunde berechnet.

Ergebnis: Von 9 Uhr bis 12 Uhr stieg der Wasserstand am schnellsten; genauer kann man den Zeitpunkt aus den vorliegenden Daten nicht bestimmen.

Aufgabe 2 *Änderungsrate bei linearen Funktionen*

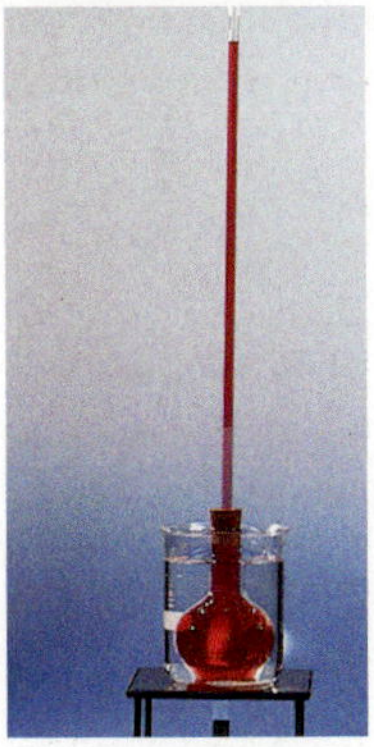

Sabrina und Lennart experimentieren mit einem Flüssigkeitsthermometer, das noch keine Messskala aufweist. Zum Erstellen einer Messskala halten sie das Thermometer zunächst in Eiswasser der Temperatur 0 °C und markieren die Höhe der Flüssigkeit im Kapillarrohr als Nullpunkt.
Halten sie das Thermometer in schmelzendes Glycerin (18 °C), so steigt der Flüssigkeitsstand um 4,5 cm über den Nullpunkt an. Halten sie es in kochendes Wasser der Temperatur 100 °C, so steigt es sogar um 25 cm über den Nullpunkt an. Halten sie das Thermometer in schmelzendes Rizinusöl (– 12 °C), so fällt der Flüssigkeitsstand um 3 cm unter den Nullpunkt.

> **LEXIKON F**
>
> **Flüssigkeitsthermometer** bestehen aus einem kleinen **Glas**-Kolben zur Aufnahme der Thermometerflüssigkeit mit angeschmolzener kalibrierter Glaskapillare und einer Anzeige (Skala). Proportional zur Temperaturänderung ändert sich das Volumen der **Flüssigkeit**, wodurch der Stand in der **Kapillare** steigt beziehungsweise sinkt. Anhand des Standes und der Skalenmarkierung lässt sich die Temperatur ablesen. Je nach Messbereich verwendet man verschiedene Flüssigkeiten, z. B. **Alkohol** (–120° C bis 60° C), **Toluol** (–90° C bis 110° C) oder **Pentan** (–200° C) bis 35° C) und früher sehr häufig auch **Quecksilber** (–35° C bis 357° C), das heute aber fast nur noch im wissenschaftlichen Bereich anzutreffen ist.

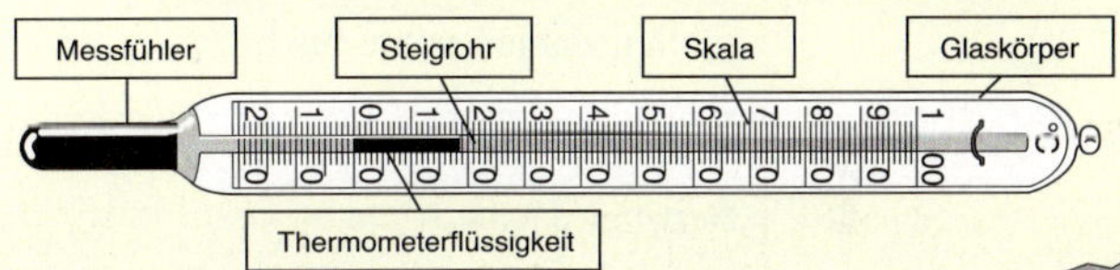

Zeichne den Graphen der Funktion *Temperatur → Flüssigkeitsstand.*
Vergleiche dann folgende Temperaturänderungen mit den zugehörigen Flüssigkeitsstandsänderungen:

(1) Erwärmung von 0 °C auf 18 °C
(2) Erwärmung von 18 °C auf 100 °C
(3) Abkühlung von 0 °C auf – 12 °C

Welche Folgerung kannst du daraus für die Einteilung der Messskala ziehen?

Lösung

Die Messpunkte liegen auf einer Geraden durch den Ursprung des Koordinatensystems.
Wir zeichnen die Temperaturänderungen und Flüssigkeitsstandsänderungen in den Graphen ein und stellen die Ergebnisse in einer Tabelle übersichtlich zusammen:

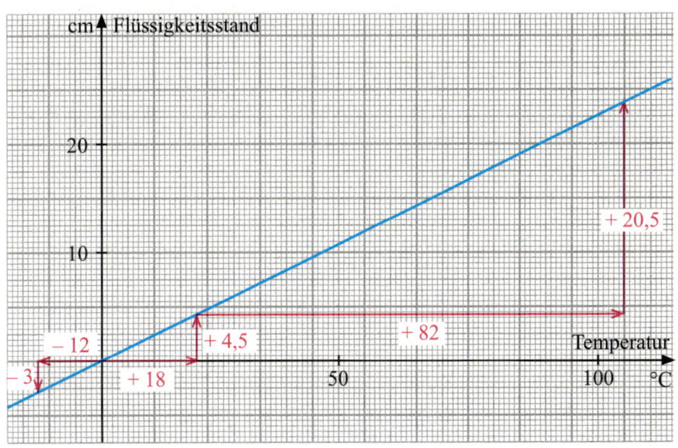

Jn der Physik werden Temperaturänderungen in K statt in °C angegeben.

Temperaturänderung (in °C)	+ 18	+ 82	– 12
Flüssigkeitsstandsänderung (in cm)	+ 4,5	+ 20,5	– 3,0
$\frac{\text{Flüssigkeitsstandsänderung}}{\text{Temperaturänderung}} \left(\text{in } \frac{\text{cm}}{°\text{C}}\right)$	$\frac{+4{,}5}{+18} = 2{,}5$	$\frac{+20{,}5}{+82} = 2{,}5$	$\frac{-3{,}0}{-12} = 2{,}5$

Der Tabelle kann man entnehmen, dass die Flüssigkeitsstandsänderung (in cm) immer 2,5-mal so groß ist wie die Temperaturänderung (in °C). Daher kann man die Skala am Thermometer gleichmäßig einteilen: Eine doppelt so große Temperaturänderung führt auch zu einer doppelt so großen Flüssigkeitsstandsänderung.

Information

(1) Intervall

In Aufgabe 1 haben wir die Wasserstandsänderungen in bestimmten Zeitspannen betrachtet, in Aufgabe 2 die Längenänderungen in bestimmten Temperaturbereichen von einer Anfangs- bis zu einer Endtemperatur. Ensprechende Bereiche bezeichnet man als *Intervalle*.

Definition

Für zwei reelle Zahlen a, b mit $a < b$ ist das **(abgeschlossene) Intervall** [a;b] die Menge aller reellen Zahlen von a bis b:

$[a;b] = \{x \in \mathbb{R} \mid a \le x \le b\}$

Beispiel: [3;5]

Auf der Zahlengeraden kann man ein abgeschlossenes Intervall durch eine Strecke veranschaulichen.

(2) Änderungsrate

In Aufgabe 2 wurde betrachtet, wie sich eine Temperaturänderung auf den Flüssigkeitsstand auswirkt. Wir verallgemeinern: Verändert man bei einer Funktion den Ausgangswert von x_1 auf x_2 (wobei $x_2 \neq x_1$), so ändert sich der zugehörige Funktionswert von $f(x_1)$ auf $f(x_2)$.
Man kann die beiden Änderungen vergleichen, indem man den Quotienten $\frac{f(x_2) - f(x_1)}{x_2 - x_1}$ bildet.

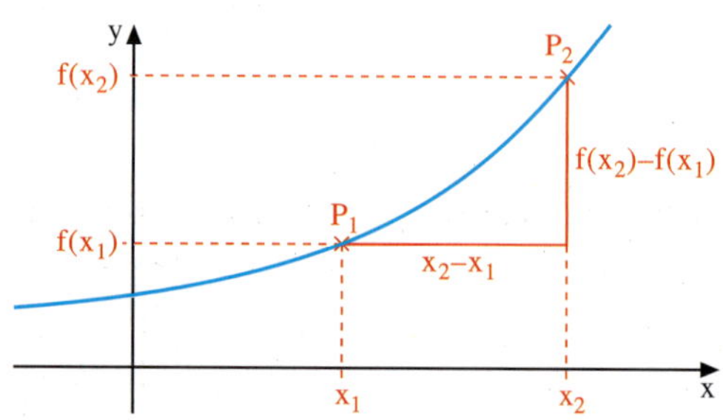

Dieser Quotient heißt **Änderungsrate.**
Er gibt an, mit welchem Faktor man die Änderung $x_2 - x_1$ der Ausgangswerte (Stellen) multiplizieren muss, um die Änderung $f(x_2) - f(x_1)$ der zugehörigen Funktionswerte zu erhalten.

Im Allgemeinen kann man bei einer Funktion nicht von *der* Änderungsrate sprechen, da sie in verschiedenen Bereichen verschieden groß ist. Z.B. gilt für das Beispiel rechts für die Änderungsrate

(1) zwischen 6 und 7 Uhr:
$$\frac{1{,}8\ °C - 0{,}9\ °C}{7\ h - 6\ h} = -0{,}9\ \frac{°C}{h}$$

(2) zwischen 9 und 10 Uhr:
$$\frac{11{,}1\ °C - 8{,}2\ °C}{20\ h - 9\ h} = 2{,}9\ \frac{°C}{h}$$

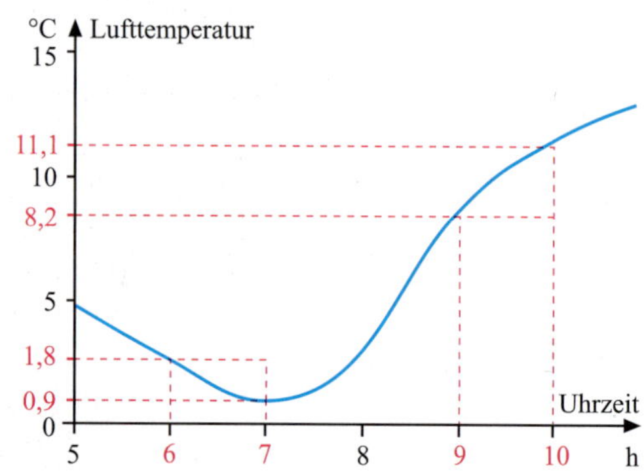

Bei der Angabe einer Änderungsrate muss somit auch angegeben werden, welches Intervall man betrachtet, in dem sich die Ausgangswerte verändern.

Man sagt auch ***Differenzenquotient***.

Definition: *Änderungsrate*

Gegeben ist eine Funktion f, die in einem Intervall [a; b] definiert ist.

Der Quotient $\frac{f(b) - f(a)}{b - a}$ heißt mittlere (oder durchschnittliche) **Änderungsrate von f im Intervall [a; b]**.

Geometrisch gedeutet ist dieser Quotient die Steigung m_s der Geraden (Sekante) durch die Punkte $P(a|f(a))$ und $Q(b|f(b))$ auf dem Graphen von f, also $m_s = \frac{f(b) - f(a)}{b - a}$.

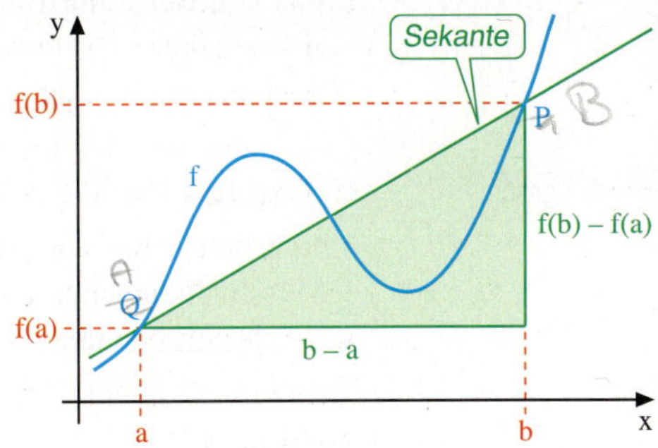

(3) Änderungsrate bei linearen Funktionen

Anhand der Berechnungsvorschrift der Änderungsrate erkennt man, dass sie mit der Steigung der Verbindungsstrecke der beiden Punkte $P_1(x_1|f(x_1))$ und $P_2(x_2|f(x_2))$ übereinstimmt. Ist der Graph eine Gerade, so ist die Änderungsrate überall gleich.

Beispiel: Für das Thermometer in Aufgabe 1 beträgt die Änderungsrate $2{,}5\,\frac{\text{cm}}{°\text{C}}$.

Bei einer linearen Funktion ist die Änderungsrate stets gleich der Steigung der zugehörigen Geraden.

Übungsaufgaben

3. Bei einer Sonnenblume wurde an verschiedenen Tagen gemessen, wie groß sie schon war:

Alter (in Tagen)	0	20	24	30	39	50	75
Höhe (in cm)	0	13	39	64	105	156	192

Zeichne den Graphen der Funktion *Alter* → *Höhe* und bestimme wann die Sonnenblume am schnellsten gewachsen ist.

4. Ein Wetterdienst hat die Temperaturen eines Frühlingstages dargestellt.

a) Bestimme die Änderungsrate in der Zeit
(1) von 0 Uhr bis 5 Uhr;
(2) von 6 Uhr bis 9 Uhr;
(3) von 10 Uhr bis 12 Uhr;
(4) von 14 Uhr bis 24 Uhr.

b) Ermittle, in welchem Zeitraum von einer vollen Stunde bis zur nächsten
(1) der schnellste Temperaturanstieg;
(2) der schnellste Temperaturabfall
erfolgte.

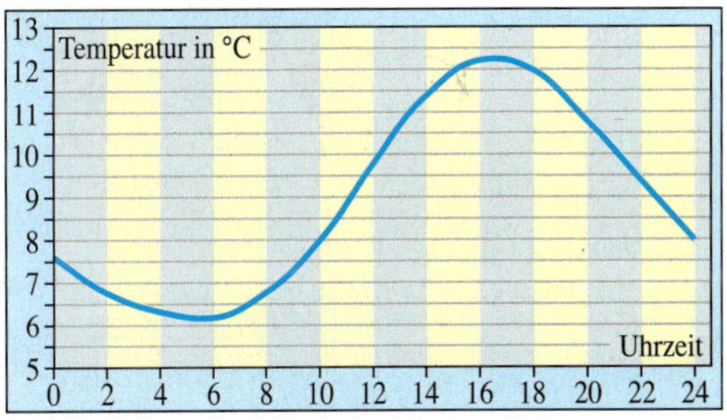

5. In einem Routenplaner wurden für die Strecke von Hermsdorf nach Vehlefanz die nebenstehenden Daten ausgegeben.

a) Bestimme durch eine Überschlagsrechnung die durchschnittliche Geschwindigkeit über die gesamte Strecke.

b) Untersuche nun die Durchschnittsgeschwindigkeiten auf den einzelnen Streckenabschnitten.

(1) Auf welchem Streckenabschnitt wird vermutlich die höchste Geschwindigkeit gefahren? Auf welchem Streckenabschnitt wird vermutlich die kleinste Geschwindigkeit gefahren?

(2) Stelle in einem Koordinatensystem die Fahrstrecke in Abhängigkeit von Fahrzeit dar. Kannst du deine Vermutungen aus Teilaufgabe a) anhand des Graphen bestätigen? Kontrolliere rechnerisch.

c) Welche Bedeutung hat in diesem Sachverhalt der Begriff Änderungsrate? Begründe.

Station	Strecke	Fahrzeit
13467 Berlin (Hermsdorf)		
16727 Oberkrämer (Vehlefanz)	26,00 km	25 min

Abschnitt	Gesamte Fahrstrecke	Gesamte Fahrzeit
1 Start	0,00 km	16:10
2	2,90 km	16:17
3	3,10 km	16:18
4	17,00 km	16:26
5	24,00 km	16:32
6	25,00 km	16:33
7 Ziel	26,00 km	16:36

L&P / 3583

6. Nimm Stellung zu den Äußerungen. Begründe deine Meinung.

7. Die Tabelle gibt die Bevölkerungsentwicklung einer Stadt an.

Jahr	1950	1970	1989	2000	2007
Einwohnerzahl	69 301	72 406	70 115	70 087	72 554

Bestimme, in welcher der angegebenen Zeitspannen die Bevölkerung sich am schnellsten verändert hat.

8. Stelle den folgenden Sachverhalt grafisch dar. Bestimme die Änderungsrate mit den Einheiten. Welche Bedeutung hat sie?

a) Marcs Eltern bekommen Heizöl geliefert.
Marc beobachtet die Tankuhr am Heizöltank und notiert die Werte in einer Tabelle.

Fülldauer (in min)	0	5	10	15	20
Tankinhalt (in *l*)	1 200	1 650	2 100	2 550	3 000

b) Ein Testzug fährt auf einer Neubaustrecke. Seine Position wird in Abhängigkeit von der Zeit festgestellt.

Zeit (in min)	0	5	10	15	20	25	30
Entfernung vom Streckenanfang (in km)	13,7	17,9	22,1	26,3	30,5	34,7	38,9

c) Ein Gefäß wird mit Öl gefüllt und dabei gewogen:

Füllmenge (in cm^3)	0	100	200	300	400	500	600
Gewicht (in g)	572	645	718	791	864	947	1 020

9. Skizziere den Graphen der Funktion *Zeit* → *Geschwindigkeit* und bestimme die Änderungsraten für die angegebenen Intervalle. Erläutere auch, was die Änderungsrate angibt.

Das liebt der Biker: Gaaaas, und ab geht die Post. Und das möglichst, ohne drei Gänge herunterzuschalten. Daher messen wir den **Durchzug**, also die Beschleunigung jeder Maschine im letzten Gang, von 60 bis maximal 180 km/h:

60 km/h – 100 km/h	5,3 sek
100 km/h – 140 km/h	6,3 sek
140 km/h – 180 km/h	7,6 sek

L&P/3145

10. In einer Vereinszeitung wird über verschiedene Entwicklungen in den letzten Jahren berichtet. Zur Veranschaulichung sind auch grafische Darstellungen angefertigt worden. Ordne die Schlagzeilen den unten abgebildeten Graphen zu. Begründe deine Zuordnung.

Beitragserhöhungen werden geringer

Mitgliederanzahlen wachsen schneller

Schuldenberg schmilzt mit steigendem Tempo

Durchschnittsalter sinkt langsam, aber stetig

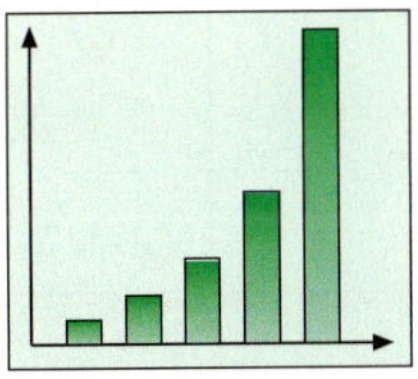

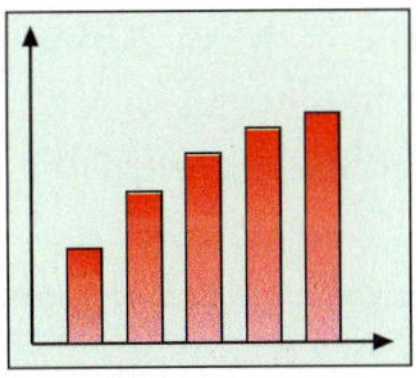

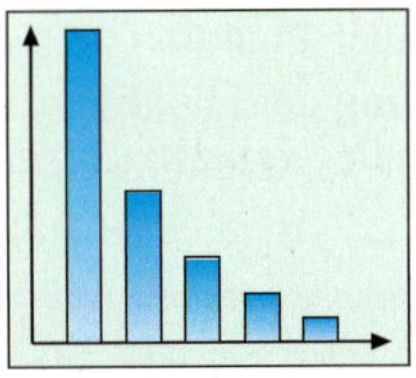

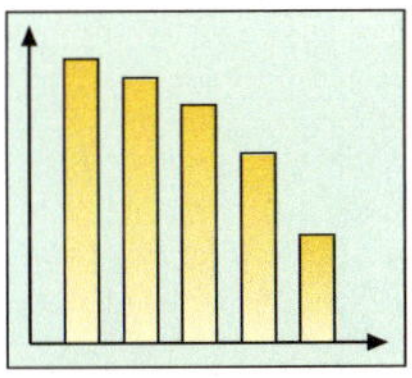

7.2 Tangentensteigung und Änderungsrate – Ableitung

7.2.1 Steigung eines Funktionsgraphen in einem Punkt – Ableitung

Einführung

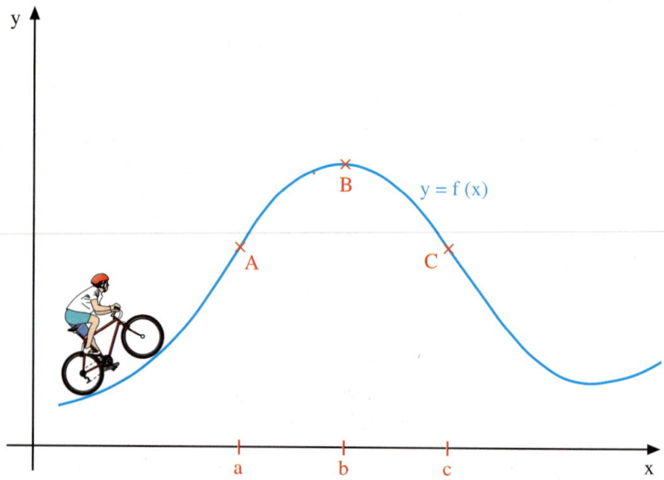

Wir denken uns den Graphen der Funktion als ein Höhenprofil einer Straße und stellen uns vor, dass wir mit einem Fahrrad diese Straße von links nach rechts entlang fahren. Im Punkt A(a|f(a)) fahren wir bergauf; der Graph *steigt* an. Im Punkt B(b|f(b)) haben wir den Gipfel eines Berges (Hochpunkt) erreicht. Im Punkt C(c|f(c)) fahren wir bergab; der Graph *fällt*.

Stellen wir uns dagegen vor, dass wir auf einer Geraden entlang fahren, so ändert sich die Steigung nicht. Bei gekrümmten Graphen jedoch kann man offensichtlich nur von der Steigung des Graphen in einem einzelnen Punkt sprechen, da die Steigung in jedem Punkt des Graphen verschieden sein kann.

Wir versuchen, die Steigung des Funktionsgraphen in einem Punkt mithilfe des bekannten Begriffs der Steigung einer Geraden zu erklären. Dazu zeichnen wir in diesem Punkt eine Gerade an den Graphen, die sich diesem in der Nähe des Punktes möglichst gut anschmiegt. Ähnlich wie beim Kreis bezeichnen wir diese Gerade als *Tangente*. In der Nähe des betrachteten Punktes unterscheiden sich dann die Steigungen des Graphen nur wenig von der Steigung der Tangente.

Information

(1) Steigung eines Graphen in einem Punkt

Die Überlegungen aus der Einführung legen folgende Definition nahe.

Definition

P ist ein Punkt auf dem Graphen einer Funktion f mit $P(x_0|f(x_0))$.

Als **Steigung des Graphen der Funktion f im Punkt P** bezeichnet man die Steigung der Tangente an den Graphen in diesem Punkt P.

Die Steigung der Tangente an den Graphen einer Funktion an der Stelle x_0 heißt **Ableitung** der Funktion f an der Stelle x_0.

Diese Ableitung von f an der Stelle x_0 wird mit $f'(x_0)$ bezeichnet, gelesen: *f Strich von x_0*.

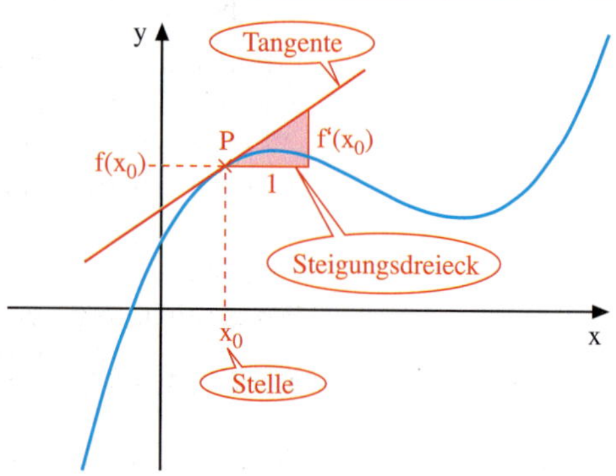

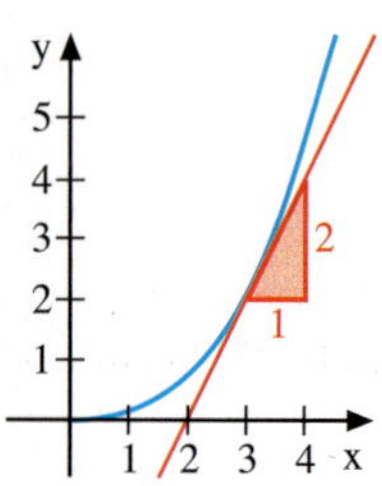

Beispiel:

Der Graph der Funktion f hat an der Stelle 3 die Steigung 2.

Man sagt dann: f hat an der Stelle 3 die Ableitung 2.

Man schreibt: $f'(3) = 2$, gelesen: *f Strich von 3 ist gleich 2.*

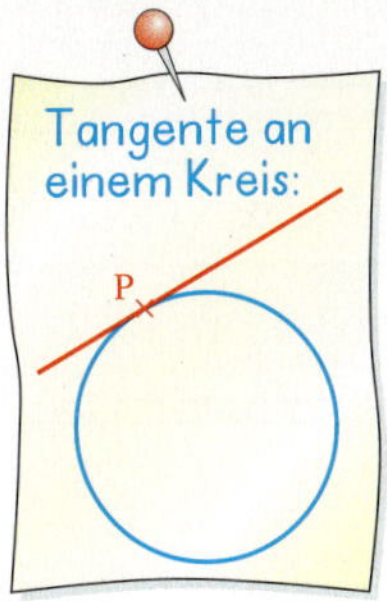

(2) Verschiedene Lagen der Tangente an einen Funktionsgraphen

Eine Tangente an einem Kreis hat mit diesem nur einen einzigen Punkt gemeinsam. Bei einer Tangente an einem Funktionsgraphen sind mehrere Fälle möglich.

Die Tangente berührt den Graphen in einem Punkt.

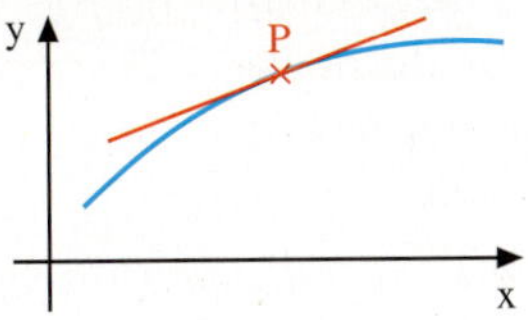

Die Tangente durchsetzt den Graphen in einem Punkt.

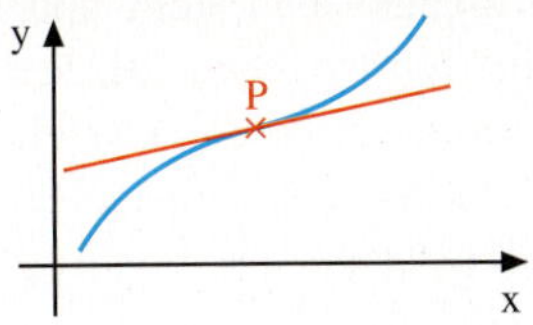

Die Tangente berührt oder schneidet den Graphen noch in weiteren Punkten.

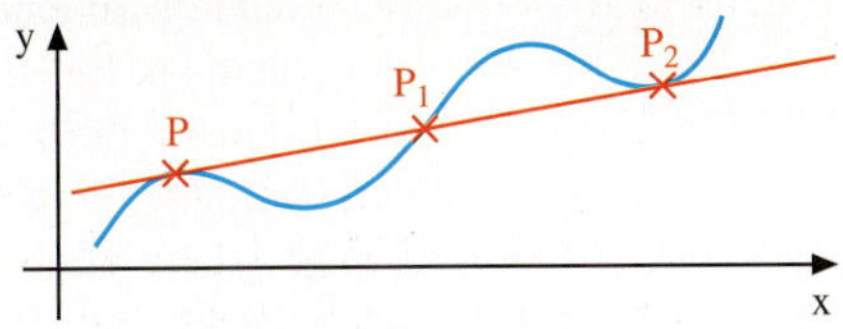

In allen Fällen jedoch schmiegt sich die Tangente in der Nähe des Punktes P möglichst gut an den Graphen an.

Aufgabe 1

Die Grafik zeigt das Höhenprofil einer Straße. Es ist der Graph der Funktion
Entfernung vom Ausgangspunkt (in km) → Höhe über dem Ausgangspunkt (in m).
Die Straße hat an den einzelnen Stellen unterschiedliche Steigungen.

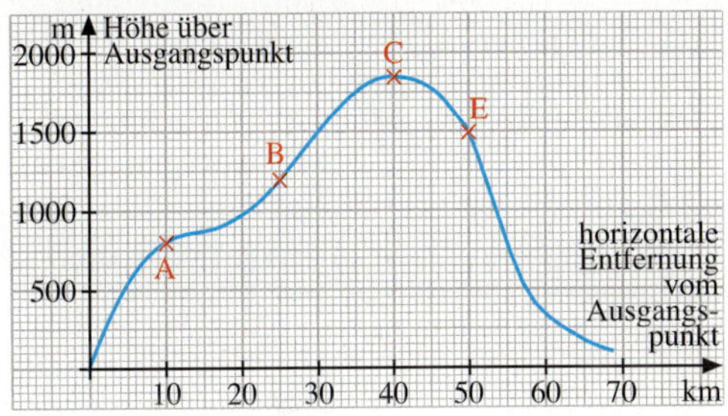

a) In welchen Punkten ist die Steigung positiv, in welchen negativ? Wo ist sie gleich null?

b) Ein Autofahrer fährt auf dieser Straße den links abgebildeten Verkehrsschildern vorbei. An welchen der Punkte A, B, E könnte das gewesen sein?

Lösung

a) Dort, wo es bergauf geht, ist die Steigung positiv: Punkt A und Punkt B. Dort, wo es bergab geht, ist die Steigung negativ: Punkte D, E, F, G.
Die Tangente im Punkt C verläuft parallel zur horizontalen Achse, die Steigung des Graphen in C ist also null.

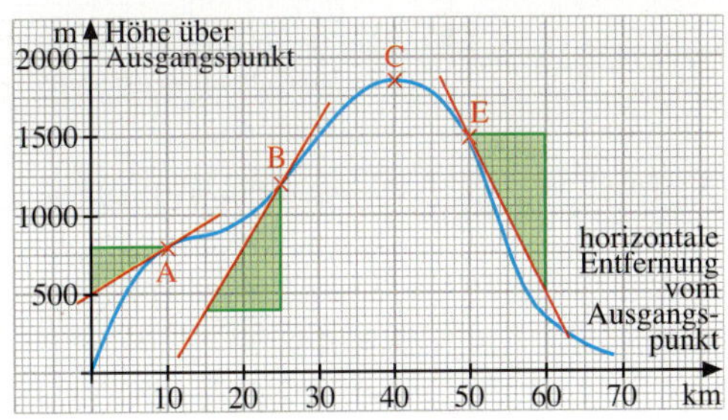

b) Zur Bestimmung der Steigung des Graphen in den Punkten A, B und E zeichnen wir in diesen Punkten jeweils die Tangenten an den Funktionsgraphen, also die Geraden, die sich möglichst gut anschmiegen.
Dann wählen wir ein geeignetes Steigungsdreieck aus und ermitteln damit die Steigung der Tangente.
Wir erhalten folgende Näherungswerte:

Steigung bei A: $\dfrac{800\text{ m} - 500\text{ m}}{10\text{ km}} = \dfrac{300\text{ m}}{10\,000\text{ m}} = 0{,}03 = 3\ \%$

Steigung bei B: $\dfrac{1\,200\text{ m} - 400\text{ m}}{10\text{ km}} = \dfrac{800\text{ m}}{10\,000\text{ m}} = 0{,}08 = 8\ \%$

Steigung bei E: $\dfrac{500\text{ m} - 1\,500\text{ m}}{1\text{ km}} = \dfrac{-1\,000\text{ m}}{10\,000\text{ m}} = -0{,}1 = -10\ \%$

Ergebnis: Das Verkehrsschild, das eine Steigung von 8 % anzeigt, müsste am Punkt B stehen. Das Verkehrsschild, das 10 % Gefälle angibt, müsste am Punkt E stehen.

Weiterführende Aufgaben

2. *Tangentensteigung mit einem Rechner bestimmen*

Stelle den Graphen der Funktion f mit $f(x) = -x^4 + 5$ mithilfe eines Rechners dar. Im Menü **Math** des Rechners gibt es unter anderem den Befehl **Tangent**. Mit diesem Befehl zeichnet der Rechner näherungsweise die Tangente an den Graphen der Funktion zu einer vorgegebenen Stelle und zeigt deren Gleichung an. Im Rechnerfenster rechts wurde dies für die Stelle 1 durchgeführt. Bestimme mit diesem Befehl näherungsweise die Steigung der Tangente an der angegebenen Stelle.

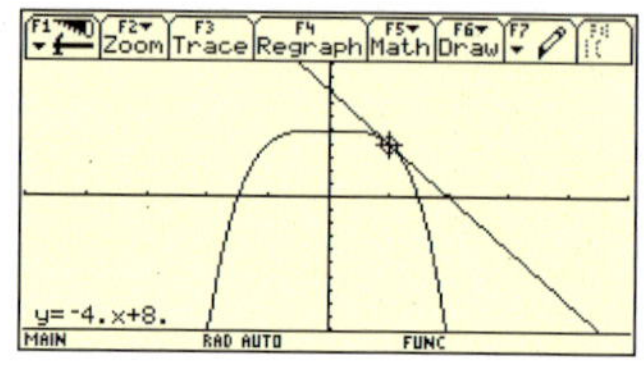

a) -1 **b)** $0{,}5$ **c)** $-0{,}6$

3. *Punkte, für die man keine Steigung des Graphen angeben kann*

Für $f(x) = \sqrt{|x-3|} + 1$ ist die Tangente an den Graphen im Punkt $P(3|1)$ orthogonal zur x-Achse. Warum ist für den Graphen im Punkt P keine Steigung definiert?

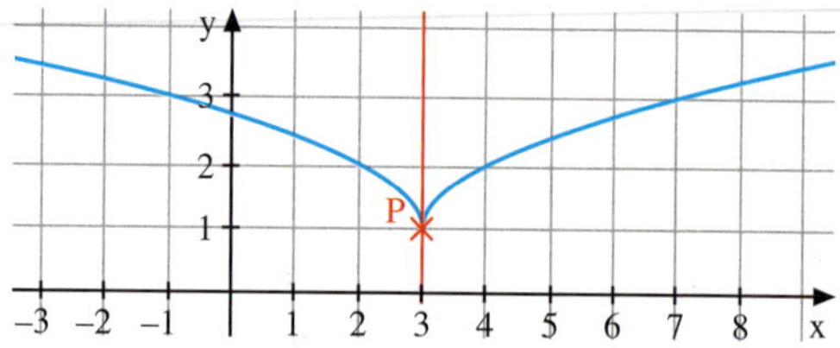

Übungsaufgaben

4. Für einen Schweizer Triathlon ist das Höhenprofil der Radstrecke angegeben.

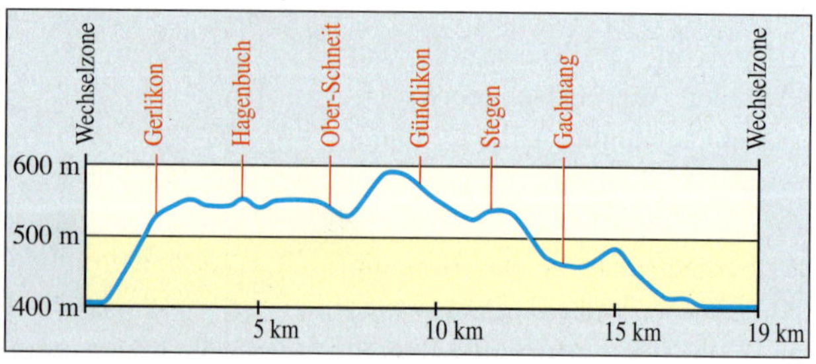

In welchen Punkten ist die Steigung positiv, in welchen negativ. Wo ist sie gleich null? Bestimme die Steigung in den angegebenen Bahnpunkten und erkläre dein Vorgehen.

5. Vergleiche die Steigungen des Graphen in den Punkten:

(1) A und B
(2) C und D
(3) E und F
(4) G und H

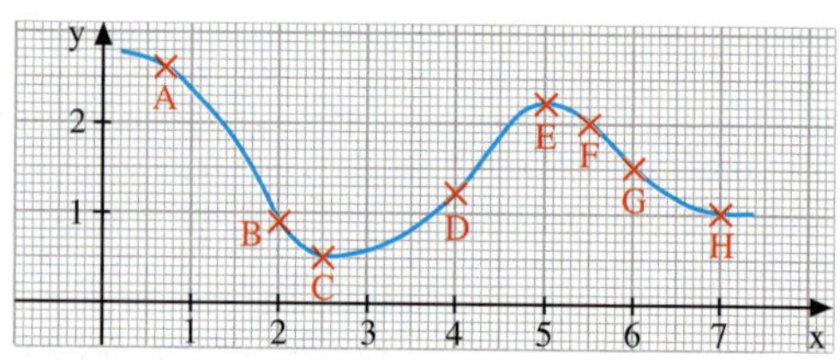

6. Bestimme die Steigung des Graphen der Funktion f im Punkt P. Notiere das Ergebnis in der Schreibweise mit der Ableitung.

a)
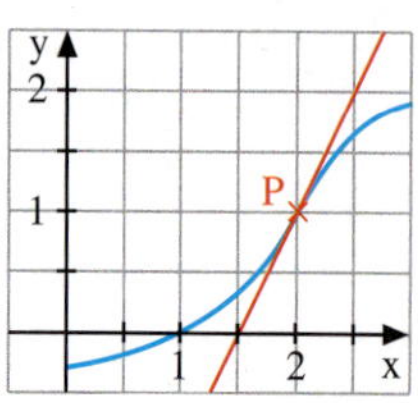

b)
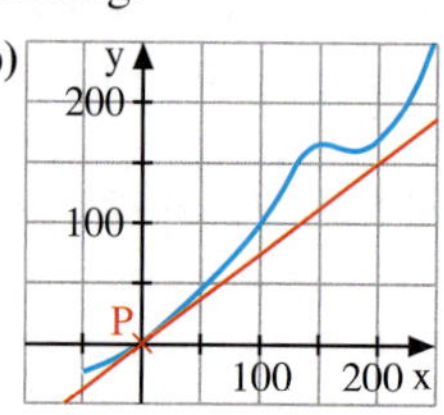

c)
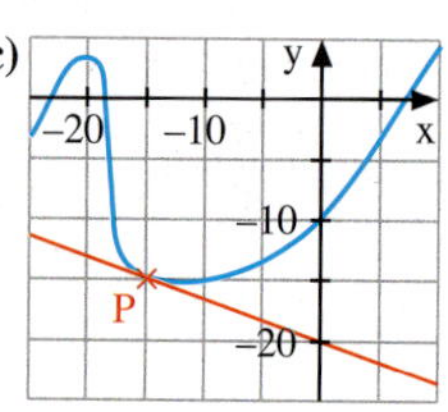

d)
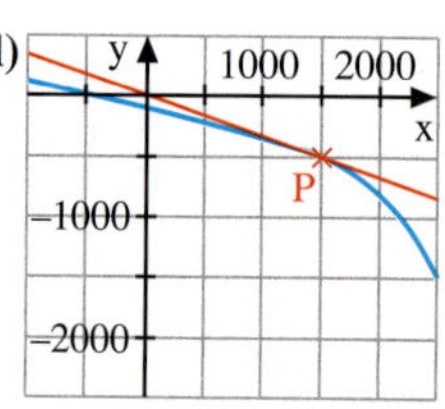

7. Lara, Jana und Timo haben die Ableitung $f'(0{,}75)$ mithilfe des abgebildeten Steigungsdreiecks bestimmt.
Wer hat die Ableitung richtig bestimmt? Was haben die anderen falsch gemacht?

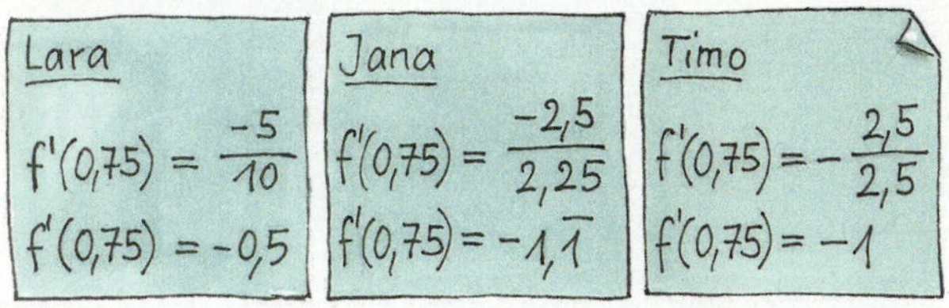

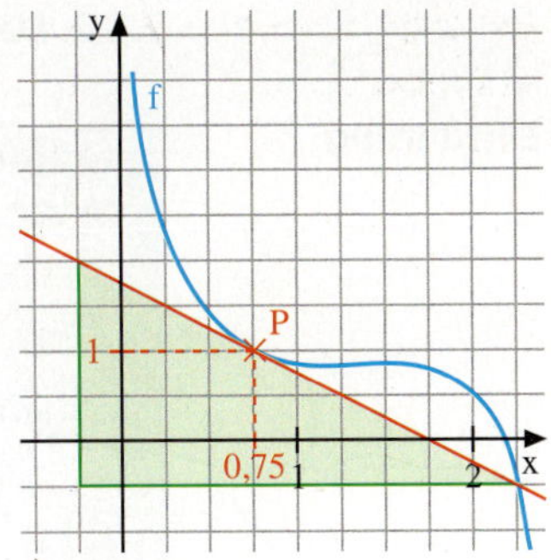

8. Zeichne einen Graphen, für den beim Durchlaufen von links nach rechts gilt:

a) Vom Punkt A bis zum Punkt B ist die Steigung positiv. Im Punkt B ist die Steigung null. Vom Punkt B bis zum Punkt C ist die Steigung negativ.

b) Vom Punkt A bis zum Punkt B ist die Steigung negativ. Im Punkt B ist die Steigung null. Von B bis C ist sie positiv. Von C bis D ist sie überall gleich, und zwar positiv.

c) Die Steigung ist immer negativ, wird aber immer größer.

9. Skizziere einen Graphen und einen Punkt P auf dem Graphen, sodass Folgendes gilt:

a) Die Steigung im Punkt P ist 1. Der Graph verläuft oberhalb der Tangente in P.

b) Die Steigung im Punkt P ist –1 [0]. Die Tangente durchsetzt den Graphen.

c) Die Steigung im Punkt P ist $-\frac{1}{3}$. Die Tangente schneidet [berührt] den Graphen noch in einem weiteren Punkt.

d) Die Steigung im Punkt P kann nicht angegeben werden.

10. *Teamarbeit:* Verwendet die CD „Mathematik interaktiv", um möglichst große Ausdrucke vom Funktionsgraphen für eure Gruppe anzufertigen. Bestimmt dann näherungsweise die Ableitungen der Funktionen. Vergleicht eure Ergebnisse untereinander.
Mögliche Funktionsgleichungen und Stellen x_0 sind zum Beispiel:
(1) $y = -(x-2)^2 + 3$; $x_0 = 3$; $[x_0 = 1]$
(2) $y = (x-1)(x+2)x$; $x_0 = 1$; $[x_0 = -1]$
(3) $y = 0{,}2x^3 - 1{,}2x^2 + 0{,}6x + 5$; $x_0 = -1$; $[x_0 = 2$; $x_0 = 0{,}25]$

11. Zeichne die Normalparabel und markiere den Punkt $P(2{,}5\,|\,6{,}25)$. Stelle dann einen Taschenspiegel so auf die Zeichnung durch den Punkt P, dass der Verlauf des Spiegelbildes der Parabel den Verlauf der Parabel auf dem Blatt Papier knickfrei fortsetzt.
Markiere dann die Kante des Spiegels auf dem Papier. Die erhaltene Gerade ist orthogonal zur gesuchten Tangente. Zeichne nun noch die Tangente ein und bestimme deren Steigung.
Bestimme auch für andere Punkte auf diese Weise die Steigung.

7.1.2 Lokale Änderungsrate

Einführung

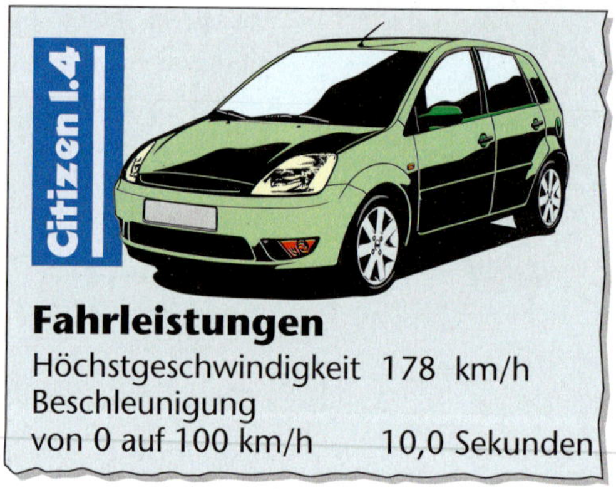

Ein Automobilhersteller hat ein Versuchsfahrzeug mit einem verbrauchsoptimierten Antrieb entwickelt und möchte dessen Fahrleistungen mit dem eines Serienfahrzeuges vergleichen.
Zur Bestimmung der Beschleunigungsdaten wird das Fahrzeug aus dem Stand beschleunigt und seine Entfernung vom Startpunkt (f(x) in m) in Abhängigkeit von der Zeit (x in s) gemessen.
Die Messungen ergeben, dass diese Funktion näherungsweise durch den Funktionsterm $f(x) = x^2$ beschrieben werden kann.

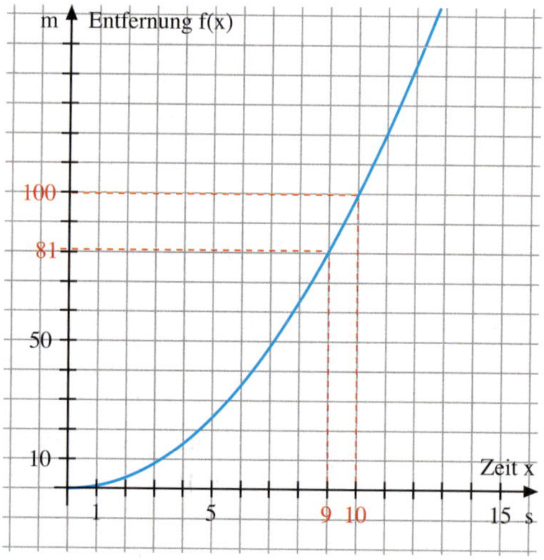

Zum Vergleich der Beschleunigung des Versuchsfahrzeugs mit der des Serienfahrzeugs stellen wir folgende Frage:
Welche Geschwindigkeit hat das Versuchsfahrzeug 10 Sekunden nach dem Start erreicht?
Die Geschwindigkeit berechnet sich als zurückgelegte Strecke pro Zeitabschnitt.
In den ersten 10 Sekunden entfernt sich das Fahrzeug 10^2 m = 100 m von seinem Startpunkt.
Dies entspricht einer Geschwindigkeit von:

$$\frac{100\ \text{m}}{10\ \text{s}} = 10\ \frac{\text{m}}{\text{s}}$$

Die Einheit $\frac{\text{m}}{\text{s}}$ für die Geschwindigkeit ist in der Physik üblich, im Alltag ist jedoch die Einheit $\frac{\text{km}}{\text{h}}$ gebräuchlicher. Es gilt:

$$1\ \frac{\text{m}}{\text{s}} = \frac{0{,}001\ \text{km}}{\frac{1}{3600}\ \text{h}} = 3{,}6\ \frac{\text{km}}{\text{h}}$$

Eine Stunde hat 3 600 Sekunden.

Also beträgt die Geschwindigkeit innerhalb der ersten 10 Sekunden 36 $\frac{\text{km}}{\text{h}}$. Diese Geschwindigkeit ist eine *Durchschnittsgeschwindigkeit* in den ersten 10 Sekunden. Am Graphen erkennt man deutlich, dass sich das Fahrzeug zunächst langsamer bewegt, z. B. 1 m in der 1. Sekunde, und dann immer schneller, z. B. 3 m in der 2. Sekunde.
Ein Näherungswert für die Geschwindigkeit nach 10 Sekunden ist z. B. die Durchschnittsgeschwindigkeit in der Zeitspanne von 9 bis 10 Sekunden.
Nach 9 Sekunden hat das Fahrzeug 9^2 m = 81 m zurückgelegt, nach 10 Sekunden 10^2 m = 100 m.
Für die Durchschnittsgeschwindigkeit in dieser Zeitspanne gilt also:

$$\frac{100\ \text{m} - 81\ \text{m}}{10\ \text{s} - 9\ \text{s}} = \frac{19\ \text{m}}{1\ \text{s}} = 68{,}4\ \frac{\text{km}}{\text{h}}$$

Man erhält noch bessere Annäherungen für die Geschwindigkeit nach 10 Sekunden, wenn man die Zeitspanne, für die man die Durchschnittsgeschwindigkeit bestimmt, noch kleiner wählt. Wir stellen die Ergebnisse in der Tabelle rechts zusammen.

Zeitspanne	Durchschnittsgeschwindigkeit
0 s – 10 s	$36\,\frac{\text{km}}{\text{h}}$
9 s – 10 s	$68{,}4\,\frac{\text{km}}{\text{h}}$
9,5 s – 10 s	$\frac{100\text{ m} - 90{,}25\text{ m}}{10\text{ s} - 9{,}5\text{ s}} = \frac{9{,}75\text{ m}}{0{,}5\text{ s}} = 19{,}5\,\frac{\text{m}}{\text{s}} = 70{,}2\,\frac{\text{km}}{\text{h}}$
9,9 s – 10 s	$\frac{100\text{ m} - 98{,}01\text{ m}}{10\text{ s} - 9{,}9\text{ s}} = \frac{1{,}99\text{ m}}{0{,}1\text{ s}} = 19{,}9\,\frac{\text{m}}{\text{s}} = 71{,}64\,\frac{\text{km}}{\text{h}}$
9,99 s – 10 s	$\frac{100\text{ m} - 99{,}801\text{ m}}{10\text{ s} - 9{,}99\text{ s}} = \frac{0{,}1999\text{ m}}{0{,}01\text{ s}} = 19{,}99\,\frac{\text{m}}{\text{s}} = 71{,}964\,\frac{\text{km}}{\text{h}}$

Je kleiner die Zeitspanne wird, desto größer wird die Geschwindigkeit in dieser Zeitspanne und desto besser stimmt sie mit der *Momentangeschwindigkeit* zum Zeitpunkt 10 Sekunden statt.

Um diese zu bestimmen, betrachten wir eine kleine Zeitspanne von t bis 10. Der Übersichtlichkeit halber verzichten wir hier darauf, auch die Maßeinheiten zu notieren. Zu Beginn dieser Zeitspanne ist die Entfernung des Fahrzeugs vom Startpunkt t^2, am Ende 10^2. Für die Durchschnittsgeschwindigkeit v in dieser Zeitspanne gilt dann:

3. Binomische Formel

$$v = \frac{10^2 - t^2}{10 - t} = \frac{(10 - t)(10 + t)}{10 - t} = 10 + t$$

Wir erkennen an diesem Term: Je kleiner die Zeitspanne wird, also je näher t an 10 ist, desto näher ist v an 10 + 10 = 20. Daher hat die Momentangeschwindigkeit zum Zeitpunkt 10 s den Wert:

$$20\,\frac{\text{m}}{\text{s}} = 72\,\frac{\text{km}}{\text{h}}$$

Ergebnis: Nach 10 Sekunden hat das Fahrzeug eine Geschwindigkeit von $72\,\frac{\text{km}}{\text{h}}$ erreicht; seine Beschleunigung ist also nicht so groß wie die eines Serienfahrzeuges.

Aufgabe 1

Auf einer Teststrecke mit genau fest gelegten Bedingungen wurde ständig gemessen, wie viel Benzin ein Auto schon verbraucht hatte. Die Abbildung rechts zeigt das Testergebnis.

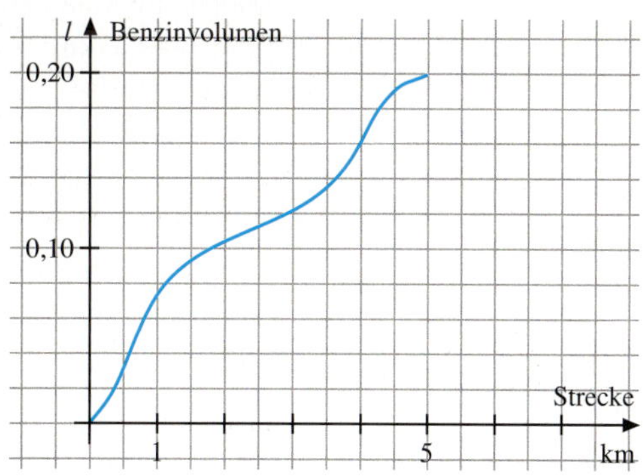

a) Der Benzinverbrauch wird üblicherweise in *l* pro 100 km angegeben. Bestimme den Verbrauch auf dieser Strecke.

b) Begründe, dass der Benzinverbrauch auf dieser Strecke nicht gleichbleibend war.
Wie müsste ein Graph bei gleich bleibendem Verbrauch aussehen?
Nenne je eine Teilstrecke, auf der der Verbrauch kleiner bzw. größer als der Durchschnittsverbrauch war.

c) In manchen Fahrzeugen gibt es Bordcomputer, die auch den momentanen Benzinverbrauch anzeigen.
An welcher Stelle der Teststrecke ist dieser am kleinsten, bzw. am größten?

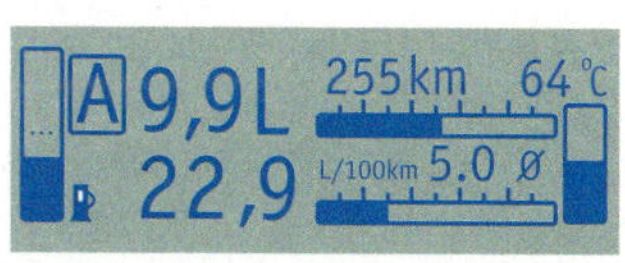

d) Wie könnte man vorgehen, um den momentanen Kraftstoffverbrauch an der Stelle 0,5 km zu bestimmen?

Lösung

a) Auf einer Fahrtstrecke von 5 km wurden insgesamt 0,20 l Benzin benötigt, das entspricht einem Verbrauch von $\frac{0{,}2\,l}{5\text{ km}} = \frac{0{,}04\,l}{1\text{ km}} = \frac{4\,l}{100\text{ km}}$.

b) Bei gleich bleibendem Verbrauch auf der Strecke müsste der Graph gleichmäßig ansteigen, also auf einer Gerade liegen.

Teilstrecken mit anderem Benzinverbrauch sind z. B. die folgenden:

Auf der ersten Strecke von 0 bis 1 km verläuft der Graph steiler als die eingezeichnete Gerade. Dort ergibt sich ein höherer Benzinverbrauch:

$$\frac{0{,}065\,l}{1\text{ km}} = \frac{6{,}5\,l}{100\text{ km}}$$

Z. B. auf der Stecke zwischen 1 km und 2 km verläuft der Graph flacher als die eingezeichnete Gerade. Hier ist der Benzinverbrauch niedriger als der Durchschnittsverbrauch:

$$\frac{0{,}085\,l - 0{,}065\,l}{2\text{ km} - 1\text{ km}} = \frac{0{,}02\,l}{1\text{ km}} = \frac{2\,l}{100\text{ km}}$$

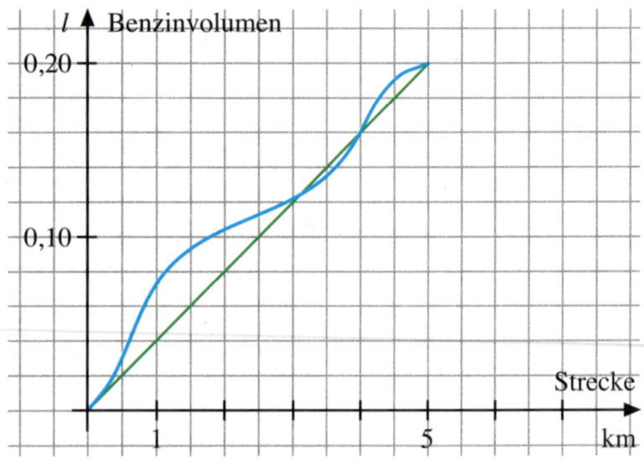

c) Der größte momentane Benzinverbrauch liegt an der Stelle vor, an der der Graph am steilsten ansteigt, da dann am meisten Benzin für eine Strecke benötigt wird. Beim hier gezeichneten Graph ist das bei 0,5 km der Fall.

Der kleinste momentane Benzinverbrauch liegt entsprechend an der Stelle vor, an der der Graph am flachsten ansteigt, hier also bei 2 km.

d) Man könnte den momentanen Benzinverbrauch an der Stelle 0,5 km näherungsweise ermitteln, indem man die benötigte Benzinmenge für eine kleine Strecke, z. B. von 0,5 km bis 0,6 km betrachtet. Der Durchschnittsverbrauch während dieser Strecke ist dann die Steigung der Geraden, die den Graphen an den Stellen 0,5 km und 0,6 km schneidet.

Einen noch genaueren Wert für den momentanen Benzinverbrauch an der Stelle 0,5 km erhält man, wenn man eine noch kleinere Strecke, z. B. von 0,5 km bis 0,51 km wählt.

Der momentane Benzinverbrauch an der Stelle 0,5 km ist gerade die Steigung der Tangente an der Stelle 0,5 km an dem Graphen; er wird in der Einheit $\frac{l}{100\text{ km}}$ angegeben.

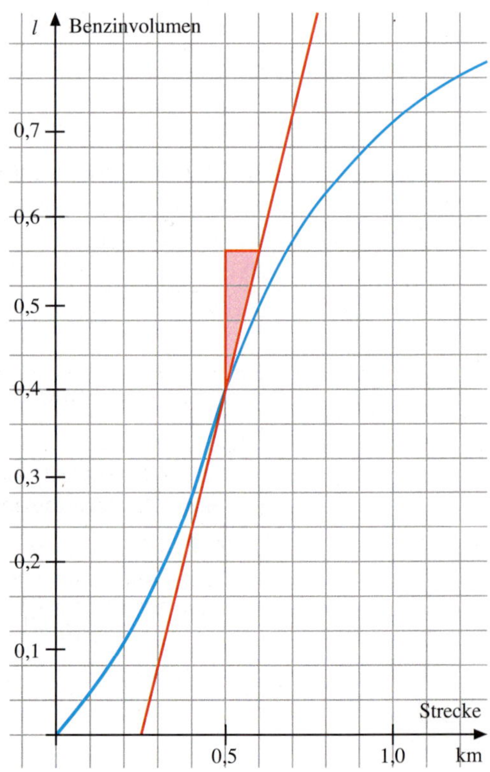

Information

(1) Lokale Änderungsrate einer Funktion an einer Stelle

In der Einführung haben wir die Geschwindigkeit eines Autos berechnet als Quotient aus der zurückgelegten Strecke und der dafür benötigten Zeit. Zunächst haben wir Durchschnittsgeschwindigkeiten berechnet, also Änderungsraten in bestimmten Intervallen. Mit deren Hilfe haben wir dann die momentane Geschwindigkeit zu einem Zeitpunkt ermittelt.
In Aufgabe 1 haben wir den Benzinverbrauch eines Autos berechnet als Quotient aus dem benötigten Benzinvolumen und der damit gefahrenen Strecke, also als Änderungsrate des Benzinvolumens bezüglich der Fahrstrecke. Die Verbrauchsanzeige dagegen zeigt zu jedem Zeitpunkt den momentanen Benzinverbrauch an. Auch er wird in $\frac{l}{100\text{ km}}$ angegeben, da man hochrechnet, wie viel Benzin man verbrauchen würde, wenn man 100 km in dieser momentanen Fahrweise fahren würde.
Die Änderungsrate in einem Intervall kann geometrisch als Steigung einer Sekante durch zwei Punkte auf dem Funktionsgraphen gedeutet werden. Bei der Lösung von Aufgabe 1 c) haben wir den momentanen Kraftstoffverbrauch als Steigung des Graphen in einem Punkt gedeutet. Man spricht in diesem Zusammenhang deshalb auch von einer lokalen (oder auch punktuellen) Änderungsrate. Die Steigung eines Graphen in einem Punkt $P(x_0|f(x_0))$, kennen wir als Ableitung $f'(x_0)$, also als Steigung der Tangente an den Graphen von f in P.

Statt von lokaler oder punktueller Änderungsrate spricht man manchmal auch von momentaner Änderungsrate.

Definition: *Lokale Änderungsrate*

Die **lokale Änderungsrate** einer Funktion f an einer Stelle x_0 ist die Ableitung $f'(x_0)$ der Funktion an der Stelle x_0.
Geometrisch gedeutet ist die lokale Änderungsrate einer Funktion f an einer Stelle x_0 die Steigung der Tangente an den Graphen von f im Punkt $P(x_0|f(x_0))$.

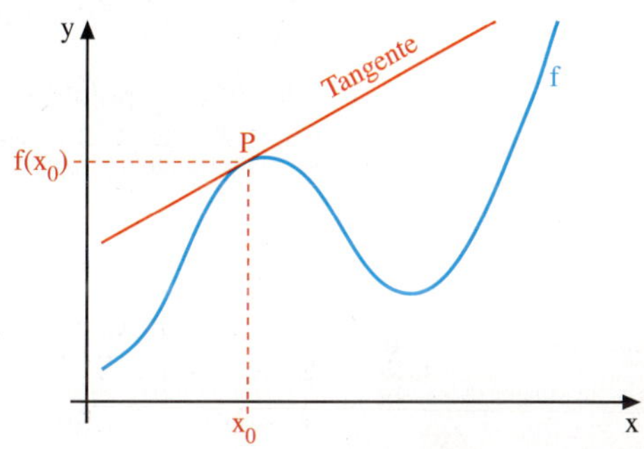

(2) Beispiele für die inhaltliche Bedeutung von Änderungsraten in Anwendungen

Änderungsraten dienen zur Beschreibung von Änderungen.

Statt Änderungsrate im Intervall sagt man auch mittlere Änderungsrate oder durchschnittliche Änderungsrate.

Funktion	Änderungsrate im Intervall	lokale Änderungsrate
Zeit → zurückgelegter Weg	Durchschnittsgeschwindigkeit	Momentangeschwindigkeit
Zeit → Geschwindigkeit	durchschnittliche Beschleunigung	Momentanbeschleunigung
Weg → benötigtes Benzinvolumen	durchschnittlicher Benzinverbrauch	momentaner Benzinverbrauch
Zeit → Wassermenge in einer Badewanne, die gefüllt wird	durchschnittliche Zuflussgeschwindigkeit	momentane Zuflussgeschwindigkeit
Höhenprofil: Entfernung → Höhe	durchschnittliche Steigung	Steigung in einem Punkt

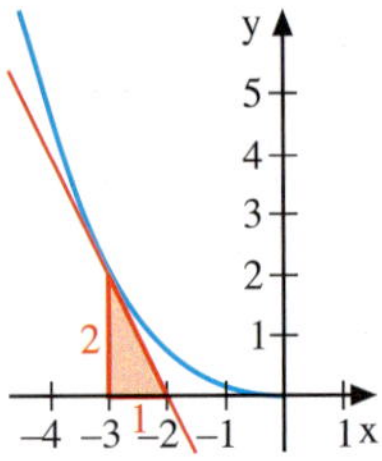

(3) Ableitung, Steigung, lokale Änderungsrate

Ableitung, Steigung und lokale Änderungsrate sind drei verschiedene Begriffe, die denselben Sachverhalt kennzeichnen.

Hat eine Funktion f an der Stelle -3 die Ableitung -2, so schreibt man dafür $f'(-3) = -2$.

Geometrisch bedeutet dies, dass die Tangente an den Graphen von f an der Stelle -3 die Steigung -2 hat. Rechnerisch kann man die Änderung der Funktionswerte an dieser Stelle durch die lokale Änderungsrate -2 beschreiben.

Übungsaufgaben

2. Die Flughöhe eines Segelflugzeuges wird während eines Fluges ständig gemessen und im Cockpit angezeigt. Ein automatischer Schreiber hält diese Messergebnisse in einem so genannten Segelflugbarogramm fest.

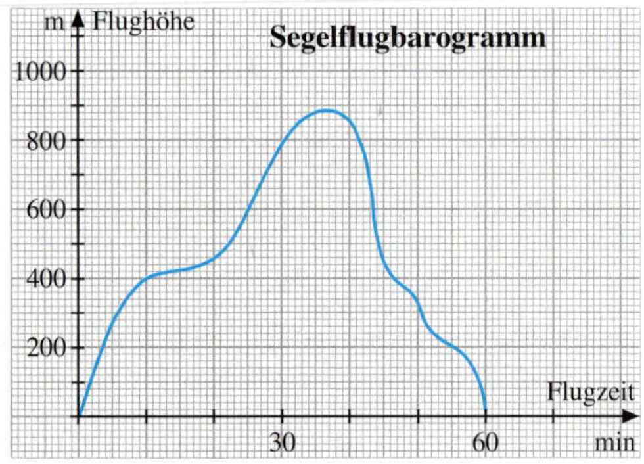

a) Beschreibe mithilfe des Graphen das Flugverhalten des Segelfliegers.

b) Berechne die durchschnittliche Steiggeschwindigkeit in den ersten 10 Minuten in $\frac{m}{s}$.

c) Berechne die durchschnittliche Sinkgeschwindigkeit im Zeitraum von 40 bis 60 Minuten.

d) Im Cockpit zeigt ein Instrument, das so genannte Variometer, zu jedem Zeitpunkt die aktuelle Steig- bzw. Sinkgeschwindigkeit an. Bestimme aus dem obigen Diagramm die Steiggeschwindigkeit zum Zeitpunkt 30 min.

3.

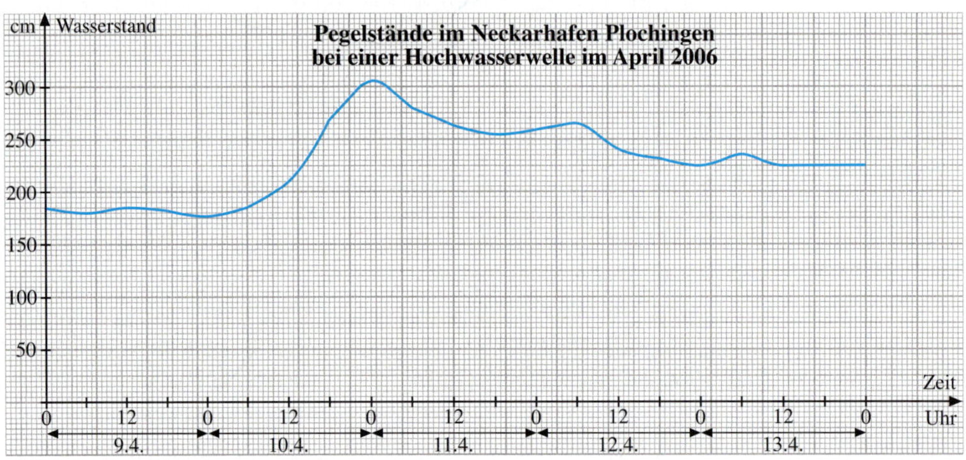

a) Bestimme für jeden Tag die Änderungsrate des Pegelstandes.

b) Bestimme den Zeitpunkt, zu dem die lokale Änderungsrate am größten war. Wie groß war sie?

c) Wann ist der Wasserstand am schnellsten gefallen und wie schnell?

4. Die Tabelle enthält Daten eines startenden Space-Shuttles der NASA.

Zeit (in s)	0	5	10	20	40	60	120
Höhe (in m)	0	92,5	370	1480	5920	13320	53280

a) Stelle die Tabellendaten in einem Koordinatensystem dar und beschreibe den Startverlauf.

b) Begründe kurz, dass die Änderungsraten hier Angaben über durchschnittliche Geschwindigkeiten machen. Berechne die Durchschnittsgeschwindigkeit über den Zeitabschnitten [0; 5], [5; 10], …, [60; 120], und zwar in der Einheit $\frac{km}{h}$.

c) Jemand behauptet, man könne die Durchschnittsgeschwindigkeit des Shuttles über den gesamten angegebenen Zeitraum als Durchschnitt der in Teilaufgabe b) berechneten Geschwindigkeiten berechnen. Zeige, dass dies nicht stimmt.

5. Gute oder schlechte Nachrichten? Nimm Stellung.

6. Der Kurs einer Aktie steigt stark an, wenn sehr viele Anleger die Aktie kaufen möchten. Zu welchen Zeitpunkten war die Nachfrage nach der Aktie der Deutschen Post besonders groß?

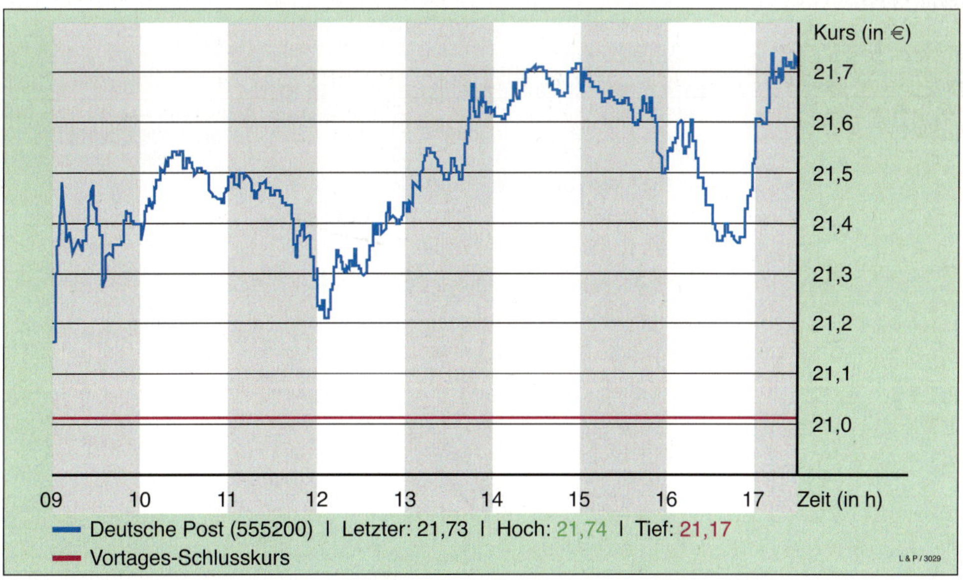

7. Ein Flüssigkeitsbehälter wird durch ein Ventil entleert. Zum Zeitpunkt t ist im Behälter das Volumen V(t).
Präzisiere die Begriffe *durchschnittliche Ausflussgeschwindigkeit in einem Zeitintervall* und *momentane Ausflussgeschwindigkeit zum Zeitpunkt t*; deute diese Begriffe dazu auch am Graphen der Funktion $t \rightarrow V(t)$. Verwende auch den Begriff der Änderungsrate.

ϑ: griechischer Buchstabe Theta

8. Ein Thermograph zeichnet über einen längeren Zeitraum zu jedem Zeitpunkt die Temperatur auf. Zum Zeitpunkt t beträgt die Temperatur ϑ(t). Der Thermograph zeichnet den Graphen der Funktion $t \to \vartheta(t)$ auf. Deute die Ausdrücke:

$\vartheta(t) - \vartheta(t_0)$, $\dfrac{\vartheta(t) - \vartheta(t_0)}{t - t_0}$ und $\vartheta'(t_0)$

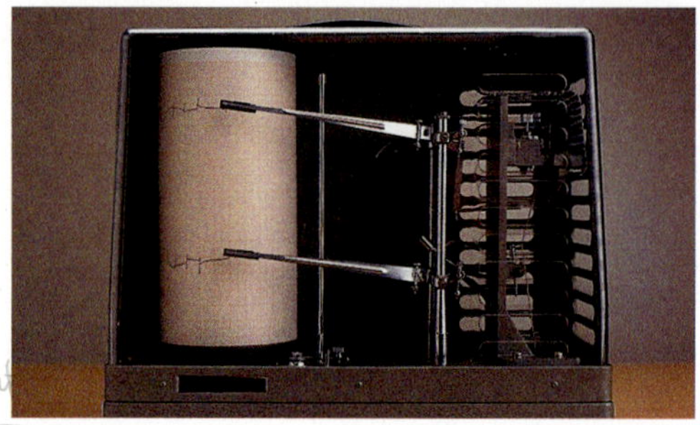

9. Der Luftdruck nimmt mit der Höhe ab. Zu jeder Höhe h gehört ein bestimmter Luftdruck p(h).
Gib die Bedeutung folgender Terme für den betrachteten Sachverhalt an:

$p(h) - p(h_0)$, $\dfrac{p(h) - p(h_0)}{h - h_0}$ und $p'(h_0)$.

10. Verwende im Programm Graphix von der CD „Mathematik interaktiv" den Programmpunkt *Änderungsdiagramm*.

a) Gib zunächst im Menü *Formel* eine Geradengleichung ein, z. B. $y = \frac{1}{2}x + 3$. Wähle bei den Diagrammoptionen die dritte Option ganz rechts.
Beschreibe und erkläre die Grafik und die Tabelle, die das Programm erzeugt. Verwende auch noch weitere Geradengleichungen.

b) Schalte im Menü *Zunahme y* nun auf die Option $\frac{\Delta y}{\Delta x}$.
Erläutere die Grafik und die Tabelle des Programms; arbeite auch hier mit weiteren Geradengleichungen.

c) Verwende nun statt einer linearen Funktion die Quadratfunktion.
Welche Aussage kannst du über das Änderungsverhalten der Funktionswerte folgern?

d) *Partnerarbeit:* Experimentiert mit weiteren Funktionen und vergleicht eure Ergebnisse.

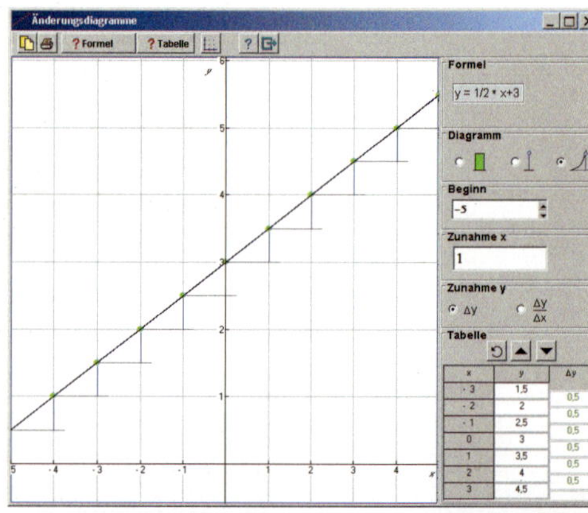

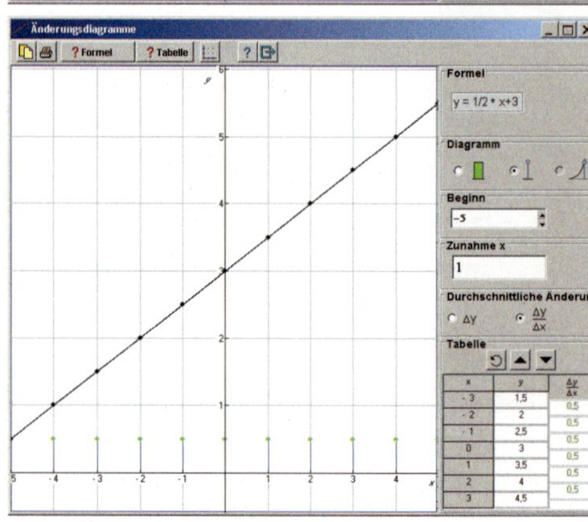

11. **a)** Eine nichtlineare Funktion f soll auf einem Intervall [a; b] die Änderungsrate 0 haben. Skizziere einen solchen Graphen in einem Intervall [a; b].
Beschreibe, in welchen Teilen des Intervalls [a; b] die Steigung positiv ist und in welchen negativ.

b) Eine nichtlineare Funktion f soll auf dem Intervall [0; 4] die Änderungsrate 1 haben. Skizziere verschiedene mögliche Graphen für dieses Intervall.

7.3 Graph der Ableitungsfunktion

Aufgabe 1 *Grafisches Ableiten*

Heizen mit der Sonne

Wer Sonnenwärme nicht nur für Dusche und Bad, sondern auch zum Heizen nutzen will, für den gibt es inzwischen eine Reihe ausgefeilter solarer Kombisysteme. Diese Systeme tragen mit Kollektorflächen zwischen 10 Quadratmetern und 15 Quadratmetern bis zu einem Viertel zum gesamten Wärmebedarf eines Einfamilienhauses bei.

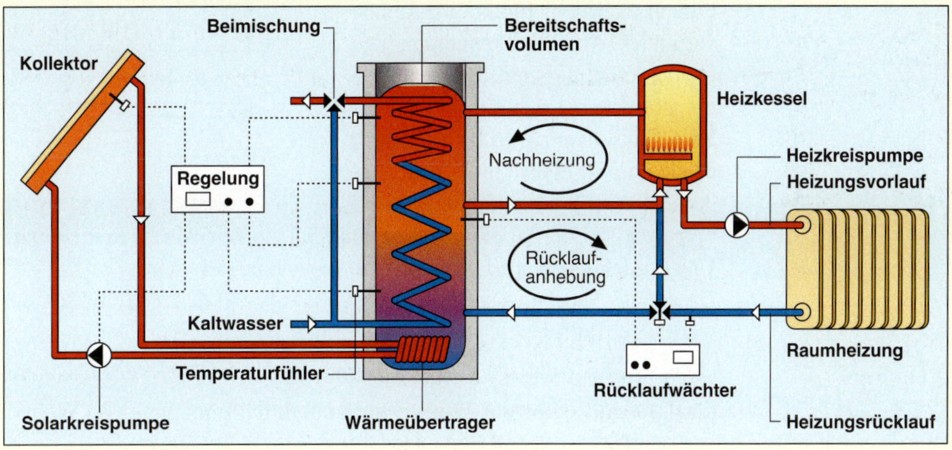

a) Beschreibe und interpretiere den abgebildeten Temperaturverlauf im Pufferspeicher einer Solar-Heizungsanlage.

b) Bestimme zu verschiedenen Zeitpunkten die lokale Änderungsrate. Trage im Heft die entsprechenden Werte in ein Koordinatensystem ein und verbinde sie zu einem Funktionsgraphen. Welche Informationen lassen sich ihm entnehmen?

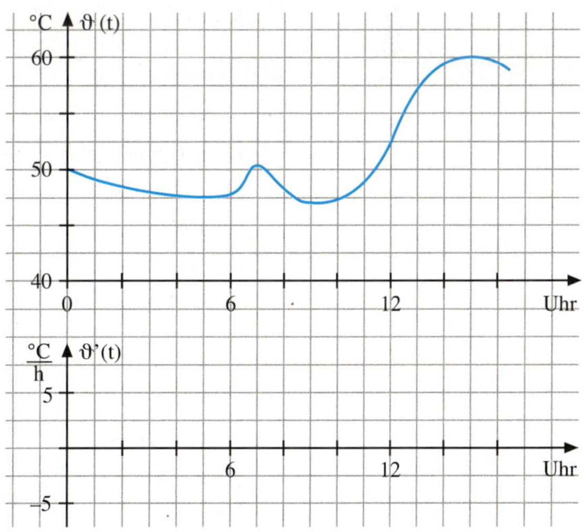

Lösung

a) Von 0 bis 6 Uhr sinkt die Temperatur langsam. Dann erfolgt bis 7 Uhr ein starker Anstieg, wohl durch Inbetriebnahme des Gasbrenners. Anschließend sinkt die Temperatur bis 8.30 Uhr, wohl durch Nutzen der Heizung. Bis 15 Uhr steigt die Temperatur dann auf ihren Tageshöchstwert an, wohl durch Speicherung eingestrahlter Sonnenenergie. Danach sinkt die Temperatur wieder.

b) Ganz besonders einfach ist die lokale Änderungsrate zu den Zeitpunkten 6 Uhr, 7 Uhr, 8.30 Uhr, 12 Uhr und 15 Uhr zu ermitteln:

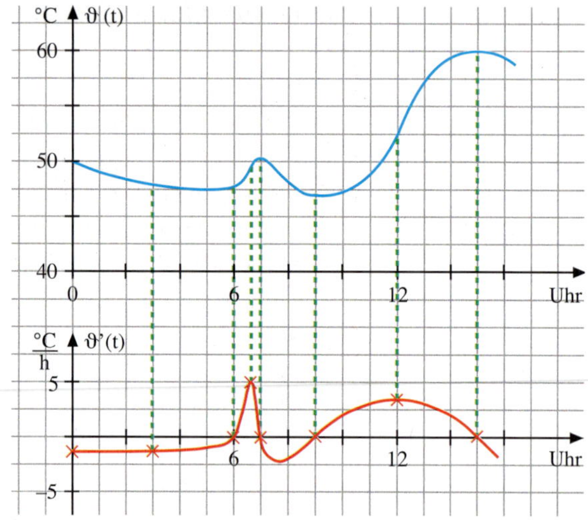

An diesen Stellen hat der Graph der Funktion *Zeitpunkt → Temperatur* waagerechte Tangenten, die lokale Änderungsrate also den Wert 0. Nimmt man noch Werte an einigen anderen Stellen, so kann man die Punkte zu einem Funktionsgraphen verbinden. An ihm erkennt man: Die lokale Änderungsrate der Temperatur ist zunächst negativ und nimmt bis 6 Uhr auf den Wert 0 zu. Danach ist sie positiv, bis sie um 7 Uhr wieder den Wert 0 hat und negativ wird bis um 8.30 Uhr. Zu diesem Zeitpunkt hat sie den Wert 0 und ist danach positiv, bis sie um 15 Uhr wieder den Wert 0 annimmt und danach negativ wird.

Die lokale Änderungsrate (Ableitung) hat also zu den Zeitpunkten mit den Höchst- und Tiefstwerten der Pufferspeicher-Temperatur den Wert 0.

(1) 6.30 Uhr stärkste Temperaturerhöung durch Heizen des Gasbrenners,

(2) 7.30 Uhr stärkster Temperaturabfall durch Entnahme von Wärme durch Heizen,

(3) 12 Uhr stärkste Temperaturerhöhung durch größte Sonneneinstrahlung.

Die Extrempunkte des Graphen der lokalen Änderungsrate der Temperatur gestatten somit zusätzliche Informationen zu denen aus dem Temperaturverlauf.

Information

(1) Ableitungsfunktion

In Aufgabe 1 haben wir zu der Fuktion, die jedem Zeitpunkt die Pufferspeichertemperatur zuordnet, eine neue Funktion betrachtet: Jedem Zeitpunkt wird die lokale Änderungsrate der Pfferspeichertemperatur, also die Ableitung zu diesem Zeitpunkt zugeordnet.

Definition

Als **Ableitungsfunktion** ((f')) (oder kurz Ableitung f') einer Funktion f bezeichnet man die Funktion, die jeder Stelle x die Ableitung f'(x) an dieser Stelle zuordnet.

(2) Offenes Intervall

Den Begriff des abgeschlossenen Intervalls kennst du schon. Für die folgende Beschreibung benötigen wir Intervalle, die die beiden Endpunkte nicht enthalten.

Definition

Für zwei reelle Zahlen a,b mit a<b ist das **(offene) Intervall**]a;b[die Menge aller reellen Zahlen zwischen a und b:

$]a;b[= \{x \in \mathbb{R} \mid a < x < b\}$

Beispiel:]3;5[

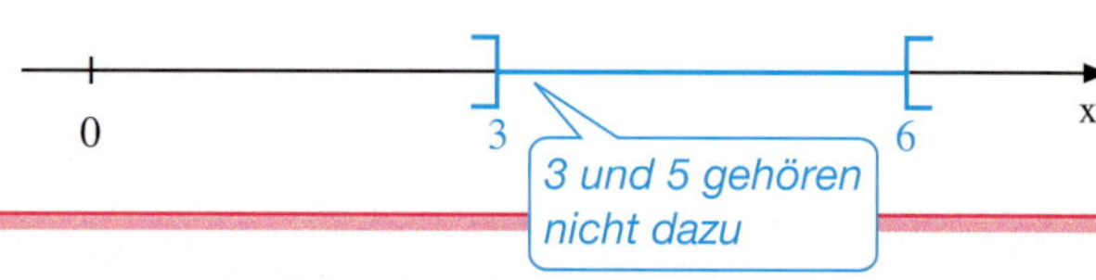

(2) Hochpunkt und Tiefpunkt eines Graphen

Definition

Gegeben ist eine Funktion f mit der Definitionsmenge ℝ.

Der Punkt $T(x_e \mid f(x_e))$ heißt **Tiefpunkt** des Funktionsgraphen, falls man ein offenes Intervall um x_e angeben kann, sodass für alle x aus diesem Intervall gilt: $f(x) \geq f(x_e)$

Der Punkt $H(x_e \mid f(x_e))$ heißt **Hochpunkt** des Funktionsgraphen, falls man ein offenes Intervall um x_e angeben kann, sodass für alle x aus diesem Intervall gilt: $f(x) \leq f(x_e)$

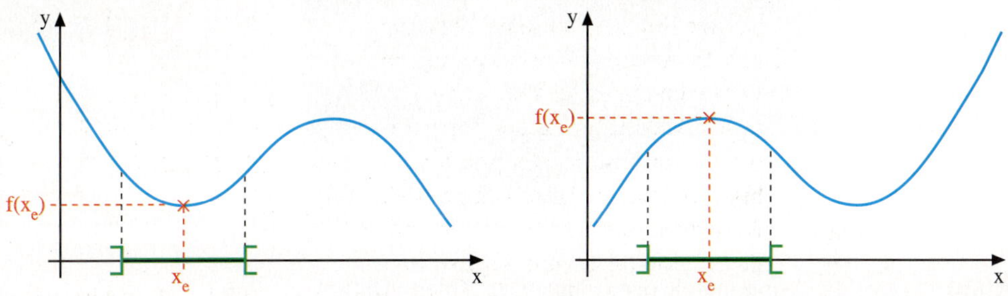

In Hoch- und Tiefpunkten hat ein Funktionsgraph jeweils eine waagerechte Tangente, also die Steigung 0.

(3) Sattelpunkt eines Graphen

Ein Punkt, in dem ein Funktionsgraph die Steigung 0 hat, aber sein Steigungsverhalten nicht wechselt, heißt **Sattelpunkt**.

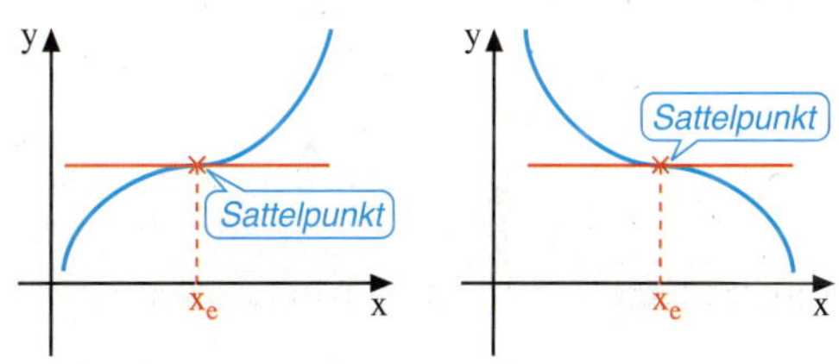

(4) Graphisches Bestimmen des Graphen der Ableitungsfunktion

Zunächst ermittelt man mithilfe der Hoch-, Tief- und Sattelpunkte des Graphen die Stellen, an denen die Ableitung den Wert 0 hat. Dann betrachtet man, ob der Graph der Funktion zwischen diesen Stellen ansteigt oder abfällt und erhält so das Vorzeichen der Ableitung.

Man erhält so den ungefähren Verlauf des Graphen der Ableitungsfunktion. Bei Bedarf kann man an einigen Stellen auch genauere Werte bestimmen durch Einzeichnen von Tangenten an den Graphen der Funktion.

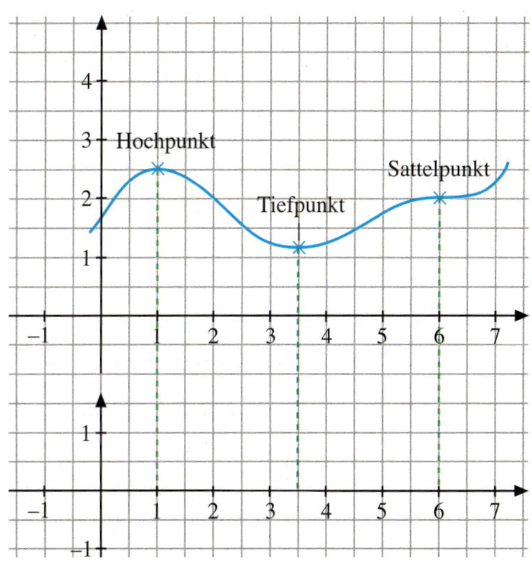

Aufgabe 2

Links- und Rechtskurven – Wendepunkte

Der Schottenring war eine der ältesten Rennstrecken in Hessen, die auch heute noch gelegentlich für Motorradrennen genutzt wird. Der Graph rechts zeigt einen Teil der Strecke. Fasse die Strecke als Graph einer Funktion auf. Skizziere zu dem Funktionsgraphen den Ableitungsgraphen. Erläutere Zusammenhänge zwischen beiden Graphen unter Berücksichtigung besonderer Punkte.

Lösung

Wir ermitteln den Graphen der Ableitungsfunktion durch grafisches Ableiten. An den Stellen mit Hoch- und Tiefpunkten des Funktionsgraphen sind Nullstellen des Ableitungsgraphen. Zwischen je zwei Nullstellen weist der Ableitungsgraph einen Hoch- oder Tiefpunkt auf. An der Stelle eines Extrempunktes des Ableitungsgraphen findet beim Funktionsgraph ein Wechsel von einer Kurve in die nächste statt. An einer solchen Stelle muss der Motorradfahrer den Lenker wenden.

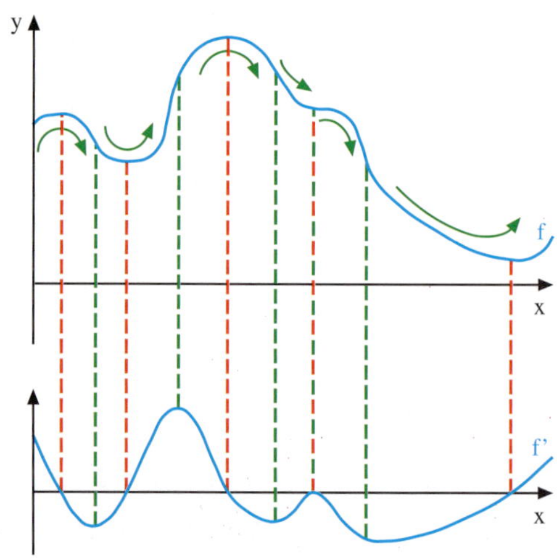

Information

Wendepunkt

An einer Stelle, an der bei einem Funktionsgraphen ein Übergang von einer Linkskurve in eine Rechtskurve stattfindet, hat dieser Graph eine maximale Steigung, da vor dieser Stelle die Ableitungswerte größer werden (monotones Steigen von f') und nach dieser Stelle die Ableitungswerte kleiner werden (monotones Fallen von f').

Entsprechend findet an einer Stelle mit minimaler Steigung ein Übergang von einer Rechtskurve in eine Linkskurve statt. Stellt man sich den Funktionsgraph als Verlauf einer Straße vor, so muss ein Fahrer an solchen Punkten mit Kurvenwechsel den Lenker wenden.

Daher bezeichnet man solche Punkte auch als *Wendepunkte*.

Definition

Ein Punkt, an dem ein Wechsel von einer Linkskurve in eine Rechtskurve eines Funktionsgraphen oder umgekehrt von einer Rechts- in eine Linkskurve stattfindet, heißt **Wendepunkt** des Graphen der Funktion. Die 1. Koordinate dieses Punktes nennt man auch **Wendestelle**.

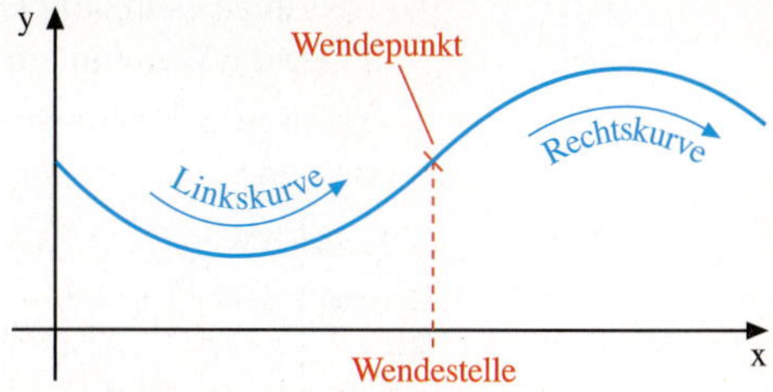

Ein Sattelpunkt ist also ein Wendepunkt, in dem die Steigung des Funktionsgraphen 0 beträgt.

Weiterführende Aufgaben

3. *Ermitteln eines Funktionsgraphen zu vorgegebener Ableitung*

Im unteren Koordinatensystem rechts siehst du den Graphen einer Ableitungsfunktion.

a) Übertrage in dein Heft und zeichne einen dazu passenden Graphen einer Funktion f.

b) Wie kannst du aus diesem Graphen weitere passende Funktionsgraphen erhalten?

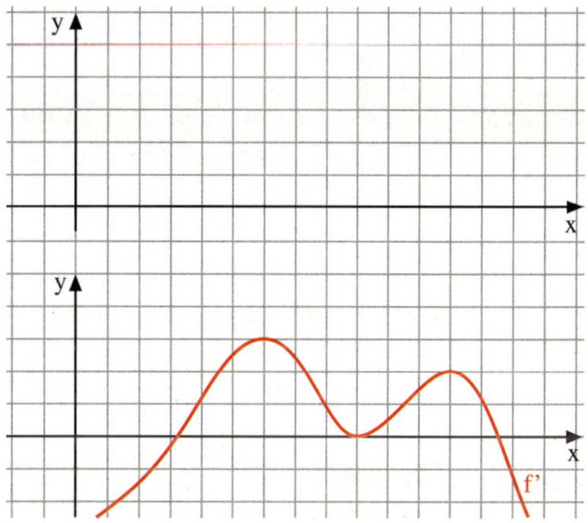

4. *Graph der Ableitungsfunktion mit einem Rechner bestimmen*

Will man den Graphen einer Funktion zusammen mit dem Graphen ihrer Ableitungsfunktion zeichnen, kann man im Y-Editor die Funktionsterme der Funktion und der Ableitungsfunktion eingeben.

Der Rechner bietet jedoch auch die Möglichkeit, den Graphen einer Ableitungsfunktion zu zeichnen, deren Term man nicht kennt. In diesem Fall bestimmt der Rechner die Ableitung näherungsweise mit dem Befehl **d(f(x),x)** aus dem **Math**-Menü unter *Calculus*. Dabei ist anzugeben:

- Der Funktionsterm f(x) der Funktion, deren Ableitung bestimmt werden soll.
- Die Variable, nach der abgeleitet werden soll, also hier x.
- Die Stelle, an der die Ableitung bestimmt werden soll, also hier auch x.

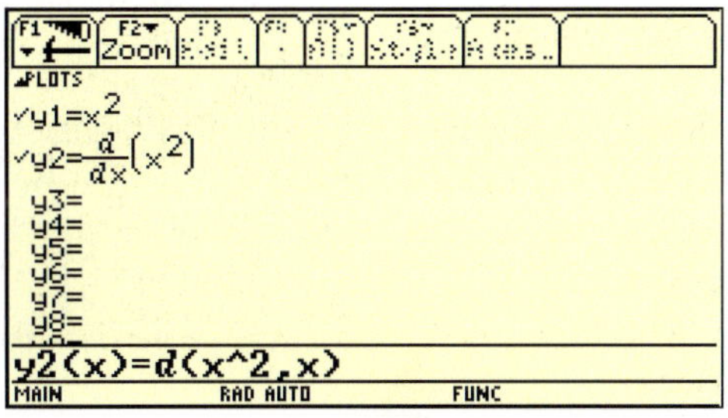

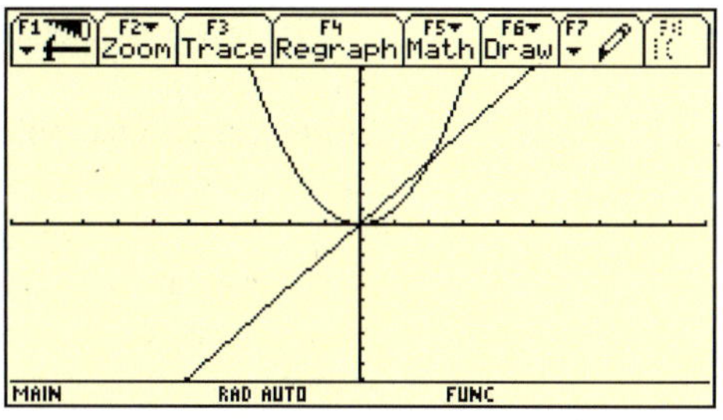

Führe dieses mit selbst gewählten Funktionen durch.

5. Das Diagramm zeigt das Höhenprofil einer Bergstraße.
Übertrage es in dein Heft und bestimme an mehreren Stellen die Steigung.
Trage die Werte in ein Koordinatensystem darunter ein und verbinde sie geeignet.
Vergleiche die beiden Graphen anhand besonderer Punkte miteinander.

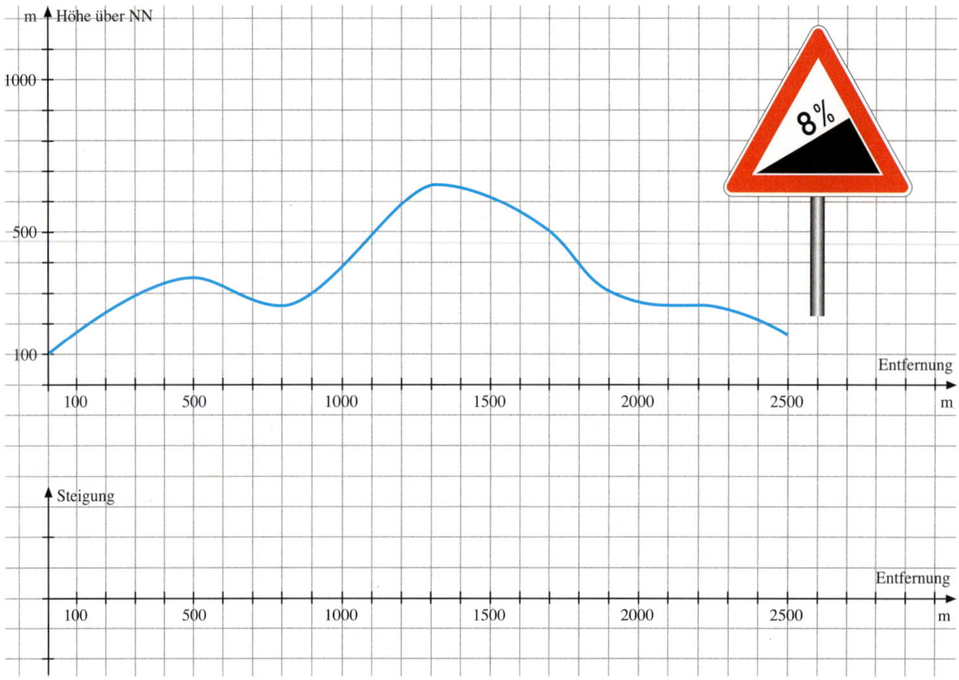

Übungsaufgaben **6.** *Partnerarbeit:*

Zeichne mit Kreide eine Kurve wie unten rechts auf den Schulhof, groß genug, sodass man sie mit einem Fahrrad abfahren kann.

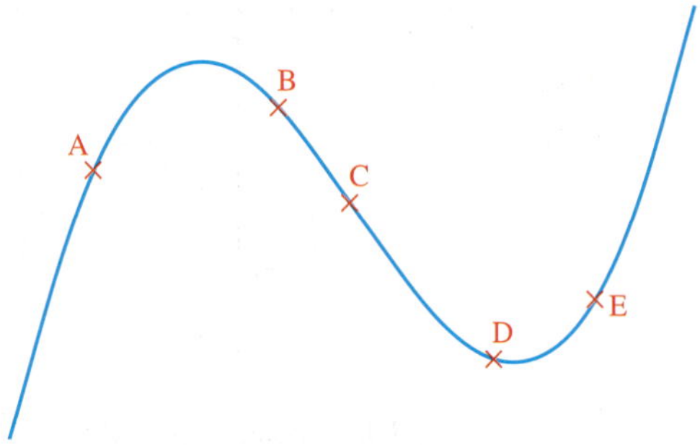

a) Ein Schüler fährt die Kurve mit seinem Rad ab. Beschreibt seine Lenkerstellung.

b) Skizziere anschließend die Kurve als Funktionsgraph in dein Heft und den dazugehörigen Graphen der Ableitungsfunktion. Vergleiche den Ableitungsgraphen mit der von euch beobachteten Lenkerstellung.

7. Übertrage den Funktionsgraphen in dein Heft und bestimme durch grafisches Ableiten in ein darunter gezeichnetes Koordinatensystem den Graphen der Ableitungsfunktion.

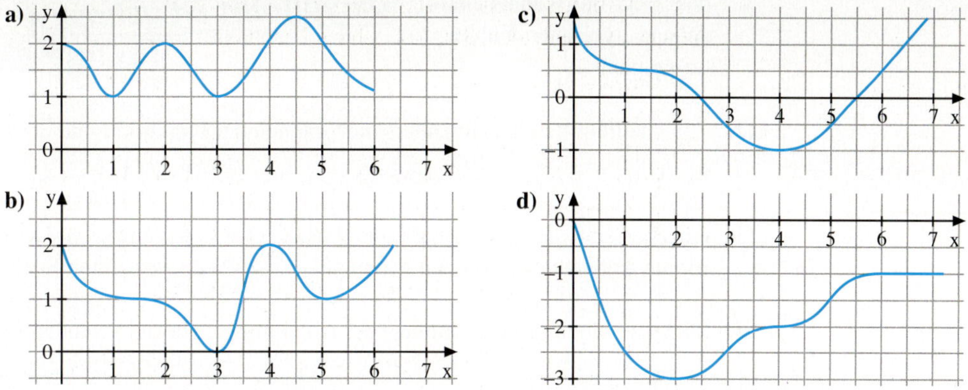

8. *Partnerarbeit:* Zeichne selbst Funktionsgraphen und lasse deinen Partner durch grafisches Differenzieren in einem darunter gezeichneten Koordinatensystem den Graphen der Ableitungsfunktion skizzieren. Tauscht die Rollen nach jedem Graphen.

9. In (1), (2) und (3) sind Graphen von Funktionen gezeichnet, in (A), (B) und (C) die Graphen ihrer Ableitungsfunktionen. Ordne zu und begründe deine Entscheidung.

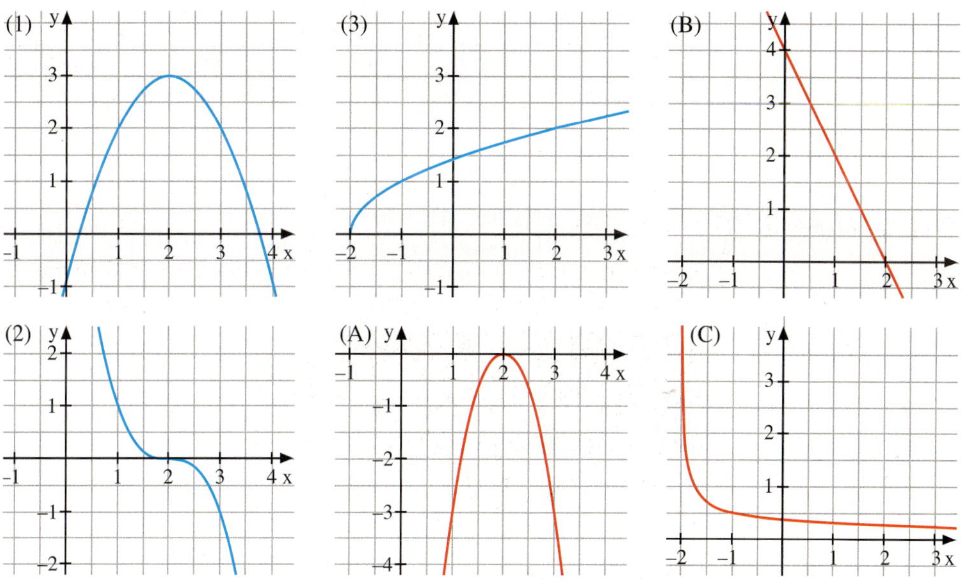

10. Rechts siehst du einen Ausschnitt aus der Superbike-WM-Rennstrecke in Salt Lake City in den USA.
Wie viele und welche Kurven sind abgebildet? Erläutere möglichst genau, wo Wendepunkte des abgebildeten Kurvenverlaufs liegen.

11. Gute oder schlechte Nachrichten? Erläutere mithilfe des Begriffs Wendepunkt anhand typischer Funktionsgraphen.

12. Zeichne mithilfe eines Rechners die Graphen der Funktion f und der Ableitungsfunktion f′.

a) $f(x) = x^3 + x^2$ **b)** $f(x) = x^2 - x$ **c)** $f(x) = 4x^2 + 2x$ **d)** $f(x) = -2x^2 + 3x$

13. Gegeben sind die Funktionen f und g mit $f(x) = x^3 - 2$ und $g(x) = x^3 + 4$. Gib eine Wertetabelle für die Ableitungsfunktionen f′ und g′ an. Verwende dazu einen Rechner. Was stellst du fest?

14. Skizziere einen zu dem Graphen der Ableitungsfunktion passenden Funktiosgraphen.

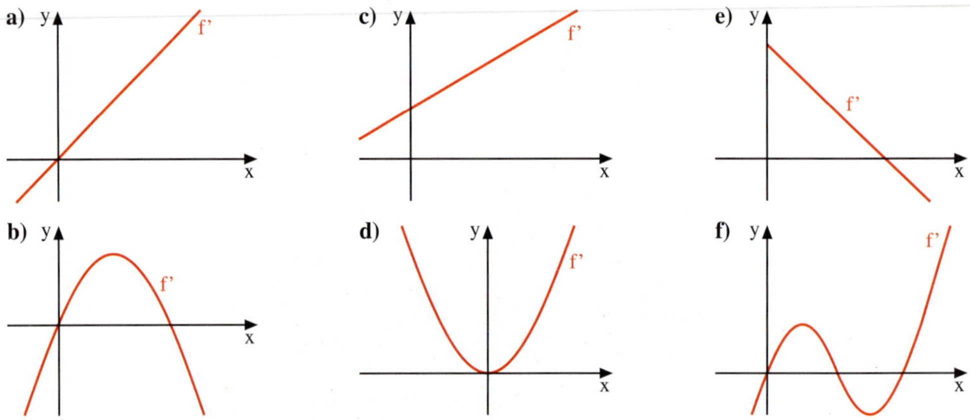

15. In der nebenstehenden Abbildung ist der Graph der 1. Ableitung f′ einer Funktion dargestellt.

a) An welchen Stellen hat die Funktion f Extrempunkte bzw. Wendepunkte?

b) Der Graph der Ausgangsfunktion f verläuft durch den Koordinatenursprung. Skizziere den Graphen von f.

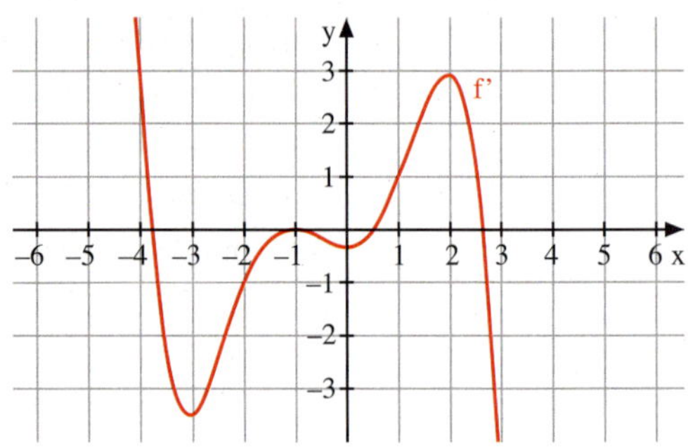

16. Das Diagramm zeigt eine kurze Autofahrt.

a) Berechne die Durchschnittsgeschwindigkeit während dieser Fahrt. Veranschauliche sie grafisch.

b) Ermittle einige Momentangeschwindigkeiten; zeichne den Graphen für *Zeit → Momentangeschwindigkeit.*

c) Stelle Zusammenhänge zum Graphen der Funktion *Zeit → Weg* her. Was fällt auf?

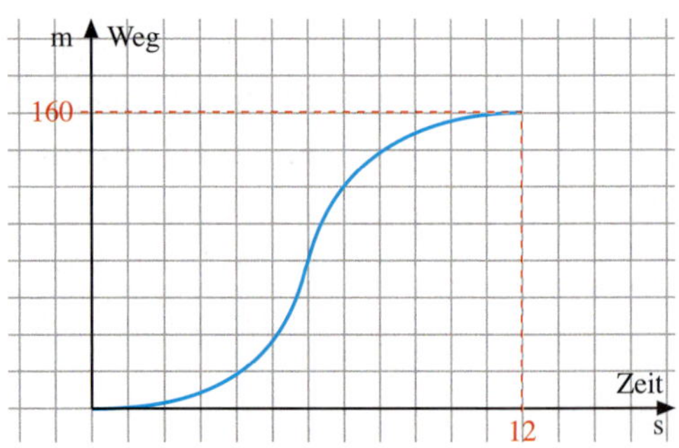

17. Rechts siehst du einen Graphen, der Marias Schulweg beschreibt.

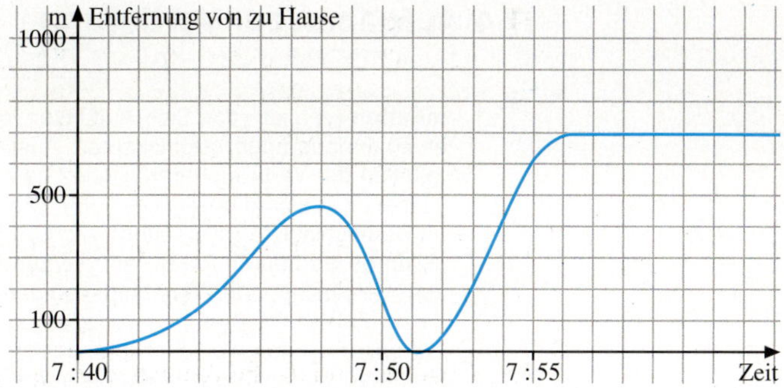

a) Welche Informationen kannst du daraus entnehmen?

b) Skizziere dazu den entsprechenden Graphen mit den jeweiligen lokalen Änderungsraten. Beschreibe ihn, auch im Zusammenhang zum obenstehenden Graphen.

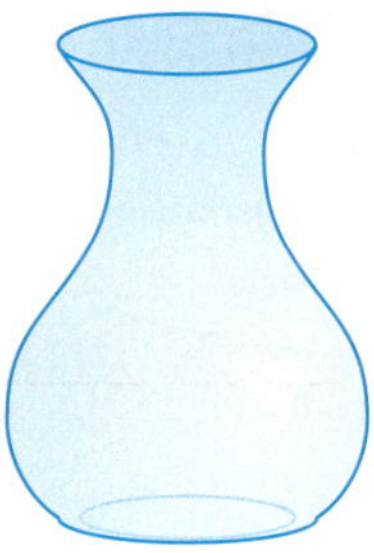

18. Betrachte zur Vase links die Funktion *eingefüllte Wassermenge (in ml) → Füllhöhe (in cm).*

a) Skizziere den Graphen dieser Funktion.

b) Skizziere auch den Graphen der zugehörigen lokalen Änderungsraten. Vergleiche beide Graphen.

19. Beim Test eines neuen Motorrad-Modells wurden die Beschleunigungswerte gemessen.

Beschleunigung	Zeit	Beschleunigung	Zeit
0 - 10 km/h	0,55 s	0 - 110 km/h	3,8 s
0 - 20 km/h	0,85 s	0 - 120 km/h	4,3 s
0 - 30 km/h	1,2 s	0 - 130 km/h	4,8 s
0 - 40 km/h	1,5 s	0 - 140 km/h	5,2 s
0 - 50 km/h	1,8 s	0 - 150 km/h	5,8 s
0 - 60 km/h	2,1 s	0 - 160 km/h	6,6 s
0 - 70 km/h	2,45 s	0 - 170 km/h	7,2 s
0 - 80 km/h	2,8 s	0 - 180 km/h	8,0 s
0 - 90 km/h	3,1 s	0 - 190 km/h	8,9 s
0 - 100 km/h	3,4 s	0 - 200 km/h	9,9 s

a) Zeichne den Graphen der Funktion *Zeit (in s) → erreichte Geschwindigkeit* $\left(\text{in } \frac{km}{h}\right)$. Beschreibe ihn.

b) Ermittle grafisch zu den angegebenen Zeitpunkten die lokalen Änderungsraten. Welche Bedeutung haben sie?

c) Zeichne einen Graphen für die lokale Änderungsrate in Abhängigkeit von der Zeit und beschreibe ihn.

20. Skizziere einen Funktionsgraphen, der genau folgende charakteristische Punkte besitzt:

a) einen Wendepunkt, aber weder Hochpunkt noch Tiefpunkt

b) einen Wendepunkt, einen Hochpunkt und einen Tiefpunkt

c) einen Wendepunkt, einen Hochpunkt und keinen Tiefpunkt

d) drei [zwei] Wendepunkte, aber weder Hochpunkt noch Tiefpunkt

e) zwei Tiefpunkte, einen Hochpunkt, zwei Wendepunkte

f) einen Tiefpunkt, keinen Hochpunkt, zwei Wendepunkte

7.4 Aufgaben zur Vertiefung

1. **Inflation** (von lat.:„das Sich-Aufblasen; das Aufschwellen") bezeichnet in der Volkswirtschaftslehre einen andauernden, „signifikanten" Anstieg des Preisniveaus. Am häufigsten wird zur Messung der Inflation der Verbraucherpreisindex herangezogen, der mithilfe eines Warenkorbs berechnet wird. Dieser ist in einem bestimmten Jahr (Basisjahr) repräsentativ für einen durchschnittlichen Haushalt (in Deutschland 2,3 Personen). Auf Grundlage dieses Warenkorbs und des damit festgelegten Basisjahres werden für jedes Jahr die Lebenshaltungskosten und daraus die prozentuale Steigerung zum Vergleichs- oder Vorjahr, die so genannte **Inflationsrate**, ermittelt. Probleme bei der Messung dieser Zahlen ergeben sich vor allem daraus, dass mit zunehmendem Abstand zum Basisjahr der Warenkorb immer weniger repräsentativ ist, da das Konsumentenverhalten sich permanent ändert. Im neuen Warenkorb von 2003 wurden u. a. Disketten durch CD-Rohlinge ersetzt, Schreibmaschinen entfernt und Laserdrucker sowie „Essen auf Rädern" hinzugefügt...

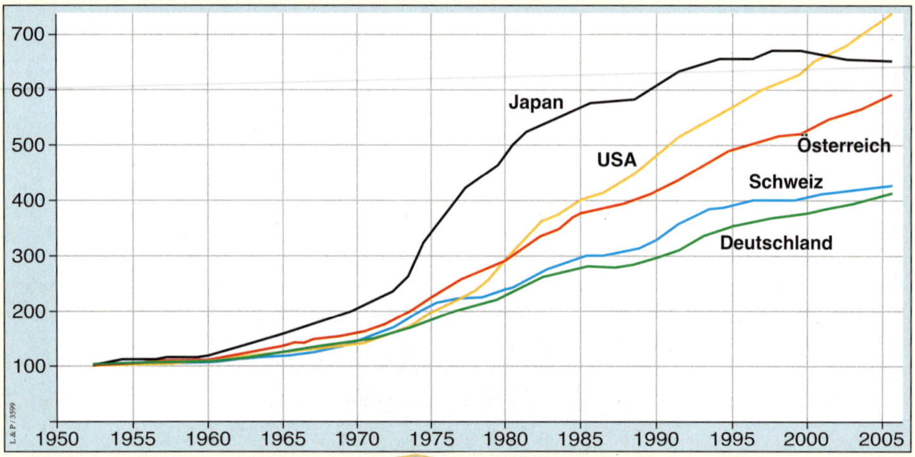

a) Berechne die durchschnittlichen jährlichen Inflationsraten in den angegebenen Ländern im Zeitraum von 2000 bis 2005.

b) Erläutere, wie man eine momentane Inflationsrate festlegen müsste und welche Bedeutung sie hätte.

2. Unten siehst du Diagramme zur Verschuldung der öffentlichen Haushalte in Deutschland.

a) Erläutere, in wieweit man die angegebene jährliche Neuverschuldung als eine Änderungsrate auffassen kann.

b) Vergleiche den Verlauf der beiden grafischen Darstellungen. Stelle dabei Zusammenhänge zwischen ihnen her.

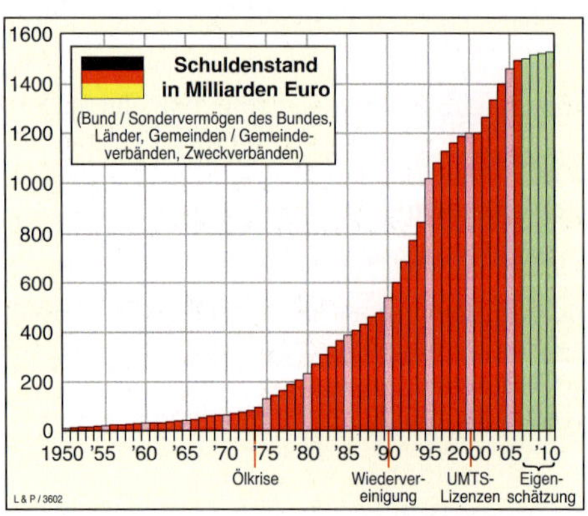

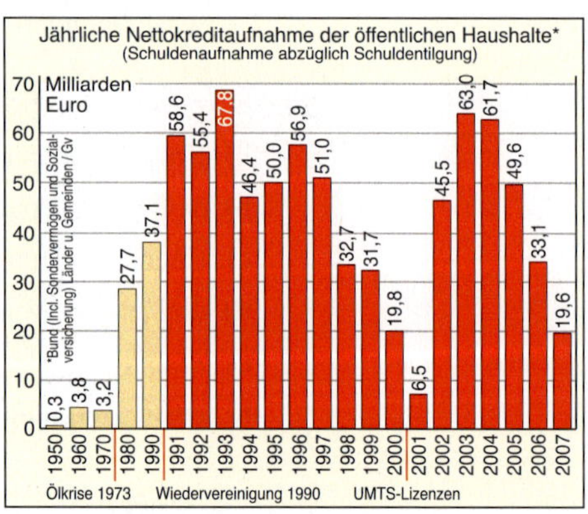

Bist du fit?

1. a) Bestimme die Änderungsrate der Lufttemperatur in den einzelnen Schichten der Atmosphäre.

b) Ermittle die lokale Änderungsrate in einer Höhe von 20 km.

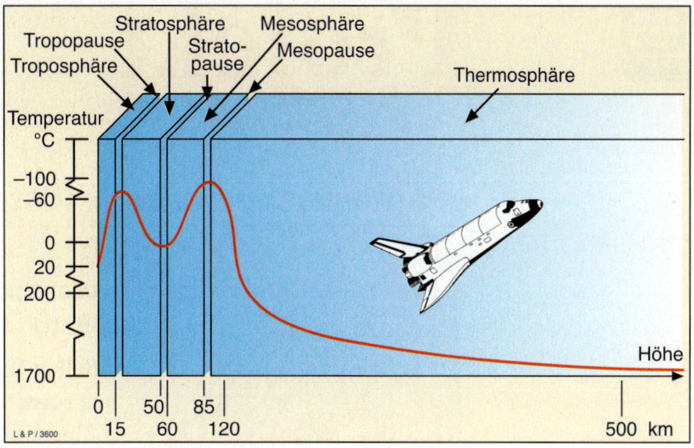

2. Bestimme die Steigung des Funktionsgraphen im Punkt P.

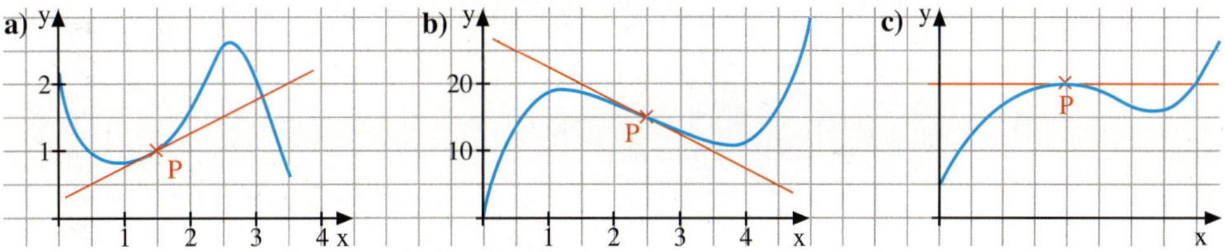

3. Skizziere den Graphen der zugehörigen Ableitungsfunktion f′ für $-4 \le x \le 10$.

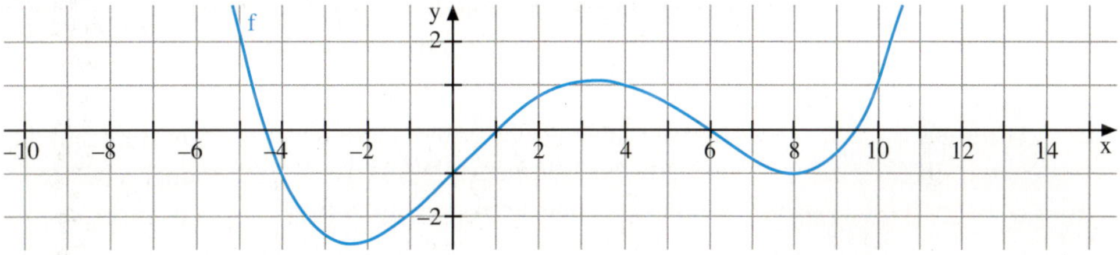

4. Zu welchem Graphen in den Fenstern (1), (2), (3) gehört der Graph der Ableitungsfunktion in den Fenstern (A), (B), (C)?

(1) 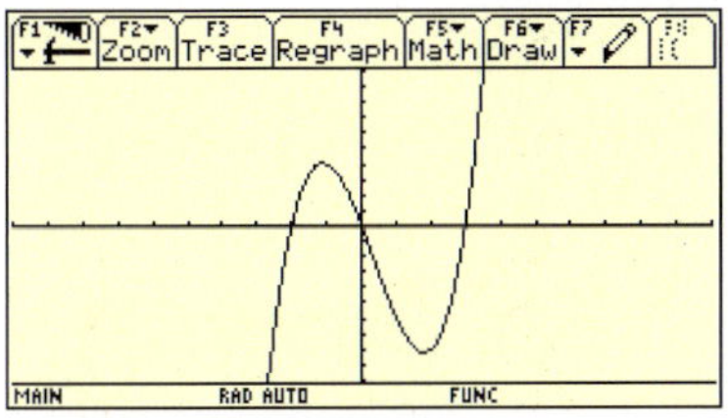

(2) 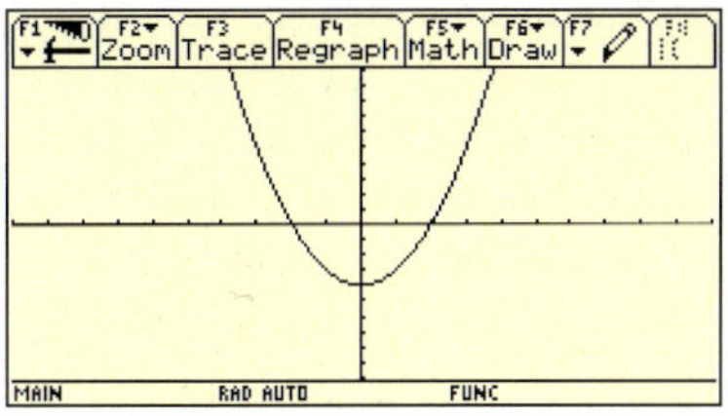

(3) 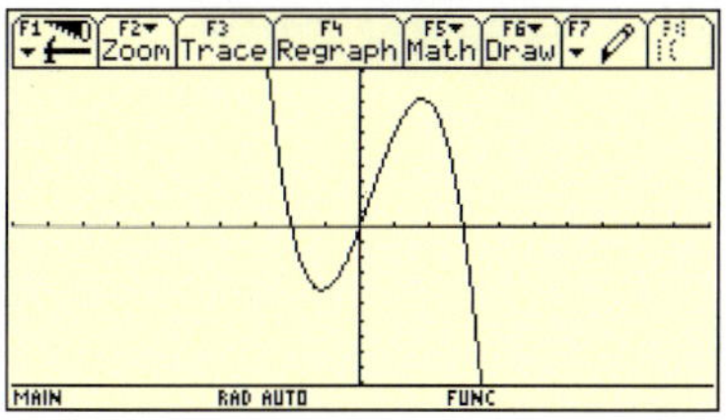

(A) 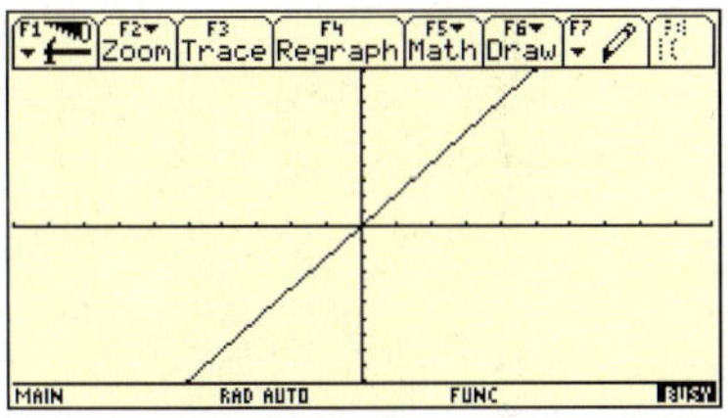

(B) 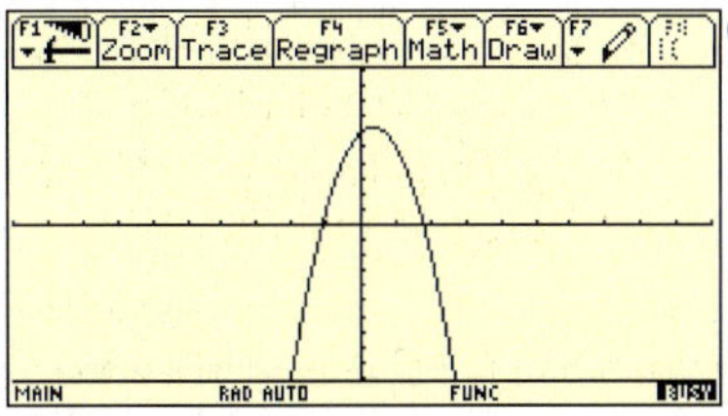

(C) 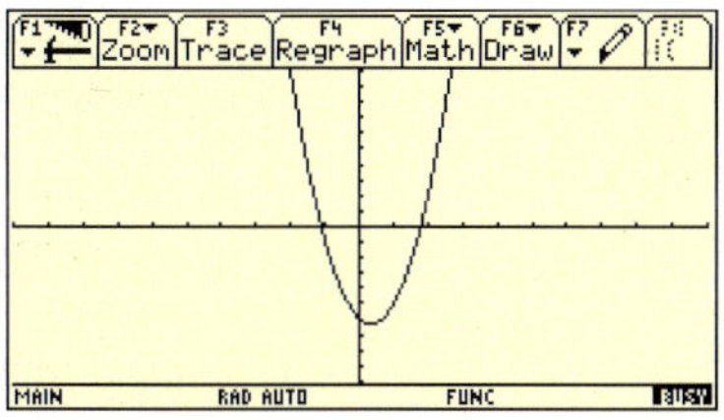

Projekt

Fantastische Körper – Platonische Durchdringungskörper

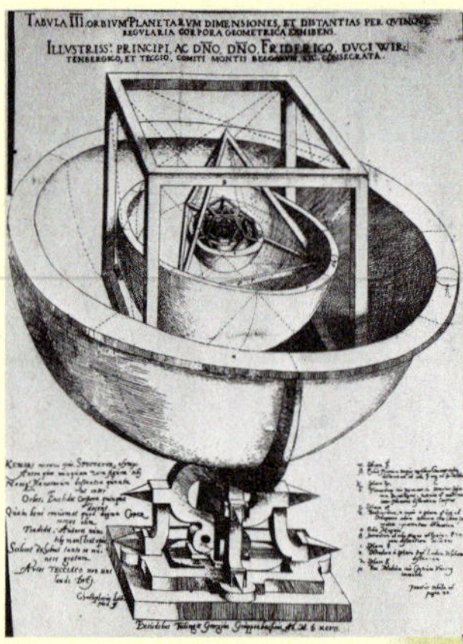

Vorschlag 1:
Platonische Körper in Philosophie und Physik

Schon Platon beschäftigte sich mit regulären Polyedern, er wollte sogar mit diesen Körpern die Welt erklären.
Johannes Kepler versuchte, mit diesen Körpern die Abstände zwischen den Bahnen der Planeten zu begründen.
Was waren das für Theorien? Versucht, etwas darüber herauszufinden.

Ihr habt euch vielleicht schon einmal mit dem Thema Platonische Körper beschäftigt. Nun seid ihr in der Mathematik ein gutes Stück vorangekommen und beherrscht schon Teile der Trigonometrie. Diese neu erworbenen Fähigkeiten können euch bei der Bearbeitung dieses Projektes helfen. Hier könnt ihr Körper nachbilden, die auch schon alte mathematische Meister fasziniert haben. Oder ihr erfindet selber ganz neue Körper, die sogar eure Lehrerin oder euer Lehrer vorher noch nie gesehen hat.
Es wäre schön, wenn ihr eure Durchdringungskörper in einer kleinen Aus-

Vorschlag 2:
Die Sternkörper der alten Meister

Sternkörper haben schon immer viele Künstler und Mathematiker fasziniert. So hatte der Nürnberger Wentzel Jamnitzer schon 1568 ein ganzes Buch über solche Körper gezeichnet. In der Basilika San Marco in Venedig findet man ein Mosaik eines kleinen Dodekaedersterns. Johannes Kepler und später Louis Poinsot hatten sich mit den Sternkörpern mathematisch beschäftigt. Ihr seht, ihr seid in bester Gesellschaft, wenn ihr euch für dieses Thema entscheidet.

Vorschlag 3:
Duale Körper

Duale Körper sind zwei Körper, die zunächst gleich viele Kanten haben, aber dort, wo der eine Ecken hat, hat der andere eine Seitenfläche und umgekehrt. Außerdem sind die Kanten orthogonal zueinander, wenn man die beiden Körper zusammen bringt. Möchtet ihr einmal so etwas probieren?

Vorschlag 4:
Platonische Mehrlinge

Versucht euch doch mal an der Berechnung und Herstellung platonischer Drillinge, Vierlinge oder sogar Fünflinge. Oder ihr probiert es einmal mit einem Ikosaederzwilling.

stellung im Schulgebäude zeigen könntet. Ihr könnt natürlich auch die Ergebnisse im Rahmen einer Vortragsrunde vor der Klasse präsentieren. Auch ein kleiner Artikel in der Lokalpresse über besonders interessante und spektakuläre Körpermodelle ist denkbar. Hier hilft vielleicht eure Deutschlehrerin oder euer Deutschlehrer.
Wir haben hier für euch ein paar Ideen und Fragen rund um das Durchdringungsprojekt vorbereitet, die ihr aufgreifen könnt. Im Internet findet ihr das Projekt unter
www.elemente-der-mathematik.de

Vorschlag 5:
Computerprogramme

Ihr habt bestimmt schon einmal Computergrafiken von mathematischen Körpern gesehen. Für die Erzeugung solcher Grafiken gibt es spezielle Software, die auch ohne große Programmierkenntnisse zu bedienen ist. Ihr könntet im Rahmen dieses Projektes mit geeigneten Computerprogrammen eigene Phantasiekörper oder spezielle Sternkörper nachbilden. Die Programme dazu findet ihr im Internet.

Vorschlag 6:
Phantastische Durchdringungen

Haben euch die bisherigen Vorschläge noch nicht überzeugt? Wollt ihr vielleicht ganze Entwicklungsreihen von Körpern darstellen? Möchtet ihr eigene Ideen entwickeln?
Wollt ihr anderes Material verwenden und nicht nur Fotokarton? Nur zu! Es gibt hier keine Grenzen.

Teste dich – Vermischte Übungen 1

1. **a)** Eine Normalparabel schneidet die x-Achse an den Stellen $x_1 = -5$ und $x_2 = 3$. Berechne die Koordinaten des Tiefpunktes und den Schnittpunkt der Parabel mit der y-Achse.

b) Wo schneidet die Parabel die x-Achse, wenn sie um 15 Längeneinheiten nach oben verschoben wird?

2. Zeichne die Graphen zu $f_1(x) = 2^x$, $f_2(x) = 0{,}5 \cdot 2^x$ und $f_3(x) = 2 \cdot 2^x$ in ein Koordinatensystem. Wie entstehen die Graphen von f_2 und f_3 aus dem Graphen zu f_1?

3. Die Maße eines rechteckigen Bilderrahmens werden mit 15 cm und 21 cm angegeben.

a) Wie lang sind die Diagonalen?

b) Unter welchem Winkel schneiden sich die Diagonalen?

4. Gib zum Graphen eine mögliche Funktionsgleichung, die Periode sowie die Amplitude an.

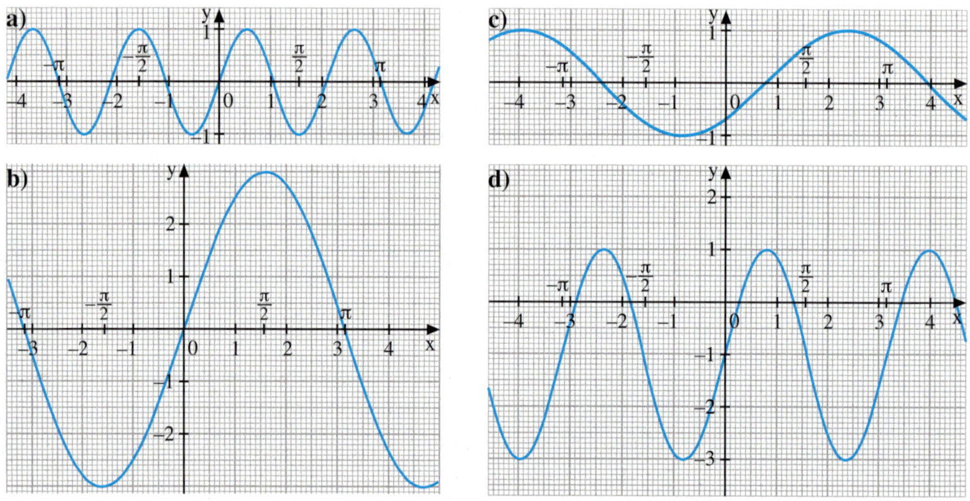

5. Alle Kanten einer quadratischen Pyramide sind 4 cm lang.

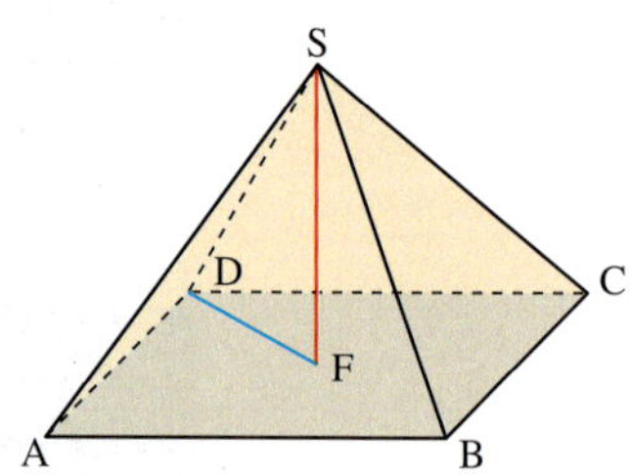

a) Wie groß ist der Oberflächeninhalt der Pyramide?

b) Bestimme die Entfernung des Fußpunkts F der Höhe von den Ecken der Pyramide.

6. Forme um in einen Term mit nur einer Wurzel:

a) $\sqrt{2} \cdot \sqrt[4]{2}$ **b)** $\sqrt[3]{2} : \sqrt[4]{3}$ **c)** $\sqrt{2 \cdot \sqrt[4]{3}}$

7. Aus einem ersten Gefäß mit 100 *l* Wasser wird zur Bewässerung von Gemüse mit einer Pumpe 8,5 Liter pro Stunde abgepumpt. Zur gleichen Zeit beginnen aus einem zweiten Gefäß, das am Anfang ebenfalls 100 *l* Wasser enthält, in jeder Stunde 20 % des Wasservorrats herauszufließen.

a) Wann jeweils ist in den Gefäßen nur noch 1 *l* Wasser?

b) Wann ist in beiden Gefäßen nach dem Beginn der Bewässerung gleich viel Wasser?

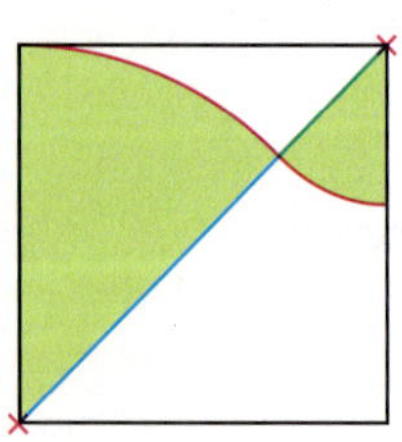

8. Welcher Anteil der Figur links ist gefärbt?

Teste dich – Vermischte Übungen 2

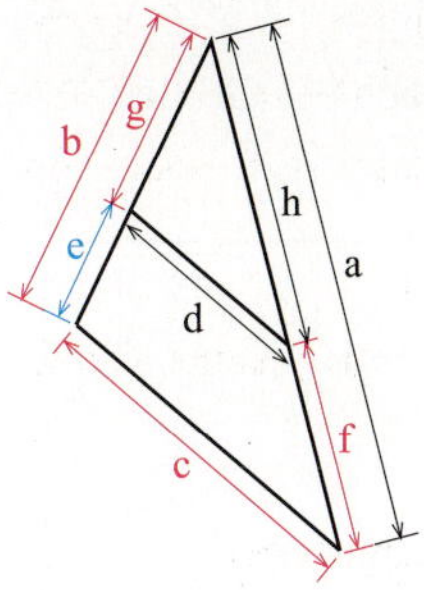

1. Bestimme den Exponenten x so, dass gilt: **a)** $2^x = \frac{1}{16}$ **b)** $15 \cdot 3^x = \frac{5}{9} \cdot 27^2$

2. In der skizzierten Figur sind die Strecken d und c zueinander parallel. Weiterhin gilt:
a = 5 cm; d = 2 cm; h = 3 cm; e = 1,2 cm.
Bestimme die Längen der übrigen Strecken.

3. Gegeben ist die quadratische Funktion f durch die Gleichung $y = 0{,}5\,(x + 2)^2 - 8$.

a) Gib den Scheitelpunkt des Graphen an und zeichne den Graphen.

b) Verändere die Funktionsgleichung so, dass
(1) nur positive Funktionswerte vorkommen;
(2) alle nichtnegativen Zahlen, aber keine negativen Zahlen als Funktionswerte vorkommen;
(3) die zugehörige Parabel nur die negative x-Achse schneidet;
(4) die zugehörige Parabel durch den Ursprung verläuft.

4. Löse: **a)** $x - 2x + 1 = 0$ **b)** $x^2 - 2x^2 + 1 = 0$ **c)** $x^2 - 2x + 1 = 0$

5. Ein Elektronikmarkt verkauft in einer Sonderaktion günstige DVDs und CDs jeweils zu festen Preisen. Daniel kauft 5 DVDs und 3 CDs zum Preis von 95 €. Larissa muss für 7 CDs 3 € mehr als Michael für seine beiden DVDs zahlen. Anne kann sich für 26 € eine DVD und 2 CDs leisten. Untersuche, ob bei einem der Rechnungsbeträge ein Fehler vorliegt.

6. Die Bevölkerung eines Landes ist innerhalb der letzten 10 Jahre von 50 Millionen auf 59 Millionen Menschen gestiegen.

a) Wie groß ist die Änderungsrate für diesen Zeitraum?

b) Welche Bevölkerungszahl erwartet man in zwei Jahren, wenn man von einem linearen Wachstum ausgeht?

c) Welche Bevölkerungszahl erwartet man in zwei Jahren, wenn man von einem exponentiellen Wachstum ausgeht?

7. In der Ecke A einer quaderförmigen Schachtel, die 8 cm breit, 8 cm tief und 16 cm hoch ist, sitzt eine Ameise.
Wie lang ist der kürzeste Weg, wenn die Ameise von der Ecke A in die Ecke B gelangen will?

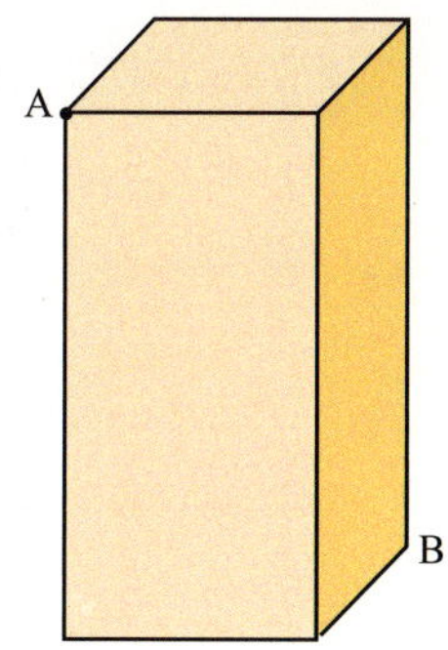

8. Gegeben ist ein Quadrat mit der Seitenlänge a. Über den vier Seiten des Quadrats werden gleichschenklige Dreiecke errichtet, deren Höhe so groß wie die Quadratseite ist.

a) Zeichne eine entsprechende Figur mit a = 3 cm.

b) Wie groß ist der Flächeninhalt der Figur mit a = 3 cm?

c) Wie hängt der Flächeninhalt der Figur von der Seitenlänge a ab? Gib die entsprechende Funktionsgleichung an.

d) Welche Länge muss die Quadratseite a haben, damit die Figur 60 cm^2 groß ist?

Teste dich – Vermischte Übungen 3

1. Gegeben ist die Zahl a in Normdarstellung durch $a = 9{,}81 \cdot 10^{-3}$.
Bestimme $2a$, $\frac{a}{2}$, a^2, $\sqrt{a}$ jeweils in Normdarstellung. Ordne die Ergebnisse nach der Größe.

2. Gegeben ist ein Muster in einem Rechteck ABCD mit $|AB| = 8$ cm, $|BC| = 5$ cm. Berechne den Flächeninhalt des kleinen Quadrats.

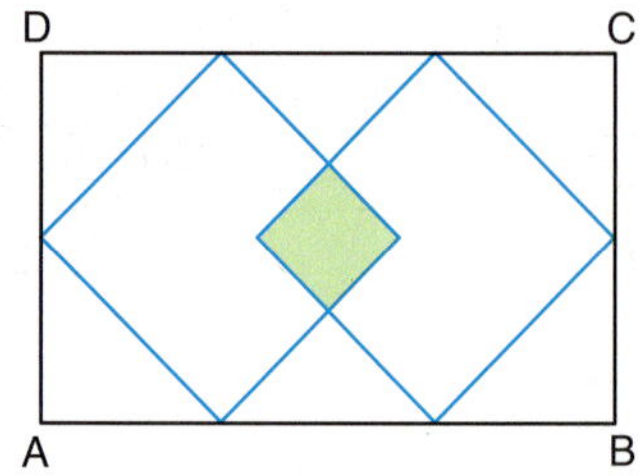

3. In einem Koordinatensystem bilden die Punkte $A(-3|4)$; $B(11|2)$; $C(9|-12)$ ein Dreieck.

a) Welche Dreieckseite ist am längsten?

b) Welcher Dreieckswinkel ist am größten?

4. a) Ein Taschenrechner zeigt für $\sqrt{7}$ den Wert 2,6457513 an. Begründe, wieso der angezeigte Wert nicht exakt sein kann.

b) Gib jeweils eine reelle Zahl an, sodass ihr Produkt mit $\sqrt{7}$ exakt
(1) den Wert 14 hat; (2) den Wert $-\sqrt{14}$ hat; (3) den Wert $\frac{1}{\sqrt{7}}$ hat.

5. Eine Gleichung der Form $x^2 + 3x + q = 0$ hat als eine Lösung 2. Wie heißt die zweite?

6. Skizziere den Graphen der Ableitungsfunktion zum Funktionsgraphen rechts.

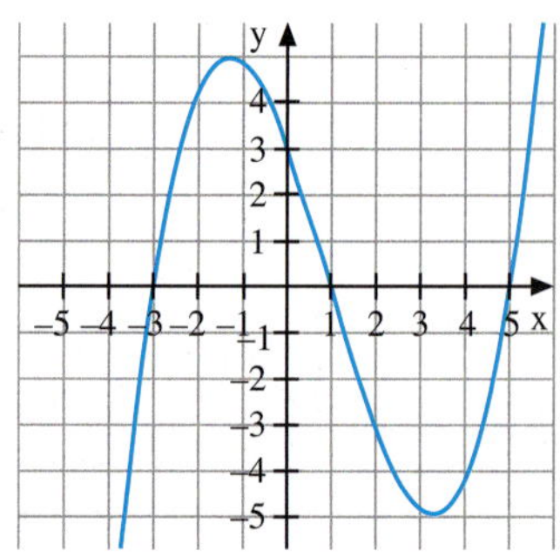

7. Ein Turm, der ein regelmäßiges Sechseck mit der Seitenlänge $a = 2$ m als Querschnitt hat, soll als Dach eine Pyramide von 8 m Höhe erhalten.
Wie viel Blech wird für das Dach gebraucht, wenn man 10 % der errechneten Fläche für Überlappung hinzuschlägt?

8. Für wissenschaftliche Untersuchungen wurden Fliegen gezüchtet, die sich exponentiell vermehren. Nach 2 Tagen wurden 144 Fliegen gezählt, nach 13 Tagen waren es 1 070 Fliegen.

a) Bestimme eine Funktion, die das Wachstum beschreibt. Wie viele Fliegen waren es am Anfang? Um wie viel Prozent nimmt die Anzahl der Fliegen an einem Tag zu?

b) Wie viele Fliegen könnte man nach 8 Tagen entnehmen, ohne dass der Bestand unter den nach 7 Tagen fällt?

c) Nach 20 Tagen werden 90 % der Fliegen entnommen. Nach wie viel Tagen sind es wieder so viele Fliegen wie nach den ersten 20 Tagen?

9. Betrachte die Graphen der Exponentialfunktion f mit $f(x) = 2^x$, der quadratischen Funktion g mit $g(x) = x^2 + 1$ und der linearen Funktion h mit $h(x) = 2x + 1$. Alle drei Graphen gehen durch den Punkt $P(0|1)$.

a) Bestimme das Intervall, in dem der Graph von f unter dem Graph von g liegt.

b) Bestimme das Intervall, in dem der Graph von h unter dem Graph von g liegt.

Teste dich – Vermischte Übungen 4

1. Der Bodensee hat bei einem mittleren Wasserstand eine $540\ \text{km}^2$ große Fläche und ein Wasservolumen von $5 \cdot 10^{10}\ \text{m}^3$. Davon hat der Untersee eine $63\ \text{km}^2$ große Fläche und beinhaltet $1{,}7 \cdot 10^9\ \text{m}^3$ Wasser. Im Frühjahr kann es vorkommen, dass das Wasser im Obersee des Bodensees an einem Tag um 5 cm steigt.

a) Um wie viel Liter etwa hat dann das Wasser im Obersee zugenommen?

b) Um wie viel Prozent hat sich so das Wasservolumen des Obersees verändert?

2. Gib drei verschiedene quadratische Funktionen an, deren Parabeln Scheitelpunkte im zweiten Quadranten haben.

3. Gegeben ist die Funktion f mit $f(x) = \cos(2x + 2)$.

a) Bestimme alle Nullstellen von f. **b)** Gib alle Hochpunkte von f an.

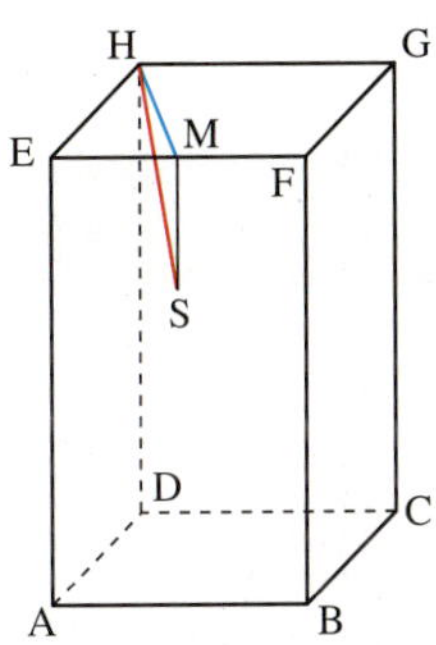

4. Eine quadratische Säule hat ein Grundquadrat ABCD mit einer Seitenlänge von 10 cm und eine Höhe von 17 cm. Der Punkt M ist Mittelpunkt der Kante $\overline{EF}$; der Punkt S liegt 2 cm unter M.

a) Wie groß ist die Entfernung $|HM|$?

b) Die Punkte H und S werden auf der Oberfläche des Körpers durch eine Schnur kürzester Länge verbunden. Wie lang wird diese Schnur?

5. Bei einem Fernsehquiz werden den Kandidaten zu jeder Frage vier Antworten angeboten, von denen eine richtig ist.
Kandidat A hat noch drei Fragen vor sich, um einen Gewinn von 16 000 € zu erreichen. Alle so genannten Joker hat er schon verspielt. Bei jeder der drei Fragen erscheinen ihm alle Antworten gleich plausibel, sodass er auf Raten angewiesen ist. Bei einer falschen Antwort ist für ihn das Spiel zu Ende.
Wie groß ist für Kandidat A die Wahrscheinlichkeit den Gewinn von 16 000 € zu erreichen?

6. A: $\log(2) + \log(3) = \log(5)$ B: $3 \cdot \log(2) = \log(6)$ C: $\log(1) \cdot \log(2) = \log(2)$ D: $\log\left(\frac{1}{2}\right) = \frac{1}{\log(2)}$

a) Begründe, dass alle vier Umformungen falsch sind.

b) Forme die Terme der jeweils linken Seite korrekt um.

7. Um die Höhe eines Turms zu bestimmen, werden ein 1,80 m langer Stab $\overline{AD}$ und ein 3 m langer Stab $\overline{BF}$ so aufgestellt, dass man über sie den oberen Rand eines Turms anpeilen kann. In diesen Positionen beträgt der Abstand der Stäbe $|AB| = 1{,}80$ m. Man misst dann den Abstand des längeren Stabs vom Turm und erhält: $|BC| = 21{,}60$ m.
Berechne die Höhe des Turms.

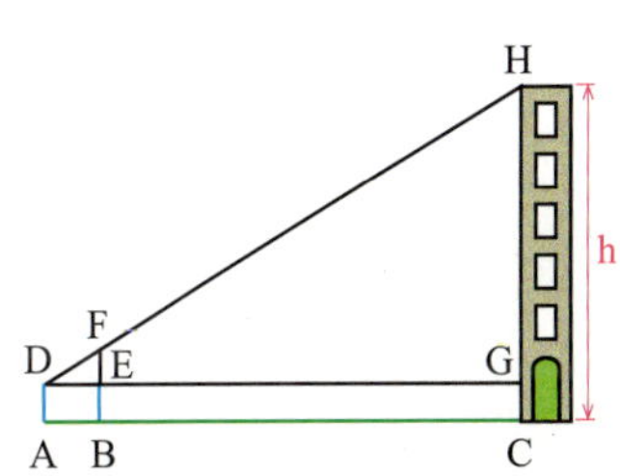

Teste dich – Vermischte Übungen 5

1. Ordne die Graphen den Funktionen zu.

a) $f(x) = -0{,}5^x$ **d)** $f(x) = 0{,}5^x$

b) $f(x) = -3x^2$ **e)** $f(x) = -2x^3$

c) $f(x) = -2^x$ **f)** $f(x) = 2^x$

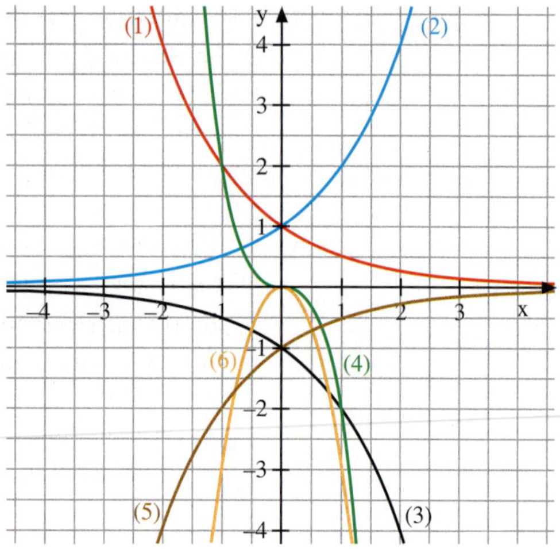

2. Von dem Mathematiker Leonhard Euler (1707–1783) stammt folgende Aufgabe: Man gebe zwei Zahlen an, von denen die eine doppelt so groß wie die andere ist. Addiert man die Summe der beiden Zahlen zu ihrem Produkt, so erhält man 90.

SMS
Short Message Service

3. In einer Clique schickt jeder jedem am Morgen eine SMS zu. Es werden täglich 56 SMS verschickt. Wie groß ist die Clique?

4. Direkt neben einem Baum steht ein 1,80 m großer Mann mit einem 2,50 m langen Schatten. Wie hoch ist der Baum, wenn dessen Schatten 9 m lang ist?

5. Gib zwei Symmetrien der Sinusfunktion und zwei Symmetrien der Kosinusfunktion an.
Beschreibe diese Symmetrien mit jeweils einer Gleichung.

6. Bei den rechtwinkligen Dreiecken ABC und A′B′C in der Zeichnung ist der rechte Winkel in der Ecke C. Die Winkel in den Ecken A und A′ sind gleich groß, ebenso die Winkel in den Ecken B und B′. Eine Kathete des Dreiecks A′B′C ist 9 cm lang und eine Kathete des Dreiecks ABC ist 16 cm lang. Die anderen beiden Katheten sind gleich lang. Berechne alle Seitenlängen und Winkel der Dreiecke.

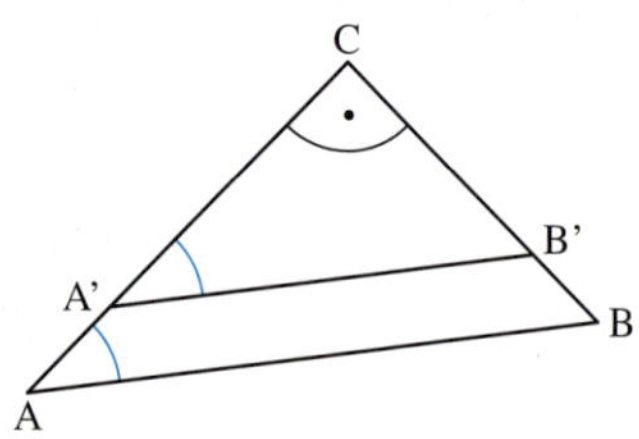

7. Auf einen Würfel mit der Kantenlänge a ist eine quadratische Pyramide mit lauter gleich langen Kanten aufgesetzt.

a) Um wie viel Prozent ist das Volumen des Gesamtkörpers größer als das Volumen des Würfels?

b) Um wie viel Prozent ist die Oberfläche des Gesamtkörpers größer als die Oberfläche des Würfels?

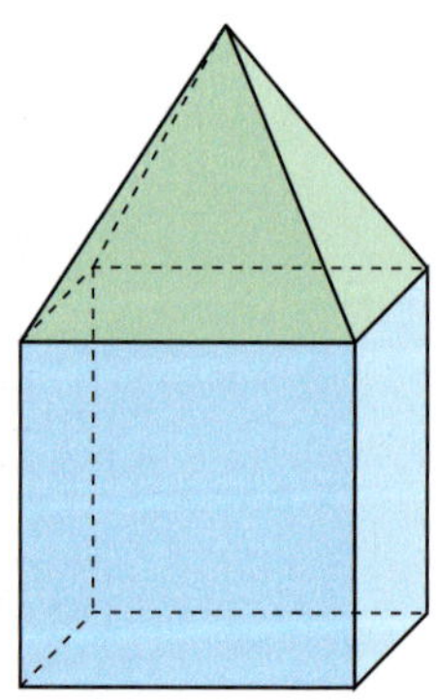

8. Berechne den Flächeninhalt der Figur links.

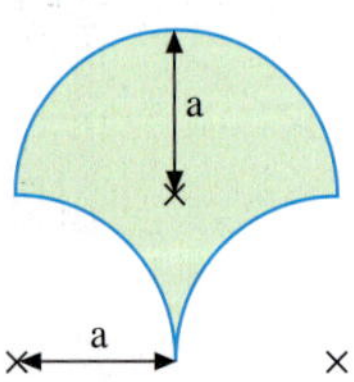

Teste dich – Vermischte Übungen 6

1. Die Abbildung zeigt die Graphen einer Funktion und ihrer Ableitungsfunktion. Welcher Graph gehört zur Funktion, welcher zur Ableitungsfunktion? Begründe deine Entscheidung.

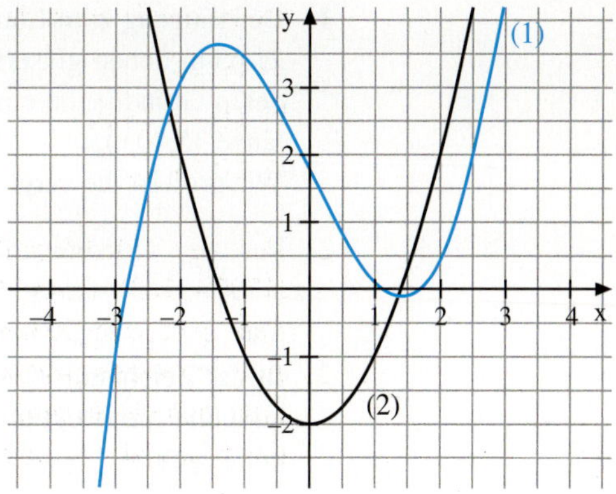

2. a) Löse die Exponentialgleichung $4 \cdot 1{,}1^x = 6$.

b) Ende 2005 wurde die Weltbevölkerung auf 6,56 Milliarden Menschen geschätzt. Wie viel Jahre wird es bei einem Wachstumsfaktor von 1,012 dauern, bis die Weltbevölkerung auf 7,56 Milliarden Menschen angewachsen ist?

3. Zeige, dass in einem ebenem Koordinatensystem die Punkte $P(1|2)$, $Q(3|3)$, $R(-1|1)$ auf einer Geraden liegen.

4. Bei einem Stoppschild betragen die Längen der Seiten 37,0 cm. Das Schild ist 3 mm dick. Berechne die Größe der Oberfläche und das Volumen des Schildes.

5. Bestimme die Lösungsmenge der Gleichung

a) $4x^2 - 100 = 0$ **b)** $x^2 + 6x - 18 = 9$ **c)** $5 = \frac{3}{\sqrt{x}}$

6. Gib zum Graphen eine mögliche Funktionsgleichung, die Periode sowie die Amplitude an.

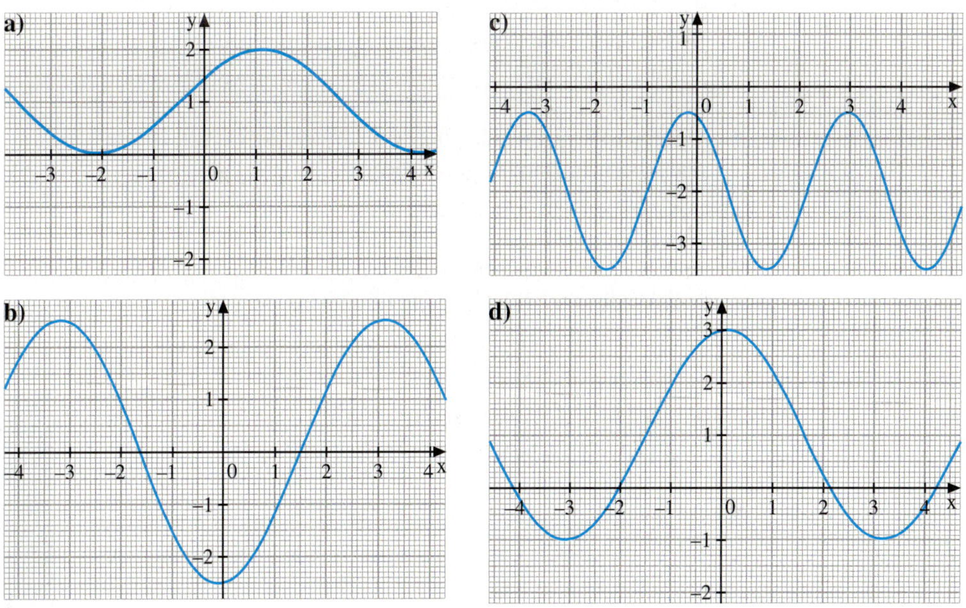

Teste dich – Vermischte Übungen 7

1. Der Eingang zum Louvre in Paris ist mit einer 21,65 m hohen gläsernen Pyramide überdacht, deren Grundfläche ein Quadrat mit der Seitenlänge 35,40 m.
Wie groß ist die verglaste Fläche?

2. In der Zeichnung sind die Graphen von zwei Funktionen gegeben.

a) Gib, wenn möglich, Funktionsterme für die Graphen an.

b) Bestimme die Koordinaten eines Schnittpunkts der Graphen.

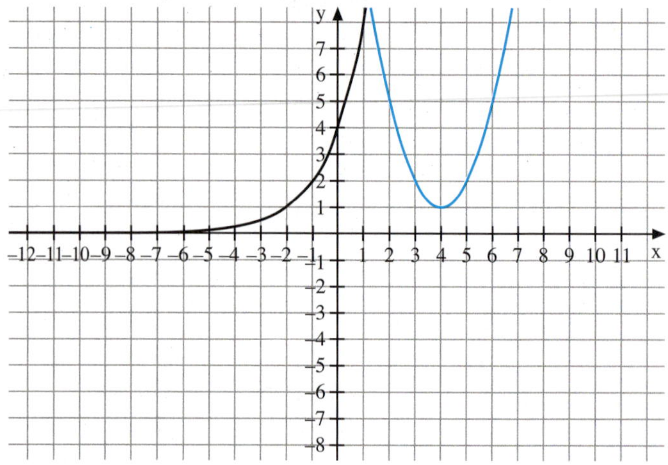

3. Welche Potenzen mit natürlichen Exponenten werden kleiner, wenn man den Exponenten vergrößert?

4. **a)** Bestimme alle $x \in \mathbb{R}$ mit $\sin(x) = 0{,}4794$.

b) Bestimme alle Winkelgrößen α (im Gradmaß) mit $\sin(\alpha) = 0{,}4794$.

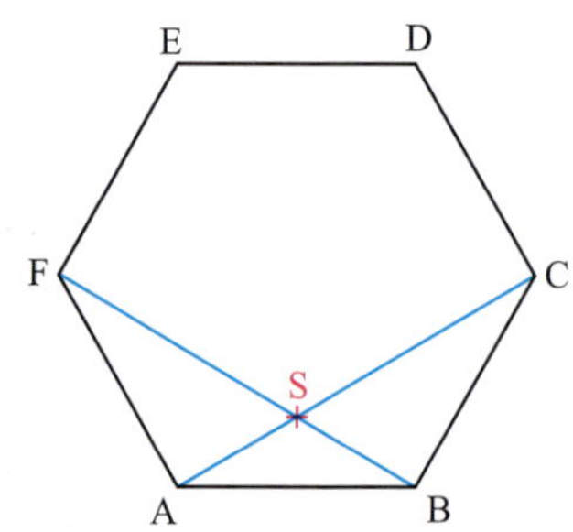

5. Gegeben ist ein regelmäßiges Sechseck ABCDEF. In welchem Verhältnis teilt S die Strecke $\overline{AC}$?

6. Der Graph einer quadratischen Funktion f geht durch die Punkte $P(1|3)$, $Q(2|8)$, $R(3|11)$.
Untersuche, ob f einen Hochpunkt oder einen Tiefpunkt hat.

7. Ein Turm besteht aus einem Zylinder mit aufgesetztem Kegel. Der Grundkreisradius beträgt 5 m, die Gesamthöhe 20 m und der Rauminhalt 1 000 m³.
Wie hoch ist der Zylinder, wie hoch der Kegel?

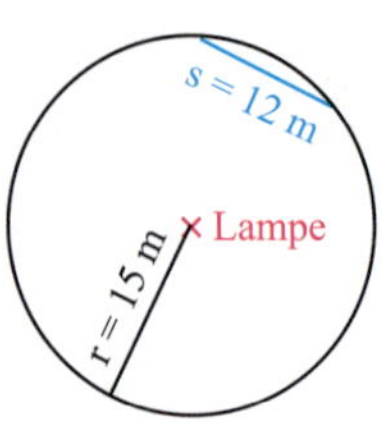

8. In der Mitte eines kreisförmigen Beets mit dem Radius r = 15 m soll eine Lampe installiert werden. Der Schalter soll an einem Weg angebracht werden, der 12 m lang ist.
Wie lang muss die Leitung vom Schalter zur Lampe mindestens sein?

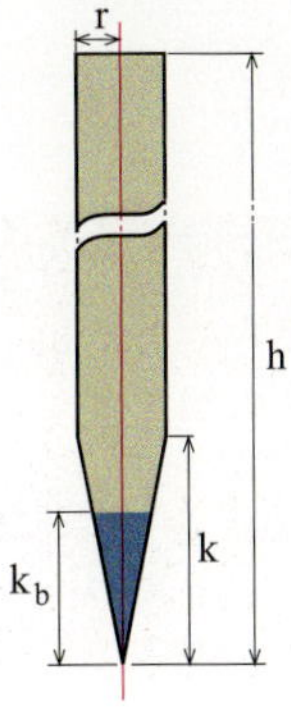

Teste dich – Vermischte Übungen 8

1. Ein Holzstab hat die Form eines senkrechten Kreiszylinders mit dem Radius r = 4 cm und der Länge h = 1 m. Durch Abschleifen wird der Holzstab zu einem Pfahl mit einer kegelförmigen Spitze mit der Länge k = 9 cm.

a) Bestimme das Volumen des Pfahls.

b) Der Pfahl wird so weit in die Erde gerammt, dass ein Fünftel seines Volumens unter der Erde ist.
Wie hoch ragt der Pfahl noch aus der Erde heraus?

c) Um die Spitze des Pfahls zu schützen, wurde ihr ein kegelförmiges Blechstück aufgesetzt. Die Höhe des Mantels beträgt $k_b = 6$ cm.
Wie groß ist die Fläche des Blechmantels?

2. Auf der Route eines Schwertransporters mit einer Yacht, die oben in einer Höhe von 17 m noch 8 m breit ist, liegt eine parabelförmige Brücke, die durchfahren werden muss. Die Scheitelhöhe der Brücke beträgt 20 m, ihre Spannbreite 30 m. Kann der Schwertransport problemlos die Brücke passieren?

3. Die Sichtweite auf dem Meer ist begrenzt, da die Erde näherungsweise die Form einer Kugel mit dem Radius 6 378 km hat. Die Sichtweite hängt von der Augenhöhe des Beobachters ab.

a) Auf einem Segelschiff befindet sich der Ausguck in 30 m über Meereshöhe. Wie groß ist die Sichtweite vom Ausguck aus?

b) Auf dem höchstem Leuchtturm Europas, dem „Phare de l'Ile Vierge“ in der Bretagne, befindet sich das Leuchtfeuer in 77 m Höhe. Aus welcher Entfernung auf dem Meer kann man das Leuchtfeuer sehen?

4. Schon vor etwa 2000 Jahren sollen griechische Mathematiker für bestimmte Quadratwurzeln aus natürlichen Zahlen näherungsweise Bruchzahlen angegeben haben.

$$\sqrt{x^2-1} \approx x - \frac{1}{2x-1} + \frac{1}{(2x-1)(2x+1)}$$

a) Zeige, dass man mit der obigen Formel die rationale Näherung $\sqrt{3} \approx \frac{26}{15}$ erhält.

b) Bestimme entsprechend eine Näherung für $\sqrt{8}$.

c) Leite aus der Näherung für $\sqrt{8}$ eine rationale Näherung für $\sqrt{2}$ ab.

5. Skizziere einen Funktionsgraphen, der

a) zwei Tiefpunkte und drei Hochpunkte aufweist;

b) einen Tiefpunkt und einen weiteren Punkt mit waagerechter Tangente, aber keinen Hochpunkt hat;

c) zwei Wendepunkte, aber weder Hoch- noch Tiefpunkt hat.

Bist du fit? – Lösungen

Seite 44

1. a) $\alpha = 90° - \beta = 76°$
$b = a \cdot \tan(\beta) \approx 1{,}7\ \text{cm}$
$c = \frac{a}{\cos(\beta)} \approx 7{,}2\ \text{cm}$
$u \approx 15{,}9\ \text{cm} \approx 16\ \text{cm}$
$A = \frac{1}{2}ab \approx 5{,}95\ \text{cm}^2 \approx 6\ \text{cm}^2$

b) $\gamma = 90° - \alpha = 46°$
$b = \frac{a}{\sin(\alpha)} \approx 6{,}3\ \text{cm}$
$c = \frac{a}{\tan(\alpha)} \approx 4{,}6\ \text{cm}$
$u \approx 15{,}3\ \text{cm}$
$A = \frac{1}{2}ac \approx 10{,}12\ \text{cm}^2 \approx 10\ \text{cm}^2$

c) $\beta = 90° - \gamma = 32°$
$b = a \cdot \cos(\gamma) \approx 98{,}04\ \text{m} \approx 98\ \text{m}$
$c = a \cdot \sin(\gamma) \approx 156{,}89\ \text{m} \approx 157\ \text{m}$
$u \approx 439{,}92\ \text{m} \approx 440\ \text{m}$
$A = \frac{1}{2}bc \approx 7\,690{,}31\ \text{m}^2 \approx 7\,690\ \text{m}^2$

d) $\alpha = 90° - \beta = 56°$
$a = c \cdot \cos(\beta) \approx 33{,}99\ \text{m} \approx 34\ \text{m}$
$b = c \cdot \sin(\beta) \approx 22{,}93\ \text{m} \approx 23\ \text{m}$
$u \approx 97{,}92\ \text{m} \approx 98\ \text{m}$
$A = \frac{1}{2}ab \approx 389{,}65\ \text{m}^2 \approx 390\ \text{m}^2$

e) $\alpha = 90° - \beta = 47°$
$a = \frac{b}{\tan(\beta)} \approx 90{,}1\ \text{cm} \approx 90\ \text{cm}$
$c = \frac{b}{\sin(\beta)} \approx 123{,}2\ \text{cm}$
$u \approx 297{,}2\ \text{cm} \approx 297\ \text{cm}$
$A = \frac{1}{2}ab \approx 3\,783{,}32\ \text{cm}^2 \approx 3\,783\ \text{cm}^2$

f) $\alpha = 90° - \gamma = 39°$
$a = \frac{c}{\tan(\gamma)} \approx 6{,}3\ \text{cm}$
$b = \frac{c}{\sin(\gamma)} \approx 10{,}0\ \text{cm}$
$u \approx 24{,}2\ \text{cm}$
$A = \frac{1}{2}ac \approx 24{,}63\ \text{cm}^2 \approx 25\ \text{cm}^2$

2. a) $b = a = 14\ \text{cm}$
$h_c = \sqrt{a^2 - \left(\frac{c}{2}\right)^2} \approx 11{,}1\ \text{cm}$
$\sin(\alpha) = \frac{h_c}{a} \approx 0{,}7946$, also $\alpha = \beta \approx 52{,}6°$
$\gamma = 180° - \alpha - \beta \approx 74{,}8°$
$A = \frac{1}{2}c \cdot h_c \approx 94{,}56\ \text{cm}^2 \approx 95\ \text{cm}^2$

b) $\alpha = \beta = (180° - \gamma) : 2 = 27°$
$a = b = \frac{\frac{c}{2}}{\cos(\alpha)} \approx 84{,}17\ \text{m}$
$h_c = \frac{c}{2} \cdot \tan(\alpha) \approx 38{,}21\ \text{m}$
$A = \frac{1}{2}c \cdot h_c \approx 2\,866{,}08\ \text{m}^2 \approx 2\,866\ \text{m}^2$

c) $\beta = \alpha = 77°$
$\gamma = 180° - \alpha - \beta = 26°$
$a = b = \frac{\frac{c}{2}}{\cos(\alpha)} \approx 51{,}12\ \text{m}$
$h_c = \frac{c}{2} \cdot \tan(\alpha) \approx 49{,}81\ \text{m}$
$A = \frac{1}{2}c \cdot h_c \approx 572{,}84\ \text{m}^2 \approx 573\ \text{m}^2$

d) $b = a = 67\ \text{m}$
$\alpha = \beta = (180° - \gamma) : 2 = 62{,}5°$
$c = 2 \cdot a \cdot \cos(\alpha) \approx 61{,}87\ \text{m}$
$h_c = a \cdot \sin(\alpha) \approx 59{,}43\ \text{m}$
$A = \frac{1}{2}c \cdot h_c \approx 1\,838{,}59\ \text{m}^2 \approx 1\,839\ \text{m}^2$

e) $b = a = 104{,}7\ \text{cm}$
$\beta = \alpha = 17°$
$\gamma = 180° - \alpha - \beta = 146°$
$c = 2 \cdot a \cdot \cos(\alpha) \approx 200{,}25\ \text{cm}$
$h_c = a \cdot \sin(\alpha) \approx 30{,}6\ \text{cm}$
$A = \frac{1}{2}c \cdot h_c \approx 3\,064{,}96\ \text{cm}^2 \approx 3\,065\ \text{cm}^2$

f) $\beta = \alpha = 36°$
$\gamma = 180° - \alpha - \beta = 108°$
$c = 2 \cdot \frac{h_c}{\tan(\alpha)} \approx 68{,}82\ \text{m}$
$a = b = \frac{h_c}{\sin(\alpha)} \approx 42{,}53\ \text{m}$
$A = \frac{1}{2}c \cdot h_c \approx 860{,}24\ \text{m}^2 \approx 860\ \text{m}^2$

Seite 44

3. **a)** $\alpha \approx 26°$ oder $\alpha \approx 154°$
$\alpha \approx 15°$ oder $\alpha \approx 165°$

b) $\alpha \approx 9°$ oder $\alpha \approx 171°$
$\alpha \approx 80°$ oder $\alpha \approx 100°$

c) $\alpha \approx 170°$
$\alpha \approx 48°$

d) $\alpha \approx 36°$
$\alpha \approx 98°$

4. **a)** $c = \sqrt{a^2 + b^2 - 2ab \cdot \cos(\gamma)} \approx 5{,}0$ cm

$\sin(\alpha) = \frac{a \cdot \sin(\gamma)}{c} \approx 0{,}9138$, also $\alpha = 66{,}0°$ ($\alpha = 114°$ entfällt; Winkelsummensatz)

$\beta = 180° - \alpha - \gamma \approx 47{,}0°$

b) $\sin(\alpha) = \frac{a \cdot \sin(\gamma)}{c} \approx 0{,}5359$, also $\alpha = 32{,}4°$ ($\alpha = 147{,}6°$ entfällt; Winkelsummensatz)

$\beta = 180° - \alpha - \gamma \approx 94{,}1°$

$b = \frac{c \cdot \sin(\beta)}{\sin(\gamma)} \approx 11{,}2$ cm

c) $\alpha = 180° - \beta - \gamma = 78{,}9°$

$b = \frac{a \cdot \sin(\beta)}{\sin(\alpha)} \approx 3{,}9$ cm

$c = \frac{a \cdot \sin(\gamma)}{\sin(\alpha)} \approx 3{,}2$ cm

d) $\gamma = 180° - \alpha - \beta = 74{,}4°$

$a = \frac{c \cdot \sin(\alpha)}{\sin(\gamma)} \approx 3{,}850 \text{ km} \approx 3{,}9$ km

$b = \frac{c \cdot \sin(\beta)}{\sin(\gamma)} \approx 4{,}822 \text{ km} \approx 4{,}8$ km

e) $a = \sqrt{b^2 + c^2 - 2bc \cdot \cos\alpha} \approx 4{,}959 \text{ km} \approx 5{,}0$ km

$\cos(\beta) = \frac{a^2 + c^2 - b^2}{2 \cdot a \cdot c} \approx -0{,}2459$, also $\beta = 104{,}2°$

$\gamma = 180° - \alpha - \beta \approx 39{,}4°$

f) $\cos(\alpha) = \frac{b^2 + c^2 - a^2}{2 \cdot b \cdot c} \approx 0{,}3066$, also $\alpha \approx 72{,}1°$

$\cos(\beta) = \frac{a^2 + c^2 - b^2}{2 \cdot a \cdot c} \approx 0{,}6419$, also $\beta \approx 50{,}1°$

$\gamma = 180° - \alpha - \beta \approx 57{,}8°$

g) $\sin(\alpha) = \frac{a \cdot \sin(\gamma)}{c} \approx 0{,}6769$, also $\alpha \approx 42{,}6°$ ($\alpha = 137{,}4°$ entfällt; Winkelsummensatz)

$\beta = 180° - \alpha - \gamma \approx 8{,}4°$

$b = \frac{c \cdot \sin(\beta)}{\sin(\gamma)} \approx 1{,}2$ cm

h) $\sin(\beta) = \frac{b \cdot \sin(\gamma)}{c} \approx 0{,}6728$

$\beta \approx 42{,}3°$ oder $\beta \approx 137{,}7°$

Man erhält also zwei zueinander nicht kongruente Dreiecke.

Für $\beta \approx 42{,}3°$ erhält man: $\alpha = 180° - \beta - \gamma \approx 109{,}5°$ und $a = \frac{c \cdot \sin(\alpha)}{\sin(\gamma)} \approx 11{,}8$ cm

Für $\beta \approx 137{,}7°$ erhält man: $\alpha = 180° - \beta - \gamma \approx 14{,}1°$ und $a = \frac{c \cdot \sin(\alpha)}{\sin(\gamma)} \approx 3{,}0$ cm

5. **a)** $\cos(\alpha) = \frac{6 \text{ m}}{7 \text{ m}} = \frac{6}{7}$, also $\alpha \approx 31°$

b) $h = \sqrt{(7 \text{ m})^2 - (6 \text{ m})^2} \approx 3{,}61 \text{ m} \approx 3{,}6$ m

6. $h = 8{,}72 \text{ m} \cdot \tan(46°) \approx 9{,}03 \text{ m} \approx 9$ m

7. $\tan(\alpha) = \frac{3{,}40 \text{ m}}{2{,}10 \text{ m}} = \frac{34}{21} \approx 1{,}6190$, also $\alpha \approx 58{,}3°$

$\beta = 90° - \alpha \approx 31{,}7°$

8. $\tan(\alpha) = \frac{16}{100} = 0{,}16$, also $\alpha \approx 9{,}1°$

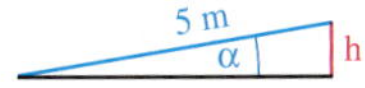

$h = 5 \text{ m} \cdot \sin(\alpha) \approx 0{,}79 \text{ m} \approx 0{,}8$ m

Seite 44

9. $x_1 = \frac{4{,}20\ \text{m}}{\tan(\alpha)} \approx 16{,}85\ \text{m}$

$x_2 = \frac{4{,}20\ \text{m}}{\tan(\beta)} \approx 8{,}61\ \text{m}$

Länge *l* der Deichsohle:
$l = 7{,}50\ \text{m} + x_1 + x_2 = 32{,}96\ \text{m} \approx 33\ \text{m}$

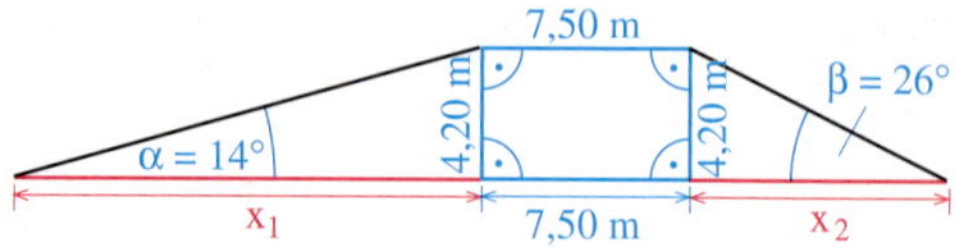

10. $\gamma = 90° - \beta = 44{,}5°$

$x = \frac{10\ \text{m} \cdot \sin(\gamma)}{\sin(\delta)} \approx 334{,}68\ \text{m}$

$\delta = \beta - \alpha = 1{,}2°$

$h = x \cdot \sin(\alpha) \approx 233{,}75\ \text{m} \approx 234\ \text{m}$

Der Berg erhebt sich ungefähr 234 m über die Talsohle.

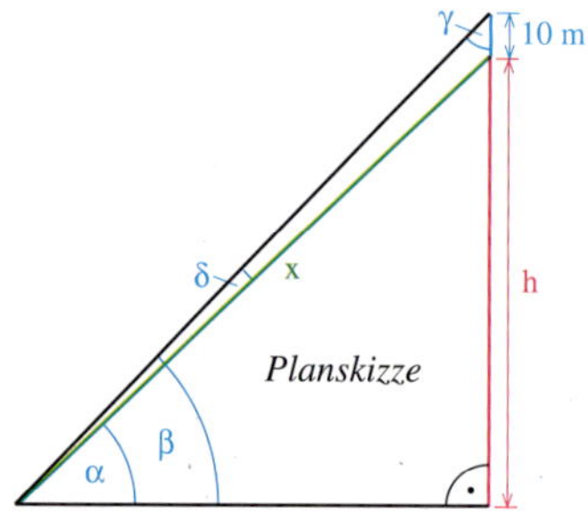

Seite 78

1. a) $V_P = \frac{1}{3}a^2 \cdot h$, also $h = \frac{3V_P}{a^2} = \frac{0{,}3\text{dm}^3}{(2{,}1\ \text{cm})^2} = \frac{300\ \text{cm}^3}{4{,}41\ \text{cm}^2} \approx 68{,}0\ \text{cm} \approx 6{,}8\ \text{dm}$

b) $V_P = \frac{1}{3}a^2 \cdot h$, also $h = \sqrt{\left(\frac{3V_P}{h}\right)} = \sqrt{\left(\frac{2100\ \text{cm}^3}{5\ \text{cm}}\right)} = \sqrt{420\ \text{cm}^2} \approx 20{,}5\ \text{cm}$

c) $V_K = \frac{1}{3}\pi r^2 \cdot h$, also $r = \sqrt{\left(\frac{3V_P}{\pi\,h}\right)} = \sqrt{\left(\frac{3\ \text{m}^3}{\pi\ \text{m}}\right)} \approx 0{,}977\ \text{m} \approx 97{,}7\ \text{cm}$

d) $A_O = 4\pi r^2$, also $r = \sqrt{\left(\frac{A_O}{4\,h}\right)} = \sqrt{\left(\frac{9\ \text{cm}^2}{4\,\pi}\right)} \approx 0{,}85\ \text{cm}$

$V_{Ku} = \frac{4}{3}\pi r^3 \approx 2{,}54\ \text{cm}^3$

2. a) Größe der Dachfläche:
$A = 2 \cdot \left(\frac{1}{2} \cdot 8\ \text{m} \cdot \sqrt{(5\ \text{m})^2 + (6\ \text{m})^2}\right) + 2 \cdot \left(\frac{1}{2} \cdot 12\ \text{m} \cdot \sqrt{(5\ \text{m})^2 + (4\ \text{m})^2}\right) \approx 139{,}32\ \text{m}^2$
Größe des Dachraumes:
$V = \frac{1}{3} \cdot 12\ \text{m} \cdot 8\ \text{m} \cdot 5\ \text{m} = 160\ \text{m}^3$

b) Größe der Dachfläche:
$A = 2 \cdot 12\ \text{m} \cdot \sqrt{(4\ \text{m})^2 + (5\ \text{m})^2} \approx 153{,}67\ \text{m}^2$
Größe des Dachraumes:
$V = \frac{1}{2} \cdot 8\ \text{m} \cdot 5\ \text{m} \cdot 12\ \text{m} = 240\ \text{m}^3$

c) Größe der Dachfläche:
$A = 2 \cdot \frac{12\ \text{m} + 8\ \text{m}}{2} \cdot \sqrt{(4\ \text{m})^2 + (5\ \text{m})^2} + 2 \cdot \frac{1}{2} \cdot 8\ \text{m} \cdot \sqrt{(5\ \text{m})^2 + (2\ \text{m})^2} \approx 171{,}14\ \text{m}^2$
Größe des Dachraumes:
$V = \frac{1}{2} \cdot 8\ \text{m} \cdot 5\ \text{m} \cdot 8\ \text{m} + \frac{1}{3} \cdot 4\ \text{m} \cdot 8\ \text{m} \cdot 5\ \text{m} = 213\frac{1}{3}\ \text{m}^3 \approx 213{,}3\ \text{m}^3$

3. a) Es gilt: $r = \frac{u}{2\pi}$

Volumen des Sandhaufens: $V = \frac{1}{3}\ \pi \cdot \left(\frac{u}{2\pi}\right)^2 \cdot h = \frac{1}{12\pi} \cdot u^2 \cdot h \approx 34{,}473\ \text{m}^3$
Masse des Sandhaufens: $m = 34{,}473 \cdot 1{,}6\ \text{t} \approx 55{,}157\ \text{t}$
Anzahl der Fahrten: $55{,}157 : 3{,}5 \approx 15{,}8$
Es sind 16 Fahrten nötig.

b) $\mathbf{A}_M = \pi \cdot \frac{u}{2\pi} \cdot s \approx 50{,}23\ \text{m}^3$

Seite 78

4. (1) **a)** Prisma mit einem rechtwinkligen Dreieck als Grundfläche mit den Längen der Katheten $a = 6{,}4$ cm, $b = 4{,}8$ cm und der Hypotenuse $c = \sqrt{a^2 + b^2} = 8{,}0$ cm
(Schrägbild siehe rechts.)

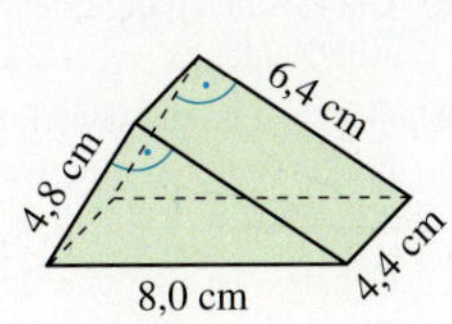

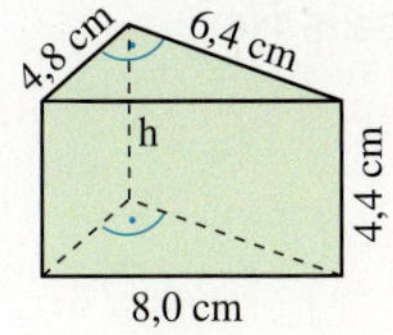

b) $V_{P1} = \frac{1}{2} a \cdot b \cdot h = 67{,}584 \text{ cm}^3$

$A_O = 2 \cdot \frac{1}{2} a \cdot b + (a + b + c) \cdot h = 115{,}2 \text{ cm}^2$

(2) **a)** Pyramide mit quadratischer Grundfläche und der Höhe
$h = \sqrt{(6{,}4 \text{ cm})^2 - (2{,}1 \text{ cm})^2} \approx 6{,}05$ cm

b) $V_P = \frac{1}{3} a^2 h \approx 35{,}548 \text{ cm}^3$

$A_O = a^2 + 4 \cdot \frac{1}{2} \cdot a \cdot h_s = 71{,}4 \text{ cm}^2$

(Schrägbild siehe rechts.)

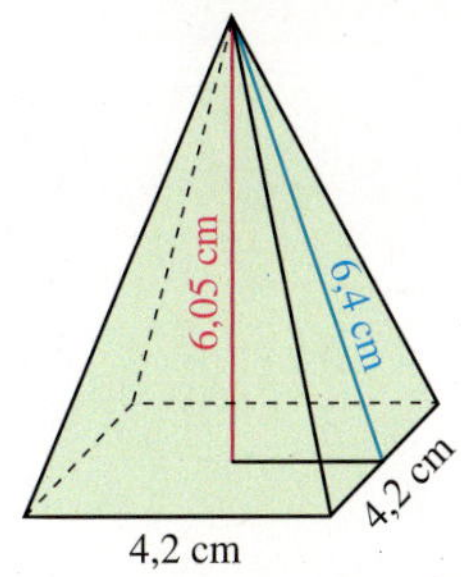

(3) **a)** Kegel mit dem Grundkreisradius $r = \frac{1}{2} \cdot \pi \cdot 8{,}6 \text{ cm} : 2\pi = 2{,}15$ cm,
der Mantellinie $s = 8{,}6 \text{ cm} : 2 = 4{,}3$ cm und der Höhe $h = \sqrt{s^2 - r^2} \approx 3{,}72$ cm
(Schrägbild siehe rechts.)

b) $V_K = \frac{1}{3} \pi r^2 h = 18{,}026 \text{ cm}^3$

$A_O = \pi r^2 + \pi r s = 43{,}57 \text{ cm}^2$

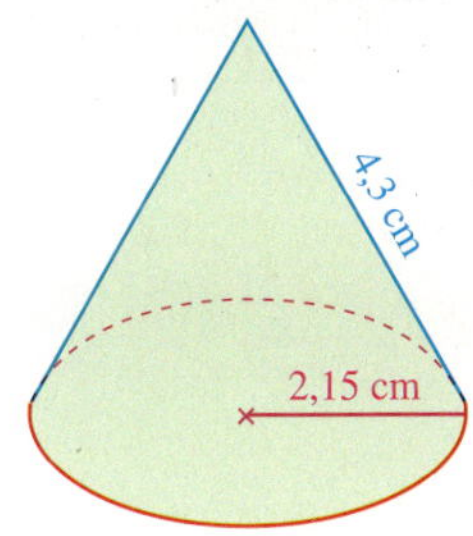

5. $V = 17{,}5 \text{ g} : 8{,}9 \frac{\text{g}}{\text{cm}^3} \approx 1{,}966 \text{ cm}^3 = 1966 \text{ mm}^3$

Länge des Drahtes:

$V : A_G = V : \left(\frac{\pi \cdot d^2}{4}\right) = \frac{4V}{\pi d^2} \approx 343 \text{ mm} = 34{,}3 \text{ cm}$

6. Der untere Teil wird als Kegel aufgefasst.

a) $V = V_Z + V_K = \pi \cdot (3 \text{ m})^2 \cdot 9 \text{ m} + \frac{1}{3} \pi \cdot (3 \text{ m})^2 \cdot 3 \text{ m} \approx 282{,}743 \text{ m}^3$

Das Fassungsvermögen des Silos beträgt gut 280 m^3.

b) $V_K : V = \frac{1}{3} \pi r^2 \cdot h_K : \pi r^2 \left(h_Z + \frac{1}{3} h_K\right) = \frac{1}{3} \cdot 3 \text{ m} : \left(9 \text{ m} + \frac{1}{3} \cdot 3 \text{ m}\right) = 1 \text{ m} : 10 \text{ m} = 0{,}1 = 10\,\%$

c) $A_O = A_{Kreis} + M_{Zylinder} + M_{Kegel} = \pi r^2 + 2\pi r h_Z + \pi r \sqrt{r^2 + h_K^2} \approx 237{,}91 \text{ m}^2 \approx 238 \text{ m}^2$

$238 \text{ m}^2 : 8 \text{ m}^2 \approx 29{,}7\ldots \approx 30$

Es werden ungefähr 30 kg Farbe benötigt.

Seite 116

1. a) Gegeben ist das Gradmaß $\alpha_1 = 20°$: Das zugehörige Bogenmaß ist $x_1 = 20° \cdot \frac{\pi}{180°} \approx 0{,}349$.
Entsprechend berechnet man:
$\alpha_2 = 48°$: $x_2 \approx 0{,}838$; $\alpha_3 = 217°$: $x_3 \approx 3{,}79$; $\alpha_4 = 90°$: $x_4 = \frac{\pi}{2} \approx 1{,}57$; $\alpha_5 = 68°$: $x_5 \approx 1{,}19$.

b) Gegeben ist das Bogenmaß $x_1 = 1{,}4$: Das zugehörige Gradmaß ist $\alpha_1 = 1{,}4 \cdot \frac{180°}{\pi} \approx 80{,}2°$.
Entsprechend berechnet man:
$x_2 = 0{,}6$: $\alpha_2 \approx 34{,}4°$; $x_3 = 4{,}2$: $\alpha_3 \approx 241°$; $x_4 = 2{,}1$: $\alpha_4 \approx 120°$; $x_5 = 1{,}7$: $\alpha_5 \approx 97{,}4°$.

c) Wie in a) und b) berechnet man:
$\alpha_1 = \pi°$: $x_1 \approx 0{,}0548$; $x_2 = \pi$: $\alpha_2 = 180°$; $x_3 = 1$: $\alpha_3 \approx 57{,}3°$; $\alpha_4 = 1°$: $x_4 \approx 0{,}0175$; $\alpha_5 = 100°$: $x_4 \approx 1{,}75$.

d) Wie in a) und b) berechnet man:
$\alpha_1 = 3{,}8°$: $x_1 \approx 0{,}0663$; $x_2 = -2{,}9$: $\alpha_2 \approx -166°$; $\alpha_3 = 171°$: $x_3 \approx 2{,}98$; $x_4 = 1{,}4$: $\alpha_4 \approx 80{,}2°$;
$\alpha_5 = -126°$: $x_5 \approx -2{,}20$.

Seite 116

2. a) Die Lösungen der Gleichung $\sin x = 1$ erkennt man am Graphen der Sinusfunktion:
Alle Zahlen $x = \frac{\pi}{2} + 2k\pi$ mit $k \in \mathbb{Z}$ lösen die Gleichung.

b) Gegeben ist die Gleichung $\cos x = 0{,}42$. Eine erste Lösung liefert der GTR: $x_1 \approx 1{,}14$. Eine Symmetrie der Kosinuskurve liefert eine weitere Lösung $x_2 \approx 2\pi - 1{,}14 \approx 5{,}14$. Die Periode 2π liefert alle Lösungen:
Alle Zahlen $x \approx 1{,}14 + 2k\pi$ mit $k \in \mathbb{Z}$ und alle Zahlen $x \approx 5{,}14 + 2k\pi$ mit $k \in \mathbb{Z}$ lösen die Gleichung.

c) Gegeben ist $\sin(x) = 0{,}84$. Der GTR und eine Symmetrie liefern die Lösungen $x_1 \approx 0{,}997$; $x_2 \approx \pi - 0{,}997 \approx 2{,}14$.
Die Periode 2π der Sinuskurve liefert alle Lösungen:
x löst die Gleichung genau dann, wenn $x \approx 0{,}997 + 2k\pi$ mit $k \in \mathbb{Z}$ oder $x \approx 2{,}14 + 2k\pi$ mit $k \in \mathbb{Z}$.

d) $\cos(x) = -0{,}72$: Entsprechend zu c) erhält man: $x_1 \approx 2{,}37$; $x_2 = 2\pi - 2{,}374\ldots \approx 3{,}91$.
Die Periode 2π liefert alle Lösungen:
x löst die Gleichung genau dann, wenn $x \approx 2{,}37 + 2k\pi$ mit $k \in \mathbb{Z}$ oder $x \approx 3{,}91 + 2k\pi$ mit $k \in \mathbb{Z}$.

3. Der Graph der Kosinusfunktion ist achsensymmetrisch zu allen Achsen, die parallel zur y-Achse sind und die x-Achse an den Stellen $x = k \cdot \pi$ mit $k \in \mathbb{Z}$ schneiden. Sie ist punktsymmetrisch zu den Punkten $S_k\left(\frac{\pi}{2} + k \cdot \pi \,|\, 0\right)$ mit $k \in \mathbb{Z}$ (siehe Bild).

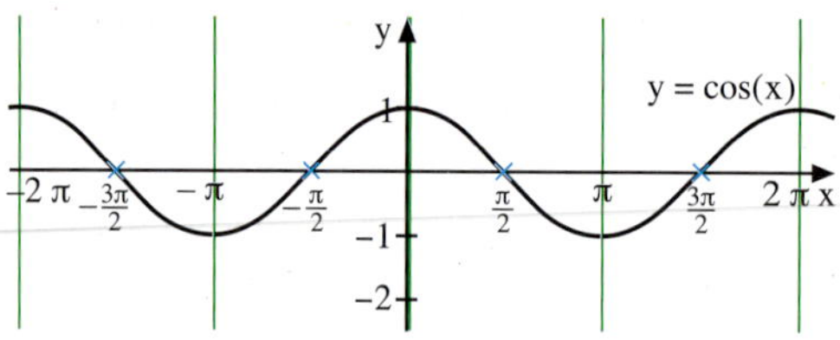

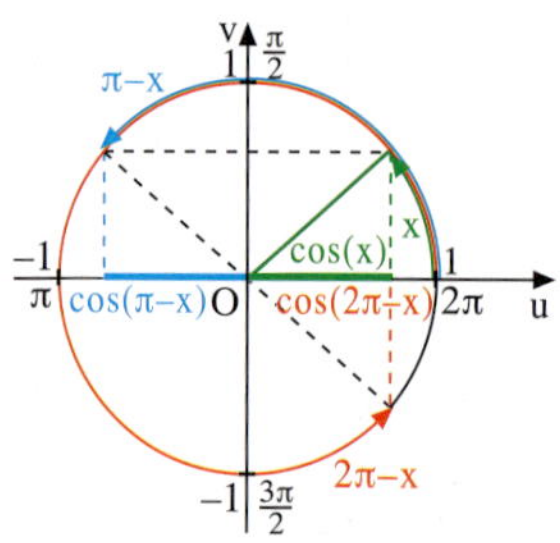

Am Einheitskreis erkennt man z. B.:
$\cos(2\pi - x) = \cos(x)$ und $\cos(\pi - x) = \cos(x)$

4.

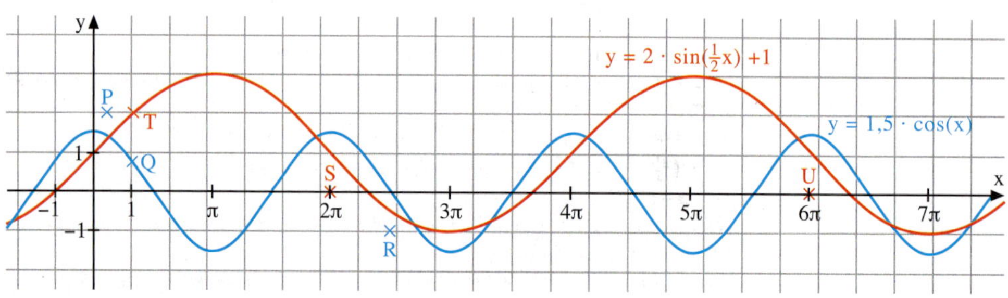

a) $Q\left(\frac{\pi}{3} \,\middle|\, \frac{3}{4}\right)$ liegt auf dem Graphen von $y = 1{,}5 \cdot \cos(x)$, denn $1{,}5 \cdot \cos\frac{\pi}{3} = 1{,}5 \cdot \frac{1}{2} = \frac{3}{4}$.
$P\left(\frac{\pi}{9} \,\middle|\, 0\right)$ und $R\left(\frac{5\pi}{2} \,\middle|\, -1\right)$ liegen nicht auf dem Graphen.

b) $T\left(\frac{\pi}{3} \,\middle|\, 2\right)$ liegt auf dem Graphen von $y = 2 \cdot \sin\left(\frac{1}{2}x\right) + 1$, denn $2 \cdot \sin\left(\frac{1}{2} \cdot \frac{\pi}{3}\right) + 1 = 2 \cdot \sin\frac{\pi}{6} + 1 = 2 \cdot \frac{1}{2} + 1 = 2$.
$S(2\pi|0)$ und $U(6\pi|0)$ liegen nicht auf dem Graphen.

Seite 116

5. a) $y = 0{,}5 \cdot \sin(2x)$: Man erhält den Graph aus dem Graph der Sinusfunktion durch Strecken mit dem Faktor 0,5 parallel zur y-Achse, dann Strecken mit dem Faktor $\frac{1}{2}$ parallel zur x-Achse.

b) $y = 2 \cdot \sin\left(x - \frac{\pi}{2}\right)$: Strecken mit dem Faktor 2 parallel zur y-Achse, dann Verschieben parallel zur x-Achse um $\frac{\pi}{2}$ nach rechts.

c) $y = \sin(x + \pi) - \pi$: Verschieben um π parallel zur x-Achse nach links, dann Verschieben um π parallel zur y-Achse nach unten.

d) $y = -\sin\left(\frac{1}{2}(x + \pi)\right)$: Strecken mit dem Faktor -1 parallel zur y-Achse (Spiegeln), dann Strecken mit dem Faktor 2 parallel zur x-Achse, dann Verschieben parallel zur x-Achse um π nach links.

e) $y = \sin(\pi x - 2\pi) = \sin(\pi(x - 2))$: Strecken mit dem Faktor $\frac{1}{\pi}$ parallel zur x-Achse, dann Verschieben parallel zur x-Achse um 2 nach rechts.

f) $y = \cos(x) = \sin\left(x + \frac{\pi}{2}\right)$: Verschieben parallel zur x-Achse um $\frac{\pi}{2}$ nach links.

6. Die Funktionsterme lauten:
(1) $f(x) = 2{,}5 \cdot \sin(2x + \pi)$; (2) $g(x) = \sin\left(x + \frac{\pi}{4}\right) + 1$; (3) $h(x) = 0{,}5\sin\left(\frac{1}{4}x + \frac{\pi}{4}\right)$

7. a) Der periodische Ausschlag eines Federpendels kann normalerweise durch eine allgemeine Sinusfunktion mit $f(x) = a \cdot \sin(b(x - c)) + d$ gut modelliert werden.
Positive Auslenkungen gehen hier nach oben.
Da nur die Auslenkung in Bezug zur Ruhelage anzugeben ist, kann man $d = 0$ setzen.
Die Auslenkung am Anfang nach unten ergibt die Amplitude 3 cm, also ist $a = 3$. Nach 20 s ist der maximale Wert der Auslenkung nach oben erreicht.
Eine halbe Periode dauert also 20 s, die Periode ist somit 40 s. Daher ist $b = \frac{2\pi}{40}$. Nach 10 s müsste die Ruhelage mit der zunehmenden Auslenkung 0 cm erreicht werden, auch wenn dort $-0{,}97$ cm gemessen wurden.
Damit kann man eine Verschiebung der Sinuskurve parallel zur Zeit-Achse nach rechts um 10 s annehmen. Das bedeutet $c = 10$.
Eine Funktionsvorschrift lautet also angenähert:
$f(x) = 3 \cdot \sin\left(\frac{2\pi}{40}(t - 10)\right)$ bzw. $f(x) = 3 \cdot \sin\left(\frac{\pi}{20}(t - 10)\right)$

b) Nach einer Periode von 40 s ist das Pendel wieder im Ausgangspunkt.
$f(60) = 3 \cdot \sin\left(\frac{2\pi}{40}(60 - 10)\right) = 3$
Die Auslenkung nach 1 min = 60 s beträgt nach der Formel 3 cm.

c) Die entscheidende Annahme ist, dass die maximale Auslenkung nach oben nach 20 s erreicht wird. Daraus ergeben sich die Periode und der Durchgang durch die Ruhelagen. Dem widerspricht etwas der gemessene Wert nach 10 s. Weiterhin wurde angenommen, dass sich die Auslenkungen periodisch in gleicher Art ohne eine Verringerung der Werte wiederholen.

8. f hat einen Funktionsterm der Form $f(x) = a \cdot \sin(b(x + c)) + d$.
Wegen der Verschiebung um 1 nach rechts ist $c = -1$, wegen der Periode 5 ist $b = \frac{2\pi}{5}$.
Damit ist $f(x) = a \cdot \sin\left(\frac{2\pi}{5}(x - 1)\right) + d$.
Der Graph von f geht durch $P(2{,}25|7)$ und $Q(4{,}75|1)$. Das ergibt:
$a \cdot \sin\left(\frac{2\pi}{5}(2{,}25 - 1)\right) + d = a\sin\left(\frac{\pi}{4}\right) + d = a + d = 7$ und $a \cdot \sin\left(\frac{2\pi}{5}(4{,}75 - 1)\right) + d = a \cdot \sin\left(\frac{3\pi}{2}\right) + d = -a + d = 1$,
also $a + d = 7$ und $-a + d = 1$.
Subtrahiert man die zweite Gleichungen von der ersten, hat man $2a = 6$ bzw. $a = 3$.
f hat also die Amplitude $a = 3$.
Addiert man beide Gleichungen, folgt $2d = 8$, also $d = 4$. Damit ist $f(x) = 3 \cdot \sin\left(\frac{2\pi}{5}(x - 1)\right) + 4$.

Seite 160

1. a) $P(E_1) = \left(\frac{5}{12}\right)^3 + \left(\frac{4}{12}\right)^3 + \left(\frac{2}{12}\right)^3 + \left(\frac{1}{12}\right)^3 = \frac{198}{1728} \approx 0{,}1146$

$P(E_2) = 1 - P\,(\text{keinmal Rot}) = 1 - \left(\frac{7}{12}\right)^3 = \frac{1385}{1728} \approx 0{,}8015$

b) $P(E_1) = \frac{5}{12} \cdot \frac{4}{11} \cdot \frac{3}{10} + \frac{4}{12} \cdot \frac{3}{11} \cdot \frac{2}{10} + \frac{2}{12} \cdot \frac{1}{11} \cdot \frac{0}{10} + \frac{1}{12} \cdot \frac{0}{11} \cdot \frac{0}{10} = \frac{84}{1320} \approx 0{,}0636$

$P(E_2) = 1 - \frac{7}{12} \cdot \frac{6}{11} \cdot \frac{5}{10} = \frac{1110}{1320} \approx 0{,}8409$

2. Mögliche Glückszahlen sind 1, 2, 3, 4 und 6.

$P(1) = \frac{1}{16} = 0{,}0625$

$P(2) = \frac{1}{16} + \frac{1}{4} = \frac{5}{16} = 0{,}3125$

$P(3) = \frac{3}{16} = 0{,}1875$

$P(4) = \frac{1}{4} = 0{,}25$

$P(6) = \frac{3}{16} = 0{,}1875$

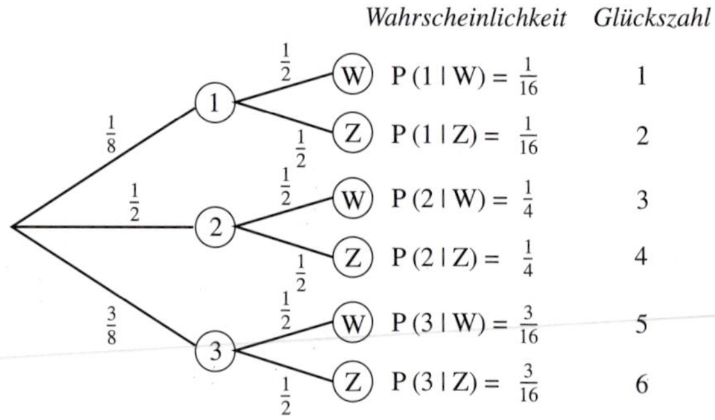

3. a) 0-mal Wappen bedeutet 4-mal Zahl. Man kann also annehmen, dass 0-mal Wappen und 4-mal Wappen die gleiche Wahrscheinlichkeit haben.
Entsprechend gilt für 1-mal Wappen und 3-mal Wappen. Man kann daher vermuten, dass 2-mal Wappen am häufigsten kommt.

b) $P(\text{0-mal Wappen}) = P(\text{4-mal Zahl}) = \frac{1}{16} = 0{,}0625$

$P(\text{4-mal Wappen}) = \frac{1}{16} = 0{,}0625$

$P(\text{1-mal Wappen}) = 4 \cdot \frac{1}{16} = \frac{1}{4} = 0{,}25$

$P(\text{3-mal Wappen}) = P(\text{1-mal Zahl}) = 4 \cdot \frac{1}{16} = \frac{1}{4} = 0{,}25$

$P(\text{2-mal Wappen}) = 1 - P(\text{0-mal Wappen}) - P(\text{1-mal Wappen}) - P(\text{3-mal Wappen}) - P(\text{4-mal Wappen})$

$= 1 - \frac{1}{16} - \frac{1}{4} - \frac{1}{4} - \frac{1}{16} = \frac{6}{16} = \frac{3}{8} = 0{,}375$

Die Wahrscheinlichkeit für *zweimal Wappen* ist am größten.

4. a) $P(\text{gleiche Geschlechter}) = P(M|M|M) + P(J|J|J) = \frac{1}{8} + \frac{1}{8} = \frac{1}{4} = 0{,}25$

$P(\text{verschiedene Geschlechter}) = 1 - P(\text{gleiche Geschlechter}) = 1 - \frac{1}{4} = \frac{3}{4} = 0{,}75$

Der Fall *verschiedene Geschlechter* ist wahrscheinlicher.

b) Die Fälle sind gleich wahrscheinlich.

5. a) P(beide Systeme funktionieren) = 99,5 % · 98,5 % = 0,995 · 0,985 = 0,980075 = 98,0075 % ≈ 98 %

b) P(beide Systeme versagen) = 0,5 % · 1,5 % = 0,005 · 0,015 = 0,000075 = 0,0075 %

c) $P(\text{Türsicherung funktioniert nicht}) \cdot P(\text{Bewegungsmelder funktioniert nicht}) = \frac{1}{100\,000}$

$0{,}005 \cdot x = \frac{1}{100\,000}$

$x = \frac{1}{500} = 0{,}002 = 0{,}2\,\%$

Der Bewegungsmelder müsste in (ungefähr) 99,8 % aller Fälle funktionieren.

6. a) Das Ergebnis einer Spielrunde hat keinen Einfluss auf das Ergebnis der folgenden Runden: für alle Ergebnisse beträgt die Wahrscheinlichkeit $p = = \frac{1}{37}$

b) „Rouge“ wird also als Erfolg (E) angesehen – schwarz („noir“) oder null („zero“) als Misserfolg (M). Zum Ereignis „2-mal Rouge“ gehören sechs Pfade: EEMM, EMEM, EMME, MEEM, MEME, MMEE.

c) Die Kugel bleibt auf dem letzten Dutzend mit Wahrscheinlichkeit $p = \frac{12}{37}$ liegen. Die Wahrscheinlichkeit für das Ereignis „Anzahl der Runden, in denen die Kugel auf dem letzten Dutzend liegen blieb“ ist:

P (0 Runden) = 0,208; P (1 Runde) = 0,400; P (2 Runden) = 0,288; P (3 Runden) = 0,092; P (4 Runden) = 0,011

Seite 212

1. **a)** $f(x) = 20 \cdot (\sqrt[7]{3})^x$; $f(5) = 20 \cdot (\sqrt[7]{3})^5 \approx 43{,}836$

b) $f(x) = 30 \cdot 0{,}9^x$; $f(14) = 30 \cdot 0{,}9^{14} \approx 6{,}863$

2. (1): $y = 2 \cdot 1{,}4^x$

(2): $y = x2 + 2$

(3): $y = 2 \cdot 0{,}3^x$

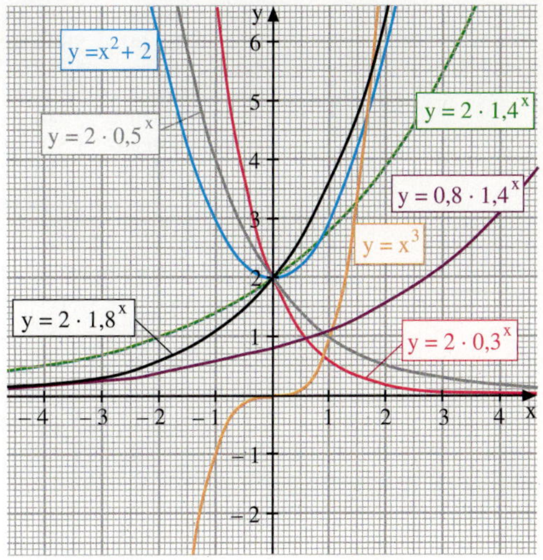

3. $y = a \cdot b^x$ mit $a > 0$, $b > 0$

Nach 3 Tagen ist 1 cm^2 bedeckt: $1 = a \cdot b^3$

Nach 5 Tagen sind 4 cm^2 bedeckt: $4 = a \cdot b^5$

Aus beiden Gleichungen folgt $4ab^3 = ab^5$, also $b^2 = 4$,

und damit $b = 2$ und $a = \frac{1}{8} = 0{,}125$

Die Funktionsgleichung ist $y = \frac{1}{8} \cdot 2^x$.

$f(8) = \frac{1}{8} \cdot 2^8 = 2^5 = 32$

Nach 8 Tagen sind 32 cm^2 bedeckt.

$6 = \frac{1}{8} \cdot 2^x$, also $x = \log_2 48 == 5{,}585$

Nach gut $5\frac{1}{2}$ Tagen sind 6 cm^2 bedeckt.

4. **a)** 6 **b)** –2 **c)** $\frac{1}{2}$ **d)** $\frac{2}{3}$ **e)** n (für b > 0) **f)** 0 (für b > 0)

5. **a)** $\log\left(\frac{a-5}{(a-5)^2}\right) + \log(a-5) = \log\left(\frac{1}{a-5}\right) + \log(a-5) = \log\left(\frac{1}{a-5} \cdot (a-5)\right) + \log(1) = 0$ (für a > 5)

b) $\log_4\left((a+1)^{\frac{1}{2}} \cdot (a+1)^{-1}\right) + \log_4 1024 = \log_4 (a+1)^{-\frac{1}{2}} + 5$ (für a > – 1)

6. **a)** $\left(\frac{4}{3}\right)^x = 2$, also $L = \left\{\frac{\lg 2}{\lg \frac{4}{3}}\right\}$

b) $5^3 \cdot 3 \cdot (4^2)^x = 5^x$, also $\left(\frac{5}{4^2}\right)^x = 5^3 \cdot 3$, also $L = \left\{\frac{\lg(375)}{\lg(\frac{5}{16})}\right\}$

c) $x = 3^4 \cdot (3^{\log_3(4)})^2 = 3^4 \cdot 4^2$, also $L = \{1296\}$

7. $3 \cdot 0{,}4^x = 2 \cdot 1{,}3^x$

$\frac{3}{2} = \left(\frac{1{,}3}{0{,}4}\right)^x$

$x = \frac{\lg(1{,}5)}{\lg(3{,}25)} \approx 0{,}344$

$y \approx 2{,}189$

Der Schnittpunkt liegt bei S(0,34/2,19).

8. *Lineare Funktion mit $y = mx + c$*

Mit P(2|3) und Q(3|2) erhält man $m = \frac{2-3}{3-2} = -1$ und $c = 5$.

Die Funktionsgleichung lautet $y = -x + 5$.

$f(2{,}5) = -2{,}5 + 5 = 2{,}5$

Exponentialfunktion mit $y = a \cdot b^x$ mit $a \neq 0$, $b > 0$

Mit P(2|3) und Q(3|2) erhält man $3 = a \cdot b^2$ und $2 = a \cdot b^3$, und damit $2 \cdot ab^2 = 3 \cdot ab^3$, also $b = \frac{2}{3}$ und $a = \frac{27}{4} = 6{,}75$.

Die Funktionsgleichung lautet $y = 6{,}75 \cdot \left(\frac{2}{3}\right)^x$.

$f(2{,}5) = 6{,}75 \cdot \left(\frac{2}{3}\right)^{2{,}5} \approx 2{,}45$

Potenzfunktion mit $y = a \cdot x^b$

Mit P(2|3) und Q(3|2) erhält man $3 = a \cdot 2^b$ und $2 = a \cdot 3^b$, also $2^a \cdot 2^b = 3^a \cdot 3^b$, also $\left(\frac{3}{2}\right)^b = \frac{2}{3}$,
also $b = -1$ und $a = 6$.

Die Funktionsgleichung lautet $y = 6 \cdot x^{-1}$.

$f(2{,}5) = 6 \cdot 2{,}5^{-1} = 2{,}4$

Seite 212

9.

Nach 1 Jahr:	8 000,00 € x 1,0825 – 1 150,00 € = 7 510,00 €
Nach 2 Jahren:	7 510,00 € x 1,0825 – 1 150,00 € = 6 979,58 €
Nach 3 Jahren:	6 979,58 € x 1,0825 – 1 150,00 € = 6 405,40 €
Nach 4 Jahren:	6 405,40 € x 1,0825 – 1 150,00 € = 5 783,85 €
Nach 5 Jahren:	5 783,85 € x 1,0825 – 1 150,00 € = 5 111,02 €
Nach 6 Jahren:	5 111,02 € x 1,0825 – 1 150,00 € = 4 382,68 €
Nach 7 Jahren:	4 382,68 € x 1,0825 – 1 150,00 € = 3 594,25 €
Nach 8 Jahren:	3 594,25 € x 1,0825 – 1 150,00 € = 2 740,78 €
Nach 9 Jahren:	2 740,78 € x 1,0825 – 1 150,00 € = 1 816,89 €
Nach 10 Jahren:	1 816,89 € x 1,0825 – 1 150,00 € = 816,78 €
Nach 11 Jahren:	816,78 € x 1,0825 – 884,16 € = 0 €

Das Darlehen läuft 11 Jahre. Im letzten Jahr sind nur noch 884,16 € abzuzahlen.

10. a)

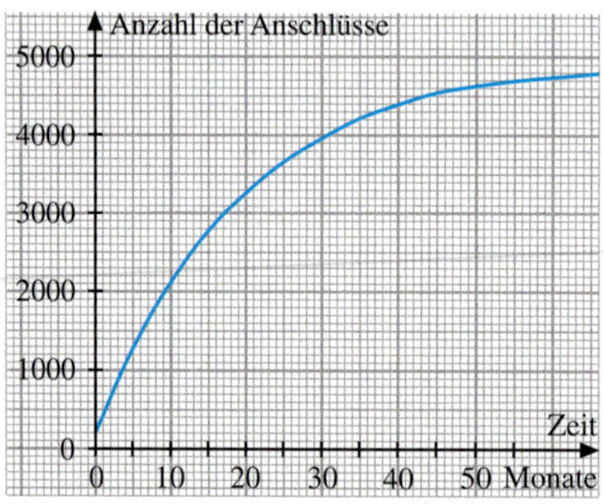

b) 90 % von 5 000 Haushalten sind 4 500 Haushalte

$y = 5\,000 - 4\,800 \times 0{,}95^x$

$4\,500 = 5\,000 - 4\,800 \times 0{,}95^x$

$0{,}95^x = 500/4\,800 = 5/48$

$x = \frac{\lg\left(\frac{5}{48}\right)}{\lg(0{,}95)} \approx 44{,}1$

Nach etwas mehr als 44 Monaten sind 90 % der Haushalte angeschlossen.

Seite 257

1. a) Abgelesene Änderungsraten in Grad pro Kilometer:

Troposphäre: $\frac{-60-20}{12{,}5-0} = \frac{-80}{12{,}5} = -6{,}4$

Tropopause: $\frac{-75-(-60)}{19-12{,}5} = \frac{-15}{6{,}5} \approx -2{,}3$

Stratosphäre: $\frac{5-(-75)}{50-19} = \frac{80}{31} \approx 2{,}6$

Stratopause: $\frac{5-5}{56-50} = \frac{0}{6} = 0$

Mesosphäre: $\frac{-85-5}{85-56} = \frac{-90}{29} \approx -3{,}1$

Mesopause: $\frac{-90-(-85)}{90-85} = \frac{-5}{5} = -1{,}0$

b) Der Graph besitzt dort eine waagerechte Tangente. Die lokale Änderungsrate ist gleich 0.

2. a) $m = \frac{1}{2}$ **b)** $m = \frac{5-15}{4{,}5-2{,}5} = -5$ **c)** $m = 0$

Seite 257

3.

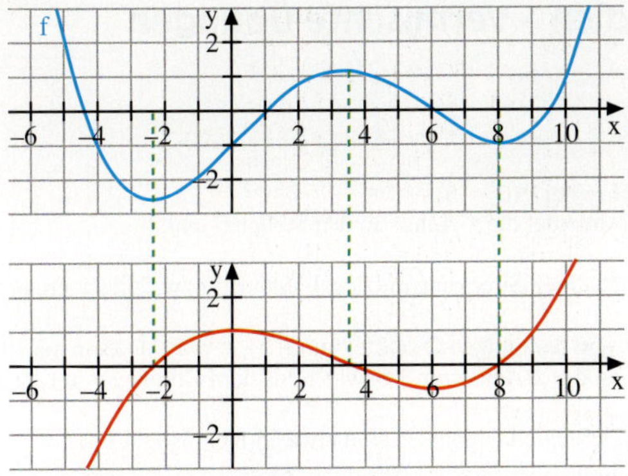

4. (1) Zwischen den beiden Extrempunkten hat der Graph negative Steigungen, sonst nur positive.
Also gehört C zu (1).

(2) Bei 0 liegt eine Extremstelle.
Für $x < 0$ sind die Steigungen negativ.
Für $x > 0$ sind die Steigungen positiv.
Also gehört A zu (2).

(3) Zwischen den beiden Extrempunkten hat der Graph positive Steigungen, sonst nur negative.
Also gehört B zu (3).

Lösungen zu Teste dich – Vermischte Übungen

Seite 260

1. a) Funktionsterm der Parabel: $f(x) = (x + 1)^2 - 16$
Tiefpunkt bei $S(-1|-16)$;
Schnittpunkt mit der y-Achse bei $P(0|-15)$.
b) Die verschobene Parabel schneidet die x-Achse an den Stellen 0 und 2.

2. Die Graphen von f_2 und f_3 gehen durch Streckung mit dem Faktor 0,5 bzw. 2 in Richtung der y-Achse aus dem Graphen von f_1 hervor.
Wegen $0{,}5 \cdot 2^{-1}$ bzw. $2 = 2^1$ und damit $0{,}5 \cdot 2^x = 2^{x-1}$ und $2 \cdot 2^x = 2^{x+1}$ kann man die Graphen von f_2 und f_3 auch durch Verschiebung in Richtung der x-Achse um 1 bzw. –1 aus dem Graphen von f_1 erzeugen.

3. a) $15^2 + 21^2 = 666 \quad \sqrt{666} \approx 25{,}8$ Die Diagonalen sind etwa 25,8 cm lang.
b) $\tan\alpha = \frac{15}{21} \quad \alpha \approx 35{,}5°$ Schnittwinkel φ: $\varphi \approx 180° - 2 \cdot 54{,}5° \approx 71°$

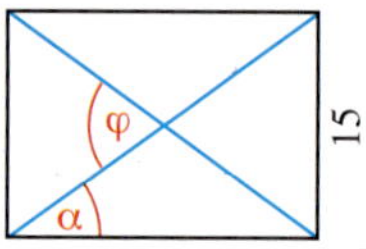

4. Diese periodischen Funktionen können als allgemeine Sinusfunktionen mit einer Gleichung $y = a\sin(b(x - c)) + d$ dargestellt werden. Aus dem größten und kleinsten Funktionswert ergibt sich die Amplitude a als halbe Differenz und d als Mittelwert. Aus der Periodenlänge p ergibt sich $b = \frac{2\pi}{p}$.
Aus einem Punkt $A(c|d)$ auf dem Graphen, in dem die Funktion steigt, ergibt sich c.
a) $f(x) = \sin(3x)$ **c)** $h(x) = \sin(x - 0{,}8)$
b) $g(x) = 3\sin(x)$ **d)** $h(x) = 2\sin(2x) - 1$

5. a) $A_O = 4 \cdot \frac{a^2}{4}\sqrt{3} + a^2 = 16 \cdot \sqrt{3} + 16 = 16(\sqrt{3} + 1)$
Der Oberflächeninhalt beträgt $16\left(\sqrt{3} + 1\right)\text{cm}^2$, also ungefähr 43,71 cm^2.
b) $a^2 = \left(\frac{a}{2}\sqrt{2}\right)^2 + x^2 \quad x^2 = \frac{a^2}{2} \quad x = \frac{a}{2}\sqrt{2}$
Der Fußpunkt ist von allen Ecken $\frac{a}{2}\sqrt{2}$ aus entfernt.

6. a) $\sqrt{2} \cdot \sqrt[4]{2} = \sqrt[4]{4} \cdot \sqrt[4]{2} = \sqrt[4]{8}$ **b)** $\sqrt[3]{2} : \sqrt[4]{3} = \sqrt[12]{16} : \sqrt[12]{27} = \sqrt[12]{\frac{16}{27}}$ **c)** $\sqrt{2\sqrt[4]{3}} = \sqrt{\sqrt[4]{16}\,\sqrt[4]{3}} = \sqrt[8]{48}$

7. f(t) und g(t) sollen die Wassermengen in Liter im ersten bzw. zweiten Gefäß nach der Zeit t in Stunden angeben. Die lineare Abnahme im ersten Gefäß wird durch $f(t) = 100 - 8{,}5 \cdot t$ beschrieben. Die exponentielle Abnahme im zweiten Gefäß beschreibt $g(t) = 100 \cdot \left(1 - \frac{20}{100}\right)^t = 100 \cdot 0{,}8^t$.
a) $f(t) = 1$ führt zu $100 - 8{,}5\,t = 1$; $99 = 8{,}5 \cdot t$; $t \approx 11{,}6$
$g(t) = 1$ führt zu $100 \cdot 0{,}8^t = 1$; $0{,}8^t = 0{,}01t$; $t \approx 20{,}6$
Im ersten Gefäß sind nach etwa 11 h 36 min 1 *l* Wasser übrig.
Im zweiten Gefäß dauert es etwa 20 h 36 min.
b) $f(t) = g(t)$ führt zu $100 - 8{,}5\,t = 100 \cdot 0{,}8^t$. Mit dem GTR erhält man die Lösung: $t = 10{,}7$.
Nach etwa 10 h 42 min ist in beiden Gefäßen gleich viel Wasser übrig.

8. Wir nehmen r als Seitenlänge des Quadrats.
Der große Kreisausschnitt hat dann den Flächeninhalt:
$A_g = \frac{1}{8}\pi r^2$
Die Länge des Radius des kleinen Kreisausschnitts beträgt:
$r_1 = \sqrt{r^2 + r^2} - r = r\sqrt{2} - r = r(\sqrt{2} - 1)$
Der kleine Kreisausschnitt hat dann den Flächeninhalt:
$A_k = \frac{1}{8}\pi r_1^2 + = \frac{1}{8}\pi r^2(3 - 2\sqrt{2}) = \left(\frac{3}{8} - \frac{1}{4}\sqrt{2}\right)\pi r^2$
Die gefärbte Fläche hat den Flächeninhalt:
$A = \frac{1}{8}\pi r^2 + \left(\frac{3}{8} - \frac{1}{4}\sqrt{2}\right)\pi r^2 = \left(\frac{1}{2} - \frac{1}{4}\sqrt{2}\right)\pi r^2$
Das Quadrat hat den Flächeninhalt: $A_Q = r^2$
Der Anteil der gefärbten Fläche beträgt: $\left(\frac{1}{2} - \frac{1}{4}\sqrt{2}\right) \cdot \pi \approx 0{,}46 = 46\,\%$

Seite 261

1. **a)** $x = -4$ **b)** $x = 3$

2. $\frac{c}{d} = \frac{a}{h}$ $\frac{c}{2} = \frac{5}{3}$ $c = \frac{10}{3}$ $\frac{b}{e} = \frac{a}{a-h}$ $\frac{b}{1,2} = \frac{5}{2}$ $b = 3$ $f = 2$ $g = 1,8$

Es gilt: $c = \frac{10}{3}$ cm, $b = 3$ cm, $f = 2$ cm, $g = 1,8$ cm

3. **a)** $S(-2|-8)$

b) (1) Z.B.: $y = 0,5\,(x+2)^2 + 1$ (3) Z.B.: $y = 0,5\,(x+2)^2 - 1$

(2) $y = 0,5\,(x+2)^2$ (4) $y = 0,5\,(x+2)^2 - 2$

4. **a)** $L = \{1\}$ **b)** $L = \{-1; 1\}$ **c)** $L = \{1\}$

5. d: Preis einer DVD (in €)
c: Preis einer CD (in €)

$$\left|\begin{array}{r} 5d + 3c = 95 \\ 7c = 2d + 3 \\ d + 2c = 26 \end{array}\right| \text{ liefert } \left|\begin{array}{l} c = 5 \\ d = 16 \end{array}\right| \text{ als Lösung.}$$

Alle Rechnungsbeträge stimmen mit 16 € für eine DVD und 5 € für eine CD.

6. **a)** $R = \frac{(59-50)\text{ Mio}}{10\text{ J}} = \frac{9\text{ Mio}}{10\text{ J}} = 0,9\,\frac{\text{Mio}}{\text{J}}$

b) $59\text{ Mio} + 2 \cdot 0,9\text{ Mio} = 60,8\text{ Mio}$

c) $59\text{ Mio} \cdot 1,015^2 = 60,78\text{ Mio}$

7. Wenn man die vordere Seite und die rechte Seite der Schachtel in eine Ebene klappt, sieht man, dass der kürzeste Weg von A nach B so lang ist, wie die Hypotenuse eines rechtwinkligen Dreiecks mit den Katheten 16 cm und 8 cm + 8 cm = 16 cm. Mit dem Satz des Pythagoras erhält man die Länge der Hypotenuse:

$\sqrt{16\text{ cm}^2 + 16\text{ cm}^2} = \sqrt{32\text{ cm}^2} = 4 \cdot \sqrt{2}\text{ cm} \approx 5,66\text{ cm}.$

Der kürzeste Weg ist gerundet 5,66 cm lang.

8. **a)** Siehe Bild rechts.

b) $A = 3\text{ cm} \cdot 3\text{ cm} + 4 \cdot \frac{1}{2} \cdot 3 \cdot 3\text{ cm} \approx 27\text{ cm}^2$

c) $A = a^2 + 4 \cdot \frac{1}{2} \cdot a^2 = 3a^2$

d) $3a^2 = 60$ mit $a > 0$
$a \approx 4,47$ (in cm)

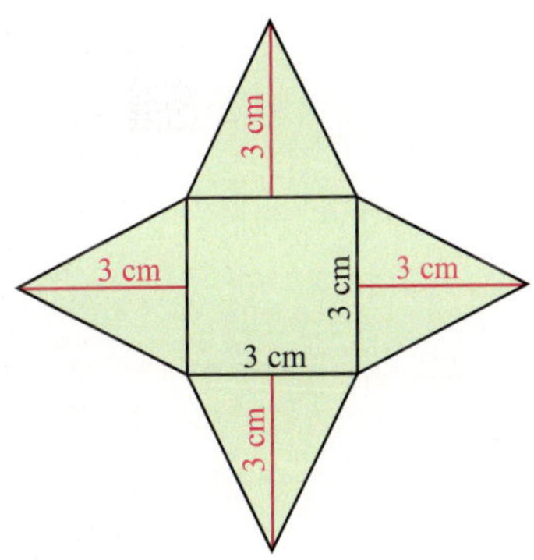

Seite 262

1. $a = 9,81 \cdot 10^{-3}$

$2a = 1,962 \cdot 10^{-2}$ $\frac{a}{2} = 4,905 \cdot 10^{-3}$ $a^2 = 9,624 \cdot 10^{-5}$

$\sqrt{a} = 3,13 \cdot 10^{-2}$ $a^2 < \frac{a}{2} < a < 2a < \sqrt{a}$

Seite 262

2. Die Diagonale des kleinen Quadrats ist 2 cm lang. Der Flächeninhalt beträgt:
$A_Q = \frac{1}{2} \cdot 2\text{ cm} \cdot 2\text{ cm} = 2\text{ cm}^2$

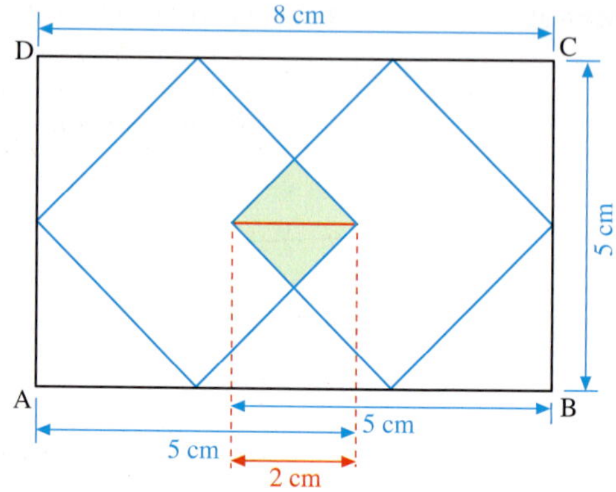

3. a) $|\overline{AB}|^2 = 14^2 + 2^2 = 200 \quad |\overline{AB}| = \sqrt{200} \approx 14{,}1$
$|\overline{AC}|^2 = 12^2 + 16^2 = 400 \quad |\overline{AC}| = \sqrt{400} \approx 20$
$|\overline{BC}|^2 = 2^2 + 14^2 = 200 \quad |\overline{BC}| = \sqrt{200} \approx 14{,}2$
$\overline{AC}$ ist die längste Seite desDreiecks.

b) Der größte Winkel liegt der längsten Seite gegenüber, also beim Eckpunkt B. Es ist der Winkel $\beta = \sphericalangle CBA$.

4. a) Das Quadrat von 2,6457513 ist nicht gleich 7.
Es enthält als letzte Ziffer die 9, denn $3 \cdot 3 = 9$.

b) (1) $2 \cdot \sqrt{7} \cdot \sqrt{7} = 2 \cdot 7 = 14$
(2) $-\sqrt{2} \cdot \sqrt{7} = -\sqrt{2 \cdot 7} = -\sqrt{14}$
(3) $\frac{1}{7} \cdot \sqrt{7} = \frac{\sqrt{7}}{\sqrt{7} \cdot \sqrt{7}} = \frac{1}{\sqrt{7}}$

5. Durch Einsetzen von 2 für x erhält man $q = -10$.
Die quadratische Gleichung lautet $x^2 + 3x - 10 = 0$ und hat als zweite Lösung $x = -5$.

6.

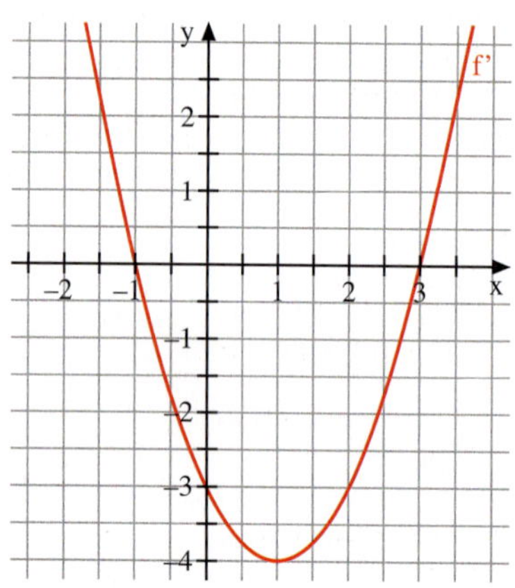

7. 54,02 m², also ungefähr 54 m² Blech.

8. a) Die Zahl der Fliegen lässt sich durch eine Funktion f mit $f(x) = a \cdot b^x$ beschreiben $(a > 0,\ b > 0)$. Dabei gibt x die Zeit in Tagen an. Es gilt $f(2) = 144$ und $f(13) = 1\,070$, also $a \cdot b^2 = 144$ und $a \cdot b^{13} = 1\,070$. Teilt man die zweite Gleichung durch die erste, erhält man

$\frac{a \cdot b^{13}}{a \cdot b^2} = \frac{1\,070}{144}$; $\quad b^{11} = \frac{1\,070}{144}$; $\quad b = \left(\frac{1\,070}{144}\right)^{\frac{1}{11}}$; $\quad b \approx 1{,}20$.

Mit der ersten Gleichung erhält man $a = \frac{144}{b^2} \approx 100$.
Somit ist $f(x) = 120 \cdot 1{,}2^x$. Am Anfang waren es also 100 Fliegen.
Für die Zunahme um p % in einem Tag gilt $1{,}2 = 1 + \frac{p}{100}$; $\quad 0{,}2 = \frac{p}{100}$; $\quad p\,\% = 20\,\%$.
Die Fliegen nehmen jeden Tag um 20 % zu.

Seite 262

8. b) $f(8) - f(7) = 120 \cdot 1{,}2^8 - 100 \cdot 1{,}2^7 \approx 72$. Man kann etwa 72 Fliegen entnehmen.

c) Nach 20 Tagen: $f(20) \approx 383$
Werden davon 90 % entnommen, so bleiben 10 %, also 383 übrig.
Die Anzahl der Fliegen in z weiteren Tagen nach der Entnahme lautet $g(z) = 383 \cdot 1{,}2^z$.
Bedingung: $g(z) = 3\,834$; $383 \cdot 1{,}2^2 = 3\,834$, also $z \approx 12{,}6$.
Nach etwa 13 weiteren Tagen nach der Entnahme hat man wieder 3 834 Fliegen.

9. $f(x) = 2^x$; $g(x) = x^2 + 1$; $h(x) = 2x + 1$

a) $2^x = x^2 + 1$ $x_1 = 0$ $x_2 = 1$ Für $0 < x < 1$ gilt $f(x) < g(x)$

b) $x^2 + 1 = 2x + 1$ $x_1 = 0$ $x_2 = 2$ Für $x < 0$ oder $x > 2$ gilt $h(x) < g(x)$

Seite 263

1. Fläche des Obersees: $A_{Obersee} = 540\ km^2 - 63\ km^2 = 477\ km^2$
Wasservolumen des Obersees: $V_{Obersee} = 5 \cdot 10^{10}\ m^3 - 1{,}7 \cdot 10^9\ m^3 = 48{,}3 \cdot 10^9\ m^3$

a) Zunahme des Wassers im Obersee: $V_{zu} = 477\ km^2 \cdot 5\ cm = 477 \cdot (1\,000\ m)^2 \cdot 0{,}05\ m$
$= 23\,850\,000\ m^3 = 2{,}385 \cdot 10^7 \cdot (10\ dm)^3 = 2{,}385 \cdot 10^{10}\ l$
Das Wasser nimmt um $2{,}385 \cdot 10^{10}\ l$ zu. Das sind 23,85 Milliarden Liter.

b) $\frac{23\,850\,000\ m^3}{48{,}3 \cdot 10^9\ m^3} \approx 4{,}94 \cdot 10^{-4} = 0{,}0494\ \%$
Das Wasservolumen im Obersee hat um etwa 0,0494 % zugenommen.

2. *Beispiele:* $y = (x + 2)^2 + 1$ mit $S(-2|1)$
$y = x^2 + 5x + 9{,}75$ mit $S(-2{,}5|3{,}5)$
$y = -3(x + 1)^2 + 5$ mit $S(-1|5)$

3. a) Der Graph von f mit $f(x) = \cos(2x + 2) = \cos(2(x + 1))$ entsteht aus dem Graphen der Kosinusfunktion durch eine Streckung parallel zu x-Achse mit dem Faktor $\frac{1}{2}$ und einer Verschiebung um 1 nach links. f hat die Periode $\frac{2\pi}{2} = \pi$. Benachbarte Nullstellen haben also den Abstand $\frac{\pi}{2}$. Aus der Streckung und der Verschiebung ergibt sich eine erste Nullstelle $x_1 = \frac{\pi}{4} - 1 \approx -0{,}215$.
Die Nullstellen von f lauten: $x_k = -0{,}215 + k \cdot \frac{\pi}{2}$ mit $k \in \mathbb{Z}$

b) Aus der Entstehung des Graphen von f erkennt man, dass f einen Hochpunkt im Punkt $H_1(-1|1)$ hat. Das kann man auch mit dem GTR feststellen (Y1 = cos(2x + 2), Calc, Maximum). Die weiteren Hochpunkte ergeben sich aus der Periode π.
f hat die Hochpunkte $H_k(-1 + k \cdot \pi|1)$ mit $k \in \mathbb{Z}$.

4. a) $|\overline{HM}|^2 = 10^2 + 5^2 = 125$ $|\overline{HM}| = \sqrt{125} \approx 11{,}2$ (in cm)

b) $|\overline{HS}|^2 = (10 + 2)^2 + 6^2 = 180$ $|\overline{HS}| = \sqrt{180} \approx 13{,}4$ (in cm)

5. Der Kandidat muss drei aufeinanderfolgende Antworten richtig raten:
$P(3\text{ mal richtig}) = \frac{1}{4} \cdot \frac{1}{4} \cdot \frac{1}{4} = \frac{1}{64} \approx 0{,}016 = 1{,}6\ \%$

6. a) A: $\log(2) + \log(3) \approx 0{,}3010 + 0{,}4771 \neq 0{,}6989 = \log(5)$
B: $3\log(2) \approx 3 \cdot 0{,}3010 \neq 0{,}7782 \neq \log(6)$
C: $\log(1) \cdot \log(2) = 0 \cdot \log(2) = 0 \neq 0{,}3010$
D: $\log\left(\frac{1}{2}\right) = -0{,}3010 \neq \frac{1}{0{,}3010}$

b) $\log(2) + \log(3) = \log(2 \cdot 3) = \log(6)$
$3 \cdot \log(2) = \log(2^3) = \log(8)$
$\log(1) \cdot \log(2) = 0 \cdot \log(2) = 0$
$\log\left(\frac{1}{2}\right) = \log(1) - \log(2) = 0 - \log(2) = -\log(2)$

7. $|GH| = h - 1{,}80\ m$; $|EF| = 3\ m - 1{,}80\ m = 1{,}20\ m$; $|DG| = 1{,}80\ m + 21{,}60\ m = 23{,}40\ m$.
Nach dem 2. Strahlensatz gilt: $\frac{|GH|}{|EF|} = \frac{|DG|}{|DE|}$, also $\frac{h - 1{,}80\ m}{1{,}20\ m} = \frac{23{,}40\ m}{1{,}80\ m}$;
$h = \frac{21{,}60\ m}{1{,}80\ m} \cdot 1{,}20\ m + 1{,}80\ m = 17{,}40\ m$
Der Turm ist 17,40 m hoch.

Seite 264

1. **a)** Graph (5) **c)** Graph (3) **e)** Graph (4)
b) Graph (6) **d)** Graph (1) **f)** Graph (2)

2. Erste Zahl: x; zweite Zahl: $2x$

$x \cdot 2x + (x + 2x) = 90$

$2x^2 + 3x = 90$

$x = 6$ oder $x = -7\frac{1}{2}$ ($x = -7\frac{1}{2}$ entfällt als Lösung, da dann $2x < x$ wäre).

Die Zahlen sind 6 und 12.

3. Anzahl der Mitglieder der Clique: x

Anzahl der verschickten SMS pro Person: $x - 1$

Gleichung: $x(x - 1) = 56$

$x = 8$ oder $x = -7$ ($x = -7$ entfällt als Lösung).

Die Clique besteht aus 8 Personen.

4. Den Mann und den Baum kann man sich als Strecken $\overline{AB}$ und $\overline{AC}$ auf einer zum Erdboden orthogonalen Gerade vorstellen. Die Schatten des Mannes und des Baumes bilden zwei Strecken $\overline{AB'}$ und $\overline{AC'}$, die auf einer Geraden durch A, B′, C′ geht. Die Sonnenstrahlen bilden parallele Lichtstrahlen CC′ und BB′. Nach dem 2. Strahlensatz gilt also:

$\frac{|AC|}{|AB|} = \frac{|AC'|}{|AB'|}$; $\frac{|AC|}{1{,}80\text{ m}} = \frac{9\text{ m}}{2{,}50\text{ m}}$; $|AC| = \frac{9\text{ m}}{2{,}50\text{ m}} \cdot 1{,}80\text{ m} = 6{,}48\text{ m}$.

Der Baum ist 6,48 m hoch.

5. **a)** Der Graph der Sinusfunktion ist punktsymmetrisch zum Ursprung. Gleichung: $\sin(-x) = -\sin(x)$.
Er ist achsensymmetrisch zur Parallelen zur y-Achse durch den Punkt $H\left(\frac{\pi}{2} \middle| 1\right)$.
Gleichung: $\sin\left(\frac{\pi}{2} - x\right) = \sin\left(\frac{\pi}{2} + x\right)$.

b) Der Graph der Kosinusfunktion ist achsensymmetrisch zur y-Achse. Gleichung: $\cos(-x) = \cos(x)$.
Er ist punktsymmetrisch zum Punkt $H\left(\frac{\pi}{2} \middle| 0\right)$. Gleichung: $\cos\left(\frac{\pi}{2} - x\right) = -\cos\left(\frac{\pi}{2} + x\right)$.

6. Es seien $|A'C| = 9$ cm; $x = |AC| = |B'C|$ und $|BC| = 16$ cm. Wegen der Gleichheiten bei den Winkeln sind die Geraden AB und A′B′ parallel.

(1) Berechnung der Seiten:

Nach dem Strahlensatz gilt: $\frac{x}{9\text{ cm}} = \frac{16\text{ cm}}{x}$; $x^2 = 144\text{ cm}^2$; $x = 12$ cm, da x nicht negativ ist.

Nach dem Satz des Pythagoras gelten:

$|AB| = \sqrt{|AC|^2 + |BC|^2} = \sqrt{(12\text{ cm})^2 + (16\text{ cm})^2} = 20\text{ cm}$

$|A'B'| = \sqrt{|AC|^2 + |BC|^2} = \sqrt{(9\text{ cm})^2 + (16\text{ cm})^2} = 15\text{ cm}$

(2) Berechnung der Winkel:

Für den Winkel α in der Ecke A gilt: $\sin(\alpha) = \frac{16\text{ cm}}{20\text{ cm}} = 0{,}8$; $\alpha \approx 53{,}1°$.

α' in der Ecke A′ ist gleich groß: $\alpha' \approx 53{,}1°$.

Der Winkel β in der Ecke B hat die Größe: $\beta \approx 90° - 53{,}1° = 36{,}9°$.

β' in der Ecke B′ ist gleich groß: $\beta' \approx 36{,}9°$.

Der Winkel $\gamma = 90°$ in der Ecke C war gegeben.

7. **a)** $V_{\text{Würfel}} = a^3$ Höhe Pyramide: $\frac{a}{2}\sqrt{2}$ $V_{\text{Pyramide}} = \frac{1}{3}\frac{a^3}{2}\sqrt{2}$

$\frac{V_{\text{Pyramide}}}{} = \frac{\frac{1}{6}a^3\sqrt{3}}{a^3} = \frac{1}{6}\sqrt{3} \approx 0{,}29 \approx 29\,\%$ Volumen ist um etwa 29 % größer.

b) $O_{\text{Würfel}} = 6a^2$ Seitenhöhe Pyramide: $\frac{a}{2}\sqrt{3}$ $O_{\text{Pyr}} = 4 \cdot \frac{a^2}{2}\sqrt{3} + a^2$

$\frac{O_{\text{gesamt}}}{O_{\text{Würfel}}} = \frac{4\frac{a^2}{2}\sqrt{3} + 5a^2}{6a^2} = \frac{2\sqrt{3} + 5}{6} = 1{,}41$ Der Oberflächeninhalt ist um etwa 41 % größer.

8. $A = \frac{1}{2}\pi a^2 + 2a \cdot a - 2 \cdot \frac{1}{4}\pi a^2$

$= \frac{1}{2}\pi a^2 + 2a^2 - \frac{1}{2}\pi a^2$

$= 2a^2$

Seite 265

1. Der Graph von (1) gehört zur Funktion, der Graph von (2) zur Ableitungsfunktion.
Der Graph von (2) hat in den Intervallen [– 1; – 0,5] und [0,5; 1] jeweils eine Nullstelle, der Graph von (1) besitzt an diesen Stellen je einen Extrempunkt.
Ebenso stimmt das Monotonieverhalten von (1) mit den Vorzeichen der Funktionswerte von (2) überein.

2. **a)** $4 \cdot 1{,}1^x = 6$ $\quad 1{,}1^x = 1{,}5$ $\quad x \log(1{,}1) = \log(1{,}5)$ $\quad x = \frac{\log(1{,}5)}{\log(1{,}1)} \approx 4{,}25$

b) $6{,}56 \cdot 1{,}012^x = 7{,}56$ $\quad x = \frac{\log(1{,}152)}{\log(1{,}012)} \approx 11{,}86$

3. Die Gerade durch P und Q hat die Gleichung $y = \frac{1}{2}x + 1{,}5$.
Der Punkt R liegt auch auf dieser Geraden, da $1 = \frac{1}{2} \cdot (-1) + 1{,}5$.

4. Nach dem Satz des Pythagoras gilt:
$a^2 + a^2 = s^2$, also $a = \sqrt{\frac{s^2}{2}} = \frac{s}{2} \cdot \sqrt{2} \approx 26{,}2\text{ cm}$
Grundflächeninhalt:
$A_G = (s + 2a)^2 - 4 \cdot \frac{1}{2} \cdot a^2 \approx 6610\text{ cm}^2$
Mantelflächeninhalt:
$A_M = 8 \cdot 37\text{ cm} \cdot 0{,}3\text{ cm} \approx 89\text{ cm}^2$
Oberflächeninhalt:
$A_O = 2 \cdot A_G + A_M \approx 13{,}309\text{ cm}^2$
Volumen:
$V = A_G \cdot 0{,}3\text{ cm} \approx 1983\text{ cm}^3$

5. **a)** $L = \{-5; 5\}$ **b)** $L = \{-9; 3\}$ **c)** $L = \left\{\frac{9}{25}\right\} = \{0{,}36\}$

6. Man kann die Graphen als allgemeine Sinusfunktionen mit einer Gleichung $y = a\sin(b(x - c)) + d$ darstellen. Aus dem größten und kleinsten Funktionswert ergeben sich die Amplitude a als halbe Differenz und d als Mittelwert. Aus der Periodenlänge p ergibt sich $b = \frac{2\pi}{p}$. Aus einem Punkt $P(c|d)$ auf dem Graphen, in dem die Funktion steigt, ergibt sich c.

a) $y = \sin(x + 0{,}5) + 1$. **c)** $y = 1{,}5 \cdot \sin(2(x + 1)) - 2$, bzw. $y = 1{,}5 \cdot \sin(2x + 2) - 2$.
b) $y = 2{,}5 \cdot \sin(x - 1{,}5)$. **d)** $y = 2 \cdot \sin(x + 1{,}5) + 1$.

Seite 266

1. Die gläserne Pyramide ist eine quadratische senkrechte Pyramide mit der Seitenlänge 35,40 m und der Höhe 21,65 m.
Für die Höhe einer der vier Seitenflächen gilt:
$h^2 = 21{,}65^2 + 17{,}70^2$, also $h = \sqrt{782{,}0125} \approx 27{,}96$
Damit erhält man für den Inhalt der verglasten Fläche:
$A_{Gesamt} = 4 \cdot A_{Dreieck} = 4 \cdot \frac{1}{2} \cdot 35{,}40 \cdot \sqrt{782{,}0125} \approx 1979{,}9$
Die verglaste Fläche hat einen Inhalt von ca. $1979{,}9\text{ m}^2$.

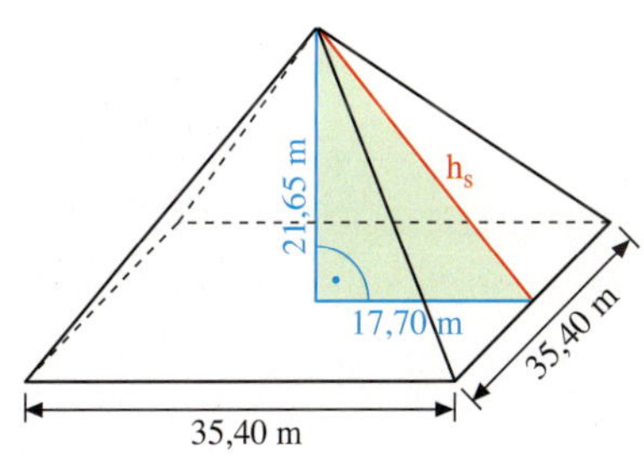

2. Der linke Graph hat die x-Achse als Asymptote und könnte durch eine Funktion f mit $f(x) = c \cdot a^x$ beschrieben werden. Der Graph geht durch $A(0|4)$ und $B(1|8)$. Das ergibt für f die Gleichungen
$f(0) = 4$ und $f(1) = 8$; $c \cdot a^0 = 4$ und $c \cdot a^1 = 8$; $c = 4$ und $4 \cdot a = 8$; $c = 4$ und $a = 2$.
Ein Funktionsterm lautet somit $f(x) = 4 \cdot 2^x$. Eine Überprüfung am gegebenen Graph bestätigt das.
Der rechte Graph entsteht aus dem Graph der Normalparabel durch eine Verschiebung um 4 parallel zu x-Achse nach rechts und um 1 parallel zur y-Achse nach oben.
Ein Funktionsterm lautet $g(x) = (x - 4)^2 + 1$. Eine Überprüfung am gegebenen Graph bestätigt das.
Mit einem Rechner kann man eine Schnittstelle $x_1 \approx 1{,}17$ bestimmen. Der Rechner liefert auch den gemeinsamen y-Wert $y_1 \approx 9{,}00$.
Ein Schnittpunkt der Graphen ist näherungsweise $P(1{,}17|9{,}00)$.

3. Potenzen mit der Basis a mit $0 < a < 1$

4. **a)** $x = 0{,}5 + k \cdot 2\pi$ oder $x = \pi - 0{,}5 + k \cdot 2\pi$ mit $k \in \mathbb{R}$
b) $\alpha \approx 28{,}6° + k \cdot 360°$ oder $\alpha \approx 151{,}4° + k \cdot 360°$ mit $k \in \mathbb{Z}$

Seite 266

5. $|CF| = 2 \cdot |AB|$; $\frac{|SA|}{|SC|} = \frac{|AB|}{|CF|} = \frac{|AB|}{2 \cdot |AB|} = \frac{1}{2}$

Der Punkt S teilt die Strecke im Verhältnis 1 : 2.

6. Wir suchen einen Funktionsterm der Form $f(x) = ax^2 + bx + c$.
P liegt auf dem Graphen von f: $3 = a + b + c$, also $c = 3 - a - b$
Q liegt auf dem Graphen von f: $8 = 4a + 2b + c$, also $c = 8 - 4a - 2b$.
Aus $3 - a - b = 8 - 4a - 2b$ erhalten wir $b = 5 - 3a$.
Damit gilt $c = 3 - a - b = 3 - a - 5 + 3a = 2a - 2$
R liegt auch auf dem Graphen von f, also gilt:
$11 = 9a + 3b + c = 9a + 15 - 9a + 2a - 2 = 2a + 13$
$-2 = 2a$, also $a = -1$.
Durch Einsetzen folgt:
$b = 5 + 3 = 8$
$c = -2 - 2 = -4$
Der Funktionsterm lautet $f(x) = -x^2 + 8x - 4$ bzw. umgeformt $f(x) = -(x-4)^2 + 12$
Der Graph der quadratischen Funktion ist eine nach unten geöffnete Parabel. Der Scheitelpunkt S(4|12) ist ein Hochpunkt.

7. $V = \pi r^2 \cdot h_Z + \frac{1}{3}\pi r^2 \cdot h_K$
$= \pi r^2 \cdot (20 - h_K) + \frac{1}{3}\pi r^2 \cdot h_K \quad (h_Z = 20 - h_K)$
$= 20\pi r^2 - \frac{2}{3}\pi r^2 \cdot h_K$
Mit $V = 1\,000\ \text{cm}^3$ und r = 5 cm erhält man:
$1\,000 = 500\pi - \frac{50}{3}\pi h_K$, also: $h_K = \frac{(500\pi - 1\,000) \cdot 3}{50\pi} \approx 10{,}9$
Der Zylinder ist ungefähr 9,10 m hoch, der Kegel ungefähr 10,90 m.

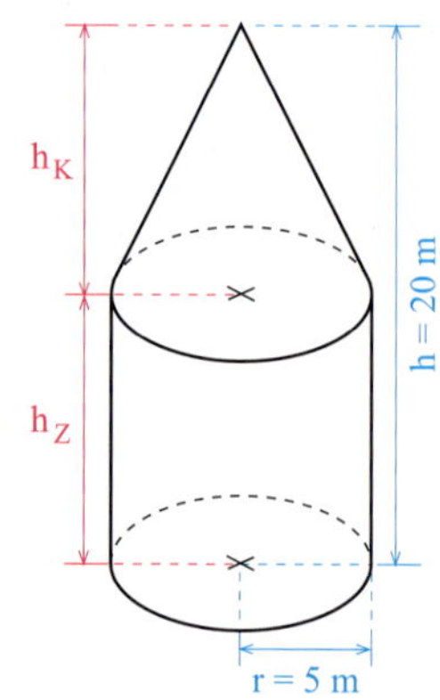

8. Mit dem Satz des Pythagoras erhält man:
$d^2 = \sqrt{r^2 - \left(\frac{s}{2}\right)^2} = \sqrt{(15\ \text{m})^2 - (6\ \text{m})^2} \approx 13{,}75\ \text{m}$
Die Leitung sollte also mindestens 13,75 m lang sein.

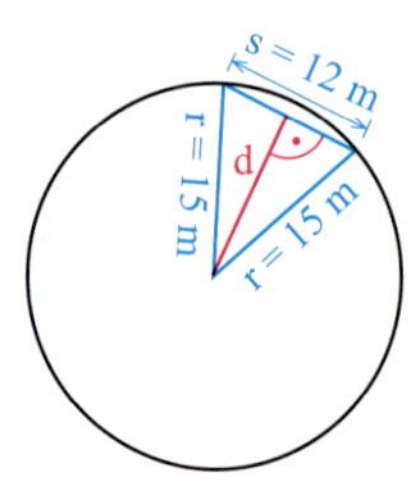

Seite 267

1. a) $V = \pi \cdot (4\ \text{cm})^2 \cdot 91\ \text{cm} + \frac{1}{3}\pi \cdot (4\ \text{cm})^2 \cdot 9\ \text{cm} \approx 4\,725\ \text{cm}^3$

b) $\frac{4}{5}$ des Volumens sind oberhalb der Erde, das sind ungefähr $3\,780\ \text{cm}^3$
$3\,780\ \text{cm}^3 = \pi r^2 \cdot h = \pi \cdot 16\ \text{cm}^2$, also
$h = \frac{3\,780}{\pi \cdot 16\ \text{cm}} \approx 75{,}2\ \text{cm}$

c) $\frac{r_B}{r} = \frac{h_B}{h_K}$, also $r_B = \frac{r \cdot h_B}{h_K} = \frac{4\ \text{cm} \cdot 6\ \text{cm}}{9\ \text{cm}} = 2\frac{2}{3}\ \text{cm}$
$s = \sqrt{h_B^2 + r_B^2} \approx 6{,}6\ \text{cm}$
$A_M = \pi \cdot r_B \cdot s \approx 115\ \text{cm}^2$

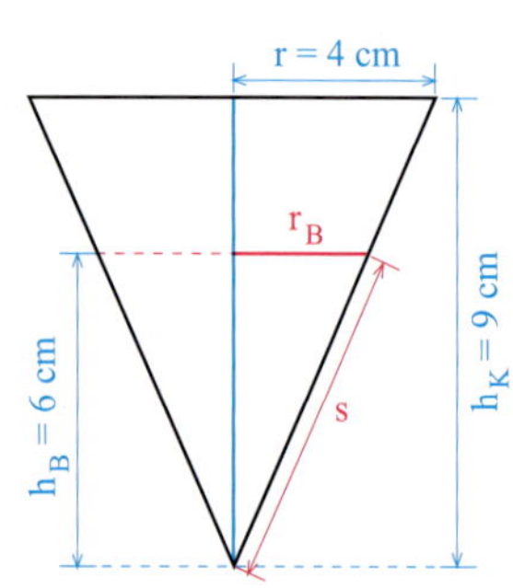

Seite 267

2. Die Parabel hat die Funktionsgleichung $y = -\frac{4}{45}x^2 + 20$.
An den Stellen $x_1 = 4$ und $x_2 = -4$ hat sie jeweils ungefähr die Höhe 18,58 cm. Die Yacht kann die Brücke problemlos passieren.

3. **a)** Die Sichtweite ist ungefähr 19,562 km, also knapp 20 km.
b) Ungefähr aus 31,340 km, also gut 30 km, Entfernung.

4. **a)** Für x = 2 gilt: $\sqrt{x^2 - 1} = \sqrt{3} \approx 2 - \frac{1}{4-1} + \frac{1}{3 \cdot 5} = 2 - \frac{1}{3} + \frac{1}{15} = \frac{26}{15} \approx 1{,}733$

b) Für x = 3 gilt: $\sqrt{x^2 - 1} = \sqrt{8} \approx 3 - \frac{1}{6-1} + \frac{1}{5 \cdot 7} = 3 - \frac{1}{5} + \frac{1}{35} = \frac{99}{35} \approx 1{,}829$

c) $\sqrt{2} = \frac{\sqrt{8}}{2} \approx \frac{99}{70} \approx 1{,}414$

5 *Beispiele:*

a)

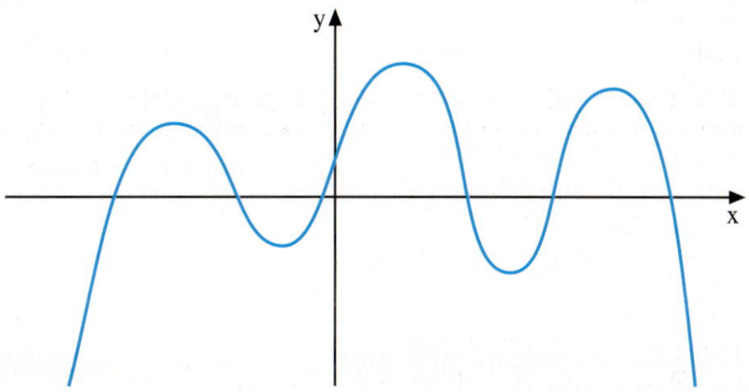

b)

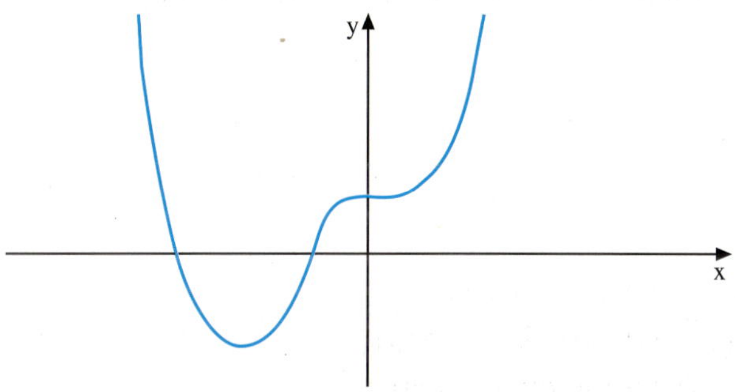

c)

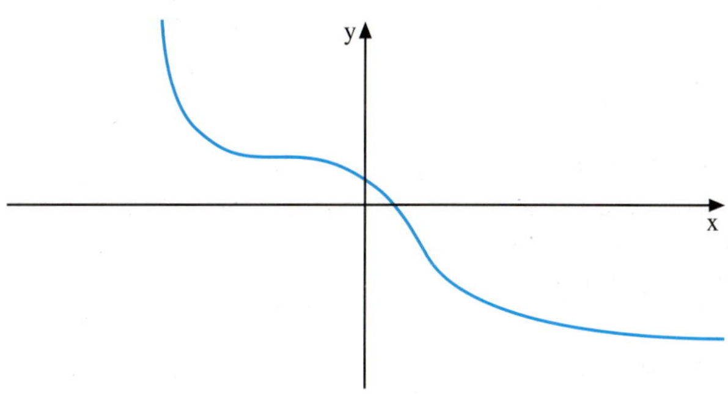

Mengen, Zahlen, Funktionen

$a \in M$	a ist Element der Menge M, a gehört zu M
$\mathbb{N}$ [$\mathbb{N}^*$]	Menge der natürlichen Zahlen [ohne null]
$\mathbb{Z}$	Menge der ganzen Zahlen
$\mathbb{Z}_+$ [$\mathbb{Z}_+^*$]	Menge der nichtnegativen ganzen Zahlen [ohne null]
$\mathbb{Q}$ [$\mathbb{Q}^*$]	Menge der rationalen Zahlen [ohne null]
$\mathbb{Q}_+$ [$\mathbb{Q}_+^*$]	Menge der nichtnegativen rationalen Zahlen [ohne null]
$\mathbb{R}$ [$\mathbb{R}^*$]	Menge der reellen Zahlen [ohne null]
$\mathbb{R}_+$ [$\mathbb{R}_+^*$]	Menge der nichtnegativen reellen Zahlen [ohne null]
$\{1, 2, 3\}$	Menge mit den Elementen 1, 2, 3
$\{\ \}$	leere Menge
$\lvert a \rvert$	Betrag von a
a^n	Potenz aus Basis a und Exponent n; a hoch n
$\sqrt{a}$	Quadratwurzel aus a ($a \geq 0$)
$\sqrt[n]{a}$	n-te Wurzel aus a ($a \geq 0$)
$\sin(\alpha)$	Sinus von α
$\cos(\alpha)$	Kosinus von α
$\tan(\alpha)$	Tangens von α
$f(x)$	Funktionsterm der Funktion f, Funktionswert der Funktion f an der Stelle x
$f'(x)$	(erste) Ableitung der Funktion f an der Stelle x

Geometrie

AB	Verbindungsgerade durch die Punkte A und B; Gerade durch A und B
$\overline{AB}$	Verbindungsstrecke der Punkte A und B; Strecke mit den Endpunkten A und B
$\lvert AB \rvert$	Länge der Strecke $\overline{AB}$
$\overrightarrow{AB}$	Halbgerade mit dem Anfangspunkt A durch den Punkt B
$g \parallel h$	g ist parallel zu h
$g \nparallel h$	g ist nicht parallel zu h
$g \perp h$	g ist orthogonal zu h
$g \not\perp h$	g ist nicht orthogonal zu h
$F \cong G$	F ist kongruent zu G
$F \sim G$	F ist ähnlich zu G
$P(x \mid y)$	Punkt mit den Koordinaten x und y
ABC	Dreieck mit den Eckpunkten A, B und C
ABCD	Viereck mit den Eckpunkten A, B, C und D
$\sphericalangle ASB$	Winkel mit dem Scheitel S und den Schenkeln $\overrightarrow{SA}$ und $\overrightarrow{SB}$, der bei Linksdrehung von $\overrightarrow{SA}$ auf $\overrightarrow{SB}$ entsteht

Stichwortverzeichnis

Bildquellenverzeichnis

Umschlagfoto: Getty-Images, München; Seite 7, 11, 127, 130 (Tauchpumpe), 196, 237, 263 Langner & Partner, Hemmingen; Seite 8 Hans Schmocker, Lauterbrunn; Seite 10, 16, 17, 20 (Fluss), 41, 45, 50 (Schüttkegel, Tetrapack), 56 (Lampenschirm, Ricotta), 63 (Tomatenmark), 65 (Kerze), 71 (Orange), 72 (Glaszylinder), 73, 74 (Betonmischer, Rund- und Erlenmeyerkolben), 85, 89 (Taschenrechner-Taste), 114 (Seil), 117, 118, 122, 126 (Reißnägel), 127 (Korrekturseite), 129 (Kinder), Seite 140 (Lotto), 141 (Fahrer), 143 (Lotto), 149 (Kinder beim Spiel); Seite 151 (Würfel), 151 (Überraschungseierfigur); 156 (Würfel, Tetraeder, Frosties); 165 (GTR, Aushilfskraft in einer Gärtnerei), 188, 235, 246, 252, 265 Michael Fabian, Hannover; Seite 18 (Sendemast) Otto - Imagine, Hamburg; Seite 18 (Straßenschild) Torsten Warmuth, Berlin; Seite 20 (Segelflugzeug) H. Bütow, Waren (Müritz); Seite 21 fm - Mauritius, Mittenwald; Seite 21 (Seilbahn) Niesenbahn AG, Mülenen, Schweiz; Seite 24 (Försterdreieck, Winkelmesser) D. Kehrig, Kottenheim; Seite 25 D. Kehrig, Kottenheim; Seite 26 Messerschmidt - Mauritius, Mittenwald; Seite 27 Torsten Warmuth, Berlin; Seite 40 Andrea Postel, Kassel; Seite 42 Kurverwaltung Oberstorf; Seite 47 Langner & Partner, Hemmingen; Seite 49 (Windmühlen) Kohlhaas/zefa - Corbis, Düsseldorf; Seite 49 (Disney-Park) Vidler - Mauritius, Mittenwald; Seite 49 (Pyramide Karlsruhe, Marktplatz) Otto - Mauritius, Mittenwald; Seite 50 (Louvre Glaspyramide) age - Mauritius, Mittenwald; Seite 55 Otto - Mauritius, Mittenwald; Seite 57 (Cavalieri) Deutsches Museum, München; Seite 58 (Kristalle) Fichtl - Mauritius, Mittenwald; Seite 63 (Cheops Pyramide) Vidler - Mauritius, Mittenwald; Seite 65 (Dach) Otto - Helga Lade Fotoagentur, Frankfurt; Seite 65 (Sandberg) GS Werbung, Gießen; Seite 65 (Vulkankrater) Bricks, Erfurt; Seite 66 (Kieshaufen) GS Werbung, Gießen; Seite 69 (Kugellager) age - Mauritius, Mittenwald; Seite 70 (Brunnen) Stadt Hof; Seite 72 (Heißluftballon) Bricks, Erfurt; Seite 72 (Lungenmodell) Phototake - Mauritius, Mittenwald; Seite 77 akg-images, Berlin; Seite 79 (EKG-Diagramm) Phototake - Mauritius, Mittenwald; Seite 79 (EKG-Diagnose am Laufband) Mulvehill - Mauritius, Mittenwald; Seite 80 (Sessellift) Pigneter - Mauritius, Mittenwald; Seite 80 (Riesenrad London Eye) Peter Christopher - Masterfile, Düsseldorf; Seite 83 (Porsche) fact - Mauritius, Mittenwald; Seite 83 (Containerschiff) Waldkirch - Mauritius, Mittenwald; Seite 84, 88 Rosenfeld - Mauritius, Mittenwald; Seite 89 (Diskuswurf) Arthur - Mauritius, Mittenwald; Seite 109 Hänel - Mauritius, Mittenwald; Seite 114 (Ammonit) age - Mauritius, Mittenwald; Seite 114 (Spiralnebel) Astrofoto, Sörth; Seite 114 (Ionisches Säulenkapitell) age fotostock - Mauritius, Mittenwald; Seite 114 (Hundertwasser-Gemälde) J. Harel, Wien; Seite 126 (Blutspendeplakat) Deutsches Rotes Kreuz, Berlin; Seite 129 (Roulette) Pöhlmann - Mauritius, Mittenwald; Seite 130 (Lottotrommel) dpa - picture-alliance, Frankfurt; Seite 134 J.Beck - Mauritius, Mittenwald; Seite 136 (Fußballspiel) Sven Simon, Mühlheim; Seite 137 (Samuel Morse) dpa - picture-alliance, Frankfurt; Seite 137 (Roulette) Pöhlmann - Mauritius, Mittenwald; Seite 137 (Wer wird Millionär?) dpa - picture-alliance, Frankfurt; Seite 146 (Pferderennen) Sven Simon, Mühlheim; Seite 147 (Pascal) akg-images, Berlin; Seite 148 (Lottozahlen) Haag + Kopp - Mauritius, Mittenwald; Seite 150 akg-images - picture-alliance, Frankfurt; Seite 152 (Plakat Känguru-Wettbewerb) Steffen Blankenburg - www.elephant-castle.de; Seite 152 (Galtonbrett) G. Schmidt, Stromberg; Seite 155 Torsten Warmuth, Berlin; Seite 160 (Roulette) Klaus Hackenberg - Mauritius, Mittenwald; Seite 162 (Teich) Torino - Mauritius, Mittenwald; Seite 165 (Victoriasee) dpa - picture-alliance, Frankfurt; Seite 166 Waldkirch - Mauritius, Mittenwald; Seite 167 Photo Researchers - Mauritius, Mittenwald; Seite 168 (Medikamenteneinnahme) Fergusson - Mauritius, Mittenwald; Seite 170 (Transrapid) Habel - Mauritius, Mittenwald; Seite 170 (Alge) age fotostock - Mauritius, Mittenwald; Seite 171 Dolphin Productions - Mauritius, Mittenwald; Seite 175 Phototake - Mauritius, Mittenwald; Seite 195 Mauritius, Mittenwald; Seite 201 Torsten Warmuth, Berlin; Seite 202 (Unkrautvernichtung) Photocheque SDP - Mauritius, Mittenwald; Seite 202 (Medikamenteneinnahme) Pöhlmann - Mauritius, Mittenwald; Seite 204 (Temperaturmessung) Pressebild von Graefe, Helmstedt; Seite 204 (Fichtenwald) Mehlig - Mauritius, Mittenwald; Seite 205 Pölkner - Mauritius, Mittenwald; Seite 208 (Algen) age fotostock - Mauritius, Mittenwald; Seite 208 (Fichtenwald) Thonig - Mauritius, Mittenwald; Seite 211 dpa - picture-alliance, Frankfurt; Seite 216 Science&Society Picture Library - images.de; Seite 227 Hamilton Richards - http://www.cs.utexas.edu/users/EWD/; Seite 229 dpa - picture-alliance, Frankfurt; Seite 230 Torsten Warmuth, Berlin; Seite 231 H. Tegen, Hambühren; Seite 233 Ley - Mauritius, Mittenwald; Seite 239 Photostudio Druwe & Polastri, Cremlingen; Seite 240 Michael Lebed - F1 Online, Frankfurt; Seite 244 (Cockpit) Tips Images - F1 Online, Frankfurt; Seite 244 (Variometer) Peter Gottschalk - go-digitalpro; Seite 245 NASA; Seite 246 Stock4B - Mauritius, Mittenwald; Seite 250 Paul Vreeker/Reuters - Corbis, Düsseldorf; Seite 253 (Motorradrennen) Paul Vreeker - Reuters, Berlin; Seite 255 (Testfahrt zur Beschleunigung beim Motorrad) Honda Motor Europe (North) GmbH, Offenbach; Seite 258 (Platonischer Körper, Sternkörper, Duale Körper) M. Ludwig, Würzburg; Seite 259 (Platonische Mehrlinge, Computerprogramme, Phantastische Durchdringungen) M. Ludwig, Würzburg; Seite 266 (Schwertransport) Rene Tillmann, Düsseldorf; Seite 266 (Turm) dpa - picture-alliance, Frankfurt

Es war nicht in allen Fällen möglich, die Inhaber der Rechte ausfindig zu machen und um Abdruckgenehmigung zu bitten. Berechtigte Ansprüche werden selbstverständlich im Rahmen der üblichen Konditionen abgegolten.